高等学校电子信息类专业平台课系列教材

U0163674

（第二版）

数学物理方法

张援农　赵江南　张绍东　袁志刚　岳显昌　黄开明　霍泰山　编著

Methods of
Mathematical
Physics

WUHAN UNIVERSITY PRESS
武汉大学出版社

图书在版编目(CIP)数据

数学物理方法/张援农等编著.—2版.—武汉:武汉大学出版社,2022.9
(2023.8重印)
高等学校电子信息类专业平台课系列教材
ISBN 978-7-307-23197-9

Ⅰ.数… Ⅱ.张… Ⅲ.数学物理方法—高等学校—教材 Ⅳ.O411.1

中国版本图书馆CIP数据核字(2022)第132789号

责任编辑:胡 艳 责任校对:汪欣怡 版式设计:马 佳

出版发行:**武汉大学出版社** (430072 武昌 珞珈山)
(电子邮箱:cbs22@whu.edu.cn 网址:www.wdp.com.cn)
印刷:武汉图物印刷有限公司
开本:787×1092 1/16 印张:22.75 字数:539千字 插页:1
版次:2017年8月第1版 2022年9月第2版
 2023年8月第2版第2次印刷
ISBN 978-7-307-23197-9 定价:55.00元

第二版前言

为了适应物理类、电子信息类专业人才培养的需要，本书在第一版的基础上，根据近些年的教学实践进行了修订.

此次修订保持原书第一版的基本结构，分为复变函数论、积分变换、数学物理方程和特殊函数三个部分，主要对章节内容进行了调整和修改，使结构更加严谨. 为培养和训练学生运用所学数学知识解决实际问题的能力，增加了科学和工程技术中的应用实例. 此外，通过引入电子资源，扩展和延伸了部分数理问题和知识点. 对于本教材的教学内容，可以根据专业需要和学时数自行选择讲授. 本书的配套辅助材料也将陆续出版，将有助于使用本教材的读者更好地掌握相关理论和方法.

本书自第一版出版以来，读者提出了许多宝贵的意见和建议，在此表示衷心的感谢. 本次修订得到了武汉大学本科生院和武汉大学出版社的支持和帮助，在此表示感谢.

本书的不妥当之处以及错误缺点，切盼读者批评指正.

编者

2022 年 7 月

于武汉大学珞珈山

前　言

　　"数学物理方法"是电子信息类专业的基础理论课. 该课程旨在培养学生掌握解析函数的理论、Fourier 变换和 Laplace 变换、数学物理方程等数学知识，从而使得学生具有扎实的数理基础，以进行电磁场理论、微波技术、天线和电波传播方面的学习和深入研究.

　　本书根据作者多年教学编写而成，体现了对"数学物理方法"这门课程的理解，同时规范了教学内容，便于教师教学使用和学生的课堂学习与自学. 对于电子信息学院的各个专业的学生，学习数学物理方法是为了获得一种工具，借此工具可以继续学习各门专业课，所以本书中概念的引进、定理的推导并没有过多拘泥于理论上的严格性，而是要求学生能建立起概念，从而掌握由概念而推演出来的各种计算方法.

　　高等数学(包括常微分方程)是数学物理方法的基础，所以本教材不重复高等数学的内容，同时也不重复高等数学中已经介绍过的计算方法，在定理和公式的证明中，特别是在例题的讲解中省略了许多计算步骤. 如此可以减少教材的篇幅，突出内容的条理. 希望学生能按教材中介绍的思路动手推导一遍，这样有利于概念的理解和计算方法的掌握.

　　例题讲解相当重要，这和把数学物理方法作为一种工具的目的是一致的，只有通过解题，学生才能掌握这个工具. 本教材中的例题首先是介绍解题的方法，然后列出解题中应该说明的问题，学生如果能仔细阅读这些内容，对理解基本概念和掌握解题方法是很有帮助的.

　　本书利用积分变换来解一维无界的波动问题、三维无界 Poisson 方程和三维无界波动问题，而不是利用通常教材所介绍的方法. 这样可以减少一些讲课课时，而不减少内容，另外可以使学生反复地复习积分变换的知识，从而突出本课程希望学生牢固地掌握积分变换的目的.

　　本书各章节的习题分为两部分，(一)是一些简单的习题，以达到验证基本概念的目的，(二)则是一些提高性的习题，以达到灵活掌握概念的目的，这样便于学生循序渐进地学习.

　　本书按 72 学时来取舍内容，学生通过听课、复习和习题能入门数学物理方法. 而本书具有很强的针对性和实用性，所以不可能在本书中寻找到解析函数和偏微分方程的严格理论，它也不具有手册性和习题集的功能. 如果需要了解更广更深的数学物理方法知识，可以通过其他教科书寻求帮助，首推的是郭敦仁先生和梁昆淼先生编写的两本同名著作. 此外，以下教材也值得在学习本课程时参考：西安交通大学高等数学教研室编的《复变函数》（高等教育出版社 2011 年版），东南大学数学系张元林编的《积分变换》（高等教育出版社 2012 年版），姚端正和梁家宝编著的《数学物理方法》（武汉大学出版社 2004 年版）.

　　由于编者水平有限，再加之时间仓促，书中难免有不妥和疏漏之处，敬请广大读者指正.

编　者

2017 年 7 月

目　　录

第1章 复变函数

复数是数学逻辑的产物，以复数作为自变量的函数是复变函数，对复变函数的研究将沿袭数学分析中研究实函数的方法，由于复变函数中所研究函数的自变量和因变量都是复数，会得到许多新的概念和计算方法. 本章我们首先介绍复数与复平面，并引入复球面与无穷远的概念；然后引入复平面上的点集、区域，以及复变函数的定义、极限与连续的概念，为后续学习解析函数理论和方法奠定必要的基础.

1.1 复数

1.1.1 复数的定义和基本概念

定义 1.1 设有一对有序实数 (x, y)，遵从下列运算规则：

加法：$\qquad (x_1, y_1) + (x_2, y_2) = (x_1 + x_2, y_1 + y_2)$，

乘法：$\qquad (x_1, y_1) \cdot (x_2, y_2) = (x_1 x_2 - y_1 y_2, x_1 y_2 + x_2 y_1)$，

则称这一对有序实数 (x, y) 为复数 z，记为

$$z = (x, y), \qquad (1.1)$$

其中，x 称为复数 z 的实部，记为 $x = \mathrm{Re}z$，y 称为复数 z 的虚部，记为 $y = \mathrm{Im}z$.

由复数定义中的乘法运算，我们有 $(0, 1) \cdot (0, 1) = (-1, 0) = -1$，这样，定义**虚单位** $\mathrm{i} = (0, 1)$，且有 $\mathrm{i}^2 = -1$.

复数 z 也可记为

$$z = x + \mathrm{i}y, \qquad (1.2)$$

这是我们熟悉的复数的代数形式.

虚单位

两复数 $z_1 = x_1 + \mathrm{i}y_1$ 和 $z_2 = x_2 + \mathrm{i}y_2$ 相等，是指它们的实部、虚部分别相等. 特别地，若复数 $z = 0$，则必须同时满足 $x = 0$，$y = 0$.

虚部为零的复数就可看作实数，即 $x + \mathrm{i} \cdot 0 = x$，因此全体实数是全体复数的一部分. 注意，复数不能比较大小.

复数 $\bar{z} = x - \mathrm{i}y$ 称为复数 $z = x + \mathrm{i}y$ 的**共轭复数**. 容易得到

$$x = \frac{z + \bar{z}}{2}, \ y = \frac{z - \bar{z}}{2\mathrm{i}}. \qquad (1.3)$$

1

1.1.2　复数的几何表示

复数 $z = x + \mathrm{i}y$ 与有序实数对 (x, y) 一一对应，因此一个复数 z 可以用直角坐标平面上的坐标 (x, y) 表示(见图 1-1 中点 P). 平面上 x 轴上的点对应着实数，故 x 轴称为实轴；y 轴上的非原点的点对应着虚数，故 y 轴称为虚轴. 这样表示复数 z 的平面称为**复平面**或 **z 平面**.

引入了复平面之后，我们在"数"和"点"之间建立了联系，便可以借助几何关系和术语研究复变函数，这为复变函数应用提供了条件，也丰富了复变函数的内容.

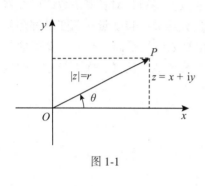

图 1-1

如图 1-1 所示，在复平面上，复数 $z = x + \mathrm{i}y$ 还与由原点 O 指向点 $P(x, y)$ 的矢量 $\overrightarrow{OP}$ 构成一一对应的关系(复数 0 对应着零矢量)，称对应的矢量为**复矢量**. 这种对应关系使复数的加、减法与矢量的加、减法之间保持一致.

对很多平面问题(如静电场问题、流体力学和弹性力学中的平面问题等)，用复数及复变函数作为研究工具是十分有效的，这正是由于复数可以用平面矢量表示的缘故.

复矢量的长度称为复数 z 的**模**，记为 $|z|$，用 r 表示：

$$r = |z| = \sqrt{x^2 + y^2}. \tag{1.4}$$

复矢量与正实轴之间的夹角称为复数 z 的**辐角**，记为 $\mathrm{Arg}\, z$ 或者 θ.

由于复矢量与 x 轴之间的夹角有无穷多个，而且任意夹角之间相差 2π 的整数倍，因此任何一个非零复数的辐角有无穷多个，这个现象称为辐角的多值性. 如果以 $\mathrm{arg}\, z$ 表示其中一个特定的辐角，通常取值在 $(-\pi, \pi]$ 之间，从而有

$$-\pi < \mathrm{arg}\, z \leqslant \pi, \tag{1.5}$$

则一个复数的辐角可以表示为

$$\mathrm{Arg}\, z = \mathrm{arg}\, z + 2k\pi, \quad k = 0,\ \pm 1,\ \pm 2,\ \cdots. \tag{1.6}$$

我们称 $\mathrm{arg}\, z$ 为辐角的主值，也称主辐角.

当 $z \neq 0$ 时，z 的主辐角可由下面的公式来确定：

$$\mathrm{arg}\, z = \begin{cases} \arctan \dfrac{y}{x}, & x > 0,\ y\ \text{为任意实数}, \\[2mm] \dfrac{\pi}{2}, & x = 0,\ y > 0, \\[2mm] \arctan \dfrac{y}{x} + \pi, & x < 0,\ y \geqslant 0, \\[2mm] \arctan \dfrac{y}{x} - \pi, & x < 0,\ y < 0, \\[2mm] -\dfrac{\pi}{2}, & x = 0,\ y < 0. \end{cases}$$

注意：

(1)主辐角的取值除了 $(-\pi, \pi]$ 外，也可以根据需要取其他值，如 $[0, 2\pi)$，$(-3\pi/2, \pi/2]$ 等.

(2)当 $z = 0$ 时，z 的模为零，而辐角无意义.

显然，复数 z 也可以用点 P 的极坐标 (r, θ) 表示(参见图 1-1). 复矢量在两个坐标轴上的投影分别为 x 和 y，则 $x = r\cos\theta$，$y = r\sin\theta$，非零复数 $z = x + iy$ 可以表示成三角形式：

$$z = r(\cos\theta + i\sin\theta). \tag{1.7}$$

共轭复数的三角形式表示为

$$\bar{z} = \overline{r\cos\theta + ir\sin\theta} = r\cos\theta - ir\sin\theta.$$

在计算主辐角 $\arg z$ 和辐角 $\mathrm{Arg}z$ 时，由图 1-1 知道，z 的值决定了主辐角 $\arg z$ 所在的象限. 当 z 位于上半平面时，$0 \leqslant \arg z \leqslant \pi$；当 z 位于下平面时，$-\pi < \arg z < 0$，而 $\mathrm{Arg}z = \arg z + 2k\pi$，$k = 0, \pm1, \pm2, \cdots$.

例如：(1) $z = 1 + i$，$\arg z = \dfrac{\pi}{4}$；(2) $z = -1 + i$，$\arg z = \dfrac{3}{4}\pi$；(3) $z = -1 - i$，$\arg z = -\dfrac{3}{4}\pi$；(4) $z = 1 - i$，$\arg z = -\dfrac{1}{4}\pi$；(5) $z = i$，$\arg z = \dfrac{\pi}{2}$.

利用 Euler 公式 $e^{i\theta} = \cos\theta + i\sin\theta$，也可以将复数 z 表示成指数形式

$$z = re^{i\theta}, \tag{1.8}$$

则 z 的共轭复数的指数表示为

$$\bar{z} = re^{-i\theta}.$$

从复数 $z = x + iy$ 到其共轭复数 $\bar{z} = x - iy$ 的变换是把 z 关于实轴反射的几何操作. 从 z 到共轭复数的倒数 $\dfrac{1}{\bar{z}}$ 的变换对应着关于单位圆的反射，即像点和像原点位于过原点的同一条直线上，它们与原点距离的积等于 1。

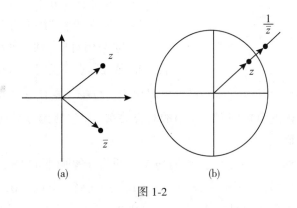

图 1-2

例 1.1　将复数 $z = -\sqrt{12} + 2i$ 化成三角形式和指数形式.

解　由于 $\tan\theta = \dfrac{y}{x} = -\dfrac{\sqrt{3}}{3}$，而且 z 位于第二象限，所以 $\arg z = \dfrac{5}{6}\pi$. 又因为

$$r = |z| = \sqrt{x^2 + y^2} = 4,$$

所以 z 的三角形式为

$$z = 4\left(\cos\frac{5}{6}\pi + \mathrm{i}\sin\frac{5}{6}\pi\right).$$

指数形式为

$$z = 4\mathrm{e}^{\frac{5}{6}\pi\mathrm{i}}.$$

1.1.3　复球面和无穷远点

复数域中 ∞ 也对应于复数平面上的一点(称为无穷远点):以任意方式无限地远离原点, 即可到达无穷远点. 若由序列 $\{z_n\}$ 各项的模组成的序列 $\{|z_n|\}$, 当 $n \to \infty$ 时, 其极限是无穷大, 我们就说 $\{z_n\}$ 是一个趋向于无穷的点列, 记作

$$\lim_{n\to\infty} z_n = \infty \ \text{或} \ z_n \to \infty\,(n \to \infty).$$

为了更直观地理解和表现无穷远点, 我们可以引入复球面. 为此, 我们取一个在原点 O 与 z 平面相切的单位球面(半径等于 1, 见图1-3), 球面上的切点记为 S. 过点 O 的球直径与球面有第二交点 N, 称为极点. 对于平面上的任一点 z, 将它与极点 N 用直线相连接, 直线 Nz 与球面有另一个唯一的交点 P(异于 N);相应地, 除极点 N 外, 对球面上的任一点 P, 复平面上也有唯一的点 z 与它对应, z 就是直线 NP 的延长线和平面的交点. 这样, 平面上的点和球面上的点(除极点 N 外)之间便建立了一一对应的关系. 若点列 $\{z_n\}$ 趋向于 ∞, 那么显然地, $\{z_n\}$ 在球面上的像点列就趋向于 N 点. 因此, 我们把 N 点作为"无穷"的像是很自然的, z 平面上与 N 相对应的那个唯一的点, 称为复平面上的无穷远点. 我们称这样的球面为**复球面**.

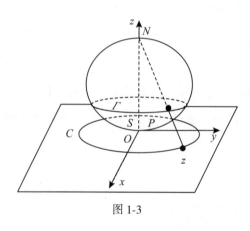

图 1-3

上述的平面与球面之间的对应变换, 也叫作测地投影, 它建立了球面上的点和平面上包括唯一无穷远点在内的点之间双方单值的对应关系. 而包括无穷远点在内的复平面称为**扩充复平面, 或全平面**.

如果我们选取坐标系 $O\xi\eta\zeta$, 使 $O\xi$、$O\eta$ 分别重合于平面上的 Ox、Oy, 而 $O\zeta$ 则沿着 ON 的方向. 设单位球面为 $\xi^2 + \eta^2 + (\zeta - 1)^2 = 1$, 过北极 $N = (0, 0, 2)$ 与 z 平面上的点 $z = (x, y)$ 的直线参数方程为 $\xi = tx$, $\eta = ty$, $\zeta = 2 - 2t$, $-\infty < t < +a$. 代入球面方程后, 得到参数 t 应该满足方程 $t^2(x^2 + y^2 + 4) - 4t = 0$. 其根 $t = 0$ 对应北极 $N = (0, 0, 2)$, 而 $t = \dfrac{4}{x^2 + y^2 + 4} = \dfrac{4}{|z|^2 + 4}$ 对应此直线与球面的交点:

$$Z = \left(\frac{4x}{|z|^2 + 4}, \frac{4y}{|z|^2 + 4}, \frac{2|z|^2}{|z|^2 + 4} \right) = \left(\frac{4\mathrm{Re}z}{|z|^2 + 4}, \frac{4\mathrm{Im}z}{|z|^2 + 4}, \frac{2|z|^2}{|z|^2 + 4} \right).$$

相应地，如果知道球面上的点 $Z = (\xi, \eta, \zeta)$，由 $x = \dfrac{\xi}{t}$，$y = \dfrac{\eta}{t}$，$t = \dfrac{2 - \zeta}{2}$，消去 t，

得到 z 平面上与 Z 对应的点 $z = \left(\dfrac{2\xi}{2 - \zeta}, \dfrac{2\eta}{2 - \zeta} \right)$，即 $z = \dfrac{2\xi + i2\eta}{2 - \zeta}$.

如果球面方程为 $\xi^2 + \eta^2 + (\zeta - r)^2 = r^2$，复平面上的点 z 在复球面上的投影为

$$Z = \left(\frac{4r^2 x}{|z|^2 + 4r^2}, \frac{4r^2 y}{|z|^2 + 4r^2}, \frac{2r|z|^2}{|z|^2 + 4r^2} \right).$$

对 $r = \dfrac{1}{2}$，则测地投影的变换公式为

$$x = \frac{\xi}{1 - \xi}, \quad y = \frac{\eta}{1 - \xi}, \quad \text{即} \quad z = \frac{\xi + i\eta}{1 - \xi},$$

或

$$\xi = \frac{x}{x^2 + y^2 + 1}, \quad \eta = \frac{y}{x^2 + y^2 + 1}, \quad \zeta = \frac{x^2 + y^2}{x^2 + y^2 + 1}.$$

对于无穷远点，还可以用变换(或映射)的语言定义. 例如变换 $w = 1/z$ 就建立了复数 z 和复数 w 之间的一一对应关系. 复数 $z = 0$ 对应于 $w = \infty$，而 $z = \infty$ 对应于 $w = 0$.

在复数域中，无穷远点 ∞ 也是一个数，它对应于复球面上的 N 点. 对于无穷远点 ∞，其模大于任何正数，而它的实部和虚部以及辐角都没有意义.

1.2 复数的运算

1.2.1 复数的四则运算

设 $z_1 = x_1 + iy_1$，$z_2 = x_2 + iy_2$，根据复数的定义，可以得到复数的四则运算法则.

加法和减法：$\qquad z_1 \pm z_2 = (x_1 \pm x_2) + i(y_1 \pm y_2)$.

乘法：$\qquad z_1 z_2 = (x_1 + iy_1)(x_2 + iy_2) = x_1 x_2 - y_1 y_2 + i(x_1 y_2 + x_2 y_1)$.

复数的乘法按照多项式的乘法法则进行，只是将结果中的 i^2 代之以 -1. 特别地，由复数的乘法运算，我们知道复数与共轭复数的乘积为实数，即

$$z\bar{z} = (x + iy)(x - iy) = x^2 + y^2 = r^2 = |z|^2. \tag{1.9}$$

除法：$\dfrac{z_1}{z_2} = \dfrac{x_1 + iy_1}{x_2 + iy_2} = \dfrac{(x_1 + iy_1)(x_2 - iy_2)}{(x_2 + iy_2)(x_2 - iy_2)} = \dfrac{x_1 x_2 + y_1 y_2}{x_2^2 + y_2^2} + i\dfrac{x_2 y_1 - x_1 y_2}{x_2^2 + y_2^2}$，$z_2 \neq 0$.

在进行复数的除法运算时，只要将分母变成实数，即分子和分母同时乘以分母的共轭复数即可.

1.2.2 复矢量的运算

对于平面直角坐标系 (x, y) 上两个矢量的加减也可以利用平行四边形和三角形方法

进行. 对于复数的加减法，两个复数 $z_1 = x_1 + \mathrm{i}y_1$ 和 $z_2 = x_2 + \mathrm{i}y_2$， 我们可以利用矢量的加减法来进行计算. 图 1-4(a)(b)表示利用平行四边形的方法进行复矢量的加减法，图 1-4(c)(d)表示利用三角形的方法进行复矢量的加减法.

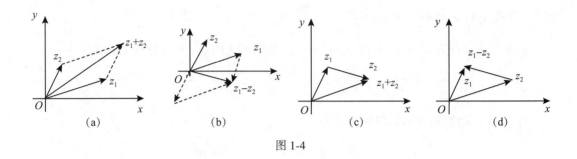

图 1-4

1.2.3　复数的极坐标和指数表示及其运算

在复数的三角表达式下，复数的乘法和除法运算变得很简单，并且具有明确的几何意义. 设有两个复数 $z_1 = r_1(\cos\theta_1 + \mathrm{i}\sin\theta_1)$ 和 $z_2 = r_2(\cos\theta_2 + \mathrm{i}\sin\theta_2)$， 它们的乘积是

$$\begin{aligned} z_1 z_2 &= r_1 r_2[(\cos\theta_1\cos\theta_2 - \sin\theta_1\sin\theta_2) + \mathrm{i}(\sin\theta_1\cos\theta_2 + \cos\theta_1\sin\theta_2)] \\ &= r_1 r_2[\cos(\theta_1 + \theta_2) + \mathrm{i}\sin(\theta_1 + \theta_2)]. \end{aligned} \tag{1.10}$$

同样，两个复数相除为

$$\frac{z_1}{z_2} = \frac{r_1}{r_2}[\cos(\theta_1 - \theta_2) + \mathrm{i}\sin(\theta_1 - \theta_2)]. \tag{1.11}$$

由式(1.10)和式(1.11)可知，两个复数的乘积 $z_1 z_2$ 与商 z_1/z_2 的模分别等于 z_1 和 z_2 的模的积和商，而它们的辐角分别是 z_1 和 z_2 辐角的和与差，即

$$|z_1 z_2| = |z_1||z_2|,\quad \left|\frac{z_1}{z_2}\right| = \frac{|z_1|}{|z_2|},\quad z_2 \neq 0; \tag{1.12}$$

$$\mathrm{Arg}(z_1 z_2) = \theta_1 + \theta_2 = \mathrm{Arg}z_1 + \mathrm{Arg}z_2,\quad \mathrm{Arg}\left(\frac{z_1}{z_2}\right) = \theta_1 - \theta_2 = \mathrm{Arg}z_1 - \mathrm{Arg}z_2. \tag{1.13}$$

图 1-5 给出了两个复矢量乘积的几何表示.

图 1-5

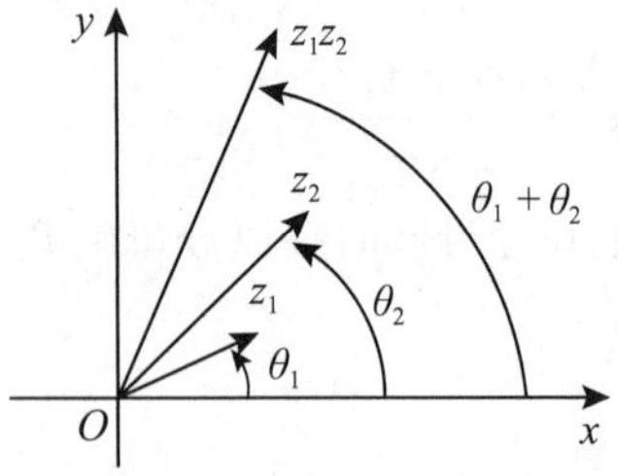

等式(1.13)理解为集合的相等. 这说明向量 z_1 和 z_2 之间的夹角可以用 $\mathrm{Arg}\left(\frac{z_1}{z_2}\right)$ 来表示，这一简单的事实在讨论某些几何问题时很有用. 例如，用它很容易证明向量 z_1 和 z_2 垂直的充要条件是 $\mathrm{Re}(z_1\bar{z}_2) = 0$， 而向量 z_1 和 z_2 平行的充要条件是 $\mathrm{Im}(z_1\bar{z}_2) = 0$. 这是因为 z_1 和 z_2 垂直就是 z_1 和 z_2 之间的夹角为 $\pm\frac{\pi}{2}$， 即 $\arg\left(\frac{z_1}{z_2}\right) = \pm\frac{\pi}{2}$， 这说明 $\frac{z_1}{z_2}$ 是一个

纯虚数，因而 $z_1\bar{z}_2 = \dfrac{z_1}{z_2}\,|z_2|^2$ 也是一个纯虚数，即 $\mathrm{Re}(z_1\bar{z}_2) = 0$.

利用复数的指数表示法也可以简单进行复数的乘除运算，具有明确的几何意义. 设有两个复数 $z_1 = r_1\mathrm{e}^{\mathrm{i}\theta_1}$ 和 $z_2 = r_2\mathrm{e}^{\mathrm{i}\theta_2}$，则有

$$z_1 z_2 = r_1\mathrm{e}^{\mathrm{i}\theta_1} r_2\mathrm{e}^{\mathrm{i}\theta_2} = r_1 r_2\mathrm{e}^{\mathrm{i}(\theta_1+\theta_2)},$$

当 $r_2 = |z_2| \neq 0$ 时，

$$\frac{z_1}{z_2} = \frac{r_1\mathrm{e}^{\mathrm{i}\theta_1}}{r_2\mathrm{e}^{\mathrm{i}\theta_2}} = \frac{r_1}{r_2}\mathrm{e}^{\mathrm{i}(\theta_1-\theta_2)}.$$

由此得到与式(1.12)和式(1.13)相同的结论.

1.2.4 复数的几何应用

由于复数与平面上的点具有一一对应的关系，因此平面点集(或者曲线)也可以用复数所满足的某些关系式来表示，反之亦然.

例如，$\mathrm{Im}\,z > 0$ 表示上半平面，而 $\mathrm{Re}(z + 3) = 0$ 表示 $x = -3$ 的直线. 一般来说，若将曲线 $f(x, y) = 0$ 用复数的方程来表示，则将 $x = \dfrac{z + \bar{z}}{2}$，$y = \dfrac{z - \bar{z}}{2\mathrm{i}}$ 代入即可，即函数 $f\left(x = \dfrac{z + \bar{z}}{2},\ y = \dfrac{z - \bar{z}}{2\mathrm{i}}\right) = 0$ 表示曲线的复数方程. 若要知道复数的某些关系式 $F(z, \bar{z}) = 0$ 表示何种曲线，则将 $z = x + \mathrm{i}y$，$\bar{z} = x - \mathrm{i}y$ 代入即可.

另外，利用矢量的加减法也可以确定复平面上的一些曲线.

例 1.2 写出复平面上以 λ 为圆心、r 为半径的圆方程.

解 如图1-6所示，在复平面上任取一点 z，$z - \lambda$ 是如图所示的点 λ 到点 z 的矢量，$|z - \lambda|$ 就是点 z 和 λ 的距离，故方程

$$|z - \lambda| = r \qquad (1.14a)$$

就是复平面上圆的方程.

利用式(1.9)，有

$$|z - \lambda|^2 = (z - \lambda)\overline{(z - \lambda)} = r^2, \qquad (1.14b)$$

得到

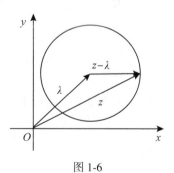

图 1-6

$$z\bar{z} - \lambda\bar{z} - \bar{\lambda}z + \lambda\bar{\lambda} - r^2 = 0. \qquad (1.14c)$$

这也是复平面上圆的方程，它确定了圆心在 z 平面的位置和半径的大小.

若将 $z = x + \mathrm{i}y$ 和 $\lambda = \alpha + \mathrm{i}\beta$ 代入，可以求得圆在平面解析几何中的方程. 也可以将此圆的方程写成参数形式，即

$$z - \lambda = r\mathrm{e}^{\mathrm{i}\theta},\ 0 \leqslant \theta \leqslant 2\pi. \qquad (1.15)$$

如果有一个圆方程 $z\bar{z} - (5 - 12\mathrm{i})z - (5 + 12\mathrm{i})\bar{z} = 0$，根据式(1.14b)和式(1.14c)可知

圆心在 $\lambda = 5 + 12i$，而 $\lambda\bar{\lambda} = 169$，所以半径 $r = 13$.

$|z - \lambda| < r(r > 0)$ 表示 z 平面中以 λ 为圆心、r 为半径的圆的内部，而 $|z - \lambda| > r$ 则表示圆的外部.

1.2.5　复数的乘幂和方根

1. 乘幂

设 $z \neq 0$ 为一复数，记为 $z = r(\cos\theta + i\sin\theta)$，如果 n 是正整数，z^n 是 n 个 z 相乘的积，称为 z 的 n 次乘幂，则由乘法公式(1.10)，我们得到

$$z^n = \overbrace{z\,z\,\cdots\,z}^{n\uparrow z} = \left[r(\cos\theta + i\sin\theta)\right]^n = r^n(\cos n\theta + i\sin n\theta). \tag{1.16}$$

式(1.16)也可以用指数形式表示为

$$z^n = (re^{i\theta})^n = r^n e^{in\theta} = r^n e^{n(\arg z + 2k\pi)i}.$$

令 $z^{-n} = \dfrac{1}{z^n}$，则有

$$z^{-n} = r^{-n}\left[\cos(-n\theta) + i\sin(-n\theta)\right] = r^{-n}e^{-in\theta}.$$

因此，对于任意整数 n，总有

$$z^n = r^n\left[\cos(n\theta) + i\sin(n\theta)\right] = r^n e^{in\theta}.$$

特别地，当 $|z| = 1$ 时，有

$$(\cos\theta + i\sin\theta)^n = \cos n\theta + i\sin n\theta, \tag{1.17}$$

式(1.17)称为德摩弗(de Moivre)公式.

2. 方根

设 z 为已知复数，称满足方程 $w^n = z$ (n 为整数) 的复数 w 为 z 的 n 次方根，记为 $w = \sqrt[n]{z}$. 方根是乘幂的逆运算.

由方程 $w^n = z$，我们有

$$|w|^n e^{in\mathrm{Arg}w} = |z| e^{i\mathrm{Arg}z},$$

由于 n 为整数，比较上式两端的模和辐角，可以得到

$$\begin{cases} |w| = \sqrt[n]{|z|} = |z|^{\frac{1}{n}}, \\ \mathrm{Arg}w = \dfrac{\mathrm{Arg}z}{n} = \dfrac{\arg z + 2k\pi}{n}. \end{cases}$$

因此，z 的 n 次方根为

$$w = \sqrt[n]{z} = |z|^{\frac{1}{n}} e^{i\frac{\arg z + 2k\pi}{n}}, \quad k = 0,\ \pm 1,\ \pm 2,\ \cdots \tag{1.18}$$

在式(1.18)中，当 k 取连续的 n 个整数值，例如取 $k = 0,\ 1,\ 2,\ \cdots,\ n-1$ 时，得到辐角的 n 个值，其中任意两个相差不大于 2π，当 k 取其他值时，只是这 n 个值的重复，因此式(1.18)实际上有 n 个不同的值. 为了明确起见，式(1.18)可写成

$$w_k = \sqrt[n]{z} = |z|^{\frac{1}{n}} e^{i\frac{\arg z + 2k\pi}{n}}, \quad k = 0,\ 1,\ 2,\ \cdots,\ n-1. \tag{1.19}$$

由式(1.19)可知，任何一个复数 z 的 n 次方根有 n 个值，且具有相同的模，它们都落在复平面上以原点为圆心、$|z|^{\frac{1}{n}}$ 为半径的圆周上；而任意两个下标相连的根 w_k 和 w_{k+1} 之间的辐角差都是 $\dfrac{2\pi}{n}$，所以这 n 个值在圆上等距分布，其第一个根的辐角为 $\dfrac{\arg z}{n}$. 这样，任意一个不为 0 的复数的 n 次方根有 n 个值，在几何上它是以原点为圆心、半径为 $|z|^{\frac{1}{n}}$ 的圆的内接正 n 边形的 n 个顶点.

3. 关于 1 的 n 次方根

考虑方程式 $z^n - 1 = 0$，其解为 1 的 n 次方根(或称 n 次单位根)，n 为正整数，其 n 个解为 (n 次单位根有 n 个)：$\mathrm{e}^{\frac{2k\pi \mathrm{i}}{n}}$, $k = 0,\ 1,\ 2,\ \cdots,\ n - 1$.

若我们记为 $\omega_k = \mathrm{e}^{\frac{2k\pi \mathrm{i}}{n}} = \cos\dfrac{2k\pi}{n} + \mathrm{i}\sin\dfrac{2k\pi}{n}$, $k = 0,\ 1,\ 2,\ \cdots,\ n - 1$, 则有

$$(\omega_1)^n = (\mathrm{e}^{\frac{2\pi \mathrm{i}}{n}})^n = \mathrm{e}^{2\pi \mathrm{i}} = 1.$$

为方便起见，我们记 $\omega = \omega_1 = \mathrm{e}^{\frac{2\pi \mathrm{i}}{n}}$, 则有 $\omega_k = (\omega)^k$, $k = 0,\ 1,\ \cdots,\ n - 1$. 如图 1-7 所示.

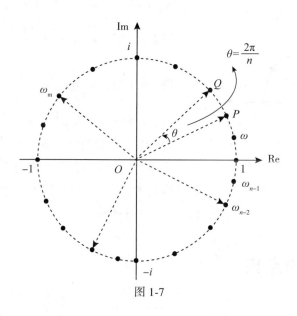

图 1-7

n 次单位根有以下主要性质：

(1) n 次单位根是一个等比级数，其模为 1，即 $|\omega_k| = 1$.

(2) 当 n 不小于 2 时，n 次单位根总和为 0. 这一结果可以用不同的方法证明.

一个基本方法是利用等比级数计算公式：

$$\sum_{k=0}^{n-1} \mathrm{e}^{\frac{2k\pi \mathrm{i}}{n}} = 1 + \mathrm{e}^{\frac{2\pi \mathrm{i}}{n}} + \mathrm{e}^{\frac{4\pi \mathrm{i}}{n}} + \cdots + \mathrm{e}^{\frac{2(n-1)\pi \mathrm{i}}{n}} = \frac{(\mathrm{e}^{\frac{2\pi \mathrm{i}}{n}})^n - 1}{\mathrm{e}^{\frac{2\pi \mathrm{i}}{n}} - 1} = 0.$$

第二个证法是，它们在复平面上构成正多边形的顶点，而从对称性知这多边形的重心在原点．

还有一个证明方法是利用关于方程根与系数的关系，由方程的 x^{n-1} 项系数为零得出．

(3) 两个 n 次单位根 ω_k 与 ω_j 的乘积还是一个 n 次单位根，且 $\omega_k\omega_j = \omega_{k+j}$，且全部 n 次单位根的乘积为 $(-1)^{(n-1)}$．

$$1 \cdot \omega_1 \cdot \omega_2 \cdot \cdots \cdot \omega_{n-1} = (\omega_1)^{0+1+2+\cdots+(n-1)} = \omega_1^{\frac{(n-1)n}{2}} = \left[(\omega_1)^n\right]^{\frac{n-1}{2}} = (e^{2\pi i})^{\frac{n-1}{2}} = (-1)^{n-1}.$$

(4) 几何上全部单位根将复平面上单位圆 n 等分．

(5) 一个 n 次单位根的共轭也是一个 n 次单位根，即

$$\bar{\omega}_k\omega_k = |\omega_k|^2 = 1, \quad \bar{\omega}_k = \frac{1}{\omega_k} = \omega_{-k} = \omega_{n-k}, \quad 0 \leqslant k \leqslant n-1.$$

所有虚的 n 次单位根都成共轭复数对．

例 1.3　计算 $\sqrt[3]{i}$ 的值．

解　复数 i 的辐角为 $\mathrm{Arg}(i) = \dfrac{\pi}{2} + 2k\pi = \left(2k + \dfrac{1}{2}\right)\pi$，根据式(1.19)有

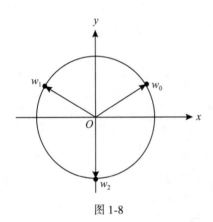

图 1-8

$$w_k = (i)^{\frac{1}{3}} = e^{i\frac{(2k+1/2)}{3}\pi}, \ k = 0, \ 1, \ 2.$$

当 $k = 0$ 时，$w_0 = e^{\frac{i\pi}{6}} = \dfrac{\sqrt{3}}{2} + \dfrac{1}{2}i$；

当 $k = 1$ 时，$w_1 = e^{\frac{i5\pi}{6}} = -\dfrac{\sqrt{3}}{2} + \dfrac{1}{2}i$；

当 $k = 2$ 时，$w_2 = e^{\frac{i3\pi}{2}} = -i$．

当 k 取其他整数时，重复以上的值．

这样，复数 i 的 3 次方根有 3 个值，在几何上它是以原点为圆心、单位圆的内接正 3 边形的 3 个顶点，如图 1-8 所示．

1.3　复平面的点集

1.3.1　基本概念

为了更好地研究复变函数，我们定义以下几类复数点集(参见图 1-9)．

定义 1.2(邻域)　满足 $|z - z_0| < \delta(\delta > 0$ 的任意正实数) 的点集称为 z_0 的 δ 邻域，简称邻域；满足不等式 $0 < |z - z_0| < \delta$ 的点集称为 z_0 的去心邻域．

定义 1.3(内点和外点)　对复平面上点集 D，若点 z_0 及其邻域是均属于 D 的点集，则 z_0 称为 D 的内点；若不论 δ 取何值，点 z_0 及其邻域有不属于 D 的点，则称 z_0 为 D 的

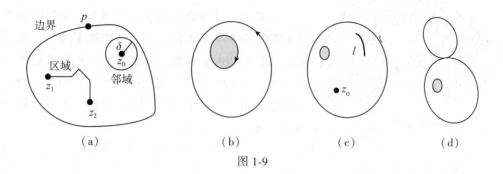

图 1-9

外点.

定义 1.4(区域)　同时满足以下两个条件的点集 D 构成区域:(1)D 内的点均为内点;(2)D 是连通的. 所谓连通,是指 D 中的任意两点都可以用属于 D 内点的一条折线连接起来,如图 1.9(a)中的 z_1 和 z_2. 图 1-9 中(a)(b)(c)的图形都是区域,而图 1.9(d)不是区域(思考为什么).

如果区域包括 $z = \infty$,则称为无界区域,否则称为有界区域.

定义 1.5(边界)　若点 z_0 的任意小的邻域内既有属于点集 D 的点,又有不属于 D 的点,则称 z_0 为 D 的边界点. 所有区域的边界点组成区域的边界 C.

1.3.2　区域与曲线

1. 闭区域

区域 D 及其边界 C 所构成的点集称为闭区域,记为 $\overline{D}$,则 $\overline{D} = D + C$.

例如,由 $|z - 1| < 1$ 构成的点集是区域,而 $|z - 1| = 1$ 是区域的边界,故 $|z - 1| \leqslant 1$ 是闭区域. 但是,由 $|z - 1| < 1$ 和 $|z + 1| < 1$ 构成的点集是开集,因它们不是连通的,所以不是区域.

2. 简单曲线

没有重点的连续曲线称为简单曲线,如果简单曲线的起点与终点重合则称为简单闭曲线.

3. 单连通区域和多连通区域

若在区域 D 内作任意简单的闭合曲线,闭合曲线内的点均属于区域 D,这样的区域称为单连通区域,否则是多连通区域. 图 1-9(a)中的区域为单连通区域,图 1.9(b)中的区域为多连通区域,又称为双连通区域. 图 1.9(c)是一个典型的多连通区域,曲线 l 和点 z_0 不属于区域. 单连通区域 D 具有这样的特征:属于 D 的任何一条简单闭曲线,在 D 内可以经过连续的变形而缩成一点,而多连通区域就不具有这个特性. 简单曲线的内部为单连通域.

考虑到本课程后边章节的积分是定义在有向曲线弧段上的,下面简要介绍一下曲线

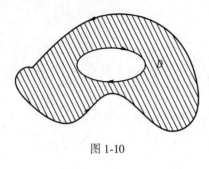

图 1-10

方向.

一般地,简单曲线的正向规定为:从起点到终点所指的方向. 简单闭曲线 l 的正向规定为:当观察者顺此方向前进时,曲线 l 所围区域一直在观察者的左手. 图 1-10 给出了一种常用的情形,若曲线所围部分为阴影部分,其正向如图所示. 显然, 该区域是一多连通区域.

1.4 复变函数

1.4.1 定义

设 D 是复平面上的点集, 如果对 D 中的每一个点 $z = x + iy$, 按照一个确定的法则 f, 总有一个或多个复数 $w = u(x, y) + iv(x, y)$ 与之对应, 则称复变量 w 是复数 z 的复变函数, 记为

$$w = f(z),\qquad(1.20)$$

其中, D 称为函数 $f(z)$ 定义域. 所有函数值 w 构成值域 G.

如果 z 和 w 是一一对应的, 那么我们称函数 $f(z)$ 是单值函数; 如果一个 z 值对应着两个或两个以上的 w 值, 那么我们称函数 $f(z)$ 是多值函数. 我们知道幂函数 $w = z^n$, $w = 1/z$, $w = |z|$ 是单值函数, 而根式函数 $w = \sqrt[n]{z}$, $w = \text{Arg}z$ 是多值函数.

由于 $z = x + iy$, 则 $w = f(z) = u(x, y) + iv(x, y)$, $u(x, y)$ 和 $v(x, y)$ 都是 x, y 的实函数, 所以一个复变函数 $f(z)$ 是两个二元实变函数 $u = u(x, y)$ 和 $v = v(x, y)$ 的有序组合. 我们可以通过研究两个二元实变函数来研究复变函数.

例如, 复变函数 $w = z^2$, 令 $z = x + iy$, 则得到

$$w = f(z) = z^2 = x^2 - y^2 + 2xyi,$$

即 $u(x, y) = x^2 - y^2$, $v(x, y) = 2xy$.

1.4.2 几何意义

对于复变函数式 (1.20) 的值域 G, 我们也可以建立一个复 w 平面, 它的实轴对应函数值的实部 u, 虚轴对应函数值的虚部 v. 点集 D 在 z 平面内, 点集 G 在 w 平面内, 如图 1-11 所示. 在几何上我们可以把复变函数理解为两个复平面上的点集间的映射 (或变换) 关系, 即函数 $w = f(z)$ 是把 z 平面中的区域 D 映射到 w 平面的区域 G. G 中的点 w 称为点 z 的像点, 点 z 称为点 w 的原像. 例如, 函数 $w = z^2$ 将点 $z = \frac{1}{2} + \frac{1}{2}i$ 映射成 $w = \frac{1}{2}i$; 将区域 D: $\text{Im}z > 0$, $\text{Re}z > 0$, $|z| < 1$ 映射成 w 平面上的区域 G: $\text{Im}w > 0$, $|w| < 1$, 如图

1-12所示.

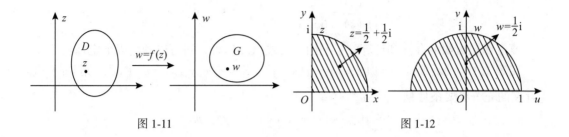

图 1-11   图 1-12

1.4.3 复变函数的极限

设函数 $f(z)$ 在 z_0 的去心邻域 $0 < |z - z_0| < \rho$ 内有定义，若存在复数 A，对于任意 $\varepsilon > 0$，存在 $\delta(\varepsilon, z_0) > 0$，使当 $0 < |z - z_0| < \delta (0 < \delta \leqslant \rho)$ 时，都有 $|f(z) - A| < \varepsilon$，则称 A 为当 $z \to z_0$ 时函数 $f(z)$ 的极限，记为

$$\lim_{z \to z_0} f(z) = A. \tag{1.21}$$

复变函数极限定义的几何意义是，当 z 进入 z_0 的一个充分小的 δ 邻域时（见图 1-13），它的像点函数值 $f(z)$ 就在 A 的一个给定的 ε 邻域内.

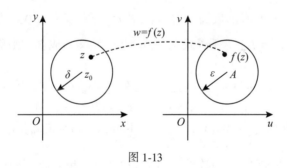

图 1-13

一般 ε 和 δ 是一个无穷小量，所以复变函数的极限应该理解成，当 z 以任何方向和方式趋近于 z_0 时，函数值 $f(z)$ 都趋向于 A.

注意：由于 z_0 是复平面上的点，因此 z 可以任何方向、任何方式趋向于 z_0，但不论怎样趋近，$f(z)$ 的值总是趋近于 A. 这比一元实函数极限的定义中只沿 x 轴正负方向趋近要严格得多.

复变函数极限的定义和实函数极限的定义在形式上是一样的，所以由定义推演出来的实函数极限运算的规则同样适用于复变函数.

如果 $\lim\limits_{z \to z_0} f_1(z) = A$，$\lim\limits_{z \to z_0} f_2(z) = B$，则有

$$\lim_{z \to z_0} [f_1(z) \pm f_2(z)] = \lim_{z \to z_0} f_1(z) \pm \lim_{z \to z_0} f_2(z) = A \pm B,$$

$$\lim_{z \to z_0}[f_1(z)f_2(z)] = \lim_{z \to z_0}f_1(z) \lim_{z \to z_0}f_2(z) = AB,$$

$$\lim_{z \to z_0}\frac{f_1(z)}{f_2(z)} = \frac{\lim\limits_{z \to z_0}f_1(z)}{\lim\limits_{z \to z_0}f_2(z)} = \frac{A}{B}, \quad B \neq 0.$$

复变函数极限的存在和计算除了利用定义式(1.21)外，还可以利用以下定理：

定理 1.1 设函数 $f(z) = u(x, y) + iv(x, y)$，$z_0 = x_0 + iy_0$，$A = u_0 + iv_0$，则 $\lim\limits_{z \to z_0}f(z) = A$ 存在的充分必要条件是

$$\lim_{\substack{x \to x_0 \\ y \to y_0}}u(x, y) = u_0, \quad \lim_{\substack{x \to x_0 \\ y \to y_0}}v(x, y) = v_0.$$

复变函数极限的计算可以转化为对两个二元实函数极限的计算.

1.4.4 连续和一致连续

复变函数的连续和一致连续的定义在形式上与实函数是一样的，所以它的性质和证明也应该一样.

定义 1.6 一个单值函数 $w = f(z)$ 在 $|z - z_0| < \rho$ 内有定义，若对于任意 $\varepsilon > 0$，存在 $\delta(\varepsilon, z_0) > 0$，当 $|z - z_0| < \delta(0 < \delta \leqslant \rho)$ 时，恒有 $|f(z) - f(z_0)| < \varepsilon$，则称 $w = f(z)$ 在 z_0 连续，记为

$$\lim_{z \to z_0}f(z) = f(z_0).$$

若函数在区域 D 内处处连续，则称 $f(z)$ 为 D 内的连续函数.

在 $\overline{D}$ 上定义的一个单值函数 $w = f(z)$，若对于任意 $\varepsilon > 0$，存在 $\delta(\varepsilon) > 0$，当 $|z_1 - z_2| < \delta$ 时 $(z_1, z_2 \in D)$，不等式 $|f(z_1) - f(z_2)| < \varepsilon$ 成立，则称 $f(z)$ 在 $\overline{D}$ 上一致连续.

定理 1.2 $w = f(z) = u(x, y) + iv(x, y)$ 在 $z_0 = x_0 + iy_0$ 点连续(一致连续)的充分必要条件是二元实函数 $u(x, y)$ 和 $v(x, y)$ 均在 z_0 点连续(一致连续)，即

$$\lim_{\substack{x \to x_0 \\ y \to y_0}}u(x, y) = u(x_0, y_0), \quad \lim_{\substack{x \to x_0 \\ y \to y_0}}v(x, y) = v(x_0, y_0).$$

若两个函数在某点连续(一致连续)，则其和、差、积、商(分母不能为零)在该点仍连续(一致连续). 故多项式函数 $w = P(z) = a_n z^n + a_{n-1} z^{n-1} + \cdots + a_1 z + a_0$ 在复平面上处处连续，而分式函数

$$w = \frac{P(z)}{Q(z)} = \frac{a_n z^n + a_{n-1} z^{n-1} + \cdots + a_1 z + a_0}{b_m z^m + b_{m-1} z^{m-1} + \cdots + b_1 z + b_0}$$

在除了 $Q(z) = 0$ 的点外处处连续. 连续函数的复合函数仍然连续.

例 1.4 证明实系数一元 n 次方程 $f(z) = a_n z^n + a_{n-1} z^{n-1} + \cdots + a_1 z + a_0 = 0(a_n \neq 0)$ 的虚根必成共轭复数对.

证明 设 $z_0 = a + bi$ 为实系数一元 n 次方程 $f(z) = 0$ 的一个根，则有

$$a_n z_0^n + a_{n-1} z_0^{n-1} + \cdots + a_1 z_0 + a_0 = 0.$$

上式两边取共轭，得到 $\overline{a_n z_0^n + a_{n-1} z_0^{n-1} + \cdots + a_1 z_0 + a_0} = 0$，由于是实系数，则有

$$a_n \bar{z}_0^n + a_{n-1} \bar{z}_0^{n-1} + \cdots + a_1 \bar{z}_0 + a_0 = 0,$$

即 $f(\bar{z}_0) = 0$，也就是说，$\bar{z}_0 = a - bi$ 也是所给方程的一个根，故虚根必成共轭复数对.

例 1.5 证明函数 $f(z) = \begin{cases} \arg z, & z \neq 0, \\ 0, & z = 0 \end{cases}$ 在复平面上除去原点和负实轴的区域上连续，

在负实轴上不连续.

证明 设 z_0 为全平面除去原点和负实轴的区域上的任意一点，则 $\lim\limits_{z \to z_0} \arg z = \arg z_0$.

由于 $\lim\limits_{z \to 0} \arg z =$ 任意值，故函数趋向原点极限不存在.

设 x_0 是负实轴上的任意一点，由于 $\lim\limits_{\substack{z \to x_0 \\ \mathrm{Im} z \geqslant 0}} \arg z = \pi$，$\lim\limits_{\substack{z \to x_0 \\ \mathrm{Im} z < 0}} \arg z = -\pi$，故 $\arg z$ 在负实轴上

不连续.

习 题 一

（一）

1.1 指出下列复数的实部和虚部，模和辐角，辐角的主值，并将它们写成三角表达式或者指数表达式.

(1) $(1 + \sqrt{3}\,i)(1 + i)$;   (2) $\dfrac{2i}{-1 + i}$;   (3) $z = (\sqrt{3} + i)^3$

(4) $(1 + i)^{100} + (1 - i)^{100}$;   (5) $\dfrac{(1 + i)^n}{(1 - i)^{n-2}}$, n 为正整数;

(6) $z = 1 - \cos\theta + i\sin\theta$, $0 \leqslant \theta \leqslant \pi$;   (7) $\dfrac{(\cos 5\theta + i\sin 5\theta)^2}{(\cos 3\theta - i\sin 3\theta)^3}$.

1.2 试证明：任何复数 z 只要不等于 -1，而其模为 1，则必可表示成 $z = \dfrac{1 + ti}{1 - ti}$，此处 t 为实数.

1.3 设 $z = x + iy$，则

(1) 若 $\dfrac{z}{\bar{z}} = a + ib$，证明 $a^2 + b^2 = 1$（a, b 为常数）;

(2) 若 $y \neq 0$, $z \neq \pm i$，证明当 $x^2 + y^2 = 1$ 时 $\dfrac{z}{1 + z^2}$ 为实数;

(3) 若 $|x| \neq |y|$，证明只有当 $xy = 0$ 时 z^4 才为实数.

1.4 设 $x_n + iy_n = (1 - i\sqrt{3})^n$（$x_n$, y_n 为实数，n 为正整数），试证：
$$x_n y_{n-1} - x_{n-1} y_n = 4^{n-1} \sqrt{3}.$$

1.5 计算 $(2 + i)(3 + i)$，并利用它证明 $\arctan \dfrac{1}{2} + \arctan \dfrac{1}{3} = \dfrac{\pi}{4}$.

1.6 证明复平面的直线方程可以写成

$$a\bar{z} + \bar{a}z = c, \qquad a \text{ 是非零复常数, } c \text{ 是实常数.}$$

并证明 a 是与此直线垂直的一个向量.

1.7　若点 P_1 和 P_2 分别用 z_1 及 z_2 表示, 且 $|z_1 + z_2| = |z_1 - z_2|$. 证明:

(1) $\dfrac{z_1}{z_2}$ 为一纯虚数;　　(2) $\angle P_1 O P_2 = 90°$.

1.8　试证 $|z_1 + z_2|^2 + |z_1 - z_2|^2 = 2(|z_1|^2 + |z_2|^2)$, 并说明其几何意义.

1.9　证明不等式:

(1) $|z_1 + z_2| \leqslant |z_1| + |z_2|$;　　(2) $|z_1 - z_2| \geqslant |z_1| - |z_2|$.

1.10　设 z_1、z_2、z_3 三点满足条件: $z_1 + z_2 + z_3 = 0$, 且 $|z_1| = |z_2| = |z_3| = 1$. 证明: z_1、z_2、z_3 是一个内接单位圆周 $|z| = 1$ 的正三角形的顶点.

1.11　求出下列关系式在复平面上表示的曲线:

(1) $|z - a| = |z - b|$, a 和 b 是复常数;

(2) $\left| z - \dfrac{a}{2} \right| + \left| z + \dfrac{a}{2} \right| = c$, $a > 0$, $c > 0$;

(3) $|z - a| = \mathrm{Re}(z - b)$, a 和 b 是实常数;

(4) $\mathrm{Im}\dfrac{z - a}{z - b} = 0$, $\mathrm{Re}\dfrac{z - a}{z - b} = 0$, a 和 b 是实常数.

1.12　在复平面上画出下列关系式所表示的区域, 指明它们是有界区域还是无界区域.

(1) $2 \leqslant |z| \leqslant 3$;　　　　(2) $-3 < \mathrm{Im}z < -\dfrac{1}{4}$;　　(3) $0 < \arg z < \dfrac{\pi}{4}$;

(4) $|z - 1| + |z + 1| \leqslant 4$;　　(5) $\left| \dfrac{z - 1}{z + 1} \right| \leqslant 1$;　　　　(6) $\mathrm{Re}z^2 \leqslant 1$;

(7) $0 < \arg\dfrac{z - i}{z + i} < \dfrac{\pi}{4}$.

1.13　若 $(1 + i)^n = (1 - i)^n$, 试求 n 的值.

1.14　若 $z = e^{i\theta} = \cos\theta + i\sin\theta (0 \leqslant \theta < 2\pi)$, 则

$$z + \frac{1}{z} = 2\cos\theta, \quad z^n + \frac{1}{z^n} = 2\cos n\theta.$$

1.15　若 $z = \cos\theta + i\sin\theta$, 计算 $f(z) = \dfrac{1 + z}{1 - z}$ 和 $[f(z)]^n = \left(\dfrac{1 + z}{1 - z} \right)^n$ 的实部、虚部, 并写出其指数表达式.

1.16　求下列方程的所有解:

(1) $z^3 + 8 = 0$;　　　　　　　　(2) $z^3 = -1 + \sqrt{3}i$;

(3) $z^4 + 1 = 0$;　　　　　　　　(4) $z^2 - (3 - 2i)z + (1 - 3i) = 0$;

(5) $z^2 - 4iz - (4 - 9i) = 0$;

(6) $(1 + z)^5 = z^5$, $(1 - z)^5 = z^5$, 它们的根的个数一样吗?

(二)

1.17 试证下列函数在 $z = 0$ 的极限 $\lim\limits_{z \to 0} f(z)$ 不存在：

(1) $f(z) = \dfrac{\mathrm{Re}z}{z}$，$z \neq 0$；　(2) $f(z) = \dfrac{1}{2\mathrm{i}}\left(\dfrac{z}{\bar{z}} - \dfrac{\bar{z}}{z}\right)$，$z \neq 0$.

1.18 证明：(1) 连续函数 $f(z)$ 的模 $|f(z)|$ 也是连续的；

(2) 主辐角 $\arg z$ 在原点和负实轴上不连续.

1.19 下列函数在原点连续吗？

(1) $f(z) = \begin{cases} 0, & z = 0, \\ \dfrac{\mathrm{Re}z}{|z|}, & z \neq 0; \end{cases}$　(2) $f(z) = \begin{cases} 0, & z = 0, \\ \dfrac{\mathrm{Im}z}{1 + |z|}, & z \neq 0. \end{cases}$

1.20 设 A，C 是实数，a 为复数，试证方程 $Az\bar{z} + \bar{a}z + a\bar{z} + C = 0$ 表示圆或直线，当且仅当 $|a|^2 > AC$. 试求出圆心和半径.

1.21 写出复平面上圆 $z\bar{z} - (2 + \mathrm{i})z - (2 - \mathrm{i})\bar{z} = 4$ 的圆心和半径.

1.22 试证 $\left|\dfrac{z - a}{1 - \bar{a}z}\right| = r$ 表示圆周，并求其圆心和半径.

1.23 函数 $w = \dfrac{1}{z}$ 把下列 z 平面上的曲线映射成 w 平面上怎样的曲线？

(1) $x^2 + y^2 = 4$；　(2) $y = x$；　(3) $x = 1$；　(4) $(x - 1)^2 + y^2 = 1$.

1.24 设 $|z| < 1$，试证：$\left|\dfrac{z - a}{1 - \bar{a}z}\right| \begin{cases} < 1, & |a| < 1, \\ = 1, & |a| = 1, \\ > 1, & |a| > 1. \end{cases}$

1.25 试证下列等式：

(1) $\displaystyle\sum_{n=0}^{\infty} r^n \cos n\theta = \dfrac{1 - r\cos\theta}{1 - 2r\cos\theta + r^2}$，$0 < r < 1$，

$\displaystyle\sum_{n=0}^{\infty} r^n \sin n\theta = \dfrac{r\sin\theta}{1 - 2r\cos\theta + r^2}$，$0 < r < 1$；

(2) $\displaystyle\sum_{n=1}^{N} \cos n\theta = \dfrac{\sin\left(N + \dfrac{1}{2}\right)\theta - \sin\dfrac{1}{2}\theta}{2\sin\dfrac{1}{2}\theta}$，

$\displaystyle\sum_{n=1}^{N} \sin n\theta = \dfrac{\cos\dfrac{1}{2}\theta - \cos\left(N + \dfrac{1}{2}\right)\theta}{2\sin\dfrac{1}{2}\theta}$；

(3) $\left(\dfrac{1 + \mathrm{i}\tan\theta}{1 - \mathrm{i}\tan\theta}\right)^n = \dfrac{1 + \mathrm{i}\tan n\theta}{1 - \mathrm{i}\tan n\theta}$；

(4) $\left(\dfrac{1 + \sin\theta + \mathrm{i}\cos\theta}{1 + \sin\theta - \mathrm{i}\cos\theta}\right)^n = \cos n\left(\dfrac{\pi}{2} - \theta\right) + \mathrm{i}\sin n\left(\dfrac{\pi}{2} - \theta\right)$.

1.26　当 $|z| \leqslant 1$ 时，求 $|z^n + a|$ 的最大值和最小值，其中 n 为正整数，a 为复数.

1.27　解方程 $\bar{z} = z^{n-1}$（n 为自然数）.

1.28　若以 1，ω_1，ω_2，$\cdots$，ω_{n-1} 表示 1 的 n 个 n 次方根，试从 $z^{n-1} + z^{n-2} + \cdots + z + 1 = (z - \omega_1)(z - \omega_2) \cdots (z - \omega_{n-1})$ 两端令 $z \to 1$，证明：

$$2^{n-1} \sin \frac{\pi}{n} \sin \frac{2\pi}{n} \cdots \sin \frac{(n-1)\pi}{n} = n.$$

1.29　若 $n = 2$，3，4，$\cdots$，证明：

（1）$\cos \dfrac{2\pi}{n} + \cos \dfrac{4\pi}{n} + \cos \dfrac{6\pi}{n} + \cdots + \cos \dfrac{2(n-1)\pi}{n} = -1$；

（2）$\sin \dfrac{2\pi}{n} + \sin \dfrac{4\pi}{n} + \sin \dfrac{6\pi}{n} + \cdots + \sin \dfrac{2(n-1)\pi}{n} = 0.$

1.30　证明：对任一整数 $n > 1$，有

$$\cot \frac{\pi}{2n} \cot \frac{2\pi}{2n} \cot \frac{3\pi}{2n} \cdots \cot \frac{(n-1)\pi}{2n} = 1.$$

第 2 章 解 析 函 数

与实函数不同，复变函数在某点的值与周围的值有密切的联系，这种性质反映在函数在某一点解析的概念中. 不解析的点称为奇点，复变函数的解析点和奇点同样重要. 解析函数是复变函数研究的主要对象，它在理论和实际问题中有着广泛的应用. 本章首先介绍复变函数的导数，然后引出解析函数，并讨论解析函数的一个充分必要条件，它是用函数的实部和虚部所具有的微分性质来表达的. 最后，我们把在实数域上熟知的初等函数推广到复数域上来，并分析其性质.

2.1 复变函数的导数

2.1.1 复变函数的导数

定义 2.1 设复变函数 $w = f(z)$ 在区域 D 中某点 z 的邻域内有定义，$z + \Delta z$ 是邻域中的任意一点，若极限

$$\lim_{\Delta z \to 0} \frac{\Delta f}{\Delta z} = \lim_{\Delta z \to 0} \frac{f(z + \Delta z) - f(z)}{\Delta z} \tag{2.1}$$

存在，则称 $w = f(z)$ 在 z 点可导，该极限值称为 $f(z)$ 在 z 点的**导数**，记为 $f'(z)$，或者 $\dfrac{\mathrm{d}f}{\mathrm{d}z}$，$\dfrac{\mathrm{d}w}{\mathrm{d}z}$.

特别要强调的是，复变函数可导的定义中，极限值与 Δz 趋于零的方向和方式无关. 由于 z 是复平面上的点，因此 $\Delta z \to 0$ 可以是任意方向和任何方式，但不论怎样趋近，$f'(z)$ 的值总是趋近于一个有限的定值. 这比一元实函数可导的条件要严格得多，因为一元实函数是定义在数轴上. 正因为如此，可导的复变函数具有许多独特的性质和应用.

显然，如果复变函数在某点可导，则函数在该点连续，反之则不然. 函数的连续仅仅是可导的必要条件.

例 2.1 求函数 $f(z) = z^n$ 在复平面上的导数.

解 利用定义 (2.1)，有

$$f'(z) = \lim_{\Delta z \to 0} \frac{f(z + \Delta z) - f(z)}{\Delta z} = \lim_{\Delta z \to 0} \frac{(z + \Delta z)^n - z^n}{\Delta z}$$

$$= \lim_{\Delta z \to 0} \left[nz^{n-1} + \frac{n(n-1)}{2} z^{n-2} \Delta z + \cdots + (\Delta z)^{n-1} \right] = nz^{n-1}.$$

因此, 函数 $f(z) = z^n$ 在复平面上处处可导, 且 $(z^n)' = nz^{n-1}$. 一般多项式求导可利用此求导关系.

例 2.2 利用复变函数导数的定义, 讨论函数 $w = \bar{z}$ 在复平面上的可导性.

解 在复平面上任意取一点 z, 利用定义 (2.1) 有

$$\lim_{\Delta z \to 0} \frac{\Delta f}{\Delta z} = \lim_{\Delta z \to 0} \frac{f(z + \Delta z) - f(z)}{\Delta z} = \lim_{\Delta z \to 0} \frac{\overline{(z + \Delta z)} - \bar{z}}{\Delta z} = \lim_{\Delta z \to 0} \frac{\overline{\Delta z}}{\Delta z}. \tag{2.2}$$

若 $\Delta z = |\Delta z| \mathrm{e}^{i\theta}$, 则 $\overline{\Delta z} = |\Delta z| \mathrm{e}^{-i\theta}$, 代入式 (2.2) 有

$$\lim_{\Delta z \to 0} \frac{\Delta f}{\Delta z} = \lim_{\Delta z \to 0} \frac{\overline{\Delta z}}{\Delta z} = \mathrm{e}^{-2i\theta},$$

其极限值与 θ 有关, 也就是说与 $\Delta z \to 0$ 的方式有关, 故极限不存在, 函数 $w = \bar{z}$ 在复平面上处处不可导.

对式 (2.2) 也可以取两条特殊的路径计算极限值, 即当 Δz 沿平行 x 轴的方向趋于 0 时, 有 $\Delta z = \Delta x$, 从而

$$\lim_{\Delta z \to 0} \frac{\Delta f}{\Delta z} = \lim_{\Delta z \to 0} \frac{\overline{\Delta z}}{\Delta z} = \lim_{\Delta x \to 0} \frac{\overline{\Delta x}}{\Delta x} = 1.$$

当 Δz 沿平行 y 轴的方向趋于 0 时, 有 $\Delta z = i\Delta y$, 从而

$$\lim_{\Delta z \to 0} \frac{\Delta f}{\Delta z} = \lim_{\Delta z \to 0} \frac{\overline{\Delta z}}{\Delta z} = \lim_{\Delta y \to 0} \frac{\overline{i\Delta y}}{i\Delta y} = -1.$$

W 函数与分形

也可以得到式 (2.2) 的极限不存在.

我们知道函数 $w = \bar{z}$ 在复平面上处处连续, 而在复平面上处处不可导. 在实函数中, 处处连续而处处不可导的函数很少, 而在复变函数中这种情况较常见, 这是因为复变函数可导的条件比实函数更加苛刻.

2.1.2 求导法则

由定义可知, 复变函数 $w = f(z)$ 可导和一元实函数 $y = f(x)$ 可导的定义在形式上一样, 且极限运算法则也相似, 所以由一元实函数导数定义推导出的求导基本公式和运算法则可以直接推广到复变函数中.

复变函数四则运算以及复合的复变函数求导法则:

(1) 如果 $w = c$ (c 是复常数), 那么有 $\dfrac{\mathrm{d}w}{\mathrm{d}z} = (c)' = 0$.

(2) 对幂函数 $w = z^n$ (n 是自然数), 有 $\dfrac{\mathrm{d}w}{\mathrm{d}z} = nz^{n-1}$; 如果 $w = \dfrac{1}{z^n}$ (n 是自然数), 那么有

$$\frac{\mathrm{d}w}{\mathrm{d}z} = -n \frac{1}{z^{n+1}}.$$

(3) 如果函数 $f_1(z)$ 和 $f_2(z)$ 均在点 z 可导, 则有

$$[f_1(z) \pm f_2(z)]' = f_1'(z) \pm f_2'(z),$$
$$[f_1(z)f_2(z)]' = f_1'(z)f_2(z) + f_1(z)f_2'(z),$$

$$\left[\frac{f_1(z)}{f_2(z)}\right]' = \frac{f_1'(z)f_2(z) - f_1(z)f_2'(z)}{f_2^2(z)}, \quad f_2(z) \neq 0.$$

(4)关于复合函数求导的法则仍然成立. 若函数 $w = g(z)$ 在点 z 处可导，$h = f(w)$ 在 $w = g(z)$ 处可导，则复合函数 $f[g(z)]$ 在点 z 处仍可导，并且

$$\frac{df[g(z)]}{dz} = \frac{df(w)}{dw} \cdot \frac{dw}{dz}.$$

(5)如果在 z 的一个邻域内存在 $w = f(z)$ 的反函数 $z = f^{-1}(w) = \varphi(w)$，则

$$\frac{dw}{dz} = \frac{1}{\dfrac{dz}{dw}}, \quad \frac{dz}{dw} \neq 0.$$

2.1.3 复变函数导数存在的充要条件

复变函数导数存在的必要条件 如果函数 $f(z) = u(x, y) + iv(x, y)$ 在 z 点可导，则它的实部和虚部满足 Cauchy-Riemann 方程(简称 C-R 方程)，即

$$\frac{\partial u(x, y)}{\partial x} = \frac{\partial v(x, y)}{\partial y}, \qquad \frac{\partial u(x, y)}{\partial y} = -\frac{\partial v(x, y)}{\partial x}. \tag{2.3}$$

证明 因为 $w = f(z)$ 在 z 点的导数存在，所以它的值与 $\Delta z \to 0$ 的方式无关. 我们可以取两个特殊方向使 Δz 逼近 0，一是沿平行于实轴方向，另一是沿平行于虚轴方向，它们的导数是相等的.

令 $\Delta z = \Delta x + i\Delta y$，对沿平行于实轴方向，即 $\Delta y = 0$，则 $\Delta z = \Delta x$，代入式(2.1)，得到

$$f'(z) = \lim_{\Delta z \to 0} \frac{\Delta w}{\Delta z} = \lim_{\substack{\Delta x \to 0 \\ \Delta y = 0}} \frac{u(x + \Delta x, y) + iv(x + \Delta x, y) - u(x, y) - iv(x, y)}{\Delta x}$$

$$= \frac{\partial u(x, y)}{\partial x} + i\frac{\partial v(x, y)}{\partial x}.$$

对沿平行于虚轴方向，即 $\Delta x = 0$，$\Delta z = i\Delta y$，代入式(2.1)，得

$$f'(z) = \lim_{\Delta z \to 0} \frac{\Delta w}{\Delta z} = \lim_{\substack{\Delta y \to 0 \\ \Delta x = 0}} \frac{u(x, y + \Delta y) + iv(x, y + \Delta y) - u(x, y) - iv(x, y)}{i\Delta y}$$

$$= \frac{\partial v(x, y)}{\partial y} - i\frac{\partial u(x, y)}{\partial y}.$$

因为 $f(z)$ 在 z 的导数存在，故以上两个式应该相等，于是实部和虚部分别相等，即可得到式(2.3).

如果 $w = f(z)$ 在 z 点可导，证明的过程说明其导数可以按下式来计算：

$$f'(z) = \frac{\partial u(x, y)}{\partial x} + i\frac{\partial v(x, y)}{\partial x}, \tag{2.4a}$$

或

$$f'(z) = \frac{\partial v(x, y)}{\partial y} - i\frac{\partial u(x, y)}{\partial y}. \tag{2.4b}$$

按 C-R 条件，上式还可以写成：

$$f'(z) = \frac{\partial u(x,\ y)}{\partial x} - \mathrm{i}\,\frac{\partial u(x,\ y)}{\partial y}, \tag{2.5a}$$

$$f'(z) = \frac{\partial v(x,\ y)}{\partial y} + \mathrm{i}\,\frac{\partial v(x,\ y)}{\partial x}. \tag{2.5b}$$

C-R 条件说明，如果复变函数在某点可导，则它的实部和虚部之间存在必然的联系，所以只要知道复变函数的实部(或者虚部)，就可以求得它的虚部(或者实部)以及导数.

复变函数导数存在的充分条件 C-R 方程是函数可导的必要条件，但不是充分条件. 它保证了当 Δz 以平行于实轴和虚轴这两种特殊方式趋于 0 时 $\Delta w / \Delta z$ 逼近同一值. 但可以证明，如果 $f(z) = u(x,\ y) + \mathrm{i}v(x,\ y)$ 的实部 $u(x,\ y)$ 和虚部 $v(x,\ y)$ 在点 $z = x + \mathrm{i}y$ 具有连续的一阶偏导数，且满足 C-R 方程，则函数 $f(z)$ 在 z 点可导.

复变函数导数存在的充要条件 设函数 $f(z) = u(x,\ y) + \mathrm{i}v(x,\ y)$ 在区域 D 内有定义，则 $f(z)$ 在 D 内一点 $z = x + \mathrm{i}y$ 处可导的充要条件是：

(1) $u(x,\ y)$ 和 $v(x,\ y)$ 在点 $z = x + \mathrm{i}y$ 处可导；

(2) $u(x,\ y)$ 和 $v(x,\ y)$ 在点 $z = x + \mathrm{i}y$ 处满足 C-R 方程.

2.2 解析函数

定义 2.2 如果 $w = f(z)$ 在点 z_0 及其邻域内可导，则称 $w = f(z)$ 在 z_0 解析. 如果 $w = f(z)$ 在区域 D 中的每一点都可导，则称 $w = f(z)$ 在区域 D 内解析. 如果函数 $w = f(z)$ 在 z_0 不解析，则称 z_0 是 $w = f(z)$ 的**奇点**.

按照函数解析的定义，若函数在某点解析，则必在该点可导，反之不一定成立. 但函数在区域内解析与区域内可导是等价的.

例 2.3 讨论复变函数 $f(z) = z\bar{z}$ 的可导性和解析性.

解 由于 $f(z) = z\bar{z} = x^2 + y^2$，故 $u(x,\ y) = x^2 + y^2$，$v(x,\ y) = 0$，由 C-R 方程得到

$$\begin{cases} u_x = v_y, \\ u_y = -v_x, \end{cases} \Rightarrow \begin{cases} 2x = 0, \\ 2y = 0. \end{cases}$$

由于 $u(x,\ y)$ 和 $v(x,\ y)$ 有连续的一阶导数，且在 $z = 0$ 点满足 C-R 方程，而其余点不满足. 故 $f(z) = z\bar{z}$ 只在 $z = 0$ 点可导，而在复平面上处处不解析.

例 2.4 讨论复变函数 $f(z) = \mathrm{e}^x(\cos y + \mathrm{i}\sin y)$ 的可导性和解析性.

解 由于 $u(x,\ y) = \mathrm{e}^x\cos y$，$v(x,\ y) = \mathrm{e}^x\sin y$，由 C-R 方程得到

$$\begin{cases} u_x = v_y, \\ u_y = -v_x, \end{cases} \Rightarrow \begin{cases} \mathrm{e}^x\cos y = \mathrm{e}^x\cos y, \\ -\mathrm{e}^x\sin y = -\mathrm{e}^x\sin y. \end{cases}$$

由于 $u(x,\ y)$ 和 $v(x,\ y)$ 有连续的一阶导数，且在复平面上处处满足 C-R 方程，故 $f(z)$ 在复平面上处处解析，并且由复变函数的导数公式(2.4a)得到

$$f'(z) = \frac{\partial u(x,\ y)}{\partial x} + \mathrm{i}\,\frac{\partial v(x,\ y)}{\partial x} = \mathrm{e}^x\cos y + \mathrm{i}\mathrm{e}^x\sin y = f(z).$$

在后面我们将看到此函数为复变函数的指数函数.

对函数 $f(z) = z^n$，由于 $f'(z) = nz^{n-1}$，则在复平面上处处可导，故在复平面上处处解析. 根据求导法则，我们有多项式函数 $P(z) = a_n z^n + a_{n-1} z^{n-1} + \cdots + a_1 z + a_0$ 在复平面上处处解析，而 $f(z) = \dfrac{P(z)}{Q(z)}$（其中 $Q(z)$ 为多项式函数）在除去 $Q(z) = 0$ 的点外处处解析.

例 2.5　$f(z) = u(x, y) + iv(x, y)$ 的实部和虚部在点 $z = x + iy$ 有一阶连续偏导数，则 $f(z)$ 在 z 点可导的充分必要条件是 $\dfrac{\partial f(z)}{\partial \bar{z}} = 0$.

证明　因为 $x = \dfrac{z + \bar{z}}{2}$，$y = \dfrac{z - \bar{z}}{2i}$，有 $\dfrac{\partial x}{\partial z} = \dfrac{1}{2}$，$\dfrac{\partial x}{\partial \bar{z}} = \dfrac{1}{2}$，$\dfrac{\partial y}{\partial z} = \dfrac{1}{2i}$，$\dfrac{\partial y}{\partial \bar{z}} = -\dfrac{1}{2i}$，任何一个复变函数 $w = u(x, y) + iv(x, y)$ 可以写成 $w = f(z, \bar{z})$.

（1）把复变函数看成 z 和 $\bar{z}$ 的独立变量，分别对 z 和 $\bar{z}$ 求偏导数，得到

$$\frac{\partial f}{\partial z} = \frac{\partial f}{\partial x}\frac{\partial x}{\partial z} + \frac{\partial f}{\partial y}\frac{\partial y}{\partial z} = \frac{1}{2}\left(\frac{\partial}{\partial x} - i\frac{\partial}{\partial y}\right)f = \frac{1}{2}\left(\frac{\partial u}{\partial x} + \frac{\partial v}{\partial y}\right) + \frac{i}{2}\left(\frac{\partial v}{\partial x} - \frac{\partial u}{\partial y}\right),$$

$$\frac{\partial f}{\partial \bar{z}} = \frac{\partial f}{\partial x}\frac{\partial x}{\partial \bar{z}} + \frac{\partial f}{\partial y}\frac{\partial y}{\partial \bar{z}} = \frac{1}{2}\left(\frac{\partial}{\partial x} + i\frac{\partial}{\partial y}\right)f = \frac{1}{2}\left(\frac{\partial u}{\partial x} - \frac{\partial v}{\partial y}\right) + \frac{i}{2}\left(\frac{\partial v}{\partial x} + \frac{\partial u}{\partial y}\right);$$

或者

$$\frac{\partial f}{\partial z} = \frac{\partial u}{\partial x}\frac{\partial x}{\partial z} + \frac{\partial u}{\partial y}\frac{\partial y}{\partial z} + i\frac{\partial v}{\partial x}\frac{\partial x}{\partial z} + i\frac{\partial v}{\partial y}\frac{\partial y}{\partial z} = \frac{1}{2}\left(\frac{\partial u}{\partial x} + \frac{\partial v}{\partial y}\right) + \frac{i}{2}\left(\frac{\partial v}{\partial x} - \frac{\partial u}{\partial y}\right);$$

$$\frac{\partial f}{\partial \bar{z}} = \frac{\partial u}{\partial x}\frac{\partial x}{\partial \bar{z}} + \frac{\partial u}{\partial y}\frac{\partial y}{\partial \bar{z}} + i\frac{\partial v}{\partial x}\frac{\partial x}{\partial \bar{z}} + i\frac{\partial v}{\partial y}\frac{\partial y}{\partial \bar{z}} = \frac{1}{2}\left(\frac{\partial u}{\partial x} - \frac{\partial v}{\partial y}\right) + \frac{i}{2}\left(\frac{\partial v}{\partial x} + \frac{\partial u}{\partial y}\right).$$

注意：在上面的推导中，我们得到了以下算子关系：

$$\frac{\partial}{\partial z} = \frac{1}{2}\left(\frac{\partial}{\partial x} - i\frac{\partial}{\partial y}\right), \qquad \frac{\partial}{\partial \bar{z}} = \frac{1}{2}\left(\frac{\partial}{\partial x} + i\frac{\partial}{\partial y}\right).$$

如果 $w = f(z)$ 在 z 可导，利用 C-R 条件可以得到 $\dfrac{\partial f}{\partial \bar{z}} = 0$，证得必要条件. 如果 $\dfrac{\partial f}{\partial \bar{z}} = 0$，可以推出 C-R 条件，证得充分条件.

利用这个性质可以判别一个函数是否解析，解析函数只是 z 的函数，能单独用 z 表示. 例如，$w = \mathrm{Re}(z) = x = \dfrac{z + \bar{z}}{2}$，在复平面上不解析，$w = z^n$（$n$ 是正整数）在复平面上处处解析.

（2）我们也可以利用这一性质判别一个复变函数在某点是否可以导. 例如，复变函数 $f(z) = \mathrm{e}^{-|z|^2} = \mathrm{e}^{-z\bar{z}}$，$\dfrac{\partial f(z)}{\partial \bar{z}} = \mathrm{e}^{-z\bar{z}}(-z)$，只有在 $z = 0$ 时等于 0. 因此，$f(z) = \mathrm{e}^{-|z|^2}$ 只有在 $z = 0$ 处可导，处处不解析. 也可以验证例 2.3.

2.3　初等函数

与初等实变函数一样，初等复变函数是最简单、最基本而常用的函数，在复变函数论及其应用中都很重要. 当初等函数推广到复数域后，有许多和初等实变函数不一样的性

质，如指数函数的周期性，对数函数的无穷多值性，正弦、余弦函数的无界性等．

2.3.1 单值函数

1. 分式函数

已经定义了函数 $w = z^n$（n 是自然数），利用它可以定义分式函数

$$w = \frac{P(z)}{Q(z)},$$

式中，$P(z) = a_n z^n + a_{n-1} z^{n-1} + \cdots + a_1 z + a_0$，$Q(z) = b_m z^m + b_{m-1} z^{m-1} + \cdots + b_1 z + b_0$，其中 m，n 为自然数；$a_n, \cdots, a_0$ 以及 $b_m, \cdots, b_0$ 是复常数．满足 $Q(z) = 0$ 的点是分式函数的奇点，$z = \infty$ 也是奇点．

2. 指数函数

对于复数 $z = x + iy$，定义 $f(z) = e^x(\cos y + i\sin y)$ 为指数函数，也记为 e^z．

对指数函数其模为 $|e^z| = e^x$，辐角为 $\text{Arg}(e^z) = y + 2k\pi$（$k = 0$，$\pm 1$，$\pm 2$，$\cdots$）．尽管指数函数的辐角是无穷多值的，但由于正弦和余弦函数的周期性，指数函数是单值函数．由例 2.4 可知，指数函数在整个复平面上处处解析，且 $\dfrac{d(e^z)}{dz} = e^z$．

指数函数具有以下的性质：

（1）对于实数 $z = x$（$y = 0$）来说，与实指数函数的定义是一致的．当 $z = iy$ 时，对任意实数 y 有 $e^{iy} = \cos y + i\sin y$，即为 Euler 公式．

（2）指数函数服从加法定理，即 $e^{z_1 + z_2} = e^{z_1} \cdot e^{z_2}$．

利用指数函数的定义可以简单证明．

（3）由于 $|e^z| = e^x \neq 0$，故 $e^z \neq 0$，指数函数在复平面上没有零点．

（4）指数函数是周期函数，这是由正弦函数和余弦函数决定的，即

$$e^z = e^{z + i2k\pi}, \qquad k = 0, \pm 1, \pm 2, \cdots,$$

其周期为 $2\pi i$ 的倍数．

（5）极限 $\lim\limits_{z \to \infty} e^z = \infty$ 不存在，所以 $z = \infty$ 是指数函数的奇点．

因为当 z 沿正实轴趋于 $+\infty$ 时，$\lim\limits_{x \to +\infty} e^z = \infty$，当 z 沿负实轴趋于 $-\infty$ 时，$\lim\limits_{x \to -\infty} e^z = 0$．

注意：

（1）与实指数函数不同，指数函数 e^z 可能取负值．例如 $e^{i\pi} = e^0(\cos\pi + i\sin\pi) = -1$．

（2）若 $e^{z_1} = e^{z_2}$，则 $z_1 = z_2 + 2k\pi i$．

3. 三角函数

余弦函数和正弦函数分别定义为

$$\cos z = \frac{e^{iz} + e^{-iz}}{2}, \quad \sin z = \frac{e^{iz} - e^{-iz}}{2i}.$$

由指数函数的性质知道，它们在 z 平面解析，且 $(\sin z)' = \cos z$，$(\cos z)' = -\sin z$，$z = \infty$ 是函数的奇点．

三角函数具有以下的性质：

（1）如果利用 Euler 公式定义实函数中的余弦函数和正弦函数

$$\cos x = \frac{e^{ix} + e^{-ix}}{2}, \quad \sin x = \frac{e^{ix} - e^{-ix}}{2i},$$

它和复变函数中的余弦函数和正弦函数在形式上是一样的，所以实函数中正弦函数和余弦函数的关系式和它们的导数都适用于复函数的正弦函数和余弦函数，例如：

$$\sin^2 z + \cos^2 z = 1, \quad (\sin z)' = \cos z,$$
$$\cos(z_1 + z_2) = \cos z_1 \cos z_2 - \sin z_1 \sin z_2,$$
$$\sin(z_1 + z_2) = \sin z_1 \cos z_2 + \cos z_1 \sin z_2.$$

（2）由于 e^{iz} 以 2π 为周期，所以余弦函数和正弦函数的周期为 2π，即

$$\sin(z + 2k\pi) = \sin z, \quad \cos(z + 2k\pi) = \cos z, \quad k = 0, \pm 1, \pm 2, \cdots$$

（3）余弦函数和正弦函数的零点：由 $\cos z = 0$，知 $z = \left(k + \dfrac{1}{2}\right)\pi$，由 $\sin z = 0$，知 $z = k\pi$.

（4）$\sin z$ 和 $\cos z$ 是无界函数，不等式 $|\sin z| \leqslant 1, |\cos z| \leqslant 1$ 不再成立.

若 $x = 0$，则 $\cos z = \cos iy = \dfrac{e^{i(iy)} + e^{-i(iy)}}{2} = \dfrac{e^{-y} + e^{y}}{2} > \dfrac{e^{y}}{2}$，当 $y \to \infty$ 时，$\cos z \to \infty$.

例 2.6　求 $\sin(1 + i)$ 的值.

解　$\sin(1 + i) = \dfrac{e^{i(1+i)} - e^{-i(1+i)}}{2i}$

$$= \frac{e^{i-1} - e^{-i+1}}{2i} = \frac{e^{-1}}{2i}(\cos 1 + i\sin 1) - \frac{e}{2i}[\cos(-1) + i\sin(-1)]$$

$$= i\left(\frac{e - e^{-1}}{2}\right)\cos 1 + \left(\frac{e + e^{-1}}{2}\right)\sin 1 = i\sinh 1 \cos 1 + \cosh 1 \sin 1.$$

其他三角函数的定义为

$$\tan z = \frac{\sin z}{\cos z}, \quad \cot z = \frac{\cos z}{\sin z}, \quad \sec z = \frac{1}{\cos z}, \quad \csc z = \frac{1}{\sin z}.$$

利用指数函数的性质知道，$z = \infty$ 是它们的奇点，满足分母等于零的点也是它们的奇点.

4. 双曲函数

双曲余弦函数和双曲正弦函数的定义分别为

$$\cosh z = \frac{e^z + e^{-z}}{2}, \quad \sinh z = \frac{e^z - e^{-z}}{2}.$$

双曲正切函数和双曲余切函数分别定义为

$$\tanh z = \frac{e^z - e^{-z}}{e^z + e^{-z}}, \quad \coth z = \frac{e^z + e^{-z}}{e^z - e^{-z}}.$$

可以利用指数函数和分数函数的性质讨论双曲函数的奇点. 因为它们的形式和相应的实函数一样，实函数中的各种关系式和求导公式都可以移过来使用.

2.3.2 多值函数

1. 根式函数

根式函数定义为

$$w = \sqrt[n]{z}, \qquad n \text{ 是整数，但 } n \neq 0 \text{ 和 } n \neq 1.$$

根式函数是幂函数的反函数. 例 1.3 中的 $\sqrt[3]{i}$ 有 3 个值，由此推断 z 平面上任意一点，$w = \sqrt[3]{z}\,(z \neq 0 \text{ 和 } z \neq \infty)$ 也应该有 3 个值. 它是一个多值函数，多值函数的极限不存在，所以不能求导，当然不是解析函数，复变函数理论采用单值分支的概念来克服不能深入研究它的困难.

先讨论最简单的根式函数 $w = \sqrt{z}$，把它写成指数的形式：

$$w = \sqrt{r}\, e^{\frac{i(\arg z + 2k\pi)}{2}}, \qquad k = 0, \pm 1, \pm 2, \cdots, \tag{2.6}$$

其中，$-\pi < \arg z \leq \pi$. 从辐角的角度讲，不同的 k 对应不同的 z 平面，对 $w = \sqrt{z}$ 而言，不同的 k 对应了不同的函数值，这就决定了函数值的多值性.

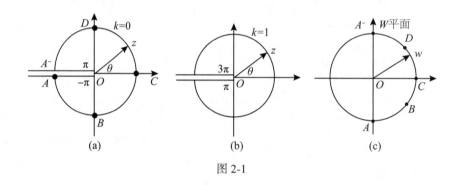

图 2-1

图 2-1(a) 是 $k = 0$ 的 z 平面，主辐角 $\arg z$ 在 $(-\pi, \pi]$ 内变化，通过式 (2.6) 映射到图 2-1(c) 所示的 w 的右半平面. 图 2-1(b) 对应的是 $k = 1$ 的 z 平面，辐角 $\arg z + 2\pi$ 在 $(\pi, 3\pi]$ 内变化，通过式 (2.6) 映射到图 2-1(c) 所示的 w 的左半平面.

现在考虑其他 k 的值，通过式 (2.6) 计算，$k = 2$ 的 z 平面映射到 w 的右半平面，$k = 3$ 的 z 平面映射到 w 左半平面，等等. 所以从函数值的角度出发，只需要考虑连续两个 k 值的 z 平面，这是 $w = \sqrt{z}$ 的定义域，对于每一个 z 平面 $w = \sqrt{z}$ 是单值函数.

在图 2-1(a) 中，z 沿着单位圆逆时针变化，由 A 点开始，绕圆一周回到 A^- 点，图 2-1(c) 中函数值沿着 w 平面单位圆的逆时针方向在右半圆周由 A 变化到 A^-. 事实上，图 2-1(a) 中 A^- 是回不到 A 的，由于负实轴是不连续的，当 z 越过负实轴后，便进入 $k = 1$ 的 z 平面. 如图 2-1(b) 所示，z 沿着该平面单位圆连续逆时针变化，函数值沿着 w 平面单位圆左半圆周逆时针变化. 根据辐角的定义，z 沿着单位圆继续变化，它应该到 $k = 2$ 的 z 平面，但是从函数值的角度讲，它又回到 $k = 0$ 的 z 平面.

在图 2-2 中，如果 z 沿着单位圆顺时针变化，越过负实轴后也到达 $k = 1$ 的平面. 可以

想象复矢量 z 绕着原点旋转，不管是逆时针还是顺时针，通过负实轴后会从一个 z 平面到达另一个 z 平面，而且始终在 $k=0$ 和 $k=1$ 两个平面之间变化. 如果 z 没有越过负实轴，它只能在一个平面内变化. 这些性质都是由函数值决定的，$k=0$ 和 $k=1$ 的两个 z 平面是 $w = \sqrt{z}$ 的定义域，z 在一个平面内变化时定义了一个单值函数.

若从 z 平面的原点(支点)沿负实轴作割线，则 z 平面得到各个单值分支，图 2-1(a)(b)所示是 $w = \sqrt{z}$ 的两个单值分支.

如图 2-1(a)所示，负实轴画成双线，表示负实轴的辐角有两个值，$\arg z = \pi$ 定义为割线的上沿，$\arg z = -\pi$ 定义为割线的下沿. 同样在图 2-1(b)中，$\arg z = \pi$ 是割线的下沿，$\arg z = 3\pi$ 是割线的上沿. 割线上一点对应了两个函数值，同时无法确定支点属于哪一个单值分支，所以支点和割线上的点是 $w = \sqrt{z}$ 的奇点，除此以外，$w = \sqrt{z}$ 在单值分支上解析.

图 2-1(a)(b)中的单位圆按图 2-2 的形式连在一起. OA 是割线，O 点是支点. 变量 z 只有越过割线才能从一个单值分支到达另一个单值分支. 图 2-2 画出了 $w = \sqrt{z}$ 定义域的结构，称图 2-2 是 $w = \sqrt{z}$ 的 Riemann 面.

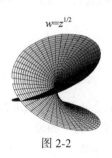

$w = z^{1/2}$

图 2-2

$w = z^{1/4}$

图 2-3

图 2-1(a)取负实轴为割线，是因为先有约定，$-\pi < \arg z \leqslant \pi$，但是辐角的主值可以作其他的约定. 例如，如果约定 $0 < \arg z \leqslant 2\pi$，割线就是正实轴. 正实轴作为割线时，在它的上沿 $\arg z = 0$，在它的下沿 $\arg z = 2\pi$，还可以取正虚轴或负虚轴作为割线. 所以割线的选取有其任意性，要根据问题的需要而定.

单值分支、支点和割线的概念可以推广到一般的幂函数，$w = \sqrt[n]{z}\,(n=2,\ 3,\ \cdots)$ 有 n 个单值分支，如图 2-3 画出了函数 $\sqrt[4]{z}$ 的 Riemann 面. $\sqrt[3]{i}$ 有 3 个值是因为 $\sqrt[3]{z}$ 有三个单值分支，在不同的单值分支上取 $z=i$，对应的函数值有 3 个.

例 2.7　函数 $w = \sqrt[3]{z}$ 确定在沿负实轴割破了的 z 平面上，并且 $w(i) = -i$，求 $w(-i)$.

解　$w = \sqrt[3]{z}$ 有三个单值分支，当 $w(i) = -i$ 时，可以确定 $z=i$ 所在的单值分支，为了满足已知条件 $\sqrt[3]{i} = e^{i(\pi/2 + 2k\pi)/3} = -i$，必须取 $k=2$，可以知道 $z=i$ 位于 $k=2$ 的单值分支内，继而计算

$$\sqrt[3]{-i} = e^{i(-\pi/2 + 4\pi)/3} = e^{i7\pi/6} = -\frac{1}{2}(\sqrt{3} + i).$$

说明：因为割线是负实轴，所以 $\arg(i) = \dfrac{\pi}{2}$，$\arg(-i) = -\dfrac{\pi}{2}$．如果割线是正实轴，

$\arg(i) = \dfrac{\pi}{2}$，$\arg(-i) = \dfrac{3}{2}\pi$．割线的位置不同，辐角的主值和函数值也不同．

2. 对数函数

设复数 $z \neq 0$，满足方程 $z = e^w$ 的复数 w 称为 z 的对数函数，记为

$$w = \mathrm{Ln}z = u(x, y) + iv(x, y),$$

它是复变函数指数函数 $z = e^w$ 的反函数．

若令 $w = u + iv$，$z = |z|e^{i\theta}$，利用复数的指数函数的定义 $z = e^w$，我们得到等式 $|z|e^{i\theta} = e^{u+iv}$，比较等式两边的模和辐角，得到

$$e^u = |z|, \quad v = \theta + 2k\pi = \mathrm{Arg}z.$$

从而可以求得对数函数的实部和虚部分别为

$$u = \ln|z|, \quad v = \mathrm{Arg}z.$$

因而对数函数的表达式为

$$w = \mathrm{Ln}z = \ln|z| + i\mathrm{Arg}z = \ln|z| + i\arg z + i2k\pi, \quad k = 0, \pm 1, \cdots, \tag{2.7}$$

它是一个多值函数．定义域由无数个单值分支组成，由式(2.7)知道它们的多值性仅仅是虚部相差一个常数．

在辐角主值范围内的单值函数可写成

$$w = \ln z = \ln|z| + i\arg z, \tag{2.8}$$

我们称之为对数函数的主值．

对数函数主值的实部 $\ln|z|$ 在复平面上除 $z = 0$ 外处处连续，而虚部 $\arg z$ 除去 $z = 0$ 及负实轴外处处连续(参见例 1.5)．所以，在除去原点及负实轴的复平面 D：$-\pi < \arg z < \pi$ 内 $\ln z$ 连续．由于 $w = \ln z$ 是 $z = e^w$ 在区域 D 内的单值反函数，所以 $\ln z$ 在沿原点及负实轴割开的复平面内是解析函数．若在式(2.7)中取 k 为其他值时，又可得到无穷多单值函数

$$w_k = (\ln z)_k = \ln|z| + i\arg z + i2k\pi, \quad k = 0, \pm 1, \cdots$$

它们分别称为对数函数 $\mathrm{Ln}z$ 的第 k 个单值分支，在各个分支中它们是解析函数．

利用反函数的求导法则，有

$$\frac{dw_k}{dz} = \frac{d(\ln z)_k}{dz} = \frac{1}{\dfrac{dz}{dw}} = \frac{1}{e^w} = \frac{1}{z}.$$

利用实函数对数函数和辐角的性质，很容易验证对数函数有以下运算法则：

$$\mathrm{Ln}(z_1 z_2) = \mathrm{Ln}z_1 + \mathrm{Ln}z_2, \quad \mathrm{Ln}\left(\frac{z_1}{z_2}\right) = \mathrm{Ln}z_1 - \mathrm{Ln}z_2.$$

注意：上述等式的成立应该理解为：

(1)两端可能取值的全体集合是相等的(即模相等并且辐角对应的集合是相等的)．

(2)当等式左端的对数取某一分支的值时，等式右端的对数必有某一分支(可能是另一支)的值与之对应相等．而对于某个指定的分支上述等式未必成立，即等式

$$\ln(z_1 z_2) = \ln z_1 + \ln z_2, \quad \ln\left(\frac{z_1}{z_2}\right) = \ln z_1 - \ln z_2$$

不一定成立. 注意等式

$$\mathrm{Ln}z^n = n\mathrm{Ln}z, \quad \mathrm{Ln}\sqrt[n]{z} = \frac{1}{n}\mathrm{Ln}z$$

不成立.

例 2.8 计算下列式子:

(1) $\mathrm{Ln}(-1)$; (2) $\mathrm{Ln}(2)$; (3) $\mathrm{Ln}(1+i)$.

解 (1) $\mathrm{Ln}(-1) = \ln|-1| + i\mathrm{Arg}(-1) = \ln 1 + i(\pi + 2k\pi)$
$$= (2k+1)\pi i, \quad k = 0, \pm 1, \pm 2, \cdots.$$

(2) $\mathrm{Ln}(2) = \ln 2 + 2k\pi i, \quad k = 0, \pm 1, \pm 2, \cdots.$

(3) $\mathrm{Ln}(1+i) = \ln|1+i| + i\mathrm{Arg}(1+i) = \frac{1}{2}\ln 2 + i\left(\frac{1}{4}\pi + 2k\pi\right)$
$$= \frac{1}{2}\ln 2 + \left(2k + \frac{1}{4}\right)\pi i, \quad k = 0, \pm 1, \pm 2, \cdots.$$

说明:在复数域中,负数仍然有对数,而且正实数的对数也是无穷多值的.

3. 一般幂函数

利用代数中一个熟知的公式 $a^b = \mathrm{e}^{b\ln a}$,定义一般的幂函数

$$w = z^s = \mathrm{e}^{s\mathrm{Ln}z} = \mathrm{e}^{s\ln z + is2k\pi}, \quad k = 0, \pm 1, \cdots; \; s \text{ 是任意复常数.} \tag{2.9}$$

函数 $w = z^s = \mathrm{e}^{s\ln z} \cdot \mathrm{e}^{is2k\pi}$ 的多值性由指数函数 $\mathrm{e}^{is2k\pi}$ 体现,当 s 取不同的值时,一般幂函数 $w = z^s$ 可能是单值、有限多值和无穷多值. 具体讨论如下:

(1) 当 s 为整数时,即 $s = n$(n 是整数),则 $w = z^n$ 为乘幂函数,它是单值函数.

(2) 当 s 为分数时,即 $s = \frac{1}{n}$(n 为自然数),则 $w = \sqrt[n]{z}$ 为根式函数,它是 n 多值函数.

同样,当 $s = \frac{m}{n}$(m, n 是整数,$n \neq 0$, $s = \frac{m}{n}$ 是既约分数)时,$w = \sqrt[n]{z^m}$ 也是 n 多值函数. 它们在沿原点及负实轴割开的单值分支内是解析函数.

(3) 当 s 是无理数或者一般的复常数时,$w = z^s$ 是无穷多值函数. 它们在沿原点及负实轴割开的单值分支内是解析函数. 由对数函数的性质,它有无限多个单值分支.

在式 (2.9) 中取 $k = 0$ 的单值分支称为一般幂函数的主值 $w = \mathrm{e}^{s\ln z}$,它是单值解析函数,它的导数是

$$\frac{\mathrm{d}w}{\mathrm{d}z} = \mathrm{e}^{s\ln z} \frac{\mathrm{d}(s\ln z)}{\mathrm{d}z} = \mathrm{e}^{s\ln z} \frac{s}{z} = sz^{s-1}.$$

这和实函数的结论一样,很容易验证,在其他的单值分支内导数仅差一个因子,即为

$$\frac{\mathrm{d}w_k}{\mathrm{d}z} = sz^{s-1} \cdot \mathrm{e}^{is2k\pi}, \quad k = 0, \pm 1, \cdots$$

例 2.9 计算:(1) $(-1)^{\sqrt{2}}$; (2) i^i 的值.

解 (1) 由一般幂函数定义,我们有

$$(-1)^{\sqrt{2}} = e^{\sqrt{2}Ln(-1)} = e^{\sqrt{2}[\ln|-1| + iArg(-1)]} = e^{\sqrt{2}(\pi i + 2k\pi i)}$$
$$= \cos(\sqrt{2}\pi + 2\sqrt{2}k\pi) + i\sin(\sqrt{2}\pi + 2\sqrt{2}k\pi), \quad k = 0, \pm 1, \pm 2, \cdots,$$

它是无穷多值函数. 一般幂函数 $(-1)^{\sqrt{2}}$ 的主值为 $\cos(\sqrt{2}\pi) + i\sin(\sqrt{2}\pi)$.

（2）由一般幂函数定义式,有

$$i^{i} = e^{iLni} = e^{i(\ln|i| + iArgi)} = e^{i(\frac{\pi}{2}i + 2k\pi i)} = e^{-(\frac{\pi}{2} + 2k\pi)}, \quad k = 0, \pm 1, \pm 2, \cdots,$$

它是无穷多值函数,并且为实数. 其 i^{i} 的主值为 $e^{-\frac{\pi}{2}}$. $e^{-\frac{\pi}{2}}$ 是一个超越数.

超越数

4. 反三角函数

满足 $z = \sin w (z = \cos w)$ 的函数 $w = f(z)$ 称为反正（余）弦函数,记为
$$w = \text{Arcsin}z \ (w = \text{Arccos}z).$$

利用定义,我们可以求出反正弦函数和反余弦函数的表达式. 由反函数的定义,

$$z = \sin w = \frac{e^{iw} - e^{-iw}}{2i},$$

化简得到一个一元二次方程:

$$(e^{iw})^2 - 2ize^{iw} - 1 = 0,$$

解得

$$e^{iw} = iz + \sqrt{1 - z^2},$$

则

$$w = \text{Arcsin}z = \frac{1}{i}Ln(iz + \sqrt{1 - z^2}).$$

这是一个多值函数,利用对数函数和根式函数的性质,可以进一步讨论它的性质.

若 z 是实数,且 $|z| \le 1$,则 $\sqrt{1 - z^2}$ 也是实的,且 $\left| iz + \sqrt{1 - z^2} \right| = 1$,由于模为 1 的数之对数的全部值为纯虚数,因而 Arcsin$z$ 的值为实数. 当 z 取其它值时,Arcsin$z$ 的值不可能是实数.

用同样的方法可以求得其他反三角函数和反双曲函数的表达式. 其反余弦函数的表达式为

$$w = \text{Arccos}z = \frac{1}{i}Ln(z + \sqrt{z^2 - 1}),$$

反正切和反余切函数为

$$w = \text{Arctan}z = \frac{1}{2i}Ln\frac{1 + iz}{1 - iz},$$

$$w = \text{Arccot}z = \frac{i}{2}Ln\frac{z - i}{z + i},$$

并且有关系式
$$\arcsin z = \frac{\pi}{2} - \arccos z.$$

例 2.10 计算 Arcsin2 的值.

解
$$\text{Arcsin}2 = \frac{1}{i}\text{Ln}(i2 + \sqrt{1-2^2}) = -i\text{Ln}(2i \pm \sqrt{3}i)$$

$$= -i\left[\ln\left|2i \pm \sqrt{3}i\right| + i\text{Arg}(2i \pm \sqrt{3}i)\right] = -i\left[\ln(2 \pm \sqrt{3}) + i\left(2k\pi + \frac{\pi}{2}\right)\right]$$

$$= \left(2k\pi + \frac{\pi}{2}\right) - i\ln(2 \pm \sqrt{3}), \quad k = 0, \pm 1, \pm 2, \cdots.$$

2.4 解析函数和调和函数

2.4.1 Laplace 方程和调和函数

如果在二维直角坐标的一个区域 D 中，实函数 $u(x, y)$ 有连续的二阶偏导数，且满足二阶偏微分方程

$$\frac{\partial^2 u(x, y)}{\partial x^2} + \frac{\partial^2 u(x, y)}{\partial y^2} = 0, \tag{2.10}$$

则称 $u(x, y)$ 是区域 D 上的调和函数，称式(2.10)为二维的 Laplace 方程，Laplace 方程可以写成算符的形式 $\nabla^2 u = 0$ 或者 $\Delta u = 0$.

调和函数解析
变换不变性

很容易验证，两个调和函数的和、调和函数的实数倍也是调和函数，但乘积则不然；如果还有更高阶的连续导数，则调和函数的偏导也是调和的. 对于线性变换，调和函数经过平移和伸缩还是调和的.

调和函数是在物理和工程技术中经常遇到的一类实二元函数，这类函数与解析函数有着密切的关系.

2.4.2 共轭调和函数解

如果 $w = f(z) = u + iv$ 在区域 D 内解析，则它的实部和虚部满足 C-R 条件式(2.3)，对方程的第一式对 x 求偏导，第二式对 y 求偏导得到

$$\frac{\partial^2 u}{\partial x^2} = \frac{\partial^2 v}{\partial x \partial y}, \quad \frac{\partial^2 u}{\partial y^2} = -\frac{\partial^2 v}{\partial x \partial y},$$

两式相加可以得到

$$\frac{\partial^2 u}{\partial x^2} + \frac{\partial^2 u}{\partial y^2} = 0,$$

同样可以得到

$$\frac{\partial^2 v}{\partial x^2} + \frac{\partial^2 v}{\partial y^2} = 0.$$

所以一个解析函数的实部和虚部都是调和函数.

在例 2.5 中我们知道了算子关系 $\quad \dfrac{\partial}{\partial z} = \dfrac{1}{2}\left(\dfrac{\partial}{\partial x} - i\dfrac{\partial}{\partial y}\right), \quad \dfrac{\partial}{\partial \bar{z}} = \dfrac{1}{2}\left(\dfrac{\partial}{\partial x} + i\dfrac{\partial}{\partial y}\right),$

而
$$\frac{\partial^2}{\partial z \partial \bar{z}} = \frac{1}{4}\left[\frac{\partial}{\partial x}\left(\frac{\partial}{\partial x} + i\frac{\partial}{\partial y}\right) - i\frac{\partial}{\partial y}\left(\frac{\partial}{\partial x} + i\frac{\partial}{\partial y}\right)\right] = \frac{1}{4}\left(\frac{\partial^2}{\partial x^2} + \frac{\partial^2}{\partial y^2}\right),$$

所以有
$$\frac{\partial^2 u}{\partial x^2} + \frac{\partial^2 u}{\partial y^2} = \nabla^2 u = 4\frac{\partial^2 u}{\partial z \partial \bar{z}}.$$

故一个调和函数 $u(x, y)$ 必满足形式微分方程

$$\frac{\partial^2 u}{\partial z \partial \bar{z}} = 0.$$

例 2.11　证明：$u(z) = \ln|z|$ 是复平面(除 $z = 0$ 外)上的调和函数.

证明　因为 $u(z) = \ln|z| = \frac{1}{2}\ln z\bar{z}$，则

$$\frac{\partial^2}{\partial z \partial \bar{z}}u(z) = \frac{\partial}{\partial z}\left(\frac{1}{2\bar{z}}\right) = 0,$$

故 $u(z) = \ln|z|$ 是复平面(除 $z = 0$ 外)上的调和函数. 我们也可以直接用定义验证.

解析函数的实部和虚部是调和函数，但是任意两个调和函数并不一定能组成解析函数，能够组成解析函数的两个调和函数必须满足 C-R 条件.

定义 2.3　若两实函数 $u(x, y)$ 和 $v(x, y)$ 均为区域 D 内的调和函数，且满足 C-R 条件，即

$$\frac{\partial u}{\partial x} = \frac{\partial v}{\partial y}, \quad \frac{\partial v}{\partial x} = -\frac{\partial u}{\partial y},$$

即 $f(z) = u(x, y) + iv(x, y)$ 解析，则称 $v(x, y)$ 为 $u(x, y)$ 的**共轭调和函数**.

说明：这里"共轭"一词的用法不能与复数共轭相混淆. 由于 C-R 条件对于 $u(x, y)$ 与 $v(x, y)$ 是不对称的，即不可互换，所以 $v(x, y)$ 是 $u(x, y)$ 的共轭调和函数，并不意味着 $u(x, y)$ 是 $v(x, y)$ 的共轭调和函数. 事实上，由 $if(z)$ 解析知，$u(x, y)$ 是 $-v(x, y)$ 的共轭调和函数.

利用 C-R 条件，可以求出任何一个调和函数的共轭调和函数，一般有三个方法：一是利用 C-R 条件进行积分，二是利用全微分进行积分，三是利用导数公式的不定积分法.

设 $u(x, y)$ 为解析函数 $f(z)$ 的实部. 由于 $u(x, y)$ 为调和函数，故有

$$\frac{\partial^2 u}{\partial x^2} + \frac{\partial^2 u}{\partial y^2} = 0,$$

即
$$\frac{\partial}{\partial y}\left(-\frac{\partial u}{\partial y}\right) = \frac{\partial}{\partial x}\left(\frac{\partial u}{\partial x}\right),$$

所以 $-u_y dx + u_x dy$ 必为某一个二元函数 $v(x, y)$ 的全微分：

$$dv = -u_y dx + u_x dy = v_x dx + v_y dy.$$

于是有 $u_x = v_y$，$u_y = -v_x$，即 u, v 满足 C-R 条件，从而 $u+iv$ 是一解析函数. 所以

$$v = \int_{(x_0, y_0)}^{(x, y)} -u_y dx + u_x dy + c.$$

全微分积分路径起点一般是定点，计算中尽量选择简单的点.

例 2.12　证明 $u(x, y) = y^3 - 3x^2 y$ 为调和函数，并求它的共轭调和函数和由它们组成

的解析函数.

解 (1)因为对 $u(x, y)$ 求偏导数得到 $\dfrac{\partial u}{\partial x} = -6xy$，$\dfrac{\partial u}{\partial y} = 3y^2 - 3x^2$，再次求偏导数有

$\dfrac{\partial^2 u}{\partial x^2} = -6y$，$\dfrac{\partial^2 u}{\partial y^2} = 6y$，因此可以得到

$$\frac{\partial^2 u}{\partial x^2} + \frac{\partial^2 u}{\partial y^2} = 0,$$

可知 $u(x, y) = y^3 - 3x^2y$ 是调和函数.

由 C-R 条件 $\dfrac{\partial v}{\partial y} = \dfrac{\partial u}{\partial x}$，我们有

$$v(x, y) = \int \frac{\partial u}{\partial x} \mathrm{d}y + g(x) = -3xy^2 + g(x),$$

因为是对 y 的偏导数，所以常数应该是 x 的函数.

为了计算 $g(x)$ 的表达式，我们利用 C-R 条件的另一个表达式 $\dfrac{\partial v}{\partial x} = -\dfrac{\partial u}{\partial y}$，得到

$$-3y^2 + g'(x) = -3y^2 + 3x^2,$$

整理后积分得到

$$g(x) = x^3 + c,$$

式中，c 为积分常数. 由此得到共轭调和函数为

$$v(x, y) = -3xy^2 + x^3 + c.$$

它和 $u(x, y)$ 构成的解析函数是

$$f(z) = y^3 - 3x^2y + \mathrm{i}(x^3 - 3xy^2) + c = \mathrm{i}z^3 + c.$$

例 2.5 说明只要是解析函数，就有 $\dfrac{\partial f}{\partial \bar{z}} = 0$，所以一定可以将解析函数 $w = u + \mathrm{i}v$ 写成单

独用 z 表达的函数形式 $f(z)$. 一般的方法是将 $x = \dfrac{z + \bar{z}}{2}$，$y = \dfrac{z - \bar{z}}{2\mathrm{i}}$ 代入函数 $f(z) = u + \mathrm{i}v$ 中.

(2)要求的调和函数一定是可微的，它的全微分是

$$\mathrm{d}v = \frac{\partial v}{\partial x}\mathrm{d}x + \frac{\partial v}{\partial y}\mathrm{d}y,$$

根据 C-R 条件，全微分又可以写成

$$\mathrm{d}v = -\frac{\partial u}{\partial y}\mathrm{d}x + \frac{\partial u}{\partial x}\mathrm{d}y = (3x^2 - 3y^2)\mathrm{d}x - 6xy\mathrm{d}y,$$

全微分式积分与积分路径无关，仅与起点和终点有关. 选择如图 2-4 所示的积分路径进行
积分：

$$v = \int_0^x 3x^2\mathrm{d}x + \int_0^y (-6xy)\mathrm{d}y = x^3 - 3xy^2.$$

所组成的解析函数为

$$w = y^3 - 3x^2y + \mathrm{i}(x^3 - 3xy^2) = \mathrm{i}z^3,$$

全微分积分路径起点是原点，如果是一般的定点，则

$$w = y^3 - 3x^2y + i(x^3 - 3xy^2) + c = iz^3 + c,$$

式中，c 为积分常数.

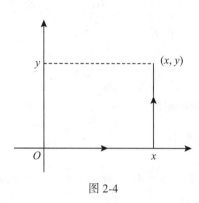

图 2-4

注意：如果已知调和函数 $v(x, y)$，同样可以利用以上两种方法，求出调和函数 $u(x, y)$，使得 $f(z) = u(x, y) + iv(x, y)$ 为解析函数.

利用导数公式的不定积分法将在第 3 章中讲解.

习　题　二

（一）

2.1　讨论下列函数的连续性，并利用导数的定义讨论可导性：

（1）$w = z^2$；　　（2）$w = z\text{Re}z$；　　（3）$w = x - iy$.

2.2　利用 Cauchy-Riemann 条件讨论下列函数的可导性和解析性，若可导则求其导数.

（1）$f(z) = 2x^3 + i3y^3$；　　（2）$f(z) = xy^2 + ix^2y$；　　（3）$f(z) = \sin x \text{ch} y + i\cos x \text{sh} y$；

（4）$f(z) = x^2 + iy^2$；　　（5）$f(z) = x^3 - 3xy^2 + i(3x^2y - y^3)$；

（6）$f(z) = x^3 - y^3 + 2x^2y^2i$.

2.3　试证 $f(z) = \sqrt{|xy|}$ 在 $z = 0$ 处满足 Cauchy-Riemann 条件，但不可导.

2.4　求下列函数的奇点：

（1）$\dfrac{z + 1}{z(z^2 + 1)}$；　　（2）$\dfrac{z - 2}{(z + 1)^2(z^2 + 1)}$.

2.5　找出下列方程的解：

（1）$1 + e^z = 0$；　　（2）$e^z + (1 + \sqrt{3}i) = 0$；　　（3）$\ln z = \dfrac{\pi}{2}i$；　　（4）$e^z = i^{-i}$；

（5）$\cos z + \sin z = 0$；　　（6）$\cos z = 0$；　　（7）$(1 + z)^n = (1 - z)^n$，n 为整数.

2.6　如果我们将函数 $f(z) = \sqrt{z^2 + 3}$ 限制在 $f(0) = \sqrt{3}$ 的分支上，证明：

$$\lim_{z \to 1} \frac{\sqrt{z^2 + 3} - 2}{z - 1} = \frac{1}{2}.$$

2.7　证明:$f(z) = \sin z$ 满足关系式:$|f(x + iy)| = |f(x) + f(iy)|$.

2.8　证明:$\left| \tanh \dfrac{\pi(1 + i)}{4} \right| = 1$.

2.9　(1)证明 $(1 - i)^{\sqrt{2}i}$ 的所有值均在一直线上;

(2)一般幂函数 a^b 的所有值均在一直线上的条件.

2.10　求出下列反函数的表达式:

(1) $w = \text{Arctan} z$;　　　　(2) $w = \text{Arcsh} z$.

2.11　验证下列关系式:

(1) $\sin iz = i\text{sh} z$;　　　(2) $\cos iz = \text{ch} z$;　　　(3) $\sin z = \sin x \text{ch} y + i\cos x \text{sh} y$;

(4) $\cos z = \cos x \text{ch} y - i\sin x \text{sh} y$.

2.12　证明下列关系式:

(1) $\overline{e^z} = e^{\bar{z}}$;　　　　(2) $\exp i(\bar{z}) \neq \overline{\exp iz}$,除非 $z = n\pi$,n 为整数;

(3) $\overline{\cos z} = \cos \bar{z}$;　　　(4) $\cos(i\bar{z}) = \overline{\cos(iz)}$;

(5) $\overline{\sin iz} = \sin i\bar{z}$;　　　(6) $\sin i\bar{z} \neq \overline{\sin iz}$,除非 $z = n\pi i$,n 为整数;

(7) $\overline{\tan z} = \tan \bar{z}$.

2.13　求下列各式的值:

(1) $\sqrt[n]{-i}$;　　　　(2) $\sqrt[5]{-2 + 2i}$;　　(3) $\text{Ln}(-3 + 4i)$;　　(4) $\text{Ln}(-i)$;

(5) $(3 - 4i)^{1+i}$;　　(6) $(1 + i)^i$;　　　(7) 3^i.

2.14　计算:

(1) $|e^{i-2z}|$;　　(2) $|e^{z^2}|$;　　(3) $\text{Re}(e^{\frac{1}{z}})$;　　(4)设 $\cos z = 3$,求 $\text{Im} z$;

(5)设 $\sin z + \cos z = 2$,求 $\text{Im} z$.

2.15　(1)证明:$u = x^2 - y^2$ 和 $v = \dfrac{y}{x^2 + y^2}$ 都是调和函数,但是 $u + iv$ 不是解析函数;

(2)证明:解析函数的实部与虚部的乘积仍是调和函数;

(3)设 $f(z) = u + iv$ 为解析函数,试证 $i\overline{f(z)}$ 为解析函数.

2.16　计算:

(1)设 $u(x, y) = ax^2 + 2bxy + cy^2$ 为调和函数,求 a,b,c 的值;

(2)假设 $f(z) = my^3 + nx^2 y + i(x^3 + lxy^2)$ 为解析函数,求 l、m、n 的值.

2.17　证明下列函数是调和函数:

(1) $u = x^2 - y^2 + xy$;　　　(2) $u = 2(x - 1)y$.

如果它们是某一解析函数 $f(z)$ 的实部,求 $f'(z)$.

2.18　用两种方法求下列函数的共轭调和函数,并求符合条件的解析函数:

(1) $u = x^2 - y^2 + xy$,$f(i) = -1 + i$;

(2) $u = 2(x - 1)y$,$f(2) = -i$;

(3) $u = \dfrac{y}{x^2 + y^2}$,$f(1) = 0$;

（4）$u = e^x(x\cos y - y\sin y)$，$f(0) = 0$.

<h2 style="text-align:center">（二）</h2>

2.19　证明极坐标下的 C-R 条件

$$\frac{\partial u}{\partial \rho} = \frac{1}{\rho}\frac{\partial v}{\partial \varphi}, \quad \frac{1}{\rho}\frac{\partial u}{\partial \varphi} = -\frac{\partial v}{\partial \rho},$$

并试证

$$f'(z) = \frac{\rho}{z}\left(\frac{\partial u}{\partial \rho} + i\frac{\partial v}{\partial \rho}\right) = \frac{1}{z}\left(\frac{\partial v}{\partial \varphi} - i\frac{\partial u}{\partial \varphi}\right) = \frac{1}{iz}\left(\frac{\partial u}{\partial \varphi} + i\frac{\partial v}{\partial \varphi}\right), \quad 其中 \ z = \rho e^{i\varphi}.$$

2.20　定义算子

$$\frac{\partial}{\partial z} = \frac{1}{2}\left(\frac{\partial}{\partial x} - i\frac{\partial}{\partial y}\right), \quad \frac{\partial}{\partial \bar{z}} = \frac{1}{2}\left(\frac{\partial}{\partial x} + i\frac{\partial}{\partial y}\right).$$

（1）试证：若 $f(z)$ 解析，则 $\dfrac{\partial}{\partial z}f(z) = f'(z)$，$\dfrac{\partial}{\partial \bar{z}}f(z) = 0$；

（2）若 $u(x, y)$ 为调和函数，则 $\dfrac{\partial}{\partial z}u(x, y)$ 是一个解析函数 $g(z)$，且 $\dfrac{\partial}{\partial \bar{z}}u(x, y) = \overline{g(z)}$.

2.21　考察 n 为复数时的 de Moivre 公式：

$$(\cos\theta + i\sin\theta)^n = \cos n\theta + i\sin n\theta$$

成立的条件。

2.22　计算：

（1）函数 $w = \sqrt[3]{z}$ 确定在从原点起沿负实轴割破了的 z 平面上，并且 $w(-2) = -\sqrt[3]{2}$（这是割线上岸点对应的函数值），试求 $w(i)$ 的值；

（2）多值函数 $w(z) = \sqrt{z^2 - 1}$ 确定在从原点起沿负实轴割破了的 z 平面上，当 $z = 0$ 时 $w(0) = i$，求 $w(i)$.

2.23　若 $f(z) = u + iv$ 在区域 D 内解析，并满足下列条件之一，那么 $f(z)$ 是常数.

（1）$\overline{f(z)}$ 在 D 内解析；

（2）$|f(z)|$ 在 D 内是一个常数；

（3）$\mathrm{Re}\{f(z)\}$ 或者 $\mathrm{Im}\{f(z)\}$ 在 D 内是一个常数；

（4）$\arg f(z)$ 在 D 内是一个常数；

（5）$au + bv = c$，其中 a、b、c 为不等于零的实常数；

（6）$u = v^2$.

2.24　如果 $f(z) = u + iv$ 是解析函数，证明：

（1）$\left(\dfrac{\partial}{\partial x}|f(z)|\right)^2 + \left(\dfrac{\partial}{\partial y}|f(z)|\right)^2 = |f'(z)|^2$；

（2）$\left(\dfrac{\partial^2}{\partial x^2} + \dfrac{\partial^2}{\partial y^2}\right)|f(z)| = \dfrac{|f'(z)|^2}{|f(z)|}$；

$(3) \left(\dfrac{\partial^2}{\partial x^2} + \dfrac{\partial^2}{\partial y^2}\right) |f(z)|^2 = 4 |f'(z)|^2;$

$(4) \left(\dfrac{\partial^2}{\partial x^2} + \dfrac{\partial^2}{\partial y^2}\right) \{\ln(1 + |f(z)|^2)\} = \dfrac{4 |f'(z)|^2}{[1 + |f(z)|^2]^2}.$

2.25　若 $f(z) = u + iv$ 为解析函数, 证明:

$(1) \left(\dfrac{\partial^2}{\partial x^2} + \dfrac{\partial^2}{\partial y^2}\right) |f(z)|^n = n^2 |f(z)|^{n-2} |f'(z)|^2;$

$(2) \left(\dfrac{\partial^2}{\partial x^2} + \dfrac{\partial^2}{\partial y^2}\right) |u|^n = n(n-1) |u|^{n-2} |f'(z)|^2.$

2.26　函数 $U(x, y)$ 存在二阶偏导数, 证明:

$(1) \dfrac{\partial^2 U}{\partial x^2} + \dfrac{\partial^2 U}{\partial y^2} = \nabla^2 U = 4 \dfrac{\partial^2 U}{\partial z \partial \bar z},$ 故一个调和函数 $u(x, y)$ 必满足形式微分方程

$\dfrac{\partial^2 u}{\partial z \partial \bar z} = 0;$

$(2) \nabla^4 U = \nabla^2 (\nabla^2 U) = \dfrac{\partial^4 U}{\partial x^4} + 2 \dfrac{\partial^4 U}{\partial x^2 \partial y^2} + \dfrac{\partial^4 U}{\partial y^4} = 16 \dfrac{\partial^4 U}{\partial z^2 \partial \bar z^2}.$

2.27　函数 $f(z)$ 为解析函数, 若 $\mathrm{Im}\{f'(z)\} = 6x(2y - 1)$ 且 $f(0) = 3 - 2i$, $f(1) = 6 - 5i$, 求 $f(1 + i)$.

2.28　若 $f(z) = u + iv$ 解析函数, 且 $u - v = (x - y)(x^2 + 4xy + y^2)$, 试求 $u(x, y)$ 和 $v(x, y)$.

2.29　设 $u(x, y)$ 是调和函数, 问:

$(1) [u(x, y)]^2$ 是否为调和函数?

(2) 对于什么函数 $f(u)$, $f[u(x, y)]$ 也为调和函数?

2.30　求具有形式 $u(x, y) = u\left(\dfrac{x^2 + y^2}{x}\right)$ 的所有调和函数.

2.31　一个解析函数 $f(z) = u(x, y) + iv(x, y)$ 的实部和虚部是调和函数, 若 $u(x, y)$ 满足下列条件:

$(1) u(x, y) = u(xy);$

$(2) u(x, y) = u(x^2 - y^2);$

$(3) u(x, y) = u(x^2 + y^2);$

$(4) u(x, y) = u(\sqrt{x^2 + y^2} + x).$

求解析函数 $f(z) = u + iv.$

2.32　已知解析函数 $f(z) = u(x, y) + iv(x, y)$ 的虚部 $v(x, y) = \sqrt{-x + \sqrt{x^2 + y^2}}$, 求 $f(z)$.

第3章 复变函数的积分

复变函数的积分(简称复积分)是深入研究解析函数的重要工具,解析函数的许多重要的性质都是通过复积分证明的. 解析函数具有原函数,这点与实函数的性质很相近;解析函数在某点的值,是由该点周围的值决定的,这是实函数所没有的性质;如果复变函数在某点解析,那么它在该点存在任意阶导数,这也是实函数不具备的性质;复变函数这些性质的证明均要用到复积分. 本章的重点介绍 Cauchy 积分定理和 Cauchy 积分公式,它们是复变函数论的基本定理和基本公式,是研究复变函数的基础,以后各章都直接或者间接地与它们有关联.

3.1 复变函数积分

3.1.1 复变函数积分的概念

定义 3.1 设 l 是复平面上一条简单的光滑或分段光滑的曲线,如图 3-1 所示,函数 $w = f(z)$ 在 l 上有定义,沿 l 依次任意取点 $A = z_0$,z_1,$\cdots$,z_{k-1},z_k,$\cdots$,$z_n = B$,即把曲线任意分成 n 段,在每一弧段 $z_{k-1}z_k$ 上 $(k = 1, 2, \cdots, n)$ 任意取一点 ξ_k,设 $\Delta z_k = z_k - z_{k-1}$,并作和数

$$\sum_{k=1}^{\infty} f(\xi_k) \Delta z_k.$$

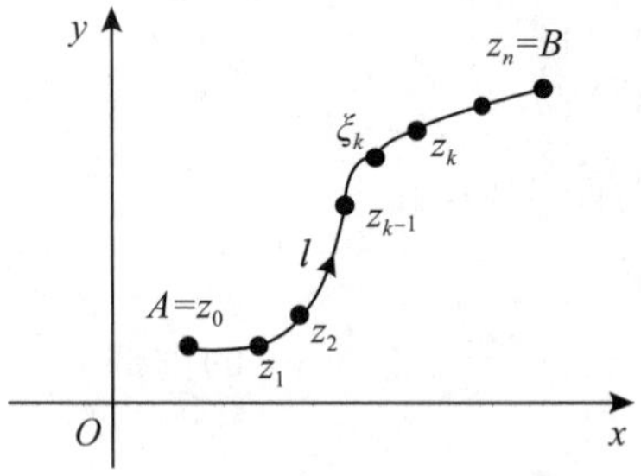

图 3-1

若当 $n \to \infty$,$\lambda = \max|\Delta z_k| \to 0$ 时,此和数的极限存在,并且与 $z_k(k = 1, 2, \cdots, n-1)$ 的

分法无关，也与 ξ_k 的取法无关，则称此极限值是函数 $f(z)$ 沿曲线 l 的复变函数积分，简称复积分，记为

$$\int_l f(z)\,\mathrm{d}z = \lim_{\lambda \to 0} \lim_{n \to \infty} \sum_{k=1}^{n} f(\xi_k)\,\Delta z_k,\tag{3.1}$$

积分方向为如图 3-1 所示的由 A 到 B.

如果 l 是 z 平面内一条简单闭合曲线，则称 $f(z)$ 沿曲线 l 的积分为复闭路积分，记为

$\oint_l f(z)\,\mathrm{d}z.$

3.1.2 复变函数积分存在的条件及其计算方法

复变函数积分的定义与一元实函数定积分的定义尽管在形式上是一样的，但是计算的方法有很大的差别.

由复积分定义，复变函数的积分形式上可写成如下形式（证明从略）：

$$\int_l f(z)\,\mathrm{d}z = \int_l (u+iv)(\mathrm{d}x + i\mathrm{d}y) = \int_l u\mathrm{d}x - v\mathrm{d}y + i\int_l v\mathrm{d}x + u\mathrm{d}y,\tag{3.2}$$

这是二元实函数对曲线 l 的积分. 所以一个复变函数积分实际上是两个二元实变函数的线积分，它们的存在条件和计算方法就是复函数积分的存在条件和计算方法. 根据二元实函数线积分的知识，如果 l 是分段光滑曲线，而且 $f(z)$ 是 l 上的连续函数，则复变函数积分 $\int_l f(z)\,\mathrm{d}z$ 一定存在.

如果用参数方程来表示 z 平面上的曲线 l，即

$$\begin{cases} x = x(t), \\ y = y(t), \end{cases} \quad (\alpha \leqslant t \leqslant \beta)$$

则写成复变数为

$$z(t) = x(t) + iy(t) \quad (\alpha \leqslant t \leqslant \beta).$$

式中参数的取值范围由 $z_A = x(\alpha) + iy(\alpha)$，$z_B = x(\beta) + iy(\beta)$ 决定，z_A 和 z_B 分别表示图3-1中曲线 l 的端点 A 和 B 的值. 利用曲线 l 的参数方程，可以把式(3.2)变换成一维积分：

$$\int_l f(z)\,\mathrm{d}z = \int_{\alpha}^{\beta} [ux'(t) - vy'(t)]\,\mathrm{d}t + i\int_{\alpha}^{\beta}[vx'(t) + uy'(t)]\,\mathrm{d}t,$$

即

$$\int_l f(z)\,\mathrm{d}z = \int_{\alpha}^{\beta} f[z(t)]z'(t)\,\mathrm{d}t.\tag{3.3}$$

如果 z 平面上的曲线 l 由 $y = f(x)$ 表示，并且 $a \leqslant x \leqslant b$，可以把 x 作为参数，式(3.2)变成

$$\int_l f(z)\,\mathrm{d}z = \int_a^b [u - vf'(x)]\,\mathrm{d}x + i\int_a^b [v + uf'(x)]\,\mathrm{d}x.$$

例3.1 计算下列积分：(1) $\int_l \mathrm{Re}z\mathrm{d}z$；(2) $\int_l z^2\mathrm{d}z$.

其中积分路径 l 为如图 3-2 所示的连接 O 点、A 点的两条路径：OA 和 OBA.

解 (1)① 先计算沿 OA 直线段上的积分.

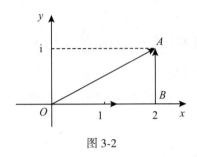

图 3-2

解法 1：OA 直线段的参数方程为 $\begin{cases} x = 2t, \\ y = t, \end{cases}$ $(0 \leqslant t \leqslant 1)$，故 $z(t) = 2t + \mathrm{i}t (0 \leqslant t \leqslant 1)$，由式(3.3)得到

$$\int_l \mathrm{Re}z\mathrm{d}z = \int_l x\mathrm{d}z = \int_0^1 2t\mathrm{d}(2t + \mathrm{i}t) = \int_0^1 (4 + 2\mathrm{i})t\mathrm{d}t = 2 + \mathrm{i}.$$

解法 2：OA 的直线方程为 $y = \dfrac{1}{2}x\ (0 \leqslant x \leqslant 2)$，故

$$\int_l \mathrm{Re}z\mathrm{d}z = \int_l x\mathrm{d}(x + \mathrm{i}y) = \int_0^2 \left(1 + \frac{\mathrm{i}}{2}\right)x\mathrm{d}x = 2 + \mathrm{i}.$$

也可以以 y 作为参数计算.

② 再计算折线 OBA 上的积分，由于 OBA 折线是分段连续的，所以要分段积分.

解法 1：OB 和 BA 两段的参数方程分别为 $z_1(t) = 2t (0 \leqslant t \leqslant 1)$ 和 $z_2(t) = 2 + \mathrm{i}t$ $(0 \leqslant t \leqslant 1)$，故积分为

$$\int_l \mathrm{Re}z\mathrm{d}z = \int_{OB} \mathrm{Re}z\mathrm{d}z + \int_{BA} \mathrm{Re}z\mathrm{d}z = \int_0^1 2t\mathrm{d}(2t) + \int_0^1 2\mathrm{i}\mathrm{d}t = 2(1 + \mathrm{i}).$$

解法 2：由于在 OB 上 $y = 0$，$\mathrm{d}y = 0$，在 AB 上 $x = 2$，$\mathrm{d}x = 0$，故由式(3.2)得到

$$\int_l x(\mathrm{d}x + \mathrm{i}\mathrm{d}y) = \int_{OB} x\mathrm{d}x + \mathrm{i}\int_{BA} x\mathrm{d}y = \int_0^2 x\mathrm{d}x + \mathrm{i}\int_0^1 2\mathrm{d}y = 2(1 + \mathrm{i}).$$

我们看到，对此积分，因为积分路径不同，积分值也不同.

(2) ①先计算 OA 段的积分.

解法 1：OA 直线段的参数方程 $z(t) = 2t + \mathrm{i}t\ (0 \leqslant t \leqslant 1)$，由式(3.3)得到

$$\int_l z^2\mathrm{d}z = \int_0^1 (2t + \mathrm{i}t)^2\mathrm{d}(2t + \mathrm{i}t) = \int_0^1 (2 + \mathrm{i})^3 t^2\mathrm{d}t = \frac{1}{3}(2 + \mathrm{i})^3 = \frac{1}{3}(2 + 11\mathrm{i}).$$

解法 2：OA 的直线方程为 $y = \dfrac{1}{2}x\ (0 \leqslant x \leqslant 2)$，故由式(3.2)得到

$$\int_l z^2\mathrm{d}z = \int_l (x + \mathrm{i}y)^2\mathrm{d}(x + \mathrm{i}y) = \int_0^2 \left(1 + \frac{\mathrm{i}}{2}\right)^3 x^2\mathrm{d}x = \frac{1}{3}(2 + \mathrm{i})^3 = \frac{1}{3}(2 + 11\mathrm{i}).$$

② 再计算折线 OBA 上的积分，在 OB 上 $y = 0$，$\mathrm{d}y = 0$，在 AB 上 $x = 2$，$\mathrm{d}x = 0$.

$$\int_l z^2\mathrm{d}z = \int_l (x^2 - y^2 + \mathrm{i}2xy)\mathrm{d}(x + \mathrm{i}y)$$

$$= \int_l (x^2 - y^2) \mathrm{d}x - 2\int_l xy\mathrm{d}y + \mathrm{i}\int_l (x^2 - y^2)\mathrm{d}y + 2\mathrm{i}\int_l xy\mathrm{d}x$$

$$= \int_0^2 x^2 \mathrm{d}x - 4\int_0^1 y\mathrm{d}y + \mathrm{i}\int_0^1 (4 - y^2)\mathrm{d}y = \frac{1}{3}(2 + 11\mathrm{i}).$$

此例中，在两个不同的路径上，积分值一样，这不是巧合，而是由于被积函数是解析函数. 积分值在一定条件下与路径无关正是解析函数的一个重要性质.

例 3.2 计算积分 $I = \oint_l \dfrac{\mathrm{d}z}{(z - z_0)^{n+1}}$，其中 l 是以 z_0 为圆心、半径为 R 的圆周的正向（沿曲线的逆时针方向），n 是整数，如图 3-3 所示.

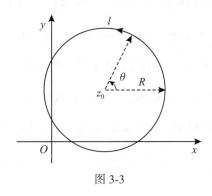

图 3-3

解 由于 l 为圆周 $|z - z_0| = R$，故 l 的参数方程可以写成 $z - z_0 = R\mathrm{e}^{\mathrm{i}\theta}(0 \leqslant \theta \leqslant 2\pi)$，则有

$$\mathrm{d}z = \mathrm{i}R\mathrm{e}^{\mathrm{i}\theta}\mathrm{d}\theta,$$

这样关于 z 的积分可以变换成对 θ 的积分：

$$I = \oint_l \frac{\mathrm{d}z}{(z - z_0)^{n+1}} = \int_0^{2\pi} \frac{\mathrm{i}R\mathrm{e}^{\mathrm{i}\theta}}{R^{n+1}\mathrm{e}^{\mathrm{i}(n+1)\theta}}\mathrm{d}\theta = \frac{\mathrm{i}}{R^n}\int_0^{2\pi} \mathrm{e}^{-\mathrm{i}n\theta}\mathrm{d}\theta.$$

当 $n = 0$ 时，上式积分 $I = \mathrm{i}\int_0^{2\pi} \mathrm{d}\theta = 2\pi\mathrm{i}$.

当 $n \neq 0$ 时，上式积分 $I = \dfrac{\mathrm{i}}{R^n}\int_0^{2\pi} (\cos n\theta - \mathrm{i}\sin n\theta)\mathrm{d}\theta = 0$. 所以

$$I = \oint_{|z - z_0| = R} \frac{\mathrm{d}z}{(z - z_0)^{n+1}} = \begin{cases} 2\pi\mathrm{i}, & n = 0, \\ 0, & n \neq 0. \end{cases} \tag{3.4}$$

此积分的值与圆心的位置以及半径的大小无关.

3.1.3 复变函数积分的性质

由复变函数积分的定义，很容易得到如下的性质：

(1) $\displaystyle\int_l [c_1 f_1(z) \pm c_2 f_2(z)]\mathrm{d}z = c_1\int_l f_1(z)\mathrm{d}z \pm c_2\int_l f_2(z)\mathrm{d}z$，其中 c_1，c_2 为复常数.

(2) 若 $l = l_1 + l_2$ 为分段光滑曲线，则

$$\int_l f(z)\,\mathrm{d}z = \int_{l_1} f(z)\,\mathrm{d}z + \int_{l_2} f(z)\,\mathrm{d}z.$$

(3) $\int_l f(z)\,\mathrm{d}z = -\int_{l^-} f(z)\,\mathrm{d}z$，式中，$l^-$ 是 l 的反方向，若图 3-1 中由 A 到 B 记为 l，则 l^- 是由 B 到 A.

(4) 记 $|\mathrm{d}z| = \mathrm{d}s$，$\left| \int_l f(z)\,\mathrm{d}z \right| \leq \int_l |f(z)|\,|\mathrm{d}z| = \int_l |f(z)|\,\mathrm{d}s.$ \hfill (3.5)

(5) 如果 $w = f(z)$ 在 l 上有界，即在 l 上成立 $|f(z)| \leq M$，设 l 的长度为 L，由式 (3.5) 得到

$$\left| \int_l f(z)\,\mathrm{d}z \right| \leq \int_l |f(z)|\,\mathrm{d}s \leq M \int_l \mathrm{d}s = ML, \hfill (3.6)$$

式中，$\int_l |\mathrm{d}z| = L$ 是积分路径 l 的长度，是一个正实数，而 $\int_l \mathrm{d}z = z_A - z_B$ 是一个复数，仅和积分路径的起点和终点有关，和积分路径的形状无关. 式 (3.6) 称为**积分估值公式**.

例 3.3 设 l 是从原点到点 $3 + 4\mathrm{i}$ 的直线段，试求积分 $\int_l \dfrac{1}{z-\mathrm{i}}\mathrm{d}z$ 绝对值的上界.

解 积分路径 l 的参数方程为 $z = (3+4\mathrm{i})t\,(0 \leq t \leq 1)$. 在积分路径 l 上，有

$$\left| \frac{1}{z-\mathrm{i}} \right| = \frac{1}{|3t + (4t-1)\mathrm{i}|} = \frac{1}{\sqrt{(3t)^2 + (4t-1)^2}} = \frac{1}{\sqrt{25\left(t - \dfrac{4}{25}\right)^2 + \dfrac{9}{25}}} \leq \frac{1}{\sqrt{\dfrac{9}{25}}} = \frac{5}{3},$$

由积分估值公式 (3.6) 得到

$$\left| \int_l \frac{1}{z-\mathrm{i}}\mathrm{d}z \right| \leq \int_l \left| \frac{1}{z-\mathrm{i}} \right|\,\mathrm{d}s \leq \frac{5}{3}\int_l \mathrm{d}s = \frac{5}{3}L = \frac{25}{3}.$$

3.2 Cauchy 积分定理

在 3.1 节的讨论中我们看到，复变函数的积分一般情况下不仅与积分的起点和终点有关，而且与积分路径有关. 下面我们讨论积分值与积分路径的关系.

早在 1825 年，Cauchy 就给出了相关结论，称为 Cauchy 积分定理，它是复变函数论中的一条基本定理.

3.2.1 单连通区域的 Cauchy 积分定理及推论

定理 3.1 (单连通区域的 Cauchy 积分定理) 若函数 $w = f(z) = u(x, y) + \mathrm{i}v(x, y)$ 在单连通区域 D 内解析 (如图 3-4 所示)，l 是 D 内任何一条简单逐段光滑闭合曲线，则

$$\oint f(z)\,\mathrm{d}z = 0.$$

证明 要严格证明这个定理比较复杂，为简单起见，我们在 "$f'(z)$ 在区域 D 内连续"

的附加条件下证明该定理，这是 Riemann 在 1851 年给出的证明.

我们知道如果实函数 $P(x, y)$ 和 $Q(x, y)$ 在如图 3-4 所示的 D 中有连续的一阶偏导数，l 是一条简单闭合回路，方向如图所示，则 Green 公式成立，即

$$\oint_l P\mathrm{d}x + Q\mathrm{d}y = \iint_S \left(\frac{\partial Q}{\partial x} - \frac{\partial P}{\partial y}\right)\mathrm{d}x\mathrm{d}y.$$

式中，S 是 l 所围的面积。

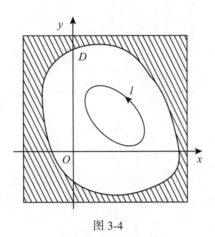

图 3-4

因为 $w = f(z) = u(x, y) + iv(x, y)$ 在 D 内解析，$u(x, y)$，$v(x, y)$ 在 D 内具有一阶连续偏导数，所以 $u(x, y)$ 和 $v(x, y)$ 满足 C-R 条件和 Green 公式的条件，利用 C-R 条件和 Green 公式有

$$\oint_l f(z)\,\mathrm{d}z = \oint_l u\mathrm{d}x - v\mathrm{d}y + i\oint_l v\mathrm{d}x + u\mathrm{d}y$$

$$= \iint_S \left(-\frac{\partial v}{\partial x} - \frac{\partial u}{\partial y}\right)\mathrm{d}x\mathrm{d}y + i\iint_S \left(\frac{\partial u}{\partial x} - \frac{\partial v}{\partial y}\right)\mathrm{d}x\mathrm{d}y = 0.$$

说明：（1）在没有"$f'(z)$ 在区域 D 内连续"的附加条件下，该定理的证明由 Goursat 在 1900 年完成.

（2）如果 l 不是简单闭合曲线，定理仍然成立.

（3）若函数 $f(z)$ 在简单闭曲线 l 的内部是解析的，在 l 上是连续的，则公式 $\oint_l f(z)\mathrm{d}z = 0$ 仍然成立，并不要求函数 $f(z)$ 定义在单连通域.

由单连通区域 Cauchy 积分定理可以得到以下推论：

推论 3.1 设 $w = f(z)$ 在单连通区域 D 内解析，有一条简单的曲线 l 属于 D，则积分 $\int_l f(z)\mathrm{d}z$ 的值只与 l 的起点和终点有关，与 l 的路径无关.

证明 如图 3-5 所示，在 D 内任意选取两条简单曲线 l_1 和 l_2，它们具有共同的起点和终点，标明的方向是积分路径的方向，l_1^-，l_2^- 分别与 l_1，l_2 的方向相反. 因为 l_1 和 l_2^- 构成

一条闭合曲线. 由单连通区域 Cauchy 积分定理, 得

$$\oint_{l_1+l_2^-} f(z)\,\mathrm{d}z = \int_{l_1} f(z)\,\mathrm{d}z + \int_{l_2^-} f(z)\,\mathrm{d}z = 0,$$

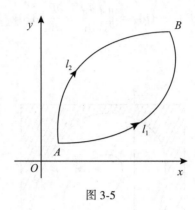

图 3-5

由复积分的性质知道

$$\int_{l_1} f(z)\,\mathrm{d}z + \int_{l_2^-} f(z)\,\mathrm{d}z = \int_{l_1} f(z)\,\mathrm{d}z - \int_{l_2} f(z)\,\mathrm{d}z = 0,$$

得到

$$\int_{l_1} f(z)\,\mathrm{d}z = \int_{l_2} f(z)\,\mathrm{d}z.$$

假设积分起点 z_0 是定点, 积分终点 z 是动点, 它们都在单连通域 D 内, $f(z)$ 是单连通区域 D 内的解析函数, 根据上述的推论可以定义下列函数:

$$F(z) = \int_{z_0}^{z} f(\xi)\,\mathrm{d}\xi. \tag{3.7}$$

当 z_0 固定以后, 此积分值是积分上限 z 的函数, 且与积分的路径无关, 该函数仍为解析函数.

推论 3.2(原函数定理)　如果 $w = f(z)$ 在单连通域 D 内解析, 定点 z_0 和动点 z 均在 D 内, 则函数

$$F(z) = \int_{z_0}^{z} f(\xi)\,\mathrm{d}\xi$$

在 D 内解析, 而且

$$F'(z) = \frac{\mathrm{d}}{\mathrm{d}z}\int_{z_0}^{z} f(\xi)\,\mathrm{d}\xi = f(z). \tag{3.8}$$

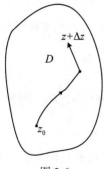

图 3-6

证明　如果能够证明在单连通域 D 内 $F'(z) = f(z)$, 也就证明了 $F(z)$ 在 D 内解析. 如图 3-6 所示, 根据式(3.7), 有

$$F(z + \Delta z) - F(z) = \int_{z_0}^{z+\Delta z} f(\xi)\,\mathrm{d}\xi - \int_{z_0}^{z} f(\xi)\,\mathrm{d}\xi = \int_{z}^{z+\Delta z} f(\xi)\,\mathrm{d}\xi.$$

由导数定义, 我们只要证明

$$\lim_{\Delta z \to 0} \frac{1}{\Delta z}\int_{z}^{z+\Delta z} f(\xi)\,\mathrm{d}\xi = \lim_{\Delta z \to 0} \frac{F(z + \Delta z) - F(z)}{\Delta z} = f(z).$$

因为 $f(z)$ 解析，所以一定是连续函数，即对任意 $\varepsilon > 0$，存在 $\delta > 0$，当 $|\Delta z| = |\xi - z| < \delta$ 时，有 $|f(\xi) - f(z)| < \varepsilon$. 根据极限的定义，有

$$\left| \frac{1}{\Delta z} \int_z^{z+\Delta z} f(\xi)\,\mathrm{d}\xi - f(z) \right| = \left| \frac{1}{\Delta z} \int_z^{z+\Delta z} f(\xi)\,\mathrm{d}\xi - \frac{1}{\Delta z} \int_z^{z+\Delta z} f(z)\,\mathrm{d}\xi \right|$$

$$= \left| \frac{1}{\Delta z} \int_z^{z+\Delta z} (f(\xi) - f(z))\,\mathrm{d}\xi \right|$$

$$\leqslant \frac{1}{|\Delta z|} \int_z^{z+\Delta z} |f(\xi) - f(z)|\,|\mathrm{d}\xi| < \varepsilon.$$

这就证明了式(3.8).

说明： 因为 $\Delta z = \int_z^{z+\Delta z} \mathrm{d}\xi$，所以 $f(z) = \frac{\Delta z}{\Delta z} f(z) = \frac{1}{\Delta z} \int_z^{z+\Delta z} f(z)\,\mathrm{d}\xi.$

定义 3.2 如果函数 $\Phi(z)$ 的导数等于 $f(z)$，即有 $\Phi'(z) = f(z)$，则称 $\Phi(z)$ 为 $f(z)$ 的一个**原函数**.

由式(3.7)定义的 $F(z)$ 就是 $f(z)$ 的一个原函数. 对于给定的函数 $f(z)$，原函数不是唯一的，任意两个原函数相差一个常数. 因为 $[F(z) + c]' = f(z)$，所以有 $\int_{z_0}^z f(\xi)\,\mathrm{d}\xi = F(z) + c$，我们利用 $\int_{z_0}^{z_0} f(\xi)\,\mathrm{d}\xi = 0$，得出 $c = -F(z_0)$，于是有

$$\int_{z_0}^z f(\xi)\,\mathrm{d}\xi = F(z) - F(z_0). \tag{3.9}$$

原函数定理说明在单连通区域解析的函数存在原函数，此时复变函数的积分可以按式(3.9)来计算，避免了函数对坐标曲线积分的复杂运算.

例 3.4 利用式(3.9)重新计算例 3.1 的积分 $\int_l z^2\,\mathrm{d}z.$

解 由于函数 $w = z^2$ 在复平面上处处解析，z 平面是被积函数的解析单连通区域，连接 O、A 的任意曲线属于此单连通区域，根据初等函数的性质，它的原函数是 $\frac{1}{3} z^3$，所以有

$$\int_0^{2+\mathrm{i}} z^2\,\mathrm{d}z = \frac{1}{3} z^3 \bigg|_0^{2+\mathrm{i}} = \frac{1}{3}(2 + \mathrm{i})^3.$$

复变函数的原函数定理和实函数定积分的 Newton-Leibniz 公式在形式上是一样的，因此，在计算实函数定积分时常用的方法，例如积分的换元法和分部积分法，同样可以用于复变函数的积分.

例 3.5 求积分 $\int_0^{\mathrm{i}} z\cos z\,\mathrm{d}z.$

解 被积函数 $z\cos z$ 在 z 平面上解析，可以利用原函数计算积分，利用分部积分法

$$\int_0^{\mathrm{i}} z\cos z\,\mathrm{d}z = \int_0^{\mathrm{i}} z\,\mathrm{d}\sin z = z\sin z \big|_0^{\mathrm{i}} - \int_0^{\mathrm{i}} \sin z\,\mathrm{d}z = \mathrm{i}\sin\mathrm{i} + \cos\mathrm{i} - 1 = \mathrm{e}^{-1} - 1.$$

式中，$\mathrm{i}\sin\mathrm{i} = -\sinh 1$，$\cos\mathrm{i} = \cosh 1$，$-\sinh 1 + \cosh 1 = \mathrm{e}^{-1}$.

多值函数在单值分支里是一个解析函数，如果它在单值分支内的一个单连通区域内解

析，在这个区域内就可以利用原函数定理.

例 3.6　求积分 $\int_l \dfrac{\ln(z+1)}{z+1}\mathrm{d}z$ 的值，l 为沿如图 3-7 所示的第一象限中单位圆的四分之一圆周，方向如图 3-7 所示.

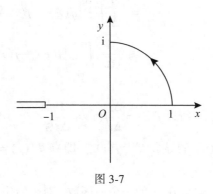

图 3-7

解　多值函数 $\dfrac{\mathrm{Ln}(z+1)}{z+1}$ 的定义区域是多连通域，在一个单值分支内的函数 $\dfrac{\ln(1+z)}{1+z}$ 是解析函数，除了割线和支点，$\dfrac{\ln(1+z)}{1+z}$ 在图 3-7 所示的单连通区域内解析，由于积分路径 l 也在这个区域内，取主值分支，所以有

$$\int_1^{\mathrm{i}} \frac{\ln(1+z)}{1+z}\mathrm{d}z = \frac{1}{2}\ln^2(1+z)\Big|_1^{\mathrm{i}}$$

$$= \frac{1}{2}\big[\ln^2(1+\mathrm{i}) - \ln^2 2\big] = \frac{1}{2}\left[\left(\frac{1}{2}\ln 2 + \frac{\pi}{4}\mathrm{i}\right)^2 - \ln^2 2\right]$$

$$= -\frac{\pi^2}{32} - \frac{3}{8}\ln^2 2 + \frac{\pi\ln 2}{8}\mathrm{i}.$$

3.2.2　多连通区域的 Cauchy 积分定理

定理 3.2（双连通区域的 Cauchy 积分定理）　如果 $w = f(z)$ 在双连通区域 D 内解析（如图 3-8 所示），l 是 D 内一条包围不解析区域的任意简单闭合回路，当 l 在 D 内连续变化时，积分值 $\oint_l f(z)\mathrm{d}z$ 保持不变.l 在 D 内连续变化是指 l 在变化的过程中所扫过的面积始终在解析区域内.

证明　在双连通区域 D 内任意选择两条包围不解析区域的简单闭合回路 l_1 和 l_2，如图 3-9 所示，只要证明 $\oint_{l_1} f(z)\mathrm{d}z = \oint_{l_2} f(z)\mathrm{d}z$，也就证明了双连通区域的 Cauchy 积分定理.

在 l_1 上任意取一点 A，l_2 上任意取一点 B，连接 A，B，s^+ 是 AB 的一侧，s^- 是 AB 的另一侧（图 3-10 中的 s^+ 和 s^- 分开画，实际上 s^+ 和 s^- 在图 3-10 中合成 AB 一条线，如图 3-9 所示）.以 l_1，s^+，s^- 和 l_2^- 为边界的区域是 $w = f(z)$ 解析的单连域，所以有

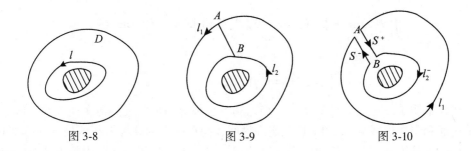

图 3-8   图 3-9   图 3-10

$$\oint_{l_1} f(z)\,\mathrm{d}z + \int_{s^+} f(z)\,\mathrm{d}z + \int_{s^-} f(z)\,\mathrm{d}z + \oint_{l_{\bar 2}} f(z)\,\mathrm{d}z = 0.$$

由于 $f(z)$ 在积分区域内解析，故 $\int_{s^+} f(z)\,\mathrm{d}z + \int_{s^-} f(z)\,\mathrm{d}z = 0$，所以 $\oint_{l_1} f(z)\,\mathrm{d}z + \oint_{l_{\bar 2}} f(z)\,\mathrm{d}z = 0$，即

$$\oint_{l_1} f(z)\,\mathrm{d}z = \oint_{l_2} f(z)\,\mathrm{d}z.$$

积分路径连续变形时，积分值不变. 定理 3.2 也称为闭路变形原理.

定理 3.3(多连通区域的 Cauchy 积分定理)　如图 3-11 所示，设 l 是多连通区域 D 内的一条简单闭曲线，l_1，l_2，$\cdots$，l_n 是 l 内部简单闭曲线，它们互不相交，也不包含，并且以 l，l_1，l_2，$\cdots$，l_n 为边界的区域全部含于 D 内. 如果 $f(z)$ 在 D 的边界上连续，在 D 内解析，则有

$$\oint_l f(z)\,\mathrm{d}z = \oint_{l_1} f(z)\,\mathrm{d}z + \oint_{l_2} f(z)\,\mathrm{d}z + \cdots + \oint_{l_n} f(z)\,\mathrm{d}z, \tag{3.10}$$

或者
$$\oint_{\Gamma} f(z)\,\mathrm{d}z = 0.$$

式中，$\Gamma = l + l_1^- + \cdots + l_n^-$，积分回路的方向如图 3-11 所示.

证明　考虑三连通区域，与证明双连域 Cauchy 积分定理一样，画一个如图 3-12 所示的闭合回路，根据单连通区域的 Cauchy 积分定理有等式

$$\oint_l f(z)\,\mathrm{d}z + \oint_{l_1^-} f(z)\,\mathrm{d}z + \oint_{l_{\bar 2}} f(z)\,\mathrm{d}z + \int_{s_1^+} f(z)\,\mathrm{d}z + \int_{s_1^-} f(z)\,\mathrm{d}z + \int_{s_2^+} f(z)\,\mathrm{d}z + \int_{s_2^-} f(z)\,\mathrm{d}z = 0.$$

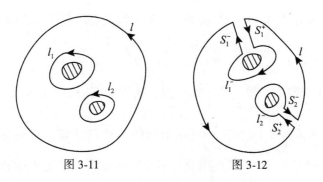

图 3-11   图 3-12

利用

$$\int_{S_1^+} f(z)\,\mathrm{d}z + \int_{S_1^-} f(z)\,\mathrm{d}z = 0, \quad \int_{S_2^+} f(z)\,\mathrm{d}z + \int_{S_2^-} f(z)\,\mathrm{d}z = 0,$$

得到

$$\oint_l f(z)\,\mathrm{d}z = \oint_{l_1} f(z)\,\mathrm{d}z + \oint_{l_2} f(z)\,\mathrm{d}z.$$

上述仅证明了三连通区域的情况, 结论和方法很容易推广到其他多连通的区域.

单连通和多连通区域 Cauchy 积分定理说明, 简单闭合回路在解析区域内连续变化时, 它的积分值保持不变, 而对简单闭合回路的积分有贡献的是闭合回路内的不解析区域.

因此, 对式(3.4), 我们可以改写为

$$\oint_l \frac{\mathrm{d}z}{(z-z_0)^{n+1}} = \begin{cases} 2\pi\mathrm{i}, & n=0, \\ 0, & n \neq 0, \end{cases} \tag{3.11}$$

式中, l 是包围 z_0 点的任意一个简单闭合回路, 且回路的方向不变.

例 3.7 计算下列积分的值:

(1) $\oint_C \dfrac{1}{z^2+1}\mathrm{d}z$ 的值, C 是如图 3-13 所示的正方向圆周 $|z|=3$;

(2) $\oint_C \dfrac{2z-1}{z^2-z}\mathrm{d}z$, C 是如图 3-14 所示的包含 0 和 1 的简单正向闭曲线.

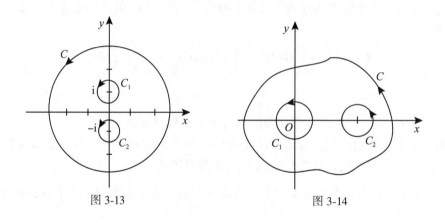

图 3-13   图 3-14

解 (1) 为了利用式(3.11), 先将被积函数分解成最简分式函数的和:

$$\frac{1}{z^2+1} = \frac{1}{(z+\mathrm{i})(z-\mathrm{i})} = \frac{1}{2\mathrm{i}}\left(\frac{1}{z-\mathrm{i}} - \frac{1}{z+\mathrm{i}}\right).$$

$z=\mathrm{i}$, $z=-\mathrm{i}$ 是被积函数 $\dfrac{1}{z^2+1}$ 的奇点, 我们分别以 $z=\mathrm{i}$ 和 $z=-\mathrm{i}$ 为圆心做圆周 $C_1\left(|z-\mathrm{i}|=\dfrac{1}{2}\right)$ 和 $C_2\left(|z+\mathrm{i}|=\dfrac{1}{2}\right)$ (两个圆的半径可任选, 只要保证两个圆周落在圆周 C 内), 在由圆周 C_1、C_2 和 C 围成的多连通区域内, 根据多连通区域 Cauchy 积分定理有

$$\oint_C \frac{1}{z^2+1}\mathrm{d}z = \oint_{C_1}\frac{1}{z^2+1}\mathrm{d}z + \oint_{C_2}\frac{1}{z^2+1}\mathrm{d}z$$

$$= \frac{1}{2i}\left[\oint_{C_1}\left(\frac{1}{z-i}-\frac{1}{z+i}\right)\mathrm{d}z + \oint_{C_2}\left(\frac{1}{z-i}-\frac{1}{z+i}\right)\mathrm{d}z\right]$$

$$= \frac{1}{2i}\oint_{C_1}\frac{1}{z-i}\mathrm{d}z - \frac{1}{2i}\oint_{C_1}\frac{1}{z+i}\mathrm{d}z + \frac{1}{2i}\oint_{C_2}\frac{1}{z-i}\mathrm{d}z - \frac{1}{2i}\oint_{C_2}\frac{1}{z+i}\mathrm{d}z.$$

根据单连通区域 Cauchy 积分定理知第二、三项积分值为 0，再应用式(3.11)，由 $n=0$ 有

$$\oint_{C_1}\frac{1}{z-i}\mathrm{d}z = 2\pi i, \quad \oint_{C_2}\frac{1}{z+i}\mathrm{d}z = 2\pi i,$$

这样，积分为 $\oint_C \frac{1}{z^2+1}\mathrm{d}z = \pi - \pi = 0$。

(2)同样，先将被积函数分解成

$$\frac{2z-1}{z^2-z} = \frac{2z-1}{z(z-1)} = \frac{1}{z-1}+\frac{1}{z}.$$

因为 $z=0$ 和 $z=1$ 是 $\frac{2z-1}{z^2-z}$ 的奇点，而只有奇点对闭合回路的积分才有贡献，作两个简单闭合路径 C_1 和 C_2 分别包围奇点 $z=0$ 和 $z=1$，按多连域的 Cauchy 积分定理，有

$$\oint_C \frac{2z-1}{z^2-z}\mathrm{d}z = \left[\oint_{C_1}\frac{\mathrm{d}z}{z-1}+\oint_{C_1}\frac{\mathrm{d}z}{z}\right]+\left[\oint_{C_2}\frac{\mathrm{d}z}{z-1}+\oint_{C_2}\frac{\mathrm{d}z}{z}\right]=4\pi i.$$

式中，$\oint_{C_1}\frac{\mathrm{d}z}{z-1}=0$，$\oint_{C_2}\frac{\mathrm{d}z}{z}=0$。

注意：在上面两个积分例子中，只要积分路径包围两个奇点，不论积分路径的形状如何，其结果不变.

3.3 Cauchy 积分公式及其推论

3.3.1 单连通区域 Cauchy 积分公式

定理 3.4(Cauchy 积分公式) 如果 $w=f(z)$ 在单连通区域 D 内解析，l 是 D 内的一条简单的闭合回路，z_0 是 l 内的一点，如图 3-15 所示，则有

$$f(z_0) = \frac{1}{2\pi i}\oint_l \frac{f(z)}{z-z_0}\mathrm{d}z. \tag{3.12}$$

证明 因为 $w=f(z)$ 在单连通区域 D 内解析，所以 $z=z_0$ 是被积函数 $\frac{f(z)}{z-z_0}$ 的奇点，利用双连通区域的 Cauchy 积分定理，可以将式(3.12)中积分回路连续变化到以 z_0 为圆心、δ 为半径的圆周 C_δ，而积分值保持不变，这样式(3.12)的积分变为

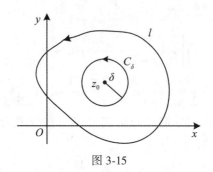

图 3-15

$$\frac{1}{2\pi i}\oint_l \frac{f(z)}{z-z_0}dz = \frac{1}{2\pi i}\oint_{C_\delta} \frac{f(z)}{z-z_0}dz,$$

并且当 $\delta \to 0$ 时，积分值也不变，因此只要证明

$$\lim_{\delta \to 0}\frac{1}{2\pi i}\oint_{C_\delta} \frac{f(z)}{z-z_0}dz = f(z_0), \tag{3.13}$$

即要证明

$$\left|\frac{1}{2\pi i}\oint_{C_\delta} \frac{f(z)}{z-z_0}dz - f(z_0)\right| = \left|\frac{1}{2\pi i}\oint_{C_\delta} \frac{f(z)}{z-z_0}dz - \frac{1}{2\pi i}\oint_{C_\delta} \frac{f(z_0)}{z-z_0}dz\right|$$

$$= \left|\frac{1}{2\pi i}\oint_{C_\delta} \frac{f(z)-f(z_0)}{z-z_0}dz\right| \leqslant \frac{1}{2\pi}\oint_{C_\delta} \frac{|f(z)-f(z_0)|}{|z-z_0|}|dz| < \varepsilon.$$

证明了式 (3.13)，也就证明了式 (3.12)。

说明：

(1) 因为 $\oint_{C_\delta} \frac{dz}{z-z_0} = 2\pi i$，所以 $f(z_0) = \frac{1}{2\pi i}\oint_{C_\delta} \frac{f(z_0)}{z-z_0}dz$.

(2) $f(z)$ 在 D 内解析，所以在 z_0 点连续，对任意 $\varepsilon > 0$，存在 $\delta > 0$，当 $|z-z_0| < \delta$ 时，$|f(z)-f(z_0)| < \varepsilon$ 成立.

(3) $\oint_{C_\delta} |dz| = 2\pi\delta.$

Cauchy 积分公式是复变函数的一个重要公式，是研究复变函数论的一个基本工具。Cauchy 积分公式给出了以下几点重要结论：

(1) Cauchy 积分公式说明，解析函数 $f(z)$ 在区域内部的任意一点的值可以通过边界上的积分值表示出来。或者说，对于解析函数，只要知道它在区域边界上的值，区域内部任一点的值可知。Cauchy 积分公式说明了解析函数相互关联的性质，这个性质在实函数里是没有的。

(2) 给出了解析函数的一种积分表示方法。

如果把 z 看成区域 D 内的自变量，单连通区域 Cauchy 积分公式定义了以下的 $f(z)$ 函数：

$$f(z) = \frac{1}{2\pi i}\oint_l \frac{f(\xi)}{\xi-z}d\xi. \tag{3.14}$$

（3）Cauchy 积分公式提供了一种计算积分的方法.

例 3.8 计算 $I = \oint_l \dfrac{e^z}{z(z^2+1)}dz$，$l$ 是圆 $|z-i| = \dfrac{1}{2}$ 的正方向.

解 利用 Cauchy 积分公式计算积分时，必须满足式（3.12）的条件和形式. 我们将积分改写成

$$\oint_l \frac{e^z}{z(z^2+1)}dz = \oint_l \frac{e^z}{z(z+i)(z-i)}dz.$$

由于在积分路径 $l\left(|z-i| = \dfrac{1}{2}\right)$ 内，被积函数只有一个奇点 $z = i$，可以把被积函数写成 $\dfrac{f(z)}{z-i}$ 的形式，其中 $f(z) = \dfrac{e^z}{z(z+i)}$，根据 Cauchy 积分公式（3.12）有

$$I = \oint_l \frac{e^z}{z(z^2+1)}dz = 2\pi i f(i) = -\pi i e^i = \pi(\sin1 - i\cos1).$$

定理 3.5（解析函数平均值公式） 设函数 $f(z)$ 在闭区域 $|z-z_0| \leqslant R$ 上解析，如果 C 是圆周 $|z-z_0| = R$，则

$$f(z_0) = \frac{1}{2\pi}\int_0^{2\pi} f(z_0 + Re^{i\theta})d\theta,$$

即一个解析函数 $f(z)$ 在圆心 z_0 处的值等于它在圆周上的平均值. 此即为解析函数的平均值公式.

若 $f(z) = u(z) + iv(z)$，则有 $u(z_0) = \dfrac{1}{2\pi}\displaystyle\int_0^{2\pi} u(z_0 + Re^{i\theta})d\theta.$

由平均值公式，可以得到解析函数理论中的一个重要原理——最大模原理.

定理 3.6（最大模原理） 设 $f(z)$ 在有界域 D 内解析，在有界闭域 $C+D$ 上连续，这里 C 是 D 的边界，并且 $f(z)$ 不恒等于常数. 那么它的模 $|f(z)|$ 只能在边界 C 上取到在整个有界闭域 $C+D$ 上的最大值.

3.3.2 多连通区域 Cauchy 积分公式

根据多连通区域的 Cauchy 积分定理，显然 Cauchy 积分公式（3.14）对于多连通区域仍然成立，这时只要把 l 理解为区域全部边界的正向就行了. 例如对图 3-11 所示的三连通区域有

$$f(z) = \frac{1}{2\pi i}\oint_l \frac{f(\xi)}{\xi - z}d\xi + \frac{1}{2\pi i}\oint_{l_1^-} \frac{f(\xi)}{\xi - z}d\xi + \frac{1}{2\pi i}\oint_{l_2^-} \frac{f(\xi)}{\xi - z}d\xi. \tag{3.15}$$

式中，l，l_1 和 l_2 是如图 3-11 所示的简单闭合回路，而 l_1^-，l_2^- 分别与 l_1，l_2 的方向相反.

证明 在图 3-13 中，l，l_1^-，l_2^-，s_1^+，s_1^-，s_2^+ 和 s_2^- 围住了一个单连通区域，$w = f(z)$ 在这个区域解析，利用单连通区域 Cauchy 积分公式，有

$$f(z) = \frac{1}{2\pi i}\oint_l \frac{f(\xi)}{\xi - z}d\xi + \frac{1}{2\pi i}\oint_{l_1^-} \frac{f(\xi)}{\xi - z}d\xi + \frac{1}{2\pi i}\oint_{l_2^-} \frac{f(\xi)}{\xi - z}d\xi$$

$$+ \frac{1}{2\pi i}\int_{s_1^+} \frac{f(\xi)}{\xi - z}d\xi + \frac{1}{2\pi i}\int_{s_1^-} \frac{f(\xi)}{\xi - z}d\xi + \frac{1}{2\pi i}\int_{s_2^+} \frac{f(\xi)}{\xi - z}d\xi + \frac{1}{2\pi i}\int_{s_2^-} \frac{f(\xi)}{\xi - z}d\xi.$$

式中,

$$\frac{1}{2\pi i}\int_{s_1^+}\frac{f(\xi)}{\xi-z}\mathrm{d}\xi + \frac{1}{2\pi i}\int_{s_1^-}\frac{f(\xi)}{\xi-z}\mathrm{d}\xi = 0, \quad \frac{1}{2\pi i}\int_{s_2^+}\frac{f(\xi)}{\xi-z}\mathrm{d}\xi + \frac{1}{2\pi i}\int_{s_2^-}\frac{f(\xi)}{\xi-z}\mathrm{d}\xi = 0,$$

从而有式(3.15).

在图 3-11 中,l、l_1^-、l_2^- 的方向与三连通区域边界的正方向相同,从回路积分的角度讲,可以把 l、l_1^-、l_2^- 看成是三连通区域的边界,这样式(3.15)可以推广到多连通区域,回路积分应该理解成对区域所有边界的正方向进行积分.

3.3.3　无界区域 Cauchy 积分公式

如果 $w = f(z)$ 在闭合回路 l^- 的外面解析,且当 z 趋于无穷大时,$f(z)$ 一致趋于零(即任给一 $\varepsilon > 0$,存在一个 R_1,当 $|z| > R_1$ 时,使得 $|f(z)| < \varepsilon$),则有

$$f(z) = \frac{1}{2\pi i}\oint_{l^-}\frac{f(\xi)}{\xi-z}\mathrm{d}\xi, \tag{3.16}$$

式中,z 是 l^- 外面的一点,积分方向如图 3-16 所示,此方向是无界区域的正方向.

证明　以 $z = 0$ 为圆心,以足够大的 R 为半径画一个圆 C_R,使它能够包围 l^-,在 C_R 和 l^- 所围区域内取一点 z,根据多连通区域 Cauchy 积分公式,有

$$f(z) = \frac{1}{2\pi i}\oint_{l^-}\frac{f(\xi)}{\xi-z}\mathrm{d}\xi + \frac{1}{2\pi i}\oint_{C_R}\frac{f(\xi)}{\xi-z}\mathrm{d}\xi.$$

如图 3-16 所示,l^- 和 C_R 是由它们所围区域边界的正方向. 只要证明 $\displaystyle\lim_{R\to\infty}\oint_{C_R}\frac{f(\xi)}{\xi-z}\mathrm{d}\xi = 0$,也就证明了无界区域 Cauchy 积分公式,事实上,

$$\left|\frac{1}{2\pi i}\oint_{C_R}\frac{f(\xi)}{\xi-z}\mathrm{d}\xi\right| \leqslant \frac{1}{2\pi}\oint_{C_R}\frac{|f(\xi)|}{|\xi-z|}|\mathrm{d}\xi| \leqslant \frac{1}{2\pi}M(R)\oint_{C_R}\frac{|\mathrm{d}\xi|}{|\xi|-|z|}$$

$$\leqslant \frac{1}{2\pi}M(R)\frac{2\pi R}{\dfrac{R}{2}} = 2M(R),$$

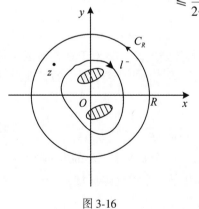

图 3-16

因为 $\displaystyle\lim_{R\to\infty}M(R) = 0$,所以 $\displaystyle\lim_{R\to\infty}\oint_{C_R}\frac{f(\xi)}{\xi-z}\mathrm{d}\xi = 0.$

说明:

(1)第二个不等式的成立是因为当 R 足够大时 $|z| < \dfrac{R}{2}$,所以 $|\xi - z| \geqslant |\xi| - |z| \geqslant \dfrac{R}{2}$,在 C_R 上 $|\xi| = R$.

(2)$f(z)$ 在无穷远一致趋于零,即在 C_R 上有界,$|f(z)| \leqslant M(R)$,且 $\displaystyle\lim_{R\to\infty}M(R) = 0.$

3.3.4　解析函数的导数

定理 3.7(Cauchy 高阶导数公式)　如果 $w = f(z)$ 在单连通区域 D 内解析,那么它的

一阶导数直到 n 阶导数都在单连域 D 内解析，且有

$$f^{(n)}(z) = \frac{n!}{2\pi i} \oint_l \frac{f(\xi)}{(\xi - z)^{n+1}} d\xi, \qquad (3.17)$$

式中，l 是 D 内的任一简单正向闭曲线；z 为 l 内任意一点. l 可以到区域 D 的边界.

公式 (3.17) 说明，单连通区域的解析函数具有任意阶导数，并且可以通过函数在边界上的积分值表示.

证明 利用数学归纳法来证明，首先证明 $n = 1$ 时的情况，即证明

$$f'(z) = \frac{1}{2\pi i} \oint_l \frac{f(\xi)}{(\xi - z)^2} d\xi. \qquad (3.18)$$

如图 3-17 所示，在 D 内作以 z 为圆心、r 为半径的圆周 C_r，利用双连通区域 Cauchy 积分定理，l 连续变形成 C_r 时积分值不变，式 (3.18) 可写为

$$f'(z) = \frac{1}{2\pi i} \oint_{C_r} \frac{f(\xi)}{(\xi - z)^2} d\xi, \qquad (3.19)$$

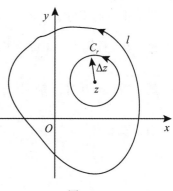

图 3-17

利用导数的定义证明此式：

$$f(z + \Delta z) - f(z) = \frac{1}{2\pi i} \oint_{C_r} \frac{f(\xi)}{\xi - (z + \Delta z)} d\xi - \frac{1}{2\pi i} \oint_{C_r} \frac{f(\xi)}{\xi - z} d\xi$$
$$= \frac{1}{2\pi i} \oint_{C_r} \frac{\Delta z f(\xi)}{(\xi - z)(\xi - z - \Delta z)} d\xi,$$

即要证明

$$\lim_{\Delta z \to 0} \frac{f(z + \Delta z) - f(z)}{\Delta z} = \lim_{\Delta z \to 0} \frac{1}{2\pi i} \oint_{C_r} \frac{f(\xi)}{(\xi - z)(\xi - z - \Delta z)} d\xi = \frac{1}{2\pi i} \oint_{C_r} \frac{f(\xi)}{(\xi - z)^2} d\xi.$$

因为下列不等式成立：

$$\left| \frac{1}{2\pi i} \oint_{C_r} \frac{f(\xi)}{(\xi - z)(\xi - z - \Delta z)} d\xi - \frac{1}{2\pi i} \oint_{C_r} \frac{f(\xi)}{(\xi - z)^2} d\xi \right|$$
$$= \left| \frac{1}{2\pi i} \oint_{C_r} \frac{\Delta z f(\xi)}{(\xi - z)^2 (\xi - z - \Delta z)} d\xi \right|$$
$$\leqslant \frac{1}{2\pi} \oint_{C_r} \frac{|\Delta z| |f(\xi)|}{|\xi - z|^2 |\xi - z - \Delta z|} |d\xi| < \frac{M}{2\pi} \frac{|\Delta z|}{r^2 \cdot \frac{r}{2}} \cdot 2\pi r = \frac{2M|\Delta z|}{r^2} < \varepsilon. \quad (3.20)$$

所以，对于任意 $\varepsilon > 0$，存在 $\delta = \min\left(\frac{r}{2}, \frac{\varepsilon r^2}{2M}\right) > 0$，当 $|\Delta z| < \delta$ 时，式 (3.20) 总能成立. 这样证明了式 (3.19)，也就证明了式 (3.18).

说明：导出式 (3.20) 的过程中用到以下的性质，因为 $f(\xi)$ 在 C_r 解析，所以在 C_r 上 $f(\xi)$ 是一个有界函数，$|f(\xi)| \leqslant M$. $|\xi - z| = r$，当 Δz 足够小时，$|\Delta z| < \frac{r}{2}$ 总会成立，所以 $|\xi - z - \Delta z| \geqslant |\xi - z| - |\Delta z| > \frac{r}{2}$，有 $\frac{1}{|\xi - z - \Delta z|} < \frac{2}{r}$.

再假设 $n = k$ 时，式(3.17)成立，利用 $f^{(k)}(z) = \dfrac{k!}{2\pi i} \oint_l \dfrac{f(\xi)}{(\xi - z)^{k+1}} d\xi$，用同样的方法可以证明 $n = k + 1$ 时成立，这样证明了解析函数的导数公式.

既然在单连通区域 D 内 $f(z)$ 的任意阶导数都能求出，也就证明了任意阶导数是解析函数. 与 Cauchy 积分公式一样，可以把式(3.17)推广到多连通区域，此时应该对区域所有边界的正方向积分.

例 3.9　计算 $\oint_l \dfrac{e^z}{z^n} dz \, (n = 0, \pm 1, \pm 2, \cdots)$ 是 $|z| = 1$ 的单位圆的圆周.

解　当 $n \leq 0$ 时，被积分函数是解析函数，$\oint_l \dfrac{e^z}{z^n} dz = 0$.

当 $n > 0$ 时，$\oint_l \dfrac{e^z}{z^n} dz = \dfrac{2\pi i}{(n-1)!} \dfrac{(n-1)!}{2\pi i} \oint_l \dfrac{e^z}{z^n} dz$

$$= \dfrac{2\pi i}{(n-1)!} \left. (e^z)^{(n-1)} \right|_{z=0} = \dfrac{2\pi i}{(n-1)!}.$$

例 3.10　设 $f(z)$ 在 $|z - a| < R$ 内解析，试证明对任何 $r \, (0 < r < R)$，都有

$$f'(a) = \dfrac{1}{\pi r} \int_0^{2\pi} \text{Re}[f(a + re^{i\theta})] e^{-i\theta} d\theta.$$

证明：　记 C 为圆周 $|z - a| = r$，其参数方程为 $z - a = re^{i\theta} (0 \leq \theta < 2\pi)$，设 $f(z) = f(a + re^{i\theta}) = u(r, \theta) + iv(r, \theta)$. 由高阶导数公式，有

$$f'(a) = \dfrac{1}{2\pi i} \oint_C \dfrac{f(z)}{(z-a)^2} dz = \dfrac{1}{2\pi i} \int_0^{2\pi} \dfrac{f(a + re^{i\theta})}{r^2 e^{i2\theta}} ire^{i\theta} d\theta$$

$$= \dfrac{1}{2\pi r} \int_0^{2\pi} f(a + re^{i\theta}) e^{-i\theta} d\theta = \dfrac{1}{2\pi r} \int_0^{2\pi} (u + iv) e^{-i\theta} d\theta. \qquad (3.21)$$

由于 $f(z)$ 在 C 内解析，则有

$$\oint_C f(z) dz = \int_0^{2\pi} f(a + re^{i\theta}) ire^{i\theta} d\theta = ir \int_0^{2\pi} (u + iv) e^{i\theta} d\theta = 0.$$

上式两端乘以 $\dfrac{1}{2\pi r^2 i}$ 后再取共轭，得到

$$\dfrac{1}{2\pi r} \int_0^{2\pi} (u - iv) e^{-i\theta} d\theta = 0.$$

与式(3.21)相加，得到

$$f'(a) = \dfrac{1}{\pi r} \int_0^{2\pi} u e^{-i\theta} d\theta = \dfrac{1}{\pi r} \int_0^{2\pi} \text{Re}[f(a + re^{i\theta})] e^{-i\theta} d\theta.$$

得证.

3.3.5　Cauchy 不等式和 Liouvill 定理

利用定理 3.6 可以得到 Cauchy 不等式，并进一步得到 Liouvill 定理.

如果 $w = f(z)$ 在单连通区域 D 解析，l 是 D 内一条简单闭合回路，则

$$|f^{(n)}(z)| \leqslant \frac{n!ML}{2\pi d^{n+1}} \qquad\qquad (3.22)$$

成立. z 是 l 内的一点, L 是 l 的长度, M 是 $f(z)$ 在 l 上的上界, d 是 z 到 l 的最短距离.

证明 因为 $f(z)$ 在单连通区域 D 内解析, 所以式(3.17)成立, 并且有

$$|f^{(n)}(z)| \leqslant \frac{n!}{2\pi}\oint_l \frac{|f(\xi)|}{|\xi - z|^{n+1}}|\mathrm{d}\xi| \leqslant \frac{n!}{2\pi}M\oint_l \frac{|\mathrm{d}\xi|}{|\xi - z|^{n+1}} \leqslant \frac{n!ML}{2\pi d^{n+1}},$$

即得式(3.22).

如果在 D 内用一以 z 为圆心、R 为半径的圆周 C_R 代替 l, 则式(3.22)变为

$$|f^{(n)}(z)| \leqslant \frac{n!M}{R^n}. \qquad\qquad (3.23)$$

Cauchy 不等式是对解析函数各阶导数模的估计式, 表明解析函数在解析点的各阶导数的模与它的解析区域大小密切相关.

定理 3.8(Liouville 定理) 如果函数 $f(z)$ 在复平面解析, 且当 $z \to \infty$ 时 $|f(z)| \leqslant M$ 有界, 则 $f(z)$ 必为常数.

证明 设 z 是复平面上的一点, 对以 z 为圆心, 任意正数 R 为半径的圆周 C, 利用 Cauchy 不等式(3.23), 得到

$$|f'(z)| \leqslant \frac{M}{R}$$

由于 R 可以任意大, 故有 $|f'(z)| = 0$, 即 $f'(z) = 0$, 由于 z 是任意的, 所以 $f(z)$ 必为常数.

在复变函数中, 函数可导有界必为常数, 这在实函数中则不然. 如多项式 $P(z)$, 指数函数 e^z, 三角函数 $\sin z$、$\cos z$, 双曲函数 $\cosh z$, $\sinh z$ 等不为常数, 所以均无界. 也就是说, 除了常数外, 在扩充的 z 平面内, 复变函数不可能没有奇点.

作为 Liouville 定理的一个应用, 我们可以证明代数基本定理.

下面的定理在某种意义上是柯西积分定理的逆定理.

代数基本定理

定理 3.9(Morera 定理) 设函数 $f(z)$ 在单连域 D 内连续, 且对于 D 内任何一条简单闭曲线 C 都有 $\oint_C f(z)\mathrm{d}z = 0$, 则 $f(z)$ 在 D 内解析.

3.4 解析函数的性质与 Poisson 积分公式

3.4.1 解析函数求解的不定积分方法

在第二章中, 我们知道如果函数 $f(z) = u(x, y) + \mathrm{i}v(x, y)$ 解析, 则其实部和虚部是调和函数, 并且满足 C-R 条件. 我们可以通过已知的实部(或者虚部), 利用 C-R 条件和全微分进行积分求出虚部(或者实部), 构成解析函数. 由解析函数导数公式知道, 解析函

数的导数也是解析函数, 既然是解析函数就一定能写成 z 的函数形式, 由式(2.5)知道, 由解析函数的实部或者虚部, 我们可以计算解析函数的导数, 并可以写成 z 的函数形式 $f'(z)$, 然后找出它的原函数 $f(z)$. 此方法称为不定积分法.

例 3.11　利用复变函数的积分重新解例 2.12. 即已知 $u = y^3 - 3x^2y$, 求由 u 组成的解析函数.

解　设该解析函数为 $f(z) = u(x, y) + iv(x, y)$, 由复变函数导数计算式(2.5)知道

$$f'(z) = \frac{\partial u}{\partial x} - i\frac{\partial u}{\partial y} = -6xy - i(3y^2 - 3x^2) = 3i(x^2 - y^2 + i2xy) = 3i(x + iy)^2 = 3iz^2,$$

所以 $f(z) = \int 3iz^2 dz = iz^3 + c$.

例 3.12　求 k 值, 使 $u(x, y) = x^2 - ky^2 - 2xy$ 为调和函数, 并求 $v(x, y)$, 使得函数 $f(z) = u(x, y) + iv(x, y)$ 为解析函数, 且 $f(0) = 0$.

解　要 $u(x, y)$ 为调和函数, 则必须满足

$$\nabla^2 u(x, y) = 0,$$

即 $\nabla^2 u(x, y) = 2 - 2k = 0$, 得到 $k = 1$.

解析函数为 $f(z) = u(x, y) + iv(x, y)$, 由复变函数导数计算式(2.5)知道

$$f'(z) = \frac{\partial u}{\partial x} - i\frac{\partial u}{\partial y} = 2x - 2y - i(-2y - 2x) = 2(1 + i)z,$$

所以 $f(z) = \int 2(1 + i)z dz = (1 + i)z^2 + c$. 由 $f(0) = 0$, 得到 $c = 0$, 故

$$f(z) = (1 + i)z^2.$$

3.4.2　调和函数的性质

本节我们利用解析函数的性质, 导出调和函数的性质.

定理 3.10(调和函数平均值公式)　若 $u(z)$ 是 $|z - a| \leqslant R$ 内的调和函数, 则

$$u(a) = \frac{1}{2\pi} \int_0^{2\pi} u(a + Re^{i\theta}) d\theta, \tag{3.24}$$

这里 C 为圆周 $|z - a| = R$, 即调和函数在圆心处的值等于它在圆周上的平均值. 此即为调和函数的平均值公式.

证明　由 C: $|\xi - a| = R$, $\xi - a = Re^{i\theta}(0 \leqslant \theta \leqslant 2\pi)$, 代入 Cauchy 积分公式(3.12), 则有

$$f(a) = \frac{1}{2\pi i} \oint_c \frac{f(\xi)}{\xi - a} d\xi = \frac{1}{2\pi i} \int_0^{2\pi} \frac{f(a + Re^{i\theta})}{Re^{i\theta}} i Re^{i\theta} d\theta = \frac{1}{2\pi} \int_0^{2\pi} f(a + Re^{i\theta}) d\theta$$

将 $f(a + re^{i\theta}) = u(a + re^{i\theta}) + iv(a + re^{i\theta})$ 代入, 取实部, 即得到调和函数的平均值公式(3.24).

定理 3.11(极值原理)　若函数 $u(x, y)$ 在一个有界域 D 内是调和函数, 且在有界闭域 $C+D$ 上连续, 这里 C 是 D 的边界, 并且 u 不恒等于常数, 则函数 $u(z)$ 只能在域 D 的边界 C 上取到整个有界闭域 $C+D$ 上的最大值和最小值.

3.4.3 圆的 Poisson 积分公式

我们利用柯西积分公式导出 **Poisson 积分公式**, 它可以应用于数学物理中的一类边值问题的求解, 这些解用定积分或者广义积分表示, 出现的积分大部分可以计算.

令 $f(z)$ 在圆 C: $|z| = R$ 上及其内部解析, 则若 $z = re^{i\theta}(r < R)$ 为 C 内任一点, 圆周上的变量记为 ξ, 我们有

$$f(z) = \frac{1}{2\pi i} \oint_C \frac{f(\xi)}{\xi - z} d\xi. \tag{3.25}$$

我们将由式 (3.25) 得到 $f(z)$ 的实部的相关公式, 并将应用这个结果解决边界为 C 的圆盘的 Dirichlet 问题.

对 $z = re^{i\theta}(r < R)$, 则非零点 z 关于圆周 C 的对称点 z_1 位于从原点出发的经过 z 的射线上, 且满足条件 $|z||z_1| = R^2$ (参见图 3-18), 则

$$z_1 = \frac{R^2}{r} e^{i\theta} = \frac{R^2}{\bar{z}} = \frac{\xi\bar{\xi}}{\bar{z}}. \tag{3.26}$$

由于 z_1 在圆周 C 外, 故

$$f(z) = \frac{1}{2\pi i} \oint_C \left(\frac{1}{\xi - z} - \frac{1}{\xi - z_1} \right) f(\xi) d\xi.$$

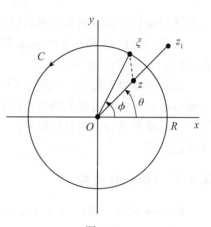

图 3-18

设圆周 C 的参数方程为: $\xi = Re^{i\phi}(0 \leqslant \phi \leqslant 2\pi)$, $d\xi = i\xi d\phi$, 得到

$$f(z) = \frac{1}{2\pi i} \int_0^{2\pi} \left(\frac{1}{\xi - z} - \frac{1}{\xi - z_1} \right) f(\xi) i\xi d\phi = \frac{1}{2\pi} \int_0^{2\pi} \left(\frac{\xi}{\xi - z} - \frac{\xi}{\xi - z_1} \right) f(\xi) d\theta.$$

用等式 (3.26) 代替 z_1, 有

$$\frac{\xi}{\xi - z} - \frac{\xi}{\xi - z_1} = \frac{\xi}{\xi - z} - \frac{1}{1 - \frac{z_1}{\xi}} = \frac{\xi}{\xi - z} - \frac{1}{1 - \frac{\bar{\xi}}{\bar{z}}}$$

$$= \frac{\xi}{\xi - z} + \frac{\bar{z}}{\bar{\xi} - \bar{z}} = \frac{R^2 - r^2}{|\xi - z|^2}, \tag{3.27}$$

则 Cauchy 积分公式 (3.25) 变形为

$$f(re^{i\theta}) = \frac{1}{2\pi} \int_0^{2\pi} \frac{(R^2 - r^2)f(Re^{i\phi})}{|\xi - z|^2} d\phi, \tag{3.28}$$

其中, $0 < r < R$, 当 $r = 0$ 时公式也成立; 在 $r = 0$ 这种情况下, 它可以简化为

$$f(re^{i\theta}) = \frac{1}{2\pi} \int_0^{2\pi} f(Re^{i\phi}) d\phi,$$

这正是等式 (3.25) 在 $z = 0$ 时的参数形式.

值 $|\xi - z|$ 为点 ξ 到 z 的距离, 参见图 3-18, 应用余弦定理得到

$$|\xi - z|^2 = R^2 - 2Rr\cos(\phi - \theta) + r^2, \tag{3.29}$$

因此，
$$f(re^{i\theta}) = \frac{1}{2\pi}\int_0^{2\pi}\frac{(R^2 - r^2)f(Re^{i\phi})}{R^2 - 2Rr\cos(\theta - \phi) + r^2}\mathrm{d}\phi \tag{3.30}$$

若 $u(r, \theta)$ 及 $v(r, \theta)$ 分别为 $f(re^{i\theta})$ 的实部和虚部，$u(R, \phi)$ 及 $v(R, \phi)$ 分别为 $f(Re^{i\phi})$ 的实部和虚部，则

$$u(r, \theta) = \frac{1}{2\pi}\int_0^{2\pi}\frac{(R^2 - r^2)u(R, \phi)}{R^2 - 2Rr\cos(\theta - \phi) + r^2}\mathrm{d}\phi, \tag{3.31a}$$

$$v(r, \theta) = \frac{1}{2\pi}\int_0^{2\pi}\frac{(R^2 - r^2)v(R, \phi)}{R^2 - 2Rr\cos(\theta - \phi) + r^2}\mathrm{d}\phi, \tag{3.31b}$$

这是调和函数 u 在以圆为边界的圆盘内的 Poisson 积分公式.

公式(3.31)称为圆的 Poisson 积分公式. 它们将一调和函数在圆内部的值，用此函数在圆(边界)上的值来表示.

在数学物理方程中，区域 D 中的一个稳定温度场、电势(区域无电荷)分布函数是一个调和函数，它的边界上的值就代表边界上的温度，有时我们无法直接测量 D 内各点的温度，而是把边界上的温度测量出来，这时内部的温度分布，作为一个调和函数也可以完全确定.

3.4.4　Poisson 变换

Poisson 积分公式(3.31a)可以看作一种积分变换，其变换核为

$$P(R, r, \theta - \phi) = \frac{1}{2\pi}\frac{(R^2 - r^2)}{R^2 - 2Rr\cos(\theta - \phi) + r^2} = \frac{1}{2\pi}\frac{R^2 - r^2}{|\xi - z|^2}.$$

因为
$$\frac{R^2 - r^2}{|\xi - z|^2} = \frac{\xi}{\xi - z} + \overline{\left(\frac{z}{\xi - z}\right)} = \mathrm{Re}\left[\frac{\xi}{\xi - z} + \overline{\left(\frac{z}{\xi - z}\right)}\right]$$

$$= \mathrm{Re}\left(\frac{\xi}{\xi - z}\right) + \mathrm{Re}\overline{\left(\frac{z}{\xi - z}\right)} = \mathrm{Re}\left(\frac{\xi}{\xi - z}\right) + \mathrm{Re}\left(\frac{z}{\xi - z}\right) = \mathrm{Re}\left(\frac{\xi + z}{\xi - z}\right),$$

则有
$$P(R, r, \theta - \phi) = \frac{1}{2\pi}\mathrm{Re}\left(\frac{\xi + z}{\xi - z}\right).$$

Poisson 变换定义为

$$u(r, \theta) = \frac{1}{2\pi}\int_0^{2\pi}\mathrm{Re}\left(\frac{\xi + z}{\xi - z}\right)u(R, \phi)\mathrm{d}\phi = \frac{1}{2\pi}\int_0^{2\pi}P(R, r, \theta - \phi)u(R, \phi)\mathrm{d}\phi.$$

对 $u = 1$，有 $1 = \frac{1}{2\pi}\int_0^{2\pi}P(R, r, \theta - \phi)\mathrm{d}\phi$，　核是归一化的.

Poisson 变换核 $P(R, r, \theta - \phi)$ 的不定积分为

$$\int P(R, r, \theta - \phi)\mathrm{d}\phi = 2\arctan\left(\frac{R + r}{R - r}\tan\frac{\theta}{2}\right).$$

例 3.13　(1)证明函数 $U(r, \theta) = \frac{2}{\pi}\arctan\left(\frac{2r\sin\theta}{1 - r^2}\right)$ $(0 < r < 1, 0 \leqslant \theta < 2\pi)$ 在圆 $|z| = 1$ 内部调和.

（2）证明 $\lim\limits_{r \to 1^{-0}} U(r, \theta) = \begin{cases} 1, & 0 < \theta < \pi, \\ -1, & \pi < \theta < 2\pi. \end{cases}$

（3）由 Poisson 积分公式导出 $U(r, \theta)$ 的表达式.

解　（1）极坐标系的 Laplace 方程为 $\nabla^2 u = \dfrac{1}{r} \dfrac{\partial}{\partial r}\left(r \dfrac{\partial u}{\partial r}\right) + \dfrac{1}{r^2} \dfrac{\partial^2 u}{\partial \theta^2}$，分别计算，得到

$$\frac{\partial U(r, \theta)}{\partial r} = \frac{\partial}{\partial r}\left[\frac{2}{\pi} \arctan\left(\frac{2r\sin\theta}{1 - r^2}\right)\right]$$

$$= \frac{4\sin\theta}{\pi} \frac{1}{1 + \left(\dfrac{2r\sin\theta}{1 - r^2}\right)^2} \frac{\partial}{\partial r}\left(\frac{r}{1 - r^2}\right) = \frac{4\sin\theta}{\pi} \frac{1 + r^2}{(1 - r^2)^2 + (2r\sin\theta)^2},$$

$$\frac{1}{r} \frac{\partial}{\partial r}\left[r \frac{\partial U(r, \theta)}{\partial r}\right] = \frac{1}{r} \frac{\partial}{\partial r}\left[r \frac{4\sin\theta}{\pi} \frac{1 + r^2}{(1 - r^2)^2 + (2r\sin\theta)^2}\right]$$

$$= \frac{4\sin\theta}{\pi r} \frac{(1 + 6r^2 + r^4)(1 - r^2) + (-1 + r^2)(2r\sin\theta)^2}{[(1 - r^2)^2 + (2r\sin\theta)^2]^2}$$

而　　　$\dfrac{\partial U(r, \theta)}{\partial \theta} = \dfrac{\partial}{\partial \theta}\left[\dfrac{2}{\pi} \arctan\left(\dfrac{2r\sin\theta}{1 - r^2}\right)\right] = \dfrac{4}{\pi} \dfrac{r\cos\theta(1 - r^2)}{(1 - r^2)^2 + (2r\sin\theta)^2},$

则　　$\dfrac{1}{r^2} \dfrac{\partial^2 U(r, \theta)}{\partial \theta^2} = \dfrac{1}{r^2} \dfrac{\partial}{\partial \theta}\left[\dfrac{4}{\pi} \dfrac{r\cos\theta(1 - r^2)}{(1 - r^2)^2 + (2r\sin\theta)^2}\right]$

$$= -\frac{4\sin\theta}{\pi r} \frac{(1 - r^2)(1 + 6r^2 + r^4) + (-1 + r^2)(2r\sin\theta)^2}{[(1 - r^2)^2 + (2r\sin\theta)^2]^2}$$

所以有 $\nabla^2 u = \dfrac{1}{r} \dfrac{\partial}{\partial r}\left(r \dfrac{\partial u}{\partial r}\right) + \dfrac{1}{r^2} \dfrac{\partial^2 u}{\partial \theta^2} = 0.$ 故 $U(r, \theta)$ 是调和函数.

（2）**证明**　　$\lim\limits_{r \to 1^{-0}} U(r, \theta) = \begin{cases} 1, & 0 < \theta < \pi, \\ -1, & \pi < \theta < 2\pi. \end{cases}$

$$\lim_{r \to 1^{-0}} U(r, \theta) = \frac{2}{\pi} \lim_{r \to 1^{-0}} \arctan\left(\frac{2r\sin\theta}{1 - r^2}\right) = \frac{2}{\pi} \arctan \lim_{r \to 1^{-0}}\left(\frac{2r\sin\theta}{1 - r^2}\right)$$

$$= \begin{cases} \dfrac{2}{\pi} \arctan(+\infty) = 1, & \sin\theta > 0,\ 0 < \theta < \pi, \\ \dfrac{2}{\pi} \arctan(-\infty) = -1, & \sin\theta < 0,\ \pi < \theta < 2\pi. \end{cases}$$

（3）由单位圆的 Poisson 积分公式，得到

$$U(r, \theta) = \frac{1}{2\pi} \int_0^{2\pi} \frac{1 - r^2}{1 - 2r\cos(\theta - \phi) + r^2} U(e^{i\phi}) d\phi$$

$$= \frac{1}{2\pi} \int_0^{\pi} \frac{1 - r^2}{1 - 2r\cos(\theta - \phi) + r^2} d\phi - \frac{1}{2\pi} \int_{\pi}^{2\pi} \frac{1 - r^2}{1 - 2R r\cos(\theta - \phi) + r^2} d\phi,$$

利用 Poisson 核的不定积分公式，得到

$$U(r, \theta) = \frac{2}{\pi} \arctan\left(\frac{2r\sin\theta}{1 - r^2}\right).$$

习　题　三

（一）

3.1　计算积分 $\int_0^{1+i}(x-y+ix^2)dz$，积分路径是连接 0 和 $1+i$ 的直线段.

3.2　分别沿 $y=x$ 与 $y=x^2$ 计算积分 $\int_0^{1+i}(x^2+iy)dz$ 的值.

3.3　证明 $\int_c\dfrac{dz}{z^2+4}=\dfrac{\pi}{2}$，其中积分路径 C 为沿着直线 $x+y=1$ 在 x 增大的方向.

3.4　如果我们选择 $\sqrt{1}=1$ 分支，计算积分 $\int_{-2-2\sqrt{3}i}^{-2+2\sqrt{3}i}z^{\frac{1}{2}}dz$ 沿一直线路径之值.

3.5　计算积分 $\int_{-1}^1|z|dz$，积分路径是连接 -1 和 1 的：(1)直线段；(2)单位圆的上半周；(3)单位圆的下半周. 若积分 $\int_{-1}^1\sqrt{z}dz$，则结果如何？

3.6　计算 $\oint_l\dfrac{dz}{z^2-1}$.　(1) l 是圆周 $|z|=a$，$a>2$；　(2) l 是圆周 $|z-1|=1$.

3.7　计算积分：

(1) $\int_{-2}^{-2+i}(z+2)^2dz$；　　(2) $\int_0^{\pi+2i}\cos\dfrac{z}{2}dz$；　　(3) $\int_1^{1+\frac{\pi}{2}i}ze^zdz$；

(4) $\int_0^i(z-i)e^{-z}dz$；　　(5) $\int_{-1}^i(1+4iz^3)dz$；　　(6) $\int_0^{\frac{\pi}{2}i}e^{-z}dz$.

3.8　计算积分 $\oint_l\dfrac{dz}{(z-a)(z-b)}$. 其中，$l$ 是包围 a，b 两点的围线.

3.9　计算下列积分值：

(1) $\oint_l\dfrac{2z^2-z+1}{z-1}dz$，$l:|z|=2$；　　(2) $\oint_l\dfrac{\sin\frac{\pi}{4}z}{z^2-1}dz$，$l:|z|=2$；

(3) $\oint_l\dfrac{e^z}{z-2}dz$，$l:|z-2|=2$；　　(4) $\oint_l\dfrac{dz}{z^2-a^2}$，$l:|z-a|=a$；

(5) $\oint_l\dfrac{e^z\sin z}{z^2+4}dz$，$l:|z|=3$.

3.10　计算下列积分值：

(1) $\oint_l\dfrac{\cos\pi z}{(z-1)^5}dz$，$l:|z|=a$，$a>1$；

(2) $\oint_l\dfrac{e^z}{(z^2+1)^2}dz$，$l:|z|=a$，$a>1$；

（3）$\oint_l \dfrac{\sin z}{\left(z - \dfrac{\pi}{2}\right)^2}\mathrm{d}z$，$l$：$|z| = 2$；

（4）$\oint_l \dfrac{\sin \pi z}{(z + 2)(2z - 1)^2}\mathrm{d}z$，$l$：$|z| = 1$.

3.11　计算 $\dfrac{1}{2\pi \mathrm{i}}\displaystyle\int_{|\zeta| = 1}\dfrac{\zeta}{\zeta - z}\mathrm{d}\zeta$.

3.12　设 $f(z) = \displaystyle\int_C \dfrac{3\xi^2 + 7\xi + 1}{\xi - z}\mathrm{d}\xi$，其中 C：$|\xi| = 3$，$f'(1 + \mathrm{i})$.

3.13　利用例 3.11 的方法将习题 2.18 再解一次.

3.14　设 $v = \mathrm{e}^{px}\sin y$，求 p 的值使 v 为调和函数，并求出解析函数 $f(z) = u + \mathrm{i}v$.

（二）

3.15　若 C 为一简单闭曲线，其所包围的区域面积为 A，证明其面积可以写成下列形式：

（1）$A = \dfrac{1}{2}\oint_C x\mathrm{d}y - y\mathrm{d}x$；　　（2）$A = \dfrac{1}{2\mathrm{i}}\oint_C \bar{z}\mathrm{d}z$；　　（3）$A = \dfrac{1}{4\mathrm{i}}\oint_C \bar{z}\mathrm{d}z - z\mathrm{d}\bar{z}$.

3.16　计算积分：

（1）$\displaystyle\int_C z^n\mathrm{d}z$，其中 n 是整数，$C = \mathrm{e}^{\mathrm{i}\theta}(0 \leqslant \theta \leqslant 2m\pi)$，$m$ 是正整数；

（2）$\oint_C |z - 1| \cdot |\mathrm{d}z|$，其中 C 为正向圆周 $|z| = 1$；

（3）$\displaystyle\int_C \dfrac{|\mathrm{d}z|}{|z - a|^2}$，其中 C 为正向圆周 $|z| = 1$，且 $a \neq 0$，$|a| \neq 1$.

3.17　利用积分不等式证明：

（1）$\left|\displaystyle\int_{-\mathrm{i}}^{\mathrm{i}}(x^2 + \mathrm{i}y^2)\mathrm{d}z\right| \leqslant 2$，积分路径是直线段；

（2）$\left|\displaystyle\int_{-\mathrm{i}}^{\mathrm{i}}(x^2 + \mathrm{i}y^2)\mathrm{d}z\right| \leqslant \pi$，积分路径是连续 $-\mathrm{i}$ 到 i 的右半圆周；

（3）$\left|\displaystyle\int_{\mathrm{i}}^{2+\mathrm{i}}\dfrac{\mathrm{d}z}{z^2}\right| \leqslant 2$，积分路径是直线段.

3.18　求积分 $\oint_{|z| = 1}\dfrac{\mathrm{d}z}{z + 2}$ 的值，并证明：

$$\int_0^{2\pi}\dfrac{1 + 2\cos\theta}{5 + 4\cos\theta}\mathrm{d}\theta = 0.$$

3.19　求积分 $\oint_{|z| = 1}\dfrac{\mathrm{e}^z}{z}\mathrm{d}z$ 的值，并证明：

$$\int_0^{\pi}\mathrm{e}^{\cos\theta}\cos(\sin\theta)\mathrm{d}\theta = \pi.$$

3.20　若 n 为正整数，证明：

（1）$\displaystyle\int_0^{2\pi}\mathrm{e}^{\sin n\theta}\cos(\theta - \cos n\theta)\mathrm{d}\theta = \int_0^{2\pi}\mathrm{e}^{\sin n\theta}\sin(\theta - \cos n\theta)\mathrm{d}\theta = 0$；

$(2) \int_0^{2\pi} \mathrm{e}^{r\cos\theta} \cos(r\sin\theta - n\theta)\mathrm{d}\theta = \dfrac{2\pi}{n!}r^n, \quad \int_0^{2\pi} \mathrm{e}^{r\cos\theta} \sin(r\sin\theta - n\theta)\mathrm{d}\theta = 0.$

3.21 计算积分 $\oint_{|z|=1} \left(z + \dfrac{1}{z}\right)^n \dfrac{\mathrm{d}z}{z}$，并证明：

$$\int_0^{2\pi} \cos^n\theta\mathrm{d}\theta = \begin{cases} 2\pi \dfrac{1 \cdot 3 \cdot 5 \cdots (2k-1)}{2 \cdot 4 \cdot 6 \cdots (2k)}, & n = 2k, \\ 0, & n = 2k+1. \end{cases}$$

3.22 **无界区域上的 Cauchy 积分定理** 设 $f(z)$ 在简单闭曲线 Γ 及 Γ 的外部除去 $z = \infty$ 外解析，且 $\lim\limits_{z\to\infty} zf(z) = A(\neq \infty)$，则
$$\dfrac{1}{2\pi\mathrm{i}}\int_\Gamma f(z)\mathrm{d}z = A.$$

3.23 **无界区域上的 Cauchy 积分公式** 设 $f(z)$ 在简单闭曲线 Γ 及 Γ 的外部解析，其中在 $z = \infty$ 处解析是指 $\lim\limits_{z\to\infty} f(z) = f(\infty)(\neq\infty)$，则
$$\dfrac{1}{2\pi\mathrm{i}}\int_\Gamma \dfrac{f(\zeta)}{\zeta - z}\mathrm{d}\zeta = \begin{cases} f(\infty), & z \text{ 在 } \Gamma \text{ 的内部}, \\ -f(z) + f(\infty), & z \text{ 在 } \Gamma \text{ 的外部}. \end{cases}$$

3.24 设 $f(z)$ 在 $|z| \leq 1$ 上解析，试证：
$$\dfrac{1}{2\pi\mathrm{i}}\oint_{|\zeta|=1} \dfrac{\overline{f(\zeta)}}{\zeta - z}\mathrm{d}\zeta = \begin{cases} \overline{f(0)}, & |z| < 1, \\ \overline{f(0)} - \overline{f\left(\dfrac{1}{z}\right)}, & |z| > 1. \end{cases}$$

3.25 设曲线 l 是正向单位圆周 $|z| = 1$，求当 $|z| \neq 1$ 时函数 $F(z) = \oint_l \dfrac{\mathrm{e}^\xi}{(\xi+2)(\xi-z)^2}\mathrm{d}\xi$ 的表达式.

3.26 试用调和函数的均值定理，证明：
$$\int_0^\pi \ln(1 - 2a\cos x + a^2)\mathrm{d}x = 0, \quad -1 < a < 1.$$

3.27 设函数 $f(z)$ 在 $|z| < R(R > 1)$ 内解析，且 $f(0) = 1$，试计算：
$$\dfrac{1}{2\pi\mathrm{i}}\oint_l [2 \pm (z + z^{-1})] \dfrac{f(z)}{z}\mathrm{d}z,$$

其中，l 为正向单位圆周 $|z| = 1$. 并由此证明：

$(1)\ \dfrac{2}{\pi}\int_0^{2\pi} f(\mathrm{e}^{\mathrm{i}\theta})\cos^2\dfrac{\theta}{2}\mathrm{d}\theta = 2 + f'(0);$

$(2)\ \dfrac{2}{\pi}\int_0^{2\pi} f(\mathrm{e}^{\mathrm{i}\theta})\sin^2\dfrac{\theta}{2}\mathrm{d}\theta = 2 - f'(0);$

(3) 再若 $\mathrm{Re}f(z) \geq 0$，则 $|\mathrm{Re}f'(0)| \leq 2.$

3.28 如果在 $|z| < 1$ 内函数 $f(z)$ 解析，并且 $|f(z)| \leq \dfrac{1}{1 - |z|}$，证明：
$$f^{(n)}(0) \leq (n+1)!\left(1 + \dfrac{1}{n}\right)^n < \mathrm{e}(n+1)!, \quad n = 1,2,\cdots.$$

3.29　若 $f(z)$ 解析，且 $|f(z)| \leqslant M$，设 a，b 为任意二数，计算

$$\oint_{|z|=R} \frac{f(z)}{(z-a)(z-b)} \mathrm{d}z, \qquad |a| < R, \ |b| < R$$

的积分值，并求其当 $R \to \infty$ 时的极限值，以此来说明 Liouville 定理.

第4章 级　　数

复变函数的幂级数在应用上比实函数的幂级数丰富得多. 级数是研究解析函数的另一个重要的工具, 不仅可以利用 Taylor 级数来研究函数在解析点的性质, 还可以利用 Laurent 级数来研究函数在奇点的性质. 在实函数中, 不连续点、不可导点、函数值无定义的点用途不大, 而在复变函数中奇点和解析点的性质同样重要. 在学习本章内容时, 可结合高等数学中的级数部分对比学习.

4.1　复变函数项级数和幂级数

4.1.1　复变函数项级数和收敛

定义 4.1　在区域 D 内定义了一个无限的复变函数数列 $\{f_n(z)\}$, $n = 0$, 1, 2, $\cdots$, 定义

$$\sum_{n=0}^{\infty} f_n(z) = f_0(z) + f_1(z) + \cdots + f_k(z) + \cdots \qquad (4.1)$$

为**复变函数项级数**.

对复变函数集 $\{f_n(z)\}$, 定义其部分和为

$$F_n(z) = f_0(z) + f_1(z) + \cdots + f_{n-1}(z), \qquad n = 1, 2, \cdots$$

部分和的集组成一个数列 $\{F_n(z), n = 1, 2, \cdots\}$, 如果在区域 D 内此数列的极限存在, 且 $\lim_{n \to \infty} F_n(z) = F(z)$, 即在区域 D 内, 对于任意 $\varepsilon > 0$, 存在正整数 $N(\varepsilon, z)$, 当 $n > N(\varepsilon, z)$ 时, 不等式 $|F_n(z) - F(z)| < \varepsilon$ 成立, 称复变函数项级数式(4.1)在区域 D 内收敛于 $F(z)$, 记为

$$\sum_{n=0}^{\infty} f_n(z) = F(z).$$

定义 4.2(绝对收敛)　如果级数 $\sum_{n=0}^{\infty} |f_n(z)|$ 在区域 D 内收敛, 则称级数 $\sum_{n=0}^{\infty} f_n(z)$ 在 D 内**绝对收敛**.

因为 $|f_0(z) + f_1(z) + \cdots + f_n(z)| \leqslant |f_0(z)| + |f_1(z)| + \cdots + |f_n(z)|$, 所以有 $\left| \sum_{n=0}^{\infty} f_n(z) \right| \leqslant \sum_{n=0}^{\infty} |f_n(z)|$, 如果 $\sum_{n=0}^{\infty} |f_n(z)|$ 收敛, 则 $\sum_{n=0}^{\infty} f_n(z)$ 也一定收敛.

定义 4.3(条件收敛) 如果级数 $\sum\limits_{n=0}^{\infty} f_n(z)$ 在 D 内收敛,而级数 $\sum\limits_{n=0}^{\infty} |f_n(z)|$ 在区域 D 内不收敛,称级数 $\sum\limits_{n=0}^{\infty} f_n(z)$ 在 D 内**条件收敛**.

注意:绝对收敛的复变函数项级数本身一定收敛,但是收敛的级数不一定绝对收敛.根据绝对收敛的性质,可以利用实函数正项级数的性质讨论复变函数项级数.

定理 4.1 若 $f_n(z) = u_n(x, y) + iv_n(x, y)$,则级数式(4.1)收敛的充要条件是实级数 $\sum\limits_{n=0}^{\infty} u_n(x, y)$ 和 $\sum\limits_{n=0}^{\infty} v_n(x, y)$ 都收敛.

推论 4.1 级数式(4.1)收敛的必要条件是 $\lim\limits_{n\to\infty} f_n(z) = 0$.

例 4.1 判别下列级数的敛散性,若收敛,指出是条件收敛还是绝对收敛.

(1) $\sum\limits_{n=1}^{\infty} \left(\dfrac{1}{2^n} + \dfrac{i}{n} \right)$; (2) $\sum\limits_{n=1}^{\infty} \dfrac{(2i)^n}{n^n}$; (3) $\sum\limits_{n=1}^{\infty} \left[\dfrac{(-1)^n}{n} + \dfrac{i}{2^n} \right]$.

解 (1)因为级数 $\sum\limits_{n=1}^{\infty} \dfrac{1}{n}$ 是调和级数,是发散的,故原复变函数项级数发散.

(2)因 $n > 4$ 时 $\dfrac{2}{n} < \dfrac{1}{2}$,有 $\left| \dfrac{(2i)^n}{n^n} \right| = \dfrac{2^n}{n^n} < \left(\dfrac{1}{2} \right)^n$,故级数 $\sum\limits_{n=1}^{\infty} \dfrac{2^n}{n^n}$ 收敛,$\sum\limits_{n=1}^{\infty} \dfrac{(2i)^n}{n^n}$ 绝对收敛.

(3)因 $\sum\limits_{n=1}^{\infty} \dfrac{1}{2^n}$ 和 $\sum\limits_{n=1}^{\infty} \dfrac{(-1)^n}{n}$(交错级数)都收敛,故原级数收敛,但 $\sum\limits_{n=1}^{\infty} \dfrac{(-1)^n}{n}$ 是条件收敛,原级数为条件收敛.

定义 4.4(一致收敛) 若对于任意 $\varepsilon > 0$,存在与 z 无关的正整数 $N(\varepsilon)$,当 $n > N(\varepsilon)$ 时,有 $|F_n(z) - F(z)| < \varepsilon$,则称级数 $\sum\limits_{n=0}^{\infty} f_n(z)$ 在区域 D 内一致收敛于 $F(z)$.

一致收敛判别法 如果在区域 D 内,$|f_n(z)| \le M_n(M_n$ 是常数),且 $\sum\limits_{n=0}^{\infty} M_n$ 收敛,则 $\sum\limits_{n=0}^{\infty} f_n(z)$ 在 D 内一致收敛.

因为 $\sum\limits_{n=0}^{\infty} M_n$ 是常数项级数,所以 $\sum\limits_{n=0}^{\infty} f_n(z)$ 的收敛性质和区域 D 中的点无关,根据一致收敛的定义,它在区域 D 内一致收敛.

一致收敛的性质 (1)若 $f_n(z)$ 在区域 D 内连续,$\sum\limits_{n=0}^{\infty} f_n(z)$ 在 D 内一致收敛于 $F(z)$,则 $F(z)$ 也在 D 内连续.

(2)若 $\sum\limits_{n=0}^{\infty} f_n(z)$ 在曲线 l 上一致收敛于 $F(z)$,且 $f_n(z)$ 在 l 上可积,则 $F(z)$ 在 l 也可积,而且

$$\int_l F(z) \, dz = \int_l \left(\sum_{n=0}^{\infty} f_n(z) \, dz \right) = \sum_{n=0}^{\infty} \left(\int_l f_n(z) \, dz \right). \tag{4.2}$$

(3)若$f_n(z)$在区域D内解析，$\sum\limits_{n=0}^{\infty}f_n(z)$在$D$内一致收敛于$F(z)$，则$F(z)$在$D$内也解析，而且

$$\frac{\mathrm{d}F(z)}{\mathrm{d}z}=\frac{\mathrm{d}}{\mathrm{d}z}\Big[\sum_{n=0}^{\infty}f_n(z)\Big]=\sum_{n=0}^{\infty}\frac{\mathrm{d}f_n(z)}{\mathrm{d}z}. \tag{4.3}$$

对有限个函数，以上的性质是成立的，只有一致收敛才能把这些性质推广到无限个函数.

4.1.2　幂级数

若级数的一般项$f_n(z)$是由幂函数$a_n(z-b)^n$组成的，即

$$\sum_{n=0}^{\infty}a_n(z-b)^n=a_0+a_1(z-b)+\cdots+a_n(z-b)^n+\cdots \tag{4.4}$$

则称式(4.4)为幂级数，其中b，a_0，a_1，$\cdots$，a_n，$\cdots$是复常数.

如果对$f_n(z)$定义区域内的点z_0，幂级数$\sum\limits_{n=0}^{\infty}a_n(z_0-b)^n$收敛，则称幂级数在$z_0$点收敛.

1. Abel 定理

定理 4.2(Abel 定理)　(1)如果幂级数$\sum\limits_{n=0}^{\infty}a_n(z-b)^n$在$z_1$点收敛，则该幂级数在$|z-b|<|z_1-b|$的区域内绝对收敛，而且一致收敛；

(2)如果幂级数$\sum\limits_{n=0}^{\infty}a_n(z-b)^n$在$z_2$点发散，则该幂级数在$|z-b|>|z_2-b|$的区域内发散.

证明：（1）因为幂级数$\sum\limits_{n=0}^{\infty}a_n(z_1-b)^n$收敛，根据级数收敛的必要条件，$\lim\limits_{n\to\infty}|a_n(z_1-b)^n|=0$，所以总能找到正整数$N$，当$n>N$时，$|a_n(z_1-b)^n|<M$（$M$为确定的实数）. 在$|z-b|<|z_1-b|$内任意取一点$z$，如图4-1所示，应该有$\left|\dfrac{z-b}{z_1-b}\right|=q<1$，所以

$$|a_n(z-b)^n|=\left|a_n(z_1-b)^n\left(\frac{z-b}{z_1-b}\right)^n\right|=|a_n(z_1-b)^n|\left|\frac{z-b}{z_1-b}\right|^n<Mq^n.$$

而$\sum\limits_{n=0}^{\infty}Mq^n=\dfrac{M}{1-q}$是一个收敛的正数项级数，所以$\sum\limits_{n=0}^{\infty}a_n(z-b)^n$在$|z-b|<|z_1-b|$中绝对收敛，根据一致收敛的判别法，它也一致收敛.

（2）用反证法，并利用(1)的结论.

如图4-2所示，幂级数$\sum\limits_{n=0}^{\infty}a_n(z-b)^n$在$z_2$点发散. 假设在$|z-b|>|z_2-b|$的区域内能找一点，使得$\sum\limits_{n=0}^{\infty}a_n(z-b)^n$收敛，根据(1)的证明，级数在$z_2$应该收敛，但是根据已知条件级数在$z_2$发散，所以在图4-2中的圆外区域$|z-b|>|z_2-b|$处处发散.

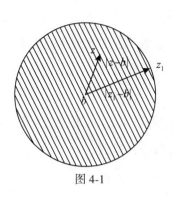

图 4-1

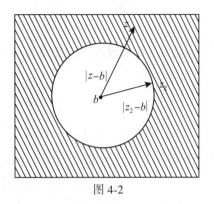

图 4-2

2. 收敛半径

由 Abel 定理, 级数 $\sum\limits_{n=0}^{\infty} a_n (z-b)^n$ 在图 4-1 中的圆内收敛, 在图 4-2 中的圆外发散, 并且 $|z_2 - b| > |z_1 - b|$. 而在圆环区域 $|z_1 - b| < |z - b| < |z_2 - b|$ 中的点不是收敛就是发散. 设想图 4-1 中的过 z_1 的圆周沿圆的半径向外连续移动, 直到圆周遇到发散点, 同时, 图 4-2 中的 z_2 沿圆的半径向内连续移动, 直到圆周遇到收敛点. 根据 Abel 定理, 最终 z_1 和 z_2 移动到一个圆周上, 在圆域的外部级数发散, 在圆域的内部级数收敛. 这个圆称为幂级数的收敛圆, 此圆的半径称为幂级数的收敛半径, 记为 R.

根据 Abel 定理可以得到这样的结论, 如果幂级数 $\sum\limits_{n=0}^{\infty} a_n (z-b)^n$ 收敛半径为 R, 则它在圆域内部 $|z-b| < R$ 收敛, 而且绝对收敛和一致收敛, 而在圆域外部 $|z-b| > R$ 发散. 幂级数在收敛圆周上收敛与否无法从 Abel 定理来确定, 一般要具体分析, 通常有三种情况: ①圆周上处处收敛; ②圆周上处处发散; ③圆周上某些点收敛, 在某些点上发散, 要逐点讨论.

例 4.2 讨论幂级数 $\sum\limits_{n=0}^{\infty} z^n = 1 + z + z^2 + \cdots + z^n + \cdots$ 的收敛性质.

解 分两种情况讨论:

(1)当 $|z| = q < 1$ 时, 因为 $|z^n| = |z|^n = q^n < 1$, 正项级数 $\sum\limits_{n=0}^{\infty} q^n$ 收敛, 故级数 $\sum\limits_{n=0}^{\infty} |z^n|$ 收敛, 原级数绝对收敛. 级数的部分和为

$$F_n(z) = 1 + z + \cdots + z^{n-1} = \frac{1 - z^n}{1 - z}.$$

因为 $\lim\limits_{n \to \infty} z^n = 0$, 所以 $\lim\limits_{n \to \infty} F_n(z) = \lim\limits_{n \to \infty} \frac{1 - z^n}{1 - z} = \frac{1}{1 - z}$. 故

$$\sum_{n=0}^{\infty} z^n = \lim_{n \to \infty} F_n(z) = \lim_{n \to \infty} \frac{1 - z^n}{1 - z} = \frac{1}{1 - z}.$$

(2)当 $|z| \geq 1$ 时, $|z^n| \geq 1$, 所以一般项不可能以零为极限, 即 $\lim\limits_{n \to \infty} z^n \neq 0$, 从而级数

发散.

所以 $\sum\limits_{n=0}^{\infty} z^n$ 在 $|z| < 1$ 内收敛、绝对收敛和一致收敛,它的收敛半径为 1,且

$$\sum_{n=0}^{\infty} z^n = \frac{1}{1-z}, \qquad |z| < 1. \tag{4.5}$$

由于幂级数 $\sum\limits_{n=0}^{\infty} z^n$ 在 $|z| < 1$ 内一致收敛,则利用式(4.2)和式(4.3)可以对式(4.5)两边进行微分和积分运算. 例如对式(4.5)两边进行微分,得到

$$\sum_{n=0}^{\infty} (n+1) z^n = \frac{1}{(1-z)^2}, \qquad |z| < 1.$$

3. 幂级数收敛半径的计算方法

为了求解幂级数式(4.4)的收敛半径,考查正项级数 $\sum\limits_{n=0}^{\infty} |a_n| |z-b|^n$. 根据高等数学的知识,判断正项级数的敛散性和收敛半径的计算方法有比值判别法(D'Alembert 公式)和根值判别法(Cauchy 公式).

比值判别法 应用正项级数的比值判别法,若

$$\lim_{n \to \infty} \frac{|a_{n+1}| |z-b|^{n+1}}{|a_n| |z-b|^n} = \lim_{n \to \infty} \frac{|a_{n+1}|}{|a_n|} |z-b| < 1,$$

即

$$|z-b| < \frac{1}{\lim\limits_{n \to \infty} \dfrac{|a_{n+1}|}{|a_n|}} = \lim_{n \to \infty} \frac{|a_n|}{|a_{n+1}|},$$

则正项幂级数 $\sum\limits_{n=0}^{\infty} |a_n| |z-b|^n$ 绝对收敛. 故得到幂级数式(4.4)的收敛半径为

$$R = \lim_{n \to \infty} \left| \frac{a_n}{a_{n+1}} \right|. \tag{4.6}$$

根值判别法 应用正项级数的根值判别法,若

$$\lim_{n \to \infty} \sqrt[n]{|a_n| |z-b|^n} = \lim_{n \to \infty} \sqrt[n]{|a_n|} |z-b| < 1,$$

即

$$|z-b| < \frac{1}{\lim\limits_{n \to \infty} \sqrt[n]{|a_n|}},$$

则正项幂级数 $\sum\limits_{n=0}^{\infty} |a_n| |z-b|^n$ 绝对收敛. 故得到幂级数式(4.4)的收敛半径为

$$R = \frac{1}{\lim\limits_{n \to \infty} \sqrt[n]{|a_n|}}. \tag{4.7}$$

4.2 Taylor 级数

在 4.1 节我们知道如果幂级数收敛,则其和函数在收敛区域内解析. 反之解析函数能

否展开成幂级数呢? 下面的 Taylor 定理给出了肯定的答案.

4.2.1 解析函数的 Taylor 展开

定理 4.3(Taylor 定理)   如果 $w = f(z)$ 在 b 的一个邻域 $|z - b| < R$ 内解析, 则在此邻域内函数值可以用一个收敛、绝对收敛和一致收敛的幂级数表示:

$$f(z) = \sum_{n=0}^{\infty} a_n (z - b)^n \tag{4.8}$$

式中, $a_n = \dfrac{1}{n!} f^{(n)}(b)$, $n = 0, 1, 2, \cdots$. 称式(4.8)是 $f(z)$ 在 b 的一个邻域内展开的 Taylor级数, 简称 $f(z)$ 在 b 点的 Taylor 级数, 它的收敛范围是 $|z - b| < R$, 收敛半径是 R.

证明   假设 $w = f(z)$ 在如图 4-3 所示的单连域 D 内解析, b 是 D 内一点, b 的一个邻域 $|z - b| < R$ 也在 D 内, 在圆周 C_R 内取一点 z, 由 Cauchy 积分公式(3.14), 得

$$f(z) = \frac{1}{2\pi i} \oint_{C_R} \frac{f(\xi)}{\xi - z} d\xi = \frac{1}{2\pi i} \oint_{C_R} \frac{f(\xi)}{\xi - b - (z - b)} d\xi = \frac{1}{2\pi i} \oint_{C_R} \frac{1}{\xi - b} \frac{f(\xi)}{1 - \dfrac{z - b}{\xi - b}} d\xi. \tag{4.9}$$

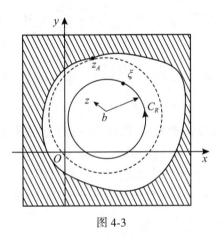

图 4-3

由图 4-3 知道, 对 C_R 上任意一点 ξ, 有 $|z - b| < |\xi - b|$, 即 $\left| \dfrac{z - b}{\xi - b} \right| < 1$, 根据式 (4.5), 得到

$$\frac{1}{1 - \dfrac{z - b}{\xi - b}} = \sum_{n=0}^{\infty} \left(\frac{z - b}{\xi - b} \right)^n = \sum_{n=0}^{\infty} \frac{1}{(\xi - b)^n} (z - b)^n.$$

将上式代入式(4.9), 得到

$$f(z) = \frac{1}{2\pi i} \oint_{C_R} \frac{f(\xi)}{\xi - z} d\xi = \frac{1}{2\pi i} \oint_{C_R} \sum_{n=0}^{\infty} \frac{f(\xi)}{(\xi - b)^{n+1}} (z - b)^n d\xi \tag{4.10}$$

$$= \frac{1}{2\pi i} \oint_{C_R} \sum_{n=0}^{k} \frac{f(\xi)}{(\xi - b)^{n+1}} (z - b)^n d\xi + \frac{1}{2\pi i} \oint_{C_R} \sum_{n=k+1}^{\infty} \frac{f(\xi)}{(\xi - b)^{n+1}} (z - b)^n d\xi \tag{4.11}$$

$$= \sum_{n=0}^{k} \left[\frac{1}{2\pi i} \oint_{C_R} \frac{f(\xi)}{(\xi-b)^{n+1}} d\xi \right] (z-b)^n + \frac{1}{2\pi i} \oint_{C_R} \frac{f(\xi)}{\xi-z} \left(\frac{z-b}{\xi-b} \right)^{k+1} d\xi \qquad (4.12)$$

$$= \sum_{n=0}^{\infty} \left[\frac{1}{2\pi i} \oint_{C_R} \frac{f(\xi)}{(\xi-b)^{n+1}} d\xi \right] (z-b)^n \qquad (4.13)$$

$$= \sum_{n=0}^{\infty} a_n (z-b)^n,$$

式中, $a_n = \dfrac{1}{2\pi i} \oint_{C_R} \dfrac{f(\xi)}{(\xi-b)^{n+1}} d\xi = \dfrac{1}{n!} f^{(n)}(b)$.

说明：（1）式（4.10）拆成有限项和无限项，式（4.11）第一项为有限项，第二项为无限项，对有限项，积分计算和求和计算可以交换，得到式（4.12）第一项.

（2）利用等比级数的求和公式

$$\sum_{n=k+1}^{\infty} \left(\frac{z-b}{\xi-b} \right)^n = \frac{1}{1 - \dfrac{z-b}{\xi-b}} \left(\frac{z-b}{\xi-b} \right)^{k+1},$$

式（4.11）第二项变成式（4.12）第二项.

（3）因为 $\dfrac{f(\xi)}{\xi-z}$ 在 C_R 上解析，所以在 C_R 上 $\left| \dfrac{f(\xi)}{\xi-z} \right| < M$. 设 $\left| \dfrac{z-b}{\xi-b} \right| = q < 1$，当 k 趋于无穷大时，有

$$\lim_{k\to\infty} \left| \frac{1}{2\pi i} \oint_{C_R} \left(\frac{z-b}{\xi-b} \right)^{k+1} \frac{f(\xi)}{\xi-z} d\xi \right| \le \lim_{k\to\infty} MRq^{k+1} = 0,$$

则式（4.12）的第二项趋于零，于是得到式（4.13）.

如果 $w=f(z)$ 在单连域 D 内解析，b 是 D 内一点，能展开成 Taylor 级数的 b 点的邻域有无穷多个，那么一定存在一个最大的邻域，它是 $|z-b| < |z_A-b|$，z_A 是离 b 最近的奇点，如图 4-3 所示，这就是收敛圆及收敛半径 $R = |z_A - b|$，R 为展开点到奇点距离. 用这个方法很容易确定单连通区域解析函数在某点展开成 Taylor 级数的收敛圆和收敛半径.

4.2.2 Taylor 级数展开的方法

利用 Taylor 定理可以将单连通区域的解析函数展开成 Taylor 级数. 复变函数和实函数的 Taylor 定理的展开结果在形式上是一样的，如果一个实函数和复变函数在形式上一样，只要把实函数的 Taylor 级数展开式中的 x 换成 z 就得到复变函数的 Taylor 级数展开.

若多值函数在单值分支中是解析函数，可以在单值分支中的一个单连通区域内将它展开成 Taylor 级数.

式（4.5）是函数 $\dfrac{1}{1-z}$ 的 Taylor 展开式，收敛圆为 $|z| < 1$，采用代换运算，可以利用式（4.5）来进行 Taylor 级数的展开.

例 4.3 将 $f(z) = e^z$ 在 $z=0$ 展开成 Taylor 级数，并讨论它的收敛范围.

解 由于 $\dfrac{d^n f(z)}{dz^n} = \dfrac{d^n}{dz^n}(e^z) = e^z (n=0,1,2,\cdots)$，故 $\dfrac{d^n f(z)}{dz^n} \bigg|_{z=0} = 1$，则由式（4.8）

得到

$$\mathrm{e}^z = \sum_{n=0}^{\infty} \frac{f^{(n)}(0)}{n!} z^n = \sum_{n=0}^{\infty} \frac{1}{n!} z^n = 1 + z + \frac{z^2}{2!} + \cdots + \frac{z^n}{n!} + \cdots \tag{4.14}$$

$z = \infty$ 是 e^z 的奇点，它到 $z = 0$ 的距离为 ∞，所以式(4.14)在 z 平面收敛，收敛半径为 ∞.

同样，由正弦函数和余弦函数的定义，利用式(4.14)，可以得到正弦函数和余弦函数在 $z = 0$ 的 Taylor 级数展开：

$$\sin z = \sum_{n=0}^{\infty} \frac{(-1)^n}{(2n+1)!} z^{2n+1}, \quad \cos z = \sum_{n=0}^{\infty} \frac{(-1)^n}{(2n)!} z^{2n}. \tag{4.15}$$

它们也在 z 平面收敛，收敛半径为 ∞.

例 4.4 将 $w = \dfrac{1}{1+z}$ 在 $z = z_0$ 点展开成 Taylor 级数，指出它的收敛范围.

解 在 $z = z_0$ 展开，说明求得的展开级数通项应该是 $a_n (z - z_0)^n$. 在 z 平面上，$z = -1$ 是函数唯一奇点，所以它的收敛半径 $R = |1 + z_0|$，收敛范围为 $|z - z_0| < |1 + z_0|$，如图 4-4 所示. 基于式(4.5)，利用代换运算，有

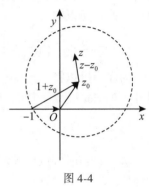

图 4-4

$$w = \frac{1}{1+z} = \frac{1}{1 + z_0 + z - z_0} = \frac{1}{1 + z_0} \cdot \frac{1}{1 + \dfrac{z - z_0}{1 + z_0}}$$

$$= \frac{1}{1 + z_0} \sum_{n=0}^{\infty} (-1)^n \left(\frac{z - z_0}{1 + z_0} \right)^n.$$

在收敛圆 $|z - z_0| < |1 + z_0|$ 内，$\left| \dfrac{z - z_0}{1 + z_0} \right| < 1$，所以可以

利用式(4.5)，以 $-\dfrac{z - z_0}{1 + z_0}$ 代替式(4.5)中的 z 进行展开.

例 4.5 将函数 $w = (1 + z)^\alpha$ 在 $z = 0$ 展开成 Taylor 级数，并讨论它的收敛范围.

解 w 是一个多值函数，图 4-5 画出了它的割线和支点，按一般幂函数的定义

$$w = \mathrm{e}^{\alpha \mathrm{Ln}(1+z)} = \mathrm{e}^{\alpha \ln(1+z) + \mathrm{i}2\alpha k\pi}, \quad k = 0, \pm 1, \pm 2, \cdots, \tag{4.16}$$

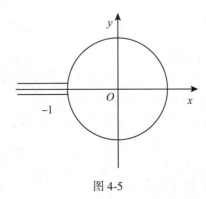

图 4-5

而 $\mathrm{e}^{\alpha\ln(1+z)} = \mathrm{e}^{\alpha\ln|1+z|+\mathrm{i}\alpha\arg(1+z)} = (1+z)^{\alpha}$ 是主值，是单值函数. 如果 α 是复常数(不是自然数)，利用二项式展开可以将它展开成 Taylor 级数：

$$(1+z)^{\alpha} = 1 + \alpha z + \frac{\alpha(\alpha-1)}{2!}z^2 + \cdots + \frac{\alpha(\alpha-1)(\alpha-2)\cdots(\alpha-k+1)}{k!}z^k + \cdots$$

$$(4.17)$$

当 α 为自然数时，上式退化为一个多项式.

$z = -1$ 是支点，是离展开点 $z = 0$ 最近的奇点，所以它的收敛范围是 $|z| < 1$.

函数 $w = (1+z)^{\alpha}$ 可以在任意单值分支内把它展开成 Taylor 级数，由式(4.16)知道在不同的单值分支内仅仅相差一个常数因子.

例 4.6 将函数 $w = \ln(1+z)$ 在 $z = 0$ 展开成 Taylor 级数.

解 图 4-5 中画出了 $w = \ln(1+z)$ 的割线和支点，$z = -1$ 是支点，在这个单值分支中它是解析函数，在 $|z| < 1$ 展开的 Taylor 级数一致收敛，而一致收敛的级数求和与积分计算可以交换，所以有

$$\ln(1+z) = \int_0^z \frac{\mathrm{d}z}{1+z} = \int_0^z \Big[\sum_{n=0}^{\infty}(-1)^n z^n\Big]\mathrm{d}z = \sum_{n=0}^{\infty}(-1)^n\int_0^z z^n\mathrm{d}z = \sum_{n=0}^{\infty}(-1)^n\frac{z^{n+1}}{n+1}.$$

同样，可以将 $w = \mathrm{Ln}(1+z) = \ln(1+z) + \mathrm{i}2k\pi$ $(k = 0, \pm1, \pm2, \cdots)$ 在不同单值分支展开成 Taylor 级数，它们只相差一个常数.

例 4.7 将 $w = \dfrac{1}{z^2}$ 在 $z = 1$ 点展开成 Taylor 级数.

解 $z = 0$ 是奇点，展开的 Taylor 级数应该在 $|z-1| < 1$ 内一致收敛，利用一致收敛的性质，有

$$\frac{1}{z^2} = -\left(\frac{1}{z}\right)' = -\left[\frac{1}{1+(z-1)}\right]' = -\Big[\sum_{n=0}^{\infty}(-1)^n(z-1)^n\Big]' = \sum_{n=1}^{\infty}(-1)^{n+1}n(z-1)^{n-1}.$$

4.2.3 解析函数的零点

定义 4.5 如果函数 $f(z) = (z-b)^m Q(z)$ (m 为正整数) 在 b 的邻域内解析，且 $Q(b) \neq 0$，则称 $z = b$ 是 $f(z)$ 的 m 阶零点.

因为 $Q(z)$ 在 b 的邻域内解析，所以在这个邻域内 $f(z)$ 可以展开成 Taylor 级数，其形式是

$$f(z) = (z-b)^m Q(z) = a_0(z-b)^m + a_1(z-b)^{m+1} + \cdots + a_n(z-b)^{m+n} + \cdots, \quad a_0 \neq 0.$$

$$(4.18\mathrm{a})$$

上式说明 m 阶零点有如下的性质：

$$w'(b) = w''(b) = \cdots = w^{(m-1)}(b) = 0, \quad w^{(m)}(b) \neq 0. \qquad (4.18\mathrm{b})$$

以上两个表达式都可以作为 m 阶零点的判别方法.

例如，函数 $f(z) = z - \sin z$，显然 $z = 0$ 是其零点. (问题：函数有非零零点吗?)在 $z = 0$ 的邻域内的级数展开式为

$$f(z) = z - \sin z = z - \sum_{n=0}^{\infty}\frac{(-1)^n}{(2n+1)!}z^{2n+1} = \frac{z^3}{3!} - \frac{z^5}{5!}\cdots + \frac{(-1)^n}{(2n+1)!}z^{2n+1} + \cdots,$$

因此, $z = 0$ 是函数 $f(z) = z - \sin z$ 的三阶零点.

也可利用式(4.18b)判定, 因为 $f(0) = 0$, $f'(0) = (1 - \cos z)\big|_{z=0} = 0$, $f''(0) = \sin z\big|_{z=0} = 0$, $f'''(0) = \cos z\big|_{z=0} = 1 \neq 0$, 所以 $z = 0$ 是函数 $f(z) = z - \sin z$ 的三阶零点.

如果函数是多个函数的乘积或商时, 则需要计算每个函数的零点; 若存在相同零点时, 则将零点的阶数进行加减. 例如, 若 $z = b$ 是 $f_1(z)$ 的 m 阶零点, 是 $f_2(z)$ 的 n 阶零点, 根据定义我们有 $f_1(z) = (z - b)^m Q_1(z)$ $(Q_1(b) \neq 0)$, $f_2(z) = (z - b)^n Q_2(z)$ $(Q_2(b) \neq 0)$. 显然, $z = b$ 是 $f(z) = f_1(z)f_2(z)$ 的 $m + n$ 阶零点, 是 $f(z) = \dfrac{f_1(z)}{f_2(z)}$ 的 $m - n$ 阶零点(假设 $m > n$).

例 4.8 求出 $f(z) = z^3 \sin z$ 的零点, 并指出它们的阶数.

解 求解方程 $z^3 \sin z = 0$, 可以得到方程的零点. 由于函数是多个函数的乘积, 我们要求解每个函数的零点. 显然, $z = 0$ 是 z^3 的三阶零点.

而由 $\sin z = 0$ 求得其零点是 $z = 0$ 和 $z = k\pi$ $(k = \pm 1, \pm 2, \cdots)$. 因为
$$(\sin z)'\big|_{z=k\pi} = \cos z\big|_{z=k\pi} = (-1)^k,$$
所以 $z = 0$ 和 $z = k\pi$ $(k = \pm 1, \pm 2, \cdots)$ 是 $\sin z$ 的一阶零点.

因此, $z = 0$ 是 $z^3 \sin z$ 的四阶零点, 而 $z = k\pi$ $(k = \pm 1, \pm 2, \cdots)$ 是 $z^3 \sin z$ 的一阶零点.

4.3 Laurent 级数

函数 $f(z)$ 在其解析点能展开成 Taylor 级数, 那么 $f(z)$ 在奇点的性质如何? 研究函数在奇点性质的重要工具是 Laurent 级数.

4.3.1 Laurent 定理

定理 4.4(Laurent 级数) 如果 $w = f(z)$ 在圆环域 $D: r < |z - b| < R$ 的内解析, 则函数在此圆环域内可以展开为一个收敛、绝对收敛和一致收敛的幂级数, 即

$$f(z) = \sum_{n=-\infty}^{\infty} c_n (z - b)^n, \tag{4.19a}$$

式中,
$$c_n = \frac{1}{2\pi \mathrm{i}} \oint_l \frac{f(\xi)}{(\xi - b)^{n+1}} \mathrm{d}\xi, \quad n = 0, \pm 1, \pm 2, \cdots. \tag{4.19b}$$

这里, l 是 D 内围绕 b 的一条闭合回路, 如图 4-6 所示. 我们称式(4.19a)是 $f(z)$ 在圆环区域 $r < |z - b| < R$ 内展开的 Laurent 级数.

证明 设 $w = f(z)$ 在图 4-7 的双连域内解析, 以 b 为圆心画了两个圆 C_r 和 C_R, 方向如图所示, 它们的半径分别是 r 和 R $(r < R)$, 圆环区域 $r < |z - b| < R$ 在 $f(z)$ 解析的双连域内, 利用多连域的 Cauchy 积分公式, 有

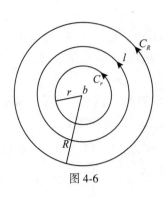

图 4-6

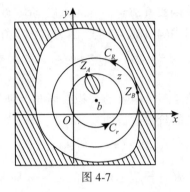

图 4-7

$$f(z) = \frac{1}{2\pi i}\oint_{C_R}\frac{f(\xi)}{\xi - z}d\xi + \frac{1}{2\pi i}\oint_{C_r^-}\frac{f(\xi)}{\xi - z}d\xi \qquad (4.20)$$

$$= \sum_{n=0}^{\infty}c_n\,(z-b)^n + \frac{1}{2\pi i}\oint_{C_r^-}\frac{1}{z-b}\frac{f(\xi)}{\dfrac{\xi - b}{z - b} - 1}d\xi \qquad (4.21)$$

$$= \sum_{n=0}^{\infty}c_n\,(z-b)^n - \frac{1}{2\pi i}\oint_{C_r^-}\frac{f(\xi)}{z-b}\sum_{k=0}^{\infty}\left(\frac{\xi - b}{z - b}\right)^k d\xi \qquad (4.22)$$

$$= \sum_{n=0}^{\infty}c_n\,(z-b)^n + \sum_{n=0}^{\infty}\left[\frac{1}{2\pi i}\oint_{C_r}f(\xi)\,(\xi - b)^n d\xi\right]\left(\frac{1}{z-b}\right)^{n+1} \qquad (4.23)$$

$$= \sum_{n=0}^{\infty}c_n\,(z-b)^n + \sum_{k=-1}^{-\infty}\left[\frac{1}{2\pi i}\oint_{C_r}\frac{f(\xi)\,d\xi}{(\xi - b)^{k+1}}\right](z-b)^k \qquad (4.24)$$

$$= \sum_{n=-\infty}^{\infty}\left[\frac{1}{2\pi i}\oint_{l}\frac{f(\xi)}{(\xi - b)^{n+1}}d\xi\right](z-b)^n. \qquad (4.25)$$

说明：（1）式（4.20）中 C_R，C_r^- 是圆环区域边界的正方向，在式（4.20）和式（4.21）中有

$$\frac{1}{2\pi i}\oint_{C_R}\frac{f(\xi)}{\xi - z}d\xi = \sum_{n=0}^{\infty}c_n\,(z-b)^n, \qquad c_n = \frac{1}{2\pi i}\oint_{C_R}\frac{f(\xi)}{(\xi - b)^{n+1}}d\xi.$$

它的导出和 Taylor 定理所用的方法一样，但 c_n 并不能利用 $f(z)$ 在 b 的高阶导数公式计算. 因为如果 b 点是 $f(z)$ 的奇点，在 b 点就没有导数，如果 $f(z)$ 在 b 点解析，但在 C_r 区域内有不解析区域，它的导数也不是 c_n.

（2）由图 4-7 可知，在 C_r 上 $|\xi - b| < |z - b|$，于是式（4.21）的第二项变为（式4.22）的第二项.

（3）利用证明 Taylor 定理同样的方法，交换积分和求和运算的次序，式（4.22）第二项变为式（4.23）的第二项. 式（4.23）第二项积分是沿着图 4-7 中 C_r 的方向进行的.

（4）在式（4.23）的第二项中，设 $n = -(k+1)$，$(\xi - b)^k = \dfrac{1}{(\xi - b)^{n+1}}$，$\left(\dfrac{1}{z-b}\right)^{k+1} = (z-b)^n$，$\sum_{k=0}^{\infty}$ 变成 $\sum_{n=-1}^{-\infty}$，则式（4.23）的第二项变为式（4.24）的第二项.

（5）根据 Cauchy 积分定理，$f(\xi)(\xi - b)^n (n > 0)$ 在 $r < |z - b| < R$ 内解析，所以可以连续变化积分回路 C_r 和 C_R，使它们重合于如图 4-6 所示的闭合回路 l，于是有式（4.25）.

由式（4.23）的第二项知道 Laurent 级数中的负幂次来自积分 $\oint_{C_r} f(\xi)(\xi - b)^n \mathrm{d}\xi \neq 0$，$(\xi - b)^n (n > 0)$ 在 $|z - b| < r$ 内解析，只有 $f(z)$ 在 $|z - b| < r$ 有奇点积分才会不等于零，所以 Laurent 级数中的负幂次项反映了 $f(z)$ 在 $|z - b| < r$ 不解析的性质，但是这和 b 点是不是奇点没有关系，图 4-7 中 b 不是奇点，当然也可以是奇点.

证明的过程说明式（4.19）的 Laurent 级数在 $r < |z - b| < R$ 不仅收敛，而且绝对收敛和一致收敛.

如图 4.7 所示，以 b 为圆心所画的处于双连通区域内的圆环有无穷多个，而图示的 $r < |z - b| < R$ 最大，其中 $|z_B - b| = R$，z_B 是外边界上离 b 点最近的奇点，$|z_A - b| = r$，z_A 是内边界上离 b 点最远的奇点. 这可以用来确定 Laurent 级数收敛的最大圆环区域.

4.3.2 Laurent 级数展开的方法

Laurent 级数展开的系数由式（4.19b）求得，它是一个积分，所以比计算 Taylor 级数的展开系数困难，一般不利用式（4.19b）求 Laurent 级数的展开系数，而是利用已知函数的 Taylor 级数，利用代换运算，将函数在圆环区域内展开成收敛幂级数，由于 Laurent 级数的唯一性，展开的幂级数就是 Laurent 级数，只是级数具有负幂次.

例 4.9 试将函数 $f(z) = \dfrac{1}{(z-1)(z-2)}$ 在下列两点处展开成 Laurent 级数.

（1）$z = 0$；（2）$z = 1$.

解 （1）将函数在某点展开 Laurent 级数时，须考虑所有的解析区域. 由于 $z = 1$ 和 $z = 2$ 是函数的奇点，将函数在 $z = 0$ 展开 Laurent 级数，必须考虑 $|z| < 1$、$1 < |z| < 2$ 和 $|z| > 2$ 三个解析区域，如图 4-8 所示，而展开的形式是 z^n，n 是整数.

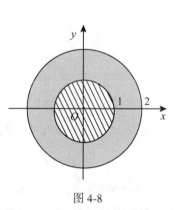

图 4-8

为了利用 Taylor 级数展开的方法，把 $f(z)$ 写成

$$f(z) = \frac{1}{z - 2} - \frac{1}{z - 1} = \frac{1}{1 - z} - \frac{1}{2 - z}. \qquad (4.26)$$

在 $|z| < 1$ 中，由于 $\dfrac{|z|}{2} < 1$，所以有

$$f(z) = \frac{1}{1 - z} - \frac{1}{2} \frac{1}{1 - \frac{z}{2}} = \sum_{n=0}^{\infty} z^n - \frac{1}{2} \sum_{n=0}^{\infty} \left(\frac{z}{2}\right)^n = \sum_{n=0}^{\infty} \left(1 - \frac{1}{2^{n+1}}\right) z^n.$$

展开的级数中没有负幂次是因为 $f(z)$ 在 $|z| < 1$ 没有奇点，这实际上是 Taylor 级数.

在 $1 < |z| < 2$ 中，由于 $\dfrac{1}{|z|} < 1$，$\dfrac{|z|}{2} < 1$，所以有

$$f(z) = -\frac{1}{2}\frac{1}{1-\dfrac{z}{2}} - \frac{1}{z}\frac{1}{1-\dfrac{1}{z}} = -\frac{1}{2}\sum_{n=0}^{\infty}\left(\frac{z}{2}\right)^n - \sum_{n=0}^{\infty}\left(\frac{1}{z}\right)^{n+1}.$$

展开的级数中有负幂次是因为在 $|z| < 1^+$ 中有奇点 $z = 1$，尽管 $z = 0$ 并不是函数的奇点. $|z| < 1^+$ 是指图 4-8 中比 $|z| = 1$ 的圆稍稍大一点的圆.

在 $|z| > 2$ 中，由于 $\left|\dfrac{1}{z}\right| < 1$，$\left|\dfrac{2}{z}\right| < 1$，因此有

$$f(z) = \frac{1}{z}\cdot\frac{1}{1-\dfrac{2}{z}} - \frac{1}{z}\cdot\frac{1}{1-\dfrac{1}{z}} = \frac{1}{z}\sum_{n=0}^{\infty}\left(\frac{2}{z}\right)^n - \frac{1}{z}\sum_{n=0}^{\infty}\left(\frac{1}{z}\right)^n = \sum_{n=0}^{\infty}(2^n - 1)\left(\frac{1}{z}\right)^{n+1}.$$

展开的级数中有负幂次是因为在 $|z| < 2^+$ 中有奇点 $z = 1$ 和 $z = 2$.

(2)在 $z = 1$ 点展开，必须考虑 $0 < |z - 1| < 1$ 和 $|z - 1| > 1$ 两个解析区域，如图 4-9 所示，展开的形式是 $(z - 1)^n$，n 是整数.

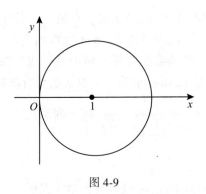

图 4-9

在 $0 < |z - 1| < 1$ 中，按式(4.26)有

$$f(z) = -\frac{1}{z-1} - \frac{1}{1-(z-1)} = -\frac{1}{z-1} - \sum_{n=0}^{\infty}(z-1)^n.$$

和 $z = 0$ 的展开比较，$f(z)$ 在 $z = 0$ 解析，展开的级数中有无穷多负幂次，$z = 1$ 是 $f(z)$ 的奇点，展开以后只有一项负幂次.

在 $|z - 1| > 1$ 中，$\left|\dfrac{1}{z-1}\right| < 1$，所以有

$$f(z) = -\frac{1}{z-1} + \frac{1}{z-1}\frac{1}{1-\dfrac{1}{z-1}} = -\frac{1}{z-1} + \frac{1}{z-1}\sum_{n=0}^{\infty}\left(\frac{1}{z-1}\right)^n = -\frac{1}{z-1} + \sum_{n=0}^{\infty}\left(\frac{1}{z-1}\right)^{n+1}.$$

注意：在某点展开 Laurent 级数应该考虑所有能使级数收敛的区域，Laurent 定理保证展开的级数绝对收敛和一致收敛. Laurent 定理中所说的 $r < |z - b| < R$，当函数在 $|z - b| = r$ 和 $|z - b| = R$ 上没有不解析点时，r 可以是零，R 可以趋于无穷大.

4.4 孤立奇点

4.4.1 孤立奇点的定义

定义 4.6 如果 b 是 $w = f(z)$ 的奇点，$f(z)$ 在 b 的一个去心邻域 $0 < |z - b| < \delta$ 内解析，称 b 是 $w = f(z)$ 的孤立奇点，反之称非孤立奇点.

对于分式函数 $w = \dfrac{P(z)}{Q(z)}$，满足 $Q(z_k) = 0$ 的点是孤立奇点. 例如，函数 $w = \dfrac{1}{(z - 1)(z - 2)}$ 的孤立奇点是 $z = 1$ 和 $z = 2$.

而对于函数 $w = \left(\sin \dfrac{1}{z} \right)^{-1}$，$z = 0$ 是它的奇点，同时满足 $\sin \dfrac{1}{z} = 0$ 的点也是奇点，即 $z_n = \dfrac{1}{n\pi}$ ($n = \pm 1,\ \pm 2,\ \cdots$). 由此可见，$z = 0$ 是非孤立奇点，因为不存在 $z=0$ 的一个去心邻域使得 w 在其中解析，而 $z_n = \dfrac{1}{n\pi}$ ($n = \pm 1,\ \pm 2,\ \cdots$) 是孤立奇点，因为不管 n 如何大总能找到一个使 w 在其中解析的去心邻域. 实际上 $z = 0$ 是孤立奇点 $z_n = \dfrac{1}{n\pi}$ ($n = \pm 1,\ \pm 2,\ \cdots$) 的极限点，即 $\lim\limits_{n \to \infty} z_n = \lim\limits_{n \to \infty} \dfrac{1}{n\pi} = 0$. 一般而言，如果函数奇点的个数是有限的，则都为孤立奇点；对无穷多奇点，其极限点为非孤立奇点.

按 Laurent 定理，如果函数在一个去心邻域内解析，可以把这个函数在这个去心邻域内展开成 Laurent 级数，也称为把一个函数在孤立奇点展开成 Laurent 级数，级数也称为在孤立奇点的 Laurent 级数展开，在不发生误解的情况下，简称为在奇点的展开. 但是不能把一个函数在非孤立奇点展开成 Laurent 级数.

在例 4.9 中，$z = 1$ 是 $f(z) = \dfrac{1}{(z - 1)(z - 2)}$ 的孤立奇点，只有在 $0 < |z - 1| < 1$ 内展开的 Laurent 级数才是在孤立奇点的展开，展开的级数中有一项负幂次. $f(z) = \dfrac{1}{(z - 1)(z - 2)}$ 在 $1 < |z| < 2$ 中展开的 Laurent 级数并不是在孤立奇点的展开，其中有无限项负幂次说明在 $|z| < 1^+$ 内存在奇点.

4.4.2 孤立奇点的分类和性质

利用函数在孤立奇点展开成的 Laurent 级数可以研究奇点的性质. 若 $z = b$ 是 $w = f(z)$ 的孤立奇点，则在 $0 < |z - b| < \delta$ 中函数 $f(z)$ 可以展开成 Laurent 级数：

$$f(z) = \sum_{n = -\infty}^{\infty} c_n (z - b)^n = \sum_{n = -\infty}^{-1} c_n (z - b)^n + \sum_{n = 0}^{\infty} c_n (z - b)^n,$$

式中，右端的第二项幂级数称为解析部分；而第一项带有负幂项，称为 Laurent 级数的主要部分. 孤立奇点的性质由主要部分决定. 我们按照在孤立奇点展开的 Laurent 级数的负幂次的项数，把奇点分成三类.

1. 可去奇点

$z = b$ 是 $w = f(z)$ 的孤立奇点，但在 $z = b$ 点展开成的 Laurent 级数中不含负幂项，即

$$f(z) = \sum_{n=0}^{\infty} c_n (z-b)^n = c_0 + c_1(z-b) + \cdots + c_n (z-b)^n + \cdots. \qquad (4.27)$$

在孤立奇点展开级数的形式和 Taylor 级数一样. 一般是指函数 $w = f(z)$ 在 $z = b$ 没有函数值，而有极限值.

性质 4.1(可去奇点的性质)　孤立奇点 $z = b$ 是函数 $w = f(z)$ 的可去奇点的充要条件是
$$\lim_{z \to b} f(z) = c_0 \text{(有限值)}.$$

例 4.10　将函数 $w = \dfrac{\sin z}{z}$ 在 $z = 0$ 展开成 Laurent 级数.

解　利用 $\sin z$ 在 $z = 0$ 的 Taylor 级数，可以得到

$$w = \frac{\sin z}{z} = \frac{1}{z} \sum_{n=0}^{\infty} (-1)^n \frac{1}{(2n+1)!} z^{2n+1} = 1 - \frac{1}{3!}z^2 + \cdots + (-1)^k \frac{1}{(2k+1)!} z^{2k} + \cdots.$$

Laurent 级数中不含负幂次，在 $z = 0$ 点存在极限 $\lim\limits_{z \to 0} \dfrac{\sin z}{z} = 1$，但是 $z = 0$ 的函数值不存在，$z = 0$ 是 w 的可去奇点. 同样，$z = 0$ 是 $\dfrac{e^z - 1}{z}$ 的可去奇点.

2. m 阶极点

$z = b$ 是 $w = f(z)$ 的孤立奇点，$w = f(z)$ 在 $z = b$ 点展开的 Laurent 级数中含有有限的负幂项，级数中最高的负幂次是 m 次（m 为正整数），即

$$f(z) = \frac{c_{-m}}{(z-b)^m} + \frac{c_{-m+1}}{(z-b)^{m-1}} + \cdots + \frac{c_{-1}}{z-b} + c_0 + c_1(z-b) + \cdots, \quad c_{-m} \neq 0. \qquad (4.28)$$

式(4.28)也可以写成

$$f(z) = \frac{P(z)}{(z-b)^m} \qquad (4.29)$$

或者
$$f(z) = \frac{P(z)}{Q(z)}. \qquad (4.30)$$

其中，$P(z)$，$Q(z)$ 在 $z = b$ 解析，并且 $P(b) \neq 0$.

利用式(4.28)来判别极点的阶数必须将 $w = f(z)$ 在孤立奇点展开成 Laurent 级数，式(4.29)和式(4.30)说明不展开级数也能判别极点的阶数，可以利用零点的阶数来判别极点的阶数.

如果 $z = b$ 是 $Q(z)$ 的 m 阶零点，并且 $P(b) \neq 0$，那么它是 $w = \dfrac{P(z)}{Q(z)}$ 的 m 阶极点.

如果 $z = b$ 是 $P(z)$ 的 n 阶零点，是 $Q(z)$ 的 m 阶零点，并且 $m > n$，那么它是 $w = \dfrac{P(z)}{Q(z)}$ 的 $m - n$ 阶极点.

在例 4.9 中，$z = 1$ 是 $(z-1)(z-2)$ 的一阶零点，所以是 $f(z) = \dfrac{1}{(z-1)(z-2)}$ 的一阶极点，在 $z = 1$ 的邻域 $0 < |z-1| < 1$ 内展开的级数只有负一次幂.

性质 4.2(极点的性质) 孤立奇点 $z = b$ 是函数 $w = f(z)$ 的 m 阶极点的充要条件是
$$\lim_{z \to b} f(z) = \infty \quad \text{或者} \quad \lim_{z \to b} (z-b)^m f(z) = c_{-m} \neq 0.$$

例 4.11 找出 $w = \dfrac{\mathrm{e}^z - 1}{z^3 \sin z}$ 的奇点，并指出它的阶数.

解 $z = 0$ 是 $\mathrm{e}^z - 1$ 的一阶零点，是 $z^3 \sin z$ 的 4 阶零点，所以 $z = 0$ 是 w 的 3 阶极点. 而 $z = k\pi (k = \pm 1, \pm 2, \cdots)$ 是 $z^3 \sin z$ 的一阶零点，$\mathrm{e}^{k\pi} - 1 \neq 0$，所以 $z = k\pi (k = \pm 1, \pm 2, \cdots)$ 是 w 的一阶极点.

如果把 $w = \dfrac{\mathrm{e}^z - 1}{z^3 \sin z}$ 在 $z = 0$ 展开成级数来找出奇点的阶数就比较困难了.

3. 本性奇点

b 是 $w = f(z)$ 的孤立奇点，如果 $w = f(z)$ 在 b 点展开的 Laurent 级数具有无穷多的负幂项，那么 b 点称为 $w = f(z)$ 的本性奇点.

性质 4.3(本性奇点的性质) 孤立奇点 $z = b$ 是函数 $w = f(z)$ 的本性奇点的充要条件是 $\lim_{z \to b} f(z)$ 不存在.

本性奇点的性质

函数 $w = \mathrm{e}^{\frac{1}{z}}$ 在 $z = 0$ 展开的 Laurent 级数是
$$\mathrm{e}^{\frac{1}{z}} = 1 + \frac{1}{z} + \frac{1}{2!}\frac{1}{z^2} + \cdots + \frac{1}{n!}\frac{1}{z^n} + \cdots,$$

含无穷多的负幂项，$z = 0$ 是 $\mathrm{e}^{\frac{1}{z}}$ 的本性奇点.

在本性奇点，函数的极限不存在，事实上 $\lim\limits_{y \to 0} \lim\limits_{x \to 0^+} \mathrm{e}^{\frac{1}{z}} = \infty$，$\lim\limits_{y \to 0} \lim\limits_{x \to 0^-} \mathrm{e}^{\frac{1}{z}} = 0$.

同样，$z = 0$ 也是 $\sin\dfrac{1}{z}$ 和 $\cos\dfrac{1}{z}$ 的本性奇点.

一般而言，在 $\sin[g(z)]$，$\mathrm{e}^{g(z)}$ 等这类函数中，使 $g(z) = \infty$ 的点为本性奇点. 例如，函数 $\sin\dfrac{1}{1-z}$ 的奇点是 $z = 1$，是本性奇点. 函数 $\dfrac{\mathrm{e}^{\frac{1}{z^2-1}}}{1+\mathrm{e}^z}$ 的奇点是 $z^2 - 1 = 0$，$1 + \mathrm{e}^z = 0$，$z = \infty$；其中，$z = \pm 1$ 是本性奇点，$z = \mathrm{Ln}(-1) = (2k+1)\pi\mathrm{i}$，$k = 0, \pm 1, \pm 2, \cdots$ 是 1 阶极点，而 $z = \infty$ 是非孤立奇点.

4.4.3 无界区域 Laurent 定理

如果 $w = f(z)$ 在 $|z| > R$ 解析(不包括 $z = \infty$)，那么在 $|z| > R$ 的函数值可以用一个收敛、绝对收敛和一致收敛的级数表示：

$$f(z) = \sum_{n=-\infty}^{\infty} c_n z^n, \tag{4.31}$$

式中，$c_n = \dfrac{1}{2\pi i}\oint_l \dfrac{f(\xi)}{\xi^{n+1}}d\xi$. 称此式是 $f(z)$ 在 $z = \infty$ 展开的 Laurent 级数，或者称是在 $|z| > R$ 内展开的 Laurent 级数.

证明　以原点为圆心、R_1 为半径作圆周 C_{R_1}，$R_1 > R$，根据多连通区域 Cauchy 积分公式，在 $R < |z| < R_1$ 中，

$$f(z) = \frac{1}{2\pi i}\oint_{C_{R_1}} \frac{f(\xi)}{\xi - z}d\xi + \frac{1}{2\pi i}\oint_{C_R^-} \frac{f(\xi)}{\xi - z}d\xi$$

$$= \frac{1}{2\pi i}\oint_{C_{R_1}} \frac{f(\xi)}{\xi}\frac{1}{1 - \dfrac{z}{\xi}}d\xi - \frac{1}{2\pi i}\oint_{C_R^-} \frac{f(\xi)}{z}\frac{1}{1 - \dfrac{\xi}{z}}d\xi$$

$$= \sum_{n=0}^{\infty}\left[\frac{1}{2\pi i}\oint_{C_{R_1}} \frac{f(\xi)}{\xi^{n+1}}d\xi\right]z^n + \sum_{k=0}^{\infty}\left[\frac{1}{2\pi i}\oint_{C_R} f(\xi)\xi^k d\xi\right]z^{-(k+1)}$$

$$= \sum_{n=0}^{\infty}\left[\frac{1}{2\pi i}\oint_{C_{R_1}} \frac{f(\xi)}{\xi^{n+1}}d\xi\right]z^n + \sum_{n=-1}^{-\infty}\left[\frac{1}{2\pi i}\oint_{C_R} \frac{f(\xi)d\xi}{\xi^{n+1}}\right]z^n$$

$$= \sum_{n=-\infty}^{\infty}\left[\frac{1}{2\pi i}\oint_l \frac{f(\xi)}{\xi^{n+1}}d\xi\right]z^n = \sum_{n=-\infty}^{\infty} c_n z^n.$$

说明：（1）因为 $w = f(z)$ 在 $|z| > R$ 解析，R_1 可以取得足够大，所以可以适用于 $|z| > R$ 中的任意一点.

（2）推导的详细过程可见 Taylor 定理和 Laurent 定理的证明.

$w = f(z)$ 在 $|z| > R$ 解析（不包括 $z = \infty$），所以 $z = \infty$ 是 $w = f(z)$ 的孤立奇点，式（4.31）是 $w = f(z)$ 在孤立奇点 $z = \infty$ 展开的 Laurent 级数.

所谓在 $z = \infty$ 的 Laurent 级数展开，是指将在 $|z| > R$ 解析的函数 $w = f(z)$ 展开成形式如式（4.31）的收敛级数.

例 4.12　将 $w = \dfrac{1}{(z-1)(z-2)}$ 在 $z = \infty$ 点展开成级数.

解　w 在 $|z| > 2$ 内解析，所以 $z = \infty$ 是它的孤立奇点，在 $|z| > 2$ 内按 z^n 的形式展开成收敛的级数（见例 4.9）：

$$w = \frac{1}{z}\sum_{n=0}^{\infty}\left(\frac{2}{z}\right)^n - \frac{1}{z}\sum_{n=0}^{\infty}\left(\frac{1}{z}\right)^n = \sum_{n=0}^{\infty}(2^n - 1)\left(\frac{1}{z}\right)^{n+1}.$$

说明：它和例 4.9 中在 $|z| > 2$ 展开的形式是一样的，但它不是在 $z = 0$ 的邻域内展开. 而是在 $|z| > 2$ 内对 $z = 0$ 展开. 本例是在 $z = \infty$ 的邻域内展开，是对孤立奇点 $z = \infty$ 的展开.

例 4.13　将 $w = e^z$ 在 $z = \infty$ 展开成级数.

解　$w = e^z$ 在 z 平面解析，$z = \infty$ 是孤立奇点，在 $|z| > R$ 的收敛级数是

$$e^z = 1 + z + \frac{z^2}{2!} + \cdots + \frac{z^n}{n!} + \cdots.$$

说明：在 $z=0$ 的邻域内展开的级数也是这个形式，但是在 $z=0$ 的展开说明函数在 $z=0$ 的解析性质，而在 $z=\infty$ 的展开说明函数在 $z=\infty$ 的不解析性质，这也说明 $w=e^z$ 在 z 平面解析.

按 $w=f(z)$ 在 $z=\infty$ 点展开成 Laurent 级数，按 z 的正幂次，可将无穷远点分成可去奇点、m 阶极点和本性奇点.

如果在 $z=\infty$ 将 $w=f(z)$ 展开成如下的形式：

$$f(z)=c_0+\frac{c_{-1}}{z}+\cdots+\frac{c_{-m}}{z^m}+\cdots,\quad c_0\neq 0,$$

则称 $z=\infty$ 是可去奇点. 此时 $\lim\limits_{z\to\infty}f(z)=c_0$，但在 $z=\infty$ 函数值没有意义. 如果定义 $f(\infty)=c_0$，可以认为 $w=f(z)$ 在 $z=\infty$ 解析，通常讲的在 $z=\infty$ 解析的函数就是指的这种情况.

如果在 $z=\infty$ 将 $w=f(z)$ 展开成如下的形式：

$$f(z)=c_m z^m+c_{m-1}z^{m-1}+\cdots+c_0+\frac{c_{-1}}{z}+\cdots,\quad c_m\neq 0,$$

则称 $z=\infty$ 是 m 阶极点.

如果在 $z=\infty$ 展开时有无穷多正幂次，则 $z=\infty$ 是本性奇点. 例如

$$e^z=1+z+\frac{z^2}{2!}+\cdots+\frac{z^n}{n!}+\cdots$$

在本性奇点函数的极限是不存在的，事实上 $\lim\limits_{y=0}\lim\limits_{x\to+\infty}e^z=\infty$，$\lim\limits_{y=0}\lim\limits_{x\to-\infty}e^z=0$.

习 题 四

(一)

4.1 试讨论下列各级数的收敛性质，并指出是否绝对收敛：

$(1)\ \displaystyle\sum_{n=0}^{\infty}\frac{(2i)^n}{n!};$ $(2)\ \displaystyle\sum_{n=0}^{\infty}\frac{\cos in}{2^n};$ $(3)\ \displaystyle\sum_{n=2}^{\infty}\frac{i^n}{\ln n};$ $(4)\ \displaystyle\sum_{n=0}^{\infty}e^{in\frac{\pi}{2}}.$

4.2 试求幂级数的收敛半径：

$(1)\ \displaystyle\sum_{n=1}^{\infty}\frac{z^n}{n^2};$ $(2)\ \displaystyle\sum_{n=1}^{\infty}2^n z^n;$ $(3)\ \displaystyle\sum_{n=1}^{\infty}[3+(-1)^n]^n z^n;$

$(4)\ \displaystyle\sum_{n=1}^{\infty}\sin(in)z^n;$ $(5)\ \displaystyle\sum_{n=1}^{\infty}[n+a^n]z^n;$ $(6)\ \displaystyle\sum_{n=1}^{\infty}n^{\ln n}z^n.$

4.3 将下列函数在 $z=0$ 展开成 Taylor 级数，并指出收敛半径：

$(1)\ \dfrac{1}{az+b}$（a,b 是不为零的复数）； $(2)\ \dfrac{1}{1+z^3};$ $(3)\ \dfrac{1}{(1-z)^2};$

$(4)\ \dfrac{1}{(1+z^2)^2};$ $(5)\ \dfrac{z}{z^2-4z+13};$ $(6)\ \cos z^2;$ $(7)\ \sin^2 z;$ $(8)\ e^z\cos z.$

4.4 将下列各函数在指定点 z_0 处展开成 Taylor 级数，并指出它的收敛半径：

(1) $\dfrac{z-1}{z+1}$, $z_0 = 1$;　　(2) $\dfrac{1}{4-3z}$, $z_0 = 1+i$;　　(3) $\cos z$, $z_0 = \pi/4$;

(4) $\sin(2z - z^2)$, $z_0 = 1$;　　(5) $\dfrac{1}{z^2}$, $z_0 = 1 + 2i$.

4.5　将下列函数在指定的区域内展开成 Laurent 级数：

(1) $\dfrac{1}{(z-2)(z-3)}$, 　$|z| > 3$;

(2) $\dfrac{1}{(z+1)(z-2)}$, $1 < |z| < 2$, $|z| > 2$;

(3) $\dfrac{z+1}{z^2(z-1)}$, $0 < |z| < 1$, $1 < |z| < \infty$;

(4) $\dfrac{1}{z(1-z)}$, $|z+1| < 1$, $1 < |z+1| < 2$, $|z+1| > 2$;

(5) $\dfrac{1}{(z-i)^3}$, $0 < |z| < 1$, $1 < |z| < \infty$;

(6) $f(z) = z^3 e^{\frac{1}{z}}$, $0 < |z| < \infty$;

(7) $\exp\left(z + \dfrac{1}{z}\right)$, $0 < |z| < \infty$;

(8) $\exp\left(\dfrac{1}{1-z}\right)$, $1 < |z| < \infty$.

4.6　将 $f(z) = \dfrac{1}{(z-1)(z-2)}$ 在 $z = 0$ 点展开成级数.

4.7　求下列函数的零点，并指出它们的阶数：

(1) $w = \cos z - 1$;　　(2) $w = \sin z$;　　(3) $w = e^z - 1$.

4.8　求出下列函数的奇点，确定奇点的性质：

(1) $\dfrac{z+1}{(z-1)(z^2+1)^2}$;　　(2) $\dfrac{z^4}{1+z^4}$;　　(3) $\dfrac{e^z - 1}{z^2}$;　　(4) $\dfrac{1-e^z}{1+e^z}$;

(5) $\dfrac{e^{\left(\frac{1}{z-1}\right)}}{e^z - 1}$;　　(6) $\dfrac{1}{e^z - 1} - \dfrac{1}{z}$;　　(7) $\sin\left(\dfrac{1}{\sin\left(\frac{1}{z}\right)}\right)$;　　(8) $\dfrac{1}{\sin z + \cos z}$;

(9) $e^{-z}\cos\left(\dfrac{1}{z}\right)$.

4.9　试证函数 $f(z) = \sin\left(z + \dfrac{1}{z}\right)$ 的 Laurent 展开式 $\displaystyle\sum_{n=-\infty}^{\infty} C_n z^n$ 的系数为

$$C_n = \dfrac{1}{2\pi}\int_0^{2\pi} \cos n\theta \sin(2\cos\theta)\,\mathrm{d}\theta.$$

4.10　设函数 $f(z) = \dfrac{1}{1-z-z^2}$ 的幂级数展开式为 $f(z) = \displaystyle\sum_{n=0}^{\infty} c_n z^n$.

(1) 证明：系数满足关系式 $c_0 = 1$, $c_1 = 1$, $c_n = c_{n-1} + c_{n-2}$, $n = 2, 3, 4, \cdots$;

习 题 四

（2）求该幂级数的收敛半径 R；

（3）证明：对 $n = 0,\ 1,\ 2,\dots,$

$$\frac{1}{2\pi i}\oint_{|\xi|=r}\frac{1+\xi^2 f(\xi)}{(\xi-z)^{n+1}(1-\xi)}d\xi = \frac{f^{(n)}(z)}{n!},\quad |z|<r<R.$$

（二）

4.11 求下列函数的零点，并指明零点的阶数：

（1）$w = z^2(e^{z^2}-1)$；　　（2）$w = 6\sin z^3 + z^3(z^6-6)$.

4.12 将下列函数在指定点展开成 Taylor 级数，并指明收敛半径：

（1）$\arctan z,\ z=0$；　　（2）$\dfrac{1}{1+z+z^2},\ z=0$；

（3）$\dfrac{2z-1}{(z+2)(3z-1)},\ z=-1$；　　（4）$\sin^2 z,\ z=\dfrac{1}{2}$.

4.13 如果 $\sqrt{1}=-1$，将 $w=(1+z)^{\frac{1}{2}}$ 在 $z=0$ 展开成 Taylor 级数.

4.14 将 $w=\dfrac{(z-1)(z-2)}{(z-3)(z-4)}$ 在 $3<|z|<4$ 以及在 $4<|z|<\infty$ 展开成 Laurent 级数.

4.15 将 $w=\dfrac{1}{(z-a)^k}(a\neq 0,\ k$ 为自然数$)$ 在 $z=0$ 点展开成级数.

4.16 求出下列函数的奇点，并指出它们的性质：

（1）$f(z)=\dfrac{z^7}{(z^2-4)^2\cos\dfrac{1}{z-2}}$；　　（2）$f(z)=\dfrac{(z^2-1)(z-2)^3}{(\sin\pi z)^3}$

4.17 设 $t(-1\leq t\leq 1)$ 是参数，求函数 $f(z)=\dfrac{4-z^2}{4-4zt+z^2}$ 在 $z=0$ 点的 Taylor 展开式.

4.18 将函数 $\tan z=\dfrac{\sin z}{\cos z}$ 在 $z=0$ 点展开成 Taylor 级数至 z^5 项，并指出其收敛半径.

4.19 将函数 $\sin\dfrac{z}{1-z}$ 在 $z=0$ 展开成幂级数至 z^4 为止.

4.20 将函数 $\cot z$ 在 $0<|z|<\pi$ 内展开成 Laurent 级数至 z^3 项为止.

4.21 若将 $\dfrac{z}{e^z-1}$ 展开为如下的级数：

$$\frac{z}{e^z-1}=\sum_{n=0}^{\infty}\frac{B_n}{n!}z^n,$$

其中，B_n 称为伯努利数（Bernoulli number），试证明 B_n 满足：

（1）$B_0=1,\ \binom{n+1}{0}B_0+\binom{n+1}{1}B_1+\binom{n+1}{2}B_2+\cdots+\binom{n+1}{n}B_n=0$；

（2）所有大于1的奇数下标的伯努利数为0.

4.22　（1）试证明：

$$z\cot z = \mathrm{i}z + \frac{2\mathrm{i}z}{\mathrm{e}^{2\mathrm{i}z} - 1},$$

并利用伯努利数求 $z\cot z$ 在 $z=0$ 的泰勒级数，指出它的收敛半径；

（2）用此方法将 4.20 题再解一次.

4.23　用上题类似的方法，求下列各函数在 $z=0$ 处的泰勒展开式，并指出收敛半径：

（1）$\ln\left(\dfrac{\sin z}{z}\right)$;　　　　（2）$\ln\cos z$;　　　　（3）$\dfrac{z}{\sin z}$.

4.24　将函数 $w = \dfrac{z\cos\theta - z^2}{1 - 2z\cos\theta + z^2}$ 展开成 z 的幂级数.

4.25　设 a 为实数，且 $|a| < 1$，证明下列等式：

（1）$\dfrac{1 - a\cos\theta}{1 - 2a\cos\theta + a^2} = \displaystyle\sum_{n=0}^{\infty} a^n\cos n\theta$;

（2）$\dfrac{a\sin\theta}{1 - 2a\cos\theta + a^2} = \displaystyle\sum_{n=1}^{\infty} a^n\sin n\theta$;

（3）$\ln(1 - 2a\cos\theta + a^2) = -2\displaystyle\sum_{n=1}^{\infty} \dfrac{a^n}{n}\cos n\theta$.

4.26　试求下列幂级数的和函数：

（1）$\displaystyle\sum_{n=1}^{\infty} nz^n$;　　（2）$\displaystyle\sum_{n=1}^{\infty} \dfrac{z^n}{n}$;　　（3）$\displaystyle\sum_{n=1}^{\infty} (-1)^{n+1}\dfrac{z^n}{n}$;　　（4）$\displaystyle\sum_{n=1}^{\infty} \dfrac{z^{2n+1}}{2n+1}$.

4.27　证明：$\dfrac{\sin\theta}{2} + \dfrac{\sin 2\theta}{2^2} + \dfrac{\sin 3\theta}{2^3} + \cdots + \dfrac{\sin n\theta}{2^n} + \cdots = \dfrac{2\sin\theta}{5 - 4\cos\theta}$.

4.28　试求下列各级数的和：

（1）$C_1 = 1 - \dfrac{\cos 2z}{2!} + \dfrac{\cos 4z}{4!} + \cdots + (-1)^n\dfrac{\cos 2nz}{(2n)!} + \cdots = \displaystyle\sum_{n=0}^{\infty} (-1)^n\dfrac{\cos 2nz}{(2n)!}$,

$S_1 = -\dfrac{\sin 2z}{2!} + \dfrac{\sin 4z}{4!} + \cdots + (-1)^n\dfrac{\sin 2nz}{(2n)!} + \cdots = \displaystyle\sum_{n=0}^{\infty} (-1)^n\dfrac{\sin 2nz}{(2n)!}$;

（2）$C_2 = \dfrac{\cos z}{1!} - \dfrac{\cos 3z}{3!} + \cdots + (-1)^n\dfrac{\cos(2n+1)z}{(2n+1)!} + \cdots = \displaystyle\sum_{n=0}^{\infty} (-1)^n\dfrac{\cos(2n+1)z}{(2n+1)!}$,

$S_2 = \dfrac{\sin z}{1!} - \dfrac{\sin 3z}{3!} + \cdots + (-1)^n\dfrac{\sin(2n+1)z}{(2n+1)!} + \cdots = \displaystyle\sum_{n=0}^{\infty} (-1)^n\dfrac{\sin(2n+1)z}{(2n+1)!}$.

4.29　证明下列等式：

（1）$\displaystyle\sum_{n=1}^{\infty} \dfrac{\cos n\theta}{n} = -\ln\left|2\sin\dfrac{\theta}{2}\right|$, $0 < |\theta| \leqslant \pi$,

$\displaystyle\sum_{n=1}^{\infty} \dfrac{\sin n\theta}{n} = \dfrac{\pi - \theta}{2}$, $0 < \theta < 2\pi$,

(2) $\displaystyle\sum_{n=0}^{\infty} \frac{\cos(2n+1)\theta}{2n+1} = \frac{1}{2}\ln\left|\cot\frac{\theta}{2}\right|, \ 0 < |\theta| < \pi$,

$\displaystyle\sum_{n=0}^{\infty} \frac{\sin(2n+1)\theta}{2n+1} = \frac{\pi}{4}, \ 0 < \theta < \pi$;

(3) $\displaystyle\sum_{n=1}^{\infty} (-1)^{n+1}\frac{\cos n\theta}{n} = \ln\left(2\cos\frac{\theta}{2}\right), \ |\theta| < \pi$,

$\displaystyle\sum_{n=1}^{\infty} (-1)^{n+1}\frac{\sin n\theta}{n} = \frac{\theta}{2}, \ |\theta| < \pi$.

4.30 证明：级数 $\sin\theta + \dfrac{1}{3}\sin3\theta + \dfrac{1}{5}\sin5\theta + \cdots$ 在 $0 < \theta < \pi$ 时等于 $\dfrac{\pi}{4}$，在 $-\pi < \theta < 0$ 时等于 $-\dfrac{\pi}{4}$.

4.31 如果在 $|z| < 1$ 内函数 $f(z) = \displaystyle\sum_{n=0}^{\infty} a_n z^n$ 解析，并且 $|f(z)| \leqslant \dfrac{1}{1-|z|}$，证明：

$$|a_n| \leqslant (n+1)\left(1 + \frac{1}{n}\right)^n < \mathrm{e}(n+1), \quad n = 1, 2, \cdots.$$

4.32 设 $0 < |z| < 1$，试证：$\dfrac{1}{4}|z| < |\mathrm{e}^z - 1| < \dfrac{7}{4}|z|$.

4.33 证明：对任何 z，$|\mathrm{e}^z - 1| \leqslant \mathrm{e}^{|z|} - 1 \leqslant |z|\mathrm{e}^{|z|}$.

4.34 试证：$|y| \leqslant |\sin(x + \mathrm{i}y)| \leqslant \mathrm{e}^{|y|}$.

4.35 设函数 $f(z)$ 在圆 $|z| < R$ 内的展开式为 $f(z) = \displaystyle\sum_{n=0}^{\infty} c_n z^n$.

(1) 证明：$\quad\dfrac{1}{2\pi}\displaystyle\int_0^{2\pi} |f(r\mathrm{e}^{\mathrm{i}\theta})|^2 \mathrm{d}\theta = \sum_{n=0}^{\infty} |c_n|^2 r^{2n}, \ 0 \leqslant r < R$；

(2) 证明：若 $\max\limits_{|z|=r} |f(z)| = M(r)$，则系数 c_n 满足不等式（Canchy 不等式）：

$$|c_n| \leqslant \frac{M(r)}{r^n}, \ r < R;$$

(3) 令 $f(z) = \dfrac{1}{(1-z)^2}$，推出

$$\frac{1}{2\pi}\int_0^{2\pi} \frac{\mathrm{d}\theta}{(1 - 2r\cos\theta + r^2)^2} = \frac{1 + r^2}{(1 - r^2)^3}, \ r < 1;$$

(4) 令 $f(z) = 1 + z + \cdots + z^{n-1}$，推出

$$\int_0^{2\pi} \left[\frac{\sin\dfrac{n\theta}{2}}{\sin\dfrac{\theta}{2}}\right]^2 \mathrm{d}\theta = 2n\pi.$$

第5章 留数定理及其应用

留数是复变函数论中重要的概念之一，它不仅在复变函数论中，而且在其他学科中也有着广泛的应用. 本章在复积分和复级数理论的孤立奇点基础上引出留数理论，着重介绍留数定理与留数的计算方法，以及将留数定理应用到实函数中，计算某些广义积分的方法，这些广义积分在高等数学中是难以计算的.

5.1 留数定理

5.1.1 留数概念与留数定理

如果函数 $f(z)$ 在简单闭曲线 l 上及其内部解析，根据柯西积分定理，有

$$\oint_l f(z)\,\mathrm{d}z = 0.$$

但是，若 l 的内部 $f(z)$ 有孤立奇点 z_0，则积分 $\oint_l f(z)\,\mathrm{d}z$ 一般不会等于 0. 此积分值可以利用 Laurent 级数展开来计算.

1. 留数的定义

定义 5.1　如果函数 $w = f(z)$ 在 z_0 的去心邻域 $0 < |z - z_0| < r$ 内解析，z_0 是 $w = f(z)$ 的孤立奇点，l 是 $0 < |z - z_0| < r$ 内包围 z_0 的一条简单闭合回路，定义积分

$$\mathrm{Res}\big[f(z),\, z_0\big] = \frac{1}{2\pi\mathrm{i}}\oint_l f(z)\,\mathrm{d}z \qquad (5.1)$$

为 $w = f(z)$ 在 z_0 点的**留数**（residue），记为 $\mathrm{Res}\big[f(z),\, z_0\big]$. 其中 l 的方向和区域 $0 < |z - z_0| < r$ 边界的正方向相同，如图 5-1 所示.

因为 z_0 是 $w = f(z)$ 的孤立奇点，所以可以在 z_0 的一个去心邻域 $0 < |z - z_0| < \delta$ 内将 $f(z)$ 展开成 Laurent 级数：

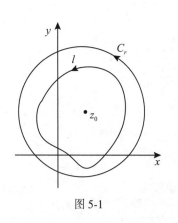

图 5-1

$$f(z) = \sum_{n=-\infty}^{-2} c_n\,(z - z_0)^n + \frac{c_{-1}}{z - z_0} + \sum_{n=0}^{\infty} c_n\,(z - z_0)^n,$$

代入留数的定义式 (5.1) 中，得到

$$\frac{1}{2\pi\mathrm{i}}\oint_l f(z)\,\mathrm{d}z = \frac{1}{2\pi\mathrm{i}}\oint_l \sum_{n=-\infty}^{-2} c_n\,(z-z_0)^n\,\mathrm{d}z + \frac{1}{2\pi\mathrm{i}}\oint_l \frac{c_{-1}}{(z-z_0)}\,\mathrm{d}z + \frac{1}{2\pi\mathrm{i}}\oint_l \sum_{n=0}^{\infty} c_n\,(z-z_0)^n\,\mathrm{d}z.$$

由于 l 是上述邻域 $0 < |z-z_0| < r$ 中包围 z_0 的任一条简单闭曲线，故 $\frac{1}{2\pi\mathrm{i}}\oint_l \frac{c_n}{(z-z_0)^n}\,\mathrm{d}z = 0\,(n \neq 1)$，积分只有 $n=1$ 的一项 $\frac{1}{2\pi\mathrm{i}}\oint_l \frac{c_{-1}}{(z-z_0)}\,\mathrm{d}z = c_{-1}$，所以留数的定义式(5.1)又可以写成

$$\mathrm{Res}[f(z),\,z_0] = \frac{1}{2\pi\mathrm{i}}\oint_l f(z)\,\mathrm{d}z = c_{-1}. \tag{5.2}$$

这说明，把 $w = f(z)$ 在孤立奇点展开成 Laurent 级数，它的展开系数 c_{-1} 就是函数在该点的留数. 式(5.1)和式(5.2)关于留数的定义是等价的. 注意只有孤立奇点才有留数.

2. 留数定理

定理 5.1(留数定理) 如果函数 $w = f(z)$ 在区域 D 内除有限个孤立奇点 z_1, z_2, $\cdots$, z_n 外处处解析，l 是 D 内包围各奇点的一条正向简单的闭合曲线，则有

$$\oint_l f(z)\,\mathrm{d}z = 2\pi\mathrm{i} \sum_{k=1}^{n} \mathrm{Res}[f(z),\,z_k]. \tag{5.3}$$

证明 把 l 内的各孤立奇点 z_k 用互不包含的简单正向曲线 l_k 包围，并使 l 与 l_k^- 所围区域均含于 D(见图 5-2). 根据多连通区域的 Cauchy 积分定理，有

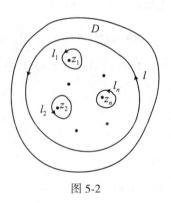

图 5-2

$$\oint_l f(z)\,\mathrm{d}z = \oint_{l_1} f(z)\,\mathrm{d}z + \oint_{l_2} f(z)\,\mathrm{d}z + \cdots + \oint_{l_k} f(z)\,\mathrm{d}z = \sum_{k=1}^{n} \oint_{l_k} f(z)\,\mathrm{d}z.$$

由留数的定义，有

$$\oint_{l_k} f(z)\,\mathrm{d}z = 2\pi\mathrm{i}\,\mathrm{Res}[f(z),\,z_k],$$

得到

$$\oint_l f(z)\,\mathrm{d}z = 2\pi\mathrm{i} \sum_{k=1}^{n} \mathrm{Res}[f(z),\,z_k].$$

得证.

留数定理表明，计算函数 $f(z)$ 沿路径积分 $\oint_l f(z)\,\mathrm{d}z$ 的整体问题可以转化为计算函数 $f(z)$ 在 l 内各孤立奇点留数的局部问题.

5.1.2　留数的计算方法

为了利用留数定理，必须计算函数在孤立奇点的留数. 一般来说，将函数 $f(z)$ 在孤立奇点 z_0 展开成 Laurent 级数，系数 c_{-1} 就是要求的留数. 因为仅仅需要 c_{-1}，有时展开时并不需要做一个完整的级数展开. 如果能知道奇点的类型，则对求解留数更为有利. 下面我们根据孤立奇点的类型，分别讨论函数在奇点的留数.

（1）可去奇点的留数. 如果 z_0 是 $f(z)$ 的可去奇点，则 $f(z)$ 在 z_0 的去心邻域内展开成 Laurent 级数时没有负幂项，从而 $c_{-1}=0$，所以 $\mathrm{Res}[f(z),\ z_0]=0$.

（2）本性奇点的留数. 如果 z_0 是 $f(z)$ 的本性奇点，计算留数的唯一方法是将 $f(z)$ 在 z_0 的去心邻域内展开成 Laurent 级数，求其负一次幂的系数 c_{-1}，即为函数 $f(z)$ 在 z_0 的留数.

（3）极点的留数. 如果孤立奇点 z_0 是函数 $w=f(z)$ 的极点，则可以采用以下规则计算留数.

规则 5.1　如果 z_0 是函数 $w=f(z)$ 的一阶（简单）极点，则
$$\mathrm{Res}[f(z),\ z_0]=\lim_{z\to z_0}(z-z_0)f(z).\tag{5.4}$$

证明　由于 z_0 是函数 $w=f(z)$ 的一阶极点，因此
$$f(z)=\frac{c_{-1}}{z-z_0}+\sum_{n=0}^{\infty}c_n\,(z-z_0)^n,\quad c_{-1}\neq 0.$$

极点留数计
算公式

将上式两边乘以 $z-z_0$，得到
$$(z-z_0)f(z)=c_{-1}+\sum_{n=0}^{\infty}c_n\,(z-z_0)^{n+1},$$
等式两边取极限，有 $c_{-1}=\lim\limits_{z\to z_0}(z-z_0)f(z)$.

规则 5.2　对于分式函数 $w=f(z)=\dfrac{P(z)}{Q(z)}$，如果 $P(z)$、$Q(z)$ 在 z_0 解析，并且 $P(z_0)\neq 0$，z_0 是 $Q(z)$ 的一阶零点，所以 z_0 是 $f(z)$ 的一阶极点，则
$$\mathrm{Res}[f(z),\ z_0]=\frac{P(z_0)}{Q'(z_0)}.\tag{5.5}$$

证明　因为 z_0 是 $Q(z)$ 的一阶零点，即有 $Q(z_0)=0$ 和 $Q'(z_0)\neq 0$，而 $P(z_0)\neq 0$，所以 z_0 是 $\dfrac{P(z)}{Q(z)}$ 的一阶极点，根据规则 5.1，按式（5.4），有
$$\mathrm{Res}[f(z),\ z_0]=\lim_{z\to z_0}(z-z_0)\frac{P(z)}{Q(z)}=\lim_{z\to z_0}(z-z_0)\frac{P(z)}{Q(z)-Q(z_0)}$$
$$=\lim_{z\to z_0}\frac{P(z)}{\dfrac{Q(z)-Q(z_0)}{z-z_0}}=\frac{P(z_0)}{Q'(z_0)}.$$

得证.

规则 5.3　如果 z_0 是函数 $w=f(z)$ 的 m 阶极点，则

$$\text{Res}[f(z),\ z_0] = \lim_{z \to z_0} \frac{1}{(m-1)!} \frac{\mathrm{d}^{m-1}}{\mathrm{d}z^{m-1}} [(z-z_0)^m f(z)]. \tag{5.6}$$

证明 如果 z_0 是 $w = f(z)$ 的 m 阶极点，在 z_0 点展开的 Laurent 级数是

$$f(z) = \frac{c_{-m}}{(z-z_0)^m} + \frac{c_{-m+1}}{(z-z_0)^{m-1}} + \cdots + \frac{c_{-1}}{z-z_0} + \sum_{n=0}^{\infty} c_n (z-z_0)^n,\ c_{-m} \neq 0.$$

将上式两边乘以 $(z-z_0)^m$，得到

$$(z-z_0)^m f(z) = c_{-m} + \cdots + (z-z_0)^{m-1} c_{-1} + (z-z_0)^m \sum_{n=0}^{\infty} c_n (z-z_0)^n,$$

为了求出 c_{-1}，对上式两边求 $m-1$ 阶导数，得到

$$\frac{\mathrm{d}^{m-1}}{\mathrm{d}z^{m-1}} [(z-z_0)^m f(z)] = (m-1)!\ c_{-1} + [\text{含有}(z-z_0)\text{的正幂项级数}],$$

所以有

$$c_{-1} = \lim_{z \to z_0} \frac{1}{(m-1)!} [(z-z_0)^m f(z)]^{m-1}.$$

我们看到，在规则 5.3 的证明中，如果展开式

$$f(z) = \frac{c_{-m}}{(z-z_0)^m} + \frac{c_{-m+1}}{(z-z_0)^{m-1}} + \cdots + \frac{c_{-1}}{(z-z_0)} + \sum_{n=0}^{\infty} c_n (z-z_0)^n$$

中 $c_{-m} = 0$，对计算 c_{-1}（即 $f(z)$ 在 z_0 点的留数）是没有影响的. 也就是说，在利用式(5.6)计算留数时，极点阶次的选取可以比实际阶次要高. 由于一般情况下，极点阶次选取越高，求导阶数越高，计算越复杂，所以尽量选取和真实极点阶次相同的阶数. 但在应用规则 5.3 时，如果选取较高的极点阶次，可以使得函数求导变得简单，可以采用选取较高的极点阶次来计算留数.

例 5.1 计算函数在孤立奇点处的留数.

$(1)\ f(z) = \dfrac{1}{1+z^2}$； $(2)\ f(z) = \dfrac{1}{\sin z}$； $(3)\ f(z) = \dfrac{\sin z}{e^z - 1}$.

解 (1)因 $z = \pm i$ 是 $1 + z^2$ 一阶零点，所以是 $f(z) = \dfrac{1}{1+z^2}$ 的一阶极点，由规则 5.1，利用式(5.4)，有

$$\text{Res}[f(z),\ i] = \lim_{z \to i}(z-i) \frac{1}{1+z^2} = \lim_{z \to i} \frac{1}{z+i} = \frac{1}{2i},$$

$$\text{Res}[f(z),\ -i] = \lim_{z \to i}(z+i) \frac{1}{1+z^2} = \lim_{z \to i} \frac{1}{z-i} = -\frac{1}{2i}.$$

或者，由于 $f(z) = \dfrac{1}{1+z^2}$ 满足规则 5.2 的条件，利用式(5.5)，有

$$\text{Res}[f(z),\ i] = \lim_{z \to i} \frac{1}{(1+z^2)'} = \frac{1}{2i},$$

$$\text{Res}[f(z),\ -i] = \lim_{z \to -i} \frac{1}{(1+z^2)'} = -\frac{1}{2i}.$$

（2）由 $\sin z = 0$ 知 $z = n\pi$（n 是整数）是 $\sin z$ 的一阶零点，所以是 $f(z) = \dfrac{1}{\sin z}$ 的一阶极点，由规则 5.1，我们有

$$\mathrm{Res}[f(z),\ n\pi] = \lim_{z \to n\pi}(z - n\pi)\frac{1}{\sin z} = \frac{1}{\cos n\pi} = (-1)^n.$$

由于极限是 $\dfrac{0}{0}$ 型，可以利用洛必达法则.

同样，由于 $f(z) = \dfrac{1}{\sin z}$ 满足规则 5.2 的条件，利用式（5.5），我们有

$$\mathrm{Res}[f(z),\ n\pi] = \lim_{z \to n\pi}\frac{1}{(\sin z)'} = \frac{1}{\cos n\pi} = (-1)^n.$$

显然，如果将这些函数在孤立奇点展开成 Laurent 级数来求留数，显然复杂得多.

（3）分母 $\mathrm{e}^z - 1$ 以 $z = 2k\pi\mathrm{i}$（$k = 0,\ \pm 1,\ \pm 2,\ \cdots$）为一阶零点，而 $\sin z$ 的零点是 $z = n\pi$（$n = 0,\ \pm 1,\ \pm 2,\ \cdots$），但

$$\lim_{z \to 0}f(z) = \lim_{z \to 0}\frac{\sin z}{\mathrm{e}^z - 1} = 1,$$

所以 $z = 0$ 是 $f(z)$ 的可去奇点，从而

$$\mathrm{Res}[f(z),\ 0] = 0.$$

在 $z_k = 2k\pi\mathrm{i}$（$k = \pm 1,\ \pm 2,\ \cdots$）处，$\sin z_k \neq 0$，所以 z_k 是 $f(z)$ 的一阶极点，由规则 5.2，

$$\mathrm{Res}[f(z),\ 2k\pi\mathrm{i}] = \lim_{z \to 2k\pi\mathrm{i}}\frac{\sin z}{(\mathrm{e}^z - 1)'} = \frac{\sin z}{\mathrm{e}^z}\bigg|_{z = 2k\pi\mathrm{i}} = \sin 2k\pi\mathrm{i} = \mathrm{i}\sinh 2k\pi,\quad k \neq 0.$$

例 5.2　计算 $f(z) = \dfrac{z\mathrm{e}^z}{(z - a)^3}$（$a \neq 0$）在 $z = a$ 点留数.

解　$z = a$ 是 $f(z)$ 的三阶极点，由规则 5.3，利用式（5.6）求留数：

$$\mathrm{Res}[f(z),\ a] = \frac{1}{2!}\frac{\mathrm{d}^2}{\mathrm{d}z^2}(z\mathrm{e}^z)\bigg|_{z = a} = \frac{1}{2}(2 + a)\mathrm{e}^a.$$

例 5.3　计算 $f(z) = \dfrac{z - \sin z}{z^6}$ 在 $z = 0$ 点留数.

解　$z = 0$ 是函数 $f(z) = \dfrac{z - \sin z}{z^6}$ 分母的 6 阶零点，是分子的 3 阶零点，所以 $z = 0$ 是函数 $f(z) = \dfrac{z - \sin z}{z^6}$ 的 3 阶极点.

解法 1：由规则 5.3，利用式（5.6），我们有

$$\mathrm{Res}[f(z),\ 0] = \lim_{z \to 0}\frac{1}{2!}\frac{\mathrm{d}^2}{\mathrm{d}z^2}\left(z^3\frac{z - \sin z}{z^6}\right) = -\frac{1}{5!}.$$

解法 2：将 $f(z) = \dfrac{z - \sin z}{z^6}$ 在 $z = 0$ 展开成 Laurent 级数：

$$\frac{z-\sin z}{z^6}=\frac{1}{z^6}\left[z-\left(z-\frac{1}{3!}z^3+\frac{1}{5!}z^5+\cdots\right)\right]=\frac{1}{3!}\frac{1}{z^3}-\frac{1}{5!}\frac{1}{z}+\cdots,$$

$$\mathrm{Res}[f(z),\,0]=c_{-1}=-\frac{1}{5!}.$$

显然解法 2 比解法 1 简便,这是因为 $f(z)=\dfrac{z-\sin z}{z^6}$ 在孤立奇点展开成 Laurent 级数比较简单,而对一个分式函数求二阶导数显然要复杂得多.

解法 3:对函数 $f(z)=\dfrac{z-\sin z}{z^6}$,尽管 $z=0$ 是它的 3 阶极点,若我们把 $z=0$ 看成是它的 6 阶极点,则

$$\mathrm{Res}[f(z),\,0]=\lim_{z\to0}\frac{1}{5!}\frac{\mathrm{d}^5}{\mathrm{d}z^5}\left(z^6\frac{z-\sin z}{z^6}\right)=\lim_{z\to0}\frac{1}{5!}\frac{\mathrm{d}^5}{\mathrm{d}z^5}(z-\sin z)=-\frac{1}{5!}.$$

显然,它比解法 1 的计算简单.

应用此方法可以比较方便解决像 $f(z)=\dfrac{\mathrm{e}^z+\mathrm{e}^{-z}-2}{z^9}$ 等函数在孤立奇点的留数.

例 5.4 求 $f(z)=\dfrac{\mathrm{e}^z-1}{\sin^3 z}$ 在 $z=0$ 的留数.

解 因 $z=0$ 是 e^z-1 的一阶零点,是 $\sin^3 z$ 的三阶零点,所以 $z=0$ 是 $f(z)$ 的二阶极点. 在 $z=0$ 把 $f(z)$ 展开成 Laurent 级数,应该有如下的形式:

$$\frac{\mathrm{e}^z-1}{\sin^3 z}=\frac{c_{-2}}{z^2}+\frac{c_{-1}}{z}+\varphi(z),$$

其中,$\varphi(z)$ 在 $z=0$ 解析. 将上式两边乘以 $\sin^3 z$,并将 $\sin^3 z$ 和 e^z 在 $z=0$ 展开成幂级数,则得到以下的等式:

$$\mathrm{e}^z-1=\left(z+\frac{z^2}{2!}+\cdots\right)=\left[\frac{c_{-2}}{z^2}+\frac{c_{-1}}{z}+\varphi(z)\right]\left(z-\frac{z^3}{3!}+\frac{z^5}{5!}+\cdots\right)^3.\quad(5.7)$$

比较式(5.7)两边的同次幂系数的,可以求得级数的展开系数,因为本题只需要求 c_{-1},因此只需要比较等式两边 z^2 的系数,得到 $c_{-1}=\dfrac{1}{2}$,所以

$$\mathrm{Res}[f(z),\,0]=\frac{1}{2}.$$

若用式(5.5)计算留数 $\mathrm{Res}[f(z),\,0]=\dfrac{1}{2}\lim\limits_{z\to0}\left(z^2\dfrac{\mathrm{e}^z-1}{\sin^3 z}\right)'$ 比较复杂,把 $f(z)$ 在 $z=0$ 展开成级数也比较繁琐,则利用本题的比较系数方法求解比较简单.

例 5.5 计算下列积分:

(1) $I=\oint_{|z|=1}\dfrac{\mathrm{d}z}{\varepsilon z^2+2z+\varepsilon},\quad 0<\varepsilon<1;$

(2) $I=\oint_{|z|=1}\mathrm{e}^{1/z^2}\mathrm{d}z.$

解　（1）解方程 $\varepsilon z^2 + 2z + \varepsilon = 0$，得到两个根 $z_1 = \dfrac{-1 + \sqrt{1 - \varepsilon^2}}{\varepsilon}$，$z_2 = \dfrac{-1 - \sqrt{1 - \varepsilon^2}}{\varepsilon}$．这是被积函数的两个奇点，因为 $z_1 z_2 = 1$，而 $|z_2| > 1$，所以 $|z_1| < 1$，z_1 是单位圆内的一阶极点.

$$
\begin{aligned}
I &= \oint_{|z|=1} \frac{\mathrm{d}z}{\varepsilon z^2 - 2z + \varepsilon} \\
&= 2\pi\mathrm{i}\left[\frac{1}{(\varepsilon z^2 + 2z + \varepsilon)'}\right]\Bigg|_{z=z_1} = 2\pi\mathrm{i}\,\frac{1}{2\varepsilon z + 2}\Bigg|_{z=z_1} = \frac{\pi\mathrm{i}}{\sqrt{1 - \varepsilon^2}}.
\end{aligned}
\tag{5.8}
$$

（2）在单位圆 $|z| = 1$ 的内部，函数 e^{1/z^2} 只有一个本性奇点 $z = 0$，将函数在该点的去心邻域内展开成 Laurent 级数，有

$$
\mathrm{e}^{1/z^2} = 1 + \frac{1}{z^2} + \frac{1}{2!}\left(\frac{1}{z^2}\right)^2 + \cdots
$$

于是
$$
\mathrm{Res}\left[\mathrm{e}^{1/z^2},\ 0\right] = 0.
$$
由留数定理得
$$
I = \oint_{|z|=1} \mathrm{e}^{1/z^2}\,\mathrm{d}z = 2\pi\mathrm{i}\,\mathrm{Res}\left[\mathrm{e}^{1/z^2},\ 0\right] = 0.
$$

5.1.3　无穷远点的留数

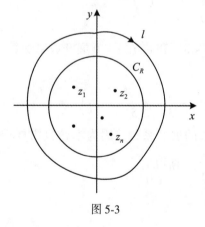

图 5-3

如果函数 $f(z)$ 的有限个孤立奇点 z_1，$\cdots$，z_n 集中在半径为 R 的有限的圆周 C_R 内，$f(z)$ 在 $R < |z| < \infty$ 内解析，$z = \infty$ 是它的孤立奇点，如图 5-3 所示，则函数 $f(z)$ 在 $z = \infty$ 的留数定义为

$$
\mathrm{Res}\left[f(z),\ \infty\right] = \frac{1}{2\pi\mathrm{i}}\oint_{l^-} f(z)\,\mathrm{d}z,
\tag{5.9}
$$

其中，l^- 的方向和 $|z| > R$ 区域边界的正方向相同，它和式（5.1）中的 l 的方向相反.

将 $f(z)$ 在 $z = \infty$ 的邻域展开成 Laurent 级数：

$$
f(z) = \cdots + \frac{c_{-m}}{z^m} + \cdots + \frac{c_{-1}}{z} + c_0 + c_1 z + \cdots + c_m z^m + \cdots
$$

并代入式（5.9），有

$$
\begin{aligned}
\frac{1}{2\pi\mathrm{i}}\oint_{l^-} f(z)\,\mathrm{d}z &= \frac{1}{2\pi\mathrm{i}}\oint_{l^-}\left(\cdots + \frac{c_{-m}}{z^m} + \cdots + \frac{c_{-1}}{z} + c_0 + c_1 z + \cdots + c_m z^m + \cdots\right)\mathrm{d}z \\
&= \frac{1}{2\pi\mathrm{i}}\oint_{l^-} \frac{c_{-1}}{z}\,\mathrm{d}z = -c_{-1},
\end{aligned}
\tag{5.10}
$$

得到

$$
\mathrm{Res}\left[f(z),\ \infty\right] = -c_{-1}.
\tag{5.11}
$$

需要注意的是，若 $z = \infty$ 是 $f(z)$ 的可去奇点，只是其 Laurent 级数不含正幂项，只能得出 $c_n = 0 (n = 1, 2, \cdots)$，而 c_{-1} 不一定为 0，这与有限点 z_0 是可去奇点时的留数为 0 是不相同的. 例如，函数 $f(z) = \dfrac{2}{z} + \dfrac{4}{z^4} + 6$，$z = \infty$ 是 $f(z)$ 的可去奇点，但 $\text{Res}[f(z), \infty] = -2$.

1. 无穷远点留数的计算方法

如果 $z = \infty$ 是 $w = f(z)$ 的孤立奇点，在 $z = \infty$ 的邻域可以将它展开成 Laurent 级数，利用式(5.11)可以求得无穷远点的留数.

例如，

$$\sin\left(\frac{1}{z}\right) = \frac{1}{z} - \frac{1}{3!}\left(\frac{1}{z}\right)^3 + \cdots + \frac{(-1)^n}{(2n+1)!}\left(\frac{1}{z}\right)^{2n+1} + \cdots$$

所以 $\text{Res}[f(z), \infty] = -1$. 可以看出 $z = \infty$ 是可去奇点.

如果 $z = \infty$ 是 $f(z)$ 的可去奇点，并且 $\lim\limits_{z \to \infty} f(z) = 0$，就不用展开成级数来求留数，因为根据条件它在 $z = \infty$ 展开的级数一定是

$$f(z) = \frac{c_{-1}}{z} + \frac{c_{-2}}{z^2} + \cdots + \frac{c_{-m}}{z^m} + \cdots$$

所以有

$$-c_{-1} = \text{Res}[f(z), \infty] = -\lim_{z \to \infty} z f(z). \tag{5.12}$$

例如函数 $f(z) = \dfrac{1}{(z-1)(z-2)}$，因为 $\lim\limits_{z \to \infty} \dfrac{1}{(z-1)(z-2)} = 0$，所以

$$\text{Res}\left[\frac{1}{(z-1)(z-2)}, \infty\right] = -\lim_{z \to \infty} z \frac{1}{(z-1)(z-2)} = 0$$

在无穷远点的留数计算，有下面的规则：

规则 5.4　若无穷远点是函数 $f(z)$ 的孤立奇点，则

$$\text{Res}[f(z), \infty] = -\text{Res}\left[f\left(\frac{1}{z}\right) \cdot \frac{1}{z^2}, 0\right].$$

请读者自行证明.

规则 5.4
的证明

2. 全平面留数之和为零

定理 5.2　如果函数 $f(z)$ 在扩充复平面内只有有限个孤立奇点，那么 $f(z)$ 在所有孤立奇点(包括无穷远点)的留数之和为零.

证明　除 ∞ 点外，设 $f(z)$ 的有限个孤立奇点为 $z_k(k = 1, 2, \cdots, n)$，若路径 l 是绕原点并将所有的孤立奇点 $z_k(k = 1, 2, \cdots, n)$ 包含在它的内部正向简单曲线，如图5-3所示，l^- 是图示的方向，l 的方向和它相反.

由留数定理式(5.3)和无穷远点留数的定义式(5.9)，有

$$\sum_{k=1}^{n} \text{Res}[f(z), z_k] + \text{Res}[f(z), \infty] = \frac{1}{2\pi i}\oint_l f(z)\,\text{d}z + \frac{1}{2\pi i}\oint_{l^-} f(z)\,\text{d}z = 0, \tag{5.13}$$

即证得全平面的留数之和为零.

利用全平面的留数之和为零这个性质，有时可以简化留数的计算.

例如计算例 5.2 中 $f(z) = \dfrac{ze^z}{(z-a)^3}$ 在 $z = \infty$ 的留数，如果将它在 $z = \infty$ 展开成 Laurent 级数不容易，$z = \infty$ 是它的本性奇点，也不符合式(5.12)方法的条件，利用全平面留数之和为零，有

$$\mathrm{Res}[f(z),\ a] + \mathrm{Res}[f(z),\ \infty\,] = 0,$$

$$\mathrm{Res}[f(z),\ \infty\,] = -\,\mathrm{Res}[f(z),\ a] = -\frac{1}{2}(2+a)e^a.$$

例 5.4 中的 $f(z) = \dfrac{e^z - 1}{\sin^3 z}$，$z = n\pi\,(n$ 是整数) 和 $z = \infty$ 是它的奇点，而 $z = \infty$ 是非孤立奇点(实际上 $z = \infty$ 是孤立奇点 $z_n = n\pi$ 的极限点，即 $\lim\limits_{n\to\infty} z_n = \lim\limits_{n\to\infty} n\pi = \infty$)，根据 Laurent 定理，不能在 $z = \infty$ 展开成 Laurent 级数，当然没有留数.

例 5.6　计算积分 $\oint_c \dfrac{\mathrm{d}z}{(z+\mathrm{i})^{10}(z-1)(z-3)}$，$C$ 为正向圆周：$|z| = 2$.

解　如图 5-4 所示，在 $|z| = 2$ 内的奇点是 $z = 1$ 和 $z = -\mathrm{i}$，其中 $z = -\mathrm{i}$ 是 10 阶极点，利用式(5.6)来计算太复杂，利用式(5.13)就比较方便.

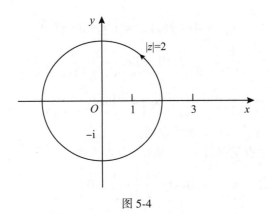

图 5-4

被积函数在 $|z| > 2$ 内的奇点是 $z = 3$ 和 $z = \infty$，被积函数在全平面的留数之和为零，即

$$\mathrm{Res}[f(z),\ -\mathrm{i}] + \mathrm{Res}[f(z),\ 1] + \mathrm{Res}[f(z),\ 3] + \mathrm{Res}[f(z),\ \infty\,] = 0.$$

首先计算 $z = \infty$ 的留数，它符合式(5.12)的条件，故

$$c_{-1} = \lim_{z\to\infty} z\,\frac{1}{(z+\mathrm{i})^{10}(z-1)(z-3)} = 0.$$

再计算 $z = 3$ 的留数，因 $z = 3$ 是一阶极点，所有

$$\mathrm{Res}[f(z),\ 3] = \lim_{z\to 3}(z-3)\,\frac{1}{(z+\mathrm{i})^{10}(z-1)(z-3)} = \frac{1}{2(3+\mathrm{i})^{10}},$$

得到

$$\oint_C \frac{\mathrm{d}z}{(z+\mathrm{i})^{10}(z-1)(z-3)} = 2\pi\mathrm{i}\mathrm{Res}[f(z),\ 1] + 2\pi\mathrm{i}\mathrm{Res}[f(z),\ -\mathrm{i}]$$
$$= -2\pi\mathrm{i}\mathrm{Res}[f(z),\ 3] - 2\pi\mathrm{i}\mathrm{Res}[f(z),\ \infty]$$
$$= -\frac{\pi\mathrm{i}}{(3+\mathrm{i})^{10}}.$$

5.2 留数定理在计算实积分中的应用(一)

由留数定理知道,解析函数沿闭合回路的积分,可以化为被积函数关于回路内部孤立奇点留数的计算,这个方法可用来求实变函数的定积分与广义积分. 如果复平面的闭合回路和某一实积分的积分区间有联系,就有可能利用留数定理来计算实积分.

对于一个实函数 $f(x)$,沿 x 轴上一段有限线段 $[a,\ b]$ 的积分为 $\int_a^b f(x)\mathrm{d}x$,我们来补充一条或者几条辅助曲线 Γ,使之与 $[a,\ b]$ 构成闭合回路 $l = \Gamma + [a,\ b]$,闭合回路 l 围成区域 D. 若将 $f(x)$ 推广到复数域中时的函数为 $f(z)$,辅助函数 $f(z)$ 在区域 D 内除有限奇点 $z_k(k=1,\ 2,\ \cdots,\ n)$ 外解析,在区域 D 的边界上连续,则由留数定理得到

$$\oint_l f(z)\mathrm{d}z = \int_a^b f(x)\mathrm{d}x + \int_\Gamma f(z)\mathrm{d}z = 2\pi\mathrm{i}\sum_{k=1}^n \mathrm{Res}[f(z),\ z_k].$$

如果辅助函数 $f(z)$ 沿辅助路径的积分 $\int_\Gamma f(z)\mathrm{d}z$ 可以计算,则实积分 $\int_a^b f(x)\mathrm{d}x$ 就可以求得.

从上面的分析可知,利用留数定理来计算实积分,需要两个条件:一是被积实函数与某一解析函数有关,二是定积分可以化为复变函数沿闭合回路的积分,且复变函数沿辅助路径的积分可以计算. 下面来叙述几种特殊类型积分的计算方法.

5.2.1 类型一:三角函数有理式的积分 $\int_0^{2\pi} R(\cos\theta,\ \sin\theta)\mathrm{d}\theta$

其中被积实函数 $R(\cos\theta,\ \sin\theta)$ 是 $\sin\theta$ 和 $\cos\theta$ 的有理函数,且在 $0 \leqslant \theta \leqslant 2\pi$ 上连续.

引进新变量 $z = \mathrm{e}^{\mathrm{i}\theta}$,则 $\mathrm{d}z = \mathrm{i}\mathrm{e}^{\mathrm{i}\theta}\mathrm{d}\theta$,即 $\mathrm{d}\theta = \dfrac{\mathrm{d}z}{\mathrm{i}z}$,并利用 Euler 公式得到

$$\begin{cases} \cos\theta = \dfrac{\mathrm{e}^{\mathrm{i}\theta} + \mathrm{e}^{-\mathrm{i}\theta}}{2} = \dfrac{z^2+1}{2z}, & (5.14\mathrm{a}) \\[3mm] \sin\theta = \dfrac{\mathrm{e}^{\mathrm{i}\theta} - \mathrm{e}^{-\mathrm{i}\theta}}{2\mathrm{i}} = \dfrac{z^2-1}{2\mathrm{i}z}. & (5.14\mathrm{b}) \end{cases}$$

当 θ 由 0 变到 2π 时,点 z 依逆时针方向沿单位圆 $|z|=1$ 转一周,所以

$$R(\cos\theta,\ \sin\theta)\mathrm{d}\theta = R\!\left(\frac{z^2+1}{2z},\ \frac{z^2-1}{2\mathrm{i}z}\right)\frac{\mathrm{d}z}{\mathrm{i}z} = f(z)\mathrm{d}z.$$

由于 $R(\cos\theta,\ \sin\theta)$ 是 $\sin\theta$ 和 $\cos\theta$ 的有理函数,在 $0 \leqslant \theta \leqslant 2\pi$ 上连续,所以 $f(z)$ 也

是有理函数，且在单位圆 $|z| = 1$ 上没有奇点，由留数定理可得

$$\int_0^{2\pi} R(\cos\theta,\ \sin\theta)\,\mathrm{d}\theta = \oint_{|z|=1} f(z)\,\mathrm{d}z = 2\pi\mathrm{i}\sum_{k=1}^n \mathrm{Res}\big[f(z),\ z_k\big], \tag{5.14c}$$

式中，z_k 是 $f(z)$ 在单位圆内的奇点. 积分回路为如图 5-5 所示的单位圆的正方向，这样就把一个实函数的积分和复变函数的回路积分联系起来.

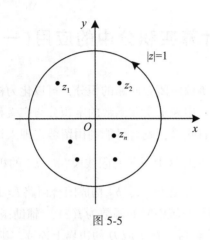

图 5-5

若被积函数 $R(\cos\theta,\ \sin\theta)$ 为 θ 偶函数，则

$$\int_0^\pi R(\cos\theta,\ \sin\theta)\,\mathrm{d}\theta = \frac{1}{2}\int_{-\pi}^\pi R(\cos\theta,\ \sin\theta)\,\mathrm{d}\theta = \frac{1}{2}\oint_{|z|=1} f(z)\,\mathrm{d}z = \pi\mathrm{i}\sum_{k=1}^n \mathrm{Res}\big[f(z),\ z_k\big].$$

例 5.7　利用留数定理计算下列实积分：

$(1)\ \displaystyle\int_0^\pi \frac{\mathrm{d}\theta}{2+\cos\theta}$；　$(2)\ \displaystyle\int_0^{2\pi} \frac{\sin^2\theta}{5+3\cos\theta}\mathrm{d}\theta$；　$(3)\ \displaystyle\int_0^{2\pi} \frac{\cos m\theta}{5+4\cos\theta}\mathrm{d}\theta$.

解　(1) 由于被积函数是关于 θ 的偶函数，故

$$I = \int_0^\pi \frac{\mathrm{d}\theta}{2+\cos\theta} = \frac{1}{2}\int_{-\pi}^\pi \frac{\mathrm{d}\theta}{2+\cos\theta}.$$

引进新变量 $z = \mathrm{e}^{\mathrm{i}\theta}$，利用式(5.14a)的变换，得到复变函数的回路积分

$$I = \int_0^\pi \frac{\mathrm{d}\theta}{2+\cos\theta} = \frac{1}{2}\int_{-\pi}^\pi \frac{\mathrm{d}\theta}{2+\cos\theta} = \frac{1}{2}\oint_{|z|=1} \frac{1}{2+\dfrac{z^2+1}{2z}}\frac{\mathrm{d}z}{\mathrm{i}z} = \frac{1}{\mathrm{i}}\oint_{|z|=1} \frac{\mathrm{d}z}{z^2+4z+1}.$$

解方程 $z^2 + 4z + 1 = 0$，得到被积函数 $f(z) = \dfrac{1}{z^2+4z+1}$ 的两个奇点，$z_1 = -2+\sqrt{3}$，$z_2 = -2-\sqrt{3}$，其中 $z_1 = -2+\sqrt{3}$ 在单位圆内. 所以，由留数定理得

$$I = \int_0^\pi \frac{\mathrm{d}\theta}{2+\cos\theta} = 2\pi\mathrm{i}\frac{1}{\mathrm{i}}\mathrm{Res}\left[\frac{1}{z^2+4z+1},\ -2+\sqrt{3}\right] = 2\pi\left.\frac{1}{2z+4}\right|_{z=-2+\sqrt{3}} = \frac{\pi}{\sqrt{3}},$$

可以证明，$I = \displaystyle\int_0^{2\pi} \frac{\mathrm{d}\theta}{a\pm b\cos\theta} = \int_0^{2\pi} \frac{\mathrm{d}\theta}{a\pm b\sin\theta}(|a|>|b|) = \dfrac{2\pi}{\sqrt{a^2-b^2}}$.

（2）$\displaystyle\int_0^{2\pi}\frac{\sin^2\theta}{5+3\cos\theta}\mathrm{d}\theta=\int_0^{2\pi}\frac{1-\cos2\theta}{2(5+3\cos\theta)}\mathrm{d}\theta$

$$=\frac{1}{2}\int_0^{2\pi}\frac{1}{5+3\cos\theta}\mathrm{d}\theta-\frac{1}{2}\int_0^{2\pi}\frac{\cos2\theta}{5+3\cos\theta}\mathrm{d}\theta=I_1-I_2.$$

积分公式的证明

令 $z=\mathrm{e}^{\mathrm{i}\theta}$，利用式(5.14a)的变换，得到复变函数的回路积分：

$$I_1=\frac{1}{2}\oint_{|z|=1}\frac{1}{5+3\dfrac{z^2+1}{2z}}\frac{\mathrm{d}z}{\mathrm{i}z}=\frac{1}{\mathrm{i}}\oint_{|z|=1}\frac{\mathrm{d}z}{3z^2+10z+3}.$$

解方程 $3z^2+10z+3=0$，得到被积分函数的两个奇点：$z_1=-\dfrac{1}{3}$，$z_2=-3$，其中

$z_1=-\dfrac{1}{3}$ 在单位圆内. 由留数定理得

$$I_1=2\pi\frac{1}{6z_1+10}=\frac{\pi}{4},$$

利用 $\cos2\theta=\mathrm{Re}\,\mathrm{e}^{\mathrm{i}2\theta}$，

$$I_2=\frac{1}{2}\mathrm{Re}\left[\int_0^{2\pi}\frac{\mathrm{e}^{\mathrm{i}2\theta}}{5+3\cos\theta}\mathrm{d}\theta\right]=\mathrm{Re}\left[\frac{1}{\mathrm{i}}\oint_{|z|=1}\frac{z^2}{3z^2+10z+3}\mathrm{d}z\right]=\mathrm{Re}\left[2\pi\frac{z_1^2}{6z_1+10}\right]=\frac{\pi}{36},$$

得到

$$\int_0^{2\pi}\frac{\sin^2\theta}{5+3\cos\theta}\mathrm{d}\theta=I_1-I_2=\frac{2}{9}\pi.$$

说明：第一步利用了三角函数的倍角公式，如果将变量 $z=\mathrm{e}^{\mathrm{i}\theta}$ 直接代入，要计算的回路积分是 $-\dfrac{1}{2\mathrm{i}}\oint_{|z|=1}\dfrac{(z^2-1)^2}{z^2(3z^2+10z+3)}\mathrm{d}z$，被积函数的奇点是 $z_1=-\dfrac{1}{3}$，$z_2=-3$ 和 $z_3=0$，其中 $z_3=0$ 是二阶极点，计算显然比较复杂.

（3）令 $\displaystyle I'=\int_0^{2\pi}\frac{\sin m\theta}{5+4\cos\theta}\mathrm{d}\theta$，$\displaystyle I=\int_0^{2\pi}\frac{\cos m\theta}{5+4\cos\theta}\mathrm{d}\theta$，则

$$I+\mathrm{i}I'=\int_0^{2\pi}\frac{\cos m\theta+\mathrm{i}\sin m\theta}{5+4\cos\theta}\mathrm{d}\theta=\int_0^{2\pi}\frac{\mathrm{e}^{\mathrm{i}m\theta}}{5+4\cos\theta}\mathrm{d}\theta.$$

设 $z=\mathrm{e}^{\mathrm{i}\theta}$，则

$$I+\mathrm{i}I'=\int_0^{2\pi}\frac{\mathrm{e}^{\mathrm{i}m\theta}}{5+4\cos\theta}\mathrm{d}\theta=\oint_{|z|=1}\frac{z^m}{5+4\dfrac{z^2+1}{2z}}\frac{\mathrm{d}z}{\mathrm{i}z}=\frac{1}{\mathrm{i}}\oint_{|z|=1}\frac{z^m}{2z^2+5z+2}\mathrm{d}z.$$

被积函数 $f(z)=\dfrac{z^m}{2z^2+5z+2}$ 的两个奇点为 $z_1=-\dfrac{1}{2}$，$z_2=-2$，其中 $z_1=-\dfrac{1}{2}$ 在单位圆

内. 故

$$I+\mathrm{i}I'=\int_0^{2\pi}\frac{\mathrm{e}^{\mathrm{i}m\theta}}{5+4\cos\theta}\mathrm{d}\theta=2\pi\mathrm{i}\frac{1}{\mathrm{i}}\mathrm{Res}\left[\frac{z^m}{2z^2+5z+2},\ -\frac{1}{2}\right]$$

$$=2\pi\frac{z^m}{4z+5}\bigg|_{z=-\frac{1}{2}}=\frac{(-1)^m}{3}\cdot\frac{\pi}{2^{m-1}},$$

所以
$$I = \int_0^{2\pi} \frac{\cos m\theta}{5 + 4\cos\theta} \mathrm{d}\theta = \mathrm{Re}[I + \mathrm{i}I'] = \frac{(-1)^m}{3} \cdot \frac{\pi}{2^{m-1}}.$$

5.2.2　实轴有界的实函数的无限积分

1. 类型二：有理函数的积分 $\int_{-\infty}^{\infty} f(x)\mathrm{d}x$

为了计算此类积分，我们先证明一个引理，它是用来估算辅助曲线上的积分值的.

大圆弧引理　如果函数 $w = f(z)$ 在上半平面以 R 为半径的圆周外面解析(见图 5-6)，$f(z)$ 在圆周 $C_R: z = Re^{\mathrm{i}\theta}(0 \leqslant \theta \leqslant \pi)$ 上连续，且当 $z \to \infty$ 时 $zf(z)$ 一致趋于零，则有等式

$$\lim_{R \to \infty} \int_{C_R} f(z)\mathrm{d}z = 0. \tag{5.15}$$

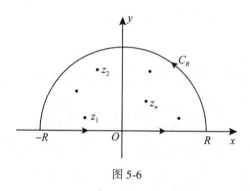

图 5-6

证明　在 $C_R: z = Re^{\mathrm{i}\theta}(0 \leqslant \theta \leqslant \pi)$ 上，$|z| = R$. 因 $zf(z)$ 一致趋于零，可以理解为在 C_R 上有 $|zf(z)| \leqslant M(R)$，且满足 $\lim_{R \to \infty} M(R) = 0$.

$$\left| \int_{C_R} f(z)\mathrm{d}z \right| \leqslant \int_{C_R} |f(z)||\mathrm{d}z| = \int_{C_R} |zf(z)| \frac{|\mathrm{d}z|}{|z|} \leqslant \frac{M(R)}{R} \int_{C_R} |\mathrm{d}z| = \pi M(R),$$

得 $\lim\limits_{R \to \infty} \int_{C_R} f(z)\mathrm{d}z = 0$.

显然，如果 $w = f(z)$ 在下半平面以 R 为半径的圆周外面解析，式(5.15)也成立，只是 C_R 是下半平面的圆周. 若 C_R 为一段圆弧，即 $C_R: z = Re^{\mathrm{i}\theta}(\alpha \leqslant \theta \leqslant \beta)$，则结论也成立.

定理 5.2　设 $f(z) = \dfrac{P(z)}{Q(z)} = \dfrac{a_m z^m + a_{m-1} z^{m-1} + \cdots + a_1 z + a_0}{b_n z^n + b_{n-1} z^{n-1} + \cdots + b_1 z + b_0}$ $(n - m \geqslant 2)$ 为有理分式，且满足(1) $Q(z)$ 比 $P(z)$ 的阶次至少高两次；(2) $Q(z)$ 在实轴上没有零点. 若 $f(z)$ 在上半平面 $\mathrm{Im}(z) > 0$ 内的极点为 $z_k(k = 1, 2, \cdots, n)$，则

$$\int_{-\infty}^{\infty} f(x)\mathrm{d}x = 2\pi\mathrm{i} \sum_{k=1}^{n} \mathrm{Res}\,[f(z), z_k]\big|_{\mathrm{Im}(z_k) > 0}. \tag{5.16}$$

证明　把 $f(x)$ 写成 $f(z)$，由条件(1)可知，$\lim\limits_{z \to \infty} zf(z) = 0$. 在图 5-6 中，以 O 为圆心、足够大的 R 为半径作上半平面的半圆 C_R，使得 $f(z)$ 在上半平面的奇点都在半圆内，构成

如图所示的闭合回路 $l = C_R + [-R, R]$, 利用留数定理, 可得

$$\oint_l f(z)\mathrm{d}z = \int_{-R}^{R} f(x)\mathrm{d}x + \int_{C_R} f(z)\mathrm{d}z = 2\pi\mathrm{i}\sum_{k=1}^{n} \mathrm{Res}[f(z), z_k],$$

对上式取极限 $R \to \infty$, 则有

$$\lim_{R\to\infty}\oint_l f(z)\mathrm{d}z = \int_{-\infty}^{\infty} f(x)\mathrm{d}x + \lim_{R\to\infty}\int_{C_R} f(z)\mathrm{d}z$$

$$= 2\pi\mathrm{i}\sum_{k=1}^{n} \mathrm{Res}[f(z), z_k].$$

因为 $\lim_{z\to\infty} zf(z) = 0$, 由大圆弧引理, $\lim_{R\to\infty}\int_{C_R} f(z)\mathrm{d}z = 0$, 即证明了式(5.16).

若 $f(z)$ 为偶函数, 则

$$\int_0^{\infty} f(x)\mathrm{d}x = \frac{1}{2}\int_{-\infty}^{\infty} f(x)\mathrm{d}x = \pi\mathrm{i}\sum_{k=1}^{n} \mathrm{Res}\left[f(z), z_k\right]\Big|_{\mathrm{Im}(z_k)>0}.$$

例 5.8 计算积分 $I = \displaystyle\int_{-\infty}^{\infty} \frac{1+x^2}{1+x^4}\mathrm{d}x$.

解 考虑辅助函数 $f(z) = \dfrac{1+z^2}{1+z^4}$, 解方程 $1 + z^4 = 0$, 可以得函数的四个奇点(如图5-7所示), 它们都是一阶极点, 其中位于上半平面的是 $z_1 = \mathrm{e}^{\mathrm{i}\pi/4}$, $z_2 = \mathrm{e}^{\mathrm{i}3\pi/4}$.

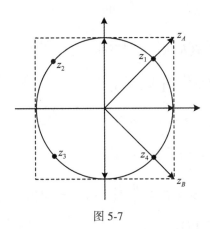

图 5-7

辅助函数 $f(z) = \dfrac{1+z^2}{1+z^4}$ 在 $|z| > 1$ 的 z 平面解析, 又因为 $\lim_{x\to\infty} x\dfrac{1+x^2}{1+x^4} = 0$, 所以可以利用式(5.16)计算积分.

$$I = \int_{-\infty}^{\infty} \frac{1+x^2}{1+x^4}\mathrm{d}x = 2\pi\mathrm{i}\{\mathrm{Res}[f(z), z_1] + \mathrm{Res}[f(z), z_2]\}$$

$$= 2\pi\mathrm{i}\left(\frac{1+z_1^2}{4z_1^3} + \frac{1+z_2^2}{4z_2^3}\right) = \frac{\pi\mathrm{i}}{2}\left[(1 + \mathrm{e}^{\mathrm{i}\pi/2})\mathrm{e}^{-\mathrm{i}3\pi/4} + (1 + \mathrm{e}^{\mathrm{i}3\pi/2})\mathrm{e}^{-\mathrm{i}9\pi/4}\right] = \sqrt{2}\,\pi.$$

说明: 这里我们可以利用复矢量的性质计算复数的加法. 如图 5-7 所示, $1 + \mathrm{e}^{\mathrm{i}\pi/2} =$

z_A，$1 + \mathrm{e}^{\mathrm{i}3\pi/2} = z_B$，它们的模为 $\sqrt{2}$；而 $z_A\mathrm{e}^{-\mathrm{i}3\pi/4}$ 表示 z_A 顺时针转 $\dfrac{3}{4}\pi$，$z_B\mathrm{e}^{-\mathrm{i}9\pi/4}$ 表示 z_B 顺时针转 $\dfrac{\pi}{4}$，它们都顺时针转负 y 轴，所以有 $z_A\mathrm{e}^{-\mathrm{i}3\pi/4} + z_B\mathrm{e}^{-\mathrm{i}9\pi/4} = -2\sqrt{2}\,\mathrm{i}$. 如果用奇点的值代入计算也可以得到同样的结果，则运算比较复杂.

2. 类型三：形如 $\displaystyle\int_{-\infty}^{\infty} f(x)\,\mathrm{e}^{\mathrm{i}ax}\mathrm{d}x\,(a > 0)$ 的积分

Jordan 引理　如果 $w = f(z)$ 在上半平面半径为 R 的圆周外面解析（如图 5-6 所示），$f(z)$ 在圆周 C_R：$z = R\mathrm{e}^{\mathrm{i}\theta}(0 \leqslant \theta \leqslant \pi)$ 上连续，且当 $z \to \infty$ 时 $f(z)$ 一致趋于零，若 $a > 0$，则有等式

$$\lim_{R\to\infty}\int_{C_R} f(z)\,\mathrm{e}^{\mathrm{i}az}\mathrm{d}z = 0, \quad a > 0. \tag{5.17}$$

证明　因 $f(z)$ 一致趋于零，可以理解为在 C_R 上有 $|f(z)| < M(R)$，且满足 $\lim\limits_{R\to\infty}M(R) = 0$，在 C_R 上 $z = R\mathrm{e}^{\mathrm{i}\theta} = R(\cos\theta + \mathrm{i}\sin\theta)$，所以

$$\left|\int_{C_R} f(z)\,\mathrm{e}^{\mathrm{i}az}\mathrm{d}z\right| \leqslant \int_0^\pi |f(z)|\,|\mathrm{e}^{\mathrm{i}aR(\cos\theta+\mathrm{i}\sin\theta)}|\,|R\mathrm{e}^{\mathrm{i}\theta}\mathrm{i}\mathrm{d}\theta| \leqslant M(R)R\int_0^\pi \mathrm{e}^{-aR\sin\theta}\mathrm{d}\theta$$

$$= 2M(R)R\int_0^{\frac{\pi}{2}} \mathrm{e}^{-aR\sin\theta}\mathrm{d}\theta \tag{5.18}$$

$$\leqslant 2M(R)R\int_0^{\frac{\pi}{2}} \mathrm{e}^{-2aR\theta/\pi}\mathrm{d}\theta \tag{5.19}$$

$$= \frac{\pi M(R)}{a}(1 - \mathrm{e}^{-aR}).$$

因为 $\lim\limits_{R\to\infty}M(R) = 0$，且 $a > 0$，所以有

$\lim\limits_{R\to\infty}\dfrac{\pi M(R)}{a}(1 - \mathrm{e}^{-aR}) = 0$，证明了 Jordan 引理.

说明：如图 5-8 所示，当 $0 \leqslant \theta \leqslant \dfrac{\pi}{2}$ 时，$\sin\theta \geqslant 2\theta/\pi$，所以在 $a > 0$ 时，$\mathrm{e}^{-aR\sin\theta} \leqslant \mathrm{e}^{-2aR\theta/\pi}$，式(5.18) 变为式(5.19).

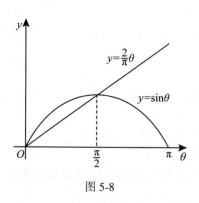

图 5-8

定理 5.3 设 $f(z) = \dfrac{P(z)}{Q(z)} = \dfrac{a_m z^m + a_{m-1} z^{m-1} + \cdots + a_1 z + a_0}{b_n z^n + b_{n-1} z^{n-1} + \cdots + b_1 z + b_0}$ $(n - m \geqslant 1)$ 为有理分式，

且满足：(1) $Q(z)$ 比 $P(z)$ 的阶次至少要高一次；(2) $Q(z)$ 在实轴上没有零点；(3) $\alpha > 0$ 若 $f(z)$ 在上半平面 $\mathrm{Im}(z) > 0$ 内的极点为 z_k $(k = 1, 2, \cdots, n)$，则

$$\int_{-\infty}^{\infty} f(x) e^{i\alpha x} dx = 2\pi i \sum_{k=1}^{n} \mathrm{Res}\,[f(z) e^{i\alpha z}, z_k]|_{\mathrm{Im}(z_k) > 0}. \tag{5.20}$$

证明： 取辅助函数 $f(z) e^{iaz}$，当 z 取实数时即为 $f(x) e^{iax}$. 由条件得知，$\lim\limits_{z \to \infty} f(z) = 0$，在图 5-6 中，以 O 为圆心、足够大的 R 为半径画一个上半平面的半圆 C_R，使得 $f(z) e^{iaz}$ 在上半平面的奇点都在半圆周内，构成如图所示的闭合回路 $l = C_R + [-R, R]$，利用留数定理，有

$$\oint_l f(z) e^{iaz} dz = \int_{-R}^{R} f(x) e^{iax} dx + \int_{C_R} f(z) e^{iaz} dz = 2\pi i \sum_{k=1}^{n} \mathrm{Res}[f(z) e^{iaz}, z_k].$$

对上式取极限 $R \to \infty$，则有

$$\lim_{R \to \infty} \oint_l f(z) e^{iaz} dz = \int_{-\infty}^{\infty} f(x) e^{iax} dx + \lim_{R \to \infty} \int_{C_R} f(z) e^{iaz} dz = 2\pi i \sum_{k=1}^{n} \mathrm{Res}[f(z) e^{iaz}, z_k].$$

根据 Jordan 引理，$\lim\limits_{R \to \infty} \int_{C_R} f(z) e^{iaz} dz = 0$，证明了式 (5.20).

计算类型如 $\int_{-\infty}^{\infty} f(x) \cos ax\, dx$ 和 $\int_{-\infty}^{\infty} f(x) \sin ax\, dx (a > 0)$ 的实积分时，利用 Euler 公式 $f(x) \cos ax = \mathrm{Re}[f(x) e^{iax}]$，$f(x) \sin ax = \mathrm{Im}[f(x) e^{iax}]$，我们有

$$\int_{-\infty}^{\infty} f(x) \cos ax\, dx = \mathrm{Re}\left[\int_{-\infty}^{\infty} f(x) e^{iax} dx\right] = \mathrm{Re}\left\{2\pi i \sum_{k=1z}^{n} \mathrm{Res}\,[f(z) e^{iaz}, z_k]|_{\mathrm{Im}(z_k) > 0}\right\},$$

$$\int_{-\infty}^{\infty} f(x) \sin ax\, dx = \mathrm{Im}\left[\int_{-\infty}^{\infty} f(x) e^{iax} dx\right] = \mathrm{Im}\left\{2\pi i \sum_{k=1}^{n} \mathrm{Res}\,[f(z) e^{iaz}, z_k]|_{\mathrm{Im}(z_k) > 0}\right\}.$$

如果 $a < 0$，不能直接用式 (5.20)，做一个变换 $x = -t$ 以后即可以利用式 (5.20)，具体应用可参见第 7 章中单位阶跃函数的 Fourier 变换的证明例 7.5 和例 7.12 中的积分计算.

利用大圆弧引理和 Jordan 引理可以将实函数无穷区间的广义积分和复变函数的回路积分联系起来，从而有可能利用留数定理来计算.

例 5.9 计算 $I = \int_0^{\infty} \dfrac{x \sin x}{x^2 + a^2} dx$ $(a > 0)$.

解 首先变换积分成类型二的形式，因为被积函数是偶函数，所以有

$$\int_0^{\infty} \frac{x \sin x}{x^2 + a^2} dx = \frac{1}{2} \int_{-\infty}^{\infty} \frac{x \sin x}{x^2 + a^2} dx = \frac{1}{2} \mathrm{Im} \int_{-\infty}^{\infty} \frac{x e^{ix}}{x^2 + a^2} dx.$$

$\lim\limits_{x \to \infty} \dfrac{x}{x^2 + a^2} = 0$，且在 x 轴有界，所以可以利用式 (5.20) 计算积分. $z_0 = ai$ 是被积函数在上半平面的一阶极点，故

$$I = \frac{1}{2} \mathrm{Im} \int_{-\infty}^{\infty} \frac{x e^{ix}}{x^2 + a^2} dx = \frac{1}{2} \mathrm{Im}\left\{2\pi i \mathrm{Res}\left[\frac{z e^{iz}}{z^2 + a^2}, ai\right]\right\}$$

$$= \frac{1}{2} \operatorname{Im} \left[2\pi \mathrm{i} \cdot \frac{z_0}{2z_0} \mathrm{e}^{\mathrm{i}z_0} \right] \Big|_{z_0 = a\mathrm{i}} = \frac{1}{2} \pi \mathrm{e}^{-a}.$$

说明：利用本题的结论，导出一种计算积分的方法. 对参数积分 $I(a) = \int_{-\infty}^{\infty} \frac{x\sin x}{x^2 + a^2} \mathrm{d}x$，因为有 $\dfrac{\mathrm{d}I(a)}{\mathrm{d}a} = \dfrac{\mathrm{d}}{\mathrm{d}a} \left(\int_{-\infty}^{\infty} \frac{x\sin x}{x^2 + a^2} \mathrm{d}x \right) = \int_{-\infty}^{\infty} \frac{-2ax\sin x}{(x^2 + a^2)^2} \mathrm{d}x$，则可以用 $I(a) = \int_{-\infty}^{\infty} \frac{x\sin x}{x^2 + a^2} \mathrm{d}x$ 积分值求导来计算 $\int_{-\infty}^{\infty} \frac{x\sin x}{(x^2 + a^2)^2} \mathrm{d}x$ 的积分. 这种方法也适用于其他类型的积分.

5.3　留数定理在计算实积分中的应用(二)

本节进一步介绍留数定理在计算定积分中的应用，计算被积函数在积分路径上存在无界点的函数的积分，利用复变函数多值函数的性质计算实积分，并介绍利用不同回路计算的几个物理和工程问题中的积分.

5.3.1　被积函数在积分路径上存在无界点的函数的积分

小圆弧引理　如图 5-9 所示，如果函数 $f(z)$ 在圆弧 C_r：$z - z_0 = r\mathrm{e}^{\mathrm{i}\theta}(\alpha \leqslant \theta \leqslant \beta)$ 上连续，且 $\lim\limits_{z \to z_0} (z - z_0)f(z) = \lambda$（$\lambda$ 是有界的复常数），则有

$$\lim_{r \to 0} \int_{C_r} f(z)\,\mathrm{d}z = \mathrm{i}(\beta - \alpha)\lambda. \tag{5.21}$$

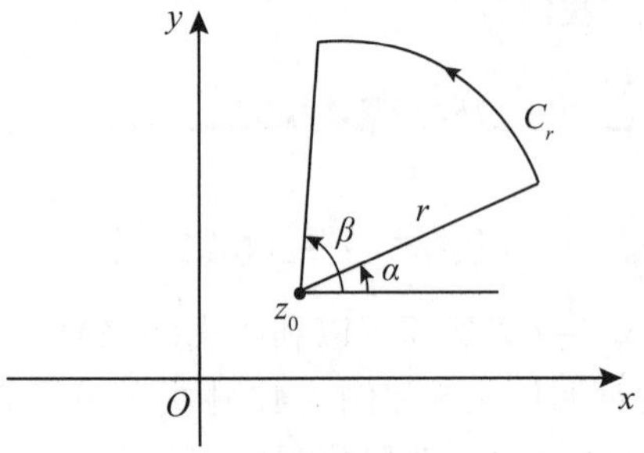

特别地，（1）如果 $\alpha = 0$，$\beta = \pi$，则 $\lim\limits_{r \to 0} \int_{C_r} f(z)\,\mathrm{d}z = \mathrm{i}\pi\lambda$；（2）如果 z_0 是 $f(z)$ 的一阶极点，则 $\lambda = \lim\limits_{z \to z_0}(z - z_0)f(z) = \operatorname{Res}[f(z), z_0]$.

证明　只需要证明对 $\varepsilon > 0$，当 r 充分小时，有 $\left| \int_{C_r} f(z)\,\mathrm{d}z - \mathrm{i}(\beta - \alpha)\lambda \right| < \varepsilon$ 即可.

图 5-9

因为 $z - z_0 = r\mathrm{e}^{\mathrm{i}\theta}$，则积分 $\int_{C_r} \dfrac{1}{z - z_0}\mathrm{d}z = \int_{C_r} \dfrac{r\mathrm{i}\mathrm{e}^{\mathrm{i}\theta}}{r\mathrm{e}^{\mathrm{i}\theta}}\mathrm{d}\theta = \mathrm{i}\int_{\alpha}^{\beta} \mathrm{d}\theta = \mathrm{i}(\beta - \alpha)$，故

$$\left| \int_{C_r} f(z)\,\mathrm{d}z - \mathrm{i}(\beta - \alpha)\lambda \right| = \left| \int_{C_r} f(z)\,\mathrm{d}z - \lambda \int_{C_r} \frac{\mathrm{d}z}{z - z_0} \right| = \left| \int_{C_r} \frac{(z - z_0)f(z) - \lambda}{z - z_0}\mathrm{d}z \right|$$

$$\leqslant \int_{C_r} |(z - z_0)f(z) - \lambda| \frac{|\mathrm{d}z|}{|z - z_0|} < \frac{\varepsilon}{\beta - \alpha} \int_{C_r} \frac{|\mathrm{d}z|}{|z - z_0|} = \varepsilon,$$

其中利用 $\lim\limits_{z \to z_0}(z - z_0)f(z) = \lambda$，即对任意 $\varepsilon > 0$，当 r 充分小时，有 $|(z - z_0)f(z) - \lambda| < \dfrac{\varepsilon}{\beta - \alpha}$. 于是证明了式(5.21).

例 5.10 计算 Dirichlet 积分 $\displaystyle\int_0^\infty \frac{\sin x}{x}\mathrm{d}x = \frac{\pi}{2}$.

由于被积函数是偶函数, 将积分变换成能利用 Jordan 引理的形式:

$$\int_0^\infty \frac{\sin x}{x}\mathrm{d}x = \frac{1}{2}\int_{-\infty}^\infty \frac{\sin x}{x}\mathrm{d}x = \frac{1}{2}\mathrm{Im}\int_{-\infty}^\infty \frac{\mathrm{e}^{\mathrm{i}x}}{x}\mathrm{d}x.$$

因为 $x = 0$ 是被积函数的无界点, 可以作一个如图 5-10 所示的积分回路, 利用小圆弧 C_r 避开 $x = 0$, 然后取极限 $r \to 0$, 这样就有可能利用留数定理.

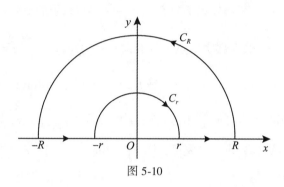

图 5-10

取辅助函数 $f(z) = \dfrac{\mathrm{e}^{\mathrm{i}z}}{z}$, $z = 0$ 是它的奇点, 在如图 5-10 所示的积分回路 l: $[-R, -r] + C_r + [r, R] + C_R$ 中利用留数定理, 有

$$\oint_l \frac{\mathrm{e}^{\mathrm{i}z}}{z}\mathrm{d}z = \int_{-R}^{-r} \frac{\mathrm{e}^{\mathrm{i}x}}{x}\mathrm{d}x + \int_{C_r} \frac{\mathrm{e}^{\mathrm{i}z}}{z}\mathrm{d}z + \int_r^R \frac{\mathrm{e}^{\mathrm{i}x}}{x}\mathrm{d}x + \int_{C_R} \frac{\mathrm{e}^{\mathrm{i}z}}{z}\mathrm{d}z = 0. \tag{5.22}$$

对上式同时取极限 $R \to \infty$ 和 $r \to 0$, 则有

$$\lim_{\substack{r\to 0 \\ R\to\infty}} \oint_l \frac{\mathrm{e}^{\mathrm{i}z}}{z}\mathrm{d}z = \lim_{\substack{r\to 0 \\ R\to\infty}} \int_{-R}^{-r} \frac{\mathrm{e}^{\mathrm{i}x}}{x}\mathrm{d}x + \lim_{r\to 0}\int_{C_r} \frac{\mathrm{e}^{\mathrm{i}z}}{z}\mathrm{d}z + \lim_{\substack{r\to 0 \\ R\to\infty}} \int_r^R \frac{\mathrm{e}^{\mathrm{i}x}}{x}\mathrm{d}x + \lim_{R\to\infty}\int_{C_R} \frac{\mathrm{e}^{\mathrm{i}z}}{z}\mathrm{d}z = 0.$$

由 Jordan 引理, 因为 $\displaystyle\lim_{z\to\infty}\frac{\mathrm{e}^{\mathrm{i}z}}{z} = 0$, 所以有 $\displaystyle\lim_{R\to\infty}\int_{C_R} \frac{\mathrm{e}^{\mathrm{i}z}}{z}\mathrm{d}z = 0$.

由小圆弧引理, 因为 $\displaystyle\lim_{z\to 0}z\,\frac{\mathrm{e}^{\mathrm{i}z}}{z} = 1$, 所以有 $\displaystyle\lim_{r\to 0}\int_{C_r} \frac{\mathrm{e}^{\mathrm{i}z}}{z}\mathrm{d}z = -\mathrm{i}\pi$ (这里 $\alpha = \pi$, $\beta = 0$),

将上两式的结果代入式(5.22), 得到

$$\int_{-\infty}^\infty \frac{\mathrm{e}^{\mathrm{i}x}}{x}\mathrm{d}x - \mathrm{i}\pi = 0,$$

最后有

$$\int_0^\infty \frac{\sin x}{x}\mathrm{d}x = \frac{1}{2}\mathrm{Im}\int_{-\infty}^\infty \frac{\mathrm{e}^{\mathrm{i}x}}{x}\mathrm{d}x = \frac{\pi}{2}.$$

利用小圆弧引理避开被积函数的奇点, 使得积分路径上存在无界点的实函数的广义积

分和复变函数的回路积分联系起来，从而有可能利用留数定理来计算.

定理 5.4 设有理分式函数 $f(z) = \dfrac{P(z)}{Q(z)}$，分母的阶次至少比分子高两次. 设实数 x_1，x_2，$\cdots$，x_m 是 $f(z)$ 的全部实极点，且 $\lim\limits_{z \to x_k}(z - x_k)f(z) = \lambda_k$（$k = 1$，$2$，$\cdots$，$m$；$\lambda$ 是有界的复常数），又 z_k（$k = 1$，2，$\cdots$，n）是 $f(z)$ 在上半平面 $\mathrm{Im}(z) > 0$ 的全部极点，则

$$\int_{-\infty}^{\infty} f(x)\,\mathrm{d}x = 2\pi\mathrm{i} \sum_{k=1}^{n} \mathrm{Res}\,[f(z)\,,\ z_k]\,|_{\mathrm{Im}(z_k) > 0} + \pi\mathrm{i} \sum_{k=1}^{m} \lambda_k. \tag{5.23}$$

定理 5.5 设 $\alpha > 0$，有理分式函数 $f(z) = \dfrac{P(z)}{Q(z)}$ 分母的阶次至少比分子高一次. 设实数 x_1，x_2，$\cdots$，x_m 是 $f(z)$ 的全部实极点，且 $\lim\limits_{z \to x_k}(z - x_k)f(z) = \lambda_k$（$k = 1$，$2$，$\cdots$，$m$）（$\lambda$ 是有界的复常数），又 z_k（$k = 1$，2，$\cdots$，n）是 $f(z)$ 在上半平面 $\mathrm{Im}(z) > 0$ 的全部极点，则

$$\int_{-\infty}^{\infty} f(x)\,\mathrm{e}^{\mathrm{i}\alpha x}\,\mathrm{d}x = 2\pi\mathrm{i} \sum_{k=1}^{n} \mathrm{Res}\,[f(z)\,\mathrm{e}^{\mathrm{i}\alpha z}\,,\ z_k]\,|_{\mathrm{Im}(z_k) > 0} + \pi\mathrm{i} \sum_{k=1}^{m} \lambda_k. \tag{5.24}$$

特别地，如果 x_k 是 $f(z)$ 的一阶极点，则 $\lambda_k = \lim\limits_{z \to x_k}(z - x_k)f(z) = \mathrm{Res}[f(z)\,,\ x_k]$.

例 5.11 计算 $\displaystyle\int_0^{\infty} \frac{\sin^2 x}{x^2}\,\mathrm{d}x$.

解 首先将被积函数变换成能利用 Jordan 引理的形式：

$$\int_0^{\infty} \frac{\sin^2 x}{x^2}\,\mathrm{d}x = \frac{1}{2}\int_{-\infty}^{\infty} \frac{\sin^2 x}{x^2}\,\mathrm{d}x = \frac{1}{4}\int_{-\infty}^{\infty} \frac{1 - \cos 2x}{x^2}\,\mathrm{d}x = \frac{1}{4}\mathrm{Re}\left[\int_{-\infty}^{\infty} \frac{1 - \mathrm{e}^{\mathrm{i}2x}}{x^2}\,\mathrm{d}x\right].$$

将被积函数推广到复数城，将 x 换成 z，$z = 0$ 是 $\dfrac{1 - \mathrm{e}^{\mathrm{i}2z}}{z^2}$ 的奇点，作如图 5-10 所示的积分回路，利用留数定理，

$$\oint_l \frac{1 - \mathrm{e}^{\mathrm{i}2z}}{z^2}\,\mathrm{d}z = \int_{-R}^{-r} \frac{1 - \mathrm{e}^{\mathrm{i}2x}}{x^2}\,\mathrm{d}x + \int_{C_r} \frac{1 - \mathrm{e}^{\mathrm{i}2z}}{z^2}\,\mathrm{d}z + \int_r^R \frac{1 - \mathrm{e}^{\mathrm{i}2x}}{x^2}\,\mathrm{d}x + \int_{C_R} \frac{1 - \mathrm{e}^{\mathrm{i}2z}}{z^2}\,\mathrm{d}z = 0.$$

同时取极限 $R \to \infty$ 和 $r \to 0$.

由大圆弧引理，因为 $\lim\limits_{z \to \infty} z\,\dfrac{1}{z^2} = 0$，有

$$\lim_{R \to \infty} \int_{C_R} \frac{1}{z^2}\,\mathrm{d}z = 0. \tag{5.25}$$

由 Jordan 引理，因为 $\lim\limits_{z \to \infty} \dfrac{1}{z^2} = 0$，有

$$\lim_{R \to \infty} \int_{C_R} \frac{\mathrm{e}^{\mathrm{i}2z}}{z^2}\,\mathrm{d}z = 0. \tag{5.26}$$

由小圆弧引理，因为 $\lim\limits_{z \to 0} z\,\dfrac{1 - \mathrm{e}^{\mathrm{i}2z}}{z^2} = -2\mathrm{i}$，有

$$\lim_{r \to 0} \int_{C_r} \frac{1 - e^{i2z}}{z^2} dz = -2\pi,$$

得到

$$\lim_{R \to \infty} \int_{-R}^{R} \frac{1 - e^{i2x}}{x^2} dx - 2\pi = \int_{-\infty}^{\infty} \frac{1 - e^{i2x}}{x^2} dx - 2\pi = 0,$$

最后得到

$$\int_0^\infty \frac{\sin^2 x}{x^2} dx = \frac{1}{4} \text{Re}\left[\int_{-\infty}^{\infty} \frac{1 - e^{i2x}}{x^2} dx\right] = \frac{\pi}{2}.$$

说明： 因为大圆弧引理和 Jordan 引理的条件不同，要证明 $\lim\limits_{R \to \infty} \int_{C_R} \frac{1 - e^{i2z}}{z^2} dx = 0$，必须分式(5.25)和式(5.26)来讨论.

5.3.2 多值函数的积分

Mellin 变换

被积函数或者辅助函数为多值函数时，一定要适当割开复平面，使其能分出单值解析分支，才能利用 Cauchy 积分定理或者留数定理求出给定的积分值.

例 5.12 计算 Euler 积分 $\int_0^\infty \frac{x^{\alpha-1}}{1 + x} dx$，$0 < \alpha < 1$.

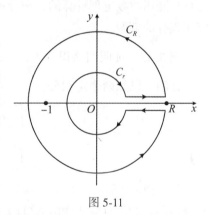

图 5-11

解 把被积分函数写成 $\frac{z^{\alpha-1}}{1 + z}$，它是多值函数，$z = 0$ 是支点，考虑到计算的是沿着正实轴的实积分，选一个沿正实轴割开的单值分支，如图 5-11 所示，割线上沿的辐角是 0，下沿辐角是 2π. 作一个如图所示的小圆弧 C_r 避开支点 $z = 0$，在此单值分支内 $z = -1 = e^{i\pi}$ 是一阶极点. 利用留数定理，则有

$$\oint_l \frac{z^{\alpha-1}}{1 + z} dz = \int_r^R \frac{x^{\alpha-1}}{1 + x} dx + \int_{C_R} \frac{z^{\alpha-1}}{1 + z} dz + \int_R^r \frac{(xe^{i2\pi})^{\alpha-1}}{1 + xe^{i2\pi}} dx$$

$$+ \int_{C_r} \frac{z^{\alpha-1}}{1 + z} dz = 2\pi i (-1)^{\alpha-1}. \qquad (5.27)$$

同时取极限 $R \to \infty$ 和 $r \to 0$ 以后，并考虑 $0 < \alpha < 1$.

因为 $\lim\limits_{z \to \infty} z \frac{z^{\alpha-1}}{1 + z} = \lim\limits_{z \to \infty} \frac{z^\alpha}{1 + z} = 0$，利用大圆弧引理，有 $\lim\limits_{R \to \infty} \int_{C_R} \frac{z^{\alpha-1}}{1 + z} dz = 0$.

因为 $\lim\limits_{z \to 0} z \frac{z^{\alpha-1}}{1 + z} = \lim\limits_{z \to 0} \frac{z^\alpha}{1 + z} = 0$，利用小圆弧引理，有 $\lim\limits_{r \to 0} \int_{C_r} \frac{z^{\alpha-1}}{1 + z} dz = 0$.

得到

$$\int_0^\infty \frac{x^{\alpha-1}}{1 + x} dx + e^{i2(\alpha-1)\pi} \int_\infty^0 \frac{x^{\alpha-1}}{1 + x} dx = 2\pi i (-1)^{\alpha-1},$$

$$\left[1 - e^{i2(\alpha-1)\pi}\right] \int_0^\infty \frac{x^{\alpha-1}}{1 + x} dx = 2\pi i e^{i(\alpha-1)\pi},$$

$$\int_0^\infty \frac{x^{\alpha-1}}{1+x}dx = \frac{2\pi i}{e^{-i(\alpha-1)\pi} - e^{i(\alpha-1)\pi}} = \frac{\pi}{\sin\alpha\pi}.$$

说明：（1）割线上沿 $z = x$，下沿 $z = xe^{i2\pi}$，所以有式（5.27）左边的第一项和第三项.

（2）在单值分支内，多值函数的值是唯一确定的，所以 $(-1) = e^{i\pi}$，而不能取 $(-1) = e^{-i\pi}$，这两个复数不在同一个单值分支内. 这里主辐角取了 $[0, 2\pi]$.

（3）小圆弧引理条件是 $f(z)$ 在圆弧 C_r：$z - z_0 = re^{i\theta}(\alpha \le \theta \le \beta)$ 上连续，$f(z)$ 在 z_0 可以解析，也可以在 z_0 不解析，z_0 可以是 $f(z)$ 的孤立奇点，也可以是 $f(z)$ 非孤立奇点. 如果 $f(z)$ 在 z_0 解析，则 $\lambda = 0$；如果 z_0 是 $f(z)$ 的一阶极点，则 $\lambda = \text{Res}[f(z), z_0] = c_{-1}$. 本题中 $z = 0$ 是支点，在支点无法展开级数，但不影响小圆弧引理的应用. $\lim\limits_{z \to z_0}(z - z_0)f(z) = \lambda(|\lambda|$ 有限）是小圆弧引理的充分条件，但不是必要条件，也就是说，$|\lambda|$ 无界，式（5.21）的积分并不一定不存在.

5.3.3　几个积分实例

以上介绍的是典型的计算实积分的积分回路，并不是所有的定积分都能用留数定理来计算，能用留数定理计算的，积分回路也可能各不相同. 下面是几个利用其他积分回路计算实积分的例题.

例 5.13　证明回路积分 $\int_\Gamma e^{-z^2}dz = \int_\Gamma e^{-(x+iy)^2}dz = \sqrt{\pi}$，$\Gamma$ 是 z 平面内平行 x 轴的直线.

证明　已知两个定积分：

$$\int_{-\infty}^\infty e^{-x^2}dx = \sqrt{\pi},$$

$$\int_{-\infty}^\infty e^{-a(x+b)^2}dx = \sqrt{\frac{\pi}{a}}, \quad a > 0, b \text{ 为任意实数}.$$

当 x 换成 z 后，就是复变函数的积分，需要重新计算此积分. 作一个如图 5-12 所示的积分回路，假设直线 Γ 和虚轴的交点是 y_0，在 l_1 上 $z = R + iy$，在 l_2 上 $z = -R + iy$，考虑回路 $C = [-R, R] + l_1 + l + l_2$，$l$ 是积分路径 Γ 的一段，由于被积函数在 C 内解析，利用留数定理，有

$$\oint_C e^{-z^2}dz = \int_{-R}^R e^{-x^2}dx + \int_{l_1} e^{-z^2}dz + \int_{l_2} e^{-z^2}dz + \int_l e^{-z^2}dz = 0,$$

$$\left| \int_{l_1} e^{-z^2}dz \right| = \left| \int_0^{y_0} e^{-(R+iy)^2}idy \right| \le e^{-R^2}\int_0^{y_0} e^{y^2}dy \le Me^{-R^2}, \tag{5.28}$$

所以
$$\lim_{R \to \infty} \left| \int_{l_1} e^{-z^2}dz \right| \le \lim_{R \to \infty} Me^{-R^2} = 0,$$

即
$$\lim_{R \to \infty} \int_{l_1} e^{-z^2}dz = 0.$$

用同样的方法可以证明：

$$\lim_{R \to \infty} \int_{l_2} e^{-z^2}dz = 0.$$

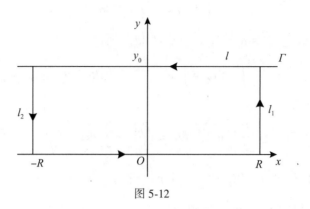

图 5-12

于是证明：

$$\int_{\Gamma} e^{-z^2} dz = \int_{-\infty}^{\infty} e^{-(x+iy_0)^2} dx = \int_{-\infty}^{\infty} e^{-x^2} dx = \sqrt{\pi}.$$

说明： Γ 在 z 平面内，所以 y_0 是一个有限的数，式(5.28)中的积分 $\int_0^{y_0} e^{y^2} dy$ 也是一个有限值，可以设 $\int_0^{y_0} e^{y^2} dy \leqslant M \, (M > 0)$.

积分 $\int_0^{\infty} e^{-ax^2} \cos \omega x \, dx \, (a > 0,\ \omega$ 任意实数) 称为热传导积分，经过变换，有

$$\int_0^{\infty} e^{-ax^2} \cos \omega x \, dx = \frac{1}{2} \mathrm{Re} \int_{-\infty}^{\infty} e^{-ax^2 + i\omega x} dx,$$

$$\int_{-\infty}^{\infty} e^{-ax^2 + i\omega x} dx = e^{\frac{-\omega^2}{4a}} \int_{-\infty}^{\infty} e^{-a\left(\frac{x - i\omega}{2a}\right)^2} dx,$$

于是得到

$$\int_0^{\infty} e^{-ax^2} \cos \omega x \, dx = \frac{1}{2} \sqrt{\frac{\pi}{a}} \, e^{\frac{-\omega^2}{4a}}.$$

例 5.14 证明积分 $\int_0^{\infty} e^{ix^2} dx = \frac{\sqrt{2\pi}}{4} + i \frac{\sqrt{2\pi}}{4}$.

解 考虑如图 5-13 所示的积分回路，$C = [0, R]$ $+ C_R + l$，其中 C_R 为 $z = Re^{i\theta} \left(\theta \leqslant \theta \leqslant \dfrac{\pi}{4} \right)$，由留数定理，有

$$\oint_C e^{iz^2} dz = \int_0^R e^{ix^2} dx + \int_{C_R} e^{iz^2} dz + \int_l e^{iz^2} dz = 0.$$

$$(5.29)$$

在 l 上，$z = \rho e^{\frac{i\pi}{4}}$，$e^{iz^2} = e^{-\rho^2}$，$dz = e^{\frac{i\pi}{4}} d\rho$，所以

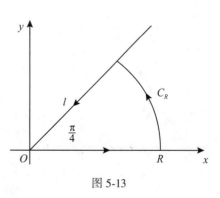

图 5-13

$$\int_l e^{iz^2} dz = e^{\frac{i\pi}{4}} \int_R^0 e^{-\rho^2} d\rho.$$

在 C_R 上, $z = Re^{i\theta}$, $z^2 = R^2 e^{i2\theta}$, $dz = iRe^{i\theta} d\theta$, 所以

$$\int_{C_R} e^{iz^2} dz = \int_0^{\frac{\pi}{4}} e^{iR^2(\cos 2\theta + i\sin 2\theta)} iRe^{i\theta} d\theta.$$

设 $\alpha = 2\theta$, 则有

$$\left| \int_{C_R} e^{iz^2} dz \right| \le \frac{R}{2} \int_0^{\frac{\pi}{2}} e^{-R^2 \sin \alpha} d\alpha \le \frac{R}{2} \int_0^{\frac{\pi}{2}} e^{\frac{-2R^2\alpha}{\pi}} d\alpha = \frac{\pi}{4R}(1 - e^{-R^2}). \tag{5.30}$$

因为 $\lim\limits_{R \to \infty} \dfrac{\pi}{R}(1 - e^{-R^2}) = 0$, 所以有 $\lim\limits_{R \to \infty} \int_{C_R} e^{-iz^2} dz = 0$.

对式 (5.29) 取极限 $R \to \infty$, 得到

$$\int_0^\infty e^{ix^2} dx = e^{\frac{i\pi}{4}} \int_0^\infty e^{-\rho^2} d\rho = \frac{\sqrt{\pi}}{2} e^{\frac{i\pi}{4}} = \frac{\sqrt{2\pi}}{4} + i\frac{\sqrt{2\pi}}{4},$$

并且得到如下两个实积分:

$$\int_0^\infty \cos x^2 dx = \frac{\sqrt{2\pi}}{4}, \qquad \int_0^\infty \sin x^2 dx = \frac{\sqrt{2\pi}}{4}.$$

这两个积分称为 Fresnel 积分, 在现代光学的研究中有着十分重要的应用.

说明: 利用证明 Jordan 引理的方法得到式 (5.30), 见式 (5.18) 和式 (5.19).

例 5.15　证明 $\int_0^\infty t^\alpha e^{-pt} dt = \dfrac{\Gamma(\alpha + 1)}{p^{\alpha+1}}$, 其中变量 $t > 0$, 常数 $\alpha > -1$, p 是复数 ($\mathrm{Re}\, p > 0$). 这是函数 t^α 的 Laplace 变换.

解　在实函数中定义了 Γ 函数

$$\Gamma(\alpha + 1) = \int_0^\infty x^\alpha e^{-x} dx, \qquad \alpha > -1,$$

并且有

$$\int_0^\infty x^\alpha e^{-bx} dx = \frac{1}{b^{\alpha+1}} \Gamma(\alpha + 1), \qquad b > 0.$$

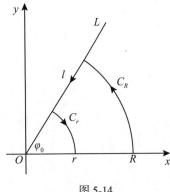

图 5-14

此例题要说明上式中的实数 b 可以换成复数 $p(\mathrm{Re}\, p > 0)$.

假设 $p = |p| e^{i\theta}$, $tp = t|p| e^{i\theta}$, 因为 $t > 0$, 可以假设 $z = |z| e^{i\theta}$, 其中 $t|p| = |z|$, 这样 $z = tp$, 要计算的积分变成

$$\int_0^\infty t^\alpha e^{-pt} dt = \frac{1}{p^{\alpha+1}} \int_0^\infty (pt)^\alpha e^{-pt} d(pt) = \frac{1}{p^{\alpha+1}} \int_L z^\alpha e^{-z} dz,$$

式中, L 是如图 5-14 所示的射线, 它和 x 轴的夹角是 φ_0, 注意到 $\mathrm{Re}\, p > 0$, 所以 $-\dfrac{\pi}{2} < \varphi_0 < \dfrac{\pi}{2}$. 在如图 5-14 所示的回路 $C = [r, R] + C_R + l + C_r$ 中, C_R 为 $z = Re^{i\theta}(0 \le \theta \le$

φ_0)，C_r 为 $z = re^{i\theta}(0 \le \theta \le \varphi_0)$，利用留数定理，有

$$\oint_C z^{\alpha}e^{-z}dz = \int_r^R x^{\alpha}e^{-x}dx + \int_{C_R} z^{\alpha}e^{-z}dz + \int_l z^{\alpha}e^{-z}dz + \oint_{C_r} z^{\alpha}e^{-z}dz = 0.$$

取极限 $R \to \infty$ 和 $r \to 0$，$\lim\limits_{\substack{R\to\infty \\ r\to 0}}\int_l z^{\alpha}e^{-z}dz = \int_L z^{\alpha}e^{-z}dz$，因为 $\lim\limits_{z\to 0} z \cdot z^{\alpha}e^{-z} = 0 \,(\alpha > -1)$，根据小圆弧引理，有 $\lim\limits_{r\to 0}\int_{C_r} z^{\alpha}e^{-z}dz = 0$，在 C_R 上 $z = Re^{i\theta}$，

$$\left| \int_{C_R} z^{\alpha}e^{-z}dz \right| = \left| \int_{C_R} R^{\alpha}e^{i\alpha\theta}e^{-R(\cos\theta+i\sin\theta)}d(Re^{i\theta}) \right|$$

$$\le \left| \int_0^{\varphi_0} R^{\alpha+1}e^{-R\cos\varphi}d\theta \right| \le R^{\alpha+1}e^{-R\cos\varphi_0}\int_0^{\varphi_0}d\theta = \varphi_0 R^{\alpha+1}e^{-R\cos\varphi_0}.$$

因为 $\text{Re } p > 0$，余弦函数是偶函数，在第一、四象限内 $|\theta| < |\varphi_0|$，所以有 $|\cos\theta| > |\cos\varphi_0|$、$\cos\theta > \cos\varphi_0 > 0$ 和 $e^{-R\cos\theta} < e^{-R\cos\varphi_0}$。

而 $\lim\limits_{R\to\infty}\varphi_0 R^{\alpha+1}e^{-R\cos\varphi_0} = 0\,(\alpha > -1)$，则有 $\lim\limits_{R\to\infty}\int_{C_R} z^{\alpha}e^{-z}dz = 0$. 得到

$$\int_L z^{\alpha}e^{-z}dz = \int_0^{\infty} x^{\alpha}e^{-x}dx = \Gamma(\alpha + 1),$$

所以有

$$\int_0^{\infty} t^{\alpha}e^{-pt}dt = \frac{1}{p^{\alpha+1}}\Gamma(\alpha + 1). \tag{5.31}$$

下面介绍一些在理论物理和控制系统中常用的积分和公式.

例 5.16 积分 $\int_a^b \dfrac{f(x)}{x - x_0 - i\varepsilon}dx$，$a$，$b$ 是任意实数，$a < x_0 < b$，$\varepsilon > 0$，计算

$$\lim_{\varepsilon\to 0}\int_a^b \frac{f(x)}{x - x_0 - i\varepsilon}dx.$$

解 被积分函数在实轴上方有一单极点，$z_0 = x_0 + i\varepsilon$，我们可以认为极点在实轴上，积分路径从 x_0 下方沿小半圆弧 c_r，绕过该极点(图 5-15)，若 $f(z)$ 是解析的且 $f(x_0) \ne 0$，则

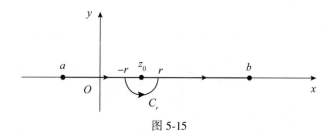

图 5-15

$$\int_a^b \frac{f(x)}{x - x_0 - i\varepsilon}dx = \lim_{r\to 0}\left[\int_a^{x_0-r} \frac{f(x)}{x - x_0}dx + \int_{c_r} \frac{f(z)}{z - z_0}dz + \int_{x_0+r}^b \frac{f(x)}{x - x_0}dx\right]$$

$$= \int_a^b \frac{f(x)}{x - x_0}dx(\text{积分主值}) + \lim_{r\to 0}\int_{c_r} \frac{f(z)}{z - z_0}dz.$$

为方便，后面积分主值的记号省去. 由小圆弧定理可知道，第二项积分之值为 $i\pi f(x_0)$，故当 $\varepsilon \to 0$ 时，

$$\int_a^b \frac{f(x)}{x - x_0 - i\varepsilon}dx = \int_a^b \frac{f(x)}{x - x_0}dx + i\pi f(x_0).$$

还可以利用符号形式：

$$\frac{1}{x - x_0 - i\varepsilon} = \frac{(x - x_0) + i\varepsilon}{(x - x_0)^2 + \varepsilon^2} = \frac{(x - x_0)}{(x - x_0)^2 + \varepsilon^2} + i\frac{\varepsilon}{(x - x_0)^2 + \varepsilon^2}$$

$$\xrightarrow{\varepsilon \to 0} \frac{1}{(x - x_0)} + i\pi\delta(x - x_0).$$

其中, $\delta(x - x_0)$ 是 δ 函数(参见 7.2.2 节).

同样可以得到，$\qquad \dfrac{1}{x - x_0 + i\varepsilon} \xrightarrow{\varepsilon \to 0} \dfrac{1}{(x - x_0)} - i\pi\delta(x - x_0).$

当 $\varepsilon \to 0$ 时，$\qquad \displaystyle\int_a^b \frac{f(x)}{x - x_0 + i\varepsilon}dx = \int_a^b \frac{f(x)}{x - x_0}dx - i\pi f(x_0).$

下面应用留数定理推导 Kramers-Kronig 关系式. Kramers-Kronig 关系数学上是复平面上半平面解析函数的实部和虚部的关系公式. Kramers-Kronig 关系式常用于物理系统的线性响应函数，是响应函数的实部和虚部之间的关系. 物理上因果关系意味着响应函数必须满足复平面上半平面的解析性；反之，响应函数的解析性则意味着相应物理系统的因果性.

若响应函数 $f(\omega) = f_1(\omega) + if_2(\omega)$ 满足以下条件：

(1)在复平面的上半部分解析，当时 $\omega \to \infty$, $\dfrac{|f(\omega)|}{|\omega|} \to 0$, $\dfrac{f(\omega)}{\omega}$ 沿具有无限大半径的半圆的积分为 0；

(2)对于实值的参数，函数 $f_1(\omega)$ 是偶数，函数 $f_2(\omega)$ 是奇函数(实函数的 Fourier 变换必满足此条件).

在复平面上，取一条闭合积分路径 C: $[-R, \omega - r] + C_r + [\omega + r, R] + C_R$ (图 5-16)，对被积函数 $\dfrac{f(s)}{s - \omega}$，其在积分路径内解析，故

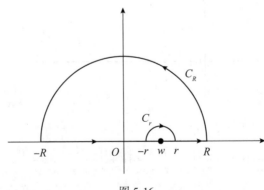

图 5-16

$$\oint_C \frac{f(s)}{s-\omega}\mathrm{d}s = \int_{-R}^{\omega-r}\frac{f(s)}{s-\omega}\mathrm{d}s + \int_{\omega+r}^{R}\frac{f(s)}{s-\omega}\mathrm{d}s + \int_{C_r}\frac{f(s)}{s-\omega}\mathrm{d}s + \int_{C_R}\frac{f(s)}{s-\omega}\mathrm{d}s = 0.$$

令 $R\to\infty$，则由大圆弧定理，有 $\lim\limits_{R\to\infty}\int_{C_R}\frac{f(s)}{s-\omega}\mathrm{d}s = 0$；令 $r\to\infty$，则由小圆弧定理，

有 $\lim\limits_{r\to\infty}\int_{C_r}\frac{f(s)}{s-\omega}\mathrm{d}s = -\pi\mathrm{i}f(\omega)$. 所以有

$$\int_{\infty}^{0}\frac{f(s)}{s-\omega}\mathrm{d}s + \int_{0}^{\infty}\frac{f(s)}{s-\omega}\mathrm{d}s - \pi\mathrm{i}f(\omega) = 0.$$

整理得到 $f(\omega)$ 的值为

$$f(\omega) = \frac{1}{\pi\mathrm{i}}\int_{-\infty}^{\infty}\frac{f(s)}{s-\omega}\mathrm{d}s. \tag{5.32}$$

积分为主值积分.

由 $\qquad f(\omega) = f_1(\omega) + \mathrm{i}f_2(\omega) = \frac{1}{\pi\mathrm{i}}\int_{-\infty}^{\infty}\frac{f(s)}{s-\omega}\mathrm{d}s = \frac{1}{\pi\mathrm{i}}\int_{-\infty}^{\infty}\frac{f_1(s)+\mathrm{i}f_2(s)}{s-\omega}\mathrm{d}s,$

公式(5.32)的实部和虚部为

$$f_1(\omega) = \frac{1}{\pi}\int_{-\infty}^{\infty}\frac{f_2(s)}{s-\omega}\mathrm{d}s, \tag{5.33a}$$

$$f_2(\omega) = -\frac{1}{\pi}\int_{-\infty}^{\infty}\frac{f_1(s)}{s-\omega}\mathrm{d}s. \tag{5.33b}$$

式(5.33a)和式(5.33b)称为 Kramers-Kronig 关系. 由此可见，解析函数的实部和虚部并不独立，函数的一部分可以重建整个函数.

为消去负有界积分，只保留正限的积分，将式(5.33a)积分限的范围分成 $\int_{0}^{\infty}$ 和 $\int_{-\infty}^{0}$ 两部分，并利用函数 $f_2(\omega)$ 是奇函数，得到

$$f_1(\omega) = \frac{2}{\pi}\int_{0}^{\infty}\frac{sf_2(s)}{s^2-\omega^2}\mathrm{d}s. \tag{5.34a}$$

类似地，利用 $f_1(\omega)$ 是偶数，可以得到

$$f_2(\omega) = -\frac{2}{\pi}\int_{0}^{\infty}\frac{\omega f_1(s)}{s^2-\omega^2}\mathrm{d}s. \tag{5.34b}$$

式(5.33a)和式(5.34b)就是 Kramers-Kronig 关系众所周知的形式.

Kramers-Kronig 关系应用于物理系统的线性响应函数. 它们最常应用于介电函数 ε，在这种情况下，它们适用于磁化率，即 $f(\omega) = \chi(\omega) = \frac{\varepsilon(\omega)}{\varepsilon_0} - 1$. 磁化率可以解释为无限短脉冲电场作用后半导体中时间相关极化的 Fourier 变换，即极化的脉冲响应. 对于介电函数 $\varepsilon = \varepsilon_1 + i\varepsilon_2$，以下 Kramers-Kronig 关系成立：

$$\varepsilon_1(\omega) = \varepsilon_0 + \frac{2}{\pi}\int_{0}^{\infty}\frac{s\varepsilon_2(s)}{s^2-\omega^2}\mathrm{d}s, \tag{5.35a}$$

$$\varepsilon_2(\omega) = -\frac{2\omega}{\pi}\int_0^\infty \frac{\varepsilon_2(s) - \varepsilon_0}{s^2 - \omega^2}\mathrm{d}s. \tag{5.35b}$$

静态介电常数由

$$\varepsilon(0) = \varepsilon_0 + \frac{2}{\pi}\int_0^\infty \frac{\varepsilon_2(s)}{s}\mathrm{d}s \tag{5.36}$$

给出.

积分不发散, 因为 $\varepsilon_2(s)$ 是奇数函数, 在 $\omega = 0$ 处为零.

习　题　五

(一)

5.1　求下列函数在奇点处的留数:

(1) $\dfrac{z}{(z-1)(z+1)^2}$;　　(2) $\dfrac{1+z^4}{(z^2+1)^3}$;　　(3) $\dfrac{z+1}{z^2-2z}$;　　(4) $\dfrac{1-\mathrm{e}^{2z}}{z^4}$;

(5) $\dfrac{\sin 2z}{(z+1)^3}$;　　　　(6) $\dfrac{z}{\cos z}$;　　　　(7) $\cos\dfrac{1}{1-z}$;　　(8) $z^2\sin\dfrac{1}{z}$.

5.2　利用留数定理计算下列各积分:

(1) $\displaystyle\oint_{|z|=\frac{3}{2}}\frac{\sin z}{z}\mathrm{d}z$;　　　　　　(2) $\displaystyle\oint_{|z|=2}\frac{1}{1+z^2}\mathrm{e}^{\frac{\pi}{4}z}\mathrm{d}z$;

(3) $\displaystyle\oint_{|z|=2}\frac{\mathrm{e}^{2z}}{(z-1)^2}\mathrm{d}z$;　　　　(4) $\displaystyle\oint_{|z|=2}\frac{\mathrm{e}^z}{z(z-1)^2}\mathrm{d}z$;

(5) $\displaystyle\oint_{|z|=2}\frac{\mathrm{d}z}{(z-3)(z^5-1)}$;　　(6) $\displaystyle\oint_{|z|=1}\frac{z\sin z}{(1-\mathrm{e}^z)^3}\mathrm{d}z$;

(7) $\displaystyle\oint_{|z|=2}\frac{z}{\sin^2 z - \dfrac{1}{2}}\mathrm{d}z$;　　(8) $\displaystyle\oint_{|z|=3}\tan\pi z\,\mathrm{d}z$.

5.3　求无穷远点的留数:

(1) $\cos z - \sin z$;　　(2) $\dfrac{2z}{3+z^2}$;　　　　(3) $\dfrac{1}{z(z+1)^4(z-4)}$.

5.4　求下列函数在所有奇点(包括无穷远点)的留数:

(1) $\mathrm{e}^{z+\frac{1}{z}}$;　　　　(2) $\sin z \cdot \sin\dfrac{1}{z}$;　　(3) $\sin\dfrac{z}{z+1}$;　　(4) $\cos\dfrac{z^2+4z-1}{z+3}$;

(5) $\dfrac{\sqrt{z}}{\sin\sqrt{z}}$;　　(6) $z^{-n}\tan z$;　　　　(7) $\dfrac{1}{\sin\dfrac{1}{z}}$;　　　　(8) $\cot^2 z$.

5.5　利用留数定理计算积分 $\displaystyle\oint_C \frac{z^{15}}{(z^2+1)^2(z^4+2)^3}\mathrm{d}z$, C 是 $|z|=3$ 的圆周的正方向.

5.6 设 $0 < r < 1$，证明：$\dfrac{1}{2\pi}\displaystyle\int_0^{2\pi}\left|\dfrac{re^{i\theta}}{(1-re^{i\theta})^2}\right|d\theta = \dfrac{r}{1-r^2}$.

5.7 计算积分 $\displaystyle\oint_{|z|=1}\dfrac{\bar{z}^k P_n(z)}{z-z_0}dz$.

其中 $|z_0|\neq 1$；整数 k：$0 \leqslant k \leqslant n$；$P_n(z)=a_0+a_1 z+\cdots+a_n z^n$.

5.8 利用留数定理计算积分：

（1）$\displaystyle\int_0^{2\pi}\dfrac{d\theta}{1+a\cos\theta}$，$|a|<1$；   （2）$\displaystyle\int_0^{2\pi}\dfrac{d\theta}{1+\cos^2\theta}$；

（3）$\displaystyle\int_0^{\frac{\pi}{2}}\dfrac{dx}{a+\sin^2 x}$，$a>0$；   （4）$\displaystyle\int_0^{2\pi}\dfrac{d\theta}{(a+b\cos^2\theta)^2}$，$a>0$，$b>0$；

（5）$\displaystyle\int_0^{\pi}\dfrac{\cos 2\theta}{1-2a\cos\theta+a^2}d\theta$，$a>0$；   （6）$\displaystyle\int_0^{2\pi}\dfrac{1}{1-2b\cos\theta+b^2}d\theta$，$|b|<1$.

5.9 利用留数定理计算积分：

（1）$\displaystyle\int_{-\infty}^{\infty}\dfrac{dx}{(1+x^2)^2}$；   （2）$\displaystyle\int_0^{\infty}\dfrac{x^2 dx}{1+x^4}$；

（3）$\displaystyle\int_{-\infty}^{+\infty}\dfrac{x^2 dx}{(x^2+a^2)(x^2+b^2)}$，$a>0$，$b>0$；

（4）$\displaystyle\int_0^{\infty}\dfrac{dx}{(1+x^2)^{n+1}}$，$n=0,1,2,\cdots$.

5.10 计算积分 $I=\displaystyle\int_0^{\infty}\dfrac{x^m}{(x^n+a)}dx$，这里 $a>0$；$n\geqslant 2$，为偶整数；$m\leqslant n-2$，为非负偶整数.

5.11 计算积分 $I=\displaystyle\int_0^{\infty}\dfrac{x^{2p}-x^{2q}}{1-x^{2r}}dx$，$p$、$q$、$r$ 为非负整数，且 $p<r$，$q<r$.

5.12 利用留数定理计算积分：

（1）$\displaystyle\int_{-\infty}^{\infty}\dfrac{x\sin x}{x^2+4x+20}dx$；   （2）$\displaystyle\int_{-\infty}^{+\infty}\dfrac{x\sin mx}{a^4+x^4}dx$，$a>0$，$m>0$；

（3）$\displaystyle\int_{-\infty}^{+\infty}\dfrac{x\sin mx}{a^2+x^2}dx$，$a>0$，$m>0$；   （4）$\displaystyle\int_0^{+\infty}\dfrac{x\sin mx}{(x^2+a^2)^2}dx$，$a>0$，$m>0$；

（5）$\displaystyle\int_{-\infty}^{+\infty}\dfrac{\cos mx}{a^2+x^2}dx$，$a>0$，$m>0$；   （6）$\displaystyle\int_0^{+\infty}\dfrac{\cos mx}{(x^2+a^2)^2}dx$，$a>0$，$m>0$.

5.13 计算积分 $I=\displaystyle\oint_C e^{-\frac{1}{z}}dz$ 的值，其中 C：$|z|=1$，并证明：

$$\int_0^{2\pi}e^{-\cos\theta}\cos(\theta+\sin\theta)d\theta=-2\pi,\quad \int_0^{2\pi}e^{-\cos\theta}\sin(\theta+\sin\theta)d\theta=0.$$

5.14 证明：$\displaystyle\int_0^{2\pi}\dfrac{e^{2\cos\phi}\cos(2\sin\phi)}{5-4\cos(\theta-\phi)}d\phi=\dfrac{2\pi}{3}e^{\cos\theta}\cos(\sin\theta)$；

$$\int_0^{2\pi} \frac{e^{2\cos\phi}\sin(2\sin\phi)}{5-4\cos(\theta-\phi)}d\phi = \frac{2\pi}{3}e^{\cos\theta}\sin(\sin\theta).$$

5.15　证明：$\int_0^{2\pi}\cos^{2n}\theta d\theta = \dfrac{1\cdot3\cdot5\cdot\cdots\cdot(2n-1)}{2\cdot4\cdot6\cdot\cdots\cdot2n}2\pi$，其中 $n=1,2,\cdots$.

（二）

5.16　求下列函数在孤立奇点处的留数：

（1）$\dfrac{z^{2m}}{(1-z)^m}$，m 为自然数；　　（2）$z^3\cos\dfrac{1}{z-2}$；

（3）$\dfrac{1}{z(1-e^{az})}(a\neq0)$；　　　　　（4）$\dfrac{1}{z\sin z}$.

5.17　求 $f(z)=\dfrac{e^z}{z^2-1}$ 在 $z=\infty$ 点的留数.

5.18　利用留数定理计算下列积分：

（1）$\oint_l \dfrac{dz}{z^4+1}$，$l$：$x^2+y^2=2x$；　　（2）$\oint_l \dfrac{zdz}{(z-1)(z-2)^2}$，$l$：$|z-2|=\dfrac{1}{2}$.

5.19　求积分值 $\oint_C \dfrac{z^{2n}}{1+z^n}dz$，$C$：$|z|=r>1$，$n$ 是自然数.

5.20　计算积分 $\oint_C \dfrac{z^3}{1+z}e^{1/z}dz$，$C$：$|z|=2$.

若 n 为自然数，函数 $\dfrac{z^n}{1+z}e^{\frac{1}{z}}$ 在 $z=0$ 和 $z=\infty$ 的留数为 A 与 B，试证明：

$$A=(-1)^{n+1}\frac{1}{e}+\frac{1}{n!}-\frac{1}{(n-1)!}+\cdots+(-1)^n\frac{1}{2!};$$

$$A+B+(-1)^n\frac{1}{e}=0.$$

5.21　利用留数定理计算积分：

（1）$I=\int_0^{2\pi}\dfrac{\cos mx}{5-4\cos x}dx$，$m$ 为正整数）；　（2）$\int_0^{\pi}\tan(x+i\alpha)dx$，$\alpha$ 为实数，$\alpha\neq0$；

（3）$I=\int_0^{\pi}\cot(x-a)dx$，$a=\alpha+\beta i$，$\beta\neq0$.

5.22　试证明：

$$\int_0^{\pi}\frac{x\sin x}{1-2a\cos x+a^2}dx=\begin{cases}\dfrac{\pi}{a}\ln(1+a),&0<a<1,\\[2mm]\dfrac{\pi}{a}\ln\left(1+\dfrac{1}{a}\right),&a>1.\end{cases}$$

5.23　若 $\alpha>0$，设 $f(z)=\dfrac{P(z)}{Q(z)}=\dfrac{a_mz^m+a_{m-1}z^{m-1}+\cdots+a_1z+a_0}{b_nz^n+b_{n-1}z^{n-1}+\cdots+b_1z+b_0}(n-m\geq1)$ 为有理分式，

函数 $f(z)$ 满足下列条件：（1）$f(z)$ 在上半平面 $\mathrm{Im}(z) > 0$ 内的极点为 z_k（$k = 1$, 2, $\cdots$, n）；（2）$Q(z)$ 比 $P(z)$ 的阶次至少高 1 阶；（3）$f(z)$ 在实轴上只有有限个 1 阶极点为 x_k（$k = 1$, 2, $\cdots$, m）. 试证明：

$$\int_{-\infty}^{\infty} f(x)\,\mathrm{e}^{\mathrm{i}\alpha x}\,\mathrm{d}x = 2\pi\mathrm{i}\sum_{k=1}^{n} \mathrm{Res}\left[f(z)\,\mathrm{e}^{\mathrm{i}\alpha z},\ z_k\right]\Big|_{\mathrm{Im}(z_k) > 0} + \pi\mathrm{i}\sum_{k=1}^{m} \mathrm{Res}\left[f(z)\,\mathrm{e}^{\mathrm{i}\alpha z},\ x_k\right].$$

5.24 利用上题的结论，计算下列积分：

（1）$I = \displaystyle\int_{-\infty}^{\infty} \frac{\sin^3 x}{x^3}\,\mathrm{d}x$;　　　　（2）$I = \displaystyle\int_{0}^{\infty} \frac{\cos ax - \cos bx}{x^2}\,\mathrm{d}x$, $a > 0$, $b > 0$;

（3）$I = \displaystyle\int_{-\infty}^{\infty} \frac{\mathrm{d}x}{x^4 - 1}$;　　　　（4）$I = \displaystyle\int_{-\infty}^{\infty} \frac{\mathrm{d}x}{x(x+1)(x^2+1)}$;

（5）$I = \displaystyle\int_{0}^{\infty} \frac{\sin x}{x(x^2+a^2)}\,\mathrm{d}x$, $a > 0$;　（6）$I = \displaystyle\int_{-\infty}^{\infty} \frac{\cos ax\,\mathrm{d}x}{x^5 + 1}$;

（7）$I = \displaystyle\int_{-\infty}^{\infty} \frac{\cos x\,\mathrm{d}x}{x^2 - a^2}$, $a > 0$;　（8）$I = \displaystyle\int_{-\infty}^{\infty} \frac{\sin x\,\mathrm{d}x}{(x-1)(x^2+4)}$;

（9）$I = \displaystyle\int_{-\infty}^{\infty} \frac{x^2 - b^2}{x^2 + b^2}\frac{\sin ax}{x}\,\mathrm{d}x$;　　（10）$I = \displaystyle\int_{-\infty}^{\infty} \frac{x\cos x\,\mathrm{d}x}{x^2 - 5x + 6}$.

5.25 若 $f(z)$ 是一个在正实轴上无极点的有理函数，α 是非整数，且 $\lim\limits_{z \to 0}\left[z^\alpha f(z)\right] = \lim\limits_{z \to \infty}\left[z^\alpha f(z)\right] = 0$, 试证明：

$$\int_{0}^{\infty} x^{\alpha-1} f(x)\,\mathrm{d}x = -\frac{\pi\mathrm{e}^{-\pi\alpha\mathrm{i}}}{\sin(\alpha\pi)}\sum_{k=1}^{n}\mathrm{Res}\left[z^{\alpha-1}f(z),\ z_k\right],$$

这里，z_k（$k = 1$, 2, $\cdots$, n）是 $f(z)$ 的极点，不包括 0 点；$z^{\alpha-1} = \mathrm{e}^{(\alpha-1)\ln z}$, 及 $\ln z = \ln|z| + \mathrm{i}\arg z$, 取主值分支 $0 \leqslant \arg z < 2\pi$.

5.26 利用上题的结论，计算下列积分：

（1）$\displaystyle\int_{0}^{+\infty} \frac{x^\alpha}{x^2 + 3x + 2}\,\mathrm{d}x$, $-1 < a < 1$;

（2）$\displaystyle\int_{0}^{+\infty} \frac{x^\alpha}{(1 + x^2)^2}\,\mathrm{d}x$, $-1 < a < 3$;

（3）$\displaystyle\int_{0}^{+\infty} \frac{x^\alpha}{1 + x^4}\,\mathrm{d}x$, $-1 < a < 3$;

（4）$\displaystyle\int_{0}^{+\infty} \frac{x^\alpha}{x^2 + 2x\cos\lambda + 1}\,\mathrm{d}x$, $-1 < a < 1$, $-\pi < \lambda < \pi$.

5.27 若 m 为实数，$-1 < a < 1$, 试证明：

$$\int_{0}^{2\pi} \frac{\mathrm{e}^{m\cos\theta}}{1 - 2a\sin\theta + a^2}\left[\cos(m\sin\theta) - a\sin(m\sin\theta + \theta)\right]\mathrm{d}\theta = 2\pi\cos ma,$$

$$\int_{0}^{2\pi} \frac{\mathrm{e}^{m\cos\theta}}{1 - 2a\sin\theta + a^2}\left[\sin(m\sin\theta) + a\cos(m\sin\theta + \theta)\right]\mathrm{d}\theta = 2\pi\sin ma.$$

5.28　若函数 $\Phi(z)$ 在 $|z| \leqslant 1$ 上解析，当 z 为实数时 $\Phi(z)$ 取实数值，而且 $\Phi(0) = 0$，$f(x, y)$ 表示 $\Phi(x + \mathrm{i}y)$ 的虚数部分，试证明：

$$\int_0^{2\pi} \frac{t\sin\theta}{1 - 2t\cos\theta + t^2} f(\cos\theta, \sin\theta) \,\mathrm{d}\theta = \pi\Phi(t), \quad -1 < t < 1.$$

第6章 保角变换

理论上解决一个物理问题是数学的任务，然而方法的复杂或简单，甚至有没有可能解决和研究对象的边界有关. 例如，很容易计算无界区域点电荷的静电场，而一般区域点电荷的静电场的计算就不那么简单了. 复变函数 $w = f(z)$ 在几何上可以认为是将 z 平面上的一个点集 D (定义域) 映射 (或变换) 到 w 平面上的一个点集 G (函数值的集合). 复变函数的另一应用是保角变换，它可以把一些对某一些物理问题来讲是复杂的边界变成简单的边界，从而使得问题的解决变得可能. 本章从解析函数的导数的辐角与模的几何意义出发，研究解析函数所构成的变换特性，并讨论一些具体的变换. 这些变换把比较复杂的区域变换成比较简单的区域，如圆域、上半平面等. 因此，可以通过复变函数构成的变换把较复杂区域上的问题化为在比较简单区域上来研究，这一性质在电学、热力学、流体力学与空气动力学等领域有着重要的应用.

6.1 保角变换的概念

6.1.1 曲线的切线方向和夹角

设平面内一条光滑有向曲线 C：

$$z = z(t), \quad \alpha \leqslant t \leqslant \beta,$$

规定它的正向为 t 的增加方向. 设 $z'(t) \neq 0$，且当 $\alpha < t_0 < \beta$ 时复数 $z(t_0)$ 和 $z(t_0 + \Delta t)$ 分别对应点 P_0 和 P，由于 $[z(t_0 + \Delta t) - z(t_0)] / \Delta t$ 就是割线 P_0P 的正向，所以

$$z'(t_0) = \lim_{\Delta t \to 0} \frac{z(t_0 + \Delta t) - z(t_0)}{\Delta t}$$

就是有向曲线 C 在点 z_0 处的切线 P_0T 的正向，辐角 $\mathrm{Arg} z'(t_0)$ 就是有向曲线 C 在点 z_0 处的切线正向与实轴方向的夹角，如图 6-1 所示.

现在有另一条光滑有向曲线 $C_1: z = z_1(t)$ $(\alpha \leqslant t \leqslant \beta)$ 与有向曲线 C 相交于点 $z_0 = z(t_0) = z_1(t_0)$. 设 $z_1'(t) \neq 0$，有向曲线 C 与 C_1 在交点 z_0 处的夹角定义为它们在交点 z_0 处的切线正向之间的夹角，如图 6-2 所示.

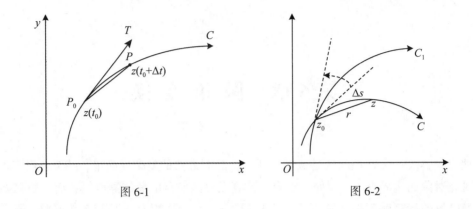

图 6-1　　　　　　　　　　　　　　图 6-2

6.1.2　复变函数导数的几何意义

设函数 $w = f(z)$ 在区域 D 内解析，点 $z_0 \in D$，且 $f'(z_0) \neq 0$. 若 z 平面中有一条曲线 C：$z = z(t)$（$\alpha \leqslant t \leqslant \beta$），$w = f(z)$ 在 C 所在的区域内解析，经过 $w = f(z)$ 变换，曲线 C 变换成 w 平面内的曲线 C'：$w = w(t) = f(z(t))$，$\alpha \leqslant t \leqslant \beta$.

若 $w_0 = w(t_0) = f(z_0) = f(z(t_0))$（$\alpha < t_0 < \beta$），由复变函数导数的定义

$$f'(z_0) = \lim_{\Delta z \to 0} \frac{f(z_0 + \Delta z) - f(z_0)}{\Delta z} = \lim_{\Delta z \to 0} \frac{\Delta w}{\Delta z},$$

也可以写成

$$f'(z_0) = |f'(z_0)| e^{i \arg f'(z_0)} = \lim_{\Delta z \to 0} \frac{|\Delta w| e^{i \arg \Delta w}}{|\Delta z| e^{i \arg \Delta z}} = \lim_{\Delta z \to 0} \left| \frac{\Delta w}{\Delta z} \right| e^{i(\arg \Delta w - \arg \Delta z)}. \tag{6.1}$$

根据复合函数的导数

$$w'(t_0) = f'(z_0) z'(t_0), \quad \alpha < t_0 < \beta,$$

则有向曲线 C' 在 w_0 处的切线正向与实轴方向的夹角为

$$\text{Arg} w'(t_0) = \text{Arg} f'(z_0) + \text{Arg} z'(t_0), \tag{6.2}$$

从而有

$$\text{Arg} f'(z_0) = \text{Arg} w'(t_0) - \text{Arg} z'(t_0). \tag{6.3}$$

如果把 u 轴与 x 轴、v 轴与 y 轴方向取作一致，式(6.3)表示：通过一个解析变换 $w = f(z)$，C 变为 C'，z_0 变为 w_0，过 z_0 点的曲线 C 的切线转过一个角度 $\arg f'(z_0)$ 变成过 w_0 的曲线 C' 的切线见图 6-3. 我们称 $\arg f'(z_0)$ 为变换在 $w = f(z)$ 的转动角. 显然，转动角 $\arg f'(z_0)$ 仅与 z_0 有关，而与过 z_0 的曲线 C 的形状和方向无关，这个性质称为转动角的不变性. 复数为零的辐角没有意义，所以规定 $f'(z_0) \neq 0$.

若函数 $w = f(z)$ 把 z 平面中有一条曲线 C 变换成 w 平面内的曲线 C'，把曲线 C 上的两点 z_0 和 z 变成曲线 C' 上的 w_0 和 w 两点. 设小弧段 $z_0 z$ 的弧长为 Δs，$z - z_0 = r e^{i\theta}$，如图6-2

所示. 设小弧段 $w_0 w$ 的弧长为 $\Delta \sigma$，$w - w_0 = \rho e^{i\varphi}$，如图 6-4 所示. 于是，由公式（6.1），有

$$|f'(z_0)| = \lim_{\Delta z \to 0} \left| \frac{\Delta w}{\Delta z} \right| = \lim_{z \to z_0} \left| \frac{w - w_0}{z - z_0} \right|.$$

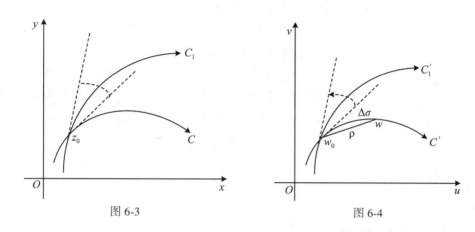

图 6-3   图 6-4

这表明，模 $|f'(z_0)|$ 等于曲线 C' 上从 $w_0 = f(z_0)$ 出发的无穷小的弦长与曲线 C 上从 z_0 出发的无穷小的弦长之比的极限，称 $|f'(z_0)|$ 为 $f(z)$ 在 z_0 点的伸缩率. 显然，伸缩率仅与 z_0 有关，而与过 z_0 的曲线 C 的形状及方向无关，这个性质称为伸缩率的不变性.

例 6.1 求函数 $f(z) = z^3$ 在点 $z = i$ 和 $z = 0$ 的导数值，并说明其几何意义.

解 函数 $f(z) = z^3$ 在复平面上处处解析，其导数为 $f'(z) = 3z^2$，其转动角为 $\arg f'(z)$. 将 $|f'(z)| > 1$ 的区域放大，将 $|f'(z)| < 1$ 的区域缩小.

对 $z = i$ 点，$f'(i) = 3i^2 = -3 = 3e^{\pi i}$，变换 $f(z) = z^3$ 在 $z = i$ 处不具有保角性和伸缩率不变性，其转动角为 π，伸缩率为 3.

对 $z = 0$ 点，$f'(0) = 0$，变换 $f(z) = z^3$ 在 $z = 0$ 处不具有保角性.

6.1.3 保角变换

如图 6-3 所示，z 平面有两条相交于 z_0 的曲线 C 和 C_1，$w = f(z)$ 在 C 和 C_1 所在的区域内解析，经过 $w = f(z)$ 变换将 z_0 变换成 w_0，C 和 C_1 分别变换成 w 平面的两条曲线 C' 和 C_1'，它们相交于 $w_0 = w(t_0) = f(z_0) = f(z(t_0)) = f(z(t_0))$，如图 6-4 所示. 对有向曲线 C_1 的像曲线 C_1' 可以得到

$$\operatorname{Arg} w_1'(t_0) = \operatorname{Arg} f'(z_0) + \operatorname{Arg} z_1'(t_0), \tag{6.4}$$

式（6.4）与式（6.2）相减得到

$$\operatorname{Arg} w_1'(t_0) - \operatorname{Arg} w'(t_0) = \operatorname{Arg} z_1'(t_0) - \operatorname{Arg} z'(t_0). \tag{6.5}$$

公式（6.5）表明，曲线 C 和 C_1 在交点 z_0 的夹角等于经变换 $w = f(z)$ （$f'(z_0) \neq 0$）后像曲线 C' 和 C_1' 在交点 w_0 的夹角. 这里夹角相等，包括夹角的大小和方向均相等. 这种性质称为保角性. 因此，当 $f'(z_0) \neq 0$ 时，函数 $w = f(z)$ 在 z_0 点是保角的. 若在区域 D 内，$f'(z) \neq 0$，则函数 $w = f(z)$ 在 D 内是保角的.

当 $f'(z_0) = 0$ 时，函数 $w = f(z)$ 在 z_0 点一般是不保角的，如图 6-5 和例 6.1 所示.

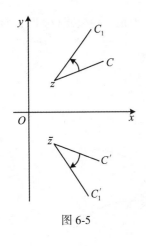

图 6-5

定义 6.1　凡具有保角性(包括大小和方向)和伸缩率不变性的变换称为保角变换(或共形变换),也称为第一类的 **保角变换**. 若 $w = f(z)$ 在区域 D 内解析, 且 $f'(z_0) \neq 0$, 则它就是保角变换(或称保角映射、共形变换).

若变换 $w = f(z)$ 具有伸缩率不变性, 但仅保持夹角的绝对值不变而方向相反, 则称这种变换为第二类的保角变换.

如图 6-5 所示, $w = f(z) = \bar{z}$ 是关于实轴对称的映射, 它就是第二类的保角映射. 事实上, $w = \bar{z}$ 能保持映射后两条曲线之间的夹角的绝对值不变, 但旋转方向正好相反; 同时, 由于

$$|f'(z_0)| = \lim_{z \to z_0} \left| \frac{w - w_0}{z - z_0} \right| = \lim_{z \to z_0} \left| \frac{\bar{z} - \bar{z}_0}{z - z_0} \right| = 1 \text{(极限存在)},$$

因此它具有伸缩率不变性.

6.2　分式线性变换

由分式线性函数

$$w = \frac{az + b}{cz + d} \quad (a, b, c, d \text{ 是常数, 并且} \begin{vmatrix} a & b \\ c & d \end{vmatrix} = ad - bc \neq 0) \tag{6.6}$$

构成的变换, 称为分式线性变换, 其逆变换也是分式线性变换.

6.2.1　分式线性变换的分解

分式线性变换可以写成如下的形式:

$$w = \frac{az + b}{cz + d} = \frac{a}{c} + \frac{1}{c} \frac{bc - ad}{cz + d},$$

此式说明分式变换是以下三种简单函数的复合:

$$w = z + b, \ w = az, \ w = \frac{1}{z}.$$

1. $w = z + b (b \neq 0)$ 平移变换

$w = z + b \ (b \neq 0)$ 是最简单的变换, 经过变换将图形平移了 b, 在 z 平面满足保角变换的条件.

2. $w = az (a \neq 0)$ 相似的变换

$w = az \ (a \neq 0)$ 在 z 平面满足保角变换的条件, 如果写成 $w = |a| e^{i \arg a} z$, 变换的意义就清楚了, 它把图形旋转了 $\arg a$, 又放大(或缩小) $|a|$ 倍, 所以称为相似变换.

$w = az + b$ 称为线性变换,它是平移变换和相似变换的组合,在 z 平面满足保角变换的条件.

3. $w = \dfrac{1}{z}$ 反演变换

反演变换 $w = \dfrac{1}{z}$，除 $z = 0$ 以外 z 平面的任意一点满足保角变换的条件. 平移、相似变换并不改变图形的形状，所以分式变换的性质由反演变换的性质决定.

反演变换 $w = \dfrac{1}{z}$ 可分解为 $w = \overline{w}_1$，$w_1 = \dfrac{1}{\overline{z}}$. 为了研究 $w_1 = \dfrac{1}{\overline{z}}$，我们先给出以下定义：

定义 6.2 设圆周 C 的半径为 R，圆心为 O，点 P 和 Q 在从圆心出发的同一射线上，且 $\overline{OP} \cdot \overline{OQ} = R^2$，则称点 P 和 Q 关于圆周 C 对称. 规定 ∞ 的对称点是圆心 O.

从圆周 C 外的点 Q 向 C 作切线 QT，设 T 为切点，过 T 作 OQ 的垂线，垂足 P 就是点 Q 关于圆周 C 的对称点，如图 6-6 所示.

设 $z = re^{i\theta}$，则 $w_1 = \dfrac{1}{\overline{z}} = \dfrac{1}{r}e^{i\theta}$. 因此，点 z 和 w_1 在同一射线上，且 $|w_1| = \dfrac{1}{|z|}$，所以点 z 和 w_1 是关于单位圆周 $|z| = 1$ 的对称点. 再作点 w_1 关于实轴的对称点，就得到 $w = \overline{w}_1$，如图 6-7 所示.

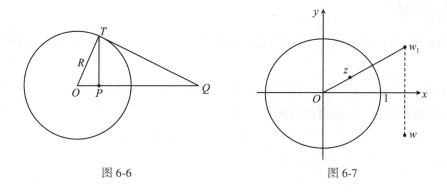

图 6-6   图 6-7

我们称 $w = \dfrac{1}{z}$ 变换为反演变换. 其几何意义是：它把单位圆内部（或外部）的点 z 映射到单位圆外部（或内部）的点 w，且满足 $|z||w| = 1$，$\arg w = -\arg z$.

规定变换 $w = \dfrac{1}{z}$ 把 $z = 0$（或 ∞）映射为 $w = \infty$（或 0）.

6.2.2 分式线性变换的保角性

两条曲线在 $z = \infty$ 处相交的夹角定义为：在映射 $w = \dfrac{1}{z}$ 下，像曲线在 $w = 0$ 处相交的夹角. 又规定，对函数 $w = f(z)$ 在 $z = \infty$ 及其邻域 $R < |z| < \infty$ 的性态，可作变换 $\xi = \dfrac{1}{z}$，而由函数 $\varphi(\xi) = f\left(\dfrac{1}{\xi}\right)$ 在 $\xi = 0$ 及其邻域 $|\xi| < \dfrac{1}{R}$ 内的性态来确定. 例如，若 $\varphi'(0) \neq 0$，

从 $\varphi(\xi)$ 在 $\xi = 0$ 处保角就认为函数 $f(z)$ 在 $z = \infty$ 处是保角的.

先讨论 $w = \dfrac{1}{z}$,按前面的规定,它在扩充的复平面内是双方单值的变换. 由于 $\dfrac{\mathrm{d}w}{\mathrm{d}z} = -\dfrac{1}{z^2}$(当 $z \neq 0$,∞),因此在 $z \neq 0$,∞ 处是保角的.

当 $z = \infty$ 时,令 $\xi = \dfrac{1}{z}$,则函数 $\varphi(\xi) = \dfrac{1}{z} = \xi$,$\varphi'(0) = 1 \neq 0$,所以 $w = \dfrac{1}{z}$ 在 $z = \infty$ 处是保角的.

当 $z = 0$ 时,由反函数 $z = \dfrac{1}{w}$ 在 $w = \infty$ 处保角,可知 $w = \dfrac{1}{z}$ 在 $z = 0$ 处保角.

定理 6.1 分式线性变换在扩充复平面内是单值且处处保角的变换.

6.2.3 分式线性变换的保圆性

以下若无特别说明,均把直线看成圆周的特例,也就是把直线看成是半径无穷大的圆周. 在此意义下,分式线性变换把圆周变换成圆周.

由于 $w = az + b$ 是相似和平移变换的复合,它们并不改变图形的形状,显然它们都把圆周变换成圆周.

下面证明反演变换 $w = \dfrac{1}{z}$ 把圆周变换成圆周. 令 $z = x + \mathrm{i}y$,$w = u + \mathrm{i}v$,则可以得到

$$x = \frac{u}{u^2 + v^2}, \quad y = \frac{-v}{u^2 + v^2}.$$

在 z 平面内的任一圆周可以写成

$$a(x^2 + y^2) + bx + cy + d = 0 \ (\text{当} \ a = 0 \ \text{时是直线}), \tag{6.7}$$

经过反演变换 $w = \dfrac{1}{z}$,其像曲线为

$$d(u^2 + v^2) + bu - cv + a = 0 \ (\text{当} \ d = 0 \ \text{时是直线}). \tag{6.8}$$

可以看出,它是 w 平面的一个圆.

定理 6.2 在扩充复平面上,分式线性变换把圆周变换成圆周.

从式(6.7)和式(6.8)中可以看出,当 $d = 0$ 时,所给的是 z 平面上经过原点的圆周(或者直线),经过反演变换 $w = \dfrac{1}{z}$ 后,原点变为无穷远,因而曲线的像是直线. 这一特点很重要,在分式线性变换下,如果给定的圆周上没有点变为无穷远点,则它就变换为半径有限的圆;否则就变换为直线. 后者给出了一种从圆周(或者圆弧)变到直线的方法,这对我们构造简单区域的保角变换函数是非常有用的.

6.2.4 分式线性变换的保对称性

我们首先给出一个关于圆周的对称点的判定引理.

引理 6.1 在扩充的复平面内的两点 z_1 和 z_2 关于圆周 C 对称的充要条件是通过点 z_1 和

z_2 的任意圆周 Γ 都与 C 正交.

证明 若 C 是直线,则引理显然成立. 现在设 C 为圆 $|z - z_0| = R\,(0 < R < \infty)$.

必要性:设 z_1 和 z_2 是关于圆 C 的对称点,则过 z_1 和 z_2 的直线 L 必过圆心 z_0, 从而 L 与 C 正交. 从点 z_0 向 Γ 作切线,切点为 z_3, 如图 6-8 所示.

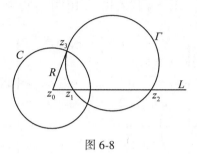

图 6-8

由切割线定理及对称点定义,有
$$|z_3 - z_0|^2 = |z_1 - z_0|\,|z_2 - z_0| = R^2,$$
这表明点 z_3 在圆周 C 上,即 Γ 的切线段 $|z_3 - z_0|$ 是 C 的半径,所以 Γ 与 C 正交.

充分性:设 Γ 是过点 z_1 和 z_2 且与 C 正交的任一圆周. 连接 z_1 和 z_2 的直线 L 作为 Γ 的特别也与 C 正交,因此 L 过圆心 z_0. 由于 Γ 与 C 于交点 z_3 处正交,所以半径 $z_0 z_3$ 就是 Γ 的切线,从而
$$R^2 = |z_3 - z_0|^2 = |z_1 - z_0|\,|z_2 - z_0|,$$
所以 z_1 和 z_2 是关于圆周 C 的对称点. 证毕.

定理 6.3 设 z_1 和 z_2 关于圆周 C 对称,则在分式线性变换下,它们的像点 w_1 和 w_2 关于 C 的像圆周 C^* 对称.

证明 设 Γ^* 是经过 w_1 和 w_2 的任一圆周,则 Γ^* 的原像 Γ 是经过 z_1 和 z_2 的圆周. 由于 z_1 和 z_2 关于圆周 C 对称,根据引理 6.1,Γ 必与 C 正交. 由分式线性变换的保角性,Γ^* 必与 C^* 正交,再根据引理 6.1,w_1 与 w_2 关于对称.

6.2.5 唯一决定分式线性变换的条件

从前面的分析可知,分式变换 $w = \dfrac{az + b}{cz + d}$($a$, b, c, d 是常数,并且 $ad - bc \neq 0$)可以把分式变换写成如下形式:
$$w = \frac{az + b}{cz + d} = \frac{a}{c} + \frac{1}{c}\,\frac{bc - ad}{cz + d}. \tag{6.9}$$
当 $cz + d \neq 0$ 时,在 z 平面的变换是保角变换.

式(6.9)说明分式变换是平移、相似以及反演变换的组合,平移、相似变换并不改变图形的形状,所以分式变换和反演变换的性质完全一样.

分式变换也可以写成如下形式:

$$w = k\frac{z+\alpha}{z+\beta}. \qquad (6.10)$$

只要有 3 个参数就可以决定一个分式变换，在平面几何中三点决定一个圆，这两个概念是一致的.

求一个分式变换将图 6-9 中 z 平面的圆变换成 w 平面的圆，z_1，z_2，z_3 相应变换成 w_1，w_2，w_3. 将 z_1，z_2，z_3 和 w_1，w_2，w_3 代入式 (6.10) 中，得到一个三元一次方程组:

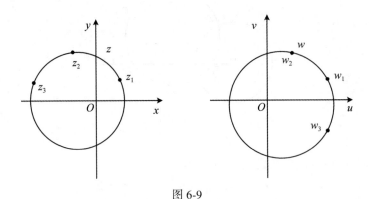

图 6-9

$$w_i = k\frac{z_i+\alpha}{z_i+\beta}, \qquad i = 1,\ 2,\ 3. \qquad (6.11)$$

解这个方程组求得 k，α，β，代入式 (6.10) 就可以得到所求的分式变换，而且这个分式线性变换是唯一的. 这种方法称为代数方法.

特别地，由式 (6.10)，如果我们把 $z = z_1$，$z = z_2$ 的点相应变换成 $w = 0$，$w = \infty$ 的点，则分式线性变换可写成

$$w = k\frac{z-z_1}{z-z_2}, \qquad (6.12)$$

式中，k 可由其他条件决定. 此时，经点 z_1 和 z_2 的圆周 (或直线) 必定映射为过原点 $w = 0$ 的直线. 因此，式 (6.12) 在构造区域间的保角映射时非常有用.

利用反演变换的保圆性和保对称性，圆的对称点和直线对称点的性质，可以求得一个几何意义比较清楚的分式变换.

我们将在变换中用到的分式变换的性质归纳如下:

(1) 将直线的一对对称点变换成圆的一对对称点，能够把直线变换成圆.

(2) 将圆的一对对称点变换成直线的一对对称点，能够把圆变换成直线.

(3) 将圆周上的一点变换到无穷远点，能够把圆变换成直线.

(4) 将圆的一对对称点变换成另一个圆的一对对称点，可以改变圆心的位置和圆的大小.

(5) 分式变换将圆内的点变换到圆内或者圆外，不可能将部分点变换到圆内而部分点变换到圆外.

6.2.6 分式线性变换的应用

分式线性变换在处理边界为圆弧或直线的区域的变换中具有很大的作用. 下面通过几个特殊的分式线性变换来说明.

现在求将 z 平面的上半平面 $\text{Im} z > 0$ 变换成 w 平面单位圆内部 $|w| < 1$ 的分式线性变换.

由分式线性变换的保圆性, 我们知道将 z 平面的实轴映射成单位圆周 $|w| = 1$. 设将上半平面内的点 $z = \lambda$ 变换为圆心 $w = 0$, λ 关于 x 轴的对称点是 $\bar{\lambda}$, 由保对称性, 可知点 $z = \bar{\lambda}$ 必变换为 $w = \infty$, 如图 6-10 所示. 所求的分式线性映射有如下形式:

$$w = k\frac{z - \lambda}{z - \bar{\lambda}},$$

式中, k 为常数.

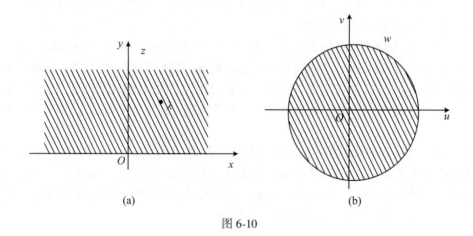

(a)   (b)

图 6-10

由于是将 z 平面的实轴映射成单位圆周 $|w| = 1$, 则当 $z = x$ (实数)时, 必须 $|w| = 1$, 即

$$|w| = |k|\left|\frac{z - x}{z - \bar{x}}\right| = |k| = 1,$$

于是 $k = e^{i\theta}$. 因此, 将上半平面 $\text{Im} z > 0$ 变换为单位圆域 $|w| < 1$ 的分式线性变换的一般形式为

$$w = e^{i\theta}\frac{z - \lambda}{z - \bar{\lambda}}, \qquad \text{Im}\lambda > 0, \tag{6.13}$$

式中, λ 是一个任意的复数, 它和 $\bar{\lambda}$ 组成 x 轴的一对对称点, 将 x 轴变换成单位圆的分式变换不是唯一的, 需要另一个条件确定 $e^{i\theta}$ 的值. 一旦给出三个条件, 则分式变换就被唯一地确定下来.

例 6.2 求一个分式变换 $w = f(z)$, 把上半平面 $\text{Im} z > 0$ 变换成单位圆的内部 $|w| < 1$, 且满足条件 $f(2i) = 0$, $\arg f'(2i) = 0$.

解 将 $2i$ 变换为 $w = f(2i) = 0$, 可知 $\lambda = 2i$, 而 $\bar{\lambda} = -2i$, 由式(6.13)得

$$w = f(z) = \mathrm{e}^{\mathrm{i}\theta} \frac{z - 2\mathrm{i}}{z + 2\mathrm{i}}.$$

由于

$$f'(z) = \mathrm{e}^{\mathrm{i}\theta} \frac{4\mathrm{i}}{(z + 2\mathrm{i})^2}\bigg|_{z = 2\mathrm{i}} = -\frac{\mathrm{i}}{4}\mathrm{e}^{\mathrm{i}\theta} = \frac{1}{4}\mathrm{e}^{\mathrm{i}\left(\theta - \frac{\pi}{2}\right)},$$

由条件 $\arg f'(2\mathrm{i}) = 0$，可知 $\theta = \dfrac{\pi}{2}$. 所以分式变换为

$$w = f(z) = \mathrm{i}\frac{z - 2\mathrm{i}}{z + 2\mathrm{i}}. \tag{6.14}$$

讨论：(1)经式(6.14)变换以后，$z = -2\mathrm{i}$ 变换到 $w = \infty$，经过 $z = -2\mathrm{i}$ 的圆和直线变换成直线. $z = 0$ 变换成 $w = -\mathrm{i}$，$z = 2\mathrm{i}$ 变换成 $w = 0$，$z = \infty$ 变换成 $w = \mathrm{i}$，所以 z 平面的正虚轴变换成 w 平面内 $-1 \leqslant \mathrm{Im}w \leqslant 1$ 的一段线段.

(2) $w = 0$ 是 $z = 2\mathrm{i}$ 的像，只要 z 平面的上半平面中有一点变换成单位圆内部的一点，z 平面的上半平面就变换成圆的内部.

(3)这个问题有物理上的应用价值. 如果在 $z = 2\mathrm{i}$ 处有一线电荷，x 轴接地，求上半平面的二维静电场. 经过变换，变成这样一个物理问题：圆心处有一线电荷，圆周接地，求圆内的静电场. 这是一个中心对称的问题，很容易解决. 同样可解决非同心圆柱体问题.

例 6.3 求一个分式变换，将 z 平面单位圆的内部 $|z| < 1$ 变换成 w 平面的上半平面 $\mathrm{Im}w > 0$.

解 所求分式变换要求将 z 平面中单位圆的圆周变换成 w 平面的实轴，单位圆内的某一点变换成 w 平面上半平面内的一点. 只要把单位圆上某一点变到 $w = \infty$，就可以把圆周变成直线，例如我们把 $z = 1$ 变到 $w = \infty$，为了使得变换中的几何意义更清楚，把 $z = 1$ 的对称点 $z = -1$ 变到 $w = 0$，则所求的一个变换是

$$w = k\frac{z + 1}{z - 1}. \tag{6.15}$$

为了确定 k 的值，需要另一个条件，若圆内 $z = 0$ 变换到 $w = \mathrm{i}$，则把单位圆内部变换成 w 平面的上半平面. 由式(6.15)，有

$$w = k\frac{0 + 1}{0 - 1} = \mathrm{i},$$

得到 $k = -\mathrm{i}$，故所求的一个线性变换是

$$w = -\mathrm{i}\frac{z + 1}{z - 1}.$$

说明：(1)只要把单位圆上某一点变到 $w = \infty$，就可以把圆周变成直线，为了使得变换中的几何意义更清楚，则把对称点变换到 $w = 0$. 对称点也可以取不同的值，例如 i 和 $-\mathrm{i}$ 等.

(2)根据反演变换中介绍的性质，把单位圆内部变换成 w 平面的不同区域，k 取不同的值. 若将单位圆内部变换成左半平面，则 $k = 1$；若将单位圆内部变换成右半平面，则 $k = -1$；若将单位圆内部变换成下半平面，则 $k = \mathrm{i}$.

（3）将 $z = 1$ 变换到 $w = \infty$，所以通过 $z = 1$ 的直线和圆变换成直线，除了单位圆，x 轴也变换成直线，而 y 变换成单位圆，$z = -1$ 和 $z = 1$ 是 y 轴的对称点，变换以后成为单位圆的共轭点，$w = i$ 是 $z = 0$ 的像，所以可以确定 z 平面的正实轴的位置，再根据保角变换的性质确定 z 平面的虚轴和单位圆的位置.

例6.4 求一个分式变换，将 z 平面的单位圆内部 $|z| < 1$ 变换到 w 平面的单位圆内部 $|w| < 1$，并使得 $z = \dfrac{1}{2}$ 点变为 w 平面单位圆的圆心.

解 我们先讨论这类区域变换的分式变换的一般形式. 在 $|z| < 1$ 内任取一点 z_0，使其变换到 w 平面的 $|w| < 1$ 内（$w_0 = 0$），由于 z_0 关于 $|z| = 1$ 的对称点为 $\dfrac{1}{\bar{z}_0}$，根据保对称性，$\dfrac{1}{\bar{z}_0}$ 被变换到 ∞ 点. 因此，分式变换具有以下形式：

$$w = k \frac{z - z_0}{z - \dfrac{1}{\bar{z}_0}} = k_1 \frac{z - z_0}{1 - \bar{z}_0 z}, \qquad k_1 = -k\bar{z}_0 \text{ 为待定常数.}$$

由于 $|z| = 1$ 上的点变换成 $|w| = 1$ 上的点，因而对于 $z = 1$，其像点 w 满足 $|w| = 1$，即有

$$|w| = |k_1| \left| \frac{1 - z_0}{1 - \bar{z}_0} \right| = |k_1| = 1,$$

于是 $k_1 = e^{i\theta}$，因此分式变换的一般形式为

$$w = e^{i\theta} \frac{z - z_0}{1 - \bar{z}_0 z}.$$

对于 $z = \dfrac{1}{2}$ 点，它对单位圆的共轭点是 $z = 2$，它们分别变换成 w 平面内单位圆的一对共轭点 $w = 0$ 和 $w = \infty$，它的分式变换为

$$w = e^{i\theta} \frac{z - \dfrac{1}{2}}{1 - \dfrac{1}{2}z} = e^{i\theta} \frac{2z - 1}{2 - z}.$$

尽管题中只给出了一个条件，但由于变换的对称性，实际上有两个已知条件，需要另一个条件确定 $e^{i\theta}$ 的值. 一旦给出第 3 个条件，则分式变换就被唯一地确定下来. 如果将 $z = 1$ 变换到 $w = 1$，取 $e^{i\theta} = 1$，则唯一确定单位圆到单位圆的变换为

$$w = \frac{2z - 1}{2 - z}. \tag{6.16}$$

说明：（1）通过式（6.16）将 $z = \dfrac{1}{2}$ 变换到 $w = 0$，所以这个变换使得圆心的位置发生变化，圆的内部变换到另一个圆的内部，如果将 $z = 2$ 变换成 $w = 0$，$z = \dfrac{1}{2}$ 变换成 $w = \infty$，就

可以将圆的内部变换成圆的外部.

（2）通过式（6.16）将 $z = 0$ 变换成 $w = -\dfrac{1}{2}$，$z = \dfrac{1}{2}$ 变换到 $w = 0$，由这两点可以确定 x 轴在 w 平面的位置. 由于 $z = \infty$ 变换成 $w = -2$，根据保圆性，y 应该变换成一个圆，而且要通过 $w = -\dfrac{1}{2}$（$z = 0$ 的像）和 $w = -2$（$z = \infty$ 的像），在 $w = -\dfrac{1}{2}$ 点和 x 轴的像垂直. 如图 6-11（b）所示，在 w 平面画出了 x 轴和 y 轴的位置以及变换以后的单位圆的像.

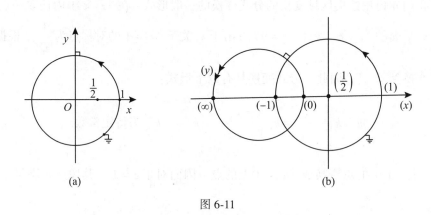

图 6-11

（3）这个问题有物理上的应用价值. 如图 6-11 所示，如果在 $z = \dfrac{1}{2}$ 处有一线电荷，圆周接地，求解圆内静电场比较困难，经过上述变换，将 $z = \dfrac{1}{2}$ 处的线电荷移到 $w = 0$，在 w 平面内，单位圆内的静电场是中心对称的问题，求解就没有困难了.

6.3　几个初等函数构成的变换

6.3.1　幂函数 $w = z^n$（n 是整数，且 $n \geqslant 2$）

幂函数 $w = z^n$ 在全平面解析，它的导数是 $w' = nz^{n-1}$，所以 $z = 0$ 时保角变换的条件不满足. 图 6-12 中有一条经过原点的射线 l，经过 $w = z^n = |z|^n e^{in\theta}$ 的变换，x 轴的位置没有发生变化，射线 l 的夹角扩大了 n 倍，即 x 轴和射线 l 的夹角扩大了 n 倍.

6.3.2　根式函数 $w = \sqrt[n]{z}$ 变换（n 是整数，且 $n \geqslant 2$）

$z = 0$ 是根式函数 $w = \sqrt[n]{z}$ 的支点，所以 $z = 0$ 时保角变换的条件不满足，经过变换 $w = \sqrt[n]{z} = \sqrt[n]{|z|}\, e^{\frac{i\theta}{n}}$，$x$ 轴的位置没有发生变化，射线 l 的夹角缩小了 n 倍，即 x 轴和射线 l 的夹角缩小了 n 倍.

利用幂函数 $w=z^n$ 和根式函数 $w=\sqrt[n]{z}$ 在 $z=0$ 保角变换不成立的性质，可以改变通过 $z=0$ 的两条射线的夹角.

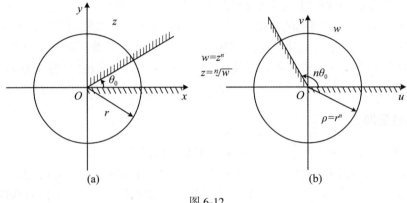

图 6-12

例 6.5 求一个变换，使得射线 OA 和正虚轴所围的区域变成上半平面. OA 和 y 轴的夹角是 $\pi/4$，如图 6-13(a)所示.

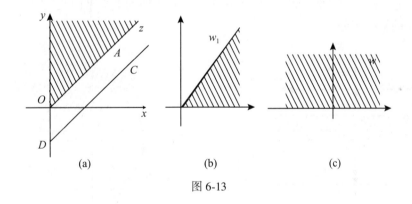

图 6-13

解 仅仅通过 $w=z^4$ 的变换不能完成变换的要求，因为 OA 和 y 轴的辐角各自都扩大了 4 倍. 先将图形顺时针旋转 $\dfrac{\pi}{4}$，变换成图 6-13(b)的图形，射线 OA 变换成 w_1 平面的正实轴，y 轴变换成辐角是 $\dfrac{\pi}{4}$ 的射线. 对 w_1 平面利用幂函数变换，在变换时正实轴的辐角不发生变化，很容易利用幂函数将射线变换到要求的位置，具体步骤如下：

$$w_1 = e^{-i\pi/4}z,$$
$$w = w_1^{\,4} = e^{-i\pi}z^4 = -z^4 = x^4 + 6x^2y^2 - y^4 + i4xy(y^2 - x^2).$$

也可以进行如下变换：

$$w_1 = z^4,\quad w = e^{-i\pi}w_1 = -z^4.$$

先将图 6-13(a)中的阴影部分变换成 w_1 平面的下半平面，再顺时针旋转 π，成为 w 平面的上半平面.

图 6-13(a)中 D 点满足保角变换的条件，所以在变化中 CD 和 y 轴的夹角没有变化，但是射线 CD 经上述的变换以后不再是射线了.

说明：这个问题有物理上的应用价值. 假设射线 OA 和正虚轴有确定的电势，求所围区域的等势线. 经过上述的变换，将所围区域变换成 w 上半平面，而在 w 上半平面中，等势线是 $v=$ 常数的直线族，将它代入变换中，$4xy(y^2-x^2)=$ 常数就是射线 OA 和正虚轴所围区域的等势线.

6.3.3 指数变换

指数函数 $w=\mathrm{e}^z=\mathrm{e}^{x+\mathrm{i}y}=|w|\mathrm{e}^{\mathrm{i}\arg w}$，在 z 平面是保角变换.

z 平面上一点经指数函数变换成 w 平面上一点，它的辐角是 $\arg w=y$，模是 $|w|=\mathrm{e}^x$.

在 z 平面内，$x=$ 常数是平行于 y 轴的直线族. $y=$ 常数是平行于 x 轴的直线族，在 w 平面内，$|w|=$ 常数是以原点为圆心的同心圆族，$\arg w=$ 常数是通过原点的射线族. 所以指数变换将 z 平面内的平行于 x 轴的直线族变换成 w 平面内通过原点的射线族，将 z 平面内平行于 y 轴的直线族变换成 w 平面内以原点为圆心的同心圆族.

如图 6-14 所示，w 平面是 $-\pi<y\leq\pi$ 的像，(O) 是 z 平面原点的像，$(\mathrm{i}\pi)$ 是 $z=\mathrm{i}\pi$ 的像，$(-\mathrm{i}\pi)$ 是 $z=-\mathrm{i}\pi$ 的像. 而 $0\leq y\leq\pi$ 变换成 w 平面的上半平面，z 平面的斜线部分变换成 w 平面的斜线部分.

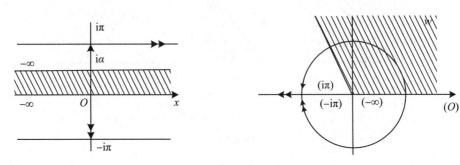

图 6-14

在图 6-14 中，w 平面的原点是 $z=-\infty+\mathrm{i}y(-\pi<y\leq\pi)$ 的像. 可以将 z 平面内平行于 x 轴，将范围为 $-\pi<y\leq\pi$ 的直线族想象成一束直线. 经指数变换后，它的一端变换到 w 平面的原点，在 $-\pi<\arg w\leq\pi$ 内均匀散开以后成为过原点的射线族. 根据保角变换的性质，平行于 y 轴的直线段经过变换以后必须垂直于射线族，所以成为以 $w=0$ 为圆心的同心圆族. $y=0$ 变换成 w 平面的正实轴，$y=\pi$ 变换成 w 平面负实轴的上沿，$y=-\pi$ 变成 w 平面负实轴的下沿，在 y 轴上 $-\pi<y\leq\pi$ 的一段变换成 w 平面内的单位圆，$-\pi<y\leq\pi$ 的带状无界区域变换成 w 平面.

指数函数是周期函数，$(2k-1)\pi<y\leq(2k+1)\pi(k$ 是整数) 的带状区域都变换成 w 平面.

6.3.4 对数变换

对数函数 $w = \ln z = \ln|z| + i\arg z = u + iv$. 除了 $z = 0$ 外, 在 z 平面是保角变换.

在 z 平面内, $\ln|z| = $ 常数是以 $z = 0$ 为同心圆族, $\arg z = $ 常数是通过 $z = 0$ 的射线族. 在 w 平面, $u = $ 常数是平行于虚轴的直线族, $v = $ 常数是平行于实轴的直线族. 所以指数变换将 z 平面的以 $z = 0$ 为圆心的同心圆族变换成 w 平面内平行于虚轴的直线族, 将通过 $z = 0$ 的射线族变换成 w 平面内平行于实轴的直线族.

在图 6-15 所示的 z 平面上 ($-\pi < \arg z \leqslant \pi$), 经对数变换后正实轴变成 w 平面的实轴, 它的负实轴的上沿变换成 $v = \pi$, 下沿变换成 $v = -\pi$, z 平面变换成 w 平面内 $-\pi < \mathrm{Im}\,w \leqslant \pi$ 的条状区域. 以 $z = 0$ 为圆心的同心圆族经对数变换后成为 w 平面内范围在 $-\pi < v \leqslant \pi$ 的平行于虚轴的直线段.

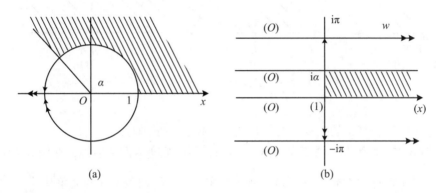

(a)　　　　　　　　　　　　(b)

图 6-15

指数函数是对数函数的反函数, 所以对数变换是指数变换的反变换, 它将图 6-14 中 w 平面的图形变换到 z 平面的图形.

在图 6-15 中, (O) 是 $|z| \to 0$, $-\pi < \arg z \leqslant \pi$ 的像, 它位于 $w = -\infty + iv(-\pi < v \leqslant \pi)$. 可以想象, z 平面内通过 $z = 0$ 的射线族通过指数变换成为一束直线, 将它的一端放置到 $u \to -\infty$ 的位置, 在 $-\pi < v \leqslant \pi$ 均匀散开, 成为平行于实轴的直线族. 根据保角变换的性质, 以 $z = 0$ 为圆心的同心圆族经过变换必须垂直这些直线族, 所以成为在 $-\pi < v \leqslant \pi$ 范围内平行于虚轴的直线段. 单位圆成为 v 轴上 $-\pi < v \leqslant \pi$ 范围内的一直线段.

例 6.6 通过复变函数的变换, 将图 6.16(a) 的斜线部分变成图 6.16(e) 的条形部分. 图 6.16(a) 是两段圆弧所夹的区域, 它们的圆心分别是 $z = 1$ 和 $z = -1$, 半径为 $\sqrt{2}$.

解
$$w_1 = \frac{z - i}{z + i}, \tag{6.17}$$
$$w_2 = e^{-i3\pi/4} w_1,$$
$$w_3 = w_2^2,$$
$$w = \ln w_3 = 2\ln\left(\frac{z - i}{z + i}e^{-i3\pi/4}\right) = 2\ln\frac{z - i}{z + i} - \frac{i3\pi}{2}. \tag{6.18}$$

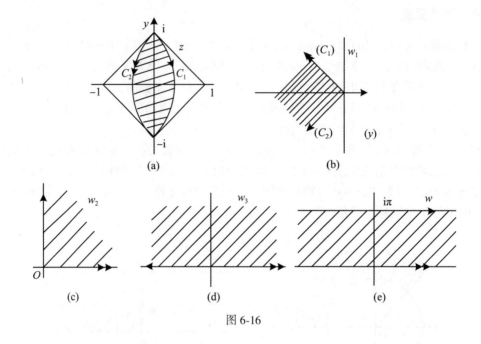

图 6-16

说明：（1）比较复杂的变换，要综合几种变换，多步进行．

（2）式（6.17）和例 6.2 的变换一样．C_1 和 C_2 两段弧变成两条射线，在例 6.2 中确定了 y 轴的位置，根据保角性质，可以确定两条射线的位置，两条射线的夹角是 $\dfrac{\pi}{2}$.

（3）为了把 w_2 的斜线区域变成半平面，根据幂函数变换的性质应该顺时针旋转 $\dfrac{3}{4}\pi$.

（4）根据要求，两条直线的距离是 π，所以有式（6.18）的变换，如果要求两条直线的距离是 α，则式（6.18）应该改为 $w_3 = w_2^{2\alpha/\pi}$.

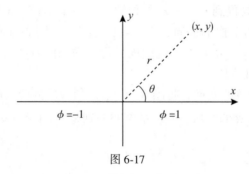

图 6-17

例 6.7　求一在 z 平面的上半平面，$\mathrm{Im}\, z > 0$ 中的调和函数，其在 x 轴上的值为

$$G(x) = \begin{cases} 1, & x > 0, \\ -1, & x < 0. \end{cases}$$

解　我们所要求的解就是求一调和函数 $\Phi(x, y)$，满足边值问题，

$$\frac{\partial^2 \Phi}{\partial x^2} + \frac{\partial^2 \Phi}{\partial y^2} = 0, \ y > 0, \ \lim_{x \to 0^+} \Phi(x, y) = G(x) = \begin{cases} 1, & x > 0, \\ -1, & x < 0, \end{cases}$$

此为上半平面的 Dirchlet 问题.

函数 $A\theta + B$，其中 A、B 均为常数，因为是 $A\ln z + B$ 的虚部，所以此函数为调和函数.

为了决定 A、B 的值，我们注意边界条件为当 $x > 0$，即 $\theta = 0$ 时，$\Phi = 1$；而当 $x < 0$，即 $\theta = \pi$ 时，$\Phi = -1$（图 6-17）. 因此

$$A \cdot 0 + B = 1, \quad A \cdot \pi + B = -1.$$

由此可得 $A = -\dfrac{2}{\pi}$，$B = 1$.

故所要求之解为

$$\Phi(x, y) = -\frac{2}{\pi}\theta + 1 = 1 - \frac{2}{\pi}\arctan\left(\frac{y}{x}\right)$$

例 6.8　求一在单位圆 $|z| = 1$ 内部的调和函数，且其在圆周上的值为

$$F(\theta) = \begin{cases} 1, & 0 < \theta < \pi, \\ -1, & \pi < \theta < 2\pi. \end{cases}$$

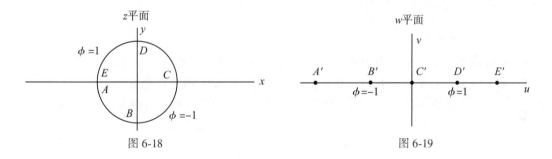

图 6-18　　　　　　　　　　　图 6-19

解　这是一个在单位圆（图 6-18）上的 Dirchlet 问题，我们要找一个在单位圆 $|z| = 1$ 内调和函数，并且此函数在上半圆周的值为 1，下半圆周的值为 -1. 本题例 3.12 已经利用 Poisson 公式进行了求解，这里我们利用保角变换法进行求解.

我们利用保角变换函数 $z = \dfrac{i - w}{i + w}$ 或者 $w = i\left(\dfrac{1 - z}{1 + z}\right)$ 将单位圆 $|z| = 1$ 映射到 w 上半平面（参考第 6 章例 6.3 题）.

在此变换下，弧 ABC 和 CDE 分别映射到 w 平面的负实轴 $A'B'C'$ 和正实轴 $C'D'E'$（图 6-19）. 在弧 ABC 上，$\Phi = -1$ 和弧 CDE 上 $\Phi = 1$ 的边界条件变成 $A'B'C'$ 上 $\Phi = -1$ 和 $C'D'E'$ 上 $\Phi = 1$.

因此，问题转化为在 w 平面的上半平面找一个调和函数，其值在 $u < 0$ 时为 -1，在 $u > 0$ 时为 1. 由例 6.7 知道，其解为

$$\Phi = 1 - \frac{2}{\pi}\arctan\left(\frac{v}{u}\right) \tag{6.19}$$

由 $w = \mathrm{i}\left(\dfrac{1-z}{1+z}\right)$，我们知道 $u = \dfrac{2y}{(1+x)^2 + y^2}$，$v = \dfrac{1-(x^2+y^2)}{(1+x)^2+y^2}$，代入式(6.19)，可以得到

$$\Phi = 1 - \frac{2}{\pi}\arctan\left[\frac{2y}{1-(x^2+y^2)}\right]$$

再用极坐标 $(r,\ \theta)$ 表示

$$\Phi(r,\ \theta) = 1 - \frac{2}{\pi}\arctan\left(\frac{2r\sin\theta}{1-r^2}\right) \tag{6.20}$$

习　题　六

（一）

6.1　求解析函数 $w = z^2$ 在下列点处的伸缩率和旋转角：

(1) $z = 1$;　　(2) $z = 1 + \mathrm{i}$.

6.2　指出在解析变换 $w = \mathrm{i}z + \mathrm{i}$ 下，下列图形变换成什么图形：

(1) 以 $z_1 = \mathrm{i}$, $z_2 = -1$, $z_3 = 1$ 为顶点的三角形；

(2) 圆域 $|z - 1| \leqslant 1$;

(3) 右半平面 $\mathrm{Re}z > 0$.

6.3　解析函数 $w = z^2$ 把上半个圆域 ($|z| < R$, $\mathrm{Im}z > 0$) 变换成什么图形？

6.4　求出一个把右半平面 $\mathrm{Re}z > 0$ 变换成单位圆 $|w| < 1$ 的分式变换.

6.5　求把上半平面 $\mathrm{Im}z > 0$ 变换成单位圆 $|w| < 1$ 的分式变换，并满足条件：

(1) $f(\mathrm{i}) = 0$, $f(-1) = 1$;　　(2) $f(\mathrm{i}) = 0$, $\arg f'(\mathrm{i}) = 0$;

(3) $f(\mathrm{i}) = 0$, $\arg f'(\mathrm{i}) = \dfrac{\pi}{2}$.

6.6　求把单位圆映射成单位圆的分式变换，并满足条件：

(1) $f\left(\dfrac{1}{2}\right) = 0$, $f(-1) = 1$;　　(2) $f\left(\dfrac{1}{2}\right) = 0$, $\arg f'\left(\dfrac{1}{2}\right) = \dfrac{\pi}{2}$.

6.7　求将下列区域变换成上半平面的分式线性变换：

(1) $|z| < 2$, $\mathrm{Im}z > 1$;　　(2) $0 < \arg z < \dfrac{\pi}{4}$, $|z| < 2$;　　(3) $a < \mathrm{Re}z < b$.

（二）

6.8　指出下列区域在指定的解析变换下变成什么：

(1) $0 < \mathrm{Im}z < \dfrac{1}{2}$, $w = \dfrac{1}{z}$;

(2) $\mathrm{Re}z > 1$, $\mathrm{Im}z > 0$, $w = \dfrac{1}{z}$;

（3）$\text{Re}z > 0$，$0 < \text{Im}z < 1$，$w = \dfrac{\text{i}}{z}$.

6.9 求将下列区域变换成上半平面的变换式：

（1）$0 < \text{Im}z < \alpha$，$\text{Re}z > 0$； （2）$|z| < 2$，$|z - 1| > 1$.

6.10 两块半无穷大的金属平板连成一块无穷大的金属平板，连接处绝缘，设两部分的静电势分别为 V_1 和 V_2，求板外的静电势分布.

6.11 一无限长的金属圆柱形空筒，用极薄的两条绝缘材料沿圆柱的母线将金属圆柱筒分成两片，设一片接地，另一片的电势为 1，求筒内静电势.

6.12 二维静电势的物理问题，A、B 二点绝缘，图 6-20（a）中半径为 a 的半圆周带有 V_2 的静电势，x 轴的其他部分带有 V_1 的静电势. 图 6-20（b）中 A 和 B 离开原点的距离是 a，$|x| < a$ 的部分带有静电势是 V_2，$|x| > a$ 部分带有静电势是 V_1，分别将两图中带有 V_1 的部分变换成一条直线，带有 V_2 的部分变换成另一条直线，使得这两条直线平行，并指明两条直线之间的距离.

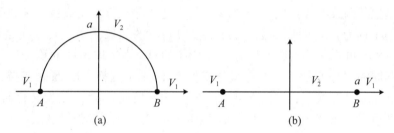

图 6-20

第 7 章　Fourier 变换

人们在研究科学和工程中的一些问题时，常常采用一种变换方法，将问题进行转换，从另一个角度进行分析和处理. 变换的目的第一是使问题的性质更清楚，更便于分析问题；第二是使问题的求解更方便. 所谓积分变换，就是通过积分运算，把一个函数变成另一个函数的变换，一般是含有参变数的积分，已知函数 $f(t)$，如果

$$F(p) = \int f(t) K(t,\ p) \mathrm{d}t,$$

它的实质就是把某函数类 A 中的函数 $f(t)$ 通过上述积分运算变换成另一函数类 B 中的函数 $F(p)$，$F(p)$ 称为 $f(t)$ 的像函数，$f(t)$ 称为 $F(p)$ 的像原函数，其变换是可逆的. 而 $K(t,\ p)$ 是一个已知的二元函数，称为积分变换的核. 当选取不同的积分区域和变换核时，就得到不同的积分变换. 重要的积分变换有 Fourier 变换、Laplace 变换，此外还有 Mellin 变换和 Hankel 变换等，它们都可通过 Fourier 变换或 Laplace 变换转化而来. 这些变换都是线性变换，而 20 世纪 80 年代发展起来的小波变换则是非线性变换.

本章在复变函数理论的基础上介绍 Fourier 变换，在下一章中介绍 Laplace 变换，它们在系统和信号的分析以及求解偏微分和常微分方程中有很广的应用. Fourier 变换将一个实变量的函数变换成另一个实变量的函数，在应用时，原函数的变量可以是空间变量也可以是时间变量，对于不同的应用，像函数的变量有确切的物理意义.

7.1　Fourier 积分

7.1.1　Fourier 级数和它的复数形式

如果一个以 $2l$ 为周期的实函数 $f(x)$ 在 $[-l,\ l]$ 内满足 Dirichlet 条件（即函数 $f(x)$ 在 $[-l,\ l]$ 上满足：①连续或只有有限个第一类间断点；②只有有限个极值点），则 $f(x)$ 可以展开成 Fourier 级数：

$$f(x) = \frac{a_0}{2} + \sum_{n=1}^{\infty} a_n \cos \frac{n\pi x}{l} + \sum_{n=1}^{\infty} b_n \sin \frac{n\pi x}{l}, \tag{7.1}$$

式中，$a_0 = \dfrac{1}{l} \displaystyle\int_{-l}^{l} f(\xi) \mathrm{d}\xi$，$a_n = \dfrac{1}{l} \displaystyle\int_{-l}^{l} f(\xi) \cos \dfrac{n\pi \xi}{l} \mathrm{d}\xi$，$b_n = \dfrac{1}{l} \displaystyle\int_{-l}^{l} f(\xi) \sin \dfrac{n\pi \xi}{l} \mathrm{d}\xi$.

利用 Euler 公式，我们可以将 Fourier 级数的三角形式(7.1)转换为复指数形式，若令

$\omega_n = \dfrac{n\pi}{l}$，则有

$$f(x) = \frac{a_0}{2} + \sum_{n=1}^{\infty} \frac{a_n - \mathrm{i}b_n}{2} \mathrm{e}^{+\mathrm{i}\omega_n x} + \sum_{n=1}^{\infty} \frac{a_n + \mathrm{i}b_n}{2} \mathrm{e}^{-\mathrm{i}\omega_n x}.$$

进一步对上式的系数进行化简，有

$$\frac{a_0}{2} = \frac{1}{2l} \int_{-l}^{l} f(\xi) \, \mathrm{d}\xi,$$

$$\frac{a_n - \mathrm{i}b_n}{2} = \frac{1}{2l} \int_{-l}^{l} f(\xi) \left[\cos \frac{n\pi\xi}{l} - \mathrm{i}\sin \frac{n\pi\xi}{l} \right] \mathrm{d}\xi = \frac{1}{2l} \int_{-l}^{l} f(\xi) \mathrm{e}^{-\mathrm{i}\omega_n \xi} \mathrm{d}\xi, \quad n = 1, 2, 3, \cdots,$$

$$\frac{a_n + \mathrm{i}b_n}{2} = \frac{1}{2l} \int_{-l}^{l} f(\xi) \left[\cos \frac{n\pi\xi}{l} + \mathrm{i}\sin \frac{n\pi\xi}{l} \right] \mathrm{d}\xi = \frac{1}{2l} \int_{-l}^{l} f(\xi) \mathrm{e}^{\mathrm{i}\omega_n \xi} \mathrm{d}\xi, \quad n = 1, 2, 3, \cdots.$$

这样，可以将这些系数合写成一个式子：

$$c_n = \frac{1}{2l} \int_{-l}^{l} f(\xi) \mathrm{e}^{-\mathrm{i}\omega_n \xi} \mathrm{d}\xi, \quad n = 0, \pm 1, \pm 2, \pm 3, \cdots, \tag{7.2a}$$

可以得到

$$f(x) = \sum_{n=-\infty}^{\infty} c_n \mathrm{e}^{\mathrm{i}\omega_n x} = \sum_{n=-\infty}^{\infty} \left[\frac{1}{2l} \int_{-l}^{l} f(\xi) \mathrm{e}^{-\mathrm{i}\omega_n \xi} \mathrm{d}\xi \right] \mathrm{e}^{\mathrm{i}\omega_n x}. \tag{7.2b}$$

我们称式 $(7.2b)$ 为 Foruier 级数的复数形式．

7.1.2 Fourier 积分

如果 $f(x)$ 不是周期函数，而是定义在 $(-\infty, \infty)$ 上的函数，我们可以认为函数的周期是 ∞. 可以将式 $(7.2b)$ 写成极限的形式：

$$f(x) = \lim_{l \to \infty} \sum_{n=-\infty}^{\infty} \left[\frac{1}{2l} \int_{-l}^{l} f(\xi) \mathrm{e}^{-\mathrm{i}\omega_n \xi} \mathrm{d}\xi \right] \mathrm{e}^{\mathrm{i}\omega_n x},$$

并假设这个极限是存在的．

当 l 是有限值时，$\omega_n = \dfrac{n\pi}{l}$，在图 7-1 中是一些离散的值，$l \to \infty$ 时，ω_n 趋于连续的值，于是可以定义如图 7-1 所示的数轴．

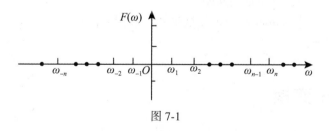

图 7-1

设 $\Delta\omega_n = \omega_n - \omega_{n-1} = \dfrac{\pi}{l}$，式 $(7.2b)$ 变为

$$f(x) = \frac{1}{2\pi} \lim_{l \to \infty} \sum_{n=-\infty}^{\infty} \left[\int_{-l}^{l} f(\xi) \mathrm{e}^{-\mathrm{i}\omega_n \xi} \mathrm{d}\xi \right] \mathrm{e}^{\mathrm{i}\omega_n x} \Delta\omega_n$$

$$= \frac{1}{2\pi} \lim_{\Delta\omega_n \to 0} \sum_{n=-\infty}^{\infty} \left[\int_{-\infty}^{\infty} f(\xi) \mathrm{e}^{-\mathrm{i}\omega_n \xi} \mathrm{d}\xi \right] \mathrm{e}^{\mathrm{i}\omega_n x} \Delta\omega_n$$

$$= \frac{1}{2\pi} \lim_{\Delta\omega_n \to 0} \sum_{n=-\infty}^{\infty} F(\omega_n) \mathrm{e}^{\mathrm{i}\omega_n x} \Delta\omega_n,$$

式中, $F(\omega_n) = \int_{-\infty}^{\infty} f(\xi) \mathrm{e}^{-\mathrm{i}\omega_n \xi} \mathrm{d}\xi$. 由积分的定义, 上式可以写成

$$f(x) = \frac{1}{2\pi} \int_{-\infty}^{\infty} F(\omega) \mathrm{e}^{\mathrm{i}\omega x} \mathrm{d}\omega, \tag{7.3}$$

式中, $F(\omega) = \int_{-\infty}^{\infty} f(\xi) \mathrm{e}^{-\mathrm{i}\omega\xi} \mathrm{d}\xi$.

　　式(7.3)称为 $f(x)$ 的 Fourier 积分. 这个推导过程是不严格的. 首先, 极限和求和交换次序应该是有条件的; 其次, 推导过程不符合定积分的严格定义, 在定积分的定义中, 极限的存在应该和 $\Delta\omega_n$ 的分法无关, 和 ω_n 的取法无关, 现在 $\Delta\omega_n$ 是等分的, ω_n 取的是端点的值. 严格的证明不在这里进行, 至于一个非周期函数 $f(x)$ 在什么条件下可以用 Fourier 积分表示, 见下面的 Fourier 积分定理.

7.1.3　Fourier 积分定理

　　如果 $f(x)$ 在 $(-\infty, \infty)$ 满足下列条件: (1) $f(x)$ 在 $(-\infty, \infty)$ 上的任一有限区域内满足 Dirichlet 条件; (2) $f(x)$ 在 $(-\infty, \infty)$ 上绝对可积, 即积分 $\int_{-\infty}^{\infty} |f(x)| \mathrm{d}x$ 存在. 那么, 在 $f(x)$ 连续的点上

$$f(x) = \frac{1}{2\pi} \int_{-\infty}^{\infty} \left[\int_{-\infty}^{\infty} f(\xi) \mathrm{e}^{-\mathrm{i}\omega\xi} \mathrm{d}\xi \right] \mathrm{e}^{\mathrm{i}\omega x} \mathrm{d}\omega; \tag{7.4a}$$

在第一类间断点上

$$\frac{1}{2}[f(x+0) + f(x-0)] = \frac{1}{2\pi} \int_{-\infty}^{\infty} \left[\int_{-\infty}^{\infty} f(\xi) \mathrm{e}^{-\mathrm{i}\omega\xi} \mathrm{d}\xi \right] \mathrm{e}^{\mathrm{i}\omega x} \mathrm{d}\omega. \tag{7.4b}$$

　　式(7.4)统称为 $f(x)$ 的 Fourier 积分. Fourier 积分定理的条件是充分的, 它的证明需要用到较多的数学知识, 这里证明从略.

　　式(7.4)是 $f(x)$ 的 Fourier 积分的复数形式, 利用 Euler 公式, 可以将它转化为三角形式, 请读者自行推导.

7.2　Fourier 变换

7.2.1　Fourier 变换

　　如果 $f(x)$ 满足 Fourier 积分定理的条件, 则在 $(-\infty, \infty)$ 中函数的连续点处, 由式

(7.4a), 有

$$F(\omega) = \int_{-\infty}^{\infty} f(x) e^{-i\omega x} dx, \tag{7.5}$$

$$f(x) = \frac{1}{2\pi} \int_{-\infty}^{\infty} F(\omega) e^{i\omega x} d\omega. \tag{7.6}$$

从式(7.5)和式(7.6)可以看出,$f(x)$ 和 $F(\omega)$ 通过指定积分运算相互表达. 式(7.5)称为 $f(x)$ 的 **Fourier 变换**,记为

$$F(\omega) = \mathscr{F}[f(x)],$$

这里 $\mathscr{F}$ 是算符,表示式(7.5)的积分运算,$F(\omega)$ 称为 $f(x)$ 的像函数.

式(7.6)称为 $f(x)$ 的 **Fourier 逆变换**,记为

$$f(x) = \mathscr{F}^{-1}[F(\omega)],$$

同样,$\mathscr{F}^{-1}$ 是算符,表示式(7.6)的积分运算,$f(x)$ 称为 $F(\omega)$ 的像原函数. Fourier 逆变换表示由像函数恢复到原函数的运算. 如果 $f(x)$ 的 Fourier 变换存在,我们说像函数 $F(\omega)$ 和像原函数 $f(x)$ 构成了一个 Fourier 变换对. 在 Fourier 变换中 x 和 ω 都是实数.

我们也可以用算符表示 $f(x)$ 的 Fourier 变换:

$$\mathscr{F}^{-1}\mathscr{F}[f(x)] = f(x).$$

同样,还有 $\mathscr{F}\mathscr{F}^{-1}[F(\omega)] = F(\omega)$,在形式上有 $\mathscr{F}\mathscr{F}^{-1} = 1$,$\mathscr{F}^{-1}\mathscr{F} = 1$.

例 7.1 求矩形函数 $f(x) = \begin{cases} 1, & |x| \leqslant 1, \\ 0, & |x| > 1 \end{cases}$ 的 Fourier 变换.

解 由于 $f(x)$ 绝对可积,符合 Fourier 积分定理的条件,根据式(7.5),有

$$F(\omega) = \mathscr{F}[f(x)] = \int_{-\infty}^{\infty} f(x) e^{-i\omega x} dx = \int_{-1}^{1} e^{-i\omega x} dx = \frac{1}{i\omega}(e^{i\omega} - e^{-i\omega}) = \frac{2}{\omega}\sin\omega.$$

而由式(7.6),得到 $f(x)$ 的 Fourier 逆变换,即 $f(x)$ 的 Fourier 积分是

$$f(x) = \mathscr{F}^{-1}\left[\frac{2}{\omega}\sin\omega\right] = \frac{1}{2\pi}\int_{-\infty}^{\infty}\left(\frac{2}{\omega}\sin\omega\right)e^{i\omega x} d\omega$$

$$= \frac{1}{\pi}\int_{-\infty}^{\infty} \frac{\sin\omega\cos\omega x + i\sin\omega\sin\omega x}{\omega} d\omega$$

$$= \frac{2}{\pi}\int_{0}^{\infty} \frac{\sin\omega\cos\omega x}{\omega} d\omega.$$

函数 $f(x)$ 除了在 $x = \pm 1$ 外处处连续,在第一类间断点 $x = \pm 1$ 处,有

$$\frac{1}{2}[f(0^+) + f(0^-)] = \frac{2}{\pi}\int_{0}^{\infty} \frac{\sin\omega\cos\omega}{\omega} d\omega = \frac{1}{2}.$$

由此我们还可以得到一个含参数的广义积分:

$$\frac{2}{\pi}\int_{0}^{\infty} \frac{\sin\omega\cos\omega x}{\omega} d\omega == \begin{cases} 1, & |x| < 1, \\ \frac{1}{2}, & |x| = 1, \\ 0, & |x| > 1. \end{cases}$$

例 7.2 求函数 $f(x) = \begin{cases} e^{-\beta x}, & x \geqslant 0, \\ 0, & x < 0 \end{cases}$ 的 Fouirer 变换,其中 $\beta > 0$. 这是一个指数衰

减函数, 是工程技术中常用到的一个函数.

解 由于 $f(x)$ 绝对可积, 符合 Fourier 变换的条件, 则由式(7.5), 有

$$F(\omega) = \mathscr{F}[f(x)] = \int_{-\infty}^{\infty} f(x)\mathrm{e}^{-\mathrm{i}\omega x}\mathrm{d}x = \int_0^{\infty} \mathrm{e}^{-\beta x}\mathrm{e}^{-\mathrm{i}wx}\mathrm{d}x = \frac{1}{\beta + \mathrm{i}\omega} = \frac{\beta - \mathrm{i}\omega}{\beta^2 + \omega^2},$$

而由式(7.6), 得到 $f(x)$ 的 Fourier 逆变换:

$$f(x) = \mathscr{F}^{-1}\left[\frac{1}{\beta + \mathrm{i}\omega}\right] = \frac{1}{2\pi}\int_{-\infty}^{\infty} \frac{\beta - \mathrm{i}\omega}{\beta^2 + \omega^2}\mathrm{e}^{\mathrm{i}\omega x}\mathrm{d}\omega$$

$$= \frac{1}{2\pi}\int_{-\infty}^{\infty} \frac{\beta\cos\omega x + \omega\sin\omega x}{\beta^2 + \omega^2}\mathrm{d}\omega = \frac{1}{\pi}\int_0^{\infty} \frac{\beta\cos\omega x + \omega\sin\omega x}{\beta^2 + \omega^2}\mathrm{d}\omega.$$

函数 $f(x)$ 在除了 $x = 0$ 外处处连续, 由此我们还可以得到一个含参数的广义积分:

$$\frac{1}{\pi}\int_0^{\infty} \frac{\beta\cos\omega x + \omega\sin\omega x}{\beta^2 + \omega^2}\mathrm{d}\omega = \begin{cases} \mathrm{e}^{-\beta x}, & x > 0, \\ \dfrac{1}{2}, & x = 0, \\ 0, & x < 0. \end{cases}$$

例 7.3 求 $f(x) = A\mathrm{e}^{-\beta x^2}$ $(A > 0, \beta > 0)$ 的 Fourier 变换. 这个函数叫做钟形脉冲函数, 是工程技术中常用到的一个函数.

解 根据式(7.5), 有

$$F(\omega) = \mathscr{F}[f(x)] = \int_{-\infty}^{\infty} A\mathrm{e}^{-\beta x^2}\mathrm{e}^{-\mathrm{i}\omega x}\mathrm{d}x = A\mathrm{e}^{-\frac{\omega^2}{4\beta}}\int_{-\infty}^{\infty} \mathrm{e}^{-\beta(x+\mathrm{i}\omega/2\beta)^2}\mathrm{d}x.$$

这是一个复变函数的积分, 利用第 5 章例 5.13 的结论, 我们得到

$$F(\omega) = \mathscr{F}[f(x)] = A\sqrt{\frac{\pi}{\beta}}\mathrm{e}^{-\omega^2/4\beta}, \tag{7.7}$$

其 Fourier 逆变换为

$$f(x) = \mathscr{F}^{-1}[F(\omega)] = \frac{1}{2\pi}\int_{-\infty}^{\infty} F(\omega)\mathrm{e}^{\mathrm{i}\omega x}\mathrm{d}\omega$$

$$= \frac{1}{2\pi}A\sqrt{\frac{\pi}{\beta}}\int_{-\infty}^{\infty} \mathrm{e}^{-\omega^2/4\beta}(\cos\omega x + \mathrm{i}\sin\omega x)\mathrm{d}\omega$$

$$= \frac{A}{2\sqrt{\pi\beta}}\int_{-\infty}^{\infty} \mathrm{e}^{-\omega^2/4\beta}\cos\omega x\mathrm{d}\omega$$

$$= \frac{A}{\sqrt{\pi\beta}}\int_0^{\infty} \mathrm{e}^{-\omega^2/4\beta}\cos\omega x\mathrm{d}\omega.$$

由此我们还可以得到一个含参数的广义积分:

$$\int_0^{\infty} \mathrm{e}^{-\omega^2/4\beta}\cos\omega x\mathrm{d}\omega = \frac{\sqrt{\pi\beta}}{A}f(x) = \sqrt{\pi\beta}\mathrm{e}^{-\beta x^2}.$$

根据 Fourier 变换的定义, $f(x)$ 与 $F(\omega)$ 构成一个 Fourier 变换对. Fourier 变换具有明确的物理意义. 若 $f(x)$ 是时域的函数, 则 $F(\omega)$ 是 $f(x)$ 中各频率分量的分布密度, 因此称 $F(\omega)$ 为频谱密度函数(简称频谱), 称 $|F(\omega)|$ 为振幅谱, $\arg F(\omega)$ 为相位谱. 由于 Fourier 变换的这种物理意义, 因而在理论和工程中有广泛的应用.

利用 Fourier 变换可以分析信号频域的性质, 但函数的 Fourier 变换存在, 必须满足 Fourier 积分定理的条件, 但绝对可积的条件 $\int_{-\infty}^{\infty} |f(x)| \,\mathrm{d}x < \infty$ 对函数的要求非常高, 许多函数都不能满足, 诸如常数、正弦和余弦函数等简单的常用信号都不满足绝对可积的条件, 如果不解决这个困难, Fourier 变换的应用将受到限制. 下面介绍一种数学工具来克服这个困难.

7.2.2 δ函数

用数学作为工具来研究物理问题时, 应该有描述研究对象和物理规律的数学概念. 在物理中, 除了连续分布的量外, 还有集中于一点或一瞬时的物理量. 在经典物理中点源是一个很重要的概念, 例如质点和点电荷, 它们的定义很清楚, 却没有一个数学工具能描述它们, 但是这并不影响经典物理理论的发展和应用. 但在开始研究亚原子尺度的物理规律时, 就需要有描述点源的数学工具, 否则就无法得到正确的理论. 量子力学创始人之一 Dirac 引进了被称为 δ 函数的数学工具来描述点源.

我们可以简单定义 δ 函数是满足下列两个条件的函数:

$$\begin{cases} \delta(x - x_0) = \begin{cases} \infty, & x = x_0, \\ 0, & x \neq x_0, \end{cases} \\ \int_{-\infty}^{\infty} \delta(x - x_0)\,\mathrm{d}x = 1. \end{cases} \tag{7.8}$$

在物理上, 函数 $\delta(x - x_0)$ 可以理解为是放置在 $x = x_0$ 的点源密度, 它的密度无限大, 但它的积分值是确定的, 也就是它的质量、电荷等物理量是确定的. 以质点为例, 质点是几何上的点, 密度无限大, 但却有确定的质量 m, 而质量就是密度对体积的积分.

这里需要指出的是, 上述定义方式在理论上是不严格的, 它只是对 δ 函数的某种描述. 事实上, δ 函数并不是经典意义上的函数, 而是广义函数, 广义函数的性质体现在与其他函数的作用中. 另外, δ 函数在现实生活中也是不存在的, 它是数学抽象的结果. 有时人们将 δ 函数直观地理解为 $\delta(x) = \lim_{\tau \to 0} \delta_\tau(x)$, 其中 $\delta_\tau(x)$ 是宽度为 τ、高度为 $1/\tau$ 的矩形脉冲函数, 如图 7-2 所示.

在图形上, 人们常常采用一个从原点出发长度为 1 的有向线段来表示 $\delta(x)$ 函数(见图 7-3), 其中有向线段的长度代表 δ 函数的积分值, 称为冲激强度.

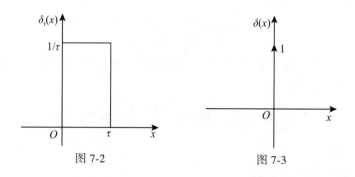

图 7-2   图 7-3

$\delta(x)$ 函数的
辅助函数

Dirac 在引进 δ 函数时还不是一个严格的数学概念，但现在已经发展成完整的广义函数理论. 作为一种数学工具，我们只要掌握上述 δ 函数的概念就可以了，这门课没有可能也没有必要作深入的叙述. 从初等函数开始，函数的概念是点对点的对应关系，δ 函数丰富了函数的定义.

下面我们直接给出 δ 函数的几个基本性质，不加证明.

性质 7.1　设 $f(x)$ 是定义在实数域 R 上的有界函数，且在 $x=0$ 处连续，则

$$\int_{-\infty}^{+\infty} \delta(x) f(x)\,\mathrm{d}x = f(0). \tag{7.9}$$

一般地，若 $f(x)$ 在 $x=x_0$ 点连续，则

$$\int_{-\infty}^{+\infty} \delta(x-x_0) f(x)\,\mathrm{d}x = f(x_0). \tag{7.10}$$

此性质称为 δ 函数的筛选性质. 其中式 (7.9) 给出了 δ 函数与其他函数的运算关系，它也常常被人们用来定义 δ 函数，即采用检验的方式来考查某个函数是否为 δ 函数.

性质 7.2　若 a 为实常数，则

$$\delta(ax) = \frac{1}{|a|}\delta(x).$$

此性质称为 δ 函数的缩放性. 特别地，当 $a=-1$ 时，有 $\delta(-x)=\delta(x)$，故 δ 函数可以视为偶函数.

性质 7.3　若函数 $f(x)$ 在 x_0 处连续，则

$$f(x)\delta(x-x_0) = f(x_0)\delta(x-x_0).$$

性质 7.4　若记 $\delta'(x-x_0) = \dfrac{\mathrm{d}}{\mathrm{d}x}\delta(x-x_0)$，则对于任意的连续函数 $f(x)$，有

$$\int_{-\infty}^{\infty} f(x)\delta'(x-x_0)\,\mathrm{d}x = -f'(x_0),$$

可进一步推广为

$$\int_{-\infty}^{\infty} f(x)\delta^{(n)}(x-x_0)\,\mathrm{d}x = (-1)^n f^{(n)}(x_0).$$

设 $H(x)$ 为单位阶跃函数，即

$$H(x) = \begin{cases} 1, & x \geq 0, \\ 0, & x < 0. \end{cases}$$

单位阶跃函数也称为开关函数或 Heaviside 函数，它是信号分析中一个常用函数. 单位阶跃函数与 δ 函数有如下关系：

$$\int_{-\infty}^{x} \delta(x)\,\mathrm{d}x = H(x),\quad \frac{\mathrm{d}H(x)}{\mathrm{d}x} = \delta(x).$$

1. 三维 δ 函数

在直角坐标系中定义三维 δ 函数

$$\begin{cases} \delta(x-x_0)\delta(y-y_0)\delta(z-z_0) = \begin{cases} \infty, & x=x_0 \text{ 且 } y=y_0 \text{ 且 } z=z_0, \\ 0, & x\neq x_0 \text{ 或 } y\neq y_0 \text{ 或 } z\neq z_0, \end{cases} \\ \int_{-\infty}^{\infty}\int_{-\infty}^{\infty}\int_{-\infty}^{\infty} f(x,y,z)\delta(x-x_0)\delta(y-y_0)\delta(z-z_0)\,\mathrm{d}x\mathrm{d}y\mathrm{d}z = f(x_0,y_0,z_0). \end{cases}$$

$$(7.11)$$

在一般的正交坐标系中 δ 函数的定义为

$$\begin{cases} \delta(\boldsymbol{r}-\boldsymbol{r}_0) = \begin{cases} \infty, & \boldsymbol{r}=\boldsymbol{r}_0, \\ 0, & \boldsymbol{r}\neq\boldsymbol{r}_0, \end{cases} \\ \iiint\limits_{V} f(\boldsymbol{r})\delta(\boldsymbol{r}-\boldsymbol{r}_0)\,\mathrm{d}\boldsymbol{r} = f(\boldsymbol{r}_0). \end{cases} \qquad (7.12)$$

其中, V 包含 $\boldsymbol{r}_0$.

2. δ 函数的 Fourier 变换

根据 δ 函数的定义, 我们有

$$\mathscr{F}[\delta(x-x_0)] = \int_{-\infty}^{\infty}\delta(x-x_0)\mathrm{e}^{-\mathrm{i}\omega x}\mathrm{d}x = \mathrm{e}^{-\mathrm{i}\omega x_0}, \qquad (7.13\mathrm{a})$$

如果 $x_0 = 0$, 则

$$\mathscr{F}[\delta(x)] = 1. \qquad (7.13\mathrm{b})$$

而像函数的反演, 即 δ 函数的 Fourier 积分表达式为

$$\delta(x-x_0) = \mathscr{F}^{-1}[\mathrm{e}^{-\mathrm{i}\omega x_0}] = \frac{1}{2\pi}\int_{-\infty}^{\infty}\mathrm{e}^{\mathrm{i}\omega(x-x_0)}\mathrm{d}\omega, \qquad (7.14\mathrm{a})$$

$$\delta(x) = \frac{1}{2\pi}\int_{-\infty}^{\infty}\mathrm{e}^{\mathrm{i}\omega x}\mathrm{d}\omega. \qquad (7.14\mathrm{b})$$

因为 δ 函数可以视为偶函数, 它的 Fourier 积分也可以写成

$$\delta(x-x_0) = \frac{1}{2\pi}\int_{-\infty}^{\infty}\mathrm{e}^{-\mathrm{i}\omega(x-x_0)}\mathrm{d}\omega, \qquad (7.15\mathrm{a})$$

$$\delta(x) = \frac{1}{2\pi}\int_{-\infty}^{\infty}\mathrm{e}^{-\mathrm{i}\omega x}\mathrm{d}\omega. \qquad (7.15\mathrm{b})$$

上述积分在实函数定积分中是不存在的, 应该按 δ 函数的定义来理解它们. δ 函数本身的值并无意义, δ 函数的性质只有和其他函数相互作用才能体现, 只有按式(7.9)、式(7.10)构成积分时才有意义.

例 7.4 求正弦函数 $f(x) = \sin\omega_0 x$ 的 Fourier 变换.

解 利用 Fourier 变换的定义式,

$$\begin{aligned} \mathscr{F}[f(x)] &= \int_{-\infty}^{\infty}\sin\omega_0 x\,\mathrm{e}^{-\mathrm{i}\omega x}\mathrm{d}x = \int_{-\infty}^{\infty}\frac{\mathrm{e}^{\mathrm{i}\omega_0 x}-\mathrm{e}^{-\mathrm{i}\omega_0 x}}{2\mathrm{i}}\mathrm{e}^{-\mathrm{i}\omega x}\mathrm{d}x \\ &= \frac{1}{2\mathrm{i}}\int_{-\infty}^{\infty}[\mathrm{e}^{-\mathrm{i}(\omega-\omega_0)x}-\mathrm{e}^{-\mathrm{i}(\omega+\omega_0)x}]\mathrm{d}x = \frac{2\pi}{2\mathrm{i}}[\delta(\omega-\omega_0)-\delta(\omega+\omega_0)] \\ &= \pi\mathrm{i}[\delta(\omega+\omega_0)-\delta(\omega-\omega_0)]. \end{aligned}$$

例 7.5　证明单位阶跃函数的 Fourier 变换为

$$\mathscr{F}[H(x)] = \frac{1}{i\omega} + \pi\delta(\omega). \tag{7.16}$$

证明　我们不利用 Fourier 变换定义式直接证明，而采用其逆变换为 $H(x)$ 的方法证明. 若 $F(\omega) = \frac{1}{i\omega} + \pi\delta(\omega)$，则其 Fourier 逆变换为

$$f(x) = \mathscr{F}^{-1}\left[\frac{1}{i\omega} + \pi\delta(\omega)\right] = \frac{1}{2\pi}\int_{-\infty}^{\infty}\left[\frac{1}{i\omega} + \pi\delta(\omega)\right]e^{i\omega x}d\omega$$

$$= \frac{1}{2\pi}\int_{-\infty}^{\infty}\frac{e^{i\omega x}}{i\omega}d\omega + \frac{1}{2}.$$

下面我们利用留数定理计算积分 $\frac{1}{2\pi}\int_{-\infty}^{\infty}\frac{e^{i\omega x}}{i\omega}d\omega$.

当 $x > 0$ 时，由 5.3 节例 5.10 计算 Dirichlet 积分中知道

$$\frac{1}{2\pi}\int_{-\infty}^{\infty}\frac{e^{i\omega x}}{i\omega}d\omega = \frac{1}{2\pi i}\int_{-\infty}^{\infty}\frac{e^{i\omega x}}{\omega x}d(\omega x) = \frac{1}{2\pi i}\int_{-\infty}^{\infty}\frac{e^{ix}}{x}dx = \frac{1}{2},$$

所以

$$\mathscr{F}^{-1}\left[\frac{1}{i\omega} + \pi\delta(\omega)\right] = 1.$$

当 $x < 0$ 时，

$$\frac{1}{2\pi}\int_{-\infty}^{\infty}\frac{e^{i\omega x}}{i\omega}d\omega = \frac{1}{2\pi i}\int_{-\infty}^{\infty}\frac{e^{-i\omega|x|}}{\omega}d\omega = \frac{1}{2\pi i}\int_{-\infty}^{\infty}\frac{e^{i(-\omega)|x|}}{(-\omega)}d(-\omega) = -\frac{1}{2\pi i}\int_{-\infty}^{\infty}\frac{e^{i\omega|x|}}{\omega}d\omega = -\frac{1}{2},$$

所以

$$\mathscr{F}^{-1}\left[\frac{1}{i\omega} + \pi\delta(\omega)\right] = 0.$$

综合以上结果，有

$$f(x) = \mathscr{F}^{-1}\left[\frac{1}{i\omega} + \pi\delta(\omega)\right] = \begin{cases} 1, & x \geqslant 0, \\ 0, & x < 0. \end{cases}$$

证得式(7.16).

由 Fourier 变换的定义，有

$$\mathscr{F}[H(x)] = \int_{-\infty}^{\infty}H(x)e^{-i\omega x}dx = \int_{0}^{\infty}e^{-i\omega x}dx,$$

可得到如下两个积分表达式:

$$\int_{0}^{\infty}e^{-i\omega x}dx = \frac{1}{i\omega} + \pi\delta(\omega), \tag{7.17}$$

$$\int_{0}^{\infty}e^{i\omega x}dx = -\frac{1}{i\omega} + \pi\delta(\omega), \tag{7.18}$$

这是广义函数意义下的积分，应该按 δ 函数的定义来理解它.

由

$$\mathscr{F}^{-1}\left[\frac{1}{i\omega} + \pi\delta(\omega)\right] = H(x) = \frac{1}{2\pi i}\int_{-\infty}^{\infty}\frac{e^{i\omega x}}{\omega}d\omega + \frac{1}{2},$$

得到另一个积分表达式:

$$\int_{-\infty}^{\infty}\frac{e^{i\omega x}}{\omega}d\omega = 2\pi i\left[H(x) - \frac{1}{2}\right]. \tag{7.19}$$

利用留数定理计算这个积分时要分 $x > 0$ 和 $x < 0$ 两种情况来讨论，此式将两种情况写成一个表达式.

从上面的讨论我们看到，许多重要的函数，如常函数、符号函数、单位阶跃函数、正弦函数、余弦函数等，都不满足 Fourier 积分定理中的绝对可积条件，但这些函数的 Fourier 变换可以利用 δ 函数而得到. Fourier 变换分成两类，一类是按 Fourier 积分定理引进的 Fourier 变换，它要求原函数绝对可积，这类可以称为古典 Fourier 变换，另一类是 δ 函数框架下的 Fourier 变换，称为广义 Fourier 变换. 广义 Fourier 变换的引入极大地拓展了 Fourier 变换的应用范围. 因为没有涉及广义函数的理论，希望读者能从以下例题中体会 δ 函数框架下 Fourier 变换的性质和用途.

例 7.6 求 $f(x) = \dfrac{\sin ax}{x}(a > 0)$ 的 Fourier 变换.

解 我们利用定义来计算它的 Fourier 变换：

$$\mathscr{F}\left[\frac{\sin ax}{x}\right] = \int_{-\infty}^{\infty} \frac{\sin ax}{x} \mathrm{e}^{-\mathrm{i}\omega x} \mathrm{d}x = \int_{-\infty}^{\infty} \frac{\mathrm{e}^{\mathrm{i}ax} - \mathrm{e}^{-\mathrm{i}ax}}{2\mathrm{i}x} \mathrm{e}^{-\mathrm{i}\omega x} \mathrm{d}x$$

$$= \frac{1}{2\mathrm{i}} \int_{-\infty}^{\infty} \frac{\mathrm{e}^{\mathrm{i}(a-\omega)x}}{x} \mathrm{d}x - \frac{1}{2\mathrm{i}} \int_{-\infty}^{\infty} \frac{\mathrm{e}^{\mathrm{i}(-a-\omega)x}}{x} \mathrm{d}x \qquad (7.20)$$

$$= \pi\left[H(a - \omega) - H(-a - \omega) \right]. \qquad (7.21)$$

因为
$$H(a - \omega) = \begin{cases} 1, & \omega < a, \\ 0, & \omega > a; \end{cases} \qquad H(-a - \omega) = \begin{cases} 1, & \omega < -a, \\ 0, & \omega > -a. \end{cases}$$

所以 $f(x) = \dfrac{\sin ax}{x}$ 的像函数如图 7-4 所示又称为门函数.

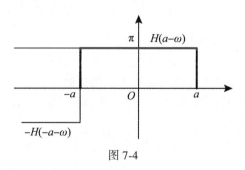

图 7-4

说明：（1）利用式（7.19），

$$\int_{-\infty}^{\infty} \frac{\mathrm{e}^{\mathrm{i}(a-\omega)x}}{x} \mathrm{d}x = 2\pi\mathrm{i}\left[H(a - \omega) - \frac{1}{2} \right],$$

$$\int_{-\infty}^{\infty} \frac{\mathrm{e}^{\mathrm{i}(-a-\omega)x}}{x} \mathrm{d}x = 2\pi\mathrm{i}\left[H(-a - \omega) - \frac{1}{2} \right],$$

于是有式（7.20）到式（7.21）.

（2）也可以利用留数定理计算式（7.20）的积分，但要按例 7.5 的方法讨论 $a - \omega > 0$，$a - \omega < 0$，$-a - \omega > 0$ 和 $-a - \omega < 0$ 四种情况，没有这种方法简单.

7.3 Fourier 变换的性质

这一节我们将介绍 Fourier 变换的几个重要的性质. 为了叙述方便, 假定在以下性质中, 所涉及的函数均满足 Fourier 积分定理的条件, Fourier 变换均存在, 我们不另外说明.

线性性质 设 $F_1(\omega) = \mathscr{F}[f_1(x)]$, $F_2(\omega) = \mathscr{F}[f_2(x)]$, α_1, α_2 是常数, 则

$$\mathscr{F}[\alpha_1 f(x) + \alpha_2 f(x)] = \alpha_1 \mathscr{F}[f_1(x)] + \alpha_2 \mathscr{F}[f_2(x)]$$
$$= \alpha_1 F_1(\omega) + \alpha_2 F_2(\omega).$$

证明 因为积分是线性运算, 根据 Fourier 变换的定义, $\mathscr{F}$ 是线性算符, 所以性质成立. 同样 $\mathscr{F}^{-1}$ 也是线性算符, 故

$$\mathscr{F}^{-1}[\alpha_1 F_1(\omega) + \alpha_2 F_2(\omega)] = \alpha_1 \mathscr{F}^{-1}[F_1(\omega)] + \alpha_2 \mathscr{F}^{-1}[F_2(\omega)]$$
$$= \alpha_1 f_1(x) + \alpha_2 f_2(x).$$

位移性质 设 $\mathscr{F}[f(x)] = F(\omega)$, x_0 是实常数, 则

$$\mathscr{F}[f(x \pm x_0)] = e^{\pm i x_0 \omega} F(\omega). \tag{7.22a}$$

证明 根据 Fourier 变换的定义有

$$\mathscr{F}[f(x \pm x_0)] = \int_{-\infty}^{\infty} f(x \pm x_0) e^{-i\omega x} dx = \int_{-\infty}^{\infty} f(x \pm x_0) e^{-i\omega(x \pm x_0) \pm i\omega x_0} d(x \pm x_0)$$

$$= e^{\pm i\omega x_0} \int_{-\infty}^{\infty} f(x \pm x_0) e^{-i\omega(x \pm x_0)} d(x \pm x_0),$$

作变量代换 $\xi = x \pm x_0$, 得

$$\mathscr{F}[f(x \pm x_0)] = e^{\pm i\omega x_0} \int_{-\infty}^{\infty} f(\xi) e^{-i\omega \xi} d\xi = e^{\pm i\omega x_0} F(\omega).$$

同样, Fourier 逆变换亦具有类似的位移性质, 即

$$\mathscr{F}^{-1}[F(\omega \pm \omega_0)] = e^{\mp i\omega_0 x} f(x). \tag{7.22b}$$

像函数的位移性质在无线电技术中也称为频移性质.

证明 对式(7.22b)两边作用算符 $\mathscr{F}$, 并利用 $\mathscr{F}\mathscr{F}^{-1} = 1$, 有

$$\mathscr{F}[e^{\mp i\omega_0 x} f(x)] = \int_{-\infty}^{\infty} e^{\mp i\omega_0 x} f(x) e^{-i\omega x} dx$$

$$= \int_{-\infty}^{\infty} f(x) e^{-i(\omega \pm \omega_0)x} dx = F(\omega \pm \omega_0).$$

Fourier 变换的这一性质具有明确的物理意义. 其中式(7.22a)说明, 当一个函数(或信号)沿时间轴平移后, 它的各频率成分的大小不发生改变, 仅相位发生平移; 信号 $f(x)$ 乘以因子 $e^{i\omega_0 x}$ 相当于用这信号去调制频率为 ω_0 的载波(正弦信号)的振幅, 而式(7.22b) 则表明这种调制在频域只是频谱的搬移, 这种频谱搬移技术在通信系统中有着广泛的应用, 它是调制定理的理论基础, 通信技术中诸如调幅、变频以及频分复用等过程都是在频谱搬移的基础上完成的.

例 7.7 若 $\mathscr{F}[f(x)] = F(\omega)$, 求 $f(x)\cos\omega_0 x$ 的 Fourier 变换.

解 由 Fourier 变换公式及式(7.22b), 我们有

$$\mathscr{F}[f(x)\cos\omega_0 x] = \mathscr{F}\left[\frac{f(x)}{2}(\mathrm{e}^{\mathrm{i}\omega_0 x} + \mathrm{e}^{-\mathrm{i}\omega_0 x})\right]$$

$$= \frac{1}{2}[F(\omega - \omega_0) + F(\omega + \omega_0)].$$

此公式为通信中的调制原理.

在例 7.4 中,我们知道正弦函数的 Fourier 变换是两个 $\delta(x)$ 函数,它是离散形式的. 那么对非正弦函数的周期函数,其 Fourier 变换有怎样的特性呢? 若 $f_T(x)$ 是一个周期为 T 的函数,在一个周期内的表达式记为 $f_0(x)\left(-\frac{T}{2} \leqslant x \leqslant \frac{T}{2}\right)$,由式(7.2)知周期函数 $f_T(x)$ 可以用 Fourier 级数表示为

$$f_T(x) = \sum_{n=-\infty}^{\infty} c_n \mathrm{e}^{\mathrm{i}n\omega_1 x},$$

其中,$\omega_1 = \frac{2\pi}{T}$,$c_n = \frac{1}{T}\int_{-T/2}^{T/2} f_0(\xi)\mathrm{e}^{-\mathrm{i}n\omega_1\xi}\mathrm{d}\xi(n = 0,\ \pm 1,\ \pm 2,\ \pm 3,\ \cdots)$.

则周期函数 $f_T(x)$ 的 Fourier 变换为

$$\mathscr{F}[f_T(x)] = \int_{-\infty}^{\infty}\left[\sum_{n=-\infty}^{\infty} c_n \mathrm{e}^{\mathrm{i}n\omega_1 x}\right]\mathrm{e}^{-\mathrm{i}\omega x}\mathrm{d}x = \sum_{n=-\infty}^{\infty} c_n\left[\int_{-\infty}^{\infty}\mathrm{e}^{\mathrm{i}(n\omega_1 - \omega)x}\mathrm{d}x\right]$$

$$= 2\pi\sum_{n=-\infty}^{\infty} c_n\delta(\omega - n\omega_1) \tag{7.23a}$$

周期信号的 Fourier 变换是由一系列冲激函数组成的,因为 $f_T(x)$ 不满足绝对可积条件,不存在古典意义下的 Fourier 变换. 所以周期信号的 Fourier 变换一定是周期的、离散的. 因为周期信号可以用一组整数倍频率的三角函数表示,所以在频域里是离散的频率点. 准周期信号的 Fourier 变换一定是连续的.

特别地,若 $f_0(x) = \delta(x)$,则

$$c_n = \frac{1}{T}\int_{-T/2}^{T/2} f_0(\xi)\mathrm{e}^{-\mathrm{i}n\omega_1\xi}\mathrm{d}\xi = \frac{1}{T}\int_{-T/2}^{T/2}\delta(\xi)\mathrm{e}^{-\mathrm{i}n\omega_1\xi}\mathrm{d}\xi = \frac{1}{T},$$

代入式(7.23a),得到

$$\mathscr{F}\left[\sum_{n=-\infty}^{\infty}\delta(x - nT)\right] = \omega_1\sum_{n=-\infty}^{\infty}\delta(\omega - n\omega_1). \tag{7.23b}$$

我们得到结论:时域周期为 T 的无限脉冲函数的 Fourier 变换是频域周期为 $\omega_1 = \frac{2\pi}{T}$ 的无限脉冲函数. 由式(7.13)我们知道,函数 $\delta(x)$ 的 Fourier 变换是 1,它是连续的,那么将 $\delta(x)$ 函数进行周期延拓形成周期脉冲函数,其 Fourier 变换离散的. 由于 $\omega_1 \sim \frac{1}{T}$,我们看到,如果我们增加脉冲之间的时间间隔,将减少脉冲之间的频率间隔;反之亦然. 这是一个非常重要的结果.

相似性质 设 $F(\omega) = \mathscr{F}[f(x)]$,$a$ 为非零常数,则

$$\mathscr{F}[f(ax)] = \frac{1}{|a|}F\left(\frac{\omega}{a}\right). \tag{7.24}$$

证明 由 Fourier 变换的定义, 有

$$\mathscr{F}[f(ax)] = \int_{-\infty}^{+\infty} f(ax)\, e^{-i\omega x}\, dx,$$

令 $\xi = ax$, 则有

当 $a > 0$ 时, $\mathscr{F}[f(ax)] = \dfrac{1}{a}\int_{-\infty}^{+\infty} f(\xi)\, e^{-i\frac{\omega}{a}\xi}\, d\xi = \dfrac{1}{a}F\left(\dfrac{\omega}{a}\right)$;

当 $a < 0$ 时, $\mathscr{F}[f(ax)] = \dfrac{1}{a}\int_{+\infty}^{-\infty} f(\xi)\, e^{-i\frac{\omega}{a}\xi}\, d\xi = -\dfrac{1}{a}F\left(\dfrac{\omega}{a}\right)$.

综合上述两种情况得

$$\mathscr{F}[f(ax)] = \frac{1}{|a|}F\left(\frac{\omega}{a}\right).$$

此性质的物理意义也是非常明显的. 它说明, 若函数(或信号)被压缩($a>1$)则其频谱被扩展; 反之, 若函数被扩展($a<1$)则其频谱被压缩. 因此, 对要传递的脉冲信号, 要想缩短它的时间宽度 τ 就必须展开它的占有频带 $\Delta\omega$, 它们成反比关系, 即 $\tau \cdot \Delta\omega =$ 常数. 这个性质在信息传输技术中具有重要的意义. 例如, 在通信中, 从迅速传递信号方面来考虑, 希望脉冲宽度要小, 这就必须付出展宽频带的代价, 从而带来频带拥挤等问题; 从有效利用信道的频带方面来考虑, 希望脉冲频带要窄. 相似性质正揭示了这一重要矛盾, 同时压缩脉冲宽度和脉冲的频带宽度是不可能的.

微分性质 设 $\mathscr{F}[f(x)] = F(\omega)$, 若 $\lim\limits_{|x|\to\infty} f(x) = 0$, 则

$$\mathscr{F}[f'(x)] = i\omega\,\mathscr{F}[f(x)] = i\omega F(\omega). \tag{7.25}$$

证明 由 Fourier 变换的定义, 并利用分部积分可得

$$\mathscr{F}[f'(x)] = \int_{-\infty}^{\infty} f'(x)\, e^{-i\omega x}\, dx = f(x)\, e^{-i\omega x}\, \big|_{-\infty}^{\infty} + i\omega\int_{-\infty}^{\infty} f(x)\, e^{-i\omega x}\, dx = i\omega F(\omega).$$

一般地, 若 $\lim\limits_{|x|\to\infty} f^{(k)}(x) = 0\,(k = 0,\ 1,\ 2,\ \cdots,\ n-1)$, 则

$$\mathscr{F}[f^{(n)}(x)] = (i\omega)^n F(\omega). \tag{7.26}$$

利用多次分部积分可以证明此结论. 同样, 我们能够得到像函数的导数公式:

$$\frac{dF(\omega)}{d\omega} = \mathscr{F}[(-ix)f(x)], \tag{7.27}$$

或者

$$\mathscr{F}^{-1}[F'(\omega)] = (-ix)f(x).$$

证明 根据 Fourier 变换的定义, 有

$$\mathscr{F}[-ixf(x)] = \int_{-\infty}^{\infty} (-ix)f(x)\, e^{-i\omega x}\, dx$$

$$= \int_{-\infty}^{\infty} f(x)\,\frac{d}{d\omega}(e^{-i\omega x})\, dx = \frac{d}{d\omega}\int_{-\infty}^{\infty} f(x)\, e^{-i\omega x}\, dx = F'(\omega).$$

一般地, 有

$$\frac{d^n F(\omega)}{d\omega^n} = \mathscr{F}[(-ix)^n f(x)], \tag{7.28}$$

可以利用式(7.27)和式(7.28), 求形如 $x^n f(x)$ 的函数的 Fourier 变换:

$$\mathscr{F}[xf(x)] = \mathrm{i}F'(\omega), \tag{7.29}$$

$$\mathscr{F}[x^n f(x)] = \mathrm{i}^n F^{(n)}(\omega). \tag{7.30}$$

同样，在 δ 函数框架下的 Fourier 变换也具有的上述性质.

例 7.8 求下列函数的 Fourier 变换：

$(1)\, f(x) = x$；$(2)\, f(x) = \begin{cases} x, & x \geqslant 0, \\ 0, & x < 0; \end{cases}$ $(3)\, f(x) = \mathrm{e}^{-x^2}.$

解 （1）此函数不满足绝对可积的条件，但是可以利用 δ 函数求其 Fourier 变换. 因为

$$\mathscr{F}[1] = \int_{-\infty}^{\infty} \mathrm{e}^{-\mathrm{i}\omega x}\mathrm{d}x = 2\pi\delta(\omega),$$

所以利用式(7.28)，有

$$\mathscr{F}[x] = 2\pi\mathrm{i}\delta'(\omega).$$

（2）此函数可以写成 $f(x) = xH(x)$，利用式(7.29)，有

$$\mathscr{F}[xH(x)] = \mathrm{i}\frac{\mathrm{d}}{\mathrm{d}\omega}\left[\frac{1}{\mathrm{i}\omega} + \pi\delta(\omega)\right] = -\frac{1}{\omega^2} + \mathrm{i}\pi\delta'(\omega).$$

（3）本题与例 7.3 类似，这里用另一种方法求解. 由 Fourier 变换的定义及分部积分，有

$$F(\omega) = \mathscr{F}[f(x)] = \int_{-\infty}^{\infty} \mathrm{e}^{-x^2}\mathrm{e}^{-\mathrm{i}\omega x}\mathrm{d}x = \frac{\mathrm{i}}{\omega}\mathrm{e}^{-x^2}\mathrm{e}^{-\mathrm{i}\omega x}\Big|_{-\infty}^{+\infty} + \frac{2\mathrm{i}}{\omega}\int_{-\infty}^{\infty} x\mathrm{e}^{-x^2}\mathrm{e}^{-\mathrm{i}\omega x}\mathrm{d}x$$

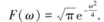

$$= \frac{2\mathrm{i}}{\omega}\mathscr{F}[x\mathrm{e}^{-x^2}] = \frac{2\mathrm{i}}{\omega}\left[\mathrm{i}\frac{\mathrm{d}F(\omega)}{\mathrm{d}\omega}\right] = -\frac{2}{\omega}\frac{\mathrm{d}F(\omega)}{\mathrm{d}\omega}.$$

注意到 $F(0) = \int_{-\infty}^{\infty} \mathrm{e}^{-x^2}\mathrm{d}x = \sqrt{\pi}$，因此可以得到常微分方程的初值问题：

$$\begin{cases} \dfrac{\mathrm{d}F(\omega)}{\mathrm{d}\omega} + \dfrac{\omega}{2}F(\omega) = 0, \\ F(0) = \sqrt{\pi}, \end{cases}$$

Fourier 变换是
自身的函数

解之得

$$F(\omega) = \sqrt{\pi}\,\mathrm{e}^{-\frac{\omega^2}{4}}.$$

可以看到，高斯函数的 Fourier 变换仍为高斯函数.

积分性质 设 $\mathscr{F}[f(x)] = F(\omega)$，$g(x) = \int_{-\infty}^{x} f(\xi)\mathrm{d}\xi$，若 $\lim\limits_{x\to\infty}g(x) = F(0) = 0$，则

$$\mathscr{F}\left[\int_{-\infty}^{x} f(\xi)\mathrm{d}\xi\right] = \frac{1}{\mathrm{i}\omega}F(\omega). \tag{7.31}$$

证明 由于 $\dfrac{\mathrm{d}g(x)}{\mathrm{d}x} = \dfrac{\mathrm{d}}{\mathrm{d}x}\left[\int_{x_0}^{x} f(\xi)\mathrm{d}\xi\right] = f(x)$，利用 Fourier 变换的微分性质，则

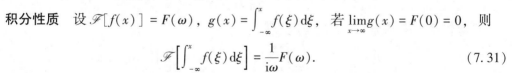

$$\mathscr{F}[f(x)] = \mathscr{F}[g'(x)] = \mathrm{i}\omega\,\mathscr{F}[g(x)] = F(\omega),$$

所以

$$\mathscr{F}[g(x)] = \frac{1}{\mathrm{i}\omega}F(\omega),$$

$$\mathscr{F}[g(x)] = \mathscr{F}\left[\int_{-\infty}^{x} f(\xi)\mathrm{d}\xi\right] = \frac{1}{\mathrm{i}\omega}F(\omega).$$

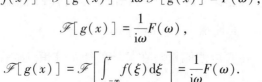

若 $\lim\limits_{x\to+\infty}\displaystyle\int_{-\infty}^{x}f(\xi)\,\mathrm{d}\xi = F(0)\neq 0$，则有

$$\mathscr{F}\left[\int_{-\infty}^{x}f(\xi)\,\mathrm{d}\xi\right] = \frac{1}{\mathrm{j}\omega}F(\omega) + \pi F(0)\delta(\omega)$$

同样，我们能够得到像函数的积分公式

$$\mathscr{F}\left[-\frac{1}{\mathrm{j}x}f(x) + \pi f(0)\delta(x)\right] = \int_{-\infty}^{\omega}F(s)\,\mathrm{d}s.$$

原函数导数的 Fourier 变换以及原函数积分的 Fourier 变换使得导数和积分的运算在 ω 空间变成简单的代数运算，应用这一性质可以求解微分和积分方程.

乘法定理　若 $\mathscr{F}[f_1(x)] = F_1(\omega)$，$\mathscr{F}[f_2(x)] = F_2(\omega)$，则

$$\int_{-\infty}^{+\infty}f_1(x)f_2(x)\,\mathrm{d}x = \frac{1}{2\pi}\int_{-\infty}^{+\infty}\overline{F_1(\omega)}\,F_2(\omega)\,\mathrm{d}\omega = \frac{1}{2\pi}\int_{-\infty}^{+\infty}F_1(\omega)\,\overline{F_2(\omega)}\,\mathrm{d}\omega,$$

其中，$f_1(x)$，$f_2(x)$ 均为 x 的实函数，而 $\overline{F_1(\omega)}$，$\overline{F_2(\omega)}$ 分别为 $F_1(\omega)$，$F_2(\omega)$ 的共轭函数.

证明
$$\int_{-\infty}^{+\infty}f_1(x)f_2(x)\,\mathrm{d}x = \int_{-\infty}^{+\infty}f_1(x)\left[\frac{1}{2\pi}\int_{-\infty}^{+\infty}F_2(\omega)\,\mathrm{e}^{\mathrm{j}\omega x}\,\mathrm{d}\omega\right]\mathrm{d}x$$
$$= \frac{1}{2\pi}\int_{-\infty}^{+\infty}F_2(\omega)\left[\int_{-\infty}^{+\infty}f_1(x)\,\mathrm{e}^{\mathrm{j}\omega x}\,\mathrm{d}x\right]\mathrm{d}\omega.$$

因为 $F_1(\omega)$，$F_2(\omega)$ 在 $(-\infty, +\infty)$ 上绝对可积，因此积分次序可以交换；又 $f_1(x)$，$f_2(x)$ 均为 x 的实函数，所以

$$f_1(x)\,\mathrm{e}^{\mathrm{j}\omega x} = f_1(x)\,\overline{\mathrm{e}^{-\mathrm{j}\omega x}} = \overline{f_1(x)\,\mathrm{e}^{-\mathrm{j}\omega x}},$$

故
$$\int_{-\infty}^{+\infty}f_1(x)f_2(x)\,\mathrm{d}x = \frac{1}{2\pi}\int_{-\infty}^{+\infty}F_2(\omega)\left[\overline{\int_{-\infty}^{+\infty}f_1(x)\,\mathrm{e}^{-\mathrm{j}\omega x}\,\mathrm{d}x}\right]\mathrm{d}\omega$$
$$= \frac{1}{2\pi}\int_{-\infty}^{+\infty}\overline{F_1(\omega)}\,F_2(\omega)\,\mathrm{d}\omega.$$

同样可以证明

$$\int_{-\infty}^{+\infty}f_1(x)f_2(x)\,\mathrm{d}x = \frac{1}{2\pi}\int_{-\infty}^{+\infty}F_1(\omega)\,\overline{F_2(\omega)}\,\mathrm{d}\omega.$$

能量积分　设 $\mathscr{F}[f(x)] = F(\omega)$，则

$$\int_{-\infty}^{+\infty}[f(x)]^2\,\mathrm{d}x = \frac{1}{2\pi}\int_{-\infty}^{+\infty}|F(\omega)|^2\,\mathrm{d}\omega = \frac{1}{2\pi}\int_{-\infty}^{+\infty}S(\omega)\,\mathrm{d}\omega.$$

这一等式又称为 **Parseval 等式**. 其中，

$$S(\omega) = |F(\omega)|^2$$

称为**能量密度函数**(或称**能量谱密度**)，它可以决定函数 $f(x)$ 的能量分布规律，将它对所有频率积分就得到 $f(x)$ 的总能量 $\displaystyle\int_{-\infty}^{+\infty}[f(x)]^2\,\mathrm{d}x$.

Parseval 等式表明，在空域的能量与在频域的能量守恒. 显然，能量密度函数 $S(\omega)$ 是 ω 的偶函数，即

$$S(\omega) = S(-\omega)$$

利用乘积定理和能量积分还可以计算某些积分. 例如积分 $I = \int_0^\infty \dfrac{\sin^2 x}{x^2} \mathrm{d}x$，可以利用留数定理求解，但在这里，我们可以换个思路计算. 由例 7.1 我们知道，函数 $f(x) = \begin{cases} 1, & |x| \le 1, \\ 0, & |x| > 1 \end{cases}$ 的 Fourier 变换为 $F(\omega) = \dfrac{2\sin\omega}{\omega}$，利用 Parseval 等式，有

$$\int_{-1}^1 |1|^2 \mathrm{d}x = \frac{1}{2\pi} \int_{-\infty}^{+\infty} \left| \frac{2\sin\omega}{\omega} \right|^2 \mathrm{d}\omega = 2,$$

得到

$$\int_{-\infty}^{+\infty} \frac{\sin^2\omega}{\omega^2} \mathrm{d}\omega = \pi, \quad 即 \quad I = \int_0^{+\infty} \frac{\sin^2 x}{x^2} \mathrm{d}x = \frac{\pi}{2}.$$

7.4 Fourier 变换的卷积

7.3 节中我们介绍了关于 Fourier 变换的一些重要性质，本节要介绍 Fourier 变换的另一类重要性质，它们是分析线性系统极为有用的工具.

7.4.1 卷积的定义

设函数 $f_1(x)$ 和 $f_2(x)$ 在 $(-\infty, \infty)$ 有定义，如果广义积分

$$f_1(x) * f_2(x) = \int_{-\infty}^{\infty} f_1(\xi) f_2(x - \xi) \mathrm{d}\xi$$

存在，则定义此积分为 $f_1(x)$ 和 $f_2(x)$ 的**卷积**.

同样可以定义像函数的卷积

$$F_1(\omega) * F_2(\omega) = \int_{-\infty}^{\infty} F_1(\omega') F_2(\omega - \omega') \mathrm{d}\omega'.$$

卷积的运算符号 $*$ 也可用 $\otimes$ 表示.

二维卷积定义为

$$f_1(x, y) * f_2(x, y) = \int_{-\infty}^{\infty} \int_{-\infty}^{\infty} f_1(\xi, \eta) f_2(x - \xi, y - \eta) \mathrm{d}\xi \mathrm{d}\eta. \tag{7.32}$$

卷积运算较困难，借助图示法可容易理解一些，它涉及折叠、位移、相乘等几个过程.

7.4.2 卷积的性质

根据卷积的定义，很容易验证卷积以下的性质：

(1) 交换律 $\quad f_1(x) * f_2(x) = f_2(x) * f_1(x)$；

(2) 结合律 $\quad [f_1(x) * f_2(x)] * f_3(x) = f_1(x) * [f_2(x) * f_3(x)]$；

(3) 分配律 $\quad f_1(x) * [f_2(x) + f_3(x)] = f_1(x) * f_2(x) + f_1(x) * f_3(x)$.

卷积在 Fourier 分析的应用中有着十分重要的作用，这是由下面的卷积定理所决定的.

7.4.3　卷积定理

卷积定理　如果 $F_1(\omega) = \mathscr{F}[f_1(x)]$，$F_2(\omega) = \mathscr{F}[f_2(x)]$，则

$$\mathscr{F}[f_1(x) * f_2(x)] = F_1(\omega)F_2(\omega). \tag{7.33}$$

证明　利用 Fourier 变换的定义，有

$$
\begin{aligned}
\mathscr{F}[f_1(x) * f_2(x)] &= \int_{-\infty}^{\infty} \left[\int_{-\infty}^{\infty} f_1(\xi)f_2(x-\xi)\,\mathrm{d}\xi \right] \mathrm{e}^{-\mathrm{i}\omega x}\,\mathrm{d}x \\
&= \int_{-\infty}^{\infty} f_1(\xi) \left[\int_{-\infty}^{\infty} f_2(x-\xi)\mathrm{e}^{-\mathrm{i}\omega x}\,\mathrm{d}x \right] \mathrm{d}\xi \\
&= \int_{-\infty}^{\infty} f_1(\xi) \left[\int_{-\infty}^{\infty} f_2(x-\xi)\mathrm{e}^{-\mathrm{i}\omega(x-\xi)}\,\mathrm{d}(x-\xi) \right] \mathrm{e}^{-\mathrm{i}\omega\xi}\,\mathrm{d}\xi = F_1(\omega)F_2(\omega),
\end{aligned}
$$

对应的像函数的卷积定理是

$$\mathscr{F}^{-1}[F_1(\omega) * F_2(\omega)] = 2\pi f_1(x)f_2(x),$$

$$\mathscr{F}[f_1(x)f_2(x)] = \frac{1}{2\pi}F_1(\omega) * F_2(\omega). \tag{7.34}$$

从卷积定理中我们可以看到，由 Fourier 变换联系的两个空间，在一个空间是卷积运算，而在另一个空间是乘法运算，这个性质在线性系统分析中有重要的应用.

函数的 Fourier 变换和反演可以利用定义计算，也可以利用性质和卷积定理进行 Fourier 变换和反演，利用性质和卷积定理进行 Fourier 变换和反演往往可以避免复杂的运算.

当一个复杂的像函数 $F(\omega)$ 可以表示成简单函数 $F_1(\omega)F_2(\omega)$ 的乘积时，可以利用卷积定理求 Fourier 反演，即

$$\mathscr{F}^{-1}[F_1(\omega)F_2(\omega)] = f_1(x) * f_2(x). \tag{7.35}$$

当一个复杂函数可以表示成简单函数的乘积时，可以由简单函数的 Fourier 变换，利用卷积运算来确定复杂函数的 Fourier 变换，即利用卷积定理式(7.34)求 Fourier 变换.

从系统理论的角度简单推导 Kramers-Kronig 关系

对周期信号，我们可以用卷积的方式加以描述. 任何一个信号都可以看成是它单个周期内的信号经过周期延拓而成. 数学上可以表示为单个周期信号与周期脉冲序列卷积的结果. 若信号在一个周期内的表达式记为 $f_0(x)(-T/2 \leqslant x \leqslant T/2)$，周期信号 $f_T(x)$ 为

$$f_T(x) = f_0(x) * \delta_T(x),$$

其中，$\delta_T(x) = \displaystyle\sum_{n=-\infty}^{\infty} \delta(x-nT)$. 可利用卷积定理，计算其 Fourier 变换，

$$\mathscr{F}[f_T(x)] = \mathscr{F}[f_0(x) * \delta_T(x)] = \mathscr{F}[f_0(x)]\mathscr{F}[\delta_T(x)],$$

若记 $\mathscr{F}[f_0(x)] = F_0(\omega) = \displaystyle\int_{-T/2}^{T/2} f_0(t)\mathrm{e}^{-\mathrm{i}\omega x}\,\mathrm{d}x$，并由式(7.23b)，我们得到

$$\mathscr{F}[f_T(x)] = F_0(\omega) \cdot \omega_1 \sum_{n=-\infty}^{\infty} \delta(\omega - n\omega_1)$$

$$= F_0(\omega)\big|_{\omega = n\omega_1} \cdot \omega_1 \sum_{n=-\infty}^{\infty} \delta(\omega - n\omega_1).$$

这里利用了 δ 函数的乘法性质. 这与式(7.23a)的结果一致.

另一方面，在 A/D 转换中经常使用连续信号的时间采样，下面我们看看连续信号的采样后的 Fourier 变换.

若 $f(x)$ 为连续函数，理想采样信号为无限脉冲函数 $\delta_T(x) = \sum_{n=-\infty}^{\infty} \delta(x - nT)$，则采样信号为

$$f_s(x) = f(x)\delta_T(x) = f(x)\sum_{n=-\infty}^{\infty} \delta(x - nT).$$

取 Fourier 变换，我们得到

$$\mathscr{F}[f_s(x)] = \mathscr{F}\left[f(x)\sum_{n=-\infty}^{\infty} \delta(x - nT)\right] = \frac{1}{2\pi}\mathscr{F}[f(x)] * \mathscr{F}\left[\sum_{n=-\infty}^{\infty}\delta(x - nT)\right]$$

$$= \frac{1}{2\pi}F(\omega) * \left[\omega_1\sum_{n=-\infty}^{\infty}\delta(\omega - n\omega_1)\right],$$

其中，$\omega_1 = \dfrac{2\pi}{T}$，$F(\omega) = \displaystyle\int_{-\infty}^{\infty} f(x)\mathrm{e}^{-\mathrm{i}\omega x}\mathrm{d}x$. 利用 δ 函数的卷积性质，有

$$\mathscr{F}[f_s(x)] = \frac{1}{T}\sum_{n=-\infty}^{\infty} F(\omega - n\omega_1).$$

这是 $F(\omega)$ 的缩放后的周期复制，之间的间隔频率 $\omega_1 = \dfrac{2\pi}{T}$.

例 7.9 求如图 7-5 所示的矩形函数 $f(x) = \begin{cases} E_0, & |x| \le a; \\ 0, & |x| > a \end{cases}$ 的 Fourier 变换.

解 利用定义求其 Fourier 变换并不复杂，参见例 7.1. 下面介绍利用 Fourier 变换的性质来求像函数. 利用单位阶跃函数 $H(x)$ 可以把如图 7-5 所示的矩形函数写成如下的解析式：

$$f(x) = E_0[H(x + a) - H(x - a)],$$

利用单位阶跃函数的 Fourier 变换和延迟性质，有

$$\mathscr{F}[f(x)] = \mathscr{F}[E_0(H(x + a) - H(x - a))]$$

$$= E_0\mathrm{e}^{\mathrm{i}a\omega}\left[\frac{1}{\mathrm{i}\omega} + \pi\delta(\omega)\right] - E_0\mathrm{e}^{-\mathrm{i}a\omega}\left[\frac{1}{\mathrm{i}\omega} + \pi\delta(\omega)\right]$$

$$= 2E_0\frac{\sin a\omega}{\omega} + \pi E_0(\mathrm{e}^{\mathrm{i}a\omega} - \mathrm{e}^{-\mathrm{i}a\omega})\delta(\omega) \qquad (7.36)$$

$$= \frac{2E_0}{\omega}\sin a\omega.$$

说明：(1)如果分段定义如图 7-5 所示的函数，只能利用定义来求像函数，利用 $H(x)$ 函数可以将它写成定义在 $(-\infty, \infty)$ 上的函数，再利用 $H(x)$ 的性质来变换，多数情况可以简化计算.

（2）按 δ 函数的定义，它总要参与积分的运算才有意义，所以有关系式：
$$f(x)\delta(x - x_0) = f(x_0)\delta(x - x_0),$$
因此式(7.36)第二项为零.

（3）把如图 7-5 所示的函数右移 a 得到如图 7-6 所示的函数，可以利用延迟来求它的像函数：
$$\mathscr{F}[f(x - a)] = \frac{2E_0}{\omega}e^{-ia\omega}\sin a\omega.$$

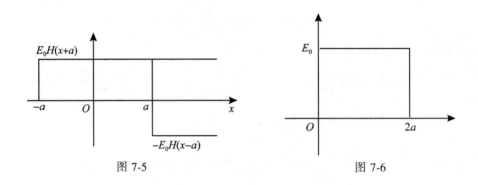

图 7-5　　　　　　　　　　　　　图 7-6

例 7.10　求函数 $f(x) = H(x)\sin ax$ 的 Fourier 变换. 从信号的角度来说，可以认为函数是在 $x = 0$ 时接通交流电源，它也是单位阶跃函数 $H(x)$ 调制的正弦信号.

解　利用 Fourier 变换的位移性质来求变换
$$\mathscr{F}[f(x)] = \mathscr{F}\left[\frac{e^{iax} - e^{-iax}}{2i}H(x)\right]$$
$$= \frac{1}{2i}\mathscr{F}[e^{iax}H(x)] - \frac{1}{2i}\mathscr{F}[e^{-iax}H(x)]$$
$$= \frac{1}{2i}\left[\frac{1}{i(\omega - a)} + \pi\delta(\omega - a)\right] - \frac{1}{2i}\left[\frac{1}{i(\omega + a)} + \pi\delta(\omega + a)\right]$$
$$= \frac{a}{a^2 - \omega^2} + \frac{\pi}{2i}[\delta(\omega - a) - \delta(\omega + a)].$$

利用 Fourier 变换的微分和积分性质，我们可将线性常系数微积分方程变为代数方程，通过解代数方程得到像函数，再求 Fourier 逆变换得微积分方程的解. 下面我们看两个具体例子.

例 7.11　利用 Fourier 变换求解微分积分方程
$$\frac{dy(x)}{dx} - a^2\int_{-\infty}^{x} y(\tau)d\tau = e^{-a|x|}, \quad a > 0.$$

注：$Y(0) = \int_{-\infty}^{+\infty} f(t)dt = 0$，$\mathscr{F}[e^{-a|x|}] = \dfrac{2a}{\omega^2 + a^2}$.

解　设 $\mathscr{F}[y(x)] = Y(\omega)$，对方程两边作 Fourier 变换，应用微分性质和积分性质可

得代数方程

$$i\omega Y(\omega) - \frac{a^2}{i\omega}Y(\omega) = \frac{2a}{\omega^2 + a^2},$$

整理得到像函数：

$$Y(\omega) = -\frac{2ai\omega}{(\omega^2 + a^2)^2} = \frac{i}{2}\frac{d}{d\omega}\left(\frac{2a}{\omega^2 + a^2}\right) = \frac{i}{2}\mathscr{F}\left[-ixe^{-a|x|}\right],$$

上式最后一个符号是利用像函数的导数公式，两边作 Fourier 逆变换可得

$$y(x) = \frac{1}{2}xe^{-a|x|}.$$

例 7.12 利用 Fourier 变换求解微分积分方程

$$\frac{dy(x)}{dx} + 2y(x) + \int_{x_0}^x y(\xi)d\xi = g(x)H(x).$$

解 设 $\mathscr{F}[y(x)] = Y(\omega)$，对方程两边进行 Fourier 变换，利用微分和积分性质得到

$$i\omega Y(\omega) + 2Y(\omega) + \frac{1}{i\omega}Y(\omega) = \mathscr{F}[g(x)H(x)],$$

整理得到像函数

$$Y(\omega) = \frac{i\omega}{-\omega^2 + 2i\omega + 1}\mathscr{F}[g(x)H(x)]. \tag{7.37}$$

再对式(7.37)进行 Fourier 反演就可以求得方程的解. 由于 $g(x)$ 是未知函数，不能直接反演，可以利用卷积定理进行反演. 先利用留数定理进行下式的反演：

$$\mathscr{F}^{-1}\left[\frac{i\omega}{-\omega^2 + 2i\omega + 1}\right] = \frac{1}{2\pi}\int_{-\infty}^{\infty}\frac{i\omega}{-(\omega - i)^2}e^{i\omega x}d\omega,$$

当 $x > 0$ 时，

$$\frac{1}{2\pi}\int_{-\infty}^{\infty}\frac{i\omega}{-(\omega - i)^2}e^{i\omega x}d\omega = i\frac{d}{d\omega}(-i\omega e^{i\omega x})\big|_{\omega = i} = (1 - x)e^{-x}; \tag{7.38}$$

当 $x < 0$ 时，

$$\mathscr{F}^{-1}\left[\frac{i\omega}{-\omega^2 + 2i\omega + 1}\right] = \frac{1}{2\pi}\int_{-\infty}^{\infty}\frac{i\omega}{-(\omega - i)^2}e^{i\omega x}d\omega$$

$$= \frac{1}{2\pi}\int_{-\infty}^{\infty}\frac{i\omega}{-(\omega - i)^2}e^{-i\omega|x|}d\omega$$

$$= -\frac{1}{2\pi}\int_{-\infty}^{\infty}\frac{i(-\omega)}{[-(-\omega) - i]^2}e^{i(-\omega)|x|}d(-\omega)$$

$$= \frac{1}{2\pi}\int_{-\infty}^{\infty}\frac{i\omega}{(\omega + i)^2}e^{i\omega|x|}d\omega = 0,$$

所以

$$\mathscr{F}^{-1}\left[\frac{i\omega}{-\omega^2 + 2i\omega + 1}\right] = (1 - x)e^{-x}H(x).$$

利用卷积定理，式(7.37)的反演式为

$$y(x) = (1 - x)\mathrm{e}^{-x}H(x) * g(x)H(x)$$
$$= \int_{-\infty}^{\infty} (1 - \xi)\mathrm{e}^{-\xi}H(\xi)g(x - \xi)H(x - \xi)\mathrm{d}\xi$$
$$= \int_{0}^{x} (1 - \xi)g(x - \xi)\mathrm{e}^{-\xi}\mathrm{d}\xi. \tag{7.39}$$

　　说明： (1)反演中要计算的积分是 Jordan 型积分，根据 Jordan 引理，必须 $x>0$，所以有式(7.38)，当 $x<0$ 时应该做一个如题中的变换，在本章的例 7.5 中已经使用过这个方法. 变换后，上半平面无极点，积分为 0. 也可利用 $x<0$ 时不变换，在下半平面无极点.

　　(2)利用卷积定理得到解的积分形式式(7.39)，利用积分变换求解非齐次常系数线性微分方程时常常利用卷积定理求特解.

　　(3)利用开关函数的定义决定式(7.39)的积分上下限，因为是 $H(\xi)H(x - \xi)$，故要同时满足 $\xi > 0$ 和 $x - \xi > 0$，所以有 $0 < \xi < x$，这就是积分的上下限.

　　从上面的例子可以看出，利用 Fourier 变换可以解微分和积分方程，它应该有三个步骤：第一，对方程两边进行变换，得到关于像函数的代数方程；第二，求解代数方程，得到像函数；第三，对像函数进行反演得到方程的解. 这也是利用积分变换解微分方程必须有的三个步骤.

7.5　三维 Fourier 变换

　　可以将一维 Fourier 变换和性质推广到三维，下面仅介绍三维 Fourier 变换中有关定义和一些关系式，并不作进一步证明.

7.5.1　三维 Fourier 变换

　　在直角坐标系中，
$$\boldsymbol{r} = x\boldsymbol{i} + y\boldsymbol{j} + z\boldsymbol{k}, \qquad \boldsymbol{\omega} = \omega_1 \boldsymbol{e}_1 + \omega_2 \boldsymbol{e}_2 + \omega_3 \boldsymbol{e}_3.$$
定义三维函数的 Fourier 变换
$$\mathscr{F}[f(x, y, z)] = \int_{-\infty}^{\infty} \int_{-\infty}^{\infty} \int_{-\infty}^{\infty} f(x, y, z)\mathrm{e}^{-\mathrm{i}(\omega_1 x + \omega_2 y + \omega_3 z)}\mathrm{d}x\mathrm{d}y\mathrm{d}z$$
$$= F(\omega_1, \omega_2, \omega_3).$$
在一般的正交坐标系中三维函数可以表示为 $f(\boldsymbol{r})$，定义 Fourier 变换为
$$\mathscr{F}[f(\boldsymbol{r})] = \iiint_{V} f(\boldsymbol{r})\mathrm{e}^{-\mathrm{i}\boldsymbol{\omega}\cdot\boldsymbol{r}}\mathrm{d}\boldsymbol{r} = F(\boldsymbol{\omega}),$$
在整个坐标空间 V 积分. $f(\boldsymbol{r})$ 是原函数，$F(\boldsymbol{\omega})$ 是像函数，$F(\boldsymbol{\omega})$ 定义的空间称为相空间或者 $\boldsymbol{\omega}$ 空间.

7.5.2　三维 Fourier 反演

　　在直角坐标系中，如果 $\mathscr{F}[f(x, y, z)] = F(\omega_1, \omega_2, \omega_3)$，定义三维 Fourier 反演为

$$f(x, y, z,) = \mathscr{F}^{-1}[F(\omega_1, \omega_2, \omega_3)]$$

$$= \frac{1}{(2\pi)^3} \int_{-\infty}^{\infty} \int_{-\infty}^{\infty} \int_{-\infty}^{\infty} F(\omega_1, \omega_2, \omega_3) e^{i(x\omega_1 + y\omega_2 + z\omega_3)} d\omega_1 d\omega_2 d\omega_3.$$

在一般的正交坐标系中, 如果 $F[f(\boldsymbol{r})] = F(\boldsymbol{\omega})$, 定义三维 Fourier 反演为

$$\mathscr{F}^{-1}[F(\boldsymbol{\omega})] = \frac{1}{(2\pi)^3} \iiint_{\Omega} F(\boldsymbol{\omega}) e^{i\boldsymbol{\omega} \cdot \boldsymbol{r}} d\boldsymbol{\omega},$$

要求在整个相空间 Ω 积分.

7.5.3 三维 δ 函数和它的 Fourier 变换

在直角坐标系中, δ 函数的 Fourier 变换为

$$\mathscr{F}[\delta(x - x_0)\delta(y - y_0)\delta(z - z_0)]$$

$$= \int_{-\infty}^{\infty} \int_{-\infty}^{\infty} \int_{-\infty}^{\infty} \delta(x - x_0)\delta(y - y_0)\delta(z - z_0) e^{-i(\omega_1 x + \omega_2 y + \omega_3 z)} dx dy dz$$

$$= e^{-i(\omega_1 x_0 + \omega_2 y_0 + \omega_3 z_0)},$$

它的 Fourier 积分是

$$\delta(x - x_0)\delta(y - y_0)\delta(z - z_0) = \frac{1}{(2\pi)^3} \int_{-\infty}^{\infty} \int_{-\infty}^{\infty} \int_{-\infty}^{\infty} e^{\pm i[(x-x_0)\omega_1 + (y-y_0)\omega_2 + (z-z_0)\omega_3]} d\omega_1 d\omega_2 d\omega_3.$$

在一般的正交坐标系中, δ 函数的 Fourier 变换为

$$\mathscr{F}[\delta(\boldsymbol{r} - \boldsymbol{r}_0)] = \iiint_{V} \delta(\boldsymbol{r} - \boldsymbol{r}_0) e^{-i\boldsymbol{\omega} \cdot \boldsymbol{r}} d\boldsymbol{r} = e^{-i\boldsymbol{\omega} \cdot \boldsymbol{r}_0},$$

它的 Fourier 积分是

$$\delta(\boldsymbol{r} - \boldsymbol{r}_0) = \frac{1}{(2\pi)^3} \iiint_{\Omega} e^{\pm i(\boldsymbol{r} - \boldsymbol{r}_0) \cdot \boldsymbol{\omega}} d\boldsymbol{\omega}.$$

7.5.4 偏导数的 Fourier 变换

在直角坐标下, 如果 $\mathscr{F}[f(x, y, z)] = F(\omega_1, \omega_2, \omega_3)$, 则有

$$\mathscr{F}\left[\frac{\partial f(x, y, z)}{\partial x}\right] = i\omega_1 F(\omega_1, \omega_2, \omega_3),$$

$$\mathscr{F}\left[\frac{\partial f(x, y, z)}{\partial y}\right] = i\omega_2 F(\omega_1, \omega_2, \omega_3),$$

$$\mathscr{F}\left[\frac{\partial f(x, y, z)}{\partial z}\right] = i\omega_3 F(\omega_1, \omega_2, \omega_3).$$

高阶偏导数的 Fourier 变换是

$$\mathscr{F}\left[\frac{\partial^n f(x, y, z)}{\partial x^n}\right] = (i\omega_1)^n F(\omega_1, \omega_2, \omega_3),$$

$$\mathscr{F}\left[\frac{\partial^n f(x, y, z)}{\partial y^n}\right] = (i\omega_2)^n F(\omega_1, \omega_2, \omega_3),$$

$$\mathscr{F}\left[\frac{\partial^n f(x, y, z)}{\partial z^n}\right] = (i\omega_3)^n F(\omega_1, \omega_2, \omega_3).$$

7.5.5　三维函数的卷积和卷积定理

在直角坐标系中三维函数的卷积定义是

$$f_1(x,\ y,\ z) * f_2(x,\ y,\ z) = \int_{-\infty}^{\infty} \int_{-\infty}^{\infty} \int_{-\infty}^{\infty} f_1(x',\ y',\ z')f_2(x - x',\ y - y',\ z - z')\mathrm{d}x'\mathrm{d}y'\mathrm{d}z'.$$

在一般的正交坐标系中，三维函数的卷积定义是

$$f_1(\boldsymbol{r}) * f_2(\boldsymbol{r}) = \iiint\limits_{V} f_1(\boldsymbol{r}')f_2(\boldsymbol{r} - \boldsymbol{r}')\mathrm{d}\boldsymbol{r}'.$$

在三维直角坐标系中，卷积定理应该是

$$\mathscr{F}[f_1(x,\ y,\ z) * f_2(x,\ y,\ z)] = F_1(\omega_1,\ \omega_2,\ \omega_3)F_2(\omega_1,\ \omega_2,\ \omega_3),$$

或者

$$\mathscr{F}^{-1}[F_1(\omega_1,\ \omega_2,\ \omega_3)F_2(\omega_1,\ \omega_2,\ \omega_3)] = f_1(x,\ y,\ z) * f_2(x,\ y,\ z).$$

在一般的正交坐标系中，卷积定理应该是

$$\mathscr{F}[f_1(\boldsymbol{r}) * f_2(\boldsymbol{r})] = F_1(\boldsymbol{\omega})F_2(\boldsymbol{\omega}),$$

或者

$$\mathscr{F}^{-1}[F_1(\boldsymbol{\omega})F_2(\boldsymbol{\omega})] = f_1(\boldsymbol{r}) * f_2(\boldsymbol{r}).$$

例 7.13　证明　$\mathscr{F}[\mathrm{rect}(x)\mathrm{rect}(y)] = \mathrm{sinc}\left(\dfrac{\omega_x}{2\pi}\right)\mathrm{sinc}\left(\dfrac{\omega_y}{2\pi}\right)$

式中：$\mathrm{rect}(x)$ 为矩形函数，定义为

$$\mathrm{rect}\left(\frac{x - x_0}{a}\right) = \begin{cases} 1, & \left|\dfrac{x - x_0}{a}\right| \leqslant \dfrac{1}{2}, \\ 0, & \left|\dfrac{x - x_0}{a}\right| \geqslant \dfrac{1}{2}. \end{cases}$$

如图 7-7 所示，a 为矩形的宽度；而 sinc 函数的定义是

$$\mathrm{sinc}\left(\frac{x - x_0}{a}\right) = \frac{\sin\dfrac{\pi(x - x_0)}{a}}{\dfrac{\pi(x - x_0)}{a}}.$$

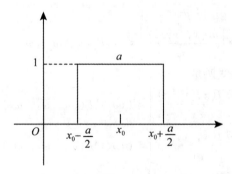

图 7-7

证明 根据定义, 有

$$\mathrm{rect}(x) = \begin{cases} 1, & |x| \leqslant \dfrac{1}{2}, \\ 0, & |x| \geqslant \dfrac{1}{2}. \end{cases}$$

同理

$$\mathrm{rect}(y) = \begin{cases} 1, & |y| \leqslant \dfrac{1}{2}, \\ 0, & |y| \geqslant \dfrac{1}{2}. \end{cases}$$

而 $\mathrm{sinc}(x) = \dfrac{\sin\pi x}{\pi x}$, 所以

$$\begin{aligned}\mathscr{F}[\,\mathrm{rect}(x)\mathrm{rect}(y)\,] &= \int_{-\infty}^{+\infty}\int_{-\infty}^{+\infty} \mathrm{rect}(x)\mathrm{rect}(y)\mathrm{e}^{-\mathrm{i}(\omega_x x + \omega_y y)}\mathrm{d}x\mathrm{d}y \\ &= \int_{-\frac{1}{2}}^{\frac{1}{2}}\int_{-\frac{1}{2}}^{\frac{1}{2}} \mathrm{e}^{-\mathrm{i}(\omega_x x + \omega_y y)}\mathrm{d}x\mathrm{d}y = \int_{-\frac{1}{2}}^{\frac{1}{2}} \mathrm{e}^{-\mathrm{i}\omega_x x}\mathrm{d}x \int_{-\frac{1}{2}}^{\frac{1}{2}} \mathrm{e}^{-\mathrm{i}\omega_y y}\mathrm{d}y.\end{aligned}$$

又

$$\int_{-\frac{1}{2}}^{\frac{1}{2}} \mathrm{e}^{-\mathrm{i}\omega_x x}\mathrm{d}x = -\frac{1}{\mathrm{i}\omega_x}(\mathrm{e}^{-\mathrm{i}\omega_x/2} - \mathrm{e}^{\mathrm{i}\omega_x/2}) = \frac{2\sin\dfrac{\omega_x}{2}}{\omega_x} = \frac{\sin\left(\pi\dfrac{\omega_x}{2\pi}\right)}{\pi\dfrac{\omega_x}{2\pi}} = \mathrm{sinc}\left(\frac{\omega_x}{2\pi}\right),$$

同理

$$\int_{-\frac{1}{2}}^{\frac{1}{2}} \mathrm{e}^{-\mathrm{i}\omega_y y}\mathrm{d}y = \mathrm{sinc}\left(\frac{\omega_y}{2\pi}\right),$$

从而

$$\mathscr{F}[\,\mathrm{rect}(x)\mathrm{rect}(y)\,] = \mathrm{sinc}\left(\frac{\omega_x}{2\pi}\right)\mathrm{sinc}\left(\frac{\omega_y}{2\pi}\right).$$

故命题得证.

例 7.14 利用 Fourier 变换解三维无界区域的 Poisson 方程

$$\frac{\partial^2 u(x,\,y,\,z)}{\partial x^2} + \frac{\partial^2 u(x,\,y,\,z)}{\partial y^2} + \frac{\partial^2 u(x,\,y,\,z)}{\partial z^2} = -\rho(x,\,y,\,z),\quad -\infty < x,\,y,\,z < \infty.$$

解 和例 7.11、例 7.12 一样, 利用 Fourier 变换解偏微方程时也应该有三个步骤: 变换、整理和反演. 假设 $\mathscr{F}[u(x,\,y,\,z)] = \tilde{u}(\omega_1,\,\omega_2,\,\omega_3)$, $\mathscr{F}[\rho(x,\,y,\,z)] = \tilde{\rho}(\omega_1,\,\omega_2,\,\omega_3)$, 对方程两边进行 Fourier 变换, 并利用偏导数的 Fourier 变换性质, 有

$$[(\mathrm{i}\omega_1)^2 + (\mathrm{i}\omega_2)^2 + (\mathrm{i}\omega_3)^2]\tilde{u}(\omega_1,\,\omega_2,\,\omega_3) = -\tilde{\rho}(\omega_1,\,\omega_2,\,\omega_3).$$

整理得到

$$\tilde{u}(\omega_1,\,\omega_2,\,\omega_3) = \frac{1}{\omega_1^2 + \omega_2^2 + \omega_3^3}\tilde{\rho}(\omega_1,\,\omega_2,\,\omega_3).$$

若 $|\boldsymbol{\omega}|^2 = \omega^2 = \omega_1^2 + \omega_2^2 + \omega_3^2$, 可以将上式写成在一般正交坐标系中的表达式:

$$\tilde{u}(\boldsymbol{\omega}) = \frac{1}{\omega^2}\tilde{\rho}(\boldsymbol{\omega}).$$

为了利用卷积定理，先进行下面的反演：

$$\mathscr{F}^{-1}\left[\frac{1}{\omega^2}\right]=\frac{1}{(2\pi)^3}\iiint_{\Omega}\frac{1}{\omega^2}e^{i\boldsymbol{\omega}\cdot r}d\boldsymbol{\omega} \tag{7.40}$$

$$=\frac{1}{(2\pi)^3}\int_0^{\infty}\int_0^{\pi}\int_0^{2\pi}\frac{1}{\omega^2}e^{i\omega r\cos\theta}\omega^2\sin\theta d\omega d\theta d\varphi \tag{7.41}$$

$$=\frac{1}{(2\pi)^2}\int_0^{\infty}d\omega\int_0^{\pi}\left(\frac{-1}{ir\omega}\right)e^{i\omega r\cos\theta}d(i\omega r\cos\theta)$$

$$=\frac{1}{(2\pi)^2}\int_0^{\infty}\frac{1}{ir\omega}(e^{i\omega r}-e^{-i\omega r})d\omega$$

$$=\frac{1}{(2\pi)^2}\frac{1}{r}\int_0^{\infty}2\frac{\sin\omega r}{\omega r}d(\omega r)=\frac{1}{4\pi r}.$$

在一般正交坐标系中，利用三维卷积定理，得到方程的解为

$$u(\boldsymbol{r})=\frac{1}{4\pi r}*\rho(\boldsymbol{r})=\frac{1}{4\pi}\iiint_V\frac{\rho(\boldsymbol{r}')}{|\boldsymbol{r}-\boldsymbol{r}'|}d\boldsymbol{r}',$$

在三维直角坐标系中方程的解是

$$u(x,\ y,\ z)=\frac{1}{4\pi\sqrt{x^2+y^2+z^2}}*\rho(x,\ y,\ z)$$

$$=\frac{1}{4\pi}\int_{-\infty}^{\infty}\int_{-\infty}^{\infty}\int_{-\infty}^{\infty}\frac{\rho(x',\ y',\ z')}{\sqrt{(x-x')^2+(y-y')^2+(z-z')^2}}dx'dy'dz'.$$

说明：式(7.40)到式(7.41)采用球坐标，可以将式(7.39)中的 $\boldsymbol{r}$ 看成参量，以它为确定的方向建立 $\boldsymbol{\omega}$ 空间的球坐标，类似直角坐标系以 z 轴为确定的方向建立球坐标.

习 题 七

（一）

7.1　根据式(7.4a)，推出函数 $f(x)$ 的 Fourier 积分公式的三角形式：

$$f(x)=\frac{1}{\pi}\int_0^{+\infty}\left[\int_{-\infty}^{+\infty}f(\tau)\cos\omega(x-\tau)d\tau\right]d\omega.$$

7.2　试证：若 $f(x)$ 满足傅氏积分定理的条件，则有

$$f(x)=\int_0^{+\infty}A(\omega)\cos\omega xd\omega+\int_0^{+\infty}B(\omega)\sin\omega xd\omega,$$

其中，$A(\omega)=\frac{1}{\pi}\int_{-\infty}^{+\infty}f(\tau)\cos\omega\tau d\tau$，$B(\omega)=\frac{1}{\pi}\int_{-\infty}^{+\infty}f(\tau)\sin\omega\tau d\tau$.

7.3　求下列函数的 Fourier 变换：

(1) $f(x)=e^{-a|x|}$，$a>0$；　　　　　　(2) $f(x)=\cos x\sin x$；

(3) $f(x)=\frac{1}{2}[\delta(x+a)+\delta(x-a)]$；　　(4) $f(x)=x^2$；

(5) $f(x) = \mathrm{e}^{-ax^2}$, $a > 0$; $\qquad$ (6) $f(x) = x\mathrm{e}^{-ax^2}$, $a > 0$;

(7) $f(x) = \begin{cases} 1 - x^2, & x^2 < 1, \\ 0, & x^2 > 1; \end{cases}$ $\qquad$ (8) $f(x) = \begin{cases} 0, & x < 0, \\ \mathrm{e}^{-x}\sin 2x, & x \geqslant 0. \end{cases}$

7.4 定义 $\mathrm{sgn} x = \begin{cases} 1, & x > 0, \\ -1, & x < 0 \end{cases}$ 为符号函数，求符号函数的 Fourier 变换.

7.5 证明 Fourier 变换的相似性质：$\mathscr{F}[f(ax)] = \dfrac{1}{|a|} F\left(\dfrac{\omega}{a}\right)$.

7.6 求 $f(x) = \sin\left(5x + \dfrac{\pi}{3}\right)$ 的 Fourier 变换.

7.7 试求下列有限波列的 Fourier 变换 $F(\omega)$：

$\quad$ (1) $f(x) = \begin{cases} \cos 2\pi v_0 x, & |x| < T, \\ 0, & |x| \geqslant T; \end{cases}$ $\quad$ (2) $f(x) = \begin{cases} \dfrac{1}{2} + \dfrac{1}{2}\cos\dfrac{\pi x}{T}, & |x| < T, \\ 0, & |x| \geqslant T. \end{cases}$

7.8 试求阻尼正弦波 $f(x) = \begin{cases} \mathrm{e}^{-ax}\sin 2\pi v_0 x, & x \geqslant 0, \ a > 0, \\ 0, & x < 0 \end{cases}$ 的 Fourier 变换 $F(\omega)$.

7.9 试求函数 $f(x) = \begin{cases} 1 - \dfrac{|x|}{2}, & |x| < 2, \\ 0, & |x| \geqslant 2 \end{cases}$ 的 Fourier 变换，并证明：

$$\int_0^\infty \frac{\sin^2\omega\cos\omega x}{\omega^2}\mathrm{d}\omega = \begin{cases} \dfrac{\pi}{2}\left(1 - \dfrac{|x|}{2}\right), & |x| < 2, \\ 0, & |x| \geqslant 2. \end{cases}$$

7.10 试求函数 $f(x) = \begin{cases} \sin x, & |x| < \pi, \\ 0, & |x| \geqslant \pi \end{cases}$ 的 Fourier 变换，并证明：

$$\int_0^\infty \frac{\sin\omega\pi\sin\omega x}{1 - \omega^2}\mathrm{d}\omega = \begin{cases} \dfrac{\pi}{2}\sin x, & |x| < \pi, \\ 0, & |x| \geqslant \pi. \end{cases}$$

7.11 试求函数 $f(x) = x\mathrm{e}^{-x^2}$ 的 Fourier 变换，并证明：
$$\int_0^\infty \omega\mathrm{e}^{-\omega^2/4}\sin\omega x\,\mathrm{d}\omega = 2\sqrt{\pi}\,x\mathrm{e}^{-x^2}.$$

7.12 设 $F(\omega) = \mathscr{F}[f(x)]$，试证 $F(\omega)$ 与 $f(x)$ 的奇偶性相同.

7.13 若 $\mathscr{F}[f(x)] = F(\omega)$，试证明：

$\quad$ (1) $f(x)$ 为实函数的充要条件是 $F(\omega)$ 满足 $F(-\omega) = \overline{F(\omega)}$；

$\quad$ (2) $f(x)$ 为纯虚数的充要条件是 $F(\omega)$ 满足 $F(-\omega) = -\overline{F(\omega)}$.

7.14 证明：若 $\mathscr{F}[\mathrm{e}^{\mathrm{i}\varphi(x)}] = F(\omega)$，其中 $\varphi(x)$ 为一实函数，则

$$\mathscr{F}[\cos\varphi(x)] = \frac{1}{2}[F(\omega) + \overline{F(-\omega)}],$$

$$\mathscr{F}[\sin\varphi(x)] = \frac{1}{2\mathrm{i}}[F(\omega) - \overline{F(-\omega)}],$$

其中, $\overline{F(-\omega)}$ 为 $F(-\omega)$ 的共轭函数.

（二）

7.15　求下列函数的 Fourier 变换 $F(\omega)$:

　　　$(1)\, f(x) = \dfrac{1}{a^2 + x^2}\ \ (a > 0)$;　　$(2)\, f(x) = \dfrac{\sin^2 x}{x^2}$.

7.16　已知 $F(\omega) = \begin{cases} 1, & |\omega| < a, \\ 0, & |\omega| > a \end{cases}$ 是 $f(x)$ 的 Fourier 变换, 试求 $f(x)$.

7.17　利用 Fourier 变换求解积分方程:

$$\int_{-\infty}^{\infty} \frac{y(\xi)}{(x - \xi)^2 + a^2} \mathrm{d}\xi = \frac{1}{x^2 + b^2},\quad 0 < a < b.$$

7.18　求解微积分方程: $\dfrac{\mathrm{d}y(x)}{\mathrm{d}x} - \displaystyle\int_{-\infty}^{x} y(\tau)\mathrm{d}\tau = \mathrm{e}^{-|x|}$ 的解. 其中 $-\infty < x < \infty$.

7.19　求解积分方程: $\displaystyle\int_{-\infty}^{x} \mathrm{e}^{-|x-\tau|} y(\tau)\mathrm{d}\tau = \sqrt{2\pi}\,\mathrm{e}^{-x^2/2}$.

7.20　利用 Fourier 变换求解微分方程:

$$\frac{\mathrm{d}^2 y(x)}{\mathrm{d}x^2} + 2\gamma \frac{\mathrm{d}y(x)}{\mathrm{d}x} + \omega_0^2 y(x) = f(x)H(x),\quad \omega_0 > \gamma > 0.$$

7.21　利用卷积公式证明 Fourier 变换的积分公式.

　　　设 $\mathscr{F}[f(x)] = F(\omega)$, 若 $\displaystyle\lim_{x \to \infty} \int_{-\infty}^{x} f(\xi)\mathrm{d}\xi = F(0) \neq 0$, 则

$$\mathscr{F}\left[\int_{-\infty}^{x} f(\xi)\mathrm{d}\xi\right] = \frac{F(\omega)}{\mathrm{i}\omega} + \pi F(0)\delta(\omega).$$

第8章　Laplace 变换

Laplace 变换在电学、力学、控制论等科学与工程技术领域有着广泛的应用. 由于它对像原函数 $f(t)$ 的要求比 Fourier 变换弱，因此，在某些问题上，它比 Fourier 变换的应用面要广. Laplace 变换将定义在一维半无界的实变函数变换成复变函数，所以可以利用解析函数的理论来研究 Laplace 变换. 本章先从 Fourier 变换的定义出发，导出 Laplace 变换的表达式，并给出它的一些基本性质；然后讨论其逆变换的表达式——反演积分公式，并给出像函数的求法；最后介绍 Laplace 变换的应用.

8.1　Laplace 变换

上一章介绍的 Fourier 变换在许多领域中发挥了重要作用，特别是在信号处理领域，直到今天它仍然是最基本的分析和处理工具，甚至可以说信号分析本质上即是 Fourier 分析(频谱分析). 但 Fourier 变换有它的局限性. 因为 Fourier 变换是建立在 Fourier 积分基础上的，函数除要满足狄氏条件外，它还要在 $(-\infty, +\infty)$ 上绝对可积，才有古典意义下的 Fourier 变换. 而绝对可积是一个相当强的条件，即使是一些很简单的函数(如线性函数、正弦与余弦函数等)都不满足此条件. 引入 δ 函数后，Fourier 变换的适用范围被拓宽了许多，使得一些"缓增"函数(如常数、符号函数、正弦与余弦函数等)也能进行 Fourier 变换，但对于以指数级增长的函数仍无能为力. 另外，进行 Fourier 变换必须在整个实轴上有定义，但在实际工程问题中，许多以时间 t 作为自变量的函数在 $t<0$ 时是无意义的，或者是不需要考虑的. 因此在使用 Fourier 变换处理问题时，具有一定的局限性.

能否对函数 $f(t)$ 作适当变换，来克服以上的不足呢？回答是肯定的，其基本想法是：首先通过单位阶跃函数 $H(t)$ 使函数 $f(t)$ 在 $t<0$ 的部分充零(或补零)，其次对函数 $f(t)$ 在 $t>0$ 的部分加上一个衰减指数函数 $e^{-\beta t}$ 以降低其"增长"速度，这样就使 $f(t)$ 的增长速度不超过指数函数 $e^{\beta t}$ 的函数 $f(t)e^{-\beta t}H(t)$，满足 Fourier 积分条件，从而可以对它进行 Fourier 变换.

如果 $f(t)e^{-\beta t}H(t)$(β 为实数)满足 Fourier 积分定理的条件，则

$$\mathscr{F}[f(t)e^{-\beta t}H(t)] = \int_{-\infty}^{\infty} f(t)e^{-\beta t}H(t)e^{-i\omega t}dt = \int_{0}^{\infty} f(t)e^{-(\beta+i\omega)t}dt,$$

若记 $p = \beta + i\omega$，则上式积分是复变数 p 的函数，有

$$\mathscr{F}[f(t)e^{-\beta t}H(t)] = \int_{0}^{\infty} f(t)e^{-(\beta+i\omega)t}dt = \int_{0}^{\infty} f(t)e^{-pt}dt = F(p). \tag{8.1}$$

实际上，$F(p)$ 是由 $f(t)$ 通过一种新的积分变换得到的，这种变换称为 Laplace 变换.

8.1.1 Laplace 变换的定义

若函数 $f(t)$ 在 $t \geq 0$ 有定义，且积分

$$\int_0^\infty f(t) e^{-pt} dt \quad (p = \beta + i\omega, \ \beta, \ \omega \text{ 为实数})$$

在 p 的某一区域内收敛，则由此积分定义的 p 的复变函数

$$F(p) = \int_0^\infty f(t) e^{-pt} dt \tag{8.2}$$

称为 $f(t)$ 的 Laplace 变换，记为

$$F(p) = \mathscr{L}[f(t)],$$

Laplace 变换可
以通过替换转
变为卷积问题

式中，$\mathscr{L}$ 为 Laplace 变换算符；$F(p)$ 称为像函数，$f(t)$ 称为像原函数. Laplace 反演或逆变换为

$$\mathscr{L}^{-1}[F(p)] = f(t). \tag{8.3}$$

$\mathscr{L}^{-1}$ 为 Laplace 逆变换算符，显然 $\mathscr{L}^{-1}\mathscr{L}[f(t)] = f(t)$，$\mathscr{L}\mathscr{L}^{-1}[F(p)] = F(p)$，所以在形式上成立：

$$\mathscr{L}\mathscr{L}^{-1} = 1, \quad \mathscr{L}^{-1}\mathscr{L} = 1.$$

从上面的讨论可知，Fourier 变换是实变数 ω 的复值函数，而 Laplace 变换是复变数 $p = \beta + i\omega$ 的复值函数. 函数 $f(t)$ 的 Laplace 变换就是 $f(t)e^{-\beta t}H(t)$ 的 Fourier 变换，也可以借助 Fourier 变换来定义 Laplace 变换，其关系如式(8.1)所示，这样可以更好地理解参数 β、ω 的数学含义，利用式(8.1)可以求得 Laplace 反演的计算公式.

8.1.2 Laplace 变换存在的条件

定理 8.1(Laplace 变换存在定理) 如果 $f(t)$ 满足下列条件：(1)在 $t < 0$ 时恒为零，$t \geq 0$ 时连续或分段连续；(2)当 $t \to \infty$ 时，$f(t)$ 的增长速度不超过某一指数函数，即有 $|f(t)| \leq M e^{\beta_0 t}$($M$, β_0 为实数，此时称 $f(t)$ 的增长为指数级的，β_0 为增长指数)，则 $f(t)$ 的 Laplace 变换

$$F(p) = \int_0^\infty f(t) e^{-pt} dt$$

在右半平面 ${\rm Re}\, p > \beta_0$ 内存在，而且 $F(p)$ 在 ${\rm Re}\, p > \beta_0$ 内是解析函数.

证明 因为 $\beta = {\rm Re}\, p$，如果 ${\rm Re}\, p > \beta_0$，即 $\beta - \beta_0 > 0$. 取式(8.2)的绝对值，下列不等式成立：

$$\left| \int_0^\infty f(t) e^{-pt} dt \right| \leq \int_0^\infty |f(t)| e^{-\beta t} dt \leq M \int_0^\infty e^{-(\beta - \beta_0)t} dt = \frac{M}{\beta - \beta_0},$$

这说明在 ${\rm Re}\, p > \beta_0$ 内积分 $\int_0^\infty f(t) e^{-pt} dt$ 存在，并且一致收敛，所以有下列关系式：

$$\frac{{\rm d}F(p)}{{\rm d}p} = \int_0^\infty \frac{\rm d}{{\rm d}p}[f(t) e^{-pt}] dt = \int_0^\infty (-t) f(t) e^{-pt} dt. \tag{8.4}$$

对式(8.4)取绝对值，则下式成立：

$$\left| \int_0^\infty (-t)f(t)\mathrm{e}^{-pt}\mathrm{d}t \right| \leqslant M\int_0^\infty t\mathrm{e}^{-(\beta-\beta_0)t}\mathrm{d}t. \tag{8.5}$$

式(8.5)右边的积分存在,所以 $\dfrac{\mathrm{d}F(p)}{\mathrm{d}p}$ 存在,$F(p)$ 在 $\mathrm{Re}p > \beta_0$ 解析,根据复变函数理论,$F(p)$ 的任意阶导数在 $\mathrm{Re}p > \beta_0$ 都解析.

和 Fourier 变换相比,除了自变量取值的范围不一样外,Laplace 变换对函数的要求似乎要弱得多,因为并不需要函数绝对可积,只要求满足 $|f(t)| \leqslant M\mathrm{e}^{\beta_0 t}$,即 $f(t)$ 的增长是指数级的. 物理和工程技术中常见的函数大多数都满足此条件,如常数、$\sin\omega t$、t^n 等,即使是指数增长型的函数如 $\mathrm{e}^{at}(a > 0,\ t > 0)$,其 Laplace 变换仍然存在,而其 Fourier 变换不存在. 因此,Laplace 变换比 Fourier 变换的应用范围要广. 但对于 $\mathrm{e}^{t^a}(t > 0,\ \alpha > 1)$ 这类函数,如 e^{t^2},$t\mathrm{e}^{t^{1.1}}$ 等函数,其 Laplace 变换不存在.

满足 Fourier 积分定理条件的函数的像函数在 $-\infty < \omega < \infty$ 内存在,而满足条件 $|f(t)| \leqslant M\mathrm{e}^{\beta_0 t}$ 的函数的 Laplace 像函数仅仅在 $\mathrm{Re}p > \beta_0$ 存在.

例 8.1 求函数 $f(t) = \mathrm{e}^{at}$ 的 Laplace 变换.

解 利用 Laplace 变换的定义,有积分

$$\mathscr{L}\left[\mathrm{e}^{at}\right] = \int_0^\infty \mathrm{e}^{at}\mathrm{e}^{-pt}\mathrm{d}t = \int_0^\infty \mathrm{e}^{(a-p)t}\mathrm{d}t = \frac{1}{p - \alpha}, \quad \mathrm{Re}(p - \alpha) > 0. \tag{8.6}$$

特别地,若 $\alpha = 0$,有

$$\mathscr{L}\left[H(t)\right] = \int_0^\infty \mathrm{e}^{-pt}\mathrm{d}t = \frac{1}{p}, \quad \mathrm{Re}p > 0, \tag{8.7}$$

可以得到以下的 Laplace 逆变换:

$$\mathscr{L}^{-1}\left[\frac{1}{p}\right] = H(t).$$

说明:条件 $\mathrm{Re}(p - \alpha) > 0$ 是积分存在的条件,也是像函数存在的范围. 以 $\dfrac{1}{p}$ 为例,它作为复变函数在 $p \neq 0$ 的 p 平面解析,但它作为 $H(t)$ 的像函数只能在 $\mathrm{Re}p > 0$ 成立.

例 8.2 求 $\delta(t)$ 函数的 Laplace 变换.

解 按 $\delta(t)$ 函数的定义,它的 Laplace 变换是

$$\mathscr{L}\left[\delta(t)\right] = \int_{0^-}^\infty \delta(t)\mathrm{e}^{-pt}\mathrm{d}t = 1, \tag{8.8}$$

式中,$0^- = 0 - \varepsilon(\varepsilon > 0$ 的一个任意小量),积分区间要通过 0 点.

例 8.3 求 $f(t) = t^\alpha(\alpha > -1$ 的实数)的 Laplace 变换.

解 利用第 5 章例 5.15 的计算结果式(5.31),有

$$\int_0^\infty t^\alpha \mathrm{e}^{-pt}\mathrm{d}t = \frac{\Gamma(\alpha + 1)}{p^{\alpha+1}}, \quad \alpha > -1,\ \mathrm{Re}p > 0,$$

所以 $f(t) = t^\alpha$ 的 Laplace 变换是

$$\mathscr{L}\left[t^\alpha\right] = \int_0^\infty t^\alpha \mathrm{e}^{-pt}\mathrm{d}t = \frac{\Gamma(\alpha + 1)}{p^{\alpha+1}}, \quad \mathrm{Re}p > 0. \tag{8.9a}$$

因为 $\Gamma\left(\dfrac{1}{2}\right) = \sqrt{\pi}$，所以有

$$\mathscr{L}\left[\frac{1}{\sqrt{t}}\right] = \sqrt{\frac{\pi}{p}}. \tag{8.9b}$$

当 α 是自然数时，有

$$\mathscr{L}\left[t^m\right] = \frac{m!}{p^{m+1}}, \quad \mathrm{Re}\,p > 0. \tag{8.10}$$

可以得到以下的 Laplace 逆变换：

$$\mathscr{L}^{-1}\left[\frac{1}{p^{\alpha+1}}\right] = \frac{t^{\alpha}}{\Gamma(\alpha+1)}, \qquad \mathscr{L}^{-1}\left[\frac{1}{p^{m+1}}\right] = \frac{t^m}{m!}, \quad \mathrm{Re}\,p > 0. \tag{8.11}$$

例题 8.1、例题 8.2 和例题 8.3 中给出的式(8.6)~式(8.11)可作为基本公式使用.

8.2　Laplace 变换的性质

在以下介绍的性质中，假设函数 $f(t)$ 的 Laplace 变换存在，有 $\mathscr{L}[f(t)] = F(p)$，并假设 $\mathscr{L}^{-1}[F(p)] = f(t)$.

8.2.1　线性性质

由于 $\mathscr{L}$ 是线性算符，如果 α_1，α_2 是常数，则有

$$\mathscr{L}\left[\alpha_1 f_1(t) + \alpha_2 f_2(t)\right] = \alpha_1 \mathscr{L}[f_1(t)] + \alpha_2 \mathscr{L}[f_2(t)] = \alpha_1 F_1(p) + \alpha_2 F_2(p). \tag{8.12}$$

两边作用 $\mathscr{L}^{-1}$，利用 $\mathscr{L}\mathscr{L}^{-1} = 1$，有

$$\mathscr{L}^{-1}\left[\alpha_1 F_1(p) + \alpha_2 F_2(p)\right] = \alpha_1 \mathscr{L}^{-1}[F_1(p)] + \alpha_2 \mathscr{L}^{-1}[F_2(p)] = \alpha_1 f_1(t) + \alpha_2 f_2(t). \tag{8.13}$$

该性质很容易由 Laplace 变换的定义证明，请读者自己完成. 该性质表明，函数线性组合的 Laplace 变换等于各函数 Laplace 变换的线性组合，即 Laplace 变换是线性变换.

例 8.4　求正弦函数 $\sin\omega t$ 和余弦函数 $\cos\omega t$ 的 Laplace 变换.

解　由于 $\cos\omega t = \dfrac{\mathrm{e}^{\mathrm{i}\omega t} + \mathrm{e}^{-\mathrm{i}\omega t}}{2}$，根据 Laplace 变换式(8.6)及线性性质式(8.12)，有

$$\mathscr{L}[\cos\omega t] = \mathscr{L}\left[\frac{\mathrm{e}^{\mathrm{i}\omega t} + \mathrm{e}^{-\mathrm{i}\omega t}}{2}\right] = \frac{1}{2}\left[\frac{1}{p - \mathrm{i}\omega} + \frac{1}{p + \mathrm{i}\omega}\right] = \frac{p}{p^2 + \omega^2}, \quad \mathrm{Re}\,p > 0, \tag{8.14}$$

同样可以得到

$$\mathscr{L}[\sin\omega t] = \frac{\omega}{p^2 + \omega^2}, \quad \mathrm{Re}\,p > 0, \tag{8.15}$$

进而得到以下的 Laplace 反演公式：

$$\mathscr{L}^{-1}\left(\frac{p}{p^2 + \omega^2}\right) = \cos\omega t, \quad \mathscr{L}^{-1}\left(\frac{\omega}{p^2 + \omega^2}\right) = \sin\omega t. \tag{8.16}$$

说明：虽然 p 是复数，如果在计算中并不把它分成实部和虚部，而是看成一个符号. 可以利用 $\cos\omega t = \mathrm{Re}(e^{i\omega t})$，由式(8.6)来计算 $\mathscr{L}[\cos\omega t] = \mathrm{Re}\left(\dfrac{1}{p - i\omega}\right)$. 同样，利用定义来求 $\cos\omega t$ 的 Laplace 变换，即 $\mathscr{L}[\cos\omega t] = \displaystyle\int_0^\infty \cos\omega t\, e^{-pt}\mathrm{d}t$，可以得到同样的结果.

8.2.2 延迟性质

设 $\mathscr{L}[f(t)] = F(p)$，当 $t < 0$ 时 $f(t) = 0$，则对于任一非负的实数 t_0 有

$$\mathscr{L}[f(t - t_0)] = e^{-pt_0}F(p). \tag{8.17}$$

证明 因为 $f(t - t_0)$ 定义在 $t - t_0 > 0$，由 Laplace 变换的定义，有

$$\mathscr{L}[f(t - t_0)] = \int_0^\infty f(t - t_0)e^{-pt}\mathrm{d}t = \int_{t_0}^\infty f(t - t_0)e^{-pt}\mathrm{d}t$$

$$= e^{-t_0 p}\int_{t_0}^\infty f(t - t_0)e^{-p(t-t_0)}\mathrm{d}(t - t_0) = e^{-t_0 p}\int_0^\infty f(\tau)e^{-p\tau}\mathrm{d}\tau$$

$$= e^{-t_0 p}F(p).$$

注意：在延迟性质中，$f(t - t_0)$ 定义在 $t - t_0 > 0$. 当 $t - t_0 < 0$ 时，$f(t - t_0)$ 为零，故 $f(t - t_0)$ 应该理解为 $f(t - t_0)H(t - t_0)$，而不是 $f(t - t_0)H(t)$. 因此式(8.17)完整的写法应为

$$\mathscr{L}[f(t - t_0)H(t - t_0)] = e^{-pt_0}F(p),$$

相应地有

$$\mathscr{L}^{-1}[\{e^{-pt_0}F(p)\} = f(t - t_0)H(t - t_0). \tag{8.18}$$

8.2.3 位移性质

设 $\mathscr{L}[f(t)] = F(p)$，p_0 为一复常数，则有

$$\mathscr{L}[e^{\pm p_0 t}f(t)] = F(p \mp p_0), \tag{8.19}$$

$$\mathscr{L}^{-1}[F(p \mp p_0)] = e^{\pm p_0 t}f(t). \tag{8.20}$$

证明 根据 Laplace 变换的定义，有

$$\mathscr{L}[e^{\pm p_0 t}f(t)] = \int_0^\infty e^{\pm p_0 t}f(t)e^{-pt}\mathrm{d}t = \int_0^\infty f(t)e^{-(p \mp p_0)t}\mathrm{d}t = F(p \mp p_0).$$

例 8.5 求衰减正弦函数 $e^{-\alpha t}\sin\omega t$ 和衰减余弦函数 $e^{-\alpha t}\cos\omega t$ 的 Laplace 变换.

解 由于 $\mathscr{L}[\sin\omega t] = \dfrac{\omega}{p^2 + \omega^2}$，根据位移性质可得

$$\mathscr{L}[e^{-\alpha t}\sin\omega t] = \frac{\omega}{(p + \alpha)^2 + \omega^2},$$

同样可以得到

$$\mathscr{L}[e^{-\alpha t}\cos\omega t] = \frac{(p + \alpha)}{(p + \alpha)^2 + \omega^2}.$$

8.2.4　微分性质

1. 原函数导数的 Laplace 变换

设 $\mathscr{L}[f(t)] = F(p)$，则有

$$\mathscr{L}[f'(t)] = pF(p) - f(0). \tag{8.21}$$

证明　根据 Laplace 变换的定义，有

$$\mathscr{L}[f'(t)] = \int_0^\infty f'(t)\,\mathrm{e}^{-pt}\mathrm{d}t = \int_0^\infty \mathrm{e}^{-pt}\mathrm{d}f(t)$$

$$= \mathrm{e}^{-pt}f(t)\,\big|_0^\infty + p\int_0^\infty f(t)\,\mathrm{e}^{-pt}\mathrm{d}t = pF(p) - f(0),$$

式中，$|f(t)\,\mathrm{e}^{-pt}| \leqslant M\mathrm{e}^{-(\beta-\beta_0)t}$，当 $\mathrm{Re}\,p = \beta > \beta_0$ 时，$\lim\limits_{t\to\infty}\mathrm{e}^{-pt}f(t) = 0.$

一般地，有

$$\mathscr{L}[f^{(n)}(t)] = p^n F(p) - f^{(n-1)}(0) - pf^{(n-2)}(0) - \cdots - p^{n-1}f(0), \tag{8.22}$$

式中，$f^{(n-1)}(0)$，$\cdots$，$f(0)$ 是原函数和它的各阶导数在 $t = 0$ 时的值，也称初始条件.

特别地，当初值 $f(0) = f'(0) = \cdots = f^{(n-1)}(0) = 0$ 时，有

$$\mathscr{L}[f^{(n)}(t)] = p^n F(p).$$

Laplace 变换的微分性质，可以使我们将 $f(t)$ 的微分方程转化为 $F(p)$ 的代数方程，此性质可用来求解微分方程(组)的初值问题.

2. 像函数导数的 Laplace 逆变换

设 $\mathscr{L}[f(t)] = F(p)$，则有

$$\mathscr{L}^{-1}[F'(p)] = (-t)f(t). \tag{8.23}$$

证明　由 Laplace 变换

$$F(p) = \int_0^\infty f(t)\,\mathrm{e}^{-pt}\mathrm{d}t,$$

两边对 p 求导，得到

$$F'(p) = \frac{\mathrm{d}}{\mathrm{d}p}\left[\int_0^\infty f(t)\,\mathrm{e}^{-pt}\mathrm{d}t\right] = \int_0^\infty (-t)f(t)\,\mathrm{e}^{-pt}\mathrm{d}t = \mathscr{L}[(-t)f(t)].$$

反复利用此过程可以证明像函数高阶导数的反演，一般地，有

$$\mathscr{L}^{-1}[F^{(n)}(p)] = (-t)^n f(t), \tag{8.24}$$

利用这个性质可以得到下列 Laplace 变换公式：

$$\mathscr{L}[tf(t)] = -F'(p), \quad \mathscr{L}[t^n f(t)] = (-1)^n F^{(n)}(p). \tag{8.25}$$

例 8.6　(1)求函数 $f(t) = t\sin\omega t$ 的 Laplace 变换.

(2)求 $f(t) = t^m$ （m 为正整数）的 Laplace 变换.

解　(1)由于 $\mathscr{L}[\sin\omega t] = \dfrac{\omega}{p^2 + \omega^2}$，根据微分性质可得

$$\mathscr{L}[t\sin\omega t] = -\frac{\mathrm{d}}{\mathrm{d}p}\left[\frac{\omega}{p^2 + \omega^2}\right] = \frac{2\omega p}{(p^2 + \omega^2)^2}. \tag{8.26}$$

(2)由于 $f(0) = f'(0) = \cdots = f^{(m-1)}(0) = 0$，而 $f^{(m)}(t) = m!$，因

$$\mathscr{L}[f^{(m)}(t)] = m!, \qquad \mathscr{L}[H(t)] = m! \frac{1}{p},$$

由 Laplace 变换微分性质式(8.22),有

$$\mathscr{L}[f^{(m)}(t)] = p^m \mathscr{L}[f(t)] = p^m \mathscr{L}[t^m],$$

所以

$$\mathscr{L}[t^m] = \frac{1}{p^m} \mathscr{L}[f^{(m)}(t)] = \frac{m!}{p^{m+1}}.$$

因为

$$F(p) = \mathscr{L}[f(t)] = \int_0^\infty f(t)e^{-pt}dt = -\frac{1}{p}\int_0^\infty f(t)d(e^{-pt})$$

$$= -\frac{1}{p}\left[f(t)e^{-pt}\Big|_0^\infty - \int_0^\infty e^{-pt}f'(t)dt\right] = \frac{1}{p}\left[\int_0^\infty e^{-pt}f'(t)dt + f(0)\right],$$

由 Laplace 变换微分性质 $\mathscr{L}[f'(t)] = p\mathscr{L}[f(t)] - f(0)$,我们可以得到函数之间是导数关系的 Laplace 变换. 例如,$\frac{1}{\sqrt{t}} = (2\sqrt{t})'$,则由式(8.9b)可以得到,

$$\mathscr{L}[(2\sqrt{t})'] = p\mathscr{L}[2\sqrt{t}] - (2\sqrt{t})\Big|_{t=0} = \sqrt{\frac{\pi}{p}},$$

则有

$$\mathscr{L}[\sqrt{t}] = \frac{\sqrt{\pi}}{2p^{\frac{3}{2}}}.$$

8.2.5 积分性质

1. 原函数积分的 Laplace 变换

若 $\mathscr{L}[f(t)] = F(p)$,则有

$$\mathscr{L}\left[\int_0^t f(\tau)d\tau\right] = \frac{1}{p}F(p). \tag{8.27}$$

证明 设 $g(t) = \int_0^t f(\tau)d\tau$,则 $g'(t) = f(t)$,且 $g(0) = \int_0^0 f(\tau)d\tau = 0$.

若设 $\mathscr{L}[g(t)] = G(p)$,利用微分性质,我们有 $\mathscr{L}[g'(t)] = pG(p) - g(0) = pG(p)$,而 $\mathscr{L}[g'(t)] = \mathscr{L}[f(t)] = F(p)$,所以有 $G(p) = \frac{1}{p}F(p)$,故有

$$\mathscr{L}\left[\int_0^t f(\tau)d\tau\right] = \frac{1}{p}F(p).$$

2. 像函数积分的 Laplace 逆变换

若 $\mathscr{L}[f(t)] = F(p)$,则有

$$\mathscr{L}^{-1}\left[\int_p^\infty F(p)dp\right] = \frac{f(t)}{t},$$

或者

$$\mathscr{L}\left[\frac{f(t)}{t}\right] = \int_p^\infty F(p)dp. \tag{8.28}$$

证明

$$\int_p^\infty F(p)dp = \int_p^\infty \left[\int_0^\infty f(t)e^{-pt}dt\right]dp = \int_0^\infty f(t)\left[\int_p^\infty e^{-pt}dp\right]dt$$

$$= \int_0^\infty f(t) \left[-\frac{1}{t} e^{-pt} \right] \Big|_p^\infty \mathrm{d}t = \int_0^\infty \frac{f(t)}{t} e^{-pt} \mathrm{d}t$$

$$= \mathscr{L} \left[\frac{f(t)}{t} \right].$$

如果积分 $\int_0^\infty \frac{f(t)}{t} \mathrm{d}t$ 存在，按照式(8.28)，取积分下限 $p = 0$，则有

$$\int_0^\infty \frac{f(t)}{t} \mathrm{d}t = \int_0^\infty F(p) \mathrm{d}p,$$

式中，$F(p) = \mathscr{L}[f(t)]$. 利用这一公式，可以用来计算形如 $\frac{f(t)}{t}$ 的被积函数的积分.

例 8.7　求函数 $f(t) = \dfrac{\sin t}{t}$ 的 Laplace 变换.

解　由 $\mathscr{L}[\sin t] = \dfrac{1}{p^2 + 1}$ 及式(8.28)有

$$\mathscr{L} \left[\frac{\sin t}{t} \right] = \int_p^\infty \frac{1}{p^2 + 1} \mathrm{d}p = \mathrm{arccot}\, p,$$

即

$$\int_0^\infty \frac{\sin t}{t} e^{-pt} \mathrm{d}t = \mathrm{arccot}\, p.$$

在上式中，如果令 $p = 0$，有 $\int_0^\infty \dfrac{\sin t}{t} \mathrm{d}t = \dfrac{\pi}{2}$.

例 8.8　求周期函数的 Laplace 变换. 若 $f_T(t)$ 是以 T 为周期的函数(见图 8-1(a))，求 $f_T(t)$ 的 Laplace 变换.

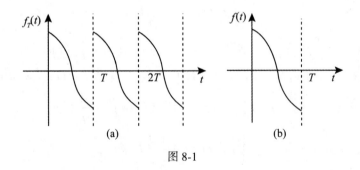

图 8-1

解　若 $f(t)$ 是如图 8-1(b)所示的单脉冲函数，可以将 $f_T(t)$ 写成 $f(t)$ 和它的延迟形式：

$$f_T(t) = f(t) + f(t - T) + \cdots + f(t - nT) + \cdots = \sum_{n=0}^\infty f(t - nT).$$

假设 $\mathscr{L}[f(t)] = F(p)$，上式两边取 Laplace 变换，并利用延迟性质，可得

$$\mathscr{L}[f_T(t)] = F(p)(1 + e^{-Tp} + \cdots + e^{-nTp} + \cdots) = F(p) \lim_{n \to \infty} \frac{1 - (e^{-Tp})^n}{1 - e^{-Tp}}.$$

当 $\mathrm{Re}p > 0$ 时，有 $|\mathrm{e}^{-Tp}| < 1$，所以

$$\mathscr{L}[f_T(t)] = \frac{F(p)}{1 - \mathrm{e}^{-Tp}}.$$

只要求得单脉冲函数的 Laplace 变换，就可以求得相应周期函数的 Laplace 变换.

例 8.9 （1）求如图 8-2(a)所示的单脉冲函数 $f(t)$ 的 Laplace 变换.

（2）求如图 8-2(b)所示的整流正弦波 $f(t) = |\sin t|$ 的 Laplace 变换.

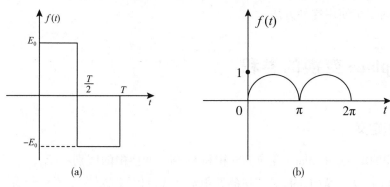

(a)   (b)

图 8-2

解 （1）解法 1：利用阶跃函数 $H(t)$ 可将 $f(t)$ 写成

$$f(t) = E_0 H(t) - 2E_0 H\left(t - \frac{T}{2}\right) + E_0 H(t - T),$$

再利用式(8.7)和延迟性质，有

$$\mathscr{L}[f(t)] = \frac{E_0}{p}(1 - 2\mathrm{e}^{-Tp/2} + \mathrm{e}^{-Tp}) = \frac{E_0}{p}(1 - \mathrm{e}^{-Tp/2})^2.$$

解法 2：利用定义求 Lalace 变换，有

$$\mathscr{L}[f(t)] = \int_0^\infty f(t)\mathrm{e}^{-pt}\mathrm{d}t = \int_0^{\frac{T}{2}} E_0 \mathrm{e}^{-pt}\mathrm{d}t - \int_{\frac{T}{2}}^T E_0 \mathrm{e}^{-pt}\mathrm{d}t$$

$$= \frac{E_0}{p}(1 - \mathrm{e}^{-Tp/2})^2.$$

（2）整流正弦波 $f(t) = |\sin t|$ 是一个周期为 π 的函数，其在一个周期内的表达式为：

$$f_T(t) = |\sin t|, \quad 0 \leqslant t \leqslant \pi.$$

故

$$\mathscr{L}[f(t)] = \int_0^\infty |\sin t|\mathrm{e}^{-pt}\mathrm{d}t = \frac{F(p)}{1 - \mathrm{e}^{-\pi p}},$$

其中，$F(p) = \int_0^\pi |\sin t|\mathrm{e}^{-pt}\mathrm{d}t = \int_0^\pi \frac{\mathrm{e}^{\mathrm{i}t} - \mathrm{e}^{-\mathrm{i}t}}{2\mathrm{i}}\mathrm{e}^{-pt}\mathrm{d}t$

$$= \int_0^\pi \frac{\mathrm{e}^{(\mathrm{i}-p)t} - \mathrm{e}^{-(p+\mathrm{i})t}}{2}\mathrm{d}t = \frac{\mathrm{e}^{(\mathrm{i}-p)t}}{2\mathrm{i}(\mathrm{i} - p)}\Big|_0^\pi - \frac{\mathrm{e}^{-(p+\mathrm{i})t}}{-2\mathrm{i}(p + \mathrm{i})}\Big|_0^\pi$$

$$= \frac{1}{2\mathrm{i}(\mathrm{i} - p)}[\mathrm{e}^{(\mathrm{i}-p)\pi} - 1] - \frac{1}{-2\mathrm{i}(p + \mathrm{i})}[\mathrm{e}^{-(p+\mathrm{i})\pi} - 1] = \frac{1}{(p^2 + 1)}(\mathrm{e}^{-p\pi} + 1),$$

则
$$\mathscr{L}[f(t)] = \int_0^\infty |\sin t| \mathrm{e}^{-pt}\mathrm{d}t = \frac{F(p)}{1-\mathrm{e}^{-\pi p}} = \frac{1}{p^2+1}\frac{1+\mathrm{e}^{-p\pi}}{1-\mathrm{e}^{-\pi p}}$$
$$= \frac{1}{p^2+1}\frac{\mathrm{e}^{p\pi/2}+\mathrm{e}^{-p\pi/2}}{\mathrm{e}^{p\pi/2}-\mathrm{e}^{-\pi p/2}} = \frac{1}{p^2+1}\coth\frac{\pi p}{2}.$$

也可以取周期为 2π 计算，结果不会变，大家可以验证一下.

说明：利用阶跃函数 $H(t)$ 可将分段定义的函数写成一个表达式，再利用式(8.7)和变换的性质，可以避免积分计算. 在第 7 章例题中已经介绍过这种方法，在求单脉冲的 Laplace 变换时尽量使用这种方法.

8.3　Laplace 变换的卷积

8.3.1　卷积定义

根据卷积的定义，Laplace 变换的卷积和 Fourier 变换中的区别在于 $f_1(t)$ 和 $f_2(t)$ 都是定义在 $t>0$ 的区域，故 Laplace 变换的卷积定义式可以写成

$$[f_1(t)H(t)]*[f_2(t)H(t)] = \int_{-\infty}^\infty f_1(\tau)H(\tau)f_2(t-\tau)H(t-\tau)\mathrm{d}\tau.$$

因为要同时满足 $\tau>0$ 和 $t-\tau>0$，即有 $0<\tau<t$，这是积分的上下限，所以 Laplace 变换中的卷积可以写成

$$f_1(t)*f_2(t) = \int_0^t f_1(\tau)f_2(t-\tau)\,\mathrm{d}\tau, \quad t\geqslant 0. \tag{8.29}$$

例 8.10　求函数 $f_1(t)=t$ 与 $f_2(t)=\sin t$ 的卷积.

解　$f_1(t)*f_2(t) = t*\sin t = \int_0^t f_1(\tau)f_2(t-\tau)\mathrm{d}\tau = \int_0^t t\sin(t-\tau)\mathrm{d}\tau$
$$= -\tau\cos\tau\Big|_0^t - \int_0^t \tau\sin\tau\,\mathrm{d}\tau = t-\sin t.$$

例 8.11　求函数 $f(t)=\cos at$ 与自身的卷积，a 为实数.

解　$f_1(t)*f_2(t) = \cos at*\cos at = \int_0^t f_1(\tau)f_2(t-\tau)\mathrm{d}\tau$
$$= \int_0^t \cos a\tau\cos a(t-\tau)\mathrm{d}\tau$$
$$= \frac{1}{2}\int_0^t[\cos at+\cos a(2\tau-t)]\mathrm{d}\tau$$
$$= \frac{1}{2}\int_0^t \cos at\mathrm{d}\tau + \frac{1}{4a}\int_0^t \cos a(2\tau-t)\mathrm{d}[a(2\tau-t)]$$
$$= \frac{1}{2}t\cos at + \frac{1}{2a}\sin at.$$

这两个例题的结论经常会用到.

8.3.2 卷积定理

在 Laplace 变换中, 有卷积定理

$$\mathscr{L}[f_1(t) * f_2(t)] = F_1(p)F_2(p). \tag{8.30}$$

证明

$$\mathscr{L}[f_1(t) * f_2(t)] = \int_0^\infty \left(\int_0^t f_1(\tau)f_2(t-\tau)\,\mathrm{d}\tau\right)\mathrm{e}^{-pt}\mathrm{d}t \tag{8.31}$$

$$= \int_0^\infty \left(\int_\tau^\infty f_2(t-\tau)\mathrm{e}^{-pt}\mathrm{d}t\right)f_1(\tau)\,\mathrm{d}\tau \tag{8.32}$$

$$= \int_0^\infty f_1(\tau)\mathrm{e}^{-p\tau}\,\mathrm{d}\tau\int_\tau^\infty f_2(t-\tau)\mathrm{e}^{-p(t-\tau)}\mathrm{d}(t-\tau) = F_1(p)F_2(p).$$

说明: 计算二重积分时可以交换积分次序. 二重积分的区域是图 8-3 中画线条的部分, 式(8.31)先对 τ 积分, 再对 t 积分, 换成式(8.32)的先对 t 积分, 再对 τ 积分. 积分的上下限由积分的区域决定.

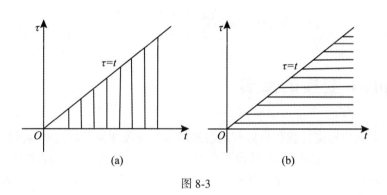

图 8-3

利用卷积定理可以求一些函数的 Laplace 逆变换. 若像函数的形式较为复杂, 首先将它分解成简单的分式, 求其 Laplace 逆变换, 然后计算它们的卷积得到像函数的反演.

例 8.12 求 $F(p) = \dfrac{1}{p^2(1+p^2)}$ 的 Laplace 反演.

解 解法 1: 先将像函数分解成简单分式函数:

$$F(p) = \frac{1}{p^2(1+p^2)} = \frac{1}{p^2} - \frac{1}{1+p^2},$$

再利用式(8.11)和式(8.15), 得到

$$\mathscr{L}^{-1}[F(p)] = t - \sin t.$$

解法 2: 也可以利用卷积定理,

$$\mathscr{L}^{-1}\left[\frac{1}{p^2(1+p^2)}\right] = \mathscr{L}^{-1}\left[\frac{1}{p^2}\frac{1}{(1+p^2)}\right] = \mathscr{L}^{-1}\left[\frac{1}{p^2}\right] * \mathscr{L}^{-1}\left[\frac{1}{1+p^2}\right]$$

$$= t * \sin t = t - \sin t.$$

这里用到例题 8.10 的结论.

显然解法 1 比较简单. 在进行 Laplace 逆变换时, 如果能够将函数分解成简单分式函数的和, 然后求各分式的 Laplace 逆变换, 这种方法我们称为部分分式法, 它是求解 Laplace 逆变换的最简洁的方法.

利用 Laplace 变换的卷积定理可以计算一些特殊的定积分.

例如积分 $\int_0^3 x^2\sqrt{3-x}\,\mathrm{d}x$, 其积分值是卷积 $t^2 * \sqrt{t} = \int_0^t \tau^2\sqrt{t-\tau}\,\mathrm{d}\tau$ 在 $t=3$ 时的值. 两边取 Laplace 变换, 由卷积定理, 得到

$$\mathscr{L}[t^2 * \sqrt{t}] = \mathscr{L}[t^2]\cdot\mathscr{L}[\sqrt{t}] = \frac{\Gamma(3)}{p^3}\cdot\frac{\Gamma(3/2)}{p^{3/2}} = \frac{\sqrt{\pi}}{p^{9/2}}$$

积分值取 Laplace 逆变换

$$\int_0^3 x^2\sqrt{3-x}\,\mathrm{d}x = \mathscr{L}^{-1}\left\{\frac{\sqrt{\pi}}{p^{9/2}}\right\}\ (t=3) = \frac{16}{105}t^{7/2}\bigg|_{t=3} = \frac{144}{35}\sqrt{3}$$

一般来说, $t^m * t^n = \dfrac{\Gamma(m+1)\Gamma(n+1)}{\Gamma(m+n+2)}t^{m+n+1}$, 这样可以得到一个优美的积分公式

$$\int_0^t x^m(t-x)^n\,\mathrm{d}x = \frac{\Gamma(m+1)\Gamma(n+1)}{\Gamma(m+n+2)}t^{m+n+1}.$$

8.4　Laplace 变换的反演

从前面的讨论中知道, 我们可以利用已知函数的拉氏变换及拉氏变换的性质, 通过对像函数 $F(p)$ 的分解(或分离), 求其像原函数 $f(t)$. 尽管这是一种有效的方法, 但其使用范围有一定的限制. 下面, 介绍一种更一般性的方法, 它直接用积分公式表示出像原函数, 即所谓的反演积分, 再利用留数定理, 求出像原函数.

8.4.1　Laplace 反演公式

式(8.1)说明了 Laplace 变换和 Fourier 变换之间的联系, 所以可以利用 Fourier 反演来求得 Laplace 反演公式.

由式(8.1)$\mathscr{F}[f(t)\mathrm{e}^{-\beta t}H(t)] = \mathscr{L}[f(t)H(t)] = F(p) = F(\beta+\mathrm{i}\omega)$, 我们得到

$$f(t)\mathrm{e}^{-\beta t}H(t) = \mathscr{F}^{-1}[F(\beta+\mathrm{i}\omega)] = \frac{1}{2\pi}\int_{-\infty}^{\infty}F(\beta+\mathrm{i}\omega)\mathrm{e}^{\mathrm{i}\omega t}\,\mathrm{d}\omega,$$

两边乘 $\mathrm{e}^{\beta t}$, 其变量是 t, 右式是对 ω 积分, 变量是 ω, 故可将 $\mathrm{e}^{\beta t}$ 放入积分号内, 并作积分变量变换, 得

$$f(t)H(t) = \frac{1}{2\pi\mathrm{i}}\int_{-\infty}^{\infty}F(\beta+\mathrm{i}\omega)\mathrm{e}^{(\beta+\mathrm{i}\omega)t}\,\mathrm{d}(\beta+\mathrm{i}\omega) = \frac{1}{2\pi\mathrm{i}}\int_{\beta-\mathrm{i}\infty}^{\beta+\mathrm{i}\infty}F(p)\mathrm{e}^{pt}\,\mathrm{d}p.$$

若 $f(t)$ 定义在 $t\geqslant 0$, 则有

$$f(t) = \mathscr{L}^{-1}[F(p)] = \frac{1}{2\pi\mathrm{i}}\int_{\beta-\mathrm{i}\infty}^{\beta+\mathrm{i}\infty}F(p)\mathrm{e}^{pt}\,\mathrm{d}p. \tag{8.33}$$

式(8.33)是一个复变函数积分,是从像函数 $F(p)$ 求它的像原函数 $f(t)$ 的一般公式,称为 Laplace 反演积分公式. 由于是复变函数积分,其计算比较困难,但当 $F(p)$ 满足一定条件时,可以用留数定理来计算这个反演积分.

8.4.2 展开定理

如果 $F(p)$ 满足条件:(1)在半平面 $\mathrm{Re}\,p > \beta_0$ 内解析,且 $\lim\limits_{p\to\infty} F(p) = 0$;(2)在 $\mathrm{Re}\,p < \beta_0$ 内的奇点为 $p_n(n = 1,\ 2,\ \cdots,\ k)$,则 $F(p)$ 的 Laplace 反演是

$$f(t) = \mathscr{L}^{-1}[F(p)] = \sum_{n=1}^{k} \mathrm{Res}[F(p)\mathrm{e}^{pt},\ p_n]. \tag{8.34}$$

证明 如图 8-4 所示,以 O 为圆心、R 为半径作一个圆,当 R 充分大时,使 $F(p)$ 所有的奇点在圆内. 图中闭合回路 C 由 C_R、弧 AB、弧 CD 和线段 AD 组成,线段 AD 通过 β 并垂直于实轴,$\beta > \beta_0(\beta_0$ 是增长指数). 利用留数定理,有

$$\frac{1}{2\pi\mathrm{i}}\oint_C F(p)\mathrm{e}^{pt}\mathrm{d}p = \frac{1}{2\pi\mathrm{i}}\int_{l_{DA}} F(p)\mathrm{e}^{pt}\mathrm{d}p + \frac{1}{2\pi\mathrm{i}}\int_{l_1} F(p)\mathrm{e}^{pt}\mathrm{d}t + \frac{1}{2\pi\mathrm{i}}\int_{C_R} F(p)\mathrm{e}^{pt}\mathrm{d}p + \frac{1}{2\pi\mathrm{i}}\int_{l_2} F(p)\mathrm{e}^{pt}\mathrm{d}p$$

$$= \sum_{n=1}^{k} \mathrm{Res}[F(p)\mathrm{e}^{pt},\ p_n],$$

式中,l_{DA} 是线段 DA;l_1 是弧 AB;l_2 是弧 CD. 当 $R \to \infty$ 时线段 DA 成为直线 l,它是式(8.33)中的积分路径. 当 $R \to \infty$ 时,弧 AB、弧 CD 长度趋于实轴上的线段 $O\beta$.

因为 $\lim\limits_{p\to\infty} F(p) = 0$,所以在圆周上成立 $|F(p)| \leqslant M(R)$ 且 $\lim\limits_{R\to\infty} M(R) = 0$.

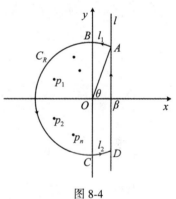

图 8-4

先讨论 $\lim\limits_{R\to\infty}\left[\dfrac{1}{2\pi\mathrm{i}}\displaystyle\int_{l_1} F(p)\mathrm{e}^{pt}\mathrm{d}t\right]$,设 $p = x + \mathrm{i}y$,则

$$\left|\frac{1}{2\pi\mathrm{i}}\int_{l_1} F(p)\mathrm{e}^{pt}\mathrm{d}p\right| \leqslant \frac{1}{2\pi}\int_{l_1} |F(p)|\,|\mathrm{e}^{tx}|\,|\mathrm{d}p|$$

$$\leqslant \frac{1}{2\pi} M(R) \int_{l_1} \mathrm{e}^{tx}\,|\mathrm{d}p|,$$

而 $\lim\limits_{R\to\infty}\displaystyle\int_{l_1} \mathrm{e}^{tx}\,|\mathrm{d}p| = \int_0^\beta \mathrm{e}^{tx}\mathrm{d}x$,这是一个有限的值,所以 $\lim\limits_{R\to\infty}\dfrac{1}{2\pi\mathrm{i}}\displaystyle\int_{l_1} F(p)\mathrm{e}^{pt}\mathrm{d}p = 0$,同理,$\lim\limits_{R\to\infty}$

$\dfrac{1}{2\pi\mathrm{i}}\displaystyle\int_{l_2} F(p)\mathrm{e}^{pt}\mathrm{d}p = 0.$

下面讨论在 C_R 上的积分,设 $p = R\mathrm{e}^{\mathrm{i}\theta} = R(\cos\theta + \mathrm{i}\sin\theta)$,$\mathrm{d}p = \mathrm{i}R\mathrm{e}^{\mathrm{i}\theta}\mathrm{d}\theta$,

$$\left|\frac{1}{2\pi\mathrm{i}}\int_{C_R} F(p)\mathrm{e}^{pt}\mathrm{d}p\right| \leqslant \frac{1}{2\pi}\int_{C_R} |F(p)|\,|\mathrm{e}^{pt}|\,|\mathrm{d}p|$$

$$\leqslant \frac{RM(R)}{2\pi}\int_{\pi/2}^{3\pi/2} \mathrm{e}^{Rt\cos\theta}\mathrm{d}\theta = \frac{RM(R)}{2\pi}\int_0^\pi \mathrm{e}^{-Rt\sin\alpha}\mathrm{d}\alpha \tag{8.35}$$

$$\leqslant \frac{M(R)}{2t}(1 - \mathrm{e}^{-Rt}),$$

所以
$$\lim_{R \to \infty} \frac{1}{2\pi i} \int_{C_R} F(p) e^{pt} dp = 0,$$

于是有
$$\lim_{R \to \infty} \frac{1}{2\pi i} \int_{l_{DA}} F(p) e^{pt} dp = \frac{1}{2\pi i} \int_{\beta - i\infty}^{\beta + i\infty} F(p) e^{pt} dp,$$

这样证明了展开定理.

说明：（1）作变量代换 $\theta = \frac{\pi}{2} + \alpha$ 以后，有式(8.35).

（2）积分式(8.35)的估计和证明 Jordan 引理采用的方法一样，过程可见第五章式(5.18)和式(5.19).

Laplace 反演公式和展开定理是求 Laplace 反演的普遍方法，因为 Laplace 反演公式要计算一个复积分，在一定条件下可利用展开定理来求反演. 求 Laplace 反演的常用方法有四种：①利用部分分式法；②由已知函数的逆变换，利用 Laplace 变换的性质，求逆变换；③利用卷积定理；④由 Laplace 反演公式，利用展开定理，通过留数的计算求逆变换.

在下面的例题中介绍用不同的方法进行反演，注意对这些方法进行比较.

例 8.13　求像函数 $F(p) = \dfrac{1}{(p+3)(p+1)^2}$ 的反演.

解　我们采用部分分式法，先将像函数分解成简单的分式函数之和，

$$F(p) = \frac{1}{(p+3)(p+1)^2} = \frac{1}{2} \frac{1}{p+1} \left(\frac{1}{p+1} - \frac{1}{p+3} \right)$$

$$= \frac{1}{2} \frac{1}{(p+1)^2} - \frac{1}{2} \frac{1}{(p+1)(p+3)}$$

$$= \frac{1}{2} \frac{1}{(p+1)^2} - \frac{1}{2} \left[\frac{1}{2} \left(\frac{1}{p+1} - \frac{1}{p+3} \right) \right].$$

再利用式(8.6)、式(8.10)和位移性质，得到

$$f(t) = \mathscr{L}^{-1} \left[\frac{1}{(p+3)(p+1)^2} \right] = \frac{1}{2} t e^{-t} H(t) - \frac{1}{4} e^{-t} H(t) + \frac{1}{4} e^{-3t} H(t).$$

可以省略不写 $H(t)$，但要注意变量的定义范围.

例 8.14　求 $F(p) = \dfrac{p^2}{(p^2 + a^2)^2}$（$a$ 是实数）的 Laplace 反演.

解　解法 1：采用部分分式法，先将像函数分解成简单分式：

$$F(p) = \frac{p^2}{(p^2 + a^2)^2} = \left[\frac{p}{(p+ia)(p-ia)} \right]^2$$

$$= \left[\frac{1}{2} \left(\frac{1}{p+ia} + \frac{1}{p-ia} \right) \right]^2 = \frac{1}{4} \frac{1}{(p+ia)^2} + \frac{1}{2} \frac{1}{(p+ia)(p-ia)} + \frac{1}{4} \frac{1}{(p-ia)^2}$$

$$= \frac{1}{4} \frac{1}{(p+ia)^2} + \frac{1}{2} \frac{1}{p^2 + a^2} + \frac{1}{4} \frac{1}{(p-ia)^2},$$

所以
$$f(t) = \mathscr{L}^{-1} \left[\frac{p^2}{(p^2 + a^2)^2} \right] = \frac{1}{4} t e^{-iat} + \frac{1}{2a} \sin at + \frac{1}{4} t e^{iat}$$

$$= \frac{1}{2a}(\sin at + at\cos at).$$

解法 2：由例 8.6 的式(8.26)知道

$$\mathscr{L}^{-1}\left[\frac{p}{(p^2 + a^2)^2}\right] = \frac{1}{2a}t\sin at,$$

利用微分性质

$$\mathscr{L}\left[\frac{\mathrm{d}}{\mathrm{d}t}\left(\frac{1}{2a}t\sin at\right)\right] = p\frac{p}{(p^2 + a^2)^2} - f(0),$$

所以有

$$f(t) = \mathscr{L}^{-1}\left[\frac{p^2}{(p^2 + a^2)^2}\right] = \frac{1}{2a}(\sin at + at\cos at).$$

解法 3：因为 $\lim\limits_{p\to\infty}\frac{p^2}{(p^2 + a^2)^2} = 0$，$p = \pm \mathrm{i}a$ 是像函数 $\frac{p^2}{(p^2 + a^2)^2}$ 的二阶极点，利用展开定理，有

$$f(t) = \mathscr{L}^{-1}\left[\frac{p^2}{(p^2 + a^2)^2}\right] = \mathscr{L}^{-1}\left[\frac{p^2}{(p + \mathrm{i}a)^2(p - \mathrm{i}a)^2}\right]$$

$$= \frac{\mathrm{d}}{\mathrm{d}p}\left[\frac{p^2\mathrm{e}^{pt}}{(p + \mathrm{i}a)^2}\right]\Bigg|_{p=\mathrm{i}a} + \frac{\mathrm{d}}{\mathrm{d}p}\left[\frac{p^2\mathrm{e}^{pt}}{(p - \mathrm{i}a)^2}\right]\Bigg|_{p=-\mathrm{i}a}$$

$$= \frac{1}{2a}(\sin at + at\cos at).$$

解法 4：因为像函数可以分解为两个简单函数的乘积，即

$$\frac{p^2}{(p^2 + a^2)^2} = \frac{p}{p^2 + a^2}\frac{p}{p^2 + a^2} = \mathscr{L}[\cos at]\mathscr{L}[\cos at],$$

由卷积定理知，有

$$f(t) = \mathscr{L}^{-1}\left[\frac{p^2}{(p^2 + a^2)^2}\right] = \mathscr{L}^{-1}\left\{\mathscr{L}[\cos at]\mathscr{L}[\cos at]\right\}$$

$$= \cos at * \cos at = \frac{1}{2a}(\sin at + at\cos at).$$

这里用到了例 8.11 的结论.

例 8.15 求 $F(p) = \frac{1}{(p^2 + a^2)^2}$（$a$ 是实数）的 Laplace 反演.

解 解法 1：由部分分式法，先将像函数分解成简单分式：

$$\frac{1}{(p^2 + a^2)^2} = \left[\frac{1}{(p + \mathrm{i}a)(p - \mathrm{i}a)}\right]^2 = \left[\frac{1}{2a\mathrm{i}}\left(\frac{1}{p - \mathrm{i}a} - \frac{1}{p + \mathrm{i}a}\right)\right]^2$$

$$= -\frac{1}{4a^2}\left[\frac{1}{(p - \mathrm{i}a)^2} - 2\frac{1}{p^2 + a^2} + \frac{1}{(p + \mathrm{i}a)^2}\right],$$

所以有

$$f(t) = \mathscr{L}^{-1}\left[\frac{1}{(p^2 + a^2)^2}\right] = \frac{1}{2a^3}(\sin at - at\cos at).$$

解法 2：利用式(8.26)和原函数积分的 Laplace 变换，

$$f(t) = \mathscr{L}^{-1}\left[\frac{1}{(p^2+a^2)^2}\right] = \mathscr{L}^{-1}\left[\frac{p}{p(p^2+a^2)^2}\right]$$

$$= \frac{1}{2a}\int_0^t \tau \sin a\tau \, d\tau = \frac{1}{2a^3}(\sin at - at\cos at).$$

本题也可以利用卷积定理(参见习题 8.4)和展开定理计算.

例 8.16　求 $F(p) = e^{-\sqrt{p}}$ 的 Laplace 反演.

解　容易验证, $F(p)$ 满足:
$$4pF''(p) + 2F'(p) - F(p) = 0$$

设 $\mathscr{L}[f(t)] = F(p)$, 利用 Laplace 变换的性质式(8.24), 有
$$\mathscr{L}[2tf(t) + t^2f'(t)] = pF''(p), \quad [(-t)f(t)] = F'(p).$$

代入上式得
$$4t^2f'(t) + (6t-1)f(t) = 0,$$

其解为
$$f(t) = Ct^{-\frac{3}{2}}e^{-\frac{1}{4t}},$$

其中 C 为积分常数. 为了确定 C, 我们利用 Laplace 变换的定义, 有
$$F(p) = e^{-\sqrt{p}} = C\int_0^\infty t^{-\frac{3}{2}}e^{-\frac{1}{4t}}e^{-pt}dt$$

令 $p \to 0$, 有

$$1 = C\int_0^\infty t^{-\frac{3}{2}}e^{-\frac{1}{4t}}dt \xrightarrow{u=\frac{1}{4t}} C\int_\infty^0 \left(\frac{1}{4u}\right)^{-\frac{3}{2}}e^{-u}\left(-\frac{1}{4u^2}\right)du$$

$$= 2C\int_0^\infty u^{-\frac{1}{2}}e^{-u}du = 2C\Gamma\left(\frac{1}{2}\right) = 2C\sqrt{\pi}.$$

所以 $C = \frac{1}{2\sqrt{\pi}}$, 故 $f(t) = \frac{1}{2(\sqrt{t})^3\sqrt{\pi}}e^{-\frac{1}{4t}}$.

8.5　Laplace 变换的应用及综合举例

8.5.1　利用 Laplace 变换求解常系数常微分方程

许多理论和工程实际问题可以用微分方程来描述, 而 Laplace 变换对于求解常系数线性常微分方程非常有效.

第七章中已经介绍过利用 Fourier 变换求解微分方程, 利用 Laplace 变换解常系数线性常微分方程也有三个步骤: ①通过 Laplace 变换将微分方程化为像函数的代数方程; ②由代数方程求出像函数; ③由像函数求 Laplace 逆变换, 就得到微分方程的解.

例 8.17　利用 Laplace 变换求解微分方程的初值问题

$$\begin{cases} \dfrac{\mathrm{d}^2 y(t)}{\mathrm{d}t^2} + \lambda y(t) = 0, & t > 0, \\ y(0) = \varphi, & y'(0) = \psi, \end{cases}$$

式中,λ 为实常数.

解 设 $\mathscr{L}[y(t)] = Y(p)$,对方程两边取 Laplace 变换,得到

$$\mathscr{L}\left[\frac{\mathrm{d}^2 y(t)}{\mathrm{d}t^2} + \lambda y(t)\right] = p^2 Y(p) - p y(0) - y'(0) + \lambda Y(p) = 0,$$

代入初始条件,得到

$$p^2 Y(p) - p\varphi - \psi + \lambda Y(p) = 0,$$

解方程得到像函数为

$$Y(p) = \frac{p\varphi + \psi}{p^2 + \lambda}.$$

当 λ 取不同的值时,其反演得到的函数不同. 有三种情况需要考虑:

(1) 当 $\lambda = 0$ 时,$Y(p) = \dfrac{p\varphi + \psi}{p^2}$,$y(t) = \varphi + \psi t$.

(2) 当 $\lambda > 0$ 时,设 $\lambda = a^2$,$Y(p) = \dfrac{p\varphi + \psi}{p^2 + (\sqrt{\lambda})^2} = \varphi \dfrac{p}{p^2 + a^2} + \dfrac{\psi}{a} \dfrac{a}{p^2 + a^2}$.

反演得到 $\qquad\qquad y(t) = \varphi \cos at + \dfrac{\psi}{a} \sin at.$

(3) 当 $\lambda < 0$ 时,设 $\lambda = -k^2$,$Y(p) = \dfrac{p\varphi + \psi}{p^2 - (\sqrt{-\lambda})^2} = \dfrac{p\varphi + \psi}{p^2 - k^2} = \dfrac{\varphi}{2}\left(\dfrac{1}{p-k} + \dfrac{1}{p+k}\right) +$

$\dfrac{\psi}{2k}\left(\dfrac{1}{p-k} - \dfrac{1}{p+k}\right).$

反演得到 $\qquad\qquad y(t) = \dfrac{\varphi}{2}(\mathrm{e}^{kt} + \mathrm{e}^{-kt}) + \dfrac{\psi}{2k}(\mathrm{e}^{kt} - \mathrm{e}^{-kt}).$

例 8.18 求解强迫振动满足的微分方程 $y''(t) + \omega^2 y(t) = f(t)$,其中 $\omega > 0$,并且具有初值 $y(0) = \varphi$,$y'(0) = \psi$ 的解.

解 假设 $\mathscr{L}[y(t)] = Y(p)$,$\mathscr{L}[f(t)] = F(p)$,将微分方程两边取 Laplace 变换,得到

$$p^2 Y(p) - p\varphi - \psi + \omega^2 Y(p) = F(p),$$

整理后得到

$$Y(p) = \frac{p\varphi}{p^2 + \omega^2} + \frac{\psi}{p^2 + \omega^2} + \frac{F(p)}{p^2 + \omega^2}.$$

利用 Laplace 反演的线性性质,对上式逐项进行反演以后得到

$$y(t) = \varphi \cos\omega t + \frac{\psi}{\omega} \sin\omega t + \frac{1}{\omega} \sin\omega t * f(t)$$

$$= \varphi \cos\omega t + \frac{\psi}{\omega} \sin\omega t + \frac{1}{\omega} \int_0^t \sin\omega(t - \tau) f(\tau) \mathrm{d}\tau.$$

下面我们讨论一个特例，当 $f(t) = H(t) - H(t-1)$，$\omega = 2$，$y(0) = \varphi = 1$，$y'(0) = \psi = 0$ 时的情况. 这时

$$y(t) = \varphi \cos\omega t + \frac{\psi}{\omega}\sin\omega t + \frac{1}{\omega}\int_0^t \sin\omega(t-\tau)f(\tau)\mathrm{d}\tau$$

$$= \cos 2t + \frac{1}{2}\int_0^t \sin 2(t-\tau)\big[H(\tau) - H(\tau-1)\big]\mathrm{d}\tau$$

$$= \cos 2t + \frac{1}{4}(1 - \cos 2t) - \frac{1}{4}\big[1 - \cos 2(t-1)\big]H(t-1)$$

$$= \frac{1}{4} + \frac{3}{4}\cos 2t - \frac{1}{4}\big[1 - \cos 2(t-1)\big]H(t-1).$$

实际上，$y(t)$ 可以分段写为

$$y_1(t) = \frac{1}{4} + \frac{3}{4}\cos 2t, \quad 0 \leqslant t \leqslant 1, \tag{1}$$

$$y_2(t) = \frac{3}{4}\cos 2t + \frac{1}{4}\cos 2(t-1) = A\cos 2(t-\theta), \quad t > 1, \tag{2}$$

式中，$A = \dfrac{\sqrt{10 + 6\cos 2}}{4} = 0.685$；$\tan 2\theta = \dfrac{\sin 2}{3 + \cos 2} = 0.352$. 在外力作用过程中 $(0 \leqslant t \leqslant 1)$，振动位移函数按式(1)变化；在外力撤销后 $(t > 1)$ 系统按照 $y''(t) + 4y(t) = 0$ 规律做简谐振动，振动位移函数按式(2)变化. 在 $t = 1$ 时刻，虽然外力是不连续的，但函数 $y_1(t)$ 和 $y_2(t)$ 是连续的，而且两者之间的连接是光滑的，如图 8-5(a) 所示.

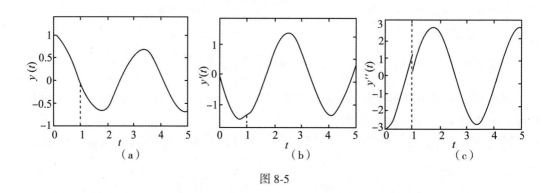

图 8-5

我们可以进一步计算 $y'(t)$ 和 $y''(t)$，如图 8-5(b)(c)所示. 可以看出，在 $t = 1$ 时刻，$y'(t)$ 是连续的，两者之间的连接是不光滑的. 而 $y''(t)$ 在 $t = 1$ 时刻则出现了不连续性.

二阶导数 $y''(t)$ 在 $t = 1$ 出现不连续性的物理机制是很简单的，因为此时刻系统的受力情况发生了突变，因此加速度 $y''(t)$ 自然随之突变，但位移和速度仍然是连续的.

例 8.19　利用 Laplace 变换求解有阻尼、有外力作用的谐振子的运动方程

$$y''(t) + 2\gamma y'(t) + \omega_0^2 y(t) = f(t), \quad \omega_0 > \gamma > 0,$$

式中, $f(t)$ 是作用的外力, 且初始速度是 $y'(0)$, 初始位移是 $y(0)$.

解 假设 $\mathscr{L}[y(t)] = \tilde{y}(p)$, $\mathscr{L}[f(t)] = \tilde{f}(p)$, 对运动方程的两边进行 Laplace 变换得到

$$p^2 \tilde{y}(p) - py(0) - y'(0) + 2\gamma p \tilde{y}(p) - 2\gamma y(0) + \omega_0^2 \tilde{y}(p) = \tilde{f}(p),$$

解出像函数 $\tilde{y}(p)$, 并整理得到

$$\tilde{y}(p) = \frac{y'(0) + 2\gamma y(0)}{p^2 + 2\gamma p + \omega_0^2} + \frac{py(0)}{p^2 + 2\gamma p + \omega_0^2} + \frac{\tilde{f}(p)}{p^2 + 2\gamma p + \omega_0^2}$$

$$= \frac{y'(0) + 2\gamma y(0)}{(p + \gamma)^2 + \omega_0^2 - \gamma^2} + \frac{py(0)}{(p + \gamma)^2 + \omega_0^2 - \gamma^2} + \frac{\tilde{f}(p)}{(p + \gamma)^2 + \omega_0^2 - \gamma^2}$$

$$= \frac{y'(0) + \gamma y(0)}{(p + \gamma)^2 + \beta_0^2} + \frac{y(0)(p + \gamma)}{(p + \gamma)^2 + \beta_0^2} + \frac{\tilde{f}(p)}{(p + \gamma)^2 + \beta_0^2},$$

式中, $\beta_0^2 = \omega_0^2 - \gamma^2$.

利用 Laplace 反演的线性性质, 对上式逐项进行反演. 第一项的反演为

$$\mathscr{L}^{-1}\left[\frac{y'(0) + \gamma y(0)}{(p + \gamma)^2 + \beta_0^2}\right] = \frac{y'(0) + \gamma y(0)}{\beta_0}\mathrm{e}^{-\gamma t}\sin\beta_0 t. \tag{8.36}$$

同样, 对第二项的反演为

$$\mathscr{L}^{-1}\left[\frac{y(0)(p + \gamma)}{(p + \gamma)^2 + \beta_0^2}\right] = y(0)\mathrm{e}^{-\gamma t}\cos\beta_o t. \tag{8.37}$$

对第三项利用卷积定理反演得

$$\mathscr{L}^{-1}\left[\frac{\tilde{f}(p)}{(p + \gamma)^2 + \beta_0^2}\right] = \frac{1}{\beta_0}\int_0^t \mathrm{e}^{-\gamma\tau}\sin(\beta_0 \tau)f(t - \tau)\mathrm{d}\tau. \tag{8.38}$$

上述三式之和就是物理问题的解:

$$y(t) = \frac{y'(0) + \gamma y(0)}{\beta_0}\mathrm{e}^{-\gamma t}\sin\beta_0 t + y(0)\mathrm{e}^{-\gamma t}\cos\beta_o t + \frac{1}{\beta_0}\int_0^t \mathrm{e}^{-\gamma\tau}\sin(\beta_0 \tau)f(t - \tau)\mathrm{d}\tau.$$

说明: 式 (8.36) 和式 (8.37) 是齐次方程的特解, 式 (8.38) 是非齐次方程的特解. 按高等数学中求解常微分方程的方法, 要解这个问题, 首先根据特征方程解的形式确定齐次方程的通解, 再根据初始条件确定方程的特解, 然后根据非齐次项的形式确定非齐次方程的特解形式和求解的方法. 利用 Laplace 变换求解方程, 变换后的方程带有初始条件, 且如果非齐次项 $f(t)$ 为特殊函数, 如 $\delta(t)$, $H(t - t_0)$ 等也可简单求解, 而对于这种情况一般的常微分方程的求解方法比较难以处理.

8.5.2 利用 Laplace 变换解微分积分方程

由于微分和积分运算通过 Laplace 变换可以化为代数运算, 所以 Laplace 变换对于求解微分积分方程也有效.

例 8. 20　利用 Laplace 变换求解如图 8-6 所示的 RLC 电路中的电流 $i(t)$，设
$e(t) = E_0 \mathrm{e}^{\mathrm{i}\omega t}$.

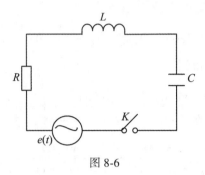

图 8-6

解　根据电容、电感在电路中的物理过程，

由 Kirchhoff 定理，电路方程应该为

$$L\frac{\mathrm{d}i(t)}{\mathrm{d}t} + Ri(t) + \frac{1}{C}\int_0^t i(\tau)\,\mathrm{d}\tau = E_0\mathrm{e}^{\mathrm{i}\omega t}, \;\; i(0) = 0.$$

假设 $\mathscr{L}[i(t)] = \tilde{i}(p)$，对方程进行 Laplace 变换，

$$Lp\,\tilde{i}(p) - Li(0) + R\,\tilde{i}(p) + \frac{1}{Cp}\,\tilde{i}(p) = \frac{E_0}{p - \mathrm{i}\omega}.$$

利用初始条件，整理以后得到的像函数是

$$\tilde{i}(p) = \frac{1}{R + Lp + \dfrac{1}{Cp}}\frac{E_0}{p - \mathrm{i}\omega} \tag{8.39}$$

$$= \frac{E_0}{L}\frac{p}{p^2 + \dfrac{R}{L}p + \dfrac{1}{LC}}\frac{1}{p - \mathrm{i}\omega}$$

$$= \frac{E_0}{L}\frac{p}{(p + \beta_0)^2 + \omega_0^2}\frac{1}{p - \mathrm{i}\omega}, \tag{8.40}$$

式中，$\beta_0 = \dfrac{R}{2L}$，$\omega_0^2 = \dfrac{1}{LC} - \dfrac{R^2}{4L^2}$.

利用展开定理反演式（8.40），式（8.40）有三个一阶极点：

$$p_1 = -\beta_0 + \mathrm{i}\omega_0, \; p_2 = -\beta_0 - \mathrm{i}\omega_0, \; p_3 = \mathrm{i}\omega_0,$$

$$i(t) = \frac{1}{2\mathrm{i}\omega_0}\frac{E_0}{L}\mathrm{e}^{-\beta_o t}\left[\frac{-\beta_o + \mathrm{i}\omega_0}{-\beta_o + \mathrm{i}(\omega_0 - \omega)}\mathrm{e}^{\mathrm{i}\omega_0 t} + \frac{\beta_o + \mathrm{i}\omega_0}{-\beta_o - \mathrm{i}(\omega_0 + \omega)}\mathrm{e}^{-\mathrm{i}\omega_0 t}\right] + \frac{E_0\mathrm{e}^{\mathrm{i}\omega t}}{R + \mathrm{i}\omega L + \dfrac{1}{\mathrm{i}\omega C}}.$$

$$\tag{8.41}$$

说明：（1）为了使得物理意义更清楚，利用式（8.39）计算 $p_3 = \mathrm{i}\omega_0$ 点的留数，利用式

(8.40)计算 $p_1 = -\beta_0 + \mathrm{i}\omega_0$，$p_2 = -\beta_0 - \mathrm{i}\omega_0$ 点的留数.

（2）式(8.41)的第一项和第二项是电路的瞬态电流，$\mathrm{e}^{-\beta_0 t}$ 是衰减项，$t \to \infty$ 以后就不存在了.

（3）式(8.41)的第三项是电路的稳态电流. 电路趋于稳定以后，它的阻抗 $Z = R + \mathrm{i}\omega L + \dfrac{1}{\mathrm{i}\omega C}$，这是电工学中的基本概念.

（4）如果 $e(t) = E_0 \sin\omega t$，因为 $E_0 \sin\omega t = \mathrm{Im}(E_0 \mathrm{e}^{\mathrm{i}\omega t})$，根据线性常微分方程的叠加性质，取式(8.41)的虚部就是要求的解.

对于任意的 $e(t)$ 和 L，C，R 组成的更复杂的电路，可以利用 Kirchhoff 定理列出电路方程或者方程组，然后利用 Laplace 变换求解.

例 8.21　求解积分方程

$$f(t) = a\sqrt{t} + \int_0^t f(\tau)\sin(t - \tau)\,\mathrm{d}\tau, \quad a \neq 0.$$

解　原方程可以写为

$$f(t) = a\sqrt{t} + f(t) * \sin t.$$

由于 $\mathscr{L}(\sqrt{t}) = \dfrac{\Gamma\left(\dfrac{3}{2}\right)}{p^{3/2}} = \dfrac{\dfrac{1}{2}\Gamma\left(\dfrac{1}{2}\right)}{p^{3/2}} = \dfrac{\sqrt{\pi}}{2p^{3/2}}$，$\mathscr{L}[\sin t] = \dfrac{1}{p^2 + 1}$. 设 $F(p) = \mathscr{L}[f(t)]$，对方程作 Laplace 变换可得

$$F(p) = \frac{\sqrt{\pi}}{2p^{3/2}} + F(p) \cdot \frac{1}{p^2 + 1},$$

$$F(p) = \frac{a\sqrt{\pi}}{2} \cdot \frac{p^2 + 1}{p^{7/2}} = \frac{a\sqrt{\pi}}{2}\left(\frac{1}{p^{3/2}} + \frac{1}{p^{7/2}}\right).$$

利用幂函数的 Laplace 变换式 $\mathscr{L}[t^m] = \dfrac{\Gamma(m + 1)}{p^{m+1}}$，可得

$$f(t) = \mathscr{L}^{-1}[F(p)] = a\left(\sqrt{t} + \frac{4}{15}t^{5/2}\right), \quad t > 0.$$

例 8.22　求解微分积分方程

$$y'(t) = \sin t + 2\int_0^t y(\tau)\cos(t - \tau)\,\mathrm{d}\tau, \quad y(0) = 0.$$

解　原方程可写成 $y'(t) = \sin t + 2y(t) * \cos t$，$y(0) = 0$.

设 $F(p) = \mathscr{L}[f(t)]$，两边作 Laplace 变换，可得

$$pY(p) = \frac{1}{p^2 + 1} + Y(p) \cdot \frac{2p}{p^2 + 1},$$

整理化简得到

$$Y(p) = \frac{1}{p(p^2 - 1)} = \frac{1}{2} \cdot \frac{1}{p + 1} + \frac{1}{2} \cdot \frac{1}{p - 1} - \frac{1}{p}.$$

作 Laplace 逆变换得到

$$y(t) = \mathscr{L}^{-1}[Y(p)] = \frac{1}{2}(e^{-t} + e^{t}) - 1 = \cosh t - 1, \quad t > 0.$$

8.5.3　利用 Laplace 变换及性质计算积分

1. 对参变量进行 Laplace 变换

该计算积分的方法往往是先取 Laplace 变换再进行反演，能在一定程度上对积分的计算起到简化作用.

例 8.23　(1)计算 $I(b) = \int_0^\infty \frac{\cos bx}{x^2 + a^2} \mathrm{d}x$ 的积分(也称为 Laplace 积分)；

(2)计算 $I(b) = \int_0^\infty \frac{\sin bx}{x(x^2 + a^2)} \mathrm{d}x$ 的积分.

解　(1)对参变量 b 作 Laplace 变换，得到

$$\mathscr{L}[I(b)] = \mathscr{L}\left\{\int_0^\infty \frac{\cos bx}{x^2 + a^2}\mathrm{d}x\right\} = \int_0^\infty \frac{1}{x^2 + a^2} \cdot \frac{p}{x^2 + p^2}\mathrm{d}x$$

$$= \frac{p}{p^2 + a^2}\int_0^\infty \left[\frac{1}{x^2 + a^2} - \frac{1}{p^2 + x^2}\right]\mathrm{d}x$$

$$= \frac{p}{p^2 - a^2}\left(\frac{1}{a} - \frac{1}{p}\right)\frac{\pi}{2} = \frac{\pi}{2a}\frac{1}{(p + a)},$$

作 Laplace 逆变换，得到

$$I(b) = \int_0^\infty \frac{\cos bx}{x^2 + a^2}\mathrm{d}x = \mathscr{L}^{-1}\left[\frac{\pi}{2a}\frac{1}{p + a}\right] = \frac{\pi}{2a}e^{-ab}.$$

(2)对参变量 b 作 Laplace 变换，得到

$$\mathscr{L}[I(b)] = \mathscr{L}\left\{\int_0^\infty \frac{\sin bx}{x(x^2 + a^2)}\mathrm{d}x\right\} = \int_0^\infty \frac{1}{x(x^2 + a^2)} \cdot \frac{x}{p^2 + x^2}\mathrm{d}x$$

$$= \frac{1}{p^2 + a^2}\int_0^\infty \left[\frac{1}{x^2 + a^2} - \frac{1}{p^2 + x^2}\right]\mathrm{d}x = \frac{\pi}{2a^2}\left[\frac{1}{p} - \frac{1}{p + a}\right].$$

作 Laplace 逆变换，得到

$$I(b) = \int_0^\infty \frac{\sin bx}{x(x^2 + a^2)}\mathrm{d}x = \frac{\pi}{2a^2}[1 - e^{-ab}].$$

从上面的讨论可以看出，对积分的计算起到简化作用，主要取决于对参变量进行 Laplace 变换后的效果. 除了含 $\sin bx$、$\cos bx$ 外，对含有 e^{-ax^2} 的积分，利用此方法也有较好的效果. 读者可以尝试利用此方法计算 Gauss 积分 $\int_0^\infty e^{-ax^2}\mathrm{d}x$ 和 Poisson 积分 $\int_0^\infty e^{-bx^2}\cos ax\mathrm{d}x$.

2. 将积分中某一部分视为像函数

例 8.24　计算积分 $\int_0^\infty \frac{\sin^4 x}{x^3}\mathrm{d}x$.

解　因为有 $\mathscr{L}\left(\frac{t^2}{2}\right) = \int_0^\infty \frac{t^2}{2}e^{-xt}\mathrm{d}t = \frac{1}{p^3}$，　于是

$$\int_0^\infty \frac{\sin^4 x}{x^3} dx = \int_0^\infty \sin^4 x \left[\int_0^\infty \frac{t^2}{2} e^{-xt} dt \right] dx = \frac{1}{2} \int_0^\infty t^2 \left[\int_0^\infty \sin^4 x e^{-xt} dx \right] dt$$

$$= 12 \int_0^\infty \frac{t}{t^2 + 20t + 64} dt = \ln 2.$$

此类积分的一般形式为 $\int_0^\infty \frac{\sin^n x}{x^m} dx$ $(n \geq m)$，可以利用此方法求解.

例 8.25 计算积分 $\int_0^\infty \cos x^k dx$，$\int_0^\infty \sin x^k dx$.

解 对积分作变换，有 $\int_0^\infty \cos x^k dx \xrightarrow{\tau = x^k} \frac{1}{k} \int_0^\infty \frac{\cos \tau}{\tau^{1-1/k}} d\tau$.

因为，对 $\nu > -1$，有 $\mathscr{L}[t^\nu] = \dfrac{\Gamma(\nu+1)}{p^{\nu+1}}$，所以，有

$$\mathscr{L}\left[\frac{t^{-1/k}}{\Gamma(1-1/k)} \right] = \frac{1}{\Gamma(1-1/k)} \int_0^\infty t^{-1/k} e^{-\tau t} dt = \frac{1}{\tau^{1-1k}},$$

$$\mathscr{L}[\cos \tau] = \frac{p}{1+p^2},$$

则　$\int_0^\infty \cos x^k dx = \frac{1}{k} \int_0^\infty \cos \tau \left[\frac{1}{\Gamma(1-1/k)} \int_0^\infty t^{-1/k} e^{-\tau t} dt \right] d\tau$

$$= \frac{1}{k\Gamma\left(1-\frac{1}{k}\right)} \int_0^\infty t^{-1/k} \left[\int_0^\infty \cos \tau \, e^{-\tau t} d\tau \right] dt$$

$$= \frac{1}{k\Gamma\left(1-\frac{1}{k}\right)} \int_0^\infty t^{-1/k} \frac{t}{1+t^2} dt \xrightarrow{\tau = t^2} \frac{1}{k\Gamma\left(1-\frac{1}{k}\right)} \int_0^\infty \frac{\tau^{1/2-1/2k}}{\tau+1} \frac{1}{2} \frac{1}{\tau^{1/2}} d\tau$$

$$= \frac{1}{2k\Gamma\left(1-\frac{1}{k}\right)} \int_0^\infty \frac{\tau^{-1/2k}}{\tau+1} d\tau = \frac{1}{2k\Gamma\left(1-\frac{1}{k}\right)} \frac{\pi}{\sin\left(\frac{\pi}{2k}\right)}$$

$$= \frac{1}{k} \Gamma\left(\frac{1}{k}\right) \cos\left(\frac{\pi}{2k}\right).$$

同样地，我们得到　　　$\int_0^\infty \sin x^k dx = \frac{1}{k} \Gamma\left(\frac{1}{k}\right) \sin\left(\frac{\pi}{2k}\right)$.

这种方法一般要求找出像函数后交换积分次序，对剩下来的部分再进行一次 Laplace 变换，有助于起到简化计算作用.

这种方法来源于 Laplace 变换交叉乘积公式：

设 $F(p) = \int_0^\infty f(x) e^{-px} dx$，$G(p) = \int_0^\infty g(x) e^{-px} dx$，则有

$$\int_0^\infty f(x) G(x) dx = \int_0^\infty F(x) g(x) dx.$$

交叉乘积告诉我们，在原积分较为复杂时，我们可以对部分进行变换，对剩下的部分进行逆变换，再将结果相乘.

习　题　八

(一)

8.1　求下列函数的 Laplace 变换：

(1) $f(t) = e^{-(t-2)}$；　　(2) $f(t) = e^{-2t}H(t-1)$；　　(3) $f(t) = 1 - te^t$；

(4) $f(t) = (t-1)^2 e^t$；　　(5) $f(t) = t\cos at$；　　(6) $f(t) = e^{2t} + 5\delta(t)$；

(7) $f(t) = \delta(t)\cos t - \sin t$；　　(8) $f(t) = t^2 H(t-2)$；

(9) $f(t)$ 是以 2π 为周期函数，且在一个周期内的表达式为

$$f_T(t) = \begin{cases} \sin t, & 0 < t \leqslant \pi, \\ 0, & \pi < t < 2\pi. \end{cases}$$

8.2　利用定义证明 $\mathscr{L}[f''(t)] = p^2 F(p) - f'(0) - pf(0)$.

8.3　设 $\mathscr{L}[f(t)] = F(p)$，证明：

$$\mathscr{L}[f(t)\sin\omega t] = \frac{1}{2i}[F(p - i\omega) - F(p + i\omega)].$$

8.4　求下列像函数的 Laplace 反演：

(1) $F(p) = \dfrac{p+1}{p^2+16}$；　　(2) $F(p) = \dfrac{pe^{-2p}}{p^2+16}$；　　(3) $F(p) = \dfrac{2p+5}{p^2+4p+13}$；

(4) $F(p) = \dfrac{1}{p(p-1)^2}$；　　(5) $F(p) = \dfrac{1}{p^2(p+1)}$；　　(6) $F(p) = \ln\dfrac{p^2-1}{p^2}$.

8.5　利用卷积定理求下列像函数的反演：

(1) $F(p) = \dfrac{1}{(p^2+a^2)^2}$；　　(2)　$F(p) = \dfrac{p}{(p^2+a^2)^2}$.

8.6　证明：$f(t) * H(t) = \displaystyle\int_0^t f(\tau)d\tau$，并利用卷积定理证明：$\mathscr{L}\left[\displaystyle\int_0^t f(\tau)d\tau\right] = \dfrac{F(p)}{p}$.

8.7　利用 Laplace 变换求解下列具有初值的常系数常微分方程的解：

(1) $y''(t) + 4y(t) = 0$，$y(0) = -2$，$y'(0) = 4$；

(2) $y''(t) + 4y(t) = \sin t$，$y(0) = 0$，$y'(0) = 0$；

(3) $y' + y = H(t-b)(b > 0)$，$y(0) = y_0$；

(4) $y'' + 2y' - 3y = e^{-t}$，$y(0) = 0$，$y'(0) = 1$.

8.8　利用 Laplace 变换求解积分微分方程：

$$y'(t) - 4y(t) + 4\int_0^t y(\tau)d\tau = \frac{1}{3}t^3, \quad t \geqslant 0$$

满足 $y(0) = 0$ 的特解.

8.9　利用 Laplace 变换求解积分方程：

(1) $y(t) = at + \displaystyle\int_0^t y(\tau)\sin(t-\tau)d\tau$；　　(2) $y(t) = \sin t - 2\displaystyle\int_0^t y(\tau)\cos(t-\tau)d\tau$.

（二）

8.10 利用阶跃函数将下列函数写成定义在 $t \geqslant 0$ 范围内的表达式，然后求它的 Laplace 变换.

$(1)\ f(t) = \begin{cases} 3, & 0 \leqslant t < 2, \\ -1, & 2 \leqslant t < 4, \\ 0, & t \geqslant 4; \end{cases}$
$(2)\ f(t) = \begin{cases} 3, & 0 \leqslant t < \dfrac{\pi}{2}, \\ \cos t, & t > \dfrac{\pi}{2}. \end{cases}$

8.11 利用 Laplace 变换的性质求下列函数的 Laplace 变换：

$(1)\ f(t) = te^{-3t}\sin 2t;$　　　$(2)\ f(t) = t\int_0^t e^{-3t}\sin 2t \, dt;$

$(3)\ f(t) = \dfrac{\sin at}{t};$　　　$(4)\ f(t) = \int_0^t \dfrac{e^{-3t}\sin 2t}{t} dt.$

8.12 求下列积分的值：

$(1)\ \int_0^{+\infty} \dfrac{e^{at} - e^{bt}}{t} dt;$　　　$(2)\ \int_0^{+\infty} \dfrac{1 - \cos t}{t} e^{-t} dt;$

$(3)\ \int_0^{+\infty} te^{-2t} dt;$　　　$(4)\ \int_0^{+\infty} \dfrac{e^{-t}\sin^2 t}{t} dt.$

8.13 求下列像函数的 Laplace 反演：

$(1)\ F(p) = \dfrac{3p + 7}{(p + 1)(p^2 + 2p + 5)};$　　　$(2)\ F(p) = \dfrac{2p^2 + 3p + 3}{(p + 1)(p + 3)^2};$

$(3)\ F(p) = \dfrac{p^2 + 4p + 4}{(p^2 + 4p + 13)^2};$　　　$(4)\ F(p) = \dfrac{p + 3}{p^3 + 3p^2 + 6p + 4};$

$(5)\ F(p) = \dfrac{p^2}{p^4 + 1};$　　　$(6)\ F(p) = \dfrac{p}{(p^2 + 1)(1 + e^{-\pi p})}.$

8.14 求卷积 $\sqrt{t} * \dfrac{1}{\sqrt{t}} * e^{2t}$.

8.15 求下列函数的卷积：

$(1)\ f(t) = \begin{cases} 0, & t < 0, \\ 1, & 0 \leqslant t \leqslant 1, \\ 0, & t > 1; \end{cases}$
$(2)\ g(t) = \begin{cases} 0, & t < 0, \\ 1, & 0 \leqslant t \leqslant 2, \\ 0, & t > 2. \end{cases}$

8.16 利用卷积定理求下列像函数的反演：

$$F(p) = \dfrac{e^{-bp}}{p(p + a)}, \quad b > 0.$$

8.17 将串联的 LR 电路接入信号源 $e(t) = E_0\sin\omega t$（见图 8-7），电感中的初始电流等于零，当 $t = 0$ 时开关闭合，求回路中的电流 $i(t)$.

8.18 证明微分方程 $y''(t) + \omega^2 y(t) = f(t)$ 在初始条件 $y(t) = y'(t) = 0$ 下的解是

$$y(t) = \dfrac{1}{\omega}\int_0^t f(\tau)\sin\omega(t - \tau)\, d\tau.$$

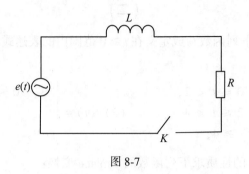

图 8-7

8.19　证明微分方程

$$L\frac{\mathrm{d}^2 Q}{\mathrm{d}t^2} + R\frac{\mathrm{d}Q}{\mathrm{d}t} + \frac{Q}{C} = E_0\cos\omega t \quad （其中 L，R，C，E_0 及 \omega 均为常数）$$

的一个解为

$$Q = \mathrm{Re}\left\{\frac{E_0\mathrm{e}^{\mathrm{i}\omega t}}{\mathrm{i}\omega\left[R + \mathrm{i}(\omega L - 1/\omega C)\right]}\right\}$$

此微分方程式是什么电路的表达式?

第9章　定解问题的物理意义

数学物理方程的研究对象是描述各种自然现象的微分方程、积分方程、函数方程等，只有知道力学、电磁学和热学的规律，才能导出相应的数学物理方程，才有可能定量地解决相应的物理问题. 出现在不同物质形态中的数学物理方程经常有相似的数学形式，例如声波和电磁波是完全不同的物理现象，但两者涉及的数学物理方程都是波动方程，这是数学物理方程的普适性. 最常见的数学物理方程有波动型、传导(扩散)型和稳态型三类. 一般数学物理方程是泛定方程，其解具有无数个，而实际问题的解应当是唯一的，即方程是普适的，而实际问题是特殊的. 实际上，局限于某个区域的物理问题的解显然和外界通过边界对它施加的影响有关，初始时的物理状态也显然决定了和时间有关的物理问题的解，这些内容构成了定解条件. 一个具体的物理问题即定解问题，它由泛定方程和定解条件构成，从本章开始介绍定解问题的数学描述和一些最基本的求解方法.

9.1　Maxwell 方程组导出的数学物理方程

9.1.1　真空中的 Maxwell 方程组

从物理学我们知道，真空中的电磁现象用 Maxwell 方程组来描述：

$$\nabla \cdot \boldsymbol{E} = \frac{\rho}{\varepsilon_0}, \tag{9.1}$$

$$\nabla \times \boldsymbol{E} = -\mu_0 \frac{\partial \boldsymbol{H}}{\partial t}, \tag{9.2}$$

$$\nabla \cdot \boldsymbol{H} = 0, \tag{9.3}$$

$$\nabla \times \boldsymbol{H} = \varepsilon_0 \frac{\partial \boldsymbol{E}}{\partial t}, \tag{9.4}$$

式中，$\boldsymbol{E}$ 是电场强度；$\boldsymbol{H}$ 是磁场强度；∇ 是一个微分算符，在直角坐标中它的表达式是

$$\nabla = \frac{\partial}{\partial x}\mathbf{i} + \frac{\partial}{\partial y}\mathbf{j} + \frac{\partial}{\partial z}\mathbf{k}.$$

$\nabla u(x, y, z)$ 表示标量场的梯度，假设有一个单位矢量 $\boldsymbol{n}_0$，$\boldsymbol{n}_0 \cdot \nabla u(x, y, z)$ 表示沿 $\boldsymbol{n}_0$ 的方向导数，由此可知标量场沿梯度方向的变化最大.

如果 $\boldsymbol{E} = E_x\mathbf{i} + E_y\mathbf{j} + E_z\mathbf{k}$，$\nabla \cdot \boldsymbol{E}$ 表示矢量场的散度，在直角坐标中它的表达式是

$$\nabla \cdot \boldsymbol{E} = \frac{\partial E_x}{\partial x} + \frac{\partial E_y}{\partial y} + \frac{\partial E_z}{\partial z}.$$

$\nabla \times \boldsymbol{E}$ 表示矢量场的旋度，在直角坐标中它的表达式是

$$\nabla \times \boldsymbol{E} = \begin{vmatrix} \mathbf{i} & \mathbf{j} & \mathbf{k} \\ \dfrac{\partial}{\partial x} & \dfrac{\partial}{\partial y} & \dfrac{\partial}{\partial z} \\ E_x & E_y & E_z \end{vmatrix}.$$

9.1.2　真空中静电势满足的方程

对于任意一个标量场 $u(x, y, z)$，很容易验证 $\nabla \times \nabla u(x, y, z) = \mathbf{0}$，对静电场问题，因为 $\nabla \times \boldsymbol{E} = \mathbf{0}$，所以 $\boldsymbol{E}$ 可以写成某一标量场的梯度，由此定义 $\boldsymbol{E} = -\nabla u$，$u$ 称为静电势，负号表示沿电场强度方向电势大小降低. 由式 (9.1) 可知静电势满足：

$$\nabla \cdot \nabla u = \nabla^2 u = -\frac{1}{\varepsilon_0}\rho, \tag{9.5}$$

式中，ρ 是静电荷密度. 这个非齐次方程称为 Poisson 方程.

如果静电场是无源的，即 $\rho = 0$，则式 (9.5) 变成

$$\nabla^2 u = 0, \tag{9.6}$$

这个方程称为 Laplace 方程.

$\nabla^2 = \nabla \cdot \nabla$，称为 Laplace 算符，在不同正交坐标系中有不同的表达形式，在直角坐标下，有

$$\nabla^2 = \nabla \cdot \nabla = \frac{\partial^2}{\partial x^2} + \frac{\partial^2}{\partial y^2} + \frac{\partial^2}{\partial z^2}, \tag{9.7}$$

代入式 (9.5) 和式 (9.6) 中，可以得到直角坐标系中的 Poisson 方程和 Laplace 方程.

9.1.3　真空中的电磁波方程

如果仅仅考虑电磁波的传播，不考虑电磁波的激发，对无源空间式 (9.1) 中的 $\rho = 0$，则此式变为 $\nabla \cdot \boldsymbol{E} = 0$，对式 (9.2) 和式 (9.4) 的两端求旋度，得到

$$\nabla \times \nabla \times \boldsymbol{E} = -\varepsilon_0 \mu_0 \frac{\partial^2 \boldsymbol{E}}{\partial t^2},$$

$$\nabla \times \nabla \times \boldsymbol{H} = -\varepsilon_0 \mu_0 \frac{\partial^2 \boldsymbol{H}}{\partial t^2}.$$

利用矢量公式 $\nabla \times \nabla \times \boldsymbol{A} = \nabla(\nabla \cdot \boldsymbol{A}) - \nabla \cdot \nabla \boldsymbol{A}$ 和 $\nabla \cdot \boldsymbol{E} = 0$，$\nabla \cdot \boldsymbol{H} = 0$ 得到电场强度和磁场强度满足的方程：

$$\frac{\partial^2 \boldsymbol{E}}{\partial t^2} - c^2 \nabla^2 \boldsymbol{E} = \mathbf{0},$$

$$\frac{\partial^2 \boldsymbol{H}}{\partial t^2} - c^2 \nabla^2 \boldsymbol{H} = \mathbf{0},$$

式中，$c = \dfrac{1}{\sqrt{\mu_0 \varepsilon_0}}$ 是真空中光速，这两个方程称为 E、H（矢量形式）的波动方程.

这是矢量场满足的波动方程，在直角坐标中
$$E = E_x \mathbf{i} + E_y \mathbf{j} + E_z \mathbf{k}, \quad H = H_x \mathbf{i} + H_y \mathbf{j} + H_z \mathbf{k},$$
每一个分量都应该满足波动方程，例如，E_x 满足的波动方程是
$$\frac{\partial^2 E_x}{\partial t^2} - c^2 \left(\frac{\partial^2 E_x}{\partial x^2} + \frac{\partial^2 E_x}{\partial y^2} + \frac{\partial^2 E_x}{\partial z^2} \right) = 0,$$
共有 6 个分量，所以有 6 个波动标量方程.

例 9.1 证明平面波 $E = E_0 \mathrm{e}^{\mathrm{i}(k \cdot r - \omega t)}$ 满足波动方程. E_0 和 k 是常矢量，并且 $|k| = \dfrac{\omega}{c}$.

解 取直角坐标，则
$$r = x\mathbf{i} + y\mathbf{j} + z\mathbf{k}, \quad k = k_1 \mathbf{i} + k_2 \mathbf{j} + k_3 \mathbf{k},$$
$$k \cdot r = k_1 x + k_2 y + k_3 z, \quad E = E_0 \mathrm{e}^{\mathrm{i}(k_1 x + k_2 y + k_3 z - \omega t)},$$
代入直角坐标形式的波动方程中，有
$$\frac{\partial^2 E}{\partial t^2} - c^2 \left(\frac{\partial^2 E}{\partial x^2} + \frac{\partial^2 E}{\partial y^2} + \frac{\partial^2 E}{\partial z^2} \right) = \left[-\omega^2 + c^2 (k_1^2 + k_2^2 + k_3^2) \right] E = \mathbf{0},$$
其中，利用 $|k| = k = \dfrac{\omega}{c}$ 和 $k^2 = k_1^2 + k_2^2 + k_3^2$，即 $c^2(k_1^2 + k_2^2 + k_3^2) = \omega^2$.

说明：（1）如果有一个物理量以平面的形式传播，则这样的波称为平面波.

（2）在 $k \cdot r - \omega t = c$（常数）的点上，$E = E_0 \mathrm{e}^{\mathrm{i}(k \cdot r - \omega t)}$ 的值相等. $k \cdot r - \omega t = k_1 x + k_2 y + k_3 z - \omega t = c$（常数）是空间的平面方程，所以在这个平面上 E 的值相等，t 是平面方程的参数，不同的 t 对应的是相互平行的平面族，当 t 连续变化时，平面沿着它的法线方向运动，根据空间解析几何的知识，k_1，k_2 和 k_3 是平面法线的 3 个分量，所以平面沿着 k 的方向运动，波沿着 k 的方向传播.

（3）$k \cdot r - \omega t = c$（常数）是平面的运动方程，两边对 t 求导，因为 k 是常数，所以 $k \cdot \dfrac{\mathrm{d} r}{\mathrm{d} t} - \omega = 0$，$k \cdot v = \omega$，而平面波沿着 k 传播，所以有 $k \cdot v = kv = \omega$，传播的速度是 c.

$|k| = \dfrac{\omega}{c} = \dfrac{2\pi f}{c} = \dfrac{2\pi}{\lambda}$，$f$ 是频率，λ 是波长，因为它是一个矢量，所以称 k 为波矢.

9.2 力学中的波动方程

9.2.1 一维弦横振动的波动方程

一根均匀柔软的细弦，平衡时沿直线拉紧，除了受到弦的张力和重力外，不受其他力的作用. 下面研究弦受到一个垂直于弦方向的扰动以后开始做小振幅的振动. 取绷紧弦的位置为平衡位置，振动的方向垂直于弦的平衡位置，这样的振动称为横振动.

如图 9-1 所示，假设弦的平衡位置是 x 轴，偏离平衡位置的位移是 $u(x, t)$，方向沿着 y 轴．取振动中的一段微元 $\overset{\frown}{AB}$，其长度为 $\mathrm{d}s$，设弦的线密度为 ρ，不考虑重力，微元只有纵向运动(小振幅运动近似)，弦是柔软的，没有应力，弦中张力沿弦的切线方向，由 Newton 运动定律我们得到两个方向上的运动方程

$$T_2\cos\theta_2 - T_1\cos\theta_1 = 0, \tag{9.8}$$

$$T_2\sin\theta_2 - T_1\sin\theta_1 = (\rho\mathrm{d}s)\frac{\partial^2 u}{\partial t^2}. \tag{9.9}$$

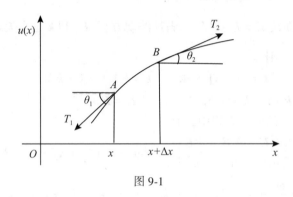

图 9-1

根据导数的几何意义

$$\tan\theta_2 = \frac{\partial u(x + \Delta x, t)}{\partial x}, \qquad \tan\theta_1 = \frac{\partial u(x, t)}{\partial x},$$

因为是小幅度振动，θ_2 和 θ_1 都是小量，可得到近似 $\cos\theta_2 \approx \cos\theta_1 \approx 1$，代入式(9.8)得到

$$T_2 = T_1 = T,$$

又 $$\sin\theta_2 \approx \tan\theta_2 \approx \frac{\partial u(x + \Delta x, t)}{\partial x}, \qquad \sin\theta_1 \approx \tan\theta_1 \approx \frac{\partial u(x, t)}{\partial x},$$

$$\mathrm{d}s = \sqrt{1 + \left(\frac{\partial u(x, t)}{\partial x}\right)^2}\,\Delta x \approx \Delta x,$$

代入式(9.9)得到 $$T\left[\frac{\partial u(x + \Delta x, t)}{\partial x} - \frac{\partial u(x, t)}{\partial x}\right] = (\rho\Delta x)\frac{\partial^2 u}{\partial t^2},$$

式中，左端括号部分是由 x 产生 Δx 的变化引起的 $\dfrac{\partial u(x, t)}{\partial x}$ 的改变量，可以用微分近似代替，即

$$\frac{\partial u(x + \Delta x, t)}{\partial x} - \frac{\partial u(x, t)}{\partial x} \approx \frac{\partial}{\partial x}\left[\frac{\partial u(x, t)}{\partial x}\right]\Delta x = \frac{\partial u^2(x, t)}{\partial x^2}\Delta x,$$

代入后得到 $$\frac{\partial^2 u(x, t)}{\partial t^2} - a^2\frac{\partial^2 u(x, t)}{\partial x^2} = 0, \tag{9.10}$$

式中，$a = \sqrt{\dfrac{T}{\rho}}$ 是弦的物理参量，它具有速度的量纲．我们将会看到，a 就是振动传播的速

度(即波速). 式(9.10)称为一维弦的振动方程, 也称为一维波动方程.

如果考虑重力, 则式(9.9)为

$$T_2\sin\theta_2 - T_1\sin\theta_1 - (\rho\,\mathrm{d}s)g = (\rho\,\mathrm{d}s)\frac{\partial^2 u}{\partial t^2},$$

这时一维弦的波动方程为 $\dfrac{\partial^2 u(x,\ t)}{\partial t^2} - a^2\dfrac{\partial^2 u(x,\ t)}{\partial x^2} = -g.$

在实际问题中, 弦的运动加速度 $\dfrac{\partial^2 u(x,\ t)}{\partial t^2}$ 远大于 g.

如果弦受到外力作用, 作用在单位质量上的外力为 $f(x,\ t)$, 则式(9.9)为

$$T_2\sin\theta_2 - T_1\sin\theta_1 + (\rho\,\mathrm{d}s)f(x,\ t) = (\rho\,\mathrm{d}s)\frac{\partial^2 u}{\partial t^2},$$

这时一维弦的振动方程为

$$\frac{\partial^2 u(x,\ t)}{\partial t^2} - a^2\frac{\partial^2 u(x,\ t)}{\partial x^2} = f(x,\ t), \tag{9.11}$$

称为弦的强迫振动方程.

方程式(9.10)和式(9.11)的差别是式(9.11)的右端多了一个与函数 $u(x,\ t)$ 无关的自由项 $f(x,\ t)$, 包含非零自由项的方程称为非齐次方程, 自由项为零的方程称为齐次方程.

齐次波动方程式(9.10)具有以下不变性质:

(1)对确定的 y, 任何变换 $u(x-y,\ t)$ 仍然是方程的解;

(2)方程解的导数 $\dfrac{\partial u(x,\ t)}{\partial x}$ 仍然是方程的解;

(3)对常数 b, 方程解的缩放 $u(bx,\ bt)$ 仍然是方程的解.

9.2.2 一维细杆纵振动的波动方程

普遍存在于自然界是纵振动的波, 下面讨论最简单的一维细杆的纵振动.

设有一根均匀的细杆, 沿着杆的方向使它有一个小幅度的形变, 在这个初始条件下开始做纵振动, 它振动的方向是沿着杆的方向, 在振动的过程中略去垂直于杆方向的形变.

如图 9-2 所示, 在均匀的细杆上取一微元, 虚线是杆元的平衡位置, 实线是 t 时刻微元的位置, 在振动的过程中杆元发生了形变, 假设 $u(x,\ t)$ 是偏离平衡位置的位移, 沿 x

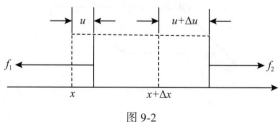

图 9-2

轴正方向的位移为正.

对微小振幅纵振动的均匀细杆, 某一点受到的力(单位面积)由 Hooke 定律来描述:

$$P = E \frac{\partial u}{\partial x},$$

过 x 点作细杆的一截面, 因为形变, 截面的右边对左边单位面积的作用力是 P, 称为应力, $\frac{\partial u}{\partial x}$ 是描述形变的物理量, 如果静止不动或者平移, 则 $\frac{\partial u}{\partial x} = 0$, E 是杨氏模量, 为常量.

假设杆的截面为 S, 并设 t 时刻在 x 点作用在单位质量上的外力为 $f(x, t)$, 细杆的密度是 ρ. 则微元的运动方程是

$$SE \frac{\partial u(x + \Delta x, t)}{\partial x} - SE \frac{\partial u(x, t)}{\partial x} + (\rho S \Delta x) f(x, t) = (\rho S \Delta x) \frac{\partial^2 u}{\partial t^2},$$

化简后得到一维细杆纵振动波动方程

$$\frac{\partial^2 u(x, t)}{\partial t^2} - a^2 \frac{\partial^2 u(x, t)}{\partial x^2} = f(x, t), \tag{9.12}$$

式中, $a^2 = \dfrac{E}{\rho}$, $a > 0$.

如果讨论三维空间的纵振动, 在直角坐标系中取一个体元, 此体元受到的应力为 $\boldsymbol{P} = P_x \mathbf{i} + P_y \mathbf{j} + P_z \mathbf{k}$, 单位质量受到的外力是 $\boldsymbol{f} = f_x \mathbf{i} + f_y \mathbf{j} + f_z \mathbf{k}$, 体元受到的 x 方向的分力是

$$(\Delta y \Delta z) E \frac{\partial u(x + \Delta x, y, z, t)}{\partial x} - (\Delta y \Delta z) E \frac{\partial u(x, y, z, t)}{\partial x} + (\rho \Delta x \Delta y \Delta z) f_x(x, y, z, t).$$

很容易知道体元受到的 y 和 z 方向的分力(参见图 9-3), 将图中的 $\boldsymbol{q}(\boldsymbol{r})$ 换成 $\boldsymbol{f}(\boldsymbol{r}, t)$, 根据体元的动力学方程可以得到三维纵振动的波动方程

$$\frac{\partial^2 u(\boldsymbol{r}, t)}{\partial t^2} - a^2 \nabla^2 u(\boldsymbol{r}, t) = f(\boldsymbol{r}, t).$$

声波传播方程

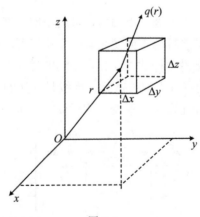

图 9-3

9.3　热传导中的数学物理方程

9.3.1　热传导中的基本物理规律

当空间存在温度不均匀时就有热量的流动，热量总是由温度高的地方向温度低的地方流动，这种现象就是热传导. 由于热量的传导过程总是表现为温度随时间和空间的变化. 所以热传导问题都要归结为求物体内的温度分布. 我们用 $u(\boldsymbol{r}, t)$ 表示空间一点在 t 时刻的温度.

空间温度 $u(\boldsymbol{r}, t)$ 不均匀将会产生热量的交换，由 Fourier 热传导定律来描述，即

$$\boldsymbol{q} = -k \nabla u, \tag{9.13}$$

式中，热流密度 $\boldsymbol{q}(\boldsymbol{r}, t)$ 是单位时间通过单位面积的热量，它的方向和温度场 $u(\boldsymbol{r}, t)$ 的梯度的方向相反，它表示热量由温度高的地方向温度低的地方输送；k 是导热率，与材料特性有关，在各向同性的均匀物质中温度变化范围不大时是常数. 式(9.13)也可以写为 $q_n = -k \dfrac{\partial u}{\partial \boldsymbol{n}}$，其中，$\boldsymbol{n}$ 表示曲面的法线方向.

另一个是比热定理，物体吸收热量温度升高，即

$$\Delta Q = c \Delta m \Delta u = c \rho v \Delta u,$$

式中，ΔQ 表示 Δm 质量的物体和外界的热量交换；Δu 表示温度变化；c 表示比热；ρ 表示密度；v 表示物体的体积.

9.3.2　一维细杆的热传导方程

设一均匀细杆，它的密度是 ρ，截面积为 S，杆内有一热源 $f(x, t)$，表示单位时间单位质量所产生的热量.

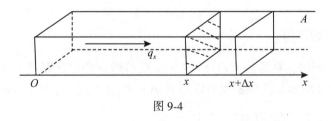

图 9-4

如图 9-4 所示，取一微元 Δx，一维 Fourier 热传导定律是 $q_x = -k \dfrac{\partial u}{\partial x}$. 对杆的微元，在 Δt 时间内流入的热量 Q_1 为

$$Q_1 = q_x(x, t) S \Delta t - q_x(x + \Delta x, t) S \Delta t + (\rho S \Delta x) \Delta t f(x, t),$$

在 Δt 时间内，微元温度升高 Δu 所需要的热量 Q_2 为

$$Q_2 = c(\rho S \Delta x) \Delta u.$$

由于热量守恒，流入的热量应该等于物体温度升高所需要吸收的热量，即 $Q_1 = Q_2$，所以有

$$q_x(x,\ t)S\Delta t - q_x(x+\Delta x,\ t)S\Delta t + (\rho S\Delta x)\Delta t f(x,\ t) = c(\rho S\Delta x)\Delta u,$$

化简后得到

$$\frac{k}{c\rho}\frac{1}{\Delta x}\left[-\frac{\partial u(x,\ t)}{\partial x}+\frac{\partial u(x+\Delta x,\ t)}{\partial x}\right]+\frac{1}{c}f(x,\ t)=\frac{\Delta u}{\Delta t},$$

取极限 $\Delta x \to 0$，$\Delta t \to 0$，得到一维热传导方程

$$\frac{\partial u(x,\ t)}{\partial t}-D\frac{\partial^2 u(x,\ t)}{\partial x^2}=f(x,\ t),\tag{9.14a}$$

式中，$D=\dfrac{k}{c\rho}$ 称热传导系数 $(D>0)$，为了简化，把 $\dfrac{1}{c}$ 并入热源函数中.

如果杆内没有热源，则热传导方程为

$$\frac{\partial u(x,\ t)}{\partial t}-D\frac{\partial^2 u(x,\ t)}{\partial x^2}=0,\tag{9.14b}$$

此式为齐次方程.

齐次热传导方程式(9.14b)具有以下不变性质：

(1)空间不变性：对确定的 y，则 $u(x-y,\ t)$ 仍然是方程的解；

(2)可微性：方程解的导数 $\dfrac{\partial u(x,\ t)}{\partial x}$，$\dfrac{\partial u(x,\ t)}{\partial t}$ 仍然是方程的解；

(3)积分不变性性：若 $S(x,\ t)$ 是热传导方程的解，则积分

$$v(x,\ t)=\int_{-\infty}^{\infty}S(x-y,\ t)g(y)\mathrm{d}y$$

仍然是方程的解，其中，$g(y)$ 是绝对可积函数 $\displaystyle\int_{-\infty}^{\infty}|g(y)|\mathrm{d}y<\infty$；

(4)缩放性：若 $u(x,\ t)$ 是方程的解，对常数 $b>0$，方程解的缩放函数 $v(x,\ t)=u(\sqrt{b}x,\ bt)$ 仍然是方程的解. 注意波动方程的标度性，$u(x,\ t)\mapsto u(bx,\ bt)$，$b$ 为任意实数.

9.3.3　三维热传导方程

假设空间是均匀的，热源是 $f(\boldsymbol{r},\ t)$，表示单位时间单位质量所发出的热量. 在 $\boldsymbol{r}$ 处取一体元，如图 9-4 所示，热流密度可以写成 $\boldsymbol{q}(\boldsymbol{r})=q_x\mathbf{i}+q_y\mathbf{j}+q_z\mathbf{k}$，Fourier 热传导实验定律是 $q_n=-k\dfrac{\partial u}{\partial\boldsymbol{n}}$，$\boldsymbol{n}$ 表示曲面的法线方向.

分别计算分量 q_x, q_y 和 q_z 对体元的影响，例如 q_x 对体元的影响是

$$q_x(x,\ y,\ z,\ t)\Delta y\Delta z\Delta t - q_x(x+\Delta x,\ y,\ z,\ t)\Delta y\Delta z\Delta t$$
$$=k\left[\frac{\partial u(x+\Delta x,\ y,\ z,\ t)}{\partial x}-\frac{\partial u(x,\ y,\ z,\ t)}{\partial x}\right]\Delta y\Delta z\Delta t.$$

用同样的方法计算 q_y 和 q_z 对体元的影响，它们的累计就是热流密度 q 对体元的影响，再加上热源 $f(\boldsymbol{r},\ t)$ 的影响，利用比热定理就可以得到三维热传导方程

$$\frac{\partial u(\boldsymbol{r},\ t)}{\partial t} - D\,\nabla^2 u(\boldsymbol{r},\ t) = f(\boldsymbol{r},\ t). \tag{9.15}$$

9.3.4 三维扩散方程

9.3.3 节的推导过程同样适用于三维扩散方程. 当空间的物质浓度不均匀时, 物质分子从高浓度区域向低浓度区域转移, 直到均匀分布的现象称为扩散. 扩散的速率与物质的浓度梯度成正比, 用扩散定律描述

$$q = -D\,\nabla u,$$

式中, 扩散流密度 q 是单位时间通过单位面积的粒子数, D 为扩散系数.

假设空间没有浓度源, 取如图 9-3 所示的体元, 则扩散流密度可以写成

$\boldsymbol{q}(\boldsymbol{r}) = q_x\mathbf{i} + q_y\mathbf{j} + q_z\mathbf{k}$, 扩散定律是 $q_n = -D\dfrac{\partial u}{\partial \boldsymbol{n}}$, $\boldsymbol{n}$ 表示曲面的法线方向. 体元内浓度的变化取决于穿过它表面的粒子数, 考虑 Δt 时间内 x 方向净流入粒子数, 有

$$\left[q_x(x,\ y,\ z,\ t) - q_x(x + \Delta x,\ y,\ z,\ t) \right]\Delta y \Delta z \Delta t$$

$$= D\left[\frac{\partial u(x + \Delta x,\ y,\ z,\ t)}{\partial x} - \frac{\partial u(x,\ y,\ z,\ t)}{\partial x} \right]\Delta y \Delta z \Delta t$$

$$= D\frac{\partial^2 u(x,\ y,\ z,\ t)}{\partial x^2}\Delta x \Delta y \Delta z \Delta t.$$

用同样的方法计算 y、z 方向净流入粒子数分别为

$$D\frac{\partial^2 u(x,\ y,\ z,\ t)}{\partial y^2}\Delta x \Delta y \Delta z \Delta t, \qquad D\frac{\partial^2 u(x,\ y,\ z,\ t)}{\partial z^2}\Delta x \Delta y \Delta z \Delta t.$$

根据粒子数守恒, 单位时间流入体元的粒子数等于体元粒子浓度对时间的变化率, 即

$$\frac{\partial u}{\partial t}\Delta x \Delta y \Delta z = D\left[\frac{\partial^2 u}{\partial x^2} + \frac{\partial^2 u}{\partial x^2} + \frac{\partial^2 u}{\partial x^2} \right]\Delta x \Delta y \Delta z,$$

化简即得到三维扩散方程

$$\frac{\partial u(\boldsymbol{r},\ t)}{\partial t} - D\,\nabla^2 u(\boldsymbol{r},\ t) = 0.$$

由于空间没有浓度源, 所以是齐次方程. 若空间有浓度源 $f(\boldsymbol{r},\ t)$, 表示单位时间单位体积所发释放的粒子数, 则有

$$\frac{\partial u(\boldsymbol{r},\ t)}{\partial t} - D\,\nabla^2 u(\boldsymbol{r},\ t) = f(\boldsymbol{r},\ t).$$

9.3.5 稳态的温度分布

若热传导过程一旦达到稳定状态, 则所研究的对象的温度不随时间变化, 而仅仅是空间的函数, 即 $\dfrac{\partial u}{\partial t} = 0$, 此时温度达到稳定分布, 于是热传导方程式 (9.15) 变成 Poisson 方程

$$\nabla^2 u(\boldsymbol{r},\ t) = -\frac{1}{D}f(\boldsymbol{r},\ t),$$

如果没有热源, 方程成为 Laplace 方程

$$\nabla^2 u(\boldsymbol{r}) = 0.$$

9.4　定解问题

前面介绍了几种数学物理方程, 这些方程统称为**泛定方程**. 不同的物理规律对应不同的数学物理方程, 了解更多的数学物理方程是一些专业课的任务. 但依据已经介绍的几类方程也可以建立求解数学物理方程的基本概念.

仅有泛定方程, 还不足以确定具体的物理过程, 因为方程仅表示同一类现象的共同规律. 例如杆的振动问题, 将其一端固定或者让其自由, 所产生的振动是不同的. 要研究的物理问题总是局限于一个区域之内, 必须考虑区域如何通过边界和外界发生作用, 这个作用称为**边界条件**.

如果物理问题和时间有关, 还必须考虑它的初始状态, 即**初始条件**.

边界条件和初始条件又称为**定解条件**.

定解问题包括泛定方程和定解条件. 所谓求解定解问题, 是求解一个数学物理方程, 使它满足给定的定解条件. 在实际的物理中需要保证定解问题的解是唯一的.

9.4.1　初始条件

所谓初始条件是指所研究系统在开始时刻的系统状态分布. 从数学上来说, 求解以时间为变量的常微分方程的特解时, 一定要有初始条件, 微分方程的阶数对应于初始条件的数目. 对稳态方程, 如 Laplace 方程和 Poisson 方程, 由于物理过程与时间无关, 所以没有初始条件.

热传导方程(扩散方程)含有对时间的一阶偏导数, 只需要一个初始条件, 即

$$u(\boldsymbol{r}, 0) = \varphi(\boldsymbol{r}), \quad \boldsymbol{r} \in \Omega. \tag{9.16}$$

式(9.16)表示初始的温度(或浓度)分布, 其中 Ω 表示物理问题所在的空间区域.

波动方程含有对时间的二阶偏导数, 它给出振动过程中每点的加速度. 要确定振动状态, 需知道开始时刻每点的位移和速度. 波动方程的初始条件通常是

$$u(\boldsymbol{r}, 0) = \varphi(\boldsymbol{r}), \quad \frac{\partial u(\boldsymbol{r}, 0)}{\partial t} = \psi(\boldsymbol{r}), \quad \boldsymbol{r} \in \Omega. \tag{9.17}$$

式(9.17)分别表示初始位移和初始速度.

注意: 初始条件需指明初始时刻整个系统各点的分布值, 而不能仅指出个别点的初始值, 另外初始条件不是时间的函数, 只是空间坐标的函数或常数. 例如长为 l 两端固定的弦在 $t = 0$ 时刻, x_0 处 $u(x_0, 0) = h(0 < x_0 < l)$, 初始位移应写成

$$u(x, t)\big|_{t=0} = \begin{cases} h\dfrac{x}{x_0}, & 0 \leqslant x \leqslant x_0, \\[2mm] h\dfrac{l-x}{l-x_0}, & x_0 \leqslant x \leqslant l. \end{cases}$$

9.4.2 边界条件

研究具体的物理系统, 还必须考虑研究对象所处的特定"环境", 而周围环境的影响常体现为边界上的物理状况, 系统的物理量始终在边界上具有的状况称为边界条件.

遍于整个空间的定解问题称无界问题. 例如, 无界空间里各类波的传播, 无界空间中的热传导, 静电荷在无界空间产生的静电势等. 对无界问题而言没有边界条件.

假设研究的是空间 Ω 中物理问题, Ω 的边界是 Σ, 如图 9-5 所示. 常见的边界条件主要有以下三种类型:

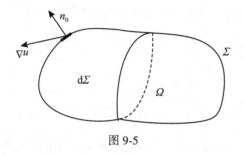

图 9-5

1. 第一类边界条件及其物理意义

第一类边界条件直接给出了所研究的物理量在边界上的分布

$$u(\boldsymbol{r}, t)\big|_{\Sigma} = f_1(\Sigma, t), \tag{9.18}$$

对于波动问题, 第一类边界条件的意义是边界各点的位移是确定的, 对于热传导问题, 第一类边界条件的意义是边界的温度是确定的.

特别地, 如果

$$u(\boldsymbol{r}, t)\big|_{\Sigma} = 0, \tag{9.19}$$

称为第一类齐次边界条件.

对于长为 l 弦的一维振动问题, 若两端固定, 相应的边界条件为 $u(x, t)\big|_{x=0} = 0$, $u(x, t)\big|_{x=l} = 0$, 即为第一类齐次边界条件. 一维热传导问题的第一类齐次边界条件表示端点的温度为零度.

2. 第二类边界条件及其物理意义

第二类边界条件给出了所研究的物理量在边界外法线方向上方向导数的数值

$$\nabla u \cdot \boldsymbol{n}_0\big|_{\Sigma} = \frac{\partial u}{\partial \boldsymbol{n}}\bigg|_{\Sigma} = f_2(\Sigma, t), \tag{9.20}$$

式中, $\boldsymbol{n}_0$ 是边界外法线方向的单位矢量; $\dfrac{\partial u}{\partial \boldsymbol{n}}$ 表示沿外法线的方向导数.

对于热传导问题, 由式(9.13)知道

$$\frac{\partial u}{\partial \boldsymbol{n}}\bigg|_{\Sigma} = -\frac{q_n}{k}\bigg|_{\Sigma}, \tag{9.21}$$

式中，q_n 是 $\boldsymbol{q}$ 在边界外法线方向的分量，它表示在 t 时刻单位时间内通过边界的单位面积和外界交换的热量.

特别地，如果

$$\frac{\partial u}{\partial \boldsymbol{n}}\bigg|_{\Sigma} = 0, \tag{9.22}$$

则称为第二类齐次边界条件.

对于热传导问题，第二类齐次边界条件说明和外界没有热量交换. 例如长为 l 杆的热传导问题，若两端绝热，则边界条件为 $\dfrac{\partial u(x,\ t)}{\partial x}\bigg|_{x=0} = 0$，$\dfrac{\partial u(x,\ t)}{\partial x}\bigg|_{x=l} = 0$，这是一个绝热系统. 若在 $x=0$ 端有热流 q 流入，则边界条件为 $\dfrac{\partial u(x,\ t)}{\partial x}\bigg|_{x=0} = -\dfrac{q}{k}$，若在 $x=l$ 端有热流 q 流入，则边界条件为 $\dfrac{\partial u(x,\ t)}{\partial x}\bigg|_{x=l} = \dfrac{q}{k}$.

对于一维杆的纵振动，第二类齐次边界条件为

$$\frac{\partial u(x,\ t)}{\partial x}\bigg|_{x=0} = 0, \qquad \frac{\partial u(x,\ t)}{\partial x}\bigg|_{x=l} = 0.$$

由 Hooke 定律知道，$x=0$ 和 $x=l$ 两端没有受到外力的作用，称为自由端点.

在弦振动中，在 $x=l$ 端为自由端，自由端说明弦在 $x=l$ 处的受力无垂直于 x 方向分量，则 $T\dfrac{\partial u}{\partial x}\bigg|_{x=l} = 0$，即 $\dfrac{\partial u}{\partial x}\bigg|_{x=l} = 0$.

3. 第三类边界条件

第三类边界条件给出了所研究的物理量及其外法向导数的线性组合在边界上的数值

$$\left(\alpha u + \beta\frac{\partial u}{\partial \boldsymbol{n}}\right)\bigg|_{\Sigma} = f_3(\Sigma,\ t),$$

式中，α、β 是常数.

注意：边界条件只是时间的函数，系统几个边界就有几个边界条件.

除了第一、第二、第三类边界条件之外，还有其他边界条件，如自然边界条件、衔接条件、周期性条件等. 不管是什么样的边界条件，它不只是一个数学表达式，而是研究的对象和外界的相互作用，作用的表达式本质上由物理规律确定.

9.4.3 定解问题

一个物理问题的定解问题是由泛定方程和定解条件构成的. 常见的定解问题主要有以下三种类型：

1. 边值问题

只有边界条件而没有初始条件的定解问题称为边值问题. 如 Poisson 方程

$$\begin{cases} \nabla^2 u(\boldsymbol{r},\ t) = f(\boldsymbol{r},\ t), \\ \left(\alpha u + \beta\dfrac{\partial u}{\partial \boldsymbol{n}}\right)\bigg|_{\Sigma} = f_3(\Sigma,\ t). \end{cases}$$

如果 $\beta = 0$，则称为第一边值问题或者 Dirichlet 问题；如果 $\alpha = 0$，则称为第二边值问题或者 Neumann 问题；如果 $\alpha \neq 0$、$\beta \neq 0$，则称为第三边值问题或者 Rubin 问题.

2. 初值问题

只有初始条件而没有边界条件的定解问题称为初值问题，也称为 Cauchy 问题. 如一维无界的波动问题

$$\begin{cases} \dfrac{\partial^2 u(x,\ t)}{\partial t^2} - a^2 \dfrac{\partial^2 u(x,\ t)}{\partial x^2} = f(x,\ t),\quad -\infty < x < \infty,\ t > 0, \\ u(x,\ t)\big|_{t=0} = \varphi(x),\ \dfrac{\partial u(x,\ t)}{\partial t}\bigg|_{t=0} = \Psi(x), \end{cases}$$

或者一维无界的热传导问题

$$\begin{cases} \dfrac{\partial u(x,\ t)}{\partial t} - D \dfrac{\partial^2 u(x,\ t)}{\partial x^2} = 0,\quad -\infty < x < \infty,\ t > 0, \\ u(x,\ t)\big|_{t=0} = \varphi(x). \end{cases}$$

3. 混合问题

既有初始条件又有边界条件的定解问题称为混合问题. 如长为 l 两端固定的弦的自由波动问题，

$$\begin{cases} \dfrac{\partial^2 u(x,\ t)}{\partial t^2} - a^2 \dfrac{\partial^2 u(x,\ t)}{\partial x^2} = 0,\quad 0 < x < l,\ t > 0, \\ u(x,\ t)\big|_{x=0} = 0,\ u(x,\ t)\big|_{x=l} = 0, \\ u(x,\ t)\big|_{t=0} = \varphi(x),\ \dfrac{\partial u(x,\ t)}{\partial t}\bigg|_{t=0} = \Psi(x). \end{cases}$$

4. 定解问题的适定性

从物理上讲，一个定解问题提得是否符合实际情况必须靠实验来证实，然而从数学角度来看，可以从以下三个方面加以验证，即讨论解的适定性问题：

（1）解的存在性，即所归纳的定解问题是否有解. 如果定解条件过多，相互矛盾，则定解问题无解.

（2）解的唯一性，即定解问题是否只有一个解. 如果定解条件不足，定解问题的解就不是唯一的.

（3）解的稳定性，即当定解条件有微小变化时，解是否相应地只有微小的变动，否则所得到的解就无实用价值. 我们在构造定解问题时，不可避免地总要作简化和近似，显然，只有在稳定性所许可的限度内所作简化和近似才有意义.

一个定解问题若能反映实际情况，那么这个问题的解应当是适定的. 本书对解的适定性不作讨论，假定所讨论的定解问题都是适定性的.

习　题　九

（一）

9.1　长为 l 的均匀杆，两端有恒定热流流入，其强度为 q，试写出这个热传导问题的边界条件.

9.2　长为 l 的均匀杆，两端受拉力 $F(t)$ 的作用而作纵振动，试写出边界条件.

9.3　长为 l 的均匀杆，一端温度为零，另一端有恒定热流 q 进入，杆的初始温度分布是 $\dfrac{x(l-x)}{2}$，试写出相应的定解问题.

9.4　若 $F(z)$、$G(z)$ 是任意两个连续可微函数，验证 $u = F(x+at) + G(x-at)$ 满足方程：
$$\frac{\partial^2 u}{\partial t^2} = a^2 \frac{\partial^2 u}{\partial x^2}.$$

9.5　验证函数 $u = x^2 - y^2$，$u(x, y) = \ln \dfrac{1}{\sqrt{x^2+y^2}}$，$u(x, y) = e^x \sin y$ 都是方程 $u_{xx} + u_{yy} = 0$ 的解.

9.6　验证函数 $u = f(xy)$ 满足方程 $xu_x - yu_y = 0$，其中 f 为任意连续可微函数.

9.7　验证函数 $u = f(x)g(y)$ 满足方程 $uu_{xy} - u_x u_y = 0$，其中 f 和 g 都是任意二次可微函数.

9.8　已知解的形式为 $u(x, y) = f(\lambda x + y)$，其中 λ 是一个待定的常数，求方程 $u_{xx} - 4u_{xy} + 3u_{yy} = 0$ 的通解.

9.9　写出一个长为 l 均匀细杆热传导的定解问题，它们分别具有以下三类的边界条件：
(1) 杆的两端温度保持零度；
(2) 杆的两端绝热；
(3) 杆的一端为恒温零度，另一端绝热.
假设它们的初始条件为 $u(x, 0) = \phi(x)$.

9.10　验证 $u(x, y, t) = \dfrac{1}{\sqrt{t^2 - x^2 - y^2}}$ 在锥 $t^2 - x^2 - y^2 > 0$ 中都满足波动方程：
$$\frac{\partial^2 u}{\partial t^2} = \frac{\partial^2 u}{\partial x^2} + \frac{\partial^2 u}{\partial y^2}$$

（二）

9.11　长为 l 的弹性杆，两端受压，长度缩短为 $l(1-2\varepsilon)$，放手后自由振动，试写出其初始条件；若一端受压，长度缩短为 $l(1-2\varepsilon)$ 其初始条件又如何？

9.12　弹簧原长为 l，一端固定，另一端被拉离平衡位置 b 而静止，放手任其振动，试写出定解条件.

9.13　绝对柔软而均匀的弦线 $x = 0$ 端固定，垂直悬挂，在重力作用下，于横向拉它一下再放手，使之作微小的横振动，试导出振动方程.

9.14　长为 l 的柔软匀质轻绳，一端固定在以匀角速度 ω 转动的竖直轴上，由于惯性离心力的作用，这绳索的平衡位置是水平线，试导出此绳相对于水平线的横振动方程.

9.15　一长为 l 的均匀细杆，侧面与外界无热交换，杆内有强度随时间连续变化的热源，设在同一截面上具有同一热源强度及初始温度，且杆的一端保持 $0℃$，另一端绝热，试导出此定解问题.

9.16　设有高为 h 半径为 R 的圆柱体，圆柱体内有稳恒热源，且上下底面温度已知，圆柱侧面绝热，写出描述稳恒热场分布的定解问题.

9.17　设有定解问题

$$
\begin{cases}
\dfrac{\partial^2 u}{\partial t^2} = a^2 \dfrac{\partial^2 u}{\partial x^2}, & -\infty < x < \infty,\ t > 0, \\[2mm]
u(x,\ 0) = \phi(x), \\[2mm]
\dfrac{\partial u(x,\ 0)}{\partial t} = \psi(x).
\end{cases}
$$

请给出其对应的物理模型.

9.18　设有定解问题

$$
\begin{cases}
\dfrac{\partial^2 u}{\partial t^2} = \dfrac{\partial^2 u}{\partial x^2} + \dfrac{\partial^2 u}{\partial y^2}, & 0 < x < a,\ 0 < y < b,\ t > 0, \\[2mm]
u(0,\ y,\ t) = u(a,\ y,\ t) = 0, \\[2mm]
u(x,\ 0,\ t) = u(x,\ b,\ t) = 0, \\[2mm]
u(x,\ y,\ 0)\big|_{t=0} = \phi(x,\ y),\quad \dfrac{\partial u(x,\ y,\ o)}{\partial t}\bigg|_{t=0} = \psi(x,\ y).
\end{cases}
$$

请给出其对应的物理模型.

第10章 利用积分变换解无界问题

本章利用 Fourier 和 Laplace 的联合变换来解无界区域的波动问题和热传导问题，这样做的优点是不需要引入新的概念，而且可以进一步体会 Fourier 变换和 Laplace 变换的性质和应用.

10.1 一维无界波动问题的解

10.1.1 Fourier 和 Laplace 的联合变换

第 7 章介绍了利用 Fourier 变换求解无界区域的 Poisson 方程(见例7.14)，第 8 章介绍了利用 Laplace 变换解常系数线性常微分方程. 无界波动问题和热传导问题的解是空间和时间的函数，所以可以对空间变量进行 Fourier 变换，对时间变量进行 Laplace 变换，经过反演求得问题的解.

如果函数 $f(\boldsymbol{r},\ t)$ 在 $t > 0$ 和三维空间有定义，并满足 Fourier 变换和 Laplace 变换的条件，根据算符 $\mathscr{F}$ 和 $\mathscr{L}$ 的性质，可以进行如下变换：

$$\mathscr{F}\mathscr{L}[f(\boldsymbol{r},\ t)] = \mathscr{F}\left[\int_0^\infty f(\boldsymbol{r},\ t)\mathrm{e}^{-pt}\mathrm{d}t\right]$$

$$= \mathscr{F}[\tilde{f}(\boldsymbol{r},\ p)] = \iiint_V \tilde{f}(\boldsymbol{r},\ p)\mathrm{e}^{-i\boldsymbol{r}\cdot\boldsymbol{\omega}}\mathrm{d}\boldsymbol{r}$$

$$= \tilde{\tilde{f}}(\boldsymbol{\omega},\ p). \tag{10.1}$$

在进行 Laplace 变换时，将 $\boldsymbol{r}$ 看成参量，在进行 Fourier 变换时将 p 看成参量.

对像函数进行反演，得到

$$\mathscr{F}^{-1}\mathscr{L}^{-1}[\tilde{\tilde{f}}(\boldsymbol{\omega},\ p] = \mathscr{F}^{-1}[\tilde{f}(\boldsymbol{\omega},\ t)] = f(\boldsymbol{r},\ t), \tag{10.2}$$

在进行 Laplace 反演时，将 $\boldsymbol{\omega}$ 看成参量，在进行 Fourier 反演时将 t 看成参量.

根据变换的定义，算符是可以交换的

$$\mathscr{L}\mathscr{F} = \mathscr{F}\mathscr{L}, \qquad \mathscr{L}^{-1}\mathscr{F}^{-1} = \mathscr{F}^{-1}\mathscr{L}^{-1}.$$

按 Fourier 变换和 Laplace 变换中的卷积的定义，可以定义卷积为

$$f_1(\boldsymbol{r},\ t) * f_2(\boldsymbol{r},\ t) = \int_0^t \iiint_V f_1(\boldsymbol{r}-\boldsymbol{r}',\ t-\tau)f_2(\boldsymbol{r}',\ \tau)\mathrm{d}\boldsymbol{r}'\mathrm{d}\tau, \tag{10.3}$$

相应的卷积定理应该是

$$\mathscr{FL}[f_1(\pmb{r},\ t)*f_2(\pmb{r},\ t)]=\tilde{f}_1(\pmb{\omega},\ p)\,\tilde{f}_2(\pmb{\omega},\ p). \tag{10.4}$$

一维积分变换和反演应该是

$$\mathscr{FL}[f(x,\ t)]=\mathscr{F}[\tilde{f}(x,\ p)]=\tilde{f}(\omega,\ p), \tag{10.5}$$

$$\mathscr{F}^{-1}\mathscr{L}^{-1}[\tilde{f}(\omega,\ p)]=\mathscr{F}^{-1}[\tilde{f}(\omega,\ t)]=f(x,\ t). \tag{10.6}$$

对应的卷积和卷积定理

$$f_1(x,\ t)*f_2(x,\ t)=\int_0^t\int_{-\infty}^{\infty}f_1(x-\xi,\ t-\tau)f_2(\xi,\ \tau)\mathrm{d}\xi\mathrm{d}\tau,$$

$$\mathscr{LF}[f_1(x,\ t)*f_2(x,\ t)]=\tilde{f}_1(\omega,\ p)\,\tilde{f}_2(\omega,\ p). \tag{10.7}$$

10.1.2 一维无界弦(杆)振动的定解问题的解

1. d'Alembert 公式

一维无界有源波动定解问题为

$$\begin{cases}\dfrac{\partial^2 u(x,\ t)}{\partial t^2}-a^2\dfrac{\partial^2 u(x,\ t)}{\partial x^2}=f(x,\ t),\quad -\infty<x<\infty,\ a>0, & (10.8\mathrm{a})\\[2mm] u(x,\ 0)=\varphi(x), & (10.8\mathrm{b})\\[2mm] \dfrac{\partial u(x,\ 0)}{\partial t}=\psi(x), & (10.8\mathrm{c})\end{cases}$$

式中,$f(x,\ t)$ 是作用于单位质量的外力.

下面我们用积分变换法求解此定解问题. 为方便起见, 函数的像函数用函数上方带"~"符号表示. 先对式(10.8a)的变量 t 进行 Laplace 变换, 变换时将 x 看成参量, 得到

$$p^2\tilde{u}(x,\ p)-p\varphi(x)-\psi(x)-a^2\frac{\partial^2\tilde{u}(x,\ p)}{\partial x^2}=\tilde{f}(x,\ p),$$

再对上式 x 进行 Fourier 变换, 变换时将 p 看成参量

$$p^2\tilde{u}(\omega,\ p)-p\tilde{\varphi}(\omega)-\tilde{\varphi}(\omega)+a^2\omega^2\tilde{u}(\omega,\ p)=\tilde{f}(\omega,\ p),$$

经整理得到像函数的表达式

$$\tilde{u}(\omega,\ p)=\frac{p\tilde{\varphi}(\omega)}{p^2+a^2\omega^2}+\frac{\tilde{\psi}(\omega)}{p^2+a^2\omega^2}+\frac{\tilde{f}(\omega,\ p)}{p^2+a^2\omega^2}. \tag{10.9}$$

对式(10.9)反演就可以得到定解问题的解. 由于 $\mathscr{F}^{-1}\mathscr{L}^{-1}$ 是线性算符, 因此可以逐项反演. 为了利用卷积定理, 我们先反演复合项 $\dfrac{p}{p^2+a^2\omega^2}$ 和 $\dfrac{1}{p^2+a^2\omega^2}$. 在反演时, 将 ω 看成参量, 先进行 Laplace 反演; 再将 t 看成参量, 进行 Fourier 反演, 我们得到

$$\mathscr{F}^{-1}\mathscr{L}^{-1}\left[\frac{p}{p^2+a^2\omega^2}\right]=\mathscr{F}^{-1}\mathscr{L}^{-1}\left[\frac{1}{2}\left(\frac{1}{p-\mathrm{i}\omega a}+\frac{1}{p+\mathrm{i}\omega a}\right)\right]$$

$$=\frac{1}{2}\mathscr{F}^{-1}[\mathrm{e}^{\mathrm{i}\omega at}+\mathrm{e}^{-\mathrm{i}\omega at}]=\frac{1}{2}[\delta(x+at)+\delta(x-at)], \tag{10.10}$$

式中，求逆变换时利用了 $\mathscr{L}^{-1}\left[\dfrac{1}{p}\right]=1$，$\mathscr{F}^{-1}[1]=\delta(x)$ 和积分变换的位移性质式 (7.22b) 和式(8.20).

$$
\begin{aligned}
\mathscr{F}^{-1}\mathscr{L}^{-1}\left[\frac{1}{p^2+a^2\omega^2}\right] &= \mathscr{F}^{-1}\mathscr{L}^{-1}\left[\frac{1}{2\mathrm{i}\omega a}\left(\frac{1}{p-\mathrm{i}\omega a}-\frac{1}{p+\mathrm{i}\omega a}\right)\right]\\
&=\mathscr{F}^{-1}\left[\frac{1}{2a}\frac{1}{\mathrm{i}\omega}(\mathrm{e}^{\mathrm{i}at\omega}-\mathrm{e}^{-\mathrm{i}at\omega})\right]=\frac{1}{2a}[H(x+at)-H(x-at)],
\end{aligned}
$$
$$(10.11)$$

式中，求逆变换时利用了 $\mathscr{F}^{-1}\left[\dfrac{1}{\mathrm{i}\omega}\right]=H(x)-\dfrac{1}{2}$ 和 Fourier 变换的位移性质式(7.22b).

首先反演式(10.9)第一项，$\varphi(x)$ 是 x 的函数，利用空间变量的卷积定理

$$
\begin{aligned}
\mathscr{F}^{-1}\mathscr{L}^{-1}\left[\frac{p\tilde{\varphi}(\omega)}{p^2+a^2\omega^2}\right] &= \frac{1}{2}[\delta(x+at)+\delta(x-at)]*\varphi(x)\\
&=\frac{1}{2}\int_{-\infty}^{\infty}[\delta(x-\xi+at)+\delta(x-\xi-at)]\varphi(\xi)\mathrm{d}\xi\\
&=\frac{1}{2}[\varphi(x+at)+\varphi(x-at)].
\end{aligned}
$$
$$(10.12)$$

再反演式(10.9)第二项，同样只用对空间变量进行卷积

$$
\begin{aligned}
\mathscr{F}^{-1}\mathscr{L}^{-1}\left[\frac{\tilde{\psi}(\omega)}{p^2+a^2\omega^2}\right] &= \frac{1}{2a}[H(x+at)-H(x-at)]*\psi(x)\\
&=\frac{1}{2a}\int_{-\infty}^{\infty}[H(x-\xi+at)-H(x-\xi-at)]\psi(\xi)\mathrm{d}\xi\\
&=\frac{1}{2a}\int_{-\infty}^{\infty}H(x-\xi+at)\psi(\xi)\mathrm{d}\xi-\frac{1}{2a}\int_{-\infty}^{\infty}H(x-\xi-at)\psi(\xi)\mathrm{d}\xi\\
&=\frac{1}{2a}\int_{-\infty}^{x+at}\psi(\xi)\mathrm{d}\xi-\frac{1}{2a}\int_{-\infty}^{x-at}\psi(\xi)\mathrm{d}\xi\\
&=\frac{1}{2a}\int_{x-at}^{x+at}\psi(\xi)\mathrm{d}\xi,
\end{aligned}
$$
$$(10.13)$$

最后反演式(10.9)第三项，因为 $f(x,t)$ 是 x 和 t 的函数，要对空间变量和时间变量进行卷积

$$
\begin{aligned}
\mathscr{F}^{-1}\mathscr{L}^{-1}\left[\frac{\tilde{f}(\omega,p)}{p^2+a^2\omega^2}\right] &= \frac{1}{2a}[H(x+at)-H(x-at)]*f(x,t)\\
&=\frac{1}{2a}\int_0^t\int_{-\infty}^{\infty}\{H[(x-\xi)+a(t-\tau)]-H[(x-\xi)-a(t-\tau)]\}f(\xi,\tau)\mathrm{d}\xi\mathrm{d}\tau\\
&=\frac{1}{2a}\int_0^t\int_{x-a(t-\tau)}^{x+a(t-\tau)}f(\xi,\tau)\mathrm{d}\xi\mathrm{d}\tau.
\end{aligned}
$$
$$(10.14)$$

定解问题式(10.8)的解是式(10.12)、式(10.13)、式(10.14)的和，即定解问题的解为

$$u(x, t) = \frac{1}{2}[\varphi(x + at) + \varphi(x - at)] + \frac{1}{2a}\int_{x-at}^{x+at}\psi(\xi)\,\mathrm{d}\xi + \frac{1}{2a}\int_0^t\int_{x-a(t-\tau)}^{x+a(t-\tau)}f(\xi, \tau)\,\mathrm{d}\xi\mathrm{d}\tau.$$

$$(10.15)$$

如果没有外力作用, 则 $f(x, t) = 0$, 定解问题的解是

$$u(x, t) = \frac{1}{2}[\varphi(x + at) + \varphi(x - at)] + \frac{1}{2a}\int_{x-at}^{x+at}\psi(\xi)\,\mathrm{d}\xi, \qquad (10.16)$$

此式称为 **d'Alembert 公式**.

2. d'Alembert 公式的物理意义

若在无界弦的自由波动中, 初始扰动只有初始位移 $\varphi(x)$, 初始速度为零. 此时 d'Alembert 公式应该是

$$u(x, t) = \frac{1}{2}[\varphi(x + at) + \varphi(x - at)]$$

如图 10-1 所示, 若 $t = 0$ 时无界弦的位移是 $\varphi(x)$, 在 $x = x_0$ 点, 即 A 点, 位移是 $\varphi(x_0)$. 无界弦开始振动, 由 d'Alembert 公式知道, 只要 $x + at = x_0$, 就有 $\varphi(x + at) = \varphi(x_0)$; 同样 $x - at = x_0$, 就有 $\varphi(x - at) = \varphi(x_0)$. 当 t 增加时要保持 $x + at = x_0$, x 必须向左移; 要保持 $x - at = x_0$, x 必须向右移. $x + at = x_0$ 和 $x - at = x_0$ 是 A 点的运动方程, 它的速度是 $\dfrac{\mathrm{d}x}{\mathrm{d}t} = \pm a$, 这表示 A 点向左移的速度是 $-a$, 向右移的速度是 a, 这种波称为行波. 幅度为初始位移的 $\dfrac{1}{2}$.

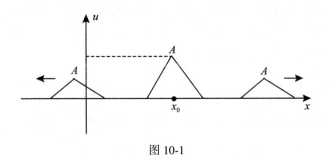

图 10-1

由此, 无界弦上具有初始扰动的波动, 它是以速度 a 沿 x 正方向移动的右行波 $\dfrac{1}{2}\varphi(x - at)$ 和以速度 a 沿 x 负方向移动的左行波 $\dfrac{1}{2}\varphi(x + at)$ 的叠加.

再考虑初始扰动只有初始速度, 初始位移为零. 此时 d'Alembert 公式是

$$u(x, t) = \frac{1}{2a}\int_{x-at}^{x+at}\psi(\xi)\,\mathrm{d}\xi.$$

为了能说明问题, 假设一种理想情况, $x = 0$ 点的初始速度是 $\psi(x) = \delta(x)$, 代入上式, 得

$$u(x, t) = \frac{1}{2a}\int_{x-at}^{x+at}\delta(\xi)\,\mathrm{d}\xi$$

$$= \frac{1}{2a} \int_{-\infty}^{x+at} \delta(\xi) \, \mathrm{d}\xi - \frac{1}{2a} \int_{-\infty}^{x-at} \delta(\xi) \, \mathrm{d}\xi$$

$$= \frac{1}{2a} \left[H(x+at) - H(x-at) \right],$$

式中，利用了单位阶跃函数 $H(x)$ 和 $\delta(x)$ 的关系式 $H(x) = \int_{-\infty}^{x} \delta(\xi) \, \mathrm{d}\xi$.

如图 10-2(a)所示，$u(x, 0) = 0$，$t > 0$ 时，由上述的讨论知道，$H(x)$ 以速度 a 向左移动，$-H(x)$ 以速度 a 右移动. 如图 10-2(b)所示，图 10-2(c)所示的 t 时刻弦的形状是它们的叠加，此形状以速度 a 扩大，这也是行波的图像，最终无界弦平移了 $\frac{1}{2a}$.

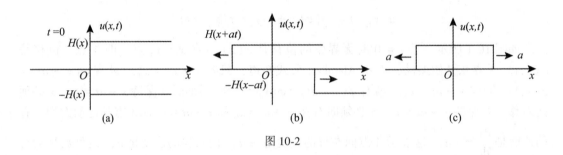

图 10-2

例 10.1　无限长弦在点 $x = x_0$ 受到冲击，冲量为 I_0，弦的线密度为 ρ，试求解弦的振动.

解　将弦受冲击的时刻定为 $t = 0$，在 $t > 0$ 之后，弦不受外力作用，故泛定方程是齐次波动方程. 在 $t = 0$ 弦受冲击时，由于弦还来不及发生移动，故其初始位移为零.

弦受外力冲击前后，点 x_0 处动量密度的变化为：$\rho u_t \big|_{t=0} - 0 = \rho u_t \big|_{t=0}$. 而点 x_0 处弦所受冲量密度为 $\lim_{\Delta x \to 0} \frac{\Delta I}{\Delta x} = I_0 \delta(x - x_0)$. 长度为 $\mathrm{d}x$ 的弦所受的冲量为 $I_0 \delta(x - x_0) \mathrm{d}x$，无限长的弦所受的总冲量为 $\int_{-\infty}^{\infty} I_0 \delta(x - x_0) \, \mathrm{d}x = I_0$. 这样，应用动量定理有

$$\rho u_t \big|_{t=0} = I_0 \delta(x - x_0).$$

定解问题为

$$\begin{cases} \dfrac{\partial^2 u(x, t)}{\partial t^2} - a^2 \dfrac{\partial^2 u(x, t)}{\partial x^2} = 0, & -\infty < x < +\infty, \ t > 0, \\ u(x, 0) = 0, \\ \dfrac{\partial u(x, 0)}{\partial t} = \dfrac{I_0}{\rho} \delta(x - x_0). \end{cases}$$

此定解问题的解可用 d'Alembert 公式计算，由式(10.16)得到解为

$$u(x, t) = \frac{1}{2a} \int_{x-at}^{x+at} \frac{I_0}{\rho} \delta(\xi - x_0) \, \mathrm{d}\xi = \frac{I_0}{2a\rho} \left[H(x - x_0 + at) - H(x - x_0 - at) \right].$$

例 10.2 求解一维无界的定解问题:

$$\begin{cases} \dfrac{\partial^2 u(x,\ t)}{\partial t^2} - \dfrac{\partial^2 u(x,\ t)}{\partial x^2} = 1, & -\infty < x < +\infty,\ t > 0, \\ u(x,\ 0) = e^x, \\ \dfrac{\partial u(x,\ 0)}{\partial t} = -2e^x. \end{cases}$$

解 由一维无界有源波动问题的解式(10.15)得到

$$u(x,\ t) = \frac{1}{2}\left[\varphi(x+at) + \varphi(x-at)\right] + \frac{1}{2a}\int_{x-at}^{x+at}\psi(\xi)\,\mathrm{d}\xi + \frac{1}{2a}\int_0^t\int_{x-a(t-\tau)}^{x+a(t-\tau)} f(\xi,\ \tau)\,\mathrm{d}\xi\mathrm{d}\tau$$

$$= \frac{1}{2}\{\exp[(x+t)] + \exp[(x-t)]\} + \frac{1}{2}\int_{x-t}^{x+t} 2\exp(\xi)\,\mathrm{d}\xi + \frac{1}{2}\int_0^t\int_{x-(t-\tau)}^{x+(t-\tau)}\mathrm{d}\xi\mathrm{d}\tau$$

$$= \exp(x+t) + \frac{1}{2}\int_0^t 2(t-\tau)]\,\mathrm{d}\tau = \exp(x+t) - \frac{1}{2}(t-\tau)^2\Big|_0^\tau$$

$$= \exp(x+t) + \frac{1}{2}t^2.$$

例 10.3 求一维无界弦自由波动方程

$$\frac{\partial^2 u(x,\ t)}{\partial t^2} - a^2\frac{\partial^2 u(x,\ t)}{\partial x^2} = 0, \quad -\infty < x < +\infty,\ t > 0 \tag{10.17}$$

的通解.

解 我们按照常微分方程的常规解法:先不考虑任何附加条件,从方程本身求出通解,通解中含有任意常数(积分常数),然后利用附加条件确定这些常数.

方程(10.17)可以变为

$$\left(\frac{\partial}{\partial t} + a\frac{\partial}{\partial x}\right)\left(\frac{\partial}{\partial t} - a\frac{\partial}{\partial x}\right)u(x,\ t) = 0,$$

作如下代换:

$$\begin{cases} \xi = x + at, \\ \eta = x - at. \end{cases}$$

利用复合函数求导法则可得

$$\begin{cases} \dfrac{\partial}{\partial\xi} = \dfrac{\partial t}{\partial\xi}\dfrac{\partial}{\partial t} + \dfrac{\partial x}{\partial\xi}\dfrac{\partial}{\partial x} = \dfrac{1}{2a}\left(\dfrac{\partial}{\partial t} + a\dfrac{\partial}{\partial x}\right), \\ \dfrac{\partial}{\partial\eta} = \dfrac{\partial t}{\partial\eta}\dfrac{\partial}{\partial t} + \dfrac{\partial x}{\partial\eta}\dfrac{\partial}{\partial x} = -\dfrac{1}{2a}\left(\dfrac{\partial}{\partial t} - a\dfrac{\partial}{\partial x}\right), \end{cases}$$

代入则方程变为

$$\frac{\partial^2 u}{\partial\xi\partial\eta} = 0,$$

先对 η 积分,得到

$$\frac{\partial u}{\partial\xi} = f(\xi),$$

再对 ξ 积分,可得

$$u(x,\ t) = \int f(\xi)\,\mathrm{d}\xi + f_2(\eta) = f_1(\xi) + f_2(\eta),$$

将代换代入,得到通解为

$$u(x, t) = f_1(x + at) + f_2(x - at), \qquad (10.18)$$

式中, f_1 和 f_2 为任意二阶连续可微的函数. 由初始条件可确定式(10.18)的函数 f_1 和 f_2.

通解式(10.18)具有鲜明的物理意义, 它表明: 弦上的任意扰动总是以行波分别向 x 轴正负方向传播, 其传播速度为 a, 因此此法也称为**行波法**.

10.2　一维无界热传导问题的解

一维无界杆有源热传导的定解问题为

$$\begin{cases} \dfrac{\partial u(x, t)}{\partial t} - D\dfrac{\partial^2 u(x, t)}{\partial x^2} = f(x, t), \quad -\infty < x < \infty, \ t > 0, & (10.19a) \\[3mm] u(x, 0) = \varphi(x), & (10.19b) \end{cases}$$

其中, $f(x, t)$ 是单位时间单位质量产生的热源.

我们用积分变换法求解此定解问题. 先对泛定方程式(10.19a)的变量 t 进行 Laplace 变换, 变换时将 x 看成参量, 得到

$$p\widetilde{u}(x, p) - \varphi(x) - D\frac{\partial^2 \widetilde{u}(x, p)}{\partial x^2} = \widetilde{f}(x, p),$$

再对上式进行 Fourier 变换, 变换时将 p 看成参量, 得到

$$p\widetilde{\widetilde{u}}(\omega, p) - \widetilde{\varphi}(\omega) + D\omega^2 \widetilde{\widetilde{u}}(\omega, p) = \widetilde{\widetilde{f}}(\omega, p),$$

经整理得到像函数的表达式

$$\widetilde{\widetilde{u}}(\omega, p) = \frac{\widetilde{\varphi}(\omega)}{p + D\omega^2} + \frac{\widetilde{\widetilde{f}}(\omega, p)}{p + D\omega^2}, \qquad (10.20)$$

对式(10.20)反演, 就可以得到定解问题的解.

由于 $\mathscr{F}^{-1}\mathscr{L}^{-1}$ 是线性算符, 因此可以逐项反演. 为了利用卷积定理, 我们先反演复合项 $\dfrac{1}{p + D\omega^2}$. 在反演时, 将先将 ω 看成参量, 进行 Laplace 反演, 再将 t 看成参量, 进行 Fourier 反演, 得到

$$\mathscr{F}^{-1}\mathscr{L}^{-1}\left[\frac{1}{p + D\omega^2}\right] = \mathscr{F}^{-1}\left[e^{-D\omega^2 t}\right] = \frac{1}{2\sqrt{D\pi t}}e^{-\frac{x^2}{4Dt}},$$

其中利用了 Gauss 函数的 Fourier 变换 $\mathscr{F}\left[e^{-ax^2}\right] = \sqrt{\dfrac{\pi}{a}}e^{-\frac{\omega^2}{4a}}$.

首先反演式(10.20)的第一项, $\widetilde{\varphi}(\omega)$ 是 $\varphi(x)$ 的像函数, 利用空间变量的卷积定理,

$$\begin{aligned} \mathscr{F}^{-1}\mathscr{L}^{-1}\left[\frac{\widetilde{\varphi}(\omega)}{p + D\omega^2}\right] &= \varphi(x) * \frac{1}{2\sqrt{D\pi t}}e^{-\frac{x^2}{4Dt}} \\ &= \int_{-\infty}^{\infty} \frac{1}{2\sqrt{D\pi t}}e^{-\frac{(x-\xi)^2}{4Dt}}\varphi(\xi)\,\mathrm{d}\xi = \frac{1}{2\sqrt{D\pi t}}\int_{-\infty}^{\infty} e^{-\frac{(x-\xi)^2}{4Dt}}\varphi(\xi)\,\mathrm{d}\xi, \end{aligned}$$

再反演式(10.20)的第二项，因为$f(x, t)$是x和t的函数，要对空间变量和时间变量进行卷积运算，

$$\mathscr{F}^{-1}\mathscr{L}^{-1}\left[\frac{\tilde{\bar{f}}(\omega, p)}{p + D\omega^2}\right] = f(x, t) * \frac{1}{2\sqrt{D\pi t}}e^{-\frac{x^2}{4Dt}} = \int_0^t\int_{-\infty}^{\infty}\frac{f(\xi, \tau)}{2\sqrt{D\pi(t - \tau)}}e^{-\frac{(x-\xi)^2}{4D(t-\tau)}}d\xi d\tau,$$

所以

$$u(x, t) = \frac{1}{2\sqrt{D\pi t}}\int_{-\infty}^{\infty}e^{-\frac{(x-\xi)^2}{4Dt}}\varphi(\xi)d\xi + \int_0^t\int_{-\infty}^{\infty}\frac{f(\xi, \tau)}{2\sqrt{D\pi(t - \tau)}}e^{-\frac{(x-\xi)^2}{4D(t-\tau)}}d\xi d\tau, \quad (10.21)$$

式(10.21)为定解问题式(10.19)的解.

如果没有源作用，则$f(x, t) = 0$，定解问题的解是

$$u(x, t) = \frac{1}{2\sqrt{D\pi t}}\int_{-\infty}^{\infty}e^{-\frac{(x-\xi)^2}{4Dt}}\varphi(x\xi)d\xi = \varphi(x) * K(x, t), \quad (10.22)$$

其中，

$$K(x, t) = \frac{1}{2\sqrt{D\pi t}}e^{-\frac{x^2}{4Dt}}, \quad t > 0, \quad (10.23)$$

称为 Gauss 核，它在统计学中有重要的应用.

下面我们分析式(10.22)的物理含义，如果初始温度分布为$\varphi(x) = \delta(x)$，则有

$$u(x, t) = \frac{1}{2\sqrt{D\pi t}}\int_{-\infty}^{\infty}e^{-\frac{(x-\xi)^2}{4Dt}}\delta(\xi)d\xi = \frac{1}{2\sqrt{D\pi t}}e^{-\frac{x^2}{4Dt}}, \quad (10.24)$$

可见，Gauss 核是初始$t = 0$时刻位于$x = 0$的点源在时刻t引起的温度分布.

例 10.4 求解一维无界热传导问题：

$$\begin{cases}\dfrac{\partial u(x, t)}{\partial t} - D\dfrac{\partial^2 u(x, t)}{\partial x^2} = 0, & -\infty < x < \infty, \ t > 0, \\ u(x, 0) = \varphi(x).\end{cases}$$

其初始温度分布是归一化的 Gauss 函数$\varphi(x) = \dfrac{1}{\sqrt{\pi}}e^{-x^2}$.

解 利用定解问题的解式(10.22)，得到

$$u(x, t) = \frac{1}{2\sqrt{D\pi t}}\int_{-\infty}^{\infty}e^{-\frac{(x-\xi)^2}{4Dt}}\varphi(\xi)d\xi$$

$$= \frac{1}{2\pi\sqrt{Dt}}\int_{-\infty}^{\infty}e^{-\frac{(x-\xi)^2}{4Dt}}e^{-\xi^2}d\xi = \frac{1}{2\pi\sqrt{Dt}}\int_{-\infty}^{\infty}e^{-\frac{(x-\xi)^2 + 4Dt\xi^2}{4Dt}}d\xi$$

$$= \frac{1}{\sqrt{(1 + 4Dt)\pi}}e^{-\frac{x^2}{1+4Dt}}.$$

对初始分布$u(x, 0) = \dfrac{1}{\sqrt{\pi}}e^{-x^2}$，温度分布$u(x, t)$随时间的演化与点源情况相似.

在无热源，即初值问题(10.19)中的非齐次项$f(x, t) = 0$的情形下，由式(10.22)可以知道，即便初始温度分布$\varphi(x)$只在一个任意小的有限区间上不为零，不妨设$\varphi(x) = \delta(x)$，从公式(10.24)可知，在任一时刻$t > 0$，杆上任意一点x处的温度$u(x, t)$均大于0，这说明热量瞬间就可以从有限区间传到杆上的每一点，热量传播的速度是无穷大的. 但无限大的传播速度是不可能的，这一描述显然是非物理的. 为什么会出现这一问题呢?

原因是因为导出热传导方程所根据的 Fourier 热传导定律 $q = -k \nabla u$（或者，导出扩散方程所根据的扩散定律 $q = -D \nabla u$）是基于实验测量的定律，是一种统计规律，默认了导热过程具有无限大的速度，完全没有考虑分子运动的惯性，而正是这惯性使传播速度不能无限大．不过，只要传导时间（$t > 0$）不是很小，统计规律已起作用，所求得的解（10.21）在物理上还是成立的．

从物理上看，热传导方程只是对传热现象的总结归纳，并不是传热的真实过程，真实过程是由物质微观运动、统计热力学研究表述的．Fourier 热传导定律只适用于温度分布不变的稳定系统或者温度变化较慢的系统，因此得出的热传导方程不适用于温度变化过快的过程．但在通常情况下，物理系统的温度变化都没有那么快，温度变化随着距离指数衰减，这种情况下热传导方程基本上适用．在极端条件下，或者极端时间、极小尺度下的热传导应使用非 Fourier 导热方程，非 Fourier 热传导方程下热以波的形式传播．

在第 10.1 节中我们已经知道由波动方程求解波的传播速度是有限的．传播速度的不同导致了热传导方程和波动方程的性质有根本的不同．例如，即使初始温度分布只是连续函数，齐次热传导方程初值问题的解式（10.22）却是无穷次可导的，而弦振动方程初值问题的解式（10.16）就没有这么好的性质了．

最后，需要指出，Gauss 核的演化是一个普遍的现象，存在于许多系统之中．它反映一个点源函数在系统自身的扩散作用之下，其分布变得越来越宽．除了上述热量传导之外，还有物质浓度的扩散，比如半导体载流子浓度的扩散等．但是在这种扩散作用之下，分布不会发生迁移，峰值始终维持在确定的位置．下面讨论系统在扩散与迁移双重作用下的演化行为，并引出相应的 Gauss 核．

例 10.5　讨论含有对流机制的热传导问题．考虑下列无界杆热传导的定解问题：

$$\begin{cases} \dfrac{\partial u(x,\ t)}{\partial t} - D \dfrac{\partial^2 u(x,\ t)}{\partial x^2} + \kappa \dfrac{\partial u(x,\ t)}{\partial x} = 0,\ -\infty < x < \infty,\ t > 0, & (10.25\text{a}) \\[2mm] u(x,\ 0) = \varphi(x). & (10.25\text{b}) \end{cases}$$

该系统含有对流的机制，借此与外界交换热量，它表现在函数 u 对空间变量的一阶导数项，κ 是一个常数，称为对流系数，而 D 仍为扩散系数．该问题包含了热量的扩散与迁移两重作用．

解　首先对式（10.25a）的 t 取 Laplace 变换，并利用初始条件式（10.25b）得到

$$p\widetilde{u}(x,\ p) - \varphi(x) - D \frac{\partial^2 \widetilde{u}(x,\ p)}{\partial x^2} + \kappa \frac{\partial \widetilde{u}(x,\ p)}{\partial x} = 0. \qquad (10.26)$$

再对式（10.26）关于 x 作 Fourier 变换，变换时将 p 看成参量，得到

$$p\widetilde{\widetilde{u}}(\omega,\ p) - \widetilde{\varphi}(\omega) + D\omega^2 \widetilde{\widetilde{u}}(\omega,\ p) + j\omega\kappa\widetilde{\widetilde{u}}(\omega,\ p) = 0,$$

经整理得到像函数的表达式

$$\widetilde{\widetilde{u}}(\omega,\ p) = \frac{\widetilde{\varphi}(\omega)}{p + (D\omega^2 + j\omega\kappa)}. \qquad (10.27)$$

对式（10.27）反演，就可以得到定解问题的解．

为了利用卷积定理，我们先反演复合项 $\dfrac{1}{p + (D\omega^2 + \mathrm{j}\omega\kappa)}$. 在反演时，先进行 Laplace 反演，将 ω 看成参量，得到

$$\mathscr{L}^{-1}\left[\frac{1}{p + (D\omega^2 + \mathrm{j}\omega\kappa)}\right] = \mathrm{e}^{-(D\omega^2 + \mathrm{j}\omega\kappa)t},$$

再进行 Fourier 反演，将 t 看成参量，得到

$$\mathscr{F}^{-1}\left[\mathrm{e}^{-(D\omega^2 + \mathrm{j}\omega\kappa)t}\right] = \mathscr{F}^{-1}\left[\mathrm{e}^{-Dt\omega^2}\mathrm{e}^{-\mathrm{j}\omega\kappa t}\right] = \frac{1}{2\sqrt{D\pi t}}\mathrm{e}^{-\frac{(x-\kappa t)^2}{4Dt}},$$

式中利用 Gauss 函数的 Fourier 变换 $\mathscr{F}^{-1}\left[\mathrm{e}^{-Dt\omega^2}\right] = \dfrac{1}{2\sqrt{D\pi t}}\mathrm{e}^{-\frac{x^2}{4Dt}}$, 和 Fourier 变换位移性质式 (7.22b).

利用卷积定理，反演式 (10.27), 就可以得到定解问题式 (10.25) 的解

$$u(x,\ t) = \frac{1}{2\sqrt{D\pi t}}\int_{-\infty}^{\infty}\varphi(\xi)\mathrm{e}^{-\frac{(x-\kappa t-\xi)^2}{4Dt}}\mathrm{d}\xi. \tag{10.28}$$

类似地，也可以写成卷积的形式

$$u(x,\ t) = \varphi(x) * K(x,\ t,\ \kappa),$$

其中，

$$K(x,\ t,\ \kappa) = \frac{1}{2\sqrt{D\pi t}}\mathrm{e}^{-\frac{(x-\kappa t)^2}{4Dt}} \tag{10.29}$$

是对流热传导问题的 Gauss 核. 当 $\kappa = 0$ 时，它退化为式 (10.23). Gauss 核式 (10.29) 具有式 (10.23) 的所有性质，只是它的峰值在 $x = \kappa t$ 处. 该 Gauss 核仍然表示初始位于 $x = 0$ 的点源在任意时刻 t 引起的温度分布. 但在任意 t 时刻，温度分布不但有展宽，而且出现了迁移，$\kappa > 0$ 时，峰值向 x 轴正向迁移；$\kappa < 0$ 时，峰值则向 x 轴负向迁移. 这种具有扩散和迁移双重作用的演化行为存在于许多系统之中.

10.3 三维无界波动问题的解

10.3.1 三维无界波动问题和积分变换

三维无界波动问题的定解问题是

$$\begin{cases} \dfrac{\partial^2 u(\boldsymbol{r},\ t)}{\partial t^2} - a^2\,\nabla^2 u(\boldsymbol{r},\ t) = f(\boldsymbol{r},\ t),\quad a > 0, \\[2mm] u(\boldsymbol{r},\ 0) = \varphi(\boldsymbol{r}), \\[2mm] \dfrac{\partial u(\boldsymbol{r},\ 0)}{\partial t} = \psi(\boldsymbol{r}). \end{cases} \tag{10.30}$$

在三维直角坐标中 $\boldsymbol{r} = x\mathbf{i} + y\mathbf{i} + z\mathbf{k}$, $\nabla^2 = \dfrac{\partial^2}{\partial x^2} + \dfrac{\partial^2}{\partial y^2} + \dfrac{\partial}{\partial z^2}$. 对上式进行 Laplace 变换，变换时将 $\boldsymbol{r}$ 看成是参量

$$p^2 \tilde{u}(\boldsymbol{r}, p) - p\varphi(\boldsymbol{r}) - \psi(\boldsymbol{r}) - a^2 \left(\frac{\partial^2}{\partial x^2} + \frac{\partial^2}{\partial y^2} + \frac{\partial^2}{\partial z^2} \right) \tilde{u}(\boldsymbol{r}, p) = \tilde{f}(\boldsymbol{r}, p),$$

再进行 Fourier 变换，变换时将 p 看成参数，利用偏导数的 Fourier 变换

$$p^2 \bar{\tilde{u}}(\boldsymbol{\omega}, p) - p\bar{\varphi}(\boldsymbol{\omega}) - \bar{\psi}(\boldsymbol{\omega}) - a^2 \left[(\mathrm{i}\omega_1)^2 + (\mathrm{i}\omega_2)^2 + (\mathrm{i}\omega_3)^2 \right] \bar{\tilde{u}}(\boldsymbol{\omega}, p) = \bar{\tilde{f}}(\boldsymbol{\omega}, p),$$

经整理后得到的像函数是

$$\bar{\tilde{u}}(\boldsymbol{\omega}, p) = \frac{p\bar{\varphi}(\boldsymbol{\omega})}{p^2 + a^2\omega^2} + \frac{\bar{\psi}(\boldsymbol{\omega})}{p^2 + a^2\omega^2} + \frac{\bar{\tilde{f}}(\boldsymbol{\omega}, p)}{p^2 + a^2\omega^2}, \qquad (10.31)$$

式中，$\boldsymbol{\omega} = \omega_1 \boldsymbol{e}_1 + \omega_2 \boldsymbol{e}_2 + \omega_3 \boldsymbol{e}_3$，$\omega^2 = \omega_1^2 + \omega_2^2 + \omega_3^2$.

对式(10.31)进行反演，可以求得定解问题的解，因为 $\mathscr{F}^{-1}\mathscr{L}^{-1}$ 是线性算符，所以可以逐项反演

$$u(\boldsymbol{r}, t) = \mathscr{F}^{-1}\mathscr{L}^{-1}\left[\frac{p\bar{\varphi}(\boldsymbol{\omega})}{p^2 + a^2\omega^2} \right] + \mathscr{F}^{-1}\mathscr{L}^{-1}\left[\frac{\bar{\psi}(\boldsymbol{\omega})}{p^2 + a^2\omega^2} \right] + \mathscr{F}^{-1}\mathscr{L}^{-1}\left[\frac{\bar{\tilde{f}}(\boldsymbol{\omega}, p)}{p^2 + a^2\omega^2} \right]$$

$$= u_1(\boldsymbol{r}, t) + u_2(\boldsymbol{r}, t) + u_3(\boldsymbol{r}, t), \qquad (10.32)$$

式中，$u_1(\boldsymbol{r}, t)$、$u_2(\boldsymbol{r}, t)$ 是齐次方程的解，即是没有外力作用的解.

10.3.2　Poisson 公式

下面逐项反演式(10.32)，由第二和第三项可以看出，反演出 $\mathscr{F}^{-1}\mathscr{L}^{-1}\left[\dfrac{1}{p^2 + a^2\omega^2} \right]$，利用卷积定理就可以计算它们. 由

$$\mathscr{F}^{-1}\mathscr{L}^{-1}\left[\frac{1}{p^2 + a^2\omega^2} \right] = \mathscr{F}^{-1}\left[\frac{1}{2\mathrm{i}a\omega}(\mathrm{e}^{\mathrm{i}a\omega t} - \mathrm{e}^{-\mathrm{i}a\omega t}) \right],$$

以 $\boldsymbol{r}$ 作为参照轴，在 $\boldsymbol{\omega}$ 空间建立球坐标，先反演第一项

$$\mathscr{F}^{-1}\left[\frac{\mathrm{e}^{\mathrm{i}a\omega t}}{2\mathrm{i}a\omega} \right] = \frac{1}{(2\pi)^3} \iiint_\Omega \frac{\mathrm{e}^{\mathrm{i}a\omega t}}{2\mathrm{i}a\omega} \mathrm{e}^{\mathrm{i}\boldsymbol{r}\cdot\boldsymbol{\omega}} \mathrm{d}\boldsymbol{\omega}$$

$$= \frac{1}{(2\pi)^3} \int_0^\infty \int_0^\pi \int_0^{2\pi} \frac{\mathrm{e}^{\mathrm{i}a\omega t}}{2\mathrm{i}a\omega} \mathrm{e}^{\mathrm{i}r\omega\cos\theta} \omega^2 \sin\theta \, \mathrm{d}\omega \, \mathrm{d}\theta \, \mathrm{d}\varphi$$

$$= \frac{1}{2ar} \frac{1}{(2\pi)^2} \int_0^\infty \left[\mathrm{e}^{-\mathrm{i}(r-at)\omega} - \mathrm{e}^{\mathrm{i}(r+at)\omega} \right] \mathrm{d}\omega.$$

积分的方法可参见例 7.14，其中 $|\boldsymbol{r}| = r$，$r^2 = x^2 + y^2 + z^2$. 利用同样的方法反演第二项，得到

$$\mathscr{F}^{-1}\left[\frac{\mathrm{e}^{-\mathrm{i}a\omega t}}{2\mathrm{i}a\omega} \right] = \frac{1}{2ar} \frac{1}{(2\pi)^2} \int_0^\infty \left[\mathrm{e}^{-\mathrm{i}(r+at)\omega} - \mathrm{e}^{\mathrm{i}(r-at)\omega} \right] \mathrm{d}\omega.$$

利用式(7.17)和式(7.18)有

$$\int_0^\infty \mathrm{e}^{\mp\mathrm{i}(r-at)\omega} \mathrm{d}\omega = \frac{1}{\pm\mathrm{i}(r-at)} + \pi\delta(r-at),$$

$$\int_0^\infty \mathrm{e}^{\mp\mathrm{i}(r+at)\omega} \mathrm{d}\omega = \frac{1}{\pm\mathrm{i}(r+at)} + \pi\delta(r+at),$$

代入以后得到

$$\mathscr{F}^{-1}\mathscr{L}^{-1}\left[\frac{1}{p^2+\omega^2}\right]=\frac{1}{4\pi ar}\delta(r-at)-\frac{1}{4\pi ar}\delta(r+at),$$

因为 $r+at>0$，根据 $\delta(x)$ 函数的定义 $\delta(r+at)=0$，所以

$$\mathscr{F}^{-1}\mathscr{L}^{-1}\left[\frac{1}{p^2+\omega^2}\right]=\frac{1}{4\pi ar}\delta(r-at).$$

利用卷积定理，式(10.32)中的右边第二项为

$$u_2(\boldsymbol{r},\ t)=\mathscr{F}^{-1}\mathscr{L}^{-1}\left[\frac{\tilde{\psi}(\boldsymbol{\omega})}{p^2+a^2\omega^2}\right]=\frac{1}{4\pi a}\left[\frac{\delta(r-at)}{r}\right]*\tilde{\psi}(\boldsymbol{r})$$

$$=\frac{1}{4\pi a}\iiint_{V'}\frac{\delta(|\boldsymbol{r}'-\boldsymbol{r}|-at)}{|\boldsymbol{r}'-\boldsymbol{r}|}\psi(\boldsymbol{r}')\mathrm{d}\boldsymbol{r}'. \tag{10.33}$$

对整个三维空间进行积分，$\boldsymbol{r}'$ 是积分变量，$\boldsymbol{r}$ 是参数，以 $\boldsymbol{r}$ 的端点为球心，以 $|\boldsymbol{r}'-\boldsymbol{r}|=R$ 为半径，作一个球面 S_R^r，如图 10-3 所示，此球面的面元是 $\mathrm{d}s'$，因为 $\iiint_V\mathrm{d}\boldsymbol{r}'=\int_0^\infty\oiint_{S_R^r}\mathrm{d}s'\mathrm{d}R$，式(10.33)的积分可以计算得到

$$u_2(\boldsymbol{r},\ t)=\frac{1}{4\pi a}\int_0^\infty\oiint_{S_R^r}\frac{\delta(R-at)}{R}\psi(\boldsymbol{r}')\mathrm{d}s'\mathrm{d}R=\frac{1}{4\pi a}\oiint_{S_{at}^r}\frac{\psi(\boldsymbol{r}')}{at}\mathrm{d}s', \tag{10.34}$$

式中，S_{at}^r 表示以 $\boldsymbol{r}$ 为球心，at 为半径的球面；$\psi(\boldsymbol{r}')$ 是球面上的值，积分在此球面上进行.

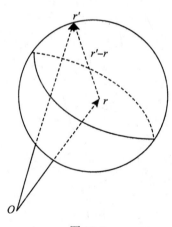

图 10-3

下面计算式(10.32)的 $u_1(\boldsymbol{r},\ t)$，类比式(10.34)，设

$$\mathscr{F}^{-1}\mathscr{L}^{-1}\left[\frac{\tilde{\phi}(\boldsymbol{\omega})}{p^2+a^2\omega^2}\right]=\frac{1}{4\pi a}\oiint_{S_{at}^r}\frac{\phi(\boldsymbol{r}')}{at}\mathrm{d}s'=v(\boldsymbol{r},\ t), \tag{10.35}$$

也就是

$$\mathscr{F}\mathscr{L}[v(\boldsymbol{r},\ t)]=\frac{\tilde{\phi}(\boldsymbol{\omega})}{p^2+a^2\omega^2}.$$

根据原函数导数的 Laplace 变换

$$\mathscr{FL}\left[\frac{\partial v(\boldsymbol{r},\ t)}{\partial t}\right] = p\,\mathscr{F}[\ \tilde{v}\ (\boldsymbol{r},\ p)\ ] - \mathscr{F}[\,v(\boldsymbol{r},\ 0)\,] = \frac{p\,\tilde{\phi}\,(\boldsymbol{\omega})}{p^2 + a^2\omega^2},$$

由式(10.35)知 $v(\boldsymbol{r},\ 0) = 0$，所以有

$$u_1(\boldsymbol{r},\ t) = \mathscr{F}^{-1}\mathscr{L}^{-1}\left[\frac{p\,\tilde{\phi}\,(\boldsymbol{\omega})}{p^2 + a^2\omega^2}\right] = \frac{1}{4\pi a}\frac{\partial}{\partial t}\oiint\limits_{S_{at}^r}\frac{\phi(r')}{at}\mathrm{d}s',$$

故齐次无界波动问题的解是

$$u(\boldsymbol{r},\ t) = u_1(\boldsymbol{r},\ t) + u_2(\boldsymbol{r},\ t) = \frac{1}{4\pi a}\frac{\partial}{\partial t}\oiint\limits_{S_{at}^r}\frac{\phi(r')}{at}\mathrm{d}s' + \frac{1}{4\pi a}\oiint\limits_{S_{at}^r}\frac{\psi(r')}{at}\mathrm{d}s'. \quad (10.36)$$

式(10.36)称为 Poisson 公式.

10.3.3　Poisson 公式的物理意义

初始条件是物理问题的初始扰动，假设初始扰动只在三维有限区域 Ω 内不为零，Ω 区域的初始扰动应该向空间各个方向传播，传播的速度是 a. 如图 10-4 所示，在区域 Ω 外取一点 A，在 t 时刻 A 点的扰动 $u(\boldsymbol{r},\ t)$ 是初始扰动产生的，在 S_{at}^r 上的所有的初始扰动传播了 t 时间以后同时到达 A 点，叠加以后成为 $u(\boldsymbol{r},\ t)$，这个叠加就是 Poisson 公式. 半径比 at 大的或者小的球面 S_{at}^r 上的初始扰动都不可能在 t 时刻到达 A 点，这就是为什么 Poisson公式应该在 S_{at}^r 面上计算积分.

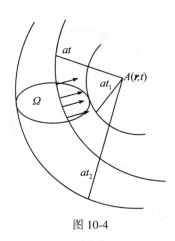

图 10-4

如果初始扰动集中在有限的区域内，如图 10-4 所示，A 点只能在时间间隔 $t_2 - t_1$ 内感受扰动. 当 $t < t_1$ 时，初始扰动还未到达 A 点，A 点处于静止状态；当 $t > t_2$ 时，初始扰动已经过了 A 点，A 点恢复静止状态.

这说明三维空间中有限区域上的初始振动形成的波有清晰的前阵波和后阵波，对空间任意一点，波传播过后，仍恢复到静止状态，这种现象称为 Huygens 原理，或者无后效应现象. 声波就是典型的例子，远近不同处的人能够先后听到同一地方传出的声音，而不引起混淆；立体声音响利用声波波阵面的时间差来处理音响效果，使音乐更加丰富动听.

例 10.6 设真空中有一个单位半径的球形薄膜，薄膜内的压强是 p_0，如果薄膜突然消失，将会在真空中激起三维波，试求激起三维波以后空间任意点的压强 p.

解 其定解问题是

$$\begin{cases} \dfrac{\partial^2 p}{\partial t^2} - a^2 \nabla^2 p = 0, \\[2mm] p\big|_{t=0} = \begin{cases} p_0, & R < 1, \\ 0, & R > 1, \end{cases} \\[4mm] \dfrac{\partial p}{\partial t}\bigg|_{t=0} = 0. \end{cases}$$

如图 10-5 所示，初始条件集中在以 O 为球心 $R = 1$ 半径的球内，A 点离球心的距离是 r，求薄膜消失后该点的压强. 以 A 为球心 at 为半径画一个球面 S_{at}^A，以 AO 为参考轴建立球坐标，沿 AO 取 $\theta = 0$，只有当 $r - 1 < at < r + 1$ 时，S_{at}^A 和单位球才有共同的部分，根据 Poisson 公式计算如下积分：

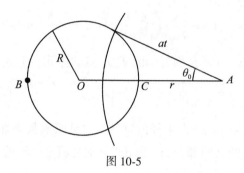

图 10-5

$$p(r, t) = \frac{1}{4\pi a} \frac{\partial}{\partial t} \oiint_{S_{at}^A} \frac{p_0}{at} \mathrm{d}s' = \frac{1}{4\pi a} \frac{\partial}{\partial t} \int_0^{\theta_0} \int_0^{2\pi} \frac{p_0}{at} (at)^2 \sin\theta \mathrm{d}\theta \mathrm{d}\varphi$$

$$= \frac{p_0}{2} \frac{\partial}{\partial t}\left[t(1 - \cos\theta_0) \right] = \frac{p_0}{2r}(r - at).$$

说明：（1）根据初始条件实际是在一个球冠上积分，球坐标下的球面面元

$$\mathrm{d}s' = r^2 \mathrm{d}\Omega = r^2 \sin\theta \mathrm{d}\theta \mathrm{d}\varphi = (at)^2 \sin\theta \mathrm{d}\theta \mathrm{d}\varphi;$$

（2）根据余弦定理 $(at)^2 + r^2 - 2rat\cos\theta_0 = 1$，得 $\cos\theta_0 = \dfrac{(at)^2 + r^2 - 1}{2art}$；

（3）离 A 点最近是 C 点，其距离是 $r - 1$，最远点是 B 点，其距离是 $r + 1$，所以 A 点在 $\dfrac{r-1}{a} < t < \dfrac{r+1}{a}$ 感受到压强的变化.

10.3.4 推迟势

在反演式 (10.32) 中右边第三项

$$u_3(\boldsymbol{r}, t) = \mathscr{F}^{-1}\mathscr{L}^{-1}\left[\frac{\tilde{f}(\boldsymbol{\omega}, p)}{p^2 + a^2\omega^2} \right],$$

这是由非齐次项产生的. 利用卷积定理反演得到

$$u_3(\boldsymbol{r},\ t) = \frac{1}{4\pi ar}\delta(r-at) * f(\boldsymbol{r},\ t)$$

$$= \frac{1}{4\pi a}\int_0^t \iiint_V \frac{1}{|\boldsymbol{r}-\boldsymbol{r}'|}\delta(|\boldsymbol{r}-\boldsymbol{r}'|-a(t-\tau))f(\boldsymbol{r}',\ \tau)\mathrm{d}\boldsymbol{r}'\mathrm{d}\tau,$$

利用式 (10.34) 的结论

$$u_3(\boldsymbol{r},\ t) = \frac{1}{4\pi a}\int_0^t \oiint_{S_{a(t-\tau)}^r} \frac{f(\boldsymbol{r}',\ \tau)}{a(t-\tau)}\mathrm{d}s'\mathrm{d}\tau, \tag{10.37}$$

式中, $S_{a(t-\tau)}^r$ 表示以 $\boldsymbol{r}$ 为球心, 以 $a(t-\tau)$ 为半径的球面; $\boldsymbol{r}'$ 是该球面上的一点. 因为 $0 < \tau < t$, $S_{a(t-\tau)}^r$ 的半径从 0 变化到 at, 所以积分不再是 Poisson 公式中的一个球面, 而是以 $\boldsymbol{r}$ 为球心、at 为半径的球体, 积分中的 $\boldsymbol{r}'$ 变成该球体内的一点. 设 $|\boldsymbol{r}-\boldsymbol{r}'| = R = a(t-\tau)$, d $\tau = -\dfrac{\mathrm{d}R}{a}$, 式 (10.37) 变成

$$u_3(\boldsymbol{r},\ t) = -\frac{1}{4\pi a}\int_{at}^0 \oiint_{S_R^r} \frac{1}{aR}f\left(\boldsymbol{r}',\ t-\frac{R}{a}\right)\mathrm{d}s'\mathrm{d}R,$$

如果假设 $\mathrm{d}\boldsymbol{r}' = \mathrm{d}v' = \mathrm{d}R\mathrm{d}s'$, $\mathrm{d}s'$ 是面元, $\mathrm{d}\boldsymbol{r}'$ 是 $\boldsymbol{r}'$ 点的体元, 上式可以用一个体积分表示

$$u(\boldsymbol{r},\ t) = \frac{1}{4\pi a}\iiint_{T_{at}^r} \frac{1}{a|\boldsymbol{r}-\boldsymbol{r}'|}f\left(\boldsymbol{r}',\ t-\frac{|\boldsymbol{r}-\boldsymbol{r}'|}{a}\right)\mathrm{d}\boldsymbol{r}', \tag{10.38}$$

式中, T_{at}^r 表示以 $\boldsymbol{r}$ 为球心, 以 at 为半径的球体. 如果源函数存在于空间一个有限区域 Ω 内, 积分区域是 Ω 和 T_{at}^M 的共同部分, $\boldsymbol{r}'$ 和 $\mathrm{d}\boldsymbol{r}'$ 分别是积分区域的点和体积元.

式 (10.38) 中的 $f\left(\boldsymbol{r}',\ t-\dfrac{|\boldsymbol{r}-\boldsymbol{r}'|}{a}\right)$ 称为推迟势.

10.3.5　推迟势的物理意义

定解问题的解 $u(\boldsymbol{r},\ t)$ 表示 $\boldsymbol{r}$ 点, t 时刻的扰动, 它应该是源函数的扰动在 $\boldsymbol{r}$ 点的叠加. 和 Poisson 公式中的初始扰动不一样, 初始扰动是 $t=0$ 时刻的扰动, $t>0$ 就不存在了, 而源函数的扰动自 $t>0$ 起始终存在, 每点扰动传播到 M 点的时间不一样, 所以 $\boldsymbol{r}$ 点 t 时刻的扰动应该是不同时间扰动的叠加. 如图 10-6 所示, $\boldsymbol{r}$ 是 M 点, $AM=at$, A 点初始扰动在 t 时刻传播到 M 点; B 是 $\boldsymbol{r}'$ 点, $BM=|\boldsymbol{r}-\boldsymbol{r}'|<at$, 扰动从 B 点传到 M 点所需的时间是 $\dfrac{|\boldsymbol{r}-\boldsymbol{r}'|}{a}$, 所以 B 点初始的扰动在 t 时刻以前就传播了到 M 点, 而要在 t 时刻传播到 M 点, 一定是 $t-\dfrac{|\boldsymbol{r}-\boldsymbol{r}'|}{a}$ 时刻的扰动, 这说明 t 时刻在 $\boldsymbol{r}$ 点叠加各点的扰动并不是 t 时刻的扰动, 而是提前一段时间的扰动, 这一段时间就是扰动传到 $\boldsymbol{r}$ 点的时间, 从 $\boldsymbol{r}'$ 点来看, 它的扰动要延迟一段时间方传到 $\boldsymbol{r}$ 点, 这就是推迟势的物理意义.

利用积分变换还可以解一维和三维无界热传导问题, 这比较无界波动问题要简单一些, 下面的例题介绍三维无界热传导问题的解.

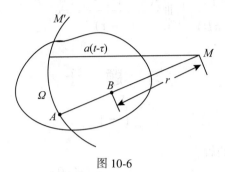

图 10-6

例 10.7 利用积分变换求解三维无界热传导问题，其定解问题是

$$\begin{cases} \dfrac{\partial u(\boldsymbol{r},\ t)}{\partial t} - D\,\nabla^2 u(\boldsymbol{r},\ t) = f(\boldsymbol{r},\ t), \\[2mm] u(\boldsymbol{r},\ 0) = \varphi(\boldsymbol{r}). \end{cases}$$

解 经过 Laplace 变换和 Fourier 变换后得到

$$p\,\tilde{u}(\boldsymbol{\omega},\ p) - \tilde{\varphi}(\boldsymbol{\omega}) + D\omega^2\,\tilde{u}(\boldsymbol{\omega},\ p) = \tilde{f}(\boldsymbol{\omega},\ p),$$

整理得到像函数的表达式为

$$\tilde{u}(\boldsymbol{\omega},\ p) = \frac{\tilde{\varphi}(\boldsymbol{\omega})}{p + D\omega^2} + \frac{\tilde{f}(\boldsymbol{\omega},\ p)}{p + D\omega^2},$$

式中，$\boldsymbol{\omega} = \omega_1\boldsymbol{e}_1 + \omega_2\boldsymbol{e}_2 + \omega_3\boldsymbol{e}_3$，$\omega^2 = \omega_1^2 + \omega_2^2 + \omega_3^2$.

对像函数进行反演，可得到定解问题的解. 设

$$\mathscr{F}^{-1}\mathscr{L}^{-1}[\tilde{u}(\boldsymbol{\omega},\ p)] = u(\boldsymbol{r},\ t) = u_1(\boldsymbol{r},\ t) + u_2(\boldsymbol{r},\ t).$$

在利用卷积定理以前，先进行以下的反演：

$$\mathscr{F}^{-1}\mathscr{L}^{-1}\left[\frac{1}{p + D\omega^2}\right] = \mathscr{F}^{-1}\left[\mathrm{e}^{-D\omega^2 t}\right] = \frac{1}{(2\pi)^3}\iiint_\Omega \mathrm{e}^{-D\omega^2 t}\mathrm{e}^{\mathrm{i}\boldsymbol{\omega}\cdot\boldsymbol{r}}\mathrm{d}\boldsymbol{\omega}$$

$$= \frac{1}{(2\pi)^3}\int_{-\infty}^{\infty}\int_{-\infty}^{\infty}\int_{-\infty}^{\infty} \mathrm{e}^{-D(\omega_1^2+\omega_2^2+\omega_3^2)t}\mathrm{e}^{\mathrm{i}(\omega_1 x+\omega_2 y+\omega_3 z)}\mathrm{d}\omega_1\mathrm{d}\omega_2\mathrm{d}\omega_3$$

$$= \frac{1}{2\pi}\int_{-\infty}^{\infty}\mathrm{e}^{-D\omega_1^2 t+\mathrm{i}\omega_1 x}\mathrm{d}\omega_1\,\frac{1}{2\pi}\int_{-\infty}^{\infty}\mathrm{e}^{-D\omega_2^2 t+\mathrm{i}\omega_2 y}\mathrm{d}\omega_2\,\frac{1}{2\pi}\int_{-\infty}^{\infty}\mathrm{e}^{-D\omega_3^2 t+\mathrm{i}\omega_3 z}\mathrm{d}\omega_3$$

$$= \frac{1}{8(\pi D t)^{\frac{3}{2}}}\mathrm{e}^{-\frac{x^2+y^2+z^2}{4Dt}},$$

这是三个积分相乘，每个积分是

$$\frac{1}{2\pi}\int_{-\infty}^{\infty}\mathrm{e}^{-D\omega_1^2 t+\mathrm{i}\omega_1 x}\mathrm{d}\omega_1 = \frac{1}{2\pi}\int_{-\infty}^{\infty}\mathrm{e}^{-Dt\left(\omega_1-\frac{\mathrm{i}x}{2Dt}\right)^2-\frac{x^2}{4Dt}}\mathrm{d}\omega_1 = \frac{1}{2\sqrt{\pi Dt}}\mathrm{e}^{-\frac{x^2}{4Dt}},$$

利用卷积的性质，求得

$$u_1(x,\ y,\ z,\ t) = \frac{1}{8(\pi Dt)^{\frac{3}{2}}}\iiint_V \varphi(x',\ y',\ z')\mathrm{e}^{-\frac{(x-x')^2+(y-y')^2+(z-z')^2}{4Dt}}\mathrm{d}x'\mathrm{d}y'\mathrm{d}z',$$

$$u_2(x,\ y,\ z,\ t) = \frac{1}{8\ (\pi D)^{\frac{3}{2}}} \int_0^t \iiint_V \frac{f(x',\ y',\ z',\ \tau)}{(t-\tau)^{\frac{3}{2}}} \mathrm{e}^{-\frac{(x-x')^2+(y-y')^2+(z-z')^2}{4D(t-\tau)}} \mathrm{d}x'\mathrm{d}y'\mathrm{d}z'\mathrm{d}\tau.$$

习　题　十

(一)

10.1　确定下列初值问题的解:

(1) $\dfrac{\partial^2 u}{\partial t^2} - a^2 \dfrac{\partial^2 u}{\partial x^2} = 0,\ u(x,\ 0) = \sin x,\ \dfrac{\partial u(x,\ 0)}{\partial t} = x^2,\ -\infty < x < \infty$;

(2) $\dfrac{\partial^2 u}{\partial t^2} - a^2 \dfrac{\partial^2 u}{\partial x^2} = 0,\ u(x,\ 0) = x^3,\ \dfrac{\partial u(x,\ 0)}{\partial t} = x,\ -\infty < x < \infty$;

(3) $\dfrac{\partial^2 u}{\partial t^2} - \dfrac{\partial^2 u}{\partial x^2} = t\sin x,\ u(x,\ 0) = 0,\ \dfrac{\partial u(x,\ 0)}{\partial t} = \sin x,\ -\infty < x < \infty$;

(4) $\dfrac{\partial^2 u}{\partial t^2} - a^2 \dfrac{\partial^2 u}{\partial x^2} = 1,\ u(x,\ 0) = \sin x,\ \dfrac{\partial u(x,\ 0)}{\partial t} = 0,\ -\infty < x < \infty$;

(5) $\dfrac{\partial^2 u}{\partial t^2} - a^2 \dfrac{\partial^2 u}{\partial x^2} = \cos x,\ u(x,\ 0) = \sin 2x,\ \dfrac{\partial u(x,\ 0)}{\partial t} = 0,\ -\infty < x < \infty.$

10.2　利用 Poisson 公式求解三维无界波动问题的解:

$$\begin{cases} \dfrac{\partial^2 u}{\partial t^2} - a^2 \nabla^2 u = 0, \\ u\big|_{t=0} = 0, \\ u_t\big|_{t=0} = x^2 + yz. \end{cases}$$

10.3　求解下列波动方程的解(Goursat 问题):

(1)第一问题: $\begin{cases} \dfrac{\partial^2 u}{\partial t^2} - a^2 \dfrac{\partial^2 u}{\partial x^2} = 0, \\ u(x,\ t)\ \big|_{x-at=0} = \varphi(x),\ \varphi(0) = \psi(0), \\ u(x,\ t)\ \big|_{x+at=0} = \psi(x). \end{cases}$

(2)第二问题: $\begin{cases} \dfrac{\partial^2 u}{\partial t^2} - a^2 \dfrac{\partial^2 u}{\partial x^2} = 0, \\ u(x,\ t)\ \big|_{x-at=0} = \varphi_0(x),\ \varphi_0(0) = \varphi_1(0), \\ u(x,\ t)\ \big|_{t=0} = \varphi_1(x). \end{cases}$

10.4　证明方程:

$$\frac{\partial}{\partial x}\left[\left(1 - \frac{x}{h}\right)^2 \frac{\partial u}{\partial x}\right] = a^2\left(1 - \frac{x}{h}\right)^2 \frac{\partial^2 u}{\partial t^2}$$

的通解为

$$u(x,\ t) = \frac{1}{h-x}[f_1(x+at) + f_2(x-at)].$$

并由此求该方程满足 Cauchy 条件：$\begin{cases} u(x,\ t)\ \big|_{t=0} = \varphi(x), \\ \dfrac{\partial u(x,\ t)}{\partial t}\ \bigg|_{t=0} = \psi(x) \end{cases}$ 的解.

10.5　从 d'Alembert 公式出发，证明在无界问题中：

(1) 若初始位移 $\varphi(x)$ 和初始速度 $\psi(x)$ 为奇函数，则 $u(0,\ t) = 0$；

(2) 若初始位移 $\varphi(x)$ 和初始速度 $\psi(x)$ 为偶函数，则 $u_x(0,\ t) = 0$.

（二）

10.6　求微分积分方程的初值问题：

$$\begin{cases} L\dfrac{\mathrm{d}I(t)}{\mathrm{d}t} + \dfrac{1}{C}\displaystyle\int_0^t I(t)\,\mathrm{d}t = \dfrac{q_0}{C}, \\ I(0) = 0, \end{cases}$$

并说明该初值问题描述的电路模型.

10.7　用积分变换法求初值问题 $\begin{cases} \dfrac{\partial u}{\partial t} = D\dfrac{\partial^2 u}{\partial x^2} + 2tu + f(x,\ t),\ t > 0, \\ u(x,\ t)\ \big|_{t=0} = 0 \end{cases}$ 的形式解.

10.8　用积分变换法解下列初值问题：

$$\begin{cases} \dfrac{\partial^2 u}{\partial x \partial y} = 1,\ x > 0,\ y > 0; \\ u(x,\ y)\ \big|_{x=0} = y + 1, \\ u(x,\ y)\ \big|_{y=0} = 1. \end{cases}$$

10.9　求解半无界弦的振动：

$$\begin{cases} \dfrac{\partial^2 u}{\partial t^2} - D\dfrac{\partial^2 u}{\partial x^2} = 0, \\ u(0,\ t) = 0,\qquad \dfrac{\partial u(x,\ t)}{\partial x}\bigg|_{x\to\infty} = 0, \\ u(x,\ 0) = 0,\qquad \dfrac{\partial u(x,\ t)}{\partial t}\bigg|_{t=0} = b. \end{cases}$$

10.10　求解半无界热传导问题：

$$\begin{cases} \dfrac{\partial u(x,\ t)}{\partial t} - D\dfrac{\partial^2 u(x,\ t)}{\partial x^2} + hu = 0,\quad 0 < x < \infty,\ t > 0, \\ u(0,\ t) = 0,\qquad \dfrac{\partial u(x,\ t)}{\partial x}\bigg|_{x\to\infty} = 0, \\ u(x,\ 0) = u_0. \end{cases}$$

10.11　用积分变换法解下列定解问题：

$$\begin{cases} \dfrac{\partial u}{\partial t} = D\dfrac{\partial^2 u}{\partial x^2}, & 0 < x < l, \ t > 0, \\[3mm] \dfrac{\partial u(x,\ t)}{\partial x}\bigg|_{x=0} = 0, & u(x,\ t)\big|_{x=l} = u_1, \\[3mm] u(x,\ t)\big|_{t=0} = u_0. \end{cases}$$

10.12　用积分变换法求解下列定解问题：

$$\begin{cases} \dfrac{\partial^2 u}{\partial t^2} = \dfrac{\partial^2 u}{\partial x^2}, & 0 < x < +\infty, \ t > 0, \\[3mm] u(x,\ t)\big|_{t=0} = \varphi(x), \\[3mm] \dfrac{\partial u(x,\ t)}{\partial t}\bigg|_{t=0} = \phi(x). \end{cases}$$

10.13　用积分变换法求解半无界区域上弦振动方程的定解问题：

$$\begin{cases} \dfrac{\partial^2 u}{\partial t^2} - a^2\dfrac{\partial^2 u}{\partial x^2} = \cos\omega t, & x > 0, \ t > 0, \\[3mm] u(x,\ t)\big|_{x=0} = 0, & |u(x,\ t)| < +\infty, \ x \to \infty, \\[3mm] u(x,\ t)\big|_{t=0} = 0, & \dfrac{\partial u(x,\ t)}{\partial t}\bigg|_{t=0} = 0. \end{cases}$$

10.14　若 $u = u(x,\ y,\ z,\ t)$ 是初值问题：

$$\begin{cases} \dfrac{\partial^2 u}{\partial^2 t} = a^2\left(\dfrac{\partial^2 u}{\partial^2 x} + \dfrac{\partial^2 u}{\partial^2 y} + \dfrac{\partial^2 u}{\partial^2 z}\right), & t > 0, \\[3mm] u(x,\ y,\ z,\ t)\big|_{t=0} = f(x) + g(y), \\[3mm] \dfrac{\partial u(x,\ y,\ z,\ t)}{\partial t}\bigg|_{t=0} = \varphi(y) + \psi(z). \end{cases}$$

的解，试求解的表达式.

10.15　求解初值问题：

$$\begin{cases} \dfrac{\partial^2 u}{\partial^2 t} = a^2\left(\dfrac{\partial^2 u}{\partial^2 x} + \dfrac{\partial^2 u}{\partial^2 y} + \dfrac{\partial^2 u}{\partial^2 z}\right) + 2(y - z), & t > 0, \\[3mm] u(x,\ y,\ z,\ t)\big|_{t=0} = 0, \\[3mm] \dfrac{\partial u(x,\ x,\ z,\ t)}{\partial t}\bigg|_{t=0} = x^2 + yz. \end{cases}$$

第 11 章　分离变量法

分离变量法又称 Fourier 级数法，它是求解有界定解问题的有效方法之一，适用于解一些常见的具有某种对称性的区域(如矩形、柱面、球面等)上的混合问题和边值问题. 该方法的特点是通过变量的分离，把偏微分方程化为常微分方程. 虽然一维有界定解问题是最简单的问题，但是由此引入的本征值、本征函数、本征值问题和按本征函数的 Fourier 展开是分离变量法中的一些很重要的概念.

11.1　利用分离变量法求解一维齐次有界问题

考虑长度为 l 的弦，两端固定，给它一个初始扰动以后开始振动，它满足的定解问题是

$$\begin{cases} \dfrac{\partial^2 u(x, t)}{\partial t^2} - a^2 \dfrac{\partial^2 u(x, t)}{\partial x^2} = 0, \quad 0 \le x \le l, \ t > 0, & (11.1) \\[2mm] u(0, t) = 0, \ u(l, t) = 0, & (11.2) \\[2mm] u(x, 0) = \varphi(x), \ \dfrac{\partial u(x, 0)}{\partial t} = \psi(x). & (11.3) \end{cases}$$

这是无外力作用的波动问题，称为自由振动. 这个定解问题的特点是方程是线性齐次的，并具有线性齐次的边界条件，这里为第一类齐次边界条件. 我们通过求解这一问题来说明分离变量的方法和主要步骤.

11.1.1　分离变量

由力学知识可知，两端固定的弦的自由振动会形成驻波，驻波的表达式是时间和空间分离的. 假设上述定解问题的解可以写成时间和空间一维函数的乘积，即

$$u(x, t) = X(x) T(t), \tag{11.4}$$

称 $u(x, t)$ 可分离变量. 将式(11.4)代入式(11.1)中，得

$$\frac{1}{X(x)} \frac{\mathrm{d}^2 X(x)}{\mathrm{d}x^2} = \frac{1}{a^2 T(t)} \frac{\mathrm{d}^2 T(t)}{\mathrm{d}t^2}.$$

由于等式的两边分别是两个独立的变量 x 和 t 的函数，因此等式成立的条件是等于一个任意常数. 令这个常数为 $-\mu$，则就得到了 $X(x)$ 和 $T(t)$ 满足的两个常微分方程：

$$\frac{\mathrm{d}^2 X(x)}{\mathrm{d}x^2} + \mu X(x) = 0, \tag{11.5}$$

$$\frac{\mathrm{d}^2 T(t)}{\mathrm{d}t^2} + \mu a^2 T(t) = 0, \tag{11.6}$$

这样求解偏微分方程(11.1)的问题就转化为求解两个常微分方程(11.5)和(11.6)的问题.

方程(11.5)和(11.6)总是有解的, 问题是如何找到满足边界条件(11.2)和初始条件(11.3)的非零解. 为此将式(11.4)代入边界条件(11.2)得到 $\begin{cases} X(0)T(t) = 0, \\ X(l)T(t) = 0, \end{cases}$ 由于 $T(t)$ 是 t 的任意函数, 它不可能恒为零, 故只可能有

$$\begin{cases} X(0) = 0, \\ X(l) = 0. \end{cases} \tag{11.7}$$

这样偏微分方程(11.1)的边界条件(11.2), 化为了常微分方程(11.5)的边界条件(11.7).

为了求解方程(11.6), 将式(11.4)代入初始条件(11.3)得

$$\begin{cases} X(x)T(0) = \varphi(x), \\ X(x)T'(0) = \psi(x), \end{cases}$$

此二式显然不能成立, 因为 $\varphi(x)$ 和 $\psi(x)$ 是任意的函数, 它们分别除以常数 $T(0)$ 和 $T'(0)$ 后一般不满足方程(11.5); 此二式显然也不能给出关于 $T(t)$ 的常微分方程(11.6)的初始条件. 所以, 我们先不讨论关于 $T(t)$ 方程的解, 首先讨论 $X(x)$ 的解.

11.1.2　本征值问题

由于 $X(x)$ 必须同时满足方程(11.5)和第一类边界条件(11.7), 我们讨论下列方程:

$$\begin{cases} \dfrac{\mathrm{d}^2 X(x)}{\mathrm{d}x^2} + \mu X(x) = 0, \quad 0 < x < l, \\ X(0) = 0, \; X(l) = 0. \end{cases} \begin{matrix} (11.5) \\ \\ (11.7) \end{matrix}$$

在方程(11.5)中, 尽管 μ 是常数, 它不能任意取值, 而只能在边界条件(11.7)的限制下取某些特定的值, 否则方程(11.5)将没有满足边界条件(11.7)的非零解. 这些特定的 μ 值, 称为方程(11.5)在边界条件下的**本征值**; 相应于不同的 μ, 方程(11.5)的非零解称为**本征函数**; 这个齐次边值问题以及求本征值 μ 和相应的本征函数的问题称为**本征值问题**.

现在我们就 $\mu < 0$, $\mu = 0$, $\mu > 0$ 三种情况分别来讨论方程(11.5)和第一类边界条件(11.7)所构成的本征值问题. 常微分方程式(11.5)的解可以参见例 8.17.

(1)若 $\mu < 0$, 则此时方程(11.5)的解为

$$X(x) = c_1 \mathrm{e}^{\sqrt{-\mu}x} + c_2 \mathrm{e}^{-\sqrt{-\mu}x},$$

由边界条件(11.7)得

$$\begin{cases} c_1 + c_2 = 0, \\ c_1 \mathrm{e}^{\sqrt{\mu}l} + c_2 \mathrm{e}^{-\sqrt{\mu}l} = 0, \end{cases}$$

解之得 $c_1 = 0$, $c_2 = 0$, 于是 $X(x) \equiv 0$, 这是一个零解, 可见 μ 不能小于零.

(2)若 $\mu = 0$, 则方程(11.5)的解为

$$X(x) = c_1 x + c_2,$$

式中，c_1，c_2 为任意常数. 由边界条件(11.7)的第一式 $X(0) = 0$，得 $c_2 = 0$，又由第二式 $X(l) = 0$，得 $c_1 = 0$，于是 $X(x) \equiv 0$，这是一个零解，可见 μ 也不能为零.

(3)若 $\mu > 0$，记 $\mu = k^2$(k 为实数)，则方程(11.5)的解为

$$X(x) = c_1 \sin kx + c_2 \cos kx,$$

由边界条件(11.7)得

$$\begin{cases} c_2 = 0, \\ c_1 \sin kl = 0. \end{cases}$$

因为 $c_2 = 0$，故 c_1 不能为零，否则又将得到零值解. 为了求非零解故上二式成立只可能是 $\sin kl = 0$，解此三角方程得一系列特征值

$$kl = \pm n\pi \quad n = 0, 1, 2, \cdots,$$

但 n 不能取零，否则 $k = 0$，又将得到零值解；且 $\pm n$ 给出的两个解只差一个正负号，即是线性相关的，故

$$k = \frac{n\pi}{l}, \quad n = 1, 2, 3, \cdots,$$

综上所述，上述本征值问题的本征值为

$$\mu = k^2 = \frac{n^2\pi^2}{l^2}, \quad n = 1, 2, 3, \cdots, \tag{11.8}$$

其相应的本征函数，即方程(11.5)的解为

$$X_n(x) = C_n \sin\frac{n\pi}{l}x, \quad n = 1, 2, 3, \cdots, \tag{11.9}$$

式中，C_n 为任意常数，可以取 $C_n = 1$. 由于 $n = 1, 2, 3, \cdots$，因此本征值是由无穷个数组成的数集，本征函数是由无穷个函数组成的函数集.

11.1.3 关于 $T(t)$ 的方程的通解

将式(11.8)的本征值 $\mu = \frac{n^2\pi^2}{l^2}$ 代入方程(11.6)，得 $T(t)$ 满足的方程

$$T''(t) + \frac{a^2 n^2 \pi^2}{l^2}T(t) = 0,$$

此常微分方程的通解为

$$T_n(t) = A_n' \cos\frac{n\pi a}{l}t + B_n' \sin\frac{n\pi a}{l}t,$$

式中，A_n' 和 B_n' 为任意常数. 故由式(11.4)得到，方程(11.1)满足边界条件(11.2)的特解是

$$u_n(x, t) = X_n(x)T_n(t) = \left(A_n \cos\frac{n\pi a}{l}t + B_n \sin\frac{n\pi a}{l}t\right)\sin\frac{n\pi x}{l}, \quad n = 1, 2, 3, \cdots,$$

$$\tag{11.10}$$

这里已把 C_n 并入任意常数 A_n 和 B_n 中了. 式(11.10)表示的特解有无穷多个，但一般说来，

其中的任意一个并不一定能满足初始条件(11.3)，因为当 $t = 0$ 时，

$$
\begin{cases}
u_n(x,\ t)\big|_{t=0} = A_n \sin \dfrac{n\pi x}{l}, \\[2mm]
\dfrac{\partial u_n(x,\ t)}{\partial t}\bigg|_{t=0} = B_n \dfrac{n\pi a}{l} \sin \dfrac{n\pi x}{l},
\end{cases}
$$

而初值 $\varphi(x)$ 和 $\psi(x)$ 是任意函数，因此这些特解 $u_n(x,\ t)$ 中的任意一个尽管是方程 (11.1)的解，但一般还不是定解问题的解.

11.1.4　有界弦的自由振动的解

注意到方程(11.1)和边界条件(11.2)均是线性的，故由叠加原理，把式(11.10)中所表示的特解叠加起来，得到的

$$
u(x,\ t) = \sum_{n=1}^{\infty} u_n(x,\ t) = \sum_{n=1}^{\infty}\left(A_n \cos \dfrac{n\pi a}{l}t + B_n \sin \dfrac{n\pi a}{l}t\right)\sin \dfrac{n\pi}{l}x, \tag{11.11}
$$

仍然是方程(11.1)满足边界条件(11.2)的解.

为使此解满足初始条件，将方程(11.11)代入初始条件(11.3)，得到

$$
\begin{cases}
\varphi(x) = \displaystyle\sum_{n=1}^{\infty} A_n \sin \dfrac{n\pi x}{l}, \\[4mm]
\psi(x) = \displaystyle\sum_{n=1}^{\infty} B_n \dfrac{n\pi a}{l} \sin \dfrac{n\pi x}{l},
\end{cases}
\begin{array}{l} (11.12) \\[6mm] (11.13) \end{array}
$$

叠加系数 A_n 和 B_n 可以利用本征函数的正交关系，根据初始条件中的已知函数 $\varphi(x)$ 和 $\psi(x)$ 来确定.

11.1.5　利用本征函数的正交关系确定叠加系数

第一类齐次边界的本征函数具有正交关系

$$
\int_0^l \sin \dfrac{m\pi x}{l} \sin \dfrac{n\pi x}{l} \mathrm{d}x = \dfrac{l}{2}\delta_{mn}, \qquad m,\ n \text{ 是自然数}, \tag{11.14}
$$

式中，$\delta_{mn} = \begin{cases} 1, & m = n, \\ 0, & m \neq n, \end{cases}$　称为 Kronecker 符号.

利用三角关系式很容易验证式(11.14)，实际上

$$
\int_0^l \sin \dfrac{m\pi x}{l} \sin \dfrac{n\pi x}{l}\mathrm{d}x = \dfrac{1}{2}\int_0^l \left[\cos \dfrac{(m-n)\pi x}{l} - \cos \dfrac{(m+n)\pi x}{l}\right]\mathrm{d}x.
$$

当 $m \neq n$ 时，积分为零；当 $m = n$ 时，

$$
\int_0^l \sin \dfrac{m\pi x}{l}\sin \dfrac{n\pi x}{l}\mathrm{d}x = \dfrac{l}{2}.
$$

如果函数 $f(x)$ 在 $[0,\ l]$ 内有定义，并且满足 Dirichlet 条件，则 $f(x)$ 可以按第一类齐次边界条件的本征函数展开

$$
f(x) = \sum_{n=1}^{\infty} c_n \sin \dfrac{n\pi x}{l}, \tag{11.15}
$$

式中：展开系数 $c_n = \dfrac{2}{l}\displaystyle\int_0^l f(x)\sin\dfrac{n\pi x}{l}\mathrm{d}x$.

证明 将式(11.15)两边同时乘以 $\sin\dfrac{m\pi x}{l}$，并且积分

$$\int_0^l \sin\frac{m\pi x}{l}f(x)\,\mathrm{d}x = \int_0^l \sin\frac{m\pi x}{l}\left(\sum_{n=1}^\infty c_n \sin\frac{n\pi x}{l}\right)\mathrm{d}x,$$

交换求和和积分的次序

$$\sum_{n=1}^\infty c_n \int_0^l \sin\frac{m\pi x}{l}\sin\frac{n\pi x}{l}\mathrm{d}x = \int_0^l f(x)\sin\frac{m\pi x}{l}\mathrm{d}x,$$

利用式(11.14)，得到

$$\sum_{n=1}^\infty c_n \frac{l}{2}\delta_{mn} = \int_0^l f(x)\sin\frac{m\pi x}{l}\mathrm{d}x,$$

求得展开系数

$$c_m = \frac{2}{l}\int_0^l f(x)\sin\frac{m\pi x}{l}\mathrm{d}x,$$

这样，由式(11.12)和式(11.13)是 $\varphi(x)$ 和 $\psi(x)$ 按本征函数展开，于是

$$\begin{cases} A_n = \dfrac{2}{l}\displaystyle\int_0^l \varphi(x)\sin\dfrac{n\pi x}{l}\mathrm{d}x, & (11.16)\\[3mm] B_n = \dfrac{2}{n\pi a}\displaystyle\int_0^l \psi(x)\sin\dfrac{n\pi x}{l}\mathrm{d}x. & (11.17) \end{cases}$$

可见，式(11.11)就是定解问题(11.1)~(11.3)的解，其中系数 A_n 和 B_n 分别由式(11.16)和式(11.17)给出。

11.1.6 解的物理意义

先把特解式(11.10)改写为

$$u_n(x,\ t) = N_n \cos(\omega_n t - \delta_n)\sin k_n x,$$

式中，$N_n^2 = A_n^2 + B_n^2$，$\omega_n = \dfrac{n\pi a}{l}$，$k_n = \dfrac{n\pi}{l}$，$\delta_n = \cot\dfrac{B_n}{A_n}$.

可见 $u_n(x,\ t)$ 为一简谐波，$N_n \sin k_n x$ 代表弦上点 x 处的**振幅**分布；ω_n 是波的**角频率**，称为两端固定弦的**固有频率**或**本征频率**，与初始条件无关；k_n 称为**波数**，是单位长度上波的周期数；δ_n 是**初位相**，由初始条件决定（因为 A_n 和 B_n 只与初始条件有关）。就整个弦来说，这个简谐波有如下特点：①对于每一个 n，弦上各点都以相同的频率 ω_n 和初位相 δ_n 振动；②在 $k_n x = m\pi$，即 $x_m = \dfrac{m\pi}{k_n} = \dfrac{ml}{n}$ $(m = 0,\ 1,\ \cdots,\ n)$ 的各点上，振动的振幅恒为 0，保持不动，称为**波节**，包括弦的两个端点在内，波节共有 $n+1$ 个；在 $k_n x = k\pi + \dfrac{\pi}{2}$，即 $x_k = \dfrac{(2k+1)\pi}{2k_n} = \dfrac{(2k+1)l}{2n}$ $(k = 0,\ 1,\ \cdots,\ n-1)$ 的各点上，振动振幅的绝对值为最大，即这些点振幅为 $\pm N_n$，称为**波峰**，波峰点共有 n 个。

随着时间的变化，这个简谐波的波节和波峰位置没有变化，这样的简谐波称为**驻波**（如图 11-1 所示）. 整个定解问题的解就是这些**驻波的叠加**，所以分离变量法也称为**驻波法**.

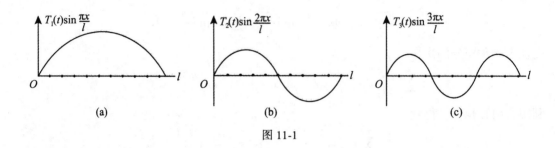

图 11-1

由于解 $u(x, t) = \sum\limits_{n=1}^{\infty} u_n(x, t)$，所以它是无穷多个振幅、频率、初位相的驻波叠加而成的. 就两端固定的弦来说，固有频率中有一个最小值，即 $\omega_1 = \dfrac{\pi}{l} a$，称为**基频（基音）**，其他固有频率都是基频 ω_1 的整数倍

$$\omega_n = n\omega_1, \qquad n = 1, 2, \cdots$$

称为**倍频（泛音）**. 弦的基频就决定了所发声音的**音调**. 在弦乐器中，当弦的质料一定（即线密度 ρ 一定）时，通过改变弦的绷紧程度（即改变张力 T 的大小，亦即改变 $a^2 = T/\rho$ 的大小）就可调节基频 ω_1 的大小，通常的弦乐器，弦拧得越紧，张力 T 的越大，声音就越高；弦线弦粗，弦的线密度 ρ 越大，声音就越低沉. 在三角级数形式的解（11.11）中，基频和倍频的叠加系数 A_n 和 B_n 的相对大小就决定了声音的**频谱分布**，即决定了声音的**音色**，和数 $\sum\limits_{n} n^2 [\, |A_n|^2 + |B_n|^2\,]$ 与弦的总能量成正比，所以决定了声音的强度.

例 11.1 求解下列定解问题

$$\begin{cases} \dfrac{\partial^2 u(x, t)}{\partial t^2} - a^2 \dfrac{\partial^2 u(x, t)}{\partial x^2} = 0, & 0 \leqslant x \leqslant l,\ t > 0, \\[2mm] u(0, t) = 0,\ u(l, t) = 0, \\[2mm] u(x, 0) = 0,\ \dfrac{\partial u(x, 0)}{\partial t} = \sin \dfrac{\pi x}{l}\left(A + B\cos \dfrac{\pi x}{l}\right). \end{cases}$$

解 定解问题是齐次方程，且有第一类齐次边界条件，可利用分离变量法求解.

首先分离变量，令 $u(x, t) = X(x)T(t)$，代入方程得到关于 $X(x)$ 和 $T(t)$ 的常微分方程

$$\frac{\mathrm{d}^2 X(x)}{\mathrm{d}x^2} + \mu X(x) = 0 \text{ 和 } \frac{\mathrm{d}^2 T(t)}{\mathrm{d}t^2} + \mu a^2 T(t) = 0,$$

其相应的本征值问题为

$$\begin{cases} \dfrac{\mathrm{d}^2 X(x)}{\mathrm{d}x^2} + \mu X(x) = 0, \\[2mm] X(0) = 0,\ X(l) = 0. \end{cases}$$

对应的本征值为

$$\mu = \left(\frac{n\pi}{l}\right)^2,$$

相应的本征值函数为

$$X_n(x) = \sin\frac{n\pi x}{l} \quad (n = 1, 2, 3, \cdots).$$

关于 $T(t)$ 满足的常微分方程为

$$\frac{\mathrm{d}^2 T(t)}{\mathrm{d}t^2} + \left(\frac{n\pi}{l}\right)^2 a^2 T(t) = 0,$$

其方程的通解为

$$T_n(t) = A_n\cos\left(\frac{n\pi a}{l}t\right) + B_n\sin\left(\frac{n\pi a}{l}t\right),$$

定解问题的通解为所有特解 $u_n(x, t) = X_n(x)T_n(t)$ 的线性组合，即

$$u(x, t) = \sum_{n=1}^{\infty} u_n(x, t) = \sum_{n=1}^{\infty}\left[A_n\cos\left(\frac{n\pi a}{l}t\right) + B_n\sin\left(\frac{n\pi a}{l}t\right)\right]\sin\frac{n\pi}{l}x.$$

将初始条件代入方程的通解，我们得到

$$u(x, 0) = \sum_{n=1}^{\infty} A_n\sin\frac{n\pi}{l}x = 0,$$

$$u_t(x, 0) = \sum_{n=1}^{\infty}\frac{n\pi a}{l}B_n\sin\frac{n\pi}{l}x = \sin\frac{\pi x}{l}\left(A + B\cos\frac{\pi x}{l}\right).$$

由 Fourier 级数理论，我们可以求得系数为

$$A_n = 0,$$

$$B_n = \frac{2}{n\pi a}\int_0^l \sin\frac{\pi x}{l}\left(A + B\cos\frac{\pi x}{l}\right)\sin\frac{n\pi}{l}x\mathrm{d}x = \begin{cases} \dfrac{l}{\pi a}A, & n = 1, \\[2mm] \dfrac{l}{4\pi a}B, & n = 2, \\[2mm] 0, & n > 2. \end{cases}$$

所以，定解问题的解为

$$u(x, t) = \frac{l}{\pi a}A\sin\left(\frac{\pi a}{l}t\right)\sin\frac{\pi}{l}x + \frac{l}{4\pi a}B\sin\left(\frac{2\pi a}{l}t\right)\sin\frac{2\pi}{l}x.$$

注意：在某些条件下，由定解条件确定待定系数，我们可以通过系数比较方法得到.

$$u_t(x, 0) = \sum_{n=1}^{\infty}\frac{n\pi a}{l}B_n\sin\frac{n\pi}{l}x = \sin\frac{\pi x}{l}\left(A + B\cos\frac{\pi x}{l}\right) = A\sin\frac{\pi x}{l} + \frac{1}{2}B\sin\frac{2\pi x}{l},$$

两边都是关于 $\sin\frac{n\pi}{l}x$ 的级数，要使得等式相等，必须系数相等，利用系数比较方法得到

$$B_1 = \frac{l}{\pi a}A, \quad B_2 = \frac{l}{4\pi a}B.$$

11.1.7 分离变量法小结

由上面对于有界弦的自由振动的求解可以看到，虽然我们是从驻波引出解题的线索，

其实在整个求解过程中跟驻波并没有联系，故这种解题方法完全可以推广应用于各种定解问题，如扩散问题、稳态问题等. 按照它的特点我们称之为**分离变量法**. 其主要精神是：把未知函数按自变量（包括多个自变量的情况）的单元函数分离［如令 $u(x, t) = X(x)T(t)$］，从而将解偏微分方程的问题化为解常微分方程的问题.

用分离变量法求解偏微分方程问题，一般要经历如下几个步骤：

（1）分离变量. 将偏微分方程的问题化为含待定常数的常微分方程问题，能够分离变量的先决条件是方程和边界条件都是齐次的.

（2）求解本征值问题，求出本征值和本征函数. 一般而言，本征值问题是关于空间因子的常微方程，对应着齐次边界条件，不同的齐次边界条件，具有不同的本征值和本征函数.

（3）求解其他变量满足的常微分方程的解. 由于求出了本征值，确定了分离变量常数，故可以求解. 若有多个变量，其分离变量常数亦需要通过本征值问题求解.

本征值问题，本征函数的正交关系

（4）定解问题的通解. 将本征函数和常微分方程的解相乘，得到特解，将特解线性叠加（按本征值的 n 取值求和），得到定解问题通解.

（5）确定系数. 由初始条件和本征函数的正交关系确定叠加系数，最后得所求定解问题的解.

例 11.2　求解下列本征值问题

$$\begin{cases} \dfrac{\mathrm{d}^2 X(x)}{\mathrm{d}x^2} + \mu X(x) = 0, & 0 < x < l, \\ X(0) = 0, \quad \dfrac{\mathrm{d}X(l)}{\mathrm{d}x} = 0. \end{cases}$$

解　（1）若 $\mu < 0$，则此时方程的通解为

$$X(x) = c_1 \mathrm{e}^{\sqrt{-\mu} x} + c_2 \mathrm{e}^{-\sqrt{-\mu} x}.$$

由边界条件，有 $\begin{cases} c_1 + c_2 = 0, \\ c_1 \sqrt{-\mu}\, \mathrm{e}^{\sqrt{-\mu} l} - c_2 \sqrt{-\mu}\, \mathrm{e}^{-\sqrt{-\mu} l} = 0. \end{cases}$

解得 $c_1 = 0$，$c_2 = 0$. 于是 $X(x) \equiv 0$，即方程只有零解，可见 μ 不能小于零.

（2）若 $\mu = 0$，则方程的解为

$$X(x) = c_1 x + c_2.$$

由边界条件的第一式 $X(0) = 0$ 得 $c_2 = 0$，又由第二式 $\dfrac{\mathrm{d}X(l)}{\mathrm{d}x} = 0$ 得 $c_1 = 0$，于是 $X(x) \equiv 0$，这是一个零解，可见 μ 也不能为零.

（3）若 $\mu > 0$，记 $\mu = k^2$（k 为实数），则方程的解为

$$X(x) = c_1 \sin kx + c_2 \cos kx,$$

由边界条件得

$$\begin{cases} c_2 = 0, \\ c_1 k \cos kl = 0. \end{cases}$$

因为 $c_2 = 0$，故 c_1 不能为零，否则又将得到零值解. 故上两式成立只可能是 $coskl = 0$，这要求

$$kl = (n + \frac{1}{2})\pi, \quad n = 0, \pm 1, \pm 2, \cdots.$$

由于 $-n$ 给出的解和 $n-1$ 给出的解只差一个正负号，即是线性相关的，故

$$k = \frac{\left(n + \frac{1}{2}\right)\pi}{l}, \quad n = 0,1,2,\cdots.$$

综上所述，上述本征值问题的本征值为

$$\mu = k^2 = \frac{\left(n + \frac{1}{2}\right)^2 \pi^2}{l^2}, \quad n = 0,1,2,\cdots,$$

其相应的本征函数为

$$X_n(x) = C_n \sin \frac{\left(n + \frac{1}{2}\right)\pi}{l} x, \quad n = 0,1,2,\cdots,$$

式中，C_n 为任意常数.

例 11.3　求解定解问题

$$\begin{cases} \dfrac{\partial u(x,\ t)}{\partial t} - a^2 \dfrac{\partial^2 u(x,\ t)}{\partial x^2} = 0, \quad 0 \leqslant x \leqslant l,\ t > 0, \\[2mm] \dfrac{\partial u(x,\ t)}{\partial x}\bigg|_{x=0} = 0, \quad \dfrac{\partial u(x,\ t)}{\partial x}\bigg|_{x=l} = 0, \\[2mm] u(x,\ 0) = A\cos^2 \dfrac{\pi}{l}x. \end{cases}$$

解　定解问题的泛定方程是齐次的，且具有第二类齐次边界条件，对热传导问题而言，表示两端是绝热. 分离变量以后，$X(x)$ 满足的方程是

$$\begin{cases} X''(x) + \mu X(x) = 0, \\ X'(0) = X'(l) = 0, \end{cases}$$

称为第二类齐次边界条件构成的本征值问题.

重复前面讨论可知，当 $\mu < 0$ 时，本征值问题是零解，$X_n(x) = 0$，

当 $\mu = 0$ 时，$X_0(x) = c$，c 是任意常数.

当 $\mu > 0$ 时，$X_n(x) = c_n \cos \dfrac{n\pi x}{l}$，$n = 1, 2, \cdots$.

第二类齐次边界条件的本征值是

$$\mu = \left(\frac{n\pi}{l}\right)^2, \quad n = 0, 1, 2, \cdots.$$

如果取 $c = 1$ 和 $c_n = 1$，第二类齐次边界条件的本征函数是

$$X_n(x) = \cos \frac{n\pi x}{l}, \quad n = 0, 1, 2, \cdots.$$

关于 $T(t)$ 满足的方程为

$$T'(t) + \left(\frac{n\pi a}{l}\right)^2 T(t) = 0, \quad n = 0,\ 1,\ 2,\ \cdots,$$

当 $n = 0$ 时，其解为 $T_0 = A_0$；当 $n = 1,\ 2,\ \cdots$ 时，其解为 $T_n(t) = A_n \exp\left(-\frac{n^2\pi^2 a^2}{l^2} t\right)$.

所以定解问题的通解为

$$u(x,\ t) = \sum_{n=0}^{\infty} A_n \exp\left(-\frac{n^2\pi^2 a^2}{l^2} t\right) \cos\frac{n\pi}{l} x,$$

代入初始条件

$$u(x,\ 0) = \sum_{n=0}^{\infty} A_n \cos\frac{n\pi}{l} x = A\cos^2\frac{\pi}{l} x,$$

即

$$A_0 + A_1 \cos\frac{\pi}{l} x + A_2 \cos\frac{2\pi}{l} x + A_3 \cos\frac{3\pi}{l} x + \cdots = \frac{1}{2}A + \frac{1}{2}A\cos\frac{2\pi}{l} x,$$

比较两边系数得到 $A_0 = \dfrac{1}{2}A$，$A_1 = 0$，$A_2 = \dfrac{1}{2}A$，$A_{n>2} = 0$，定解问题的解为

$$u(x,\ t) = \sum_{n=0}^{\infty} A_n \exp\left(-\frac{n^2\pi^2 a^2}{l^2} t\right) \cos\frac{n\pi}{l} x = \frac{1}{2}A + \frac{1}{2}A\exp\left(-\frac{4\pi^2 a^2}{l^2} t\right) \cos\frac{2\pi}{l} x.$$

11.2　利用本征函数展开求解一维非齐次有界问题

11.2.1　第一类齐次边界条件有源定解问题的解

一段长度为 l 的弦，两端固定，并受到外力 $f(x,\ t)$ 的作用，给它一个扰动以后开始振动，它满足的定解问题是

$$\begin{cases} \dfrac{\partial^2 u(x,\ t)}{\partial t^2} - a^2 \dfrac{\partial^2 u(x,\ t)}{\partial x^2} = f(x,\ t), & 0 \leqslant x \leqslant l,\ t > 0, \\[2mm] u(0,\ t) = 0,\ u(l,\ t) = 0, \\[2mm] u(x,\ 0) = \varphi(x),\ \dfrac{\partial u(x,\ 0)}{\partial t} = \psi(x). \end{cases} \tag{11.18}$$

关于定解问题(11.18)的求解，我们采用类似于线性非齐次常微分方程中所常用的参数变易法. 这个问题的解可以分解成无穷多个驻波的叠加，而每个驻波的波形仍然是由相应的齐次方程对应的齐次边界条件的本征值问题所决定.

定解问题(11.18)相应的齐次方程对应的第一类齐次边界条件的本征值和本征函数分别为 $\dfrac{n\pi}{l}$ 和 $\sin\dfrac{n\pi}{l} x$. 设定解问题的解可以按本征函数展开，即

$$u(x,\ t) = \sum_{n=1}^{\infty} T_n(t) \sin\frac{n\pi}{l} x, \tag{11.19}$$

式中，$T_n(t)$ 称为变易参数，是未知函数，如果能求得 $T_n(t)$，也就得到定解问题(11.18)

的解.

为了求解 $T_n(t)$，将已知函数 $f(x, t)$、初始条件 $\varphi(x)$ 和 $\psi(x)$ 都按第一类齐次边界条件的本征函数展开

$$f(x, t) = \sum_{n=1}^{\infty} f_n(t) \sin \frac{n\pi}{l} x, \quad \varphi(x) = \sum_{n=1}^{\infty} \varphi_n \sin \frac{n\pi}{l} x, \quad \psi(x) = \sum_{n=1}^{\infty} \psi_n \sin \frac{n\pi}{l} x,$$

这些展开式的系数分别是

$$f_n(t) = \frac{2}{l} \int_0^l f(x, t) \sin \frac{n\pi}{l} x \mathrm{d}x, \quad \varphi_n = \frac{2}{l} \int_0^l \varphi(x) \sin \frac{n\pi}{l} x \mathrm{d}x, \quad \psi_n = \frac{2}{l} \int_0^l \psi(x) \sin \frac{n\pi}{l} x \mathrm{d}x.$$

当解按本征函数展开后，定解问题(11.18)的初始条件变为

$$u(x, 0) = \sum_{n=1}^{\infty} T_n(0) \sin \frac{n\pi}{l} x, \quad \frac{\partial u(x, 0)}{\partial t} = \sum_{n=1}^{\infty} T_n'(0) \sin \frac{n\pi}{l} x,$$

将它们代入定解问题(11.18)中，得到方程

$$\begin{cases} \sum_{n=1}^{\infty} \left[T_n''(t) + \left(\frac{\pi n a}{l} \right)^2 T_n(t) \right] \sin \frac{n\pi}{l} x = \sum_{n=1}^{\infty} f_n(t) \sin \frac{n\pi}{l} x, \\ \sum_{n=1}^{\infty} T_n(0) \sin \frac{n\pi}{l} x = \sum_{n=1}^{\infty} \varphi_n \sin \frac{n\pi}{l} x, \\ \sum_{n=1}^{\infty} T_n'(0) \sin \frac{n\pi}{l} x = \sum_{n=1}^{\infty} \psi_n \sin \frac{n\pi}{l} x. \end{cases}$$

比较方程的两边，得到 $T_n(t)$ 满足的常微分方程和初始条件为

$$\begin{cases} T_n''(t) + \left(\frac{\pi n a}{l} \right)^2 T_n(t) = f_n(t), \\ T_n(0) = \varphi_n, \\ T_n'(0) = \psi_n. \end{cases}$$

利用 Laplace 变换求解(参见例题 8.18)得到

$$\begin{aligned} T_n(t) &= \varphi_n \cos \frac{n\pi a}{l} t + \frac{l\psi_n}{n\pi a} \sin \frac{n\pi a}{l} t + \frac{l}{n\pi a} \sin \frac{n\pi a}{l} t * f_n(t) \\ &= \varphi_n \cos \frac{n\pi a}{l} t + \frac{l\psi_n}{n\pi a} \sin \frac{n\pi a}{l} t + \frac{l}{n\pi a} \int_0^t \sin \frac{n\pi a}{l} (t - \tau) f_n(\tau) \mathrm{d}\tau, \end{aligned}$$

代入式(11.19)中得到定解问题的解

$$u(x, t) = \sum_{n=1}^{\infty} \left[\varphi_n \cos \frac{n\pi a}{l} t + \frac{l\psi_n}{n\pi a} \sin \frac{n\pi a}{l} t + \frac{l}{n\pi a} \int_0^t \sin \frac{n\pi a}{l} (t - \tau) f_n(\tau) \mathrm{d}\tau \right] \sin \frac{n\pi}{l} x.$$

11.2.2 第二类齐次边界条件有源定解问题的解

一段长度为 l 的弦，两端自由，并受到外力 $f(x, t)$ 的作用，给它一个扰动以后开始振动，它满足的定解问题是

$$\begin{cases} \dfrac{\partial^2 u(x,\ t)}{\partial t^2} - a^2 \dfrac{\partial^2 u(x,\ t)}{\partial x^2} = f(x,\ t), & 0 \le x \le l,\ t > 0, \\[3mm] \dfrac{\partial u(0,\ t)}{\partial x} = 0, \quad \dfrac{\partial u(l,\ t)}{\partial x} = 0, \\[3mm] u(x,\ 0) = \varphi(x), \quad \dfrac{\partial u(x,\ 0)}{\partial t} = \psi(x). \end{cases} \qquad (11.20)$$

定解问题具有第二类齐次边界条件.

假设定解问题的解按第二类齐次边界条件的本征函数展开

$$u(x,\ t) = \sum_{n=0}^{\infty} T_n(t) \cos \frac{n\pi}{l} x,$$

式中：$T_n(t)$ 是未知函数，只要求出 $T_n(t)$ 就得到问题的解.

将外力 $f(x,\ t)$ 和初始条件 $\varphi(x)$，$\psi(x)$ 都按第二类齐次边界条件的本征函数展开：

$$f(x,\ t) = \sum_{n=0}^{\infty} f_n(t) \cos \frac{n\pi}{l} x, \quad \varphi(x) = \sum_{n=0}^{\infty} \varphi_n \cos \frac{n\pi}{l} x, \quad \psi(x) = \sum_{n=0}^{\infty} \psi_n \cos \frac{n\pi}{l} x.$$

按第二类齐次边界条件的本征函数展开公式，当 $n = 0$ 时，

$$f_0(t) = \frac{1}{l} \int_0^l f(x,\ t)\, \mathrm{d}x, \quad \varphi_0(t) = \frac{1}{l} \int_0^l \varphi(x)\, \mathrm{d}x, \quad \psi_0(t) = \frac{1}{l} \int_0^l \psi(x)\, \mathrm{d}x;$$

当 $n \ne 0$ 时，

$$f_n(t) = \frac{2}{l} \int_0^l f(x,\ t) \cos \frac{n\pi}{l} x\, \mathrm{d}x, \quad \varphi_n = \frac{2}{l} \int_0^l \varphi(x) \cos \frac{n\pi}{l} x\, \mathrm{d}x, \quad \psi_n = \frac{2}{l} \int_0^l \psi(x) \cos \frac{n\pi}{l} x\, \mathrm{d}x,$$

代入式 (11.20) 中，得到

$$\begin{cases} \displaystyle\sum_{n=0}^{\infty} \left[T''_n(t) + \left(\frac{n\pi a}{l} \right)^2 T_n(t) \right] \cos \frac{n\pi}{l} x = \sum_{n=0}^{\infty} f_n(t) \cos \frac{n\pi}{l} x, \\[3mm] \displaystyle\sum_{n=0}^{\infty} T_n(0) \cos \frac{n\pi}{l} x = \sum_{n=0}^{\infty} \varphi_n \cos \frac{n\pi}{l} x, \\[3mm] \displaystyle\sum_{n=0}^{\infty} T'_n(0) \cos \frac{n\pi}{l} x = \sum_{n=0}^{\infty} \psi_n \cos \frac{n\pi}{l} x. \end{cases}$$

当 $n \ne 0$ 时，和上述的解法一样，得到

$$T_n(t) = \varphi_n \cos \left(\frac{n\pi a}{l} \right) t + \frac{l \psi_n}{n\pi a} \sin \left(\frac{n\pi a}{l} \right) t + \frac{l}{n\pi a} \sin \left(\frac{n\pi a}{l} t \right) * f_n(t)$$

$$= \varphi_n \cos \left(\frac{n\pi a}{l} \right) t + \frac{l \psi_n}{n\pi a} \sin \left(\frac{n\pi a}{l} \right) t + \frac{l}{n\pi a} \int_0^t \sin \left[\frac{n\pi a}{l}(t - \tau) \right] f_n(\tau)\, \mathrm{d}\tau.$$

当 $n = 0$ 时，得到的常微分方程是

$$\begin{cases} T''_0(t) = f_0(t), \\ T_0(0) = \varphi_0, \\ T'_0 = \psi_0. \end{cases}$$

利用 Laplace 变换求解，经变换后

$$p^2 \widetilde{T}_0(p) - p\varphi_0 - \psi_0 = \widetilde{f}_0(p),$$

$$\widetilde{T}_0(p) = \frac{\varphi_0}{p} + \frac{\psi_0}{p^2} + \frac{\widetilde{f}_0(p)}{p^2},$$

经反演以后

$$T_0(t) = \varphi_0 + \psi_0 t + t * f_0(t) = \varphi_0 + \psi_0 t + \int_0^t (t - \tau) f_0(\tau) \mathrm{d}\tau,$$

最后得到解

$$u(x, t) = T_0(t) + \sum_{n=1}^{\infty} T_n(t) \cos \frac{n\pi}{l} x.$$

也可以利用本征函数展开解一维有界热传导问题，只要它具有齐次边界条件，可以将要求的解、已知的源函数和初始条件都按相应的本征函数展开，代入定解问题得到 $T_n(t)$ 满足的一阶常微分方程和初始条件，然后利用 Laplace 变换等方法求解.

例 11.4 求解两端固定的弦的受迫振动问题

$$\begin{cases} \dfrac{\partial^2 u}{\partial t^2} - a^2 \dfrac{\partial^2 u}{\partial x^2} = f(x)\sin\omega t, & 0 < x < l, \ t > 0, \\ u(0, t) = 0, \ u(l, t) = 0, \\ u(x, 0) = 0, \ u_t(x, 0) = 0. \end{cases}$$

解 定解问题具有第一类齐次边界条件，其本征值、本征函数为

$$X(x) = \sin \frac{n\pi}{l} x, \quad n = 1, 2, \cdots.$$

将定解问题的解 $u(x, t)$ 按本征函数展开，

$$u(x, t) = \sum_{n=1}^{\infty} T_n(t) \sin \frac{n\pi}{l} x,$$

其中，$T_n(t)$ 是未知函数，只要求出 $T_n(t)$ 就得到问题的解.

将外力 $f(x, t)$，初始条件 $\varphi(x)$，$\psi(x)$ 都按本征函数展开，

$$f(x, t) = \sum_{n=1}^{\infty} f_n(t) \sin \frac{n\pi}{l} x, \ \varphi(x) = \sum_{n=0}^{\infty} \varphi_n \sin \frac{n\pi}{l} x, \ \psi(x) = \sum_{n=1}^{\infty} \psi_n \sin \frac{n\pi}{l} x.$$

按第一类齐次边界条件的本征函数展开公式，这些展开系数是

$$\varphi_n = 0, \ \psi_n = 0,$$

$$f_n(t) = \frac{2}{l} \int_0^l f(x, t) \sin \frac{n\pi}{l} x \mathrm{d}x = \frac{2}{l} \int_0^l f(x) \sin\omega t \sin \frac{n\pi}{l} x \mathrm{d}x$$

$$= \sin\omega t \left[\frac{2}{l} \int_0^l f(x) \sin \frac{n\pi}{l} x \mathrm{d}x \right] = f_n \sin\omega t,$$

代入定解问题中，得到 $T_n(t)$ 满足的常微分方程

$$\begin{cases} T_n''(t) + \left(\dfrac{n\pi a}{l} \right)^2 T_n(t) = f_n(t), & n = 1, 2, \cdots, \\ T_n(0) = 0, \\ T_n'(0) = 0. \end{cases}$$

利用 Laplace 变换求解，经变换后得到

$$p^2 \widetilde{T}_n(p) + \left(\frac{n\pi a}{l}\right)^2 \widetilde{T}_n(p) = \widetilde{f}_n(p),$$

整理得到

$$\widetilde{T}_n(p) = \widetilde{f}_n(p) \cdot \frac{1}{p^2 + \left(\dfrac{n\pi a}{l}\right)^2}$$

利用卷积定理，反演得到

$$T_n(t) = \frac{l}{n\pi a}\sin\left(\frac{n\pi a}{l}t\right) * f_n(t) = \frac{lf_n}{n\pi a}\int_0^t \sin\left[\frac{n\pi a}{l}(t - \tau)\right]\sin(\omega\tau)\mathrm{d}\tau,$$

当 $\omega \neq \dfrac{n\pi a}{l}(n = 1, 2, \cdots)$ 时，最后得到定解问题的解为

$$u(x, t) = \sum_{n=1}^{\infty} \frac{lf_n}{n\pi a}\sin\frac{n\pi}{l}x\int_0^t \sin\left[\frac{n\pi a}{l}(t - \tau)\right]\sin(\omega\tau)\mathrm{d}\tau$$

$$= \sum_{n=1}^{\infty} \frac{f_n}{\omega_n(\omega^2 - \omega_n^2)}(\omega\sin\omega_n t - \omega_n\sin\omega t)\sin\frac{n\pi}{l}x,$$

其中，$\omega_n = \dfrac{n\pi a}{l}(n = 1, 2, \cdots)$，$f_n = \dfrac{2}{l}\int_0^l f(x)\sin\dfrac{n\pi}{l}x\mathrm{d}x.$

当 ω 趋向于某一个特征频率 ω_k 时，级数解中的第 k 项的系数变为 $\dfrac{0}{0}$，其极限值为

$$\lim_{\omega \to \omega_k} \frac{f_k}{\omega_k(\omega^2 - \omega_k^2)}(\omega\sin\omega_k t - \omega_k\sin\omega t) = \frac{f_k}{2\omega_k^2}\sin\omega_k t - \frac{f_k t}{2\omega_k}\cos\omega_k t,$$

所以，当 $\omega = \omega_k$ 时，定解问题的解可以表示为

$$u(x, t) = \sum_{n=1, n\neq k}^{\infty} \frac{f_n}{\omega_n(\omega^2 - \omega_n^2)}(\omega\sin\omega_n t - \omega_n\sin\omega t)\sin\frac{n\pi}{l}x$$

$$+ \left(\frac{f_k}{2\omega_k^2}\sin\omega_k t - \frac{f_k t}{2\omega_k}\cos\omega_k t\right)\sin\frac{n\pi}{l}x$$

　　由此可以看出，对于特征频率为 ω_k 的第 k 个特解 $u_k(x, t)$ 的振幅随时间 t 无限变大，这一现象称为"共振". 在物理学上，这表示一根两端固定的弦线，如果在一个周期外力作用下作强迫振动，且这个周期外力的频率与弦线的某一特征频率相等，那么弦线将产生共振，即弦线一些点的振幅将随着时间的增大而趋于无穷. 这将导致弦线会在某一时刻断裂. 因此，对很多工程问题(例如建筑大坝、桥梁、房屋等)来说，必须避免发生共振现. 必须预先知道或者计算这个物体的特征频率，这就需要求解特征值问题. 但另一方面，我们可以利用共振现象，例如在电磁振荡理论中，人们经常利用共振现象来调频. 所以，特征值问题无论在工程技术方面还是在无线电、电子工程方面都有着重要的应用.

例 11.5 设弦的两端固定于 $x = 0$ 及 $x = l$，弦的初始位移如图 11-2 所示，初速度为零，没有外力作用，求解弦做横向振动.

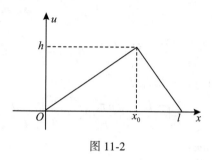

图 11-2

解 首先写出定解问题

$$
\begin{cases}
\dfrac{\partial^2 u(x,\,t)}{\partial t^2} - a^2 \dfrac{\partial^2 u(x,\,t)}{\partial x^2} = 0, \ 0 \leq x \leq l,\ t > 0, \\[2mm]
u(0,\,t) = 0, \ u(l,\,t) = 0, \\[2mm]
u(x,\,0) = \begin{cases} h\dfrac{x}{x_0}, \ 0 \leq x \leq x_0, \\[2mm] h\dfrac{l-x}{l-x_0}, \ x_0 \leq x \leq l, \end{cases} \\[4mm]
\dfrac{\partial u(x,\,0)}{\partial t} = 0.
\end{cases}
$$

解法 1：由于定解问题的泛定方程和边界条件是齐次的，可以用分离变量求解. 因为是第一类齐次边界条件，分离变量后本征值问题是

$$
\begin{cases}
X''(x) + \mu X(x) = 0, \\
X(0) = X(l) = 0,
\end{cases}
$$

其相应的本征值和本征函数是 $\mu = \left(\dfrac{n\pi}{l}\right)^2$ $(n = 1,\,2,\,\cdots)$ 和 $X_n(x) = \sin\dfrac{n\pi x}{l}$.

关于 $T(t)$ 满足的方程为

$$
\frac{\mathrm{d}^2 T(t)}{\mathrm{d}t^2} + \left(\frac{n\pi a}{l}\right)^2 T(t) = 0, \qquad n = 1,\,2,\,\cdots,
$$

其通解为

$$
T_n(t) = A_n \cos\frac{n\pi a}{l}t + B_n \sin\frac{n\pi a}{l}t,
$$

所以定解问题的通解为

$$
u(x,\,t) = \sum_{n=1}^{\infty} \left[A_n \cos\frac{n\pi a}{l}t + B_n \sin\frac{n\pi a}{l}t \right] \sin\frac{n\pi}{l}x.
$$

代入初始条件得到

$$u(x,\ 0) = \sum_{n=1}^{\infty} A_n \sin \frac{n\pi}{l} x = \begin{cases} h\dfrac{x}{x_0}, & 0 \leqslant x \leqslant x_0, \\ h\dfrac{l-x}{l-x_0}, & x_0 \leqslant x \leqslant l, \end{cases}$$

$$\frac{\partial u(x,\ 0)}{\partial t} = \sum_{n=0}^{\infty} \left(\frac{n\pi a}{l} \right) B_n \sin \frac{n\pi}{l} x = 0.$$

利用式(11.16)和式(11.17)计算得到

$$A_n = \frac{2}{l} \int_0^l \varphi(x) \sin \frac{n\pi}{l} x \mathrm{d}x = \frac{2}{l} \int_0^{x_0} \frac{h}{x_0} x \sin \frac{n\pi}{l} x \mathrm{d}x + \frac{2}{l} \int_{x_0}^l \frac{h}{l-x_0} (l-x) \sin \frac{n\pi}{l} x \mathrm{d}x$$

$$= \frac{2hl^2}{n^2 \pi^2 x_0 (l-x_0)} \sin \frac{n\pi x_0}{l}$$

$$B_n = 0,$$

所以定解问题的解为

$$u(x,\ t) = \frac{2hl^2}{\pi^2 x_0 (l-x_0)} \sum_{n=1}^{\infty} \frac{1}{n^2} \sin \frac{n\pi x_0}{l} \cos \frac{n\pi at}{l} \sin \frac{n\pi x}{l}.$$

解法 2：利用本征函数展开来解，因为是第一类齐次边界条件，定解问题的解可以写成

$$u(x,\ t) = \sum_{n=1}^{\infty} T_n(t) \sin \frac{n\pi}{l} x,$$

初始条件按本征函数展开为

$$u(x,\ 0) = \sum_{n=1}^{\infty} T_n(0) \sin \frac{n\pi}{l} x = \begin{cases} h\dfrac{x}{x_0}, & 0 \leqslant x \leqslant x_0, \\ h\dfrac{l-x}{l-x_0}, & x_0 \leqslant x \leqslant l, \end{cases}$$

$$\frac{\partial u(x,\ 0)}{\partial t} = \sum_{n=1}^{\infty} T_n{}'(0) \sin \frac{n\pi}{l} x = 0,$$

利用式(11.16)和式(11.17)计算得到

$$T_n(0) = \frac{2}{l} \int_0^l \varphi(x) \sin \frac{n\pi}{l} x \mathrm{d}x = \frac{2}{l} \int_0^{x_0} \frac{h}{x_0} x \sin \frac{n\pi}{l} x \mathrm{d}x + \frac{2}{l} \int_{x_0}^l \frac{h}{l-x_0} (l-x) \sin \frac{n\pi}{l} x \mathrm{d}x$$

$$= \frac{2hl^2}{n^2 \pi^2 x_0 (l-x_0)} \sin \frac{n\pi x_0}{l},$$

$$T_n{}'(0) = 0,$$

代入定解问题，得到 $T_n(t)$ 满足的方程

$$T_n''(t) + \left(\frac{n\pi a}{l} \right)^2 T_n(t) = 0,$$

利用 Laplace 变换解此方程　$p^2 \tilde{T}_n(p) - p T_n(0) + \left(\frac{n\pi a}{l} \right)^2 \tilde{T}_n(p) = 0,$

$$\widetilde{T}_n(p) = \frac{T_n(0)p}{p^2 + \left(\dfrac{n\pi a}{l}\right)^2},$$

利用 Laplace 反演变换解得

$$T_n(t) = T_n(0)\cos\left(\frac{n\pi a}{l}\right)t,$$

最后得到定解问题的解是

$$u(x,\ t) = \frac{2hl^2}{\pi^2 x_0(l-x_0)}\sum_{n=1}^{\infty}\frac{1}{n^2}\sin\frac{n\pi x_0}{l}\cos\frac{n\pi at}{l}\sin\frac{n\pi x}{l}. \tag{11.21}$$

11.3 非齐次边界条件问题的处理

11.3.1 边界条件的齐次化

利用分离变量法和本征函数展开法求解一维有界问题要求它具有齐次边界条件, 如果边界条件不是齐次的, 原则上应该将边界条件齐次化. 具体来说, 就是将方程的解分解, 选取一个适当的辅助函数, 使得新的未知函数的边界条件是齐次的.

我们先以第一类边界条件为例, 讨论选取辅助函数的代换的方法, 将非齐次的边界条件转化为齐次边界条件. 假设一维波动方程的定解问题, 边界条件是非齐次的:

$$\begin{cases} \dfrac{\partial^2 u(x,\ t)}{\partial t^2} - a^2\dfrac{\partial^2 u(x,\ t)}{\partial x^2} = 0, \\ u(0,\ t) = g(t),\ u(l,\ t) = h(t), \\ u(x,\ 0) = 0,\ \dfrac{\partial u(x,\ 0)}{\partial t} = 0. \end{cases} \tag{11.22}$$

做一个代换, 把解分成两项

$$u(x,\ t) = v(x,\ t) + w(x,\ t), \tag{11.23}$$

选取适当的辅助函数 $w(x,\ t)$, 使得 $v(x,\ t)$ 的边界条件是齐次的. 将式(11.23)代入式(11.22)的边界条件中, 得到

$$u(0,\ t) = g(t) = v(0,\ t) + w(0,\ t),\ u(l,\ t) = h(t) = v(l,\ t) + w(l,\ t),$$

要使得 $v(0,\ t) = 0$、$v(l,\ t) = 0$, 则 $w(x,\ t)$ 必须满足:

$$w(0,\ t) = g(t)、w(l,\ t) = h(t).$$

这是过两点方程满足的关系式. 选取了 $w(x,\ t)$ 以后, 将式(11.23)代入式(11.22)中, 得到关于 $v(x,\ t)$ 的具有第一类齐次边界条件的定解问题. 这个过程称为边界条件齐次化.

$w(x,\ t)$ 的选取不是唯一的, 因为从几何上来说, 过两点的曲线有很多. 原则上尽量

选取简单的 $w(x, t)$. 对第一类齐次边界条件最简单的 $w(x, t)$ 是 x 的一次函数 $w(x, t) = A(t)x + B(t)$，可以求得

$$w(x, t) = \frac{h(t) - g(t)}{l}x + g(t), \qquad (11.24)$$

代入式(11.22)，得到关于 $v(x, t)$ 的定解问题

$$\begin{cases} \dfrac{\partial^2 v}{\partial t^2} - a^2 \dfrac{\partial^2 v}{\partial x^2} = -\left(\dfrac{\partial^2 w}{\partial t^2} - a^2 \dfrac{\partial^2 w}{\partial x^2} \right), \\ v(0, t) = 0, \ v(l, t) = 0, \\ v(x, 0) = -w(x, 0), \ \dfrac{\partial v(x, 0)}{\partial t} = -\dfrac{\partial w(x, 0)}{\partial t}. \end{cases} \qquad (11.25)$$

　　这样定解问题变成有源、非零初始条件、具有第一类齐次边界条件的定解问题，它可以利用本征函数展开的方法来求解，再将解代入式(11.23)中得到定解问题式(11.22)的解.

　　对于第二类边界条件，式(11.22)中的边界条件改成

$$\frac{\partial u(0, t)}{\partial x} = g(t), \ \frac{\partial u(l, t)}{\partial x} = h(t),$$

做代换，把解分成两项

$$u(x, t) = v(x, t) + w(x, t),$$

则辅助函数 $w(x, t)$ 必须满足 $\dfrac{\partial w(0, t)}{\partial x} = g(t)$, $\dfrac{\partial w(l, t)}{\partial x} = h(t)$. 此条件的几何意义是求过两点的导数值已知的曲线方程，显然，最简单的 $w(x, t)$ 是 x 的二次函数 $w(x, t) = A(t)x^2 + B(t)x + C(t)$. 可以求得

$$w(x, t) = \frac{h(t) - g(t)}{2l}x^2 + g(t)x + C(t),$$

式中，$C(t)$ 为任意常数，可以取零. 把它代入式(11.23)中，再代入具有第二类齐次边界条件的定解问题中，只要将式(11.25)中的第一类齐次边界条件改成第二类齐次边界条件就得到关于 $v(x, t)$ 的定解问题，求解完后代入式(11.23)中得到原定解问题的解.

　　在非齐次边界条件的齐次化时，若可以同时将泛定方程齐次化，则可以利用分离变量法求解，简化计算. 对第一类非齐次边界条件，则满足方程

$$\left(\frac{\partial^2 w}{\partial t^2} - a^2 \frac{\partial^2 w}{\partial x^2} \right) - f(x, t) = 0, \ w(0, t) = g(t), \ w(l, t) = h(t).$$

　　这也是一个非齐次的偏微分方程，寻找这样对辅助函数 $w(x, t)$ 难度较大. 显然，当 $f(x,t)$、$g(t)$ 和 $h(t)$ 与 t 无关，则变成一个常微分方程，可以方便求解 $w(x,t)$，即求解

$$a^2 \frac{\partial^2 w}{\partial x^2} + f(x) = 0, \ w(0, t) = g, \ w(l, t) = h.$$

的解. 若 $f(x) = A$，则有

$$w(x, t) = -\frac{A}{2a^2}x^2 + \frac{(h - g) + \dfrac{A}{2a^2}l^2}{l}x + g.$$

例 11.6 将定解问题

$$\begin{cases} \dfrac{\partial u(x,\,t)}{\partial t} - a^2 \dfrac{\partial^2 u(x,\,t)}{\partial x^2} = 0,\ 0 < x < t,\ t > 0, \\[2mm] u(0,\,t) = u_1,\ \dfrac{\partial u(l,\,t)}{\partial x} = u_2, \\[2mm] u(x,\,0) = \varphi(x). \end{cases}$$

的边界条件的齐次化.

解 设 $u(x,\,t) = v(x,\,t) + w(x,\,t)$，要使得 $v(0,\,t) = 0$ 和 $v_x(l,\,t) = 0$，则 $w(x,\,t)$ 必须满足

$$\begin{cases} w(0,\,t) = u_1, \\ w_x(l,\,t) = u_2. \end{cases} \tag{11.26}$$

满足此条件的 $w(x,\,t)$ 可以是一次曲线，即 $w(x,\,t) = A(t)x + B(t)$，式(11.26)的条件代入得到 $w(x,\,t) = u_2 x + u_1$，则原定解问题变为

$$\begin{cases} \dfrac{\partial v(x,\,t)}{\partial t} - a^2 \dfrac{\partial^2 v(x,\,t)}{\partial x^2} = -\left(\dfrac{\partial w(x,\,t)}{\partial t} - a^2 \dfrac{\partial^2 w(x,\,t)}{\partial x^2} \right) = 0, \\[2mm] v(0,\,t) = 0,\ \dfrac{\partial v(l,\,t)}{\partial x} = 0, \\[2mm] v(x,\,0) = \varphi(x) - w(x,\,0) = \varphi(x) - (u_2 x + u_1). \end{cases}$$

此定解问题可以通过分离变量法或者本征函数展开法求出 $v(x,\,t)$，从而原定解问题的解为

$$u(x,\,t) = v(x,\,t) + w(x,\,t) = v(x,\,t) + (u_2 x + u_1).$$

例 11.7 求解非齐次边界条件的有源热传导问题

$$\begin{cases} \dfrac{\partial u}{\partial t} - D\dfrac{\partial^2 u}{\partial x^2} = f(x), \quad 0 < x < l,\ t > 0, \\[2mm] u(0,\,t) = A,\ u(l,\,t) = B, \\[2mm] u(x,\,0) = \varphi(x). \end{cases} \tag{11.27}$$

解 由于边界条件是第一类的，且与时间无关，方程的非齐次项也与时间无关，我们选择代换 $u(x,\,t) = v(x,\,t) + w(x,\,t)$，使 $w(x,\,t)$ 满足

$$a^2 \dfrac{\partial^2 w}{\partial x^2} + f(x) = 0,\ w(0,\,t) = A,\ w(l,\,t) = B, \tag{11.28}$$

则 $v(x,\,t)$ 满足齐次方程和齐次边界问题

$$\begin{cases} \dfrac{\partial v}{\partial t} - D\dfrac{\partial^2 v}{\partial x^2} = 0, \quad 0 < x < l,\ t > 0, \\[2mm] v(0,\,t) = 0,\ v(l,\,t) = 0, \\[2mm] u(x,\,0) = \varphi(x) - w(x). \end{cases} \tag{11.29}$$

直接对式(11.28)直接积分两次，可得到解为

$$w(x,\ t) = A + \frac{B-A}{l}x + \frac{x}{a^2 l}\int_0^l (l-s)f(s)\,\mathrm{d}s - \frac{1}{a^2}\int_0^x (x-s)f(s)\,\mathrm{d}s. \qquad (11.30)$$

定解问题(11.29)的解 $v(x,\ t)$ 可以表示为

$$v(x,\ t) = \sum_{n=1}^{\infty} a_n e^{-D(\lambda_n)^2 t}\sin\frac{n\pi}{l}x,$$

其中，$\lambda_n = \dfrac{n\pi}{l}$，以及 $a_n = \dfrac{2}{l}\displaystyle\int_0^l [\varphi(x) - w(x)]\sin\frac{n\pi}{l}x\mathrm{d}x(n=1,\ 2,\ \cdots)$.

这样，我们就得到定解问题(11.27)的解为

$$u(x,\ t) = w(x,\ t) + \sum_{n=1}^{\infty} a_n e^{-D(\lambda_n)^2 t}\sin\frac{n\pi}{l}x.$$

11.3.2　非齐次边界条件的方程求解

综上所述，定解问题

$$\begin{cases} \dfrac{\partial^2 u(x,\ t)}{\partial t^2} - a^2 \dfrac{\partial^2 u(x,\ t)}{\partial x^2} = f(x,\ t),\quad 0 \leqslant x \leqslant l, \\[2mm] u(0,\ t) = g(t),\ u(l,\ t) = h(t), \\[2mm] u(x,\ 0) = \varphi(x),\ \dfrac{\partial u(x,\ 0)}{\partial t} = \psi(x) \end{cases} \qquad (11.31)$$

的求解是首先将边界条件齐次化，再利用本征函数展开法来解.

定解问题(11.31)的解是由波动方程和源函数、边界条件、初始条件共同决定的，因为源函数、边界条件和初始条件是各自独立的物理条件，波动方程中的算符 $\dfrac{\partial^2}{\partial t^2} - a^2 \dfrac{\partial^2}{\partial x^2}$ 是线性算符，所以定解问题(11.31)应该满足线性叠加原理，它的解是它们各自独立组成定解问题解的和. 也就是说，定解问题(11.31)可以分成几个定解问题来解，例如可以分成三个定解问题：①齐次波动方程(无源)、齐次边界条件、非零初始条件；②非齐次波动方程(有源)、齐次边界条件、初始条件为零；③齐次波动方程、非齐次边界条件，初始条件为零，式(11.31)的解是这三个定解问题解的和.

利用叠加原理可以根据需要将定解问题分解，使得解决问题的条理清楚一点. 对定解问题

$$\begin{cases} \dfrac{\partial^2 u(x,\ t)}{\partial t^2} - a^2 \dfrac{\partial^2 u(x,\ t)}{\partial x^2} = f(x,\ t),\quad 0 \leqslant x \leqslant l, \\[2mm] u(0,\ t) = 0,\ u(l,\ t) = 0, \\[2mm] u(x,\ 0) = \varphi(x),\ \dfrac{\partial u(x,\ 0)}{\partial t} = \psi(x). \end{cases}$$

利用叠加原理可以分解为由外力引起的波动

$$\begin{cases} \dfrac{\partial^2 u^{\mathrm{I}}(x,\ t)}{\partial t^2} - a^2 \dfrac{\partial^2 u^{\mathrm{I}}(x,\ t)}{\partial x^2} = f(x,\ t), \quad 0 \leqslant x \leqslant l, \\[2mm] u^{\mathrm{I}}(0,\ t) = 0, \ u^{\mathrm{I}}(l,\ t) = 0, \\[2mm] u^{\mathrm{I}}(x,\ 0) = 0, \ \dfrac{\partial u^{\mathrm{I}}(x,\ 0)}{\partial t} = 0, \end{cases}$$

和初始条件引起的波动

$$\begin{cases} \dfrac{\partial^2 u^{\mathrm{II}}(x,\ t)}{\partial t^2} - a^2 \dfrac{\partial^2 u^{\mathrm{II}}(x,\ t)}{\partial x^2} = 0, \quad 0 \leqslant x \leqslant l, \\[2mm] u^{\mathrm{II}}(0,\ t) = 0, \ u^{\mathrm{II}}(l,\ t) = 0, \\[2mm] u^{\mathrm{II}}(x,\ 0) = \varphi(x), \ \dfrac{\partial u^{\mathrm{II}}(x,\ 0)}{\partial t} = \psi(x). \end{cases}$$

定解问题分解为 $u(x,\ t) = u^{\mathrm{I}}(x,\ t) + u^{\mathrm{II}}(x,\ t)$.

本章介绍的内容完全适用一维有界热传导问题,因为它是时间的一阶导数,问题更简单,不再单独讨论.

用一种方法彻底解决一维有界波动和热传导问题,在定解问题求解中只是一个例外,涉及三维问题就没有那么简单了.

习 题 十 一

(一)

11.1 长为 l 均匀细杆热传导的定解问题,初始条件为 $u(x, 0) = \varphi(x)$,杆内无热源,它们分别具有以下三类的边界条件:

(1)杆的两端温度保持零度;

(2)杆的两端绝热;

(3)杆的一端为恒温零度,另一端绝热.

假设它们的解可以写成 $u(x,\ t) = \sum\limits_{n=0}^{\infty} T_n(t) X_n(x)$,写出各类问题的本征函数 $X_n(x)$ 以及 $T_n(t)$ 应该满足的微分方程.

11.2 求下列定解问题的解:

$$(1) \begin{cases} \dfrac{\partial^2 u}{\partial t^2} - a^2 \dfrac{\partial^2 u}{\partial x^2} = 0, \quad 0 < x < l, \ t > 0, \\[2mm] u(0,\ t) = u(l,\ t) = 0, \\[2mm] u(x,\ 0) = 3\sin\dfrac{\pi x}{l} + 5\sin\dfrac{3\pi x}{l}, \\[2mm] \dfrac{\partial u(x,\ 0)}{\partial t} = 0. \end{cases}$$

$$(2)\begin{cases}\dfrac{\partial^2 u}{\partial t^2} - a^2\dfrac{\partial^2 u}{\partial x^2} = 0, & 0 < x < l,\ t > 0,\\[2mm] u(0,\ t) = \dfrac{\partial u(l,\ t)}{\partial x} = 0,\\[2mm] u(x,\ 0) = \sin\dfrac{3\pi x}{2l},\\[2mm] \dfrac{\partial u(x,\ 0)}{\partial t} = \sin\dfrac{5\pi x}{2l}.\end{cases}$$

$$(3)\begin{cases}\dfrac{\partial u}{\partial t} - a^2\dfrac{\partial^2 u}{\partial x^2} = 0, & 0 < x < 2,\ t > 0,\\[2mm] \dfrac{\partial u(0,\ t)}{\partial x} = 0,\ u(2,\ t) = 0,\\[2mm] u(x,\ 0) = 8\cos\left(\dfrac{3\pi x}{4}\right) - 6\cos\left(\dfrac{9\pi x}{4}\right).\end{cases}$$

11.3　求下列定解问题的解：

$$(1)\begin{cases}\dfrac{\partial^2 u}{\partial t^2} - a^2\dfrac{\partial^2 u}{\partial x^2} = 0, & 0 < x < l,\ t > 0,\\[2mm] u(0,\ t) = 0,\ u(l,\ t) = 0,\\[2mm] u(x,\ 0) = 0,\ \dfrac{\partial u(x,\ 0)}{\partial t} = \dfrac{k\delta(x - c)}{\rho}, & 0 < c < l.\end{cases}$$

$$(2)\begin{cases}\dfrac{\partial^2 u}{\partial t^2} - a^2\dfrac{\partial^2 u}{\partial x^2} = 0, & 0 < x < \pi,\ t > 0,\\[2mm] \dfrac{\partial u(0,\ t)}{\partial x} = 0,\ \dfrac{\partial u(\pi,\ t)}{\partial x} = 0,\\[2mm] u(x,\ 0) = \sin x,\ \dfrac{\partial u(x,\ 0)}{\partial t} = 0.\end{cases}$$

$$(3)\begin{cases}\dfrac{\partial^2 u}{\partial t^2} - \dfrac{\partial^2 u}{\partial x^2} = 0, & 0 < x < 2\pi,\ t > 0,\\[2mm] \dfrac{\partial u(0,\ t)}{\partial x} = 0,\ \dfrac{\partial u(2\pi,\ t)}{\partial x} = 0,\\[2mm] u(x,\ 0) = x - \sin x,\ \dfrac{\partial u(x,\ 0)}{\partial t} = 0.\end{cases}$$

$$(4)\begin{cases}\dfrac{\partial u}{\partial t} - D\dfrac{\partial^2 u}{\partial x^2} = 0, & 0 < x < l,\ t > 0,\\[2mm] \dfrac{\partial u(0,\ t)}{\partial x} = \dfrac{\partial u(l,\ t)}{\partial x} = 0,\\[2mm] u(x,\ 0) = x.\end{cases}$$

(5) $\begin{cases} \dfrac{\partial u}{\partial t} - \dfrac{\partial^2 u}{\partial x^2} = 0, & 0 < x < 4, \ t > 0, \\[2mm] u(0, \ t) = 0, \ u(4, \ t) = 0 \\[2mm] u(x, \ 0) = 2x. \end{cases}$

11.4 求下列定解问题的解：

(1) $\begin{cases} \dfrac{\partial^2 u}{\partial t^2} - a^2 \dfrac{\partial^2 u}{\partial x^2} = \sin \dfrac{2\pi x}{l} \sin \dfrac{2a\pi t}{l}, & 0 < x < l, \ t > 0, \\[3mm] u(0, \ t) = 0, \ u(l, \ t) = 0, \\[3mm] u(x, \ 0) = 0, \ \dfrac{\partial u(x, \ 0)}{\partial t} = 0. \end{cases}$

(2) $\begin{cases} \dfrac{\partial^2 u}{\partial t^2} - a^2 \dfrac{\partial^2 u}{\partial x^2} = A\cos \dfrac{\pi x}{l} \sin\omega t, & 0 < x < l, \ t > 0, \\[3mm] \dfrac{\partial u(0, \ t)}{\partial x} = 0, \ \dfrac{\partial u(l, \ t)}{\partial x} = 0, \\[3mm] u(x, \ 0) = 0, \ \dfrac{\partial u(x, \ 0)}{\partial t} = 0. \end{cases}$

(3) $\begin{cases} \dfrac{\partial^2 u}{\partial t^2} - a^2 \dfrac{\partial^2 u}{\partial x^2} = \sin\omega t, & 0 < x < l, \ t > 0, \\[3mm] u(0, \ t) = 0, \ u(l, \ t) = 0, \\[3mm] u(x, \ 0) = 0, \ \dfrac{\partial u(x, \ 0)}{\partial t} = 0. \end{cases}$

(4) $\begin{cases} \dfrac{\partial u}{\partial t} - D \dfrac{\partial^2 u}{\partial x^2} = A\sin\omega t, & 0 < x < l, \ t > 0, \\[3mm] u(0, \ t) = 0, \ \dfrac{\partial u(l, \ t)}{\partial x} = 0, \\[3mm] u(x, \ 0) = 0. \end{cases}$

11.5 试求解放射性衰变问题：

$\begin{cases} \dfrac{\partial u}{\partial t} - D \dfrac{\partial^2 u}{\partial x^2} = A\mathrm{e}^{-\alpha x}, & 0 < x < l, \ t > 0 \\[3mm] u(0, \ t) = 0, \ u(l, \ t) = 0, \\[3mm] u(x, \ 0) = T. \end{cases}$

其中，$A, \ a, \ \alpha, \ T$ 皆为常数.

(二)

11.6 求解本征值问题 $\begin{cases} X''(x) + \mu X(x) = 0, & 0 < x < l, \\ X'(0) = 0, \ X(l) + hX'(l) = 0 \end{cases}$ 的本征值和本征函数，并证明本征函数系是 $[0, \ l]$ 上的正交函数系.

11.7 试用分离变量法求下列定解问题的本征值和本征函数，并求出定解问题的解：

$$\begin{cases} \dfrac{\partial u}{\partial t} - D\dfrac{\partial^2 u}{\partial x^2} = -b^2 u, & 0 < x < l,\ t > 0, \\[2mm] u(0,\ t) = 0,\ u(l,\ t) = 0, \\[2mm] u(x,\ 0) = \varphi(x). \end{cases}$$

若令 $u(x,\ t) = \mathrm{e}^{-b^2 t} v(x,\ t)$，则 $v(x,\ t)$ 满足的定解问题是

$$\begin{cases} \dfrac{\partial v}{\partial t} - D\dfrac{\partial^2 v}{\partial x^2} = 0, & 0 < x < l,\ t > 0, \\[2mm] v(0,\ t) = 0,\ \ v(l,\ t) = 0, \\[2mm] v(x,\ 0) = \varphi(x). \end{cases}$$

试用分离变量法求解.

11.8　有一长为 l 的均匀细杆，初始温度为零度，它的一端 $x = l$ 处温度永远保持零度，而另一端 $x = 0$ 处温度随时间直线上升，即 $u(0,\ t) = ct$（c 是常数），求 $t > 0$ 时杆的温度分布.

11.9　均匀细杆长为 l，在 $x = 0$ 端固定，而另一端受一个沿杆长方向的力 Q 的作用，如果在开始一瞬间突然停止这个力的作用，求杆的纵向振动.

11.10　一长为 l 的均匀弦，弦上每一点受外力作用，作用在单位质量的外力是为 bxt，若弦的两端是自由的，而初始位移为零，初始速度为 $l - x$，试求弦的横振动.

11.11　长为 l、杆身与外界绝热的均匀细杆，杆的两端保持为零度，已知其初始温度分布 $\varphi(x) = x(l - x)$，求在 $t > 0$ 时杆上的温度分布.

11.12　设弹簧一端固定，一端在外力作用下作周期振动，此时定解问题归结为

$$\begin{cases} \dfrac{\partial^2 u}{\partial t^2} - a^2\dfrac{\partial^2 u}{\partial x^2} = 0, & 0 < x < l,\ t > 0, \\[2mm] u(0,\ t) = 0,\ u(l,\ t) = A\sin\omega t, \\[2mm] u(x,\ 0) = 0,\ \dfrac{\partial u}{\partial t}(x,\ 0) = 0. \end{cases}$$

求解此定解问题.

11.13　将下列定解问题的边界条件齐次化，并求解定解问题：

(1)
$$\begin{cases} \dfrac{\partial^2 u}{\partial t^2} - a^2\dfrac{\partial^2 u}{\partial x^2} = A, & 0 < x < l,\ t > 0, \\[2mm] u(0,\ t) = 0,\ u(l,\ t) = B, \\[2mm] u(x,\ 0) = 0,\ \dfrac{\partial u(x,\ 0)}{\partial t} = 0. \end{cases}$$

(2)
$$\begin{cases} \dfrac{\partial u}{\partial t} - 2\dfrac{\partial^2 u}{\partial x^2} = 0, & 0 < x < 3,\ t > 0, \\[2mm] u(0,\ t) = 10,\ u(3,\ t) = 40, \\[2mm] u(x,\ 0) = 25. \end{cases}$$

$$(3)\begin{cases}\dfrac{\partial^2 u}{\partial t^2} - \dfrac{\partial^2 u}{\partial x^2} + 2\dfrac{\partial u}{\partial t} = 4x + 8e^t \cos x, \quad 0 < x < \dfrac{\pi}{2}, \ t > 0, \\[3mm] \dfrac{\partial u(0, \ t)}{\partial x} = 2t, \ u\left(\dfrac{\pi}{2}, \ t\right) = \pi t, \\[3mm] u(x, \ 0) = \cos x, \ \dfrac{\partial u(x, \ 0)}{\partial t} = 2x.\end{cases}$$

$$(4)\begin{cases}\dfrac{\partial^2 u}{\partial t^2} - a^2 \dfrac{\partial^2 u}{\partial x^2} = \sin\dfrac{2\pi}{l}x \cos\dfrac{2\pi}{l}x, \quad 0 < x < l, \ t > 0, \\[3mm] u(0, \ t) = 3, \ u(l, \ t) = 6, \\[3mm] u(x, \ 0) = 3\left(1 + \dfrac{x}{l}\right), \ \dfrac{\partial u(x, \ 0)}{\partial t} = \sin\dfrac{4\pi}{l}x.\end{cases}$$

11.14 试求定解问题的解:

$$\begin{cases}\dfrac{\partial u}{\partial t} - D\dfrac{\partial^2 u}{\partial x^2} = f(x), \quad 0 < x < l, \ t > 0, \\[3mm] u(0, \ t) = A, \ u(l, \ t) = B, \\[3mm] u(x, \ 0) = g(x).\end{cases}$$

其中, A, B 皆为常数.

11.15 求解下述定解问题:

$$(1)\begin{cases}u_{xx} + u_{yy} = 0, \quad 0 < x < a, \ 0 < y < b, \\ u(0, \ y), \ u(a, \ y) = 0, \quad 0 < y < b, \\ u(x, \ 0) = g(x), \ u(x, \ b) = 0, \quad 0 < x < a.\end{cases}$$

$$(2)\begin{cases}u_{xx} + u_{yy} = 0, \quad 0 < x < a, \ 0 < y < b, \\ u(0, \ y) = 0, \ u(a, \ y) = Ay, \\ u(x, \ 0) = 0, \ u(x, \ b) = 0.\end{cases}$$

$$(3)\begin{cases}u_{xx} + u_{yy} = -xy, \quad x^2 + y^2 < 1, \\ u(x, \ y)\Big|_{x^2+y^2=1} = 0.\end{cases}$$

$$(4)\begin{cases}u_{xx} + u_{yy} = -2, \quad 0 < x < a, \quad -\dfrac{b}{2} < y < \dfrac{b}{2}, \\[3mm] u(0, \ y) = 0, \ u(a, \ y) = 0, \\[3mm] u\left(x, \ -\dfrac{b}{2}\right) = 0, \ u\left(x, \ -\dfrac{b}{2}\right) = 0.\end{cases}$$

第 12 章　球坐标中的分离变量——Legendre 多项式

在上一章中，我们主要讨论了直角坐标中的分离变量法求解定解问题，具体选用哪一种坐标，是与所研究物理系统的边界有关的. 比如，对于一维的弦、杆以及二维的矩形区域，一般采用直角坐标，而对于二维圆形域，则采用极坐标. 在应用分离变量法时，需要求解本征值问题，对在直角坐标系中进行的一维、二维问题的本征函数较容易求解. 实际上，在许多重要的场合，物理系统的边界可能是球形或者圆柱形，此时解决问题采用其他正交曲线坐标更合适. 三维空间的拉普拉斯方程、齐次波动方程和热传导方程在正交曲线坐标中都可以用分离变量法求解其定解问题，在这种情况下，我们将得到一些特殊的常微分方程，如 Bessel 方程、Legendre 方程等，而这些方程的解是一些特殊的函数（Bessel 函数、Legendre 函数）. 本章和下一章我们将讨论特殊常微分方程的导出、特殊函数的概念与性质以及它们的应用. 这两章所介绍的方法仅仅在非常有限的范围内解决三维定解问题，但是由此引入的特殊函数的重要性就不仅仅限制在这个有限的范围内了.

12.1　球坐标的分离变量

正交曲线坐标系中的分离变量方法和基本步骤与直角坐标系中完全一样，球坐标系是常见的正交曲面坐标系，本节对球坐标系中的 Laplace 方程详细地介绍其分离变量的过程.

12.1.1　Helmholtz 方程

对三维齐次波动方程

$$\frac{\partial^2 u(\boldsymbol{r},\ t)}{\partial t^2} - a^2\,\nabla^2 u(\boldsymbol{r},\ t) = 0,$$

将解在时间和空间上进行分离

$$u(\boldsymbol{r},\ t) = v(\boldsymbol{r})T(t),$$

代入波动方程得到

$$\frac{1}{a^2 T(t)}\frac{\partial^2 T(t)}{\partial t^2} = \frac{1}{v(\boldsymbol{r})}\,\nabla^2 v(\boldsymbol{r}) = -\lambda.$$

由于等式的两边分别是时间和空间的函数，因此等式成立的条件是等于一个任意常数. 令这个常数为 $-\lambda$，则得到关于空间 $v(r)$ 和时间 $T(t)$ 满足的常微分方程

$$T''(t) + a^2\lambda T(t) = 0, \tag{12.1}$$

$$\nabla^2 v(\boldsymbol{r}) + \lambda v(\boldsymbol{r}) = 0. \tag{12.2}$$

式(12.2)称为 **Helmholtz 方程**. 同样也可以从齐次热传导方程中分离出 Helmholtz 方程.

12.1.2 Helmholtz 方程在球坐标中的分离变量

利用分离变量将空间函数 $v(r)$ 从波动方程和热传导方程中分离出来，继续对空间函数进行分离变量要依赖于坐标系的选取，三维直角坐标系中的分离变量和一维的很相似，可以利用第 11 章介绍的方法对直角坐标的三个方向逐个计算，只是增加计算量，没有新的概念，不再重复介绍.

如图 12-1 所示，球坐标中的坐标为 (r, θ, φ)，它们与直角坐标 (x, y, z) 的关系为

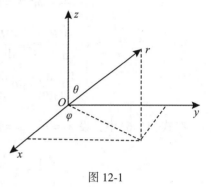

图 12-1

$$\boldsymbol{r} = r\sin\theta\cos\varphi\mathbf{i} + r\sin\theta\sin\varphi\mathbf{j} + r\cos\theta\mathbf{k}.$$

在球坐标系中，Laplace 算符 ∇^2 的表达式为

$$\nabla^2 = \frac{1}{r^2}\frac{\partial}{\partial r}\left(r^2\frac{\partial}{\partial r}\right) + \frac{1}{r^2\sin\theta}\frac{\partial}{\partial\theta}\left(\sin\theta\frac{\partial}{\partial\theta}\right) + \frac{1}{r^2\sin^2\theta}\frac{\partial^2}{\partial\varphi^2}.$$

设 $v(r) = R(r)Y(\theta, \varphi)$，代入球坐标系中的 Helmholtz 方程中得到

$$\frac{Y}{r^2}\frac{\mathrm{d}}{\mathrm{d}r}\left(r^2\frac{\mathrm{d}R}{\mathrm{d}r}\right) + \frac{R}{r^2\sin\theta}\frac{\partial}{\partial\theta}\left(\sin\theta\frac{\partial Y}{\partial\theta}\right) + \frac{R}{r^2\sin^2\theta}\frac{\partial^2 Y}{\partial\varphi^2} + \lambda RY = 0.$$

方程两边同乘以 $\dfrac{r^2}{RY}$，并移项，整理得到

$$\frac{1}{R}\frac{\mathrm{d}}{\mathrm{d}r}\left(r^2\frac{\mathrm{d}R}{\mathrm{d}r}\right) + \lambda r^2 = -\frac{1}{Y\sin\theta}\frac{\partial}{\partial\theta}\left(\sin\theta\frac{\partial Y}{\partial\theta}\right) - \frac{1}{Y\sin^2\theta}\frac{\partial^2 Y}{\partial\varphi^2} = l(l+1),$$

式中，$l(l+1)$ 是分离变量的常数，对物理问题 $l(l+1)$ 的取值由本征值问题确定.

这样就得到两个方程

$$\frac{1}{\sin\theta}\frac{\partial}{\partial\theta}\left(\sin\theta\frac{\partial Y}{\partial\theta}\right) + \frac{1}{\sin^2\theta}\frac{\partial^2 Y}{\partial\varphi^2} + l(l+1)Y = 0, \tag{12.3}$$

$$\frac{1}{R}\frac{1}{r^2}\frac{\mathrm{d}}{\mathrm{d}r}\left(r^2\frac{\mathrm{d}R}{\mathrm{d}r}\right) - \frac{l(l+1)}{r^2} + \lambda = 0. \tag{12.4}$$

继续对式(12.3)分离变量，设 $Y(\theta, \varphi) = \Theta(\theta)\Phi(\varphi)$，代入方程(12.3)中，同乘以 $\dfrac{\sin^2\theta}{\Theta\Phi}$ 并移项，整理得到

$$\frac{\sin\theta}{\Theta}\frac{\mathrm{d}}{\mathrm{d}\theta}\left(\sin\theta\frac{\mathrm{d}\Theta}{\mathrm{d}\theta}\right) + l(l+1)\sin^2\theta = -\frac{1}{\Phi}\frac{\mathrm{d}^2\Phi}{\mathrm{d}\varphi^2} = m^2,$$

式中，m 是分离变量常数，对物理问题其值由本征值问题确定.

这样就分解为两个方程

$$\frac{1}{\Phi}\frac{\mathrm{d}^2\Phi}{\mathrm{d}\varphi^2} = -m^2,$$

$$\frac{1}{\Theta\sin\theta}\frac{\mathrm{d}}{\mathrm{d}\theta}\left(\sin\theta\,\frac{\mathrm{d}\Theta}{\mathrm{d}\theta}\right) - \frac{m^2}{\sin^2\theta} = -\,l(l+1).$$

这样对球坐标系中 Helmholtz 方程的分离变量，得到三个常微分方程

$$\begin{cases} \dfrac{\mathrm{d}^2\Phi}{\mathrm{d}\varphi^2} + m^2\Phi = 0, & (12.5)\\[3mm] r^2\dfrac{\mathrm{d}^2R}{\mathrm{d}r^2} + 2r\dfrac{\mathrm{d}R}{\mathrm{d}r} + \left[\lambda r^2 - l(l+1)\right]R = 0, & (12.6)\\[3mm] \dfrac{1}{\sin\theta}\dfrac{\mathrm{d}}{\mathrm{d}\theta}\left(\sin\theta\,\dfrac{\mathrm{d}\Theta}{\mathrm{d}\theta}\right) + \left[l(l+1) - \dfrac{m^2}{\sin^2\theta}\right]\Theta = 0. & (12.7) \end{cases}$$

在式(12.6)中，设 $\lambda = k^2$，$x = kr$，$\dfrac{1}{\sqrt{x}}y(x) = R(r)$ 则式(12.6)变成

$$x^2\frac{\mathrm{d}^2y}{\mathrm{d}x^2} + x\frac{\mathrm{d}y}{\mathrm{d}x} + \left[x^2 - \left(l + \frac{1}{2}\right)^2\right]y = 0,$$

此方程称为球 Bessel 方程. 在本课程中我们不讨论此方程的解.

在式(12.7)中，设 $x = \cos\theta$，$\Theta(\theta) = y(x)$，则式(12.7)变成

$$\frac{\mathrm{d}}{\mathrm{d}x}\left[(1 - x^2)\frac{\mathrm{d}y}{\mathrm{d}x}\right] + \left[l(l+1) - \frac{m^2}{1 - x^2}\right]y = 0, \qquad (12.8\mathrm{a})$$

式(12.8a)称为**缔合 Legendre 方程**. 当 $m = 0$ 时，有

$$\frac{\mathrm{d}}{\mathrm{d}x}\left[(1 - x^2)\frac{\mathrm{d}y}{\mathrm{d}x}\right] + l(l+1)y = 0, \qquad (12.8\mathrm{b})$$

式(12.8b)称为 **Legendre 方程**.

因为 $0 \leqslant \theta \leqslant \pi$，所以式(12.8)的变量 x 定义在 $-1 \leqslant x \leqslant 1$.

如果是一个稳态问题，即球坐标系下的 Laplace 方程，对应式(12.2)中的 $\lambda = 0$，则式(12.6)变成

$$r^2\frac{\mathrm{d}^2R}{\mathrm{d}r^2} + 2r\frac{\mathrm{d}R}{\mathrm{d}r} - l(l+1)R = 0, \qquad (12.9\mathrm{a})$$

Euler方程的求解

这是 Euler 方程，设 $t = \ln r$，可以化成常系数常微分方程，其解是

$$R(r) = A_l r^l + B_l r^{-(l+1)}, \qquad (12.9\mathrm{b})$$

式中，A_l 和 B_l 是任意常数.

当定解问题和时间有关时，要解的空间坐标满足的方程是 Helmholtz 方程，它被分离成(12.5)、(12.6)和(12.7)三个常微分方程. 要解的时间变量的方程(12.1)是一个简单的常微分方程. 当定解问题和时间无关时，是稳态问题时，要解的是 Laplace 方程，它被分离成(12.5)、(12.7)和(12.9a)三个常微分方程，在本课程中，我们只讨论稳态问题的解.

12.1.3　周期性边界条件的本征函数

Helmholtz 方程或者 Laplace 方程在球坐标中经过分离变量以后得到关于 $\Phi(\varphi)$ 的方程是

$$\frac{\mathrm{d}^2\Phi}{\mathrm{d}\varphi^2} + m^2\Phi = 0,$$

空间某一点有无穷多个 φ 值, 几何上 $\Phi(\varphi)$ 是以 2π 为周期的周期函数, 物理量是空间点的函数, 它和坐标的选择应该无关, 所以也要求 $\Phi(\varphi)$ 是以 2π 为周期的周期函数, 才能符合物理量是空间点的单值函数的性质, 我们称这种条件是周期性的边界条件. 上式常微分方程和周期性边界条件构成本征值问题, 即

$$\begin{cases} \dfrac{\mathrm{d}^2\Phi}{\mathrm{d}\varphi^2} + m^2\Phi = 0, \\ \Phi(\varphi) = \Phi(\varphi + 2\pi). \end{cases} \tag{12.10a}$$

参考第 11 章中求解本征值问题的讨论, 可以知道此本征值问题的本征值是 $m = 0$, 1, 2, $\cdots$, 相应的本征函数是

$$\Phi_m(\varphi) = A_m \sin m\varphi + B_m \cos m\varphi = \begin{cases} \sin m\varphi \\ \cos m\varphi \end{cases}, \quad m = 0, 1, 2, \cdots. \tag{12.10b}$$

利用 Euler 公式, 相应的本征函数也可以写成指数形式

$$\{\Phi_m(\varphi)\} = \{\mathrm{e}^{\mathrm{i}m\varphi}\} = (1, \mathrm{e}^{\pm\mathrm{i}\varphi}, \mathrm{e}^{\pm\mathrm{i}2\varphi}, \cdots), \quad m = 0, \pm 1, \pm 2, \cdots,$$

本征值是 $m = 0$, ± 1, ± 2, $\cdots$. 本征函数 $\Phi_m(\varphi)$ 的正交关系式是

$$\int_{-\pi}^{\pi} \Phi_m(\varphi)\Phi_n^*(\varphi)\,\mathrm{d}\varphi = 2\pi\delta_{mn}, \tag{12.10c}$$

式中, $\Phi_m^*(\varphi)$ 是 $\Phi_m(\varphi)$ 的共轭函数.

证 $\quad \displaystyle\int_{-\pi}^{\pi} \Phi_m(\varphi)\Phi_n^*(\varphi)\,\mathrm{d}\varphi = \int_{-\pi}^{\pi} \mathrm{e}^{\mathrm{i}m\varphi}\mathrm{e}^{-\mathrm{i}n\varphi}\,\mathrm{d}\varphi = \int_{-\pi}^{\pi} \mathrm{e}^{\mathrm{i}(m-n)\varphi}\,\mathrm{d}\varphi.$

当 $m \neq n$ 时,

$$\int_{-\pi}^{\pi} \mathrm{e}^{\mathrm{i}(m-n)\varphi}\,\mathrm{d}\varphi = \frac{1}{\mathrm{i}(m-n)}\mathrm{e}^{\mathrm{i}(m-n)\varphi}\Big|_{-\pi}^{\pi} = 0.$$

当 $m = n$ 时,

$$\int_{-\pi}^{\pi} \mathrm{e}^{\mathrm{i}(m-n)\varphi}\,\mathrm{d}\varphi = \int_{-\pi}^{\pi}\mathrm{d}\varphi = 2\pi.$$

如果 $f(\varphi)$ 定义在 $[-\pi, \pi]$ 内, 并且符合 Dirichlet 条件, 则 $f(\varphi)$ 可以按 $\mathrm{e}^{\mathrm{i}n\varphi}$ 展开

$$f(\varphi) = \sum_{n=-\infty}^{\infty} c_n \mathrm{e}^{\mathrm{i}n\varphi}, \tag{12.11}$$

其中, 展开系数为

$$c_n = \frac{1}{2\pi}\int_{-\pi}^{\pi} f(\varphi)\mathrm{e}^{-\mathrm{i}n\varphi}\,\mathrm{d}\varphi, \tag{12.12}$$

等式(12.11)的两边乘以 $\mathrm{e}^{-\mathrm{i}m\varphi}$, 然后在 $[-\pi, \pi]$ 上积分, 利用正交关系式可以求得 c_n.

12.2　Legendre 多项式

12.2.1　二阶常微分方程常点的级数解

根据二阶常微分方程的理论, 如果方程

$$w''(z) + p(z)w'(z) + q(z)w = 0$$

定义在复数域中，$p(z)$、$q(z)$ 是已知函数，并且在 $z = z_0$ 解析，z_0 称为方程的常点，在常点 z_0 的邻域内，方程的解可以写成 Taylor 级数的形式

$$w(z) = \sum_{n=0}^{\infty} c_n (z - z_0)^n.$$

12.2.2　Legendre 方程的级数解

当 $m = 0$ 时，式（12.8a）可以写成式（12.8b），即

$$(1 - x^2)y''(x) - 2xy'(x) + l(l+1)y(x) = 0, \tag{12.13}$$

此式称为 Legendre 方程. 它定义在 $-1 \leqslant x \leqslant 1$，因为 $x = 0$ 是常点，所以方程的解可以写成 Taylor 级数的形式

$$y(x) = \sum_{n=0}^{\infty} c_n x^n,$$

求出展开系数 c_n，即可得到方程的解. 级数解应该满足方程式（12.13），首先求出 Legendre 方程中有导数的前两项

$$(1 - x^2)y'' = (1 - x^2) \sum_{n=2}^{\infty} c_n n(n-1)x^{n-2} = \sum_{n=2}^{\infty} n(n-1)c_n x^{n-2} - \sum_{n=2}^{\infty} n(n-1)c_n x^n,$$

$$-2xy' = -2x \sum_{n=1}^{\infty} c_n n x^{n-1} = -2 \sum_{n=1}^{\infty} n c_n x^n,$$

代入方程（12.13）中，方程可以写成级数的形式

$$\sum_{n=2}^{\infty} n(n-1)c_n x^{n-2} - \sum_{n=2}^{\infty} n(n-1)c_n x^n - 2 \sum_{n=1}^{\infty} n c_n x^n + l(l+1) \sum_{n=0}^{\infty} c_n x^n = 0.$$

每一项 x 的最低次幂不一样，第一项和第四项为 x^0，对第一项作变换 $n - 2 = k$，整理后得到

$$\sum_{n=0}^{\infty} \left[(n+2)(n+1)c_{n+2} + l(l+1)c_n \right] x^n - 2 \sum_{n=1}^{\infty} n c_n x^n - \sum_{n=2}^{\infty} n(n-1)c_n x^n = 0,$$

只有 x 各幂次的系数等于零时等式才能成立，故得到

$$x^0: \qquad 2 \cdot 1 \cdot c_2 + l(l+1)c_0 = 0,$$

$$x^1: \qquad 3 \cdot 2 \cdot c_3 + [l(l+1) - 2]c_1 = 0,$$

$$x^n (n \geqslant 2): \qquad (n+1)(n+2)c_{n+2} + l(l+1)c_n - 2nc_n - n(n-1)c_n = 0,$$

即

$$(n+2)(n+1)c_{n+2} + (l+n+1)(l-n)c_n = 0,$$

得到如下系数之间的关系式：

$$\begin{cases} c_2 = -\dfrac{l(l+1)}{2 \cdot 1} c_0, \\[2mm] c_3 = -\dfrac{(l-1)(l+2)}{3 \cdot 2} c_1, \\[2mm] \qquad \cdots\cdots \\[2mm] c_{n+2} = -\dfrac{(l-n)(l+n+1)}{(n+2)(n+1)} c_n, \end{cases} \tag{12.14}$$

式中，c_0，c_1 是任意常数，选定以后，其他的系数必须满足式（12.14），式（12.14）称为系

数递推关系，其中偶次幂系数由 c_0 表述，而奇次幂系数可由 c_1 表述，而由这些系数组成 Taylor 级数是 Legendre 方程的解.

12.2.3 Legendre 方程的两个独立解

由于 c_0、c_1 是任意常数，根据递推关系式(12.14)，Legendre 方程有两个线性独立解

$$y_0(x) = c_0 + c_2 x^2 + \cdots + c_{2k} x^{2k} + \cdots = \sum_{k=0}^{\infty} c_{2k} x^{2k},$$

$$y_1(x) = c_1 x + c_3 x^3 + \cdots + c_{2k+1} x^{2k+1} + \cdots = \sum_{k=0}^{\infty} c_{2k+1} x^{2k+1},$$

式中，c_{2k} 和 c_{2k+1} 满足以下的递推关系：

$$c_{2k} = -\frac{(l-2k+2)(l+2k-1)}{2k(2k-1)} c_{2k-2}$$

$$= \frac{(l-2k+2)(l-2k+4)(l+2k-3)(l+2k-1)}{2k(2k-1)(2k-2)(2k-3)} c_{2k-4} = \cdots$$

$$= (-1)^k \frac{(l-2k+2)(l-2k+4)\cdots l(l+1)\cdots(l+2k-3)(l+2k-1)}{(2k)!} c_0,$$

$$c_{2k+1} = -\frac{(l-2k+1)(l+2k)}{(2k+1)(2k)} c_{2k-1}$$

$$= \frac{(l-2k+1)(l-2k+3)(l+2k-2)(l+2k)}{(2k+1)(2k)(2k-1)(2k-2)} c_{2k-3} = \cdots$$

$$= (-1)^k \frac{(l-2k+1)(l-2k+3)\cdots(l-1)(l+2)\cdots(l+2k)}{(2k+1)!} c_1.$$

方程(12.13)的级数解为 $y(x) = y_0(x) + y_1(x)$.

注意：$y_0(x)$ 是偶次幂无穷级数，系数由 c_0 表述，可以把 c_0 从级数求和中提出来，而 $y_1(x)$ 奇次幂无穷级数，也可以把系数 c_1 提出来，则方程(12.13)的级数解为

$$y(x) = c_0 \tilde{y}_0(x) + c_1 \tilde{y}_1(x).$$

Legendre 方程的两个线性独立的解 $\tilde{y}_0(x)$，$\tilde{y}_1(x)$ 是 Taylor 级数，称为 Legendre 函数，c_0，c_1 是无关的任意常数.

12.2.4 Legendre 方程级数解的截断和本征值

$y_0(x)$、$y_1(x)$ 是 Legendre 方程在 $x = 0$ 的邻域内的解，当 l 不为整数时，它们是无穷级数. 而无穷级数就涉及收敛问题. 我们现在来确定其收敛性和收敛半径. 按照 d'Alembert 判别法，$y_0(x)$、$y_1(x)$ 的收敛半径均为

$$R = \lim_{k\to\infty} \left| \frac{C_k}{C_{k+2}} \right| = \lim_{k\to\infty} \left| \frac{(k+2)(k+1)}{(k-l)(k+l+1)} \right| = \lim_{k\to\infty} \left| \frac{\left(1+\dfrac{2}{k}\right)\left(1+\dfrac{1}{k}\right)}{\left(1-\dfrac{l}{k}\right)\left(1+\dfrac{l+1}{k}\right)} \right| = 1.$$

这表明 $y_0(x)$、$y_1(x)$ 均在 $|x| < 1$ 内收敛，在 $|x| > 1$ 区域内发散. 可以证明 $y_0(x)$、

$y_1(x)$ 在边界 $|x|=1$ 上也是发散的, 即 Legendre 方程的级数解在 $|x|=1$ 为无限值. 而在实际问题中 $x = \cos\theta$, 而 $|\cos\theta| \le 1$($\theta = 0$, π 对应于 $x = 1$, $x = -1$), Legendre 方程应该定义在 $-1 \le x \le 1$, 显然 $y_0(x)$, $y_1(x)$ 必须在 $-1 \le x \le 1$ 收敛, 即存在自然边界条件 $|y(\pm1)| < +\infty$. 下面采用截断的方法来克服级数解在 $|x|=1$ 发散的困难.

根据递推关系式 (12.14), 如果 $l = n$, 则 $c_{n+2} = 0$, 而且以后的各项系数都为零, Taylor 级数截断为多项式, 而多项式一定是有界的.

当 $l = n = 2k$ 为偶数时, 则 $c_{2k+2} = c_{2k+4} = \cdots = 0$, $y_0(x)$ 是只含偶次幂的 l 阶多项式,

$$y_0(x) = c_0 + c_2 x^2 + \cdots + c_l x^l$$
$$= c_0\left[1 - \frac{l(l+1)}{2!}x^2 + \cdots (-1)^k \frac{(l-2k+2)(l-2k+4)\cdots l(l+1)\cdots(l+2k-1)}{(2k)!}x^l\right],$$

而 $y_1(x)$ 仍然是无穷级数.

当 $l = n = 2k + 1$ 为奇数时, 则 $c_{2k+3} = c_{2k+5} = \cdots = 0$, $y_1(x)$ 是只含奇次幂的 l 阶多项式,

$$y_1(x) = c_1 x + c_3 x^3 + \cdots + c_l x^l$$
$$= c_1(x)\left[x - \frac{(l-1)(l+2)}{3!}x^3 + \cdots (-1)^k \frac{(l-2k+1)(l-2k+3)\cdots(l-1)(l+2)\cdots(l+2k)}{(2k+1)!}x^l\right],$$

而 $y_0(x)$ 仍然是无穷级数.

当 l 为负整数时, 也可以截断无穷级数. 例如, 由 $c_4 = \dfrac{(l-2)(l+1)(l+3)}{4!}c_0$ 知, $l = -3$ 时 $c_4 = 0$, 同样得到 $y_0(x) = c_0[1 - 3x^2]$, 与 $l = 2$ 取值相同, 即 l 取负整数时没有给出新的结果. 事实上, 对 Legendre 方程式 (12.13), 当 $l = -n$(n 为整数) 时, 由于 $-n(-n+1) = n(n-1) = (n-1)n$, 因此当 $l = -n$ 和 $l = (n-1)$ 时, 方程 (12.13) 式完全相同. 在 Legendre 方程中 l 取非负整数, 可以得到在 $-1 \le x \le 1$ 中收敛的解.

在物理问题中, 为了满足 Legendre 方程在 $|x|=1$ 有界的自然边界条件, 构成了本征值问题:

$$\begin{cases} (1-x^2)y''(x) - 2xy'(x) + l(l+1)y(x) = 0, \\ |y(\pm1)| < +\infty, \end{cases} \tag{12.15}$$

其中, l 称为本征值, 取值范围 $l = 0, 1, 2, \cdots$, 截断以后的多项式是相应的本征函数.

把递推公式 (12.14) 改写成降幂形式

$$c_{n-2} = -\frac{n(n-1)}{(l-n+2)(l+n-1)}c_n. \tag{12.16}$$

对于递推关系式 (12.15), $l = n$ 时的 Taylor 级数也同样被截断为多项式, 截断以后多项式最高幂次是 l.

12.2.5　Legendre 多项式

式 (12.16) 和式 (12.14) 相比, 它是由高幂次的系数递推低幂次的系数, 因为截断以后多项式最高幂次是 l. 如果最高幂次的系数 c_l 确定, 则由式 (12.15) 可推出低次幂的系

数. 假设最高幂次项的系数是

$$c_l = \frac{(2l)!}{2^l (l!)^2}. \qquad （目的是为了使得 x = 1 时函数值为 1）$$

根据式(12.16)递推出低幂次项的系数

$$c_{l-2} = -\frac{l(l-1)}{2 \cdot (2l-1)} \cdot \frac{(2l)!}{2^l (l!)^2} = -\frac{l(l-1)}{2 \cdot (2l-1)} \frac{2l(2l-1)(2l-2)!}{2^l l(l-1)! \; l(l-1)(l-2)!}$$

$$= -\frac{(2l-2)!}{2^l (l-1)! \; (l-2)!},$$

$$c_{l-4} = \frac{(l-2)(l-3)}{4 \cdot (2l-3)} \frac{(2l-2)!}{2^l (l-1)! \; (l-2)!} = \frac{(2l-4)!}{2 \cdot 2^l (l-2)! \; (l-4)!},$$

……

$$c_{l-2k} = (-1)^k \frac{(2l-2k)!}{2^l k! \; (l-k)! \; (l-2k)!}.$$

这样可以把 y_0 和 y_1 统一写成

$$P_l(x) = \sum_{k=0}^{\left[\frac{l}{2}\right]} (-1)^k \frac{(2l-2k)!}{2^l k! \; (l-k)! \; (l-2k)!} x^{l-2k}, \qquad (12.17)$$

式中,

$$\left[\frac{l}{2}\right] = \begin{cases} \dfrac{l}{2}, & l = 2n, \\ \dfrac{l-1}{2}, & l = 2n+1. \end{cases}$$

当 $l = 2n$ 时, 最低幂次是 x^0, 对应 $k = \dfrac{l}{2}$; 当 $l = 2n+1$ 时, 最低幂次是 x^1, 对应 $k = \dfrac{l-1}{2}$.

$P_l(x)$ 称为 l 阶 **Legendre 多项式**, 或者第一类 l 阶 Legendre 多项式, 它是对应本征值 $l = 0, 1, 2, \cdots$ 的本征函数. 对解没有另外的要求条件, 这一点和齐次边界和周期性边界条件的本征函数不一样.

由式(12.17), 可以得到前几阶 Legendre 多项式的表达式:

$$P_0(x) = 1, \qquad\qquad P_1(x) = x,$$

$$P_2(x) = \frac{1}{2}(3x^2 - 1), \qquad\qquad P_3(x) = \frac{1}{2}(5x^3 - 3x),$$

$$P_4(x) = \frac{1}{8}(35x^4 - 30x^2 + 3), \qquad P_5(x) = \frac{1}{8}(63x^5 - 70x^3 + 15x).$$

可以看出, 当 l 为偶数时, $P_l(x)$ 为偶函数; 当 l 为奇数时, $P_l(x)$ 为奇函数, 见图 12-2. 对任意阶 Legendre 多项式, 恒有 $P_l(1) = 1$.

由式(12.7)知道 $\Theta(\theta)$ 满足如下形式的 Legendre 方程:

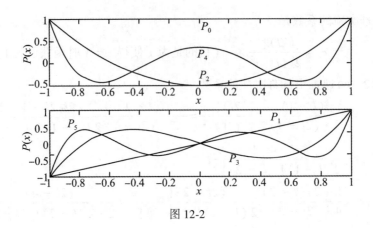

图 12-2

$$\frac{1}{\sin\theta}\frac{\mathrm{d}}{\mathrm{d}\theta}\left(\sin\theta\frac{\mathrm{d}\Theta(\theta)}{\mathrm{d}\theta}\right) + l(l+1)\Theta(\theta) = 0, \tag{12.18}$$

它的解是 $\Theta(\theta) = P_l(\cos\theta)$.

　　综上所述，可以得到如下结论：当 l 不是整数时，方程(12.13)的解为 $y(x) = y_0(x) + y_1(x)$，它们在 $|x| = 1$ 是无界的，所以方程(12.13)在 $[-1,1]$ 无有界的解；当 l 为整数时，在适当选取 c_n 后，$y_0(x)$、$y_1(x)$ 中有一个是 Legendre 多项式，而另一个仍为无穷级数，记为 $Q_n(x)$，它在 $x = \pm 1$ 时仍然是无界的，此时方程的通解为 $y(x) = a_n P_n(x) + b_n Q_n(x)$，其中 $Q_n(x)$ 为第二类 Legendre 函数. 而在实际物理问题中，存在自然边界条件 $|y(\pm 1)| < +\infty$，所以方程(12.18)的解为 $\Theta(\theta) = y(\cos\theta) = P_l(\cos\theta)$.

　　例 12.1　求下列微分方程的通解：

$$(1 - x^2)y''(x) - 2xy'(x) + 6y(x) = 0.$$

　　解　与 Legendre 方程(12.13)式比较，可以看出此方程是 $l = 2$ 的 Legendre 方程，它的通解为

$$y(x) = a_2 P_2(x) + b_2 Q_2(x).$$

由于 l 是偶数，$P_2(x) = \dfrac{1}{2}(3x^2 - 1)$，而无穷级数 $Q_2(x)$ 的表达式为

$$Q_2(x) = x - \frac{(l-1)(l+2)}{3!}x^3 + \frac{(l-3)(l-1)(l+2)(l+4)}{(2k+1)!}x^5 + \cdots$$

$$= x - \frac{2}{3}x^3 - \frac{1}{5}x^5 + \cdots.$$

12.2.6　轴对称稳态问题的通解

　　如果讨论的稳态问题，Helmholtz 方程中的 $\lambda = 0$，它变成 Laplace 方程 $\nabla^2 u(r, \theta, \varphi) = 0$，在球坐标系中如果讨论的是轴对称问题，将对称轴取为 z 轴，它的解和 φ 无关，则分离变量

$$u(r, \theta) = R(r)\Theta(\theta),$$

代入球坐标系的 Laplace 方程，得到

$$\begin{cases} r^2 \dfrac{d^2 R}{dr^2} + 2r \dfrac{dR}{dr} - l(l+1)R = 0, \\ \dfrac{1}{\sin\theta} \dfrac{d}{d\theta}\left(\sin\theta \dfrac{d\Theta}{d\theta}\right) + l(l+1)\Theta = 0. \end{cases}$$

$R(r)$ 是 Euler 方程(12.9a)的解式(12.9b),$\Theta(\theta)$ 是 Legendre 方程(12.18)的解,它的通解可以写成

$$u(r, \theta) = \sum_{l=0}^{\infty} \left[A_l r^l + B_l r^{-(l+1)} \right] P_l(\cos\theta). \tag{12.19}$$

如果研究的区域包含 $r=0$ 点,物理量是一个有限值,其通解中应该有 $B_l = 0$;如果区域的边界条件延伸到无穷远处,则通解中应该有 $A_l = 0$.

12.3 Legendre 多项式的性质

12.3.1 Legendre 多项式的微分表示

$P_l(x)$ 除了用多项式(12.17)表示外,还有微分表达式,即 Rodrigues 公式:

$$P_l(x) = \frac{1}{2^l l!} \frac{d^l}{dx^l} (x^2 - 1)^l. \tag{12.20}$$

由二项式展开定理,得到

$$(x^2 - 1)^l = \sum_{k=0}^{l} \frac{l!}{k!(l-k)!} (-1)^k x^{2l-2k}.$$

对上式求 l 次导数后,x 的幂次小于 l 次的项将为零,将这些项去掉,也就是在二项式展开中只保留 l 次以上的项.

当 $l=2$ 时,应该保留 $2l - 2k \geqslant l$ 的项,所以 $k \leqslant \dfrac{l}{2}$;当 $l = 2n + 1$ 时,应该保留 $2l - 2k \geqslant l + 1$ 的项,所以 $k \leqslant \dfrac{l-1}{2}$,利用式(12.17)引进的符号,求导 l 次以后式(12.20)成为

$$P_l(x) = \frac{1}{2^l l!} \sum_{k=0}^{\left[\frac{l}{2}\right]} \frac{(-1)^k l!}{k!(l-k)!} \frac{d^l}{dx^l} x^{2l-2k}$$

$$= \sum_{k=0}^{\left[\frac{l}{2}\right]} \frac{(-1)^k (2l-2k)(2l-2k-1)\cdots(2l-2k-l+1)}{2^l k!(l-k)!} x^{2l-2k-l}$$

$$= \sum_{k=0}^{\left[\frac{l}{2}\right]} \frac{(-1)^k (2l-2k)!}{2^l k!(l-k)!(l-2k)!} x^{l-2k}.$$

利用积分公式
导出 Legendre
多项式的积分
形式

12.3.2　Legendre 多项式的积分表示

利用解析函数导数的 Cauchy 积分公式

$$f^{(n)}(z) = \frac{n!}{2\pi i} \oint_C \frac{f(\xi)}{(\xi - z)^{n+1}} d\xi,$$

Legendre 多项式 $P_l(x)$ 可以写成

$$P_l(x) = \frac{1}{2\pi i} \oint_C \frac{(\xi^2 - 1)^l}{2^l (\xi - x)^{l+1}} d\xi, \tag{12.21a}$$

式中：C 是 ξ 平面包围 $\xi = x$ 的闭合回路，并且 $-1 \leqslant x \leqslant 1$. 积分式 (12.21a) 称为 Schläfli 积分.

Schläfli 积分也可以表示为定积分的形式. 取积分路径为圆周 C：$|\xi - x| = \sqrt{1 - x^2}$ （其中 $|x| < 1$）. 于是 $\xi - x = \sqrt{1 - x^2} \, e^{i\varphi} (0 \leqslant \varphi \leqslant 2\pi)$，$d\xi = i\sqrt{1 - x^2} \, e^{i\varphi} d\varphi = i(\xi - x) d\varphi$，$\xi^2 - 1 = (x + \sqrt{1 - x^2} \, e^{i\varphi})^2 - 1 = (i\sqrt{1 - x^2} \sin\varphi + x) 2\sqrt{1 - x^2} \, e^{i\varphi}$，代入式 (12.21a) 得到

$$P_l(x) = \frac{1}{2\pi i} \oint_C \frac{(\xi^2 - 1)^l}{2^l (\xi - x)^{l+1}} d\xi = \frac{1}{2\pi} \int_0^{2\pi} \frac{1}{2^l} \frac{\left[(x + \sqrt{1 - x^2} \, e^{i\varphi})^2 - 1 \right]^l}{(\sqrt{1 - x^2} \, e^{i\varphi})^l} d\varphi$$

$$= \frac{1}{2\pi} \int_0^{2\pi} (x + i\sqrt{1 - x^2} \sin\varphi)^l d\varphi,$$

或者改写为

$$P_l(x) = \frac{1}{2\pi} \int_\pi^{2\pi} (x + i\sqrt{1 - x^2} \cos\varphi)^l d\varphi = \frac{1}{\pi} \int_0^\pi (x + i\sqrt{1 - x^2} \cos\varphi)^l d\varphi. \tag{12.21b}$$

式 (12.21b) 称为 Laplace 积分公式. 用 Laplace 公式可以方便地研究 Legendre 多项式的对称性、奇偶性以及它们在特殊点的取值.

例 12.2　证明 $P_l(1) = 1$.

证　利用式 (12.21a)，我们可以得到

$$P_l(1) = \frac{1}{2\pi i} \oint_l \frac{(\xi^2 - 1)^l}{2^l (\xi - 1)^{l+1}} d\xi = \frac{1}{2\pi i} \oint_l \frac{(\xi + 1)^l}{2^l (\xi - 1)} d\xi = 1,$$

或者由 Laplace 积分公式

$$P_l(1) = \frac{1}{\pi} \int_0^\pi (1)^l d\varphi = 1,$$

同样，$P_l(-1) = \frac{1}{\pi} \int_0^\pi (-1)^l d\varphi = (-1)^l$.

当 $|x| \leqslant 1$ 时，由式 (12.21b)，有

$$|P_l(x)| \leqslant \frac{1}{\pi} \int_0^\pi |x + i\sqrt{1 - x^2} \cos\varphi|^l d\varphi \leqslant \frac{1}{\pi} \int_0^\pi d\varphi = 1.$$

12.3.3　Legendre 多项式的母函数

如果一个函数 $w(x, t)$ 按照某个自变量 t 展开成幂级数时，即 $w(x, t) = \sum_{n=0}^\infty C_n(x) t^n$，

其系数为函数 $C_n(x)$, 则称 $w(x, t)$ 为 $C_n(x)$ 的母函数, 或称生成函数.

为了求 Legendre 多项式的母函数, 我们考虑点电荷在空间产生的静电势问题. 图12-3 为一个单位球面, 若在 $z = 1$ 处放置电量为 $4\pi\varepsilon_0$ 的点电荷, 求球内的静电势分布, 其中 ε_0 是真空中的介电常数.

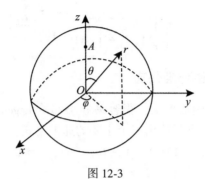

图 12-3

这是一个关于 z 轴对称的问题, 在球内静电势是一个有限值, 由球坐标系中的 Laplace 方程可求得球内任意一点静电势的值应该有如下的形式:

$$u(r, \theta) = \sum_{l=0}^{\infty} A_l r^l P_l(\cos\theta).$$

利用点电荷电势分布公式, 球内一点静电势应该是

$$u(r, \theta) = \frac{q}{4\pi\varepsilon_0 d} = \frac{1}{\sqrt{1 - 2r\cos\theta + r^2}},$$

式中, d 是源点到场点的距离. 上面两式应该相等, 即

$$\frac{1}{\sqrt{1 - 2r\cos\theta + r^2}} = \sum_{l=0}^{\infty} A_l r^l P_l(\cos\theta).$$

为了确定系数 A_l, 并考虑到 $P_l(1) = 1$ 的性质, 我们取单位球面内 $z > 0$ 轴上的一点, 得到

$$u(r, 0) = \sum_{l=0}^{\infty} A_l r^l, \quad r < 1$$

以及 $\quad u(r, 0) = \dfrac{1}{\sqrt{1 - 2r + r^2}} = \dfrac{1}{1 - r} = 1 + r + \cdots + r^n + \cdots, \quad r < 1,$

比较以后得 $A_0 = A_1 = \cdots = A_l = \cdots = 1$.

所以, 我们得到关系式

$$\frac{1}{\sqrt{1 - 2r\cos\theta + r^2}} = \sum_{l=0}^{\infty} P_l(\cos\theta) r^l.$$

设 $\cos\theta = x$, 有

母函数的推导

$$\frac{1}{\sqrt{1 - 2rx + r^2}} = \sum_{l=0}^{\infty} P_l(x) r^l, \quad r < 1, \quad -1 \leqslant x \leqslant 1, \quad (12.22)$$

其中, $P_l(x)$ 是函数 $\dfrac{1}{\sqrt{1-2rx+r^2}}$ 在 $r=0$ 展开的 Taylor 级数的系数, 称函数 $\dfrac{1}{\sqrt{1-2rx+r^2}}$

$(-1 \leqslant x \leqslant 1,\ r < 1)$ 是 $P_l(x)$ 的母函数.

如果对球外 $r > 1,\ -1 \leqslant x \leqslant 1$, 则它的 Taylor 级数展开式是

$$\frac{1}{\sqrt{1-2rx+r^2}} = \frac{1}{r}\frac{1}{\sqrt{\left(\dfrac{1}{r}\right)^2 - 2x\left(\dfrac{1}{r}\right) + 1}} = \sum_{l=0}^{\infty} P_l(x)\left(\frac{1}{r}\right)^{l+1}. \tag{12.23}$$

12.3.4　Legendre 多项式的递推公式

从 Legendre 多项式的母函数出发, 很容易导出邻阶 Legendre 多项式之间的关系, 即 Legendre 多项式的递推关系. 下面给出三个主要的递推公式:

(1) $(l+1)P_{l+1}(x) = (2l+1)xP_l(x) - lP_{l-1}(x)$, $l \neq 0$; \qquad\qquad (12.24a)

(2) $lP_l(x) = xP_l'(x) - P_{l-1}'(x)$, $l \neq 0$; \qquad\qquad\qquad (12.24b)

(3) $(2l+1)P_l(x) = P_{l+1}'(x) - P_{l-1}'(x)$, $l \neq 0$. \qquad\qquad (12.24c)

证明　(1) 将母函数 (12.22) 式的两边对 r 求导, 得到

$$\frac{(x-r)}{(1-2rx+r^2)^{3/2}} = \sum_{l=1}^{\infty} lP_l(x)r^{l-1} = \sum_{l=0}^{\infty} (l+1)P_{l+1}(x)r^l,$$

两边乘 $1-2rx+r^2$, 并利用式 (12.22) 得

$$(x-r)\sum_{l=0}^{\infty} P_l(x)r^l = (1-2rx+r^2)\sum_{l=0}^{\infty} (l+1)P_{l+1}(x)r^l,$$

按 r 的幂次重新排列, 有

$$\sum_{l=0}^{\infty} xP_l(x)r^l - \sum_{l=0}^{\infty} P_l(x)r^{l+1}$$

$$= \sum_{l=0}^{\infty} (l+1)P_{l+1}(x)r^l - \sum_{l=0}^{\infty} 2x(l+1)P_{l+1}(x)r^{l+1} + \sum_{l=0}^{\infty} (l+1)P_{l+1}(x)r^{l+2},$$

比较两端 r^l 项的系数, 得到

$$xP_l(x) - P_{l-1}(x) = (l+1)P_{l+1}(x) - 2xlP_l(x) + (l-1)P_{l-1}(x),$$

整理即得式 (12.24a), 也称 Bonnet 逆推关系.

根据公式 (12.24a) 和 $P_0 = 1$, $P_1(x) = x$, 从而可以写出所有 $P_l(x)$ 的表达式.

(2) 将母函数式 (12.22) 的两边对 r 求导, 再乘以 r, 将母函数式 (12.22) 的两边对 x 求导, 再乘以 $x-r$, 比较两等式得到

$$r\sum_{l=1}^{\infty} lP_l(x)r^{l-1} = (x-r)\sum_{l=0}^{\infty} P_l'(x)r^l,$$

因 $P_0'(x) = 0$, 上式可改写为

$$\sum_{l=1}^{\infty} lP_l(x)r^l = \sum_{l=1}^{\infty} \left[xP_l'(x) - P_{l-1}'(x)\right]r^l,$$

再比较两边的系数, 即得到式 (12.24b).

其他等式请读者自己证明.

例 12.3 设 $m \geqslant 1$, $n \geqslant 1$, 试证明:

$$(m + n + 1) \int_0^1 x^m P_n(x) \, \mathrm{d}x = m \int_0^1 x^{m-1} P_{n-1}(x) \, \mathrm{d}x.$$

证 利用递推公式(12.24b), 即 $n P_n(x) = x P'_n(x) - P'_{n-1}(x)$, 得

$$n \int_0^1 x^m P_n(x) \, \mathrm{d}x = \int_0^1 x^m [x P'_n(x) - P'_{n-1}(x)] \, \mathrm{d}x = \int_0^1 x^{m+1} \mathrm{d} P_n(x) - \int_0^1 x^m \mathrm{d} P_{n-1}(x)$$

$$= [x^{m+1} P_n(x) \big|_0^1 - x^m P_{n-1}(x) \big|_0^1] - \left[\int_0^1 (m+1) x^m P_n(x) \, \mathrm{d}x - \int_0^1 m x^{m-1} P_{n-1}(x) \, \mathrm{d}x \right]$$

$$= -(m+1) \int_0^1 x^m P_n(x) \, \mathrm{d}x + m \int_0^1 x^{m-1} P_{n-1}(x) \, \mathrm{d}x,$$

移项即得要证等式.

例 12.4 计算积分 $\int_0^1 P_n(x) \, \mathrm{d}x$, $n \geqslant 1$.

解 利用递推关系式(12.24c), 得

$$\int_0^1 P_n(x) \, \mathrm{d}x = \int_0^1 \frac{1}{2n+1} [P'_{n+1}(x) - P'_{n-1}(x)] \, \mathrm{d}x$$

$$= \frac{1}{2n+1} [P_{n+1}(x) - P_{n-1}(x)] \big|_0^1 = -\frac{1}{2n+1} [P_{n+1}(0) - P_{n-1}(0)]$$

因为 $P_l(1) = 1$, 当 n 为偶数, $P_{n+1}(x)$, $P_{n-1}(x)$ 都是奇函数, 所以 $P_{n+1}(0) = P_{n-1}(0) = 0$, 故

$$\int_0^1 P_n(x) \, \mathrm{d}x = 0.$$

由递推关系式(12.24a), $(n+1) P_{n+1}(x) = (2n+1) x P_n(x) - n P_{n-1}(x)$, 得到

$$(n+1) P_{n+1}(0) = -n P_{n-1}(0),$$

所以有 $\int_0^1 P_n(x) \, \mathrm{d}x = \dfrac{P_{n-1}(0)}{n+1} = \begin{cases} 0, & n = 2m, \ m = 1, 2, \cdots \\ \dfrac{(-1)^m (2m)!}{2^{2m+1} m! \ (m+1)!}, & n = 2m+1, \ m = 0, 1, 2, \cdots \end{cases}$

12.3.5 Legendre 多项式的正交关系式

Legendre 多项式 $P_l(x)$ 在 $[-1, 1]$ 上满足如下正交关系式:

$$\int_{-1}^1 P_l(x) P_k(x) \, \mathrm{d}x = \frac{2}{2l+1} \delta_{lk}. \tag{12.25}$$

先讨论 $l \neq k$, 由于 $P_l(x)$ 和 $P_k(x)$ 分别是 l 阶和 k 阶 Legendre 方程的一个特解, 故有

$$\frac{\mathrm{d}}{\mathrm{d}x} \left[(1 - x^2) \frac{\mathrm{d} P_l(x)}{\mathrm{d}x} \right] + l(l+1) P_l(x) = 0, \tag{12.26}$$

$$\frac{\mathrm{d}}{\mathrm{d}x} \left[(1 - x^2) \frac{\mathrm{d} P_k(x)}{\mathrm{d}x} \right] + k(k+1) P_k(x) = 0. \tag{12.27}$$

用 $P_k(x)$ 乘以式(12.26), 用 $P_l(x)$ 乘以式(12.27), 相减以后在区间 $-1 \leqslant x \leqslant 1$ 内积分, 再利用分部积分, 可得到

$$\left[\,(1-x^2)P_k(x)P_l'(x)-(1-x^2)P_k'(x)P_l(x)\,\right]\big|_{-1}^{1}+\left[\,l(l+1)-k(k+1)\,\right]\int_{-1}^{1}P_l(x)P_k(x)\,\mathrm{d}x = 0,$$

因为 $x=\pm 1$，$1-x^2=0$，所以当 $l\neq k$ 时有

$$\int_{-1}^{1}P_l(x)P_k(x)\,\mathrm{d}x = 0. \tag{12.28}$$

前面曾经利用直接积分的方法证明齐次边界条件和周期性边界条件本征函数的正交关系式，显然用直接积分的方法证明式(12.28)不太容易，所以利用本征值问题证明正交关系可以简化计算. 利用此方法也可以计算齐次边界条件和周期性边界条件的正交关系式. 所以在本征值问题中，方程决定了本征函数应该满足的性质.

现在讨论 $l=k$ 的情况，利用母函数的性质，有

$$\int_{-1}^{1}\frac{1}{1-2rx+r^2}\mathrm{d}x = \int_{-1}^{1}\left(\sum_{l=0}^{\infty}P_l(x)r^l\cdot\sum_{k=0}^{\infty}P_k(x)r^k\right)\mathrm{d}x$$

$$= \int_{-1}^{1}(P_0+rP_1+\cdots+r^lP_l+\cdots)(P_0+rP_1+\cdots+r^kP_k+\cdots)\mathrm{d}x$$

$$= \sum_{l=0}^{\infty}\left[\int_{-1}^{1}P_l(x)P_l(x)\,\mathrm{d}x\right]r^{2l},$$

这其中利用了式(12.28). 上式左边是一个简单的积分，计算以后再展开成 Taylor 级数

$$\int_{-1}^{1}\frac{\mathrm{d}x}{1-2rx+r^2} = \frac{1}{r}\ln\left(\frac{1+r}{1-r}\right) = \sum_{l=0}^{\infty}\frac{2}{2l+1}r^{2l},$$

比较后得到

$$\int_{-1}^{1}P_l(x)P_l(x)\,\mathrm{d}x = \frac{2}{2l+1},$$

综合以后得到 Lgendre 多项式的正交关系式.

记 $N_l^2=\dfrac{2}{2l+1}$，称 N_l 为 $P_l(x)$ 的模，而 $\dfrac{1}{N_l}$ 为 $P_l(x)$ 的归一化因子，故

$$\int_{-1}^{1}\left[\frac{P_l(x)}{N_l}\right]^2\mathrm{d}x = 1.$$

例 12.5　计算积分 $\displaystyle\int_{-1}^{1}P_n(x)\,\mathrm{d}x$.

解　因 $P_0(x)=1$，利用式(12.25)，有

$$\int_{-1}^{1}P_n(x)\,\mathrm{d}x = \int_{-1}^{1}P_0(x)P_n(x)\,\mathrm{d}x = \frac{2}{2n+1}\delta_{0n} = \begin{cases}0, & n\neq 0,\\ 2, & n=0.\end{cases}$$

例 12.6　计算积分 $\displaystyle\int_{-1}^{1}xP_m(x)P_n(x)\,\mathrm{d}x$，$m,\ n=0,\ 1,\ 2,\ \cdots$.

解　利用递推关系式(12.24a)，即

$$xP_m(x) = \frac{m+1}{2m+1}P_{m+1}(x) + \frac{m}{2m+1}P_{m-1}(x),$$

得到

$$\int_{-1}^{1}xP_m(x)P_n(x)\,\mathrm{d}x$$

$$= \frac{m+1}{2m+1} \int_{-1}^{1} P_{m+1}(x) P_n(x) \, \mathrm{d}x + \frac{m}{2m+1} \int_{-1}^{1} P_{m-1}(x) P_n(x) \, \mathrm{d}x$$

$$= \frac{m+1}{2m+1} \frac{2}{2n+1} \delta_{m+1, n} + \frac{m}{2m+1} \frac{2}{2n+1} \delta_{m-1, n}$$

$$= \begin{cases} \dfrac{2n}{4n^2 - 1}, & m - n = -1, \\ \dfrac{2(n+1)}{(2n+3)(2n+1)}, & m - n = 1, \\ 0, & m - n \neq \pm 1. \end{cases}$$

12.3.6 按 Legendre 多项式的广义 Fourier 展开

如果 $f(x)$ 在 $[-1, 1]$ 有连续的一阶导数,有分段连续的二阶导数,则 $f(x)$ 可以在 $[-1, 1]$ 展开成绝对且一致收敛的级数

$$f(x) = \sum_{l=0}^{\infty} c_l P_l(x), \tag{12.29}$$

称为按 Legendre 多项式展开的广义 Fourier 级数. 其中,展开系数为

$$c_l = \frac{2l+1}{2} \int_{-1}^{1} f(x) P_l(x) \, \mathrm{d}x . \tag{12.30a}$$

证 将式(12.29)的两边乘以 $P_k(x)$,然后在 $[-1, 1]$ 积分,得到

$$\int_{-1}^{1} f(x) P_k(x) \, \mathrm{d}x = \int_{-1}^{1} P_k(x) \left[\sum_{l=0}^{\infty} c_l P_l(x) \right] \mathrm{d}x,$$

利用正交关系式(12.25),有

$$\int_{-1}^{1} P_k(x) \left[\sum_{l=0}^{\infty} c_l P_l(x) \right] \mathrm{d}x = \sum_{l=0}^{\infty} \int_{-1}^{1} c_l P_l(x) P_k(x) \, \mathrm{d}x = \sum_{l=0}^{\infty} \frac{2}{2l+1} c_k \delta_{lk},$$

则

$$c_l = \frac{2l+1}{2} \int_{-1}^{1} f(x) P_l(x) \, \mathrm{d}x.$$

如果定义在 $[0, \pi]$ 的函数 $f(\theta)$ 具有一阶连续导数和分段连续的二阶导数,则它的广义 Fourier 展开是

$$f(\theta) = \sum_{l=0}^{\infty} c_l P_l(\cos\theta),$$

其展开系数为

$$c_l = \frac{2l+1}{2} \int_{\pi}^{0} f(\theta) P_l(\cos\theta) \, \mathrm{d}\cos\theta = \frac{2l+1}{2} \int_{0}^{\pi} f(\theta) P_l(\cos\theta) \sin\theta \mathrm{d}\theta. \tag{12.30b}$$

求级数系数 c_l 时,一般按照式(12.30)计算. 但是,如果 $f(x)$ 或 $f(\theta)$ 能用更直接的办法写成所要展开函数的级数时,采用比较系数法则更加简洁.

例 12.7 将函数 $f(x) = x^3$ 在 $[-1, 1]$ 上按照 Legendre 多项式展开为广义 Fourier 级数.

解 这里我们当然可以按照式(12.30)将 $f(x)$ 展开,但由于 $f(x)$ 是比较简单的三次多项式形式,应该可以表示为 $P_n(x)(n \leq 3)$ 的线性组合,从而可以利用待定系数法确定广义 Fourier 级数的系数. 由于 $f(x)$ 不含偶次项和常数,不妨设

$$x^3 = c_1 P_1(x) + c_3 P_3(x) = c_1 \cdot x + c_3 \cdot \frac{1}{2}(5x^3 - 3x) = \frac{5}{2}c_3 x^3 + \left(c_1 - \frac{3}{2}c_3\right)x,$$

比较两端的系数得到 $c_3 = \dfrac{2}{5}$，$c_1 = \dfrac{3}{5}$，故

$$x^3 = \frac{3}{5}P_1(x) + \frac{2}{5}P_3(x).$$

在计算包含 $P_l(x)$ 的积分时，Legendre 方程，Legendre 多项式的正交性、模、递推公式、母函数等都是常用的关系式，这里推导 Legendre 多项式的一个重要积分，

$$\int_x^1 P_n(x)P_m(x)\,\mathrm{d}x = \frac{(1-x^2)\left[P_n'(x)P_m(x) - P_n(x)P_m'(x)\right]}{n(n+1) - m(m+1)}, \qquad n \neq m,$$

其中，$P_n(x)$ 和 $P_m(x)$ 是两个不同阶的 Legendre 多项式.

证明　由 Legendre 方程

$$(1-x^2)\frac{\mathrm{d}^2 P_n(x)}{\mathrm{d}x^2} - 2x\frac{\mathrm{d}P_n(x)}{\mathrm{d}x} = -n(n+1)P_n(x) = 0, \tag{12.31a}$$

$$(1-x^2)\frac{\mathrm{d}^2 P_m(x)}{\mathrm{d}x^2} + 2x\frac{\mathrm{d}P_m(x)}{\mathrm{d}x} = -m(m+1)P_m(x) = 0. \tag{12.31b}$$

用 $P_m(x)$ 乘以式 (12.31a)，用 $P_n(x)$ 乘以式 (12.31b)，并将所得结果相减后，得到

$$\left[m(m+1) - n(n+1)\right]P_n(x)P_m(x)$$

$$= (1-x^2)\left[P_m(x)\frac{\mathrm{d}^2 P_n(x)}{\mathrm{d}x^2} - P_n(x)\frac{\mathrm{d}^2 P_m(x)}{\mathrm{d}x^2}\right] - (2x^2)\left[P_m(x)\frac{\mathrm{d}P_n(x)}{\mathrm{d}x} - P_n(x)\frac{\mathrm{d}P_m(x)}{\mathrm{d}x}\right]$$

$$= (1-x^2)\frac{\mathrm{d}}{\mathrm{d}x}\left[P_m(x)\frac{\mathrm{d}P_n(x)}{\mathrm{d}x} - P_n(x)\frac{\mathrm{d}P_m(x)}{\mathrm{d}x}\right] - (2x^2)\left[P_m(x)\frac{\mathrm{d}P_n(x)}{\mathrm{d}x} - P_n(x)\frac{\mathrm{d}P_m(x)}{\mathrm{d}x}\right]$$

$$= \frac{\mathrm{d}}{\mathrm{d}x}\left\{(1-x^2)\left[P_m(x)\frac{\mathrm{d}P_n(x)}{\mathrm{d}x} - P_n(x)\frac{\mathrm{d}P_m(x)}{\mathrm{d}x}\right]\right\}.$$

两边对 x 在区间 $[x,1]$ 积分，得到

$$\left[m(m+1) - n(n+1)\right]\int_x^1 P_n(x)P_m(x)\,\mathrm{d}x = \left\{(1-x^2)\left[P_m(x)\frac{\mathrm{d}P_n(x)}{\mathrm{d}x} - P_n(x)\frac{\mathrm{d}P_m(x)}{\mathrm{d}x}\right]\right\}\Bigg|_x^1$$

$$= (1-x^2)\left[P_m(x)P_n'(x) - P_n(x)P_m'(x)\right].$$

从而得证.

当积分区间为 $[-1,x]$ 时，利用正交关系 $\displaystyle\int_{-1}^1 P_n(x)P_m(x)\,\mathrm{d}x = 0$，得到

$$\int_{-1}^x P_n(x)P_m(x)\,\mathrm{d}x = -\frac{(1-x^2)\left[P_m(x)P_n'(x) - P_n(x)P_m'(x)\right]}{m(m+1) - n(n+1)}.$$

12.3.7　轴对称静态问题的特解

在半径为 a 的球面上有轴对称的边界条件，这样的问题称为轴对称问题. 建立球坐标以后，定解问题可以写成

$$\begin{cases} \nabla^2 u(r,\ \theta) = 0, \\ u(a,\ \theta) = f(\theta), \end{cases}$$

其中, $f(\theta)$ 可以是球面静电势分布, 也可以是球面温度分布.

当 $r < a$ 时, 因为 $r = 0$ 的值应该是有限值, 所以解应该写成

$$u(r,\ \theta) = \sum_{l=0}^{\infty} A_l r^l P_l(\cos\theta),$$

在边界上应该满足:

$$f(\theta) = \sum_{l=0}^{\infty} A_l a^l P_l(\cos\theta),$$

这相当将 $f(\theta)$ 展开成 Legendre 多项式, 利用式(12.30), 得到

$$A_l = \frac{2l+1}{2a^l} \int_0^\pi f(\theta) P_l(\cos\theta) \sin\theta \mathrm{d}\theta.$$

当 $r > a$ 时, 因为边界条件不能影响到无穷远处, 所以解应该写成

$$u(r,\ \theta) = \sum_{l=0}^{\infty} \frac{B_l}{r^{l+1}} P_l(\cos\theta).$$

利用边界条件将 $f(\theta)$ 展开成 Legendre 多项式

$$f(\theta) = \sum_{l=0}^{\infty} \frac{B_l}{a^{l+1}} P_l(\cos\theta),$$

$$B_l = \frac{2l+1}{2} a^{l+1} \int_0^\pi f(\theta) P_l(\cos\theta) \sin\theta \mathrm{d}\theta.$$

利用 Legendre 多项式求解球形区域稳态轴对称问题时, 首先应该确定解的形式, 再计算积分得到系数 A_l 和 B_l, 有时可以利用比较系数的方法得到这些系数.

例 12.8　求在球内求一个轴对称的定解问题的解.

$$\begin{cases} \nabla^2 u(r,\ \theta) = 0 (r < a), \\ u(a,\ \theta) = \cos^3\theta. \end{cases}$$

解　由于是球内问题, 在 $r = 0$ 的解有限, 球内定解问题解的形式是

$$u(r,\ \theta) = \sum_{l=0}^{\infty} A_l r^l P_l(\cos\theta).$$

为了确定系数 A_l, 将解代入边界条件, 得到

$$u(a,\ \theta) = \sum_{l=0}^{\infty} A_l a^l P_l(\cos\theta) = \cos^3\theta.$$

由于边界条件是 $\cos\theta$ 的多项式, 我们不利用广义 Fourier 展开, 而是利用比较法来解系数. 将边界条件写成 Legendre 多项式(参见例 12.7):

$$\cos^3\theta = \frac{3}{5} P_1(\cos\theta) + \frac{2}{5} P_3(\cos\theta),$$

所以得到

$$u(a,\ \theta) = \sum_{l=0}^{\infty} A_l a^l P_l(\cos\theta) = \frac{3}{5} P_1(\cos\theta) + \frac{2}{5} P_3(\cos\theta),$$

比较等式两边系数, 求得

$$A_3 = \frac{2}{5a^3}, \quad A_1 = \frac{3}{5a}, \quad A_l = 0, \qquad l \neq 1, \; 3,$$

定解问题的解为

$$u(r, \theta) = \frac{3}{5}\left(\frac{r}{a}\right)P_1(\cos\theta) + \frac{2}{5}\left(\frac{r}{a}\right)^3 P_3(\cos\theta).$$

例 12.9 在匀强电场 $\boldsymbol{E}_0$ 中, 放一个半径为 a 的接地的导体球, 求球外的静电势.

解 取匀强电场的方向为 z 轴, 这是一个轴对称的问题, $\boldsymbol{E}_0 = E_0\boldsymbol{k}$, 接地的导体球使得匀强电场发生变化, 但是不能影响无穷远处, 所以在无穷远处电场强度还是 $E_0\boldsymbol{k}$. 假设未放接地的导体球时 $r = 0$ 处的静电势为 u_0. 根据 $E_0\boldsymbol{k} = -\nabla u$, 放接地的导体球后无穷远处的静电势是 $u = -E_0z + u_0 = -E_0 r\cos\theta + u_0$, 这是该问题的边界条件, 定解问题应该是

$$\begin{cases} \nabla^2 u(r, \theta) = 0, \; r > a, \\ u(r, \theta)\,|_{r=a} = 0, \\ u(r, \theta)\,|_{r\to\infty} = -E_0 r\cos\theta + u_0. \end{cases}$$

因为在无穷远处静电势不为零, 它的解应该写成

$$u(r, \theta) = \sum_{l=0}^{\infty} \left(A_l r^l + \frac{B_l}{r^{l+1}}\right) P_l(\cos\theta),$$

由边界条件确定系数, 由于在无穷远处

$$u(r, \theta)\big|_{r\to\infty} = -E_0 r\cos\theta + u_0 = -E_0 r P_1(\cos\theta) + u_0 P_0(\cos\theta),$$

将解代入得到

$$\sum_{l=0}^{\infty} A_l r^l P_l(\cos\theta) = -E_0 r P_1(\cos\theta) + u_0 P_0(\cos\theta),$$

比较两边系数, 我们得到

$$A_1 = -E_0, \quad A_0 = u_0, \quad A_l = 0, \qquad l \neq 0, \; 1.$$

由于导体球接地, 球面上的静电势为零, 即

$$u(a, \theta) = \sum_{l=0}^{\infty} \left(A_l a^l + \frac{B_l}{a^{l+1}}\right) P_l(\cos\theta) = 0,$$

得到 $A_l a^l + \dfrac{B_l}{a^{l+1}} = 0$, 即 $B_l = -A_l a^{2l+1}$. 求得

$$B_1 = E_0 a^3, \quad B_0 = -u_0 a, \quad B_l = 0, \qquad l \neq 0, \; 1.$$

定解问题的解是

$$u(r, \theta) = -E_0 r\cos\theta + \frac{E_0 a^3}{r^2}\cos\theta + u_0 - \frac{a u_0}{r}.$$

例 12.10 设在图 12-3 的 xOy 平面放置一圆心在原点半径为 a 的均匀介质环, 其总电量是 $4\pi\varepsilon_0 Q$, 求空间的静电势分布.

解 沿正 z 轴 ($\theta = 0$) 静电势的值是 $\dfrac{Q}{\sqrt{z^2 + a^2}}$, 所以定解问题应该写成

$$\begin{cases} \nabla^2 u(r, \theta) = 0, \\ u(r, \theta) \mid_{\theta=0} = \dfrac{Q}{\sqrt{z^2 + a^2}}, \end{cases}$$

$r < a$ 区域的解应该写成　　$u(r, \theta) = \displaystyle\sum_{l=0}^{\infty} A_l r^l P_l(\cos\theta)$,

正 z 轴上 $\theta = 0$, 所以　　　　$\displaystyle\sum_{l=0}^{\infty} A_l z^l = \dfrac{Q}{\sqrt{z^2 + a^2}}$,

利用 Legendre 多项式的母函数

$$\frac{Q}{\sqrt{z^2 + a^2}} = \frac{Q}{a} \frac{1}{\sqrt{1 - 2 \cdot \left(\dfrac{z}{a}\right) \cdot 0 + \left(\dfrac{z}{a}\right)^2}} = \frac{Q}{a} \sum_{l=0}^{\infty} P_l(0) \left(\frac{z}{a}\right)^l,$$

比较后得到 $A_l = \dfrac{Q}{a^{l+1}} P_l(0)$.

故 $r < a$ 区域的解是

$$u(r, \theta) = \frac{Q}{a} \sum_{l=0}^{\infty} P_l(0) \left(\frac{r}{a}\right)^l P_l(\cos\theta),$$

$r > a$ 区域的解应该写成

$$u(r, \theta) = \sum_{l=0}^{\infty} \frac{B_l}{r^{l+1}} P_l(\cos\theta),$$

正 z 轴上 $\theta = 0$, 所以　　　　$\displaystyle\sum_{l=0}^{\infty} \frac{B_l}{z^{l+1}} = \frac{Q}{\sqrt{z^2 + a^2}}.$

利用 Legendre 多项式的母函数

$$\frac{Q}{\sqrt{z^2 + a^2}} = \frac{Q}{z} \frac{1}{\sqrt{1 - 2 \cdot \left(\dfrac{a}{z}\right) \cdot 0 + \left(\dfrac{a}{z}\right)^2}} = \frac{Q}{z} \sum_{l=0}^{\infty} P_l(0) \left(\frac{a}{z}\right)^l,$$

比较后得到 $B_l = Q a^l P_l(0)$.

故 $r > a$ 区域的解是

$$u(r, \theta) = \frac{Q}{a} \sum_{l=0}^{\infty} P_l(0) \left(\frac{a}{r}\right)^{l+1} P_l(\cos\theta).$$

利用 Legendre 多项式的级数表达式计算 $P_l(0)$ 的值

$$P_l(x) = \sum_{k=0}^{\left[\frac{l}{2}\right]} (-1)^k \frac{(2l - 2k)!}{2^l k! \, (l-k)! \, (l-2k)!} x^{l-2k},$$

当 $l = 2n + 1$ 时,　　　　　　$P_l(0) = 0$,

当 $l = 2n$, $k = n$ 时, $P_{2n}(0) = (-1)^n \dfrac{(2n)!}{2^{2n} n! \, n!} = \dfrac{(-1)^n (2n-1)!!}{(2n)!!}$,

所以有

$$u(r, \theta) = \frac{Q}{a} \sum_{n=0}^{\infty} P_{2n}(0) P_{2n}(\cos\theta) \left(\frac{r}{a}\right)^{2n}, \quad r < a,$$

$$u(r, \theta) = \frac{Q}{a} \sum_{n=0}^{\infty} P_{2n}(0) P_{2n}(\cos\theta) \left(\frac{a}{r}\right)^{2n+1}, \quad r > a.$$

12.4　球谐函数

12.4.1　缔合 Legendre 函数

在 12.1 节中，通过方程(12.5)中周期性边界条件的本征函数的讨论，可知本征值 m 的取值范围为 $m = 0, \pm 1, \pm 2, \cdots$，因此，式(12.7)可变为式(12.8a)的缔合 Legendre 方程

$$(1 - x^2)\frac{\mathrm{d}^2 y}{\mathrm{d}x^2} - 2x\frac{\mathrm{d}y}{\mathrm{d}x} + \left[l(l+1) - \frac{m^2}{1-x^2}\right]y = 0, \quad m = 0, \pm 1, \pm 2, \cdots$$

先讨论 $m \geq 0$ 的情况，即

$$(1 - x^2)\frac{\mathrm{d}^2 y}{\mathrm{d}x^2} - 2x\frac{\mathrm{d}y}{\mathrm{d}x} + \left[l(l+1) - \frac{m^2}{1-x^2}\right]y = 0, \quad m = 0, 1, 2, \cdots \quad (12.32)$$

利用 Legendre 多项式方程求解缔合 Legendre 方程式(12.32).

Legendre 多项式方程为

$$(1 - x^2)\frac{\mathrm{d}^2 P_l(x)}{\mathrm{d}x^2} - 2x\frac{\mathrm{d}P_l(x)}{\mathrm{d}x} + l(l+1)P_l(x) = 0, \quad (12.33)$$

对式(12.33)两边求导数得到

$$(1 - x^2)P_l^{(1+2)}(x) - 2(1+1)xP_l^{(1+1)}(x) + [l(l+1) - 1 \cdot (1+1)]P_l^{(1)}(x) = 0, \quad (12.34)$$

对式(12.34)两边求导数得到，即对式(12.33)两边求二阶导数

$$(1 - x^2)P_l^{(2+2)}(x) - 2(1+1)xP_l^{(2+1)}(x) + [l(l+1) - 2 \cdot (2+1)]P_l^{(2)}(x) = 0, \quad (12.35)$$

对式(12.33)两边求 m 阶导数得到

$$(1 - x^2)P_l^{(m+2)}(x) - 2(m+1)xP_l^{(m+1)}(x) + [l(l+1) - m \cdot (m+1)]P_l^{(m)}(x) = 0, \quad (12.36)$$

因为方程(12.33)中 $x^2 \dfrac{\mathrm{d}^2 P_l(x)}{\mathrm{d}x^2}$，$x \dfrac{\mathrm{d}P_l(x)}{\mathrm{d}x}$，$P_l(x)$ 都是 l 阶多项式，所以对方程(12.33)的求导不能超过 m 次. 因此，m 的取值范围为 $m = 0, 1, 2, \cdots, l$. 方程(12.36)可写成

$$(1 - x^2)\frac{\mathrm{d}^2 P_l^{(m)}(x)}{\mathrm{d}x^2} - 2(m+1)x\frac{\mathrm{d}P_l^{(m)}(x)}{\mathrm{d}x} + [l(l+1) - m(m+1)]P_l^{(m)}(x) = 0,$$

$$(12.37)$$

这是 l 阶 Legendre 多项式的 m 阶导数 $P_l^{(m)}$ 所满足的二阶常微分方程. 为解方程(12.37)，

引入变换

$$u(x) = (-1)^m (1-x^2)^{m/2} P_l^{(m)}(x), \tag{12.38}$$

将式(12.38)代入方程(12.37)，得到 $u(x)$ 的方程

$$(1-x^2)\frac{d^2u}{dx^2} - 2x\frac{du}{dx} + \left[l(l+1) - \frac{m^2}{1-x^2}\right]u = 0, \tag{12.39}$$

该方程正是方程(12.32). 因此方程(12.32)的解 $y(x)$ 由式(12.38)所表示.

$$y(x) = P_l^m(x) = (-1)^m (1-x^2)^{m/2} P_l^{(m)}(x), \tag{12.40}$$

其中, $P_l^m(x)$ 称为 m 阶缔合 Legendre 函数. 这样得到式(12.7)的解为

$$\Theta(\theta) = P_l^m(\cos\theta), \qquad m = 0, 1, 2, \cdots, l. \tag{12.41}$$

当 $m < 0$ 时，以 $-m$ 换成 m 时，方程(12.32)保持不变. 因此，本征值 (l, m) 对应的本征函数 $P_l^m(x)$ 与本征值 $(l, -m)$ 对应的本征函数 $P_l^{-m}(x)$ 应为线性相关，即

$$\frac{P_l^m(x)}{P_l^{-m}(x)} = C, \tag{12.42}$$

式中, C 为常数.

利用 Legendre 多项式的微分表达式(12.19)，式(12.40)可写成

$$P_l^m(x) = \frac{(-1)^m}{2^l l!} (1-x^2)^{\frac{m}{2}} \frac{d^{l+m}}{dx^{l+m}} (x^2-1)^l, \tag{12.43}$$

将 m 换成 $-m$，获得

$$P_l^{-m}(x) = \frac{(-1)^m}{2^l l!} (1-x^2)^{-m/2} \frac{d^{l-m}}{dx^{l-m}} (x^2-1)^l, \tag{12.44}$$

将式(12.43)及式(12.44)代入式(12.42)可得

$$\frac{P_l^m(x)}{P_l^{-m}(x)} = C = \frac{(1-x^2)^m \dfrac{d^{l+m}}{dx^{l+m}} (x^2-1)^l}{\dfrac{d^{l-m}}{dx^{l-m}} (x^2-1)^l}, \tag{12.45}$$

式中，右边的分子与分母是幂次相同的多项式，它们的同幂次项之比就等于常数 C，也等于分子与分母最高幂次项之比. 利用二项式展开式定律可得

$$(x^2-1)^l = \sum_{k=0}^{l} \frac{l!}{k!(l-k)!} (-1)^k x^{2l-2k}, \tag{12.46}$$

利用式(12.46)，可得式(12.45)中分子与分母最高幂次项之比

$$C = \frac{(-1)^m x^{2m} \dfrac{(2l)!}{2^l l!(l-m)!} x^{l-m}}{\dfrac{(2l)!}{2^l l!(l+m)!} x^{l+m}} = (-1)^m \frac{(l+m)!}{(l-m)!}.$$

因此

$$P_l^m(x) = (-1)^m \frac{(l+m)!}{(l-m)!} P_l^{-m}(x). \tag{12.47}$$

对特定 l 的而言，由于 $m = 0, \pm 1, \pm 2, \cdots, \pm l$，因此 $P_l^m(x)$ 共有 $2l+1$ 个值.

由式(12.47)，列出 $l = 0, 1, 2$ 情况下的缔合 Legendre 函数：

$$l = 0, \quad m = 0, \quad P_0{}^0(x) = 1;$$

$$l = 1, \quad m = 1, \quad P_1{}^1(x) = -\sqrt{1 - x^2};$$

$$l = 1, \quad m = 0, \quad P_1{}^0(x) = x;$$

$$l = 1, \quad m = -1, \quad P_1{}^{-1}(x) = \frac{1}{2}\sqrt{1 - x^2};$$

$$l = 2, \quad m = 2, \quad P_2{}^2(x) = 3(1 - x^2);$$

$$l = 2, \quad m = 1, \quad P_2{}^1(x) = -3x\sqrt{1 - x^2};$$

$$l = 2, \quad m = 0, \quad P_2{}^0(x) = \frac{1}{2}(3x^2 - 1);$$

$$l = 2, \quad m = -1, \quad P_2{}^{-1}(x) = \frac{1}{2}x\sqrt{1 - x^2};$$

$$l = 2, \quad m = -2, \quad P_2{}^{-2}(x) = \frac{1}{8}(1 - x^2).$$

由式(12.7)知道 $\Theta(\theta)$ 满足如下形式的缔合 Legendre 方程:

$$\frac{1}{\sin\theta}\frac{\mathrm{d}}{\mathrm{d}\theta}\left(\sin\theta\frac{\mathrm{d}\Theta(\theta)}{\mathrm{d}\theta}\right) + \left[l(l + 1) - \frac{m^2}{\sin^2\theta}\right]\Theta(\theta) = 0, \tag{12.48}$$

它的解是

$$\Theta(\theta) = P_l{}^m(\cos\theta), \quad m = 0, \pm 1, \pm 2, \cdots, \pm l \tag{12.49}$$

12.4.2　缔合 Legendre 函数

缔合 Legendre 函数与 Legendre 多项式类似, 也具有在区间 $[-1, 1]$ 上的如下正交关系式:

$$\int_{-1}^{1} P_l{}^m(x) P_k{}^m(x)\,\mathrm{d}x = \frac{2}{2l + 1}\frac{(l + m)!}{(l - m)!}\delta_{lk} = (N_l{}^m)^2\delta_{lk}, \tag{12.50}$$

式(12.50)可通过分步积分 m 次并利用 Legendre 多项式的正交关系得到. 其中, $N_l{}^m$ 称为 $P_l{}^m(x)$ 的模.

按缔合 Legendre 函数的广义 Fourier 展开　如果 $f(x)$ 在 $[-1, 1]$ 有连续的一阶导数, 有分段连续的二阶导数, 则 $f(x)$ 可以在 $[-1, 1]$ 展开成绝对且一致收敛的级数

$$f(x) = \sum_{l = m}^{\infty} c_l P_l{}^m(x), \tag{12.51}$$

式中, $c_l = \dfrac{2l + 1}{2}\dfrac{(l + m)!}{(l - m)!}\displaystyle\int_{-1}^{1} f(x) P_l{}^m(x)\,\mathrm{d}x, \quad l = m, m + 1, m + 2, \cdots.$

12.4.3　球谐函数

当研究的定解问题非轴对称时 $(m \neq 0)$, 方程(12.3)在 $Y(\theta, \varphi)$ 单值且有限的定解条件下, 所对应的本征值及本征函数为

$$Y_{lm}(\theta, \varphi) = A_{lm}P_l{}^m(\cos\theta)\mathrm{e}^{\mathrm{i}m\varphi}, \quad l = 0, 1, 2, \cdots; \ m = 0, \pm 1, \pm 2, \cdots, \pm l, \tag{12.52}$$

式(12.52)就是球谐函数的表达式.

为了应用的方便, 可将 $Y(\theta, \varphi)$ 归一化常数得到归一化的球谐函数

$$Y_{lm}(\theta,\ \varphi) = \sqrt{\frac{2l+1}{4\pi}\frac{(l-m)!}{(l+m)!}}P_l^m(\cos\theta)\mathrm{e}^{\mathrm{i}m\varphi},\quad l=0,1,2,\cdots;m=0,\pm1,\pm2,\cdots,\pm l.$$

$$(12.53)$$

利用缔合 Legendre 函数的表达式，可得到相应的归一化的球谐函数：

$$l=0,\ m=0,\ Y_{0,0}(\theta,\ \varphi) = \frac{1}{\sqrt{4\pi}};$$

$$l=1,\ m=0,\ Y_{1,0}(\theta,\ \varphi) = \sqrt{\frac{3}{4\pi}}\cos\theta;$$

$$l=1,\ m=\pm1,\ Y_{1,\pm1}(\theta,\ \varphi) = \mp\sqrt{\frac{3}{8\pi}}\sin\theta\mathrm{e}^{\pm\mathrm{i}\varphi};$$

$$l=2,\ m=0,\ Y_{2,0}(\theta,\ \varphi) = \sqrt{\frac{5}{16\pi}}(3\cos^2\theta-1);$$

$$l=2,\ m=\pm1,\ Y_{2,\pm1}(\theta,\ \varphi) = \mp\sqrt{\frac{15}{8\pi}}\cos\theta\sin\theta\mathrm{e}^{\pm\mathrm{i}\varphi};$$

$$l=2,\ m=\pm2,\ Y_{2,\pm2}(\theta,\ \varphi) = \sqrt{\frac{15}{32\pi}}\sin^2\theta\mathrm{e}^{\pm2\mathrm{i}\varphi}.$$

利用式(12.50)可得到如下归一化的球谐函数的正交关系：

$$\int_0^\pi\int_{-\pi}^\pi Y_{lm}^*(\theta,\ \varphi)Y_{l'm'}(\theta,\ \varphi)\sin\theta\mathrm{d}\varphi\mathrm{d}\theta = \delta_{ll'}\delta_{mm'},\quad(12.54)$$

式中，$Y_{lm}^*(\theta,\ \varphi)$ 是 $Y_{lm}(\theta,\ \varphi)$ 的共轭复数.

按球谐函数的广义 Fourier 展开 定义在 $0<\theta\leqslant\pi$，$0\leqslant\varphi\leqslant2\pi$ 上的连续函数 $f(\theta,\ \varphi)$，可按照球谐函数 $Y(\theta,\ \varphi)$ 进行广义 Fourier 展开

$$f(\theta,\ \varphi) = \sum_{l=0}^\infty\sum_{m=-l}^l c_{lm}Y_{lm}(\theta,\ \varphi),\quad(12.55)$$

$$c_{lm} = \int_0^\pi\int_{-\pi}^\pi f(\theta,\ \varphi)Y_{lm}^*(\theta,\ \varphi)\sin\theta\mathrm{d}\varphi\mathrm{d}\theta.$$

球谐函数在物理中得到广泛应用.

在研究地球主磁场的变化中，主磁场的标量位满足 Laplace 方程

$$\nabla^2 U(r,\ \theta,\ \varphi,\ t) = \frac{1}{r^2}\frac{\partial}{\partial r}\left(r^2\frac{\partial U}{\partial r}\right) + \frac{1}{r^2\sin\theta}\frac{\partial}{\partial\theta}\left(\sin\theta\frac{\partial U}{\partial\theta}\right) + \frac{1}{r^2\sin^2\theta}\frac{\partial^2 U}{\partial\varphi^2} = 0,$$

$$(12.56)$$

式中，r 是地心距；θ 是地理纬度；φ 是地理经度；t 是时间.

主磁场的磁感应矢量 $\boldsymbol{B}(r,\ \theta,\ \varphi,\ t)$ 可以表示为

$$\boldsymbol{B}(r,\ \theta,\ \varphi,\ t) = -\nabla U.$$

由于地球主磁场可近似视为偶极子磁场，可利用球谐函数研究地球主磁场的变化，得到国际参考地磁场模型.

在量子力学的研究中，角动量的平方算符

$$\hat{L}^2 = -h^2\left[\frac{1}{\sin\theta}\frac{\partial}{\partial\theta}\left(\sin\theta\frac{\partial}{\partial\theta}\right) + \frac{1}{\sin^2\theta}\frac{\partial^2}{\partial\varphi^2}\right]$$

的本征值方程为

$$-h^2\left[\frac{1}{\sin\theta}\frac{\partial}{\partial\theta}\left(\sin\theta\frac{\partial}{\partial\theta}\right) + \frac{1}{\sin^2\theta}\frac{\partial^2}{\partial\varphi^2}\right]Y(\theta,\varphi) = l(l+1)h^2Y(\theta,\varphi),$$

故本征函数就是球函数

$$Y_{lm}(\theta,\varphi) = \sqrt{\frac{2l+1}{4\pi}\frac{(l-m)!}{(l+m)!}}P_l^{\,m}(\cos\theta)e^{im\varphi},\quad l=0,1,2,\cdots;m=0,\pm1,\pm2,\cdots,\pm l.$$

习 题 十 二

(一)

12.1　证明下列关系式：

(1) $P_l(1)=1$;　　(2) $P_l(-1)=(-1)^l$;　　(3) $P_{2l-1}(0)=0$;

(4) $P_{2l}(0)=\dfrac{(-1)^l(2l)!}{2^{2l}(l!)^2}$.

12.2　将下列函数按 Legendre 多项式展开：

(1) $f(x)=x^2$;　　(2) $f(x)=\sqrt{1-2xt+t^2}$,　　$0<t<1$,　$-1\leqslant x\leqslant 1$.

12.3　计算积分：

(1) $\displaystyle\int_{-1}^{1}x^2P_l(x)\,\mathrm{d}x$, $l=1,2,\cdots$;　　(2) $\displaystyle\int_{-1}^{1}x^2P_l(x)P_{l+2}(x)\,\mathrm{d}x$;

(3) $\displaystyle\int_{-1}^{1}xP_l(x)P_{l+1}(x)\,\mathrm{d}x$.　　　　　(4) $\displaystyle\int_{-1}^{1}xP_l(x)P_{l-1}(x)\,\mathrm{d}x$.

12.4　设有一单位球，其边界球面上温度分布为 $u(r,\theta)\big|_{r=1}=\dfrac{1}{4}(\cos3\theta+3\cos\theta)$ 求球内的稳定温度分布.

12.5　求表面充电至电位为 $v_0(1+2\cos\theta+3\cos^2\theta)$ 的单位空心球内外各点的电位.

12.6　一半径为 a 的球，球表面的电位分布为 $v_0\cos^2\theta$，求球内、外的电位分布.

12.7　有一内半径为 a 而外半径为 $2a$ 的均匀球壳，其内、外表面的温度分布分别为 0 和 u_0，试求球壳内的稳定温度分布.

12.8　证明：

(1) $\displaystyle\int_{-1}^{1}(1-x^2)[P_n'(x)]^2\mathrm{d}x=\dfrac{2n(n+1)}{2n+1}$;　　(2) $\displaystyle\int_{-1}^{1}x^nP_n(x)\mathrm{d}x=\dfrac{2^{n+1}(n!)^2}{(2n+1)!}$.

(二)

12.9　利用母函数导出下列递推公式：

(1) $P_l(x)=P_{l+1}'(x)-2xP_l'(x)+P_{l-1}'(x)$;

$(2) P'_{l+1}(x) - P'_{l-1}(x) = (2l+1)P_l(x)$;

$(3) (x^2 - 1)P'_l(x) = lxP_l(x) - lP_{l-1}(x)$.

12.10 将下列函数按 Legendre 多项式展开:

$(1) f(x) = |x|, \quad -1 \leqslant x \leqslant 1$;

$(2) f(x) = \begin{cases} x, & 0 \leqslant x \leqslant 1, \\ 0, & -1 \leqslant x < 0; \end{cases}$

$(3) f(x) = \begin{cases} 1, & 0 \leqslant x \leqslant 1, \\ -1, & -1 \leqslant x < 0 \end{cases}$

12.11 设有半径为 a 的导体球壳,被一层过球心的水平的绝缘薄片分隔为两个半球壳,若上下半球壳各充电位为 v_1 和 v_2,试求球壳内,外的电位分布.

12.12 半径为 a 的半球,其球面保持温度 u_0,而底面温度为零度,求半球内的稳定温度分布.

12.13 半径为 a、厚度为 $\dfrac{a}{2}$ 的空心半球,其球面保持温度 $f(\theta) = A\sin^2\dfrac{\theta}{2}\left(0 \leqslant \theta \leqslant \dfrac{\pi}{2}\right)$,而底面温度为 $\dfrac{A}{2}$ 零度,求半空心球内的稳定温度分布 $\left(\dfrac{a}{2} < r < a\right)$.

12.14 在半径为 a 的接地导体球壳内,放置点电荷 $4\pi\varepsilon_0 q$,球心与点电荷相距 $b(b < a)$,求解空间的电势分布.

12.15 在点电荷 $4\pi\varepsilon_0 q$ 的电场中放置导体球,球的半径为 a,球心与点电荷相距 $d(d > a)$,求解空间的电势分布.

12.16 在匀强电场 E_0 中,放一个半径为 a 的导体球,带电量为 Q,求球外的电势分布.

第 13 章　柱坐标中的分离变量——Bessel 函数

13.1　柱坐标的分离变量

13.1.1　Helmholtz 方程在柱坐标中的分离变量

对波动方程和热传导(扩散)方程进行空间和时间分离变量时，空间变量满足 Helmholtz 方程

$$\nabla^2 v(\boldsymbol{r}) + \lambda v(\boldsymbol{r}) = 0.$$

在柱坐标系中，其变量为 (ρ, φ, z)，如图 13-1 所示，它与直角坐标 (x, y, z) 的关系为

$$\boldsymbol{r} = \rho \cos\varphi \boldsymbol{i} + \rho \sin\varphi \boldsymbol{j} + z \boldsymbol{k}.$$

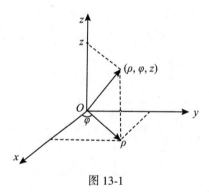

图 13-1

在柱坐标中 Laplace 算符是

$$\nabla^2 = \frac{1}{\rho} \frac{\partial}{\partial \rho}\left(\rho \frac{\partial}{\partial \rho}\right) + \frac{1}{\rho^2} \frac{\partial^2}{\partial \varphi^2} + \frac{\partial^2}{\partial z^2},$$

柱坐标中 Helmholtz 方程是

$$\frac{1}{\rho} \frac{\partial}{\partial \rho}\left[\rho \frac{\partial v(\rho, \varphi, z)}{\partial \rho}\right] + \frac{1}{\rho^2} \frac{\partial^2 v(\rho, \varphi, z)}{\partial \varphi^2} + \frac{\partial^2 v(\rho, \varphi, z)}{\partial z^2} + \lambda v(\rho, \varphi, z) = 0,$$

假设它的解可以分离变量为

$$v(\rho,\ \varphi,\ z) = R(\rho)\varPhi(\varphi)Z(z),$$

分离变量以后 Helmholtz 方程是：

$$\frac{1}{R}\frac{1}{\rho}\frac{\mathrm{d}}{\mathrm{d}\rho}\left(\rho\frac{\mathrm{d}R}{\mathrm{d}\rho}\right) + \frac{1}{\varPhi}\frac{1}{\rho^2}\frac{\mathrm{d}^2\varPhi}{\mathrm{d}\varphi^2} + \frac{1}{Z}\frac{\mathrm{d}^2Z}{\mathrm{d}z^2} + \lambda = 0,$$

可以得到如下一组常微分方程：

$$\frac{\mathrm{d}^2\varPhi}{\mathrm{d}\varphi^2} = -n^2\varPhi, \tag{13.1}$$

$$\frac{\mathrm{d}^2Z}{\mathrm{d}z^2} = -\mu Z, \tag{13.2}$$

$$\frac{1}{R}\frac{1}{\rho}\frac{\mathrm{d}}{\mathrm{d}\rho}\left(\rho\frac{\mathrm{d}R}{\mathrm{d}\rho}\right) - \frac{n^2}{\rho^2} - \mu + \lambda = 0, \tag{13.3}$$

式中，μ、n 是分离变量常数，由本征值问题确定，由于 $\varPhi(\varphi)$ 的周期性条件，n 的取值为整数. 式(13.1)和式(13.2)是二阶常系数微分方程，可以求解. 现讨论方程(13.3)的解，设 $\lambda - \mu = k^2$，经过整理得到

$$\rho^2\frac{\mathrm{d}^2R}{\mathrm{d}\rho^2} + \rho\frac{\mathrm{d}R}{\mathrm{d}\rho} + (k^2\rho^2 - n^2)R = 0, \tag{13.4}$$

设 $x = k\rho$，$R(\rho) = y(x)$，则式(13.4)变成

$$x^2\frac{\mathrm{d}^2y(x)}{\mathrm{d}x^2} + x\frac{\mathrm{d}y(x)}{\mathrm{d}x} + (x^2 - n^2)y(x) = 0, \tag{13.5}$$

称为 n 阶 **Bessel 方程**，由于 n 为整数，也称整数阶 Bessel 方程.

如果 n 不限于整数，式(13.5)变成

$$x^2\frac{\mathrm{d}^2y(x)}{\mathrm{d}x^2} + x\frac{\mathrm{d}y(x)}{\mathrm{d}x} + (x^2 - \nu^2)y(x) = 0,$$

称为 ν 阶 Bessel 方程.

13.1.2 圆域的 Dirichlet 问题

如果是稳态的物理问题，则 Helmholtz 方程变为 Laplace 方程. 如果物理量沿 z 轴没有变化，则此物理问题可以看做一个二维问题，柱坐标成为极坐标，极坐标中的 Laplace 方程是

$$\frac{1}{\rho}\frac{\partial}{\partial\rho}\left(\rho\frac{\partial u}{\partial\rho}\right) + \frac{1}{\rho^2}\frac{\partial^2 u}{\partial\varphi^2} = 0.$$

分离变量 $u(\rho,\ \varphi) = R(\rho)\varPhi(\varphi)$，得到以下两个常微分方程：

$$\frac{\mathrm{d}^2\varPhi}{\mathrm{d}\varphi^2} = -n^2\varPhi, \tag{13.6}$$

$$\rho^2\frac{\mathrm{d}^2R}{\mathrm{d}\rho^2} + \rho\frac{\mathrm{d}R}{\mathrm{d}\rho} - n^2R = 0. \tag{13.7}$$

式(13.6)和周期性边界条件构成本征值问题，第 12 章 12.1 节已经讨论过它的本征值和本征函数，以及正交关系式和 Fourier 展开. 式(13.6)的解，即本征函数和本征值为

$$\Phi_n(\varphi) = \{e^{in\varphi}\} = (1, \ e^{\pm i\varphi}, \ e^{\pm i2\varphi}, \ \cdots), \quad n = 0, \ \pm1, \ \pm2, \cdots,$$

或者

$$\Phi_n(\varphi) = C_n \cos n\varphi + D_n \sin n\varphi = \begin{Bmatrix} \cos n\varphi \\ \sin n\varphi \end{Bmatrix}, \quad n = 0, 1, 2, \cdots$$

下面讨论方程(13.7)的解，这是一个 Euler 方程. 当 $n = 0$ 时，方程变为 $\dfrac{\mathrm{d}}{\mathrm{d}\rho}\left(\rho\,\dfrac{\mathrm{d}R}{\mathrm{d}\rho}\right) =$ 0，它的解是

$$R_0(\rho) = A_0 + B_0 \ln\rho.$$

当 $n \neq 0$ 时，通过变换 $t = \ln\rho$，可以将方程变成常系数常微分方程，它的解是

$$R_n(\rho) = A_n\rho^n + B_n\rho^{-n},$$

所以极坐标中 Laplace 方程的通解是

$$u(\rho, \ \varphi) = \sum_{n=-\infty}^{\infty} R_n(\rho)\Phi_n(\varphi) = A_0 + B_0\ln\rho + \sum_{\substack{n=-\infty, \\ n\neq 0}}^{\infty}(A_n\rho^n + B_n\rho^{-n})e^{in\varphi} \quad (13.8\mathrm{a})$$

或者

$$u(\rho, \ \varphi) = A_0 + B_0\ln\rho + \sum_{n=1}^{\infty}(A_n\rho^n + B_n\rho^{-n})(C_n\cos n\varphi + D_n\sin n\varphi), \quad (13.8\mathrm{b})$$

其常数由边界条件确定.

泛定方程是 Laplace 方程，具有第一类边界条件的定解问题称为 Dirichlet 问题. 边界是圆域的定解问题称为圆域的 Dirichlet 问题，此定解问题可以描述为

$$\begin{cases} \nabla^2 u(\rho, \ \varphi) = 0, \\ u(a, \ \varphi) = f(\varphi). \end{cases}$$

对圆内 $\rho < a$ 问题，由于含 $\rho = 0$，并且解在圆内有限，所以圆内解中不应该有 ρ 的负幂次项和 $\ln\rho$ 项，即

$$u(\rho, \ \varphi) = A_0 + \sum_{n=1}^{\infty} A_n\rho^n e^{in\varphi} + \sum_{n=-1}^{-\infty} B_n\rho^{-n}e^{in\varphi}. \quad (13.9\mathrm{a})$$

当 $n = 0$ 时，
$$A_0 = \frac{1}{2\pi}\int_{-\pi}^{\pi} f(\varphi)\,\mathrm{d}\varphi,$$

当 $n > 0$ 时，
$$A_n = \frac{1}{2\pi a^n}\int_{-\pi}^{\pi} f(\varphi)e^{-in\varphi}\,\mathrm{d}\varphi,$$

当 $n < 0$ 时，
$$B_n = \frac{a^n}{2\pi}\int_{-\pi}^{\pi} f(\varphi)e^{-in\varphi}\,\mathrm{d}\varphi;$$

或者

$$u(\rho, \ \varphi) = \sum_{n=0}^{\infty}(C_n\cos n\varphi + D_n\sin n\varphi)\rho^n. \quad (13.9\mathrm{b})$$

对圆外 $\rho > a$，若包含无穷远点，由于物理问题的解不能是无穷大，所以解中不能有 ρ 的正幂次项和 $\ln\rho$ 项，故

$$u(\rho, \ \varphi) = A_0 + \sum_{n=-1}^{-\infty} A_n\rho^n e^{in\varphi} + \sum_{n=1}^{\infty} B_n\rho^{-n}e^{in\varphi}. \quad (13.10\mathrm{a})$$

当 $n = 0$ 时，$$A_0 = \frac{1}{2\pi} \int_{-\pi}^{\pi} f(\varphi) \, d\varphi,$$

当 $n > 0$ 时，$$B_n = \frac{a^n}{2\pi} \int_{-\pi}^{\pi} f(\varphi) e^{-in\varphi} \, d\varphi,$$

当 $n < 0$ 时，$$A_n = \frac{1}{2\pi a^n} \int_{-\pi}^{\pi} f(\varphi) e^{-in\varphi} \, d\varphi;$$

或者

$$u(\rho, \varphi) = \sum_{n=0}^{\infty} (C_n \cos n\varphi + D_n \sin n\varphi) \rho^{-n}. \tag{13.10b}$$

例 13.1 （1）求解圆域的 Dirichlet 问题：

$$\begin{cases} \nabla^2 u(\rho, \varphi) = 0, & \rho < a, \\ u(a, \varphi) = E_0 \cos^2\varphi. \end{cases}$$

（2）求解圆域的 Dirichlet 问题：

$$\begin{cases} \nabla^2 u(\rho, \varphi) = 0, \quad \rho < 1, \\ u(1, \varphi) = f(\varphi) = \begin{cases} 1, & 0 < \varphi < \pi, \\ -1, & \pi < \varphi < 2\pi. \end{cases} \end{cases}$$

解 （1）由于是圆内问题，边界条件为三角函数，所以定解问题的通解为

$$u(\rho, \varphi) = \sum_{n=0}^{\infty} (C_n \cos n\varphi + D_n \sin n\varphi) \rho^n,$$

由边界条件得到

$$u(a, \varphi) = \sum_{n=0}^{\infty} (C_n \cos n\varphi + D_n \sin n\varphi) a^n = E_0 \cos^2\varphi.$$

如果边界条件可以写成本征函数的和式，利用比较法可以避开积分的计算. 因为

$$E_0 \cos^2\varphi = E_0 \frac{1 + \cos 2\varphi}{2}.$$

用边界条件比较系数以后得到

$$C_0 = \frac{E_0}{2}, \quad C_2 = \frac{E_0}{2a^2}, \quad C_n = 0, \quad D_n = 0, \qquad n \neq 0, 2,$$

故圆内解是

$$u(\rho, \varphi) = \frac{E_0}{2} + \frac{E_0}{2} \left(\frac{\rho}{a} \right)^2 \cos 2\varphi,$$

对圆外定解问题

$$\begin{cases} \nabla^2 u(\rho, \varphi) = 0, \quad \rho > a, \\ u(a, \varphi) = E_0 \cos^2\varphi, \end{cases}$$

其通解为 $$u(\rho, \varphi) = \sum_{n=0}^{\infty} (C_n \cos n\varphi + D_n \sin n\varphi) \rho^{-n},$$

由边界条件得到

$$u(a, \varphi) = \sum_{n=0}^{\infty} (C_n \cos n\varphi + D_n \sin n\varphi) a^{-n} = E_0 \cos^2\varphi = E_0 \frac{1 + \cos 2\varphi}{2},$$

比较两边系数得到

$$C_0 = \frac{E_0}{2}, \; C_2 = \frac{E_0}{2}a^2, \; C_n = 0, \; D_n = 0, \quad n \neq 0,2,$$

故圆外解是

$$u(\rho, \; \varphi) = \frac{E_0}{2} + \frac{E_0}{2}\left(\frac{a}{\rho}\right)^2 \cos 2\varphi.$$

（2）本题在例 3.13 和例 6.8 中已经用不同方法求解过，这里用分离变量法求解.

由于对圆内问题，定解问题的通解为

$$u(\rho, \; \varphi) = \sum_{n=0}^{\infty} (C_n \cos n\varphi + D_n \sin n\varphi)\rho^n,$$

由边界条件得到

$$u(1, \; \varphi) = \sum_{n=0}^{\infty} (C_n \cos n\varphi + D_n \sin n\varphi) = f(\varphi),$$

利用本征函数的正交性，得到系数为

$$C_0 = \frac{1}{2\pi}\int_0^{2\pi} f(\theta)\,\mathrm{d}\theta = \frac{1}{2\pi}\int_0^{\pi}\mathrm{d}\theta - \frac{1}{2\pi}\int_{\pi}^{2\pi}\mathrm{d}\theta = 0,$$

$$C_n = \frac{1}{\pi}\int_0^{2\pi} f(\theta)\cos n\theta\,\mathrm{d}\theta = \frac{1}{\pi}\int_0^{\pi}\cos n\theta\,\mathrm{d}\theta - \frac{1}{\pi}\int_{\pi}^{2\pi}\cos n\theta\,\mathrm{d}\theta$$

$$= \frac{1}{\pi}\frac{\sin n\theta}{n}\Big|_0^{\pi} - \frac{1}{\pi}\frac{\sin n\theta}{n}\Big|_{\pi}^{2\pi} = 0, \quad n > 0.$$

当 $n \geqslant 1$ 时，

$$D_n = \frac{1}{\pi}\int_0^{2\pi} f(\theta)\sin n\theta\,\mathrm{d}\theta = \frac{1}{\pi}\int_0^{\pi}\sin n\theta\,\mathrm{d}\theta - \frac{1}{\pi}\int_{\pi}^{2\pi}\sin n\theta\,\mathrm{d}\theta$$

$$= -\frac{1}{\pi}\frac{\cos n\theta}{n}\Big|_0^{\pi} + \frac{1}{\pi}\frac{\cos n\theta}{n}\Big|_{\pi}^{2\pi}$$

$$= \frac{2}{n\pi}(1 - \cos n\pi) = \frac{2}{n\pi}[1 - (-1)^n] = \begin{cases} 0, & n = 2k, \\ \dfrac{4}{n\pi}, & n = 2k+1, \end{cases}$$

所以

$$u(r, \; \theta) = \frac{4}{\pi}\sum_{k=0}^{\infty} \frac{\sin(2k+1)\theta}{(2k+1)}r^{2k+1}.$$

下面把解化为例 3.13 和例 6.8 的形式. 因

$$\sum_{k=0}^{\infty} \frac{\sin(2k+1)\theta}{(2k+1)}r^{2k+1} = \sum_{k=0}^{\infty} \mathrm{Im}\frac{(re^{i\theta})^{2k+1}}{(2k+1)} = \mathrm{Im}\frac{1}{2}\ln\left(\frac{1+re^{i\theta}}{1-re^{i\theta}}\right) = \frac{1}{2}\arg\left(\frac{1+re^{i\theta}}{1-re^{i\theta}}\right),$$

而 $\dfrac{1+re^{i\theta}}{1-re^{i\theta}} = \dfrac{(1+re^{i\theta})(1-re^{-i\theta})}{(1-re^{i\theta})(1-re^{-i\theta})} = \dfrac{1-r^2+i2r\sin\theta}{1-2r\cos\theta+r^2}$，故 $\arg\left(\dfrac{1+re^{i\theta}}{1-re^{i\theta}}\right) = \arctan\left(\dfrac{2r\sin\theta}{1-r^2}\right)$，所以有

$$u(r, \; \theta) = \frac{4}{\pi}\sum_{k=0}^{\infty} \frac{\sin(2k+1)\theta}{2k+1}r^{2k+1} = \frac{2}{\pi}\arctan\left(\frac{2r\sin\theta}{1-r^2}\right).$$

13.2 Bessel 函数

13.2.1 二阶常微分方程正则奇点的级数解

对于定义在复变量范围的二阶常微分方程式

$$w''(z) + p(z)w'(z) + q(z)w(z) = 0,$$

若 z_0 是 $p(z)$ 的不高于一阶的极点，是 $q(z)$ 的不高于二阶的极点，则称 z_0 是二阶常微分方程的正则奇点.

在正则奇点的邻域内，微分方程的解可以写成

$$w_1(z) = (z - z_0)^{\rho_1} \sum_{k=0}^{\infty} c_k (z - z_0)^k$$

和

$$w_2(z) = (z - z_0)^{\rho_2} \sum_{k=0}^{\infty} d_k (z - z_0)^k \quad (\rho_1 - \rho_2 \text{ 不为零或整数}),$$

或者

$$w_2(z) = a_1 w_1(z)\ln(z - z_0) + (z - z_0)^{\rho_2} \sum_{k=0}^{\infty} d_k (z - z_0)^k \quad (\rho_1 - \rho_2 \text{ 为零或整数}),$$

其中，$w_1(z)$ 和 $w_2(z)$ 是方程的二个独立解.

13.2.2 Bessel 方程的级数解

因 $x = 0$ 是 ν 阶 Bessel 方程式(13.5)

$$x^2 y'' + xy' + (x^2 - \nu^2)y = 0$$

的正则奇点，所以在 $x = 0$ 的邻域内方程解的形式是

$$y = \sum_{k=0}^{\infty} c_k x^{k+\rho},$$

代入方程(13.5)中得

$$\sum_{k=0}^{\infty} (k + \rho)(k + \rho - 1)c_k x^{k+\rho} + \sum_{k=0}^{\infty} (k + \rho)c_k x^{k+\rho} + \sum_{k=0}^{\infty} c_k x^{k+\rho+2} - \nu^2 \sum_{k=0}^{\infty} c_k x^{k+\rho} = 0,$$

整理后得到

$$\sum_{k=0}^{\infty} \left[(k + \rho)^2 - \nu^2 \right] c_k x^{k+\rho} + \sum_{k=0}^{\infty} c_k x^{k+\rho+2} = 0.$$

由于级数 x 的各次幂系数应该为零，我们得到一组方程：

$$(\rho^2 - \nu^2)c_0 = 0, \tag{13.11}$$

$$\left[(1 + \rho)^2 - \nu^2 \right]c_1 = 0, \tag{13.12}$$

$$\left[(k + \rho)^2 - \nu^2 \right]c_k + c_{k-2} = 0, \quad k \geqslant 2. \tag{13.13}$$

方程(13.11)称为指标方程，若 $c_0 \neq 0$，则 $\rho^2 - \nu^2 = 0$，得到

$$\rho = \pm \nu. \tag{13.14}$$

两个根确定了级数解中的最低次数，它们相应于方程(13.5)的两个线性无关的解.

首先考虑 $\rho = \nu$，代入式 (13.12) 中得到 $(2\nu + 1)c_1 = 0$，则 $c_1 = 0$. 代入式 (13.13) 中得到系数的递推关系：

$$c_k = -\frac{1}{k(k + 2\nu)}c_{k-2},\qquad(13.15)$$

这是一个双间隔递推关系，系数偶次项和奇次项必须分开确定. 由于 $c_1 = 0$，由递推关系得出 $c_1 = c_3 = \cdots = c_{2m+1} = \cdots = 0$. 这样我们只需要处理系数为偶次项的，令 $k = 2m$，也即方程的级数解中只有 $x^{\rho+2m}$ 幂次，它的系数满足递推关系

$$c_{2m} = -\frac{1}{2^2 m(m + \nu)}c_{2m-2},\qquad m \geq 1,\qquad(13.16)$$

利用低阶的递推关系，我们得到

$$
\begin{aligned}
c_{2m} &= -\frac{1}{2^2 m(m + \nu)}c_{2m-2}\\
&= \frac{1}{2^4 m(m-1)(m+\nu)(m+\nu-1)}c_{2m-4}\\
&= \frac{1}{2^6 m(m-1)(m-2)(m+\nu)(m+\nu-1)(m+\nu-2)}c_{2m-6}\\
&\cdots\cdots\\
&= \frac{(-1)^m}{2^{2m}m!\,(m+\nu)(m+\nu-1)(m+\nu-2)\cdots(2+\nu)(1+\nu)}c_0\\
&= \frac{(-1)^m\Gamma(1+\nu)}{2^{2m}m!\,(m+\nu)(m+\nu-1)\cdots(2+\nu)(1+\nu)\Gamma(1+\nu)}c_0\\
&= (-1)^m\frac{\Gamma(\nu+1)}{2^{2m}m!\,\Gamma(m+\nu+1)}c_0,
\end{aligned}\qquad(13.17)
$$

式中，利用 Γ 函数的递推关系，$(\nu+1)\Gamma(\nu+1) = \Gamma(\nu+2)$.

于是得到 ν 阶 Bessel 方程的一个特解

$$y_1(x) = c_0 x^\nu + c_2 x^{\nu+2} + \cdots + c_{2m}x^{\nu+2m} + \cdots,$$

式中，c_0 是任意常数，其他的 c_{2m} 由式 (13.17) 给出.

当 $\rho = -\nu$ 时，同理可以得到 Bessel 方程对应的另一个特解

$$y_2(x) = d_0 x^{-\nu} + d_2 x^{-\nu+2} + \cdots + d_{2m}x^{-\nu+2m} + \cdots,\qquad(13.18)$$

式中，d_0 是任意常数，其他的 d_{2m} 只需要将式 (13.17) 中的 ν 换成 $-\nu$ 就可以计算出来.

Bessel 方程的通解是两个特解的线性组合

$$y(x) = a_\nu y_1(x) + b_\nu y_2(x),$$

其中，$y_1(x)$ 和 $y_2(x)$ 都是无穷级数，它们的收敛半径可以利用比值判别法

$$R = \lim_{k\to\infty}\left|\frac{c_{k-2}}{c_k}\right|$$

确定.

级数 $y_1(x)$ 的收敛半径为

$$R = \lim_{k \to \infty} \left| \frac{c_{k-2}}{c_k} \right| = \lim_{k \to \infty} k(2v + k) = \infty ,$$

由于 $y_1(x)$ 是正项级数，所以其收敛范围是 $0 \leqslant |x| < \infty$.

级数 $y_2(x)$ 的收敛半径为

$$R = \lim_{k \to \infty} \left| \frac{c_{k-2}}{c_k} \right| = \lim_{k \to \infty} k(-2v + k) = \infty ,$$

由于 $y_2(x)$ 含有 x 的负幂项，在 $x = 0$ 点发散，所以其收敛范围是 $0 < |x| < \infty$.

如果讨论的是整数阶的 Bessel 方程，只要把 $y_1(x)$ 中的 ν 换成 n，得到一个解

$$y_1(x) = c_0 x^n + c_2 x^{n+2} + \cdots + c_{2m} x^{n+2m} + \cdots ,$$

式中，系数之间的递推关系为 $c_{2m} = \dfrac{1}{-2^2 m(m + n)} c_{2m-2}.$

当 $\nu = -n$ 时，由递推关系式(13.16)，即 $2^2 m(m - n) d_{2m} = -d_{2m-2}$，得到 $d_{2n-2} = 0$，利用递推关系反推得到

$$d_{2n-2} = d_{2n-4} = \cdots = d_0 = 0,$$

而 $d_{2n} \neq 0$ 的任意常数，利用递推关系推出其他的系数，和这个系数对应的解是

$$y_2(x) = d_{2n} x^n + d_{2n+2} x^{n+2} + \cdots + d_{2n+m} x^{n+2m} + \cdots ,$$

式中，系数间的递推关系为

$$d_{2n+2m} = \frac{1}{-2^2 (n + m)(n + m - n)} d_{2n+2m-2} = \frac{1}{-2^2 m(m + n)} d_{2n+2m-2} ,$$

$y_2(x)$ 中的最低幂次还是 x^n，c_0 和 d_{2n} 可以是不同的常数，但 $y_1(x)$ 和 $y_2(x)$ 的系数满足同一个递推关系，所以这两个解是线性相关的，利用级数解仅仅得到整数阶 Bessel 方程的一个独立解.

13.2.3 Bessel 函数

式(13.17)中的 c_0 是任意常数，所以可以假设 $c_0 = \dfrac{1}{\Gamma(1 + \nu) \cdot 2^\nu}$，代入以后得到一个简洁的系数表达式

$$c_{2m} = \frac{(-1)^m}{m! \ \Gamma(m + \nu + 1) 2^{2m+\nu}}.$$

定义 ν 阶 Bessel 函数

$$J_\nu(x) = \sum_{m=0}^{\infty} \frac{(-1)^m}{m! \ \Gamma(m + \nu + 1)} \left(\frac{x}{2} \right)^{2m+\nu} , \tag{13.19a}$$

$$J_{-\nu}(x) = \sum_{m=0}^{\infty} \frac{(-1)^m}{m! \ \Gamma(m - \nu + 1)} \left(\frac{x}{2} \right)^{2m-\nu} . \tag{13.19b}$$

$J_\nu(x)$ 和 $J_{-\nu}(x)$ 也称为第一类柱函数.

当 ν 不为整数时，$J_\nu(x)$ 和 $J_{-\nu}(x)$ 线性无关，Bessel 方程的通解可写为

$$y(x) = a_\nu J_\nu(x) + b_\nu J_{-\nu}(x).$$

正整数阶 Bessel 函数

$$J_n(x) = \sum_{m=0}^{\infty} \frac{(-1)^m}{m!\,(m+n)!} \left(\frac{x}{2}\right)^{2m+n}, \tag{13.20}$$

根据上面的讨论，负整数阶 Bessel 函数应该从 x^n 开始，所以有

$$J_{-n}(x) = \sum_{m=n}^{\infty} \frac{(-1)^m}{m!\,(m-n)!} \left(\frac{x}{2}\right)^{2m-n},$$

假设 $m-n=k$，则

$$J_{-n}(x) = \sum_{k=0}^{\infty} \frac{(-1)^{k+n}}{k!\,(k+n)!} \left(\frac{x}{2}\right)^{2k+n} = (-1)^n J_n(x). \tag{13.21}$$

可见，$J_{-n}(x)$ 和 $J_n(x)$ 是线性相关的.

为了找到整数阶 Bessel 方程的另一个与 $J_n(x)$ 线性无关的特解，通常的方法是引入 Neumann 函数 $N_v(x)$（参见 13.4 节），也称为第二类柱函数.

$$N_n(x) = \lim_{v \to n} \frac{J_v(x)\cos v\pi - J_{-v}(x)}{\sin v\pi}$$

当 $v=n$ 为整数时，Bessel 方程的通解可写为

$$y(x) = a_n J_n(x) + b_n N_n(x). \tag{13.22}$$

事实上，不论 v 是否为整数，Bessel 方程的通解都可以写成式（13.22）.

注意到 $N_n(x)$ 含有 x 的负幂项，其在 $x=0$ 点发散，且它的收敛半径是无穷大，所以 $N_n(x)$ 的收敛区域是 $0 < |x| < \infty$.

考察 $J_v(x)$ 在 $x=0$ 的值，由式（13.19a）知，$J_v(x) = 0(v > 0)$；当 $v=0$ 时，有 $J_0(0) = \frac{1}{\Gamma(1)}\left(\frac{x}{2}\right)^0 = 1$. $J_v(x)$ 是一个正数项级数，在 $|x| < \delta$ 内收敛，我们知道它的收敛半径是无穷大，所以 $J_v(x)$ 在 $0 \leqslant |x| < \infty$ 是 v 阶 Bessel 方程的解.

对物理问题，如果所研究的区域包含 $x=0$ 点，作为物理问题的解，$J_{-v}(x)$ 和 $N_n(x)$ 应当排除，其解只有 $J_v(x)$. 可以这样说，Bessel 方程（不论阶数是否为整数）在 $x=0$ 点具有有界的自然边界条件.

函数 $J_0(x)$ 和 $J_1(x)$ 在物理学中扮演重要的角色，图 13-2 是它们的图像（$x \geqslant 0$）；定义在 $x \geqslant 0$ 的 $J_n(x)(n > 1)$ 图像和 $J_1(x)$ 相似.

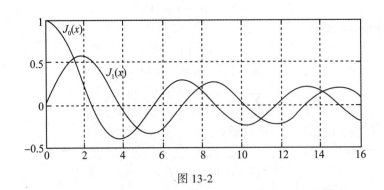

图 13-2

整数阶 Bessel 函数和余弦、正弦函数的性质很相似，是一个振荡函数，和 x 轴有无限个交点. 满足 $J_n(x)=0$ 的零点记为 x_m^n，称为 n 阶 Bessel 函数的第 m 个零点.

关于 Bessel 函数 $J_n(x)$ 的零点有以下一些结论：

(1) $J_n(x)$ 有无穷多个单重实零点，且这无穷多个实零点在 x 轴上关于原点对称分布，因而 $J_n(x)$ 必有无穷多个正的零点；

(2) $J_n(x)$ 的零点与 $J_{n+1}(x)$ 的零点是彼此相间分布的，即 $J_n(x)$ 的任意两零点之间必有一个且仅有一个 $J_{n+1}(x)$ 的零点；

(3) 以 x_m^n 表示 $J_n(x)$ 的正零点（n 阶 Bessel 函数的第 m 个零点），则当 $m \to \infty$ 时，$x_{m+1}^n - x_m^n \to \pi$，即当 x 较大时，$J_n(x)$ 几乎是以 2π 为周期的周期函数.

13.2.4　n 阶 Bessel 方程的本征值问题

考虑半径为 a 圆柱，在 $\rho=a$ 的柱面上具有第一类齐次边界条件，即
$$u(\rho,\varphi,z,t)\big|_{\rho=a}=0.$$

我们这里不考虑其他的定解条件，仅仅关注第一类齐次边界条件. 不论是波动方程还是热传导方程，它的解可以分离成为
$$u(\rho,\varphi,z,t)=R(\rho)\Phi(\varphi)Z(z)T(t),$$
式中，$\Phi(\varphi)$ 是周期性边界条件的本征函数，对于某一个确定的 n，柱内 $R(\rho)$ 构成第一类齐次边界条件的本征值问题
$$\begin{cases}\rho^2\dfrac{d^2R(\rho)}{d\rho^2}+\rho\dfrac{dR(\rho)}{d\rho}+(k^2\rho^2-n^2)R(\rho)=0,\ \rho\leqslant a,\\ R(\rho)\big|_{\rho\leqslant a}=\text{有限},\\ R(\rho)\big|_{\rho=a}=0,\end{cases}$$
方程的解是 $J_n(k\rho)$，为了满足第一类边界条件，必须有 $J_n(ka)=0$，$ka=x_m^n$，这样的 k 值记为 k_m^n，为本征值问题的本征值
$$k_m^n=\frac{x_m^n}{a},\quad m=1,2,\cdots,\tag{13.23}$$
其中，x_m^n 是 n 阶 Bessel 方程的第 m 个零点，得到满足上述本征值问题的本征函数为
$$\{J_n(k_m^n\rho)\}=(J_n(k_1^n\rho),J_n(k_2^n\rho),\cdots,J_n(k_m^n\rho),\cdots).\tag{13.24}$$
如果讨论第二类齐次边界条件的定解问题，即边界条件为
$$\frac{\partial u(\rho,\varphi,z,t)}{\partial\rho}\bigg|_{\rho=a}=0,$$
若分离变量 $u(\rho,\varphi,z,t)=R(\rho)\Phi_n(\varphi)Z(z)T(t)$，则 $R(\rho)$ 构成第二类齐次边界条件的本征值问题
$$\begin{cases}\rho^2\dfrac{d^2R(\rho)}{d\rho^2}+\rho\dfrac{dR(\rho)}{d\rho}+(k^2\rho^2-n^2)R(\rho)=0,\ \rho\leqslant a,\\ R(\rho)\big|_{\rho\leqslant a}=\text{有限},\\ \dfrac{dR(\rho)}{d\rho}\bigg|_{\rho=a}=0,\end{cases}$$

它的解是 $J_n(k\rho)$，为了满足第二类边界条件，必须 $\left.\dfrac{\mathrm{d}J_n(k\rho)}{\mathrm{d}\rho}\right|_{\rho=a}=0$. 若将 $\dfrac{\mathrm{d}J_n(x)}{\mathrm{d}x}=0$ 的解用 $\tilde{x}_m^n$ 表示，即 n 阶 Bessel 函数一阶导数的第 m 个零点，则 $R(\rho)$ 构成第二类齐次边界条件的本征值问题的本征值和本征函数是

$$\tilde{k}_m^n=\frac{\tilde{x}_m^n}{a},\ m=1,\ 2,\ \cdots, \tag{13.25}$$

$$\{J_n(\tilde{k}_m^n\rho)\}=(J_n(\tilde{k}_1^n\rho),\ J_n(\tilde{k}_2^n\rho),\ \cdots,\ J_n(\tilde{k}_m^n\rho),\ \cdots). \tag{13.26}$$

13.3　Bessel 函数的性质

13.3.1　整数阶 Bessel 函数的母函数

如果一个函数的级数展开式的系数是 Bessel 函数，即如果有

$$G(x,\ t)=\sum_{n=-\infty}^{\infty}J_n(x)t^n,$$

则称该函数 $G(x,\ t)$ 为 Bessel 函数的母函数或生成函数.

整数阶 Bessel 函数的母函数为

$$\exp\frac{x}{2}\left(t-\frac{1}{t}\right)=\sum_{n=-\infty}^{\infty}J_n(x)t^n. \tag{13.27a}$$

证　将复变函数 $\exp\dfrac{x}{2}\left(t-\dfrac{1}{t}\right)$ 在 $t=0$ 点展开成 Laurent 级数，

$$\exp\frac{x}{2}\left(t-\frac{1}{t}\right)=\exp\left(\frac{xt}{2}\right)\exp\left(-\frac{x}{2t}\right)$$

$$=\sum_{l=0}^{\infty}\frac{1}{l!}\left(\frac{xt}{2}\right)^l\cdot\sum_{m=0}^{\infty}\frac{(-1)^m}{m!}\left(\frac{x}{2t}\right)^m=\sum_{l=0}^{\infty}\sum_{m=0}^{\infty}\frac{(-1)^m}{l!\,m!}t^{l-m}\left(\frac{x}{2}\right)^{l+m}$$

$$=\sum_{n=-\infty}^{\infty}\sum_{m=0}^{\infty}\frac{(-1)^m}{(m+n)!\,n!}\left(\frac{x}{2}\right)^{n+2m}t^n=\sum_{n=-\infty}^{\infty}J_n(x)t^n,$$

将 $\mathrm{e}^{\frac{xt}{2}}$ 和 $\mathrm{e}^{-\frac{x}{2t}}$ 展开成级数，然后相乘，l 和 m 各自从零变化到无穷大，相乘以后表示取遍所有的 l 和 m，而且不能重复，这是一个无序的和式，$\sum_{l=0}^{\infty}\sum_{m=0}^{\infty}$ 表示先固定 l，m 由零变化到无穷大，将无序的和式重新排队. 再重新排一下队，假设 $l-m=n$，n 变化的范围由负无穷大到正无穷大，$\sum_{l=0}^{\infty}\sum_{m=0}^{\infty}$ 变成 $\sum_{n=-\infty}^{\infty}\sum_{m=0}^{\infty}$ 这样得到式 (13.27a).

在 Bessel 函数的母函数式 (13.27a) 中，当 t 取一些特殊值时，可以得到关于 Bessel 函数的特性关系 (参见习题 13.8).

在 Bessel 函数的母函数 (13.27a) 式中，若取 $t=\mathrm{e}^{\mathrm{i}\theta}$，则可以得到

$$e^{ix\sin\theta} = \sum_{n=-\infty}^{\infty} J_n(x) e^{in\theta}, \tag{13.27b}$$

当在式(13.27)中 t 或者 θ 取一些特殊值时，可以得到关于 Bessel 函数特性的关系.

13.3.2 整数阶 Bessel 函数的积分形式

根据 Laurent 定理，见式(4.19)，式(13.27)中 t^n 的系数的积分表达式为

$$J_n(x) = \frac{1}{2\pi i} \oint_l \frac{e^{\frac{x}{2}(\xi-\xi^{-1})}}{\xi^{n+1}} d\xi, \tag{13.28}$$

式中，l 是包围 $t=0$ 的任一条闭合回路.

由二连通区域的 Cauchy 积分定理知道，当 l 连续变形时，式(13.28)的积分值是不变的. 如果选择闭合回路为单位圆 $|\xi|=1$，则在单位圆上有 $\xi = e^{i\theta}$ ($-\pi \leq \theta \leq \pi$)，我们有

$$\xi^{n+1} = e^{i(n+1)\theta}, \ \xi - \xi^{-1} = e^{i\theta} - e^{-i\theta} = 2i\sin\theta, \ d\xi = ie^{i\theta}d\theta,$$

代入(13.28)式得到

$$J_n(x) = \frac{1}{2\pi} \int_{-\pi}^{\pi} e^{i(x\sin\theta - n\theta)} d\theta, \tag{13.29}$$

也即

$$J_n(x) = \frac{1}{2\pi} \Big[\int_{-\pi}^{\pi} \cos(x\sin\theta - n\theta) d\theta + i \int_{-\pi}^{\pi} \sin(x\sin\theta - n\theta) d\theta \Big], \tag{13.30}$$

式中，$n = 0, \pm 1, \pm 2, \cdots$. $\sin(x\sin\theta - n\theta)$ 是奇函数，式(13.30)中第二项的积分值为零，这一结论从 $J_n(x)$ 是实函数也可以知道；而 $\cos(x\sin\theta - n\theta)$ 是偶函数，因此式(13.30)变为

$$J_n(x) = \frac{1}{\pi} \int_0^{\pi} \cos(x\sin\theta - n\theta) d\theta, \tag{13.31}$$

式(13.28)、式(13.29)和式(13.31)都是整数阶 Bessel 函数的积分形式.

由式(13.29)，我们得到 $J_n(x)$ 的取值范围

$$|J_n(x)| = \left| \frac{1}{2\pi} \int_{-\pi}^{\pi} e^{i(x\sin\theta - n\theta)} d\theta \right| \leq \frac{1}{2\pi} \int_{-\pi}^{\pi} |e^{i(x\sin\theta - n\theta)}| d\theta = \frac{1}{2\pi} \int_{-\pi}^{\pi} d\theta = 1.$$

例 13.2 证明等式

$$e^{ik\rho\cos\varphi} = J_0(k\rho) + 2\sum_{n=1}^{\infty} i^n J_n(k\rho) \cos n\varphi,$$

左边是平面波的振幅因子，右边 J_0，J_n 是柱面波的振幅因子，所以又称此式为将平面波展开成柱面波.

证
$$e^{ik\rho\cos\varphi} = \exp\left[\frac{k\rho}{2} \left(ie^{i\varphi} - \frac{1}{ie^{i\varphi}} \right) \right]$$

$$= \sum_{n=-\infty}^{\infty} J_n(k\rho) i^n e^{in\varphi}$$

$$= J_0(k\rho) + \sum_{n=-\infty}^{-1} J_n(k\rho) i^n e^{in\varphi} + \sum_{n=1}^{\infty} J_n(k\rho) i^n e^{in\varphi}$$

$$= J_0(k\rho) + \sum_{n=1}^{\infty} \left[(-1)^n \mathrm{i}^{-n} \mathrm{e}^{-\mathrm{i}n\varphi} + \mathrm{i}^n \mathrm{e}^{\mathrm{i}n\varphi} \right] J_n(k\rho)$$

$$= J_0(k\rho) + \sum_{n=1}^{\infty} \left[(-1)^n \frac{\mathrm{i}^n}{(-1)^n} \mathrm{e}^{-\mathrm{i}n\varphi} + \mathrm{i}^n \mathrm{e}^{\mathrm{i}n\varphi} \right] J_n(k\rho)$$

$$= J_0(k\rho) + 2 \sum_{n=1}^{\infty} \mathrm{i}^n J_n(k\rho) \cos n\varphi.$$

说明：其中利用了 $J_{-n}(x) = (-1)^n J_n(x)$.

13.3.3　整数阶 Bessel 函数的渐近公式

观察如图 13-2 所示 Bessel 函数的特征，如 $J_0(x)$ 曲线，我们可以看出两个特征：①当 x 变得较大时，曲线显示形如余弦或正弦波的振荡特征；②波的幅度发生衰减，好像一个 x 的负次幂函数. 在图 13-3 中，我们将 $J_0(x)$ 与 $\sqrt{\dfrac{2}{\pi x}} \cos\left(x - \dfrac{\pi}{4} \right)$ 函数相比较. 可以看出，在当 $x < 1$ 时，两者存在明显的差异，但在 $x > 1$ 后两者几乎重合. 因此，$J_0(x)$ 的渐近公式为

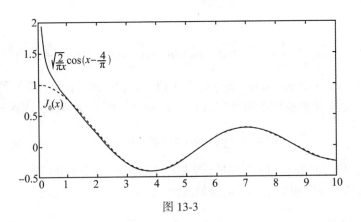

图 13-3

$$J_0(x) \approx \sqrt{\frac{2}{\pi x}} \cos\left(x - \frac{\pi}{4} \right).$$

一般情况下，n 阶 Bessel 函数的渐近公式为

当 $x \to \infty$ 时，$J_n(x) \approx \sqrt{\dfrac{2}{\pi x}} \cos\left(x - \dfrac{\pi}{4} - \dfrac{n\pi}{2} \right)$，　　$n = 0,\ 1,\ 2,\ \cdots$，

当 $x \to 0$ 时，$J_n(x) \approx \dfrac{1}{\Gamma(n+1)} \left(\dfrac{x}{2} \right)^n + O(x^{n+2})$，　　$n = 0,\ 1,\ 2,\ \cdots$.

当 $n = 1$ 时，　　　　　　　　$J_1(x) \approx \sqrt{\dfrac{2}{\pi x}} \sin\left(x - \dfrac{\pi}{4} \right).$

图 13-4 显示了 $J_1(x)$ 与 $\sqrt{\dfrac{2}{\pi x}} \sin\left(x - \dfrac{\pi}{4} \right)$ 函数相比较. 在 $x > 2$ 后两者几乎重合. $n > 1$

的 $J_n(x)$ 图像和 $J_1(x)$ 相似.

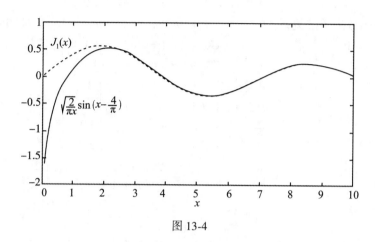

图 13-4

当 x 较大时, $J_0(x)$ 和 $J_1(x)$ 几乎是以 2π 为周期的函数, 它们分别类似于余弦和正弦函数, 即

$$J_0(x) \rightarrow \cos x, \qquad J_1(x) \rightarrow \sin x,$$

这样的类似性还表现在

$$J_0'(x) = -J_1(x) \rightarrow (\cos x)' = -\sin x.$$

Bessel 函数与余弦或正弦函数的区别: 当 $x \rightarrow \infty$ 时 $J_n(\infty) \rightarrow 0$, 而余弦或正弦函数维持振荡.

13.3.4 Bessel 函数的递推关系

阶数相邻的 Bessel 函数之间存在一定的关系, 称为递推公式. 基本的递推公式是

$$\frac{\mathrm{d}}{\mathrm{d}x}[x^{\nu}J_{\nu}(x)] = x^{\nu}J_{\nu-1}(x), \tag{13.32}$$

$$\frac{\mathrm{d}}{\mathrm{d}x}[x^{-\nu}J_{\nu}(x)] = -x^{-\nu}J_{\nu+1}(x). \tag{13.33}$$

证 我们利用 Bessel 函数的级数形式直接计算, 先证明式 (13.32), 由式 (13.19), 有

$$
\begin{aligned}
\frac{\mathrm{d}}{\mathrm{d}x}[x^{\nu}J_{\nu}(x)] &= \frac{\mathrm{d}}{\mathrm{d}x}\left[x^{\nu}\sum_{m=0}^{\infty}\frac{(-1)^{m}}{m!\ \Gamma(m+\nu+1)}\left(\frac{x}{2}\right)^{\nu+2m}\right] \\
&= \frac{\mathrm{d}}{\mathrm{d}x}\left[\sum_{m=0}^{\infty}\frac{(-1)^{m}}{m!\ \Gamma(m+\nu+1)}x^{2\nu+2m}\left(\frac{1}{2}\right)^{\nu+2m}\right] \\
&= \sum_{m=0}^{\infty}\frac{(-1)^{m}(2\nu+2m)}{m!\ \Gamma(m+\nu+1)}x^{2\nu+2m-1}\left(\frac{1}{2}\right)^{\nu+2m} \\
&= x^{\nu}\sum_{m=0}^{\infty}\frac{(-1)^{m}(\nu+m)}{m!\ \Gamma(m+\nu+1)}x^{\nu-1+2m}\left(\frac{1}{2}\right)^{\nu+2m-1}
\end{aligned}
$$

$$= x^{\nu} \sum_{m=0}^{\infty} \frac{(-1)^m}{m!\ \Gamma(m+\nu-1+1)} \left(\frac{x}{2}\right)^{\nu-1+2m} = x^{\nu} J_{\nu-1}(x),$$

这里利用了 Γ 函数的递推关系，$\Gamma(m+\nu+1) = (m+\nu)\Gamma(m+\nu)$. 再证明式(13.33)：

$$\frac{\mathrm{d}}{\mathrm{d}x}[x^{-\nu}J_{\nu}(x)] = \frac{\mathrm{d}}{\mathrm{d}x}\left[x^{-\nu} \sum_{m=0}^{\infty} \frac{(-1)^m}{m!\ \Gamma(m+\nu+1)} \left(\frac{x}{2}\right)^{\nu+2m}\right]$$

$$= \frac{\mathrm{d}}{\mathrm{d}x} \sum_{m=0}^{\infty} \frac{(-1)^m}{m!\ \Gamma(m+\nu+1)} x^{2m} \left(\frac{1}{2}\right)^{\nu+2m}$$

$$= \sum_{m=1}^{\infty} \frac{(-1)^m 2m}{m!\ \Gamma(m+\nu+1)} x^{2m-1} \left(\frac{1}{2}\right)^{\nu+2m}$$

$$= \sum_{k=0}^{\infty} \frac{(-1)^{k+1} 2(k+1)}{(k+1)!\ \Gamma(k+\nu+1+1)} x^{2k+1} \left(\frac{1}{2}\right)^{\nu+2k+2}$$

$$= -x^{-\nu} \sum_{k=0}^{\infty} \frac{(-1)^k}{k!\ \Gamma(k+\nu+1+1)} \left(\frac{x}{2}\right)^{\nu+1+2k} = -x^{-\nu} J_{\nu+1}(x).$$

式(13.32)和式(13.33)是 Bessel 函数基本的递推关系，把导数写开后，可以得到如下两个递推关系：

$$\nu J_{\nu}(x) + x J_{\nu}'(x) = x J_{\nu-1}(x), \tag{13.34}$$

$$-\nu J_{\nu}(x) + x J_{\nu}'(x) = -x J_{\nu+1}(x), \tag{13.35}$$

经过变换又可得到两个递推关系：

$$J_{\nu-1}(x) + J_{\nu+1}(x) = \frac{2\nu}{x} J_{\nu}(x), \tag{13.36}$$

$$J_{\nu-1}(x) - J_{\nu+1}(x) = 2 J_{\nu}'(x). \tag{13.37}$$

当 $\nu = 0$ 时，利用式(13.33)，得到

$$J_0'(x) = -J_1(x) = J_{-1}(x). \tag{13.38}$$

利用 Bessel 函数的递推公式、微分关系和积分表达式，可以计算某些含 Bessel 函数的积分.

例 13.3　利用 Bessel 函数的递推关系计算积分 $\int_0^a x^3 J_0(x)\,\mathrm{d}x$.

解　利用递推关系式(13.32)和式(13.33)可以找到某些函数的原函数.

$$\int_0^a x^3 J_0(x)\,\mathrm{d}x = \int_0^a x^2 \mathrm{d}[x J_1(x)] = a^3 J_1(a) - 2 \int_0^a x^2 J_1(x)\,\mathrm{d}x$$

$$= a^3 J_1(a) - 2 \int_0^a \mathrm{d}(x^2 J_2(x)) = a^3 J_1(a) - 2a^2 J_2(a).$$

例 13.4　利用 Bessel 函数的递推关系计算积分 $\int x J_2(x)\,\mathrm{d}x$.

解　利用递推关系式(13.33)，有

$$\int x J_2(x)\,\mathrm{d}x = \int x^2 [x^{-1} J_2(x)]\,\mathrm{d}x = -\int x^2 \mathrm{d}[x^{-1} J_1(x)]$$

$$= -x J_1(x) + \int [x^{-1} J_1(x)] 2x\,\mathrm{d}x = -x J_1(x) - 2 J_0(x) + c,$$

或者利用式(13.36)，有 $J_2(x) = \dfrac{2}{x} J_1(x) - J_0(x)$，代入得到

$$\int x J_2(x) \, \mathrm{d}x = \int 2 J_1(x) \, \mathrm{d}x - \int x J_0(x) \, \mathrm{d}x = -x J_1(x) - 2 J_0(x) + c.$$

一般而言, 对于 $\int x^m J_n(x) \, \mathrm{d}x$ 型积分, 当 $m > n$ 时, 一般利用式 (13.32), 使 x^m 降幂; 当 $m < n$ 时, 一般利用式 (13.33), 使 x^m 升幂, 最终使得积分变为可积的式 (13.32) 和式 (13.33).

例 13.5 (1) 计算积分 $\displaystyle\int_0^\infty \mathrm{e}^{-ax} J_0(bx) \, \mathrm{d}x$, a, b 是实数, $a > 0$. 并计算 Laplace 变换 $\mathscr{L}[J_0(t)]$, $\mathscr{L}[J_1(t)]$.

(2) 计算积分 $\displaystyle\int_{-\infty}^{\infty} \mathrm{e}^{-iax} J_n(bx) \, \mathrm{d}x$, 即 n 阶 Bessel 函数 $J_n(x)$ 的一维 Fourier 变换.

解 (1) 利用 Bessel 函数的积分表达式 (13.29)

$$\int_0^\infty \mathrm{e}^{-ax} J_0(bx) \, \mathrm{d}x = \frac{1}{2\pi} \int_0^\infty \mathrm{e}^{-ax} \left(\int_{-\pi}^{\pi} \mathrm{e}^{ibx\sin\theta} \mathrm{d}\theta \right) \mathrm{d}x = \frac{1}{2\pi} \int_{-\pi}^{\pi} \mathrm{d}\theta \int_0^\infty \mathrm{e}^{(-a+ib\sin\theta)x} \mathrm{d}x$$

$$= \frac{1}{2\pi} \int_{-\pi}^{\pi} \frac{1}{a - ib\sin\theta} \mathrm{d}\theta = \frac{1}{2\pi} \int_{-\pi}^{\pi} \frac{a + ib\sin\theta}{a^2 + b^2 \sin^2\theta} \mathrm{d}\theta$$

$$= \frac{a}{2\pi} \int_{-\pi}^{\pi} \frac{1}{a^2 + b^2 \sin^2\theta} \mathrm{d}\theta = \frac{1}{\sqrt{a^2 + b^2}},$$

上面最后一个积分可以利用留数定理计算.

由 Laplace 变换的定义知

$$\mathscr{L}[J_0(t)] = \int_0^\infty J_0(t) \mathrm{e}^{-pt} \mathrm{d}t,$$

这个积分利用与上面一样的方法计算, 即有

$$\mathscr{L}[J_0(t)] = \frac{1}{\sqrt{p^2 + 1}},$$

又由分部积分法及 $J_0{}'(x)] = -J_1(x)$, $J_0(0) = 1$, 得

$$\mathscr{L}[J_1(t)] = \int_0^\infty J_1(t) \mathrm{e}^{-pt} \mathrm{d}t = \int_0^\infty -\mathrm{e}^{-pt} \mathrm{d}J_0(t)$$

$$= -J_0(t) \mathrm{e}^{-pt} \big|_0^\infty - p \int_0^\infty J_0(t) \mathrm{e}^{-pt} \mathrm{d}t$$

$$= 1 - \frac{p}{\sqrt{p^2 + 1}}.$$

一般有 $\mathscr{L}[J_n(x)] = \dfrac{\left[\sqrt{p^2 + 1} - p \right]^n}{\sqrt{p^2 + 1}}$, $n = 1, 2, \cdots$.

(2) 利用 Bessel 函数的积分形式式 (13.29), 得到

$$\int_{-\infty}^{\infty} \mathrm{e}^{-iax} J_n(bx) \, \mathrm{d}x = \frac{1}{2\pi} \int_{-\infty}^{\infty} \mathrm{e}^{-iax} \left(\int_{-\pi}^{\pi} \mathrm{e}^{ibx\sin\theta - in\theta} \mathrm{d}\theta \right) \mathrm{d}x$$

$$= \frac{1}{2\pi} \int_{-\pi}^{\pi} \mathrm{e}^{-in\theta} \mathrm{d}\theta \int_{-\infty}^{\infty} \mathrm{e}^{(-ia + ib\sin\theta)x} \mathrm{d}x$$

n 阶 Bessel 函数
的 Laplace 变换

$$= \int_{-\pi}^{\pi} e^{-in\theta} \delta(a - b\sin\theta) \, d\theta,$$

这里，我们要用到 δ 函数的性质. δ 函数的表达式为

$$\delta[f(x)] = \sum_k \frac{1}{|f'(x_k)|} \delta(x - x_k),$$

这里 x_k 是 $f(x)$ 的零点. 对 $a - b\sin\theta$，如果 $|a| \geqslant |b|$，则没有零点；否则有两个零点：

$$\theta_1 = \arcsin\left(\frac{a}{b}\right), \qquad \theta_2 = \pi - \arcsin\left(\frac{a}{b}\right).$$

因此，得到

$$\delta(a - b\sin\theta) = \frac{1}{|b\cos\theta_1|} \delta(\theta - \theta_1) + \frac{1}{|b\cos\theta_2|} \delta(\theta - \theta_2)$$

$$= \frac{1}{|b\cos(\arcsin a/b)|} [\delta(\theta - \theta_1) + \delta(\theta - \theta_2)].$$

最终得到

$$\int_{-\infty}^{\infty} e^{-iax} J_n(bx) \, dx = \int_{-\pi}^{\pi} e^{-in\theta} \delta(a - b\sin\theta) \, d\theta$$

$$= \int_{-\pi}^{\pi} e^{-in\theta} \frac{1}{\left| b\cos\left(\arcsin\frac{a}{b}\right) \right|} [\delta(\theta - \theta_1) + \delta(\theta - \theta_2)] \, d\theta$$

$$= \frac{1}{\left| b\cos\left(\arcsin\frac{a}{b}\right) \right|} (e^{-in\theta_1} + e^{-in\theta_2})$$

$$= \frac{1}{\left| b\cos\left(\arcsin\frac{a}{b}\right) \right|} [e^{-in\theta_1} + e^{-in(\pi - \theta_1)}]$$

$$= \frac{1}{\left| b\cos\left(\arcsin\frac{a}{b}\right) \right|} [(e^{i\theta_1})^{-n} + (-e^{i\theta_1})^n].$$

注意到 $\cos(\arcsin x) = \sqrt{1 - x^2}$，$\left| b\cos\left(\arcsin\frac{a}{b}\right) \right| = b\sqrt{1 - \left(\frac{a}{b}\right)^2} = \sqrt{b^2 - a^2}$，其中 $|b| - |a| \geqslant 0$.

$$\int_{-\infty}^{\infty} e^{-iax} J_n(bx) \, dx = \frac{H(|b| - |a|)}{\sqrt{b^2 - a^2}} [u^{-n} + (-u)^n],$$

这里，$u = e^{i\arcsin(a/b)} = \cos\arcsin\left(\frac{a}{b}\right) + i\sin\arcsin\left(\frac{a}{b}\right) = \sqrt{1 - \left(\frac{a}{b}\right)^2} + i\left(\frac{a}{b}\right)$，$H$ 是 Heaviside 阶跃函数.

13.3.5 Bessel 函数的正交关系式

在 n 阶 Bessel 方程的本征值问题中，为了满足柱面上的第一类齐次边界条件，n 阶

Bessel 方程的解一定是本征函数 $J_n(k_m^n \rho)$，其中 $k_m^n = \dfrac{x_m^n}{a}$，x_m^n 是 $J_n(x)$ 的第 m 个零点，a 是圆柱的半径.

本征函数 $J_n(k_m^n \rho)$ 满足正交关系式：

$$\int_0^a \rho J_n(k_m^n \rho) J_n(k_l^n \rho) \,\mathrm{d}\rho = \frac{a^2}{2} \left[J_{n+1}(k_l^n a) \right]^2 \delta_{ml}. \tag{13.39}$$

证 将式 (13.4) 的 n 阶 Bessel 方程写成如下的形式

$$\frac{\mathrm{d}}{\mathrm{d}\rho}\left(\rho \frac{\mathrm{d}R}{\mathrm{d}\rho} \right) + \left(k^2 \rho - \frac{n^2}{\rho} \right) R = 0,$$

$J_n(k_m^n \rho)$ 和 $J_n(k_l^n \rho)$ 应该满足此方程：

$$\frac{\mathrm{d}}{\mathrm{d}\rho}\left[\rho \frac{\mathrm{d}J_n(k_m^n \rho)}{\mathrm{d}\rho} \right] + \left[(k_m^n)^2 \rho - \frac{n^2}{\rho} \right] J_n(k_m^n \rho) = 0, \tag{13.40a}$$

$$\frac{\mathrm{d}}{\mathrm{d}\rho}\left[\rho \frac{\mathrm{d}J_n(k_l^n \rho)}{\mathrm{d}\rho} \right] + \left[(k_l^n)^2 \rho - \frac{n^2}{\rho} \right] J_n(k_l^n \rho) = 0, \tag{13.40b}$$

$J_n(k_l^n \rho)$ 乘以式 (13.40a) 减去 $J_n(k_m^n \rho)$ 乘以式 (13.40b)，然后在 $[0, a]$ 上积分，得到

$$\int_0^a J_n(k_l^n \rho) \frac{\mathrm{d}}{\mathrm{d}\rho}\left[\rho \frac{\mathrm{d}J_n(k_m^n \rho)}{\mathrm{d}\rho} \right] \mathrm{d}\rho - \int_0^a J_n(k_m^n \rho) \frac{\mathrm{d}}{\mathrm{d}\rho}\left[\rho \frac{\mathrm{d}J_n(k_l^n \rho)}{\mathrm{d}\rho} \right] \mathrm{d}\rho$$

$$+ \left[(k_m^n)^2 - (k_l^n)^2 \right] \int_0^a \rho J_n(k_l^n \rho) J_n(k_m^n \rho) \,\mathrm{d}\rho = 0. \tag{13.41}$$

利用分部积分计算第一项

$$\int_0^a J_n(k_l^n \rho) \frac{\mathrm{d}}{\mathrm{d}\rho}\left[\rho \frac{\mathrm{d}J_n(k_m^n \rho)}{\mathrm{d}\rho} \right] \mathrm{d}\rho = \rho J_n(\rho) \left. \frac{\mathrm{d}J_n(k_m^n \rho)}{\mathrm{d}\rho} \right|_0^a - \int_0^a \rho \frac{\mathrm{d}J_n(k_m^n \rho)}{\mathrm{d}\rho} \frac{\mathrm{d}J_n(k_l^n \rho)}{\mathrm{d}\rho} \mathrm{d}\rho$$

$$= \lim_{\rho \to a}\left[\rho J_n(k_l^n \rho) \frac{\mathrm{d}J_n(k_m^n \rho)}{\mathrm{d}\rho} \right] - \int_0^a \rho \frac{\mathrm{d}J_n(k_l^n \rho)}{\mathrm{d}\rho} \frac{\mathrm{d}J_n(k_m^n \rho)}{\mathrm{d}\rho} \mathrm{d}\rho,$$

同样可以得到第二项的积分，只是将上式对脚标 l 和 m 交换. 式 (13.41) 经过整理得到以下的关系式：

$$\int_0^a \rho J_n(k_l^n \rho) J_n(k_m^n \rho) \,\mathrm{d}\rho = \frac{\displaystyle\lim_{\rho \to a}\left[\rho J_n(k_m^n \rho) \frac{\mathrm{d}J_n(k_l^n \rho)}{\mathrm{d}\rho} - \rho J_n(k_l^n \rho) \frac{\mathrm{d}J_n(k_m^n \rho)}{\mathrm{d}\rho} \right]}{\left[(k_m^n)^2 - (k_l^n)^2 \right]},$$

如果 $m \neq l$，由于 $\lim\limits_{\rho \to a} J_n(k_m^n \rho) = J_n(k_m^n a) = J_n(x_m^n) = 0$ 和 $\lim\limits_{\rho \to a} J_n(k_l^n \rho) = J_n(k_l^n a) = J_n(x_l^n) = 0$，故

$$\int_0^a \rho J_n(k_l^n \rho) J_n(k_m^n \rho) \,\mathrm{d}\rho = 0, \tag{13.42}$$

如果 $m = l$，右边为不定式 $\dfrac{0}{0}$，将 $k_m^n = k_l^n$ 理解成 $\lim\limits_{k_m^n \to k_l^n}$，其中假设 k_l^n 是常量，k_m^n 是变量

$$\int_0^a \rho J_n(k_l^n \rho) J_n(k_m^n \rho) \,\mathrm{d}\rho = \frac{\displaystyle\lim_{\rho \to a} \lim_{k_m^n \to k_l^n}\left[\rho J_n(k_m^n \rho) \frac{\mathrm{d}J_n(k_l^n \rho)}{\mathrm{d}\rho} - \rho J_n(k_l^n \rho) \frac{\mathrm{d}J_n(k_m^n \rho)}{\mathrm{d}\rho} \right]}{\displaystyle\lim_{k_m^n \to k_l^n}\left[(k_m^n)^2 - (k_l^n)^2 \right]}$$

$$= \frac{\lim_{\rho \to a} \lim_{k_m^n \to k_l^n} \left[\rho \dfrac{\mathrm{d}J_n(k_m^n\rho)}{\mathrm{d}k_m^n} \dfrac{\mathrm{d}J_n(k_l^n\rho)}{\mathrm{d}\rho} - \rho J_n(k_l^n\rho) \dfrac{\mathrm{d}}{\mathrm{d}k_m^n}\left[\dfrac{\mathrm{d}J_n(k_m^n\rho)}{\mathrm{d}\rho} \right] \right]}{\lim\limits_{k_m^n \to k_l^n} 2k_m^n}$$

$$= \frac{a^2 k_l^n J_n'(x_l^n) J_n'(x_l^n) - a^2 k_l^n J_n(x_l^n) J_n''(x_l^n)}{2k_l^n} = \frac{a^2}{2} \left[J_n'(x_l^n) \right]^2, \tag{13.43}$$

式中，$J_n'(x_l^n) = \left. \dfrac{\mathrm{d}J_n(x)}{\mathrm{d}x} \right|_{x=x_l^n}$，$\dfrac{\mathrm{d}J_n(k_l^n\rho)}{\mathrm{d}\rho} = k_l^n J_n'(x_l^n)$，$\dfrac{\mathrm{d}J_n(k_m^n\rho)}{\mathrm{d}k_m^n} = \rho J_n'(x_m^n)$.

综合式（13.42）和式（13.43）得到

$$\int_0^a \rho J_n(k_l^n\rho) J_n(k_m^n\rho) \mathrm{d}\rho = \frac{a^2}{2}\left[J_n'(x_l^n) \right]^2 \delta_{ml}, \tag{13.44}$$

利用递推关系式（13.35），因为 $J_n(x_l^n) = 0$，得到 $J_n'(x_l^n) = -J_{n+1}(x_l^n)$，证得正交关系式（13.39），式（13.44）是另一形式的正交关系式.

第二类齐次边界条件本征函数的正交关系式：

$$\int_0^a \rho J_n(\tilde{k}_l^n\rho) J_n(\tilde{k}_m^n\rho) \mathrm{d}\rho = \frac{a^2}{2}\left[1 - \left(\frac{n}{\tilde{x}_l^n} \right)^2 \right] J_n^2(\tilde{x}_l^n) \delta_{ml}, \tag{13.45}$$

只要把上述过程中的 x_l^n 和 k_l^n 改成 $\tilde{x}_l^n$ 和 $\tilde{k}_l^n$，利用同样的方法可以求得上式.

和前述的本征函数相比，正交关系式（13.39）、式（13.44）和式（13.45）中多了一个因子 ρ，称为带权重的正交关系式，这是由本征值问题中的方程决定的. 证明的过程说明为什么 $\rho = 0$ 时对边界条件没有要求，而在 $\rho = a$ 的边界必须具有齐次边界条件. 在这以前的本征函数中，它们的正交关系式也可以认为是带权重的，只是权重是 1.

13.3.6　按本征函数 $J_n(k_m^n\rho)$、$J_n(\tilde{k}_m^n\rho)$ 的广义 Fourier 展开

如果函数 $f(\rho)$ 在 $[0, a]$ 中连续，而且有一阶和二阶连续偏导数，则 $f(\rho)$ 可以展开成绝对和一致收敛的级数

$$f(\rho) = \sum_{m=1}^\infty c_m J_n(k_m^n\rho), \tag{13.46}$$

称为 Bessel 函数展开的广义 Fourier 级数. 将式（13.46）的两边乘以 $\rho J_n(k_l^n\rho)$，然后在 $[0, a]$ 内积分，利用正交关系式（13.39）就可以求得 c_m，其表达式为

$$c_m = \frac{2}{a^2 \left[J_{n+1}(x_m^n) \right]^2} \int_0^a \rho f(\rho) J_n(k_m^n\rho) \mathrm{d}\rho.$$

同样，可以将 $f(\rho)$ 按照第二类齐次边界条件本征函数展开成绝对和一致收敛的级数

$$f(\rho) = \sum_{m=1}^\infty c_m J_n(\tilde{k}_m^n\rho), \tag{13.47}$$

将式（13.47）的两边乘以 $\rho J_n(\tilde{k}_l^n\rho)$，然后在 $[0, a]$ 内积分，利用正交关系式（13.45）就可以求得 c_m，即

$$c_m = \frac{2}{a^2 \left[1 - \left(\dfrac{n}{\tilde{x}_l^n} \right)^2 \right] \left[J_n(\tilde{x}_l^n) \right]^2} \int_0^a \rho f(\rho) J_n(\tilde{k}_m^n \rho) \, \mathrm{d}\rho.$$

Hankel 变换

例 13.6 若函数 $f(\rho) = H \left[1 - \left(\dfrac{\rho}{a} \right)^2 \right]$ 定义在 $[0, a]$ 上, 设 x_m^0 ($m = 1, 2, \cdots$) 是方程 $J_0(x) = 0$ 的所有正根, 试将此函数展开成 Bessel 函数 $J_0(k_m^0 \rho)$ 的级数, 其中 $k_m^0 = \dfrac{x_m^0}{a}$.

解 由式(13.46), 有

$$f(\rho) = H \left[1 - \left(\frac{\rho}{a} \right)^2 \right] = \sum_{m=1}^{\infty} c_m J_0(k_m^0 \rho) ,$$

则

$$c_m = \frac{2}{a^2 \left[J_1(x_m^0) \right]^2} \int_0^a \rho H \left[1 - \left(\frac{\rho}{a} \right)^2 \right] J_0(k_m^0 \rho) \, \mathrm{d}\rho ,$$

分别计算, 有

$$\int_0^a \rho J_0(k_m^0 \rho) \, \mathrm{d}\rho = \int_0^a \frac{\mathrm{d} \left[(k_m^0 \rho) J_1(k_m^0 \rho) \right]}{(k_m^0)^2} = \left(\frac{a}{k_m^0} \right) J_1(k_m^0 a) = \left(\frac{a}{k_m^0} \right) J_1(x_m^0) ,$$

$$\int_0^a \rho^3 J_0(k_m^0 \rho) \, \mathrm{d}\rho \xrightarrow{\xi = k_m^0 \rho} \frac{1}{(k_m^0)^4} \int_0^{k_m^0 a} \xi^3 J_0(\xi) \, \mathrm{d}(\xi) = \frac{1}{(k_m^0)^4} \left[\xi^3 J_1(\xi) - 2\xi^2 J_2(\xi) \right] \Big|_0^{k_m^0 a}$$

$$= \frac{a^3}{k_m^0} J_1(k_m^0 a) - \frac{2a^2}{(k_m^0)^2} J_2(k_m^0 a) .$$

由 $J_2(x) = \dfrac{2}{x} J_1(x) - J_0(x)$, 得到 $J_2(k_m^0 a) = \dfrac{2}{k_m^0 a} J_1(k_m^0 a) - J_0(k_m^0 a)$, 及 $J_0(k_m^0 a) = J_0(x_m^0) = 0$, 有

$$\int_0^a \rho^3 J_0(k_m^0 \rho) \, \mathrm{d}\rho = \frac{a^3}{k_m^0} J_1(k_m^0 a) - \frac{4a}{(k_m^0)^3} J_1(k_m^0 a) ,$$

故

$$\int_0^a \rho H \left[1 - \left(\frac{\rho}{a} \right)^2 \right] J_0(k_m^0 \rho) \, \mathrm{d}\rho = \frac{4H}{(k_m^0)^3 a} J_1(k_m^0 a) = \frac{4Ha^2}{(k_m^0 a)^3} J_1(k_m^0 a) = \frac{4Ha^2}{(x_m^0)^3} J_1(x_m^0) ,$$

求得系数

$$c_m = \frac{8H}{(x_m^0)^3 J_1(x_m^0)} ,$$

因此

$$H \left[1 - \left(\frac{\rho}{a} \right)^2 \right] = \sum_{m=1}^{\infty} \frac{8H}{(x_m^0)^3 J_1(x_m^0)} J_0(k_m^0 \rho) .$$

13.3.7 具有第一类齐次边界条件的柱内稳态问题的通解

一个半径为 a、高为 h 的圆柱体, 具有第一类齐次边界条件的柱内稳态的定解问题是

$$\begin{cases} \nabla^2 u(\rho, \varphi, z) = 0, \ \rho < a, \ 0 < z < h, \\ u(a, \varphi, z) = 0, \\ u(\rho, \varphi, 0) = f_1(\rho, \varphi), \\ u(\rho, \varphi, h) = f_2(\rho, \varphi). \end{cases}$$

设 $u(\rho,\varphi,z)=R(\rho)\Phi(\varphi)Z(z)$，分离变量后得到三个常微分方程为

$$\begin{cases} Z''(z)+\mu Z(z)=0, \\ \Phi''(\varphi)+n^2\Phi(\varphi)=0, \quad n=0,1,2,\cdots, \\ \rho^2 R''(\rho)+\rho R'(\rho)+(k^2\rho^2-n^2)R(\rho)=0, \quad k^2=-\mu. \end{cases}$$

因为柱面具有第一类齐次边界条件，关于 $R(\rho)$ 构成的本征值问题

$$\begin{cases} \rho^2\dfrac{\mathrm{d}^2 R(\rho)}{\mathrm{d}\rho^2}+\rho\dfrac{\mathrm{d}R(\rho)}{\mathrm{d}\rho}+(k^2\rho^2-n^2)R(\rho)=0, \quad \rho\leqslant a, \\ R(\rho)\big|_{\rho\leqslant a}=\text{有限}, \\ R(\rho)\big|_{\rho=a}=0, \end{cases}$$

其对应的本征值 $k_m^n=\dfrac{x_m^n}{a}$，本征函数是 $J_n(k_m^n\rho)$。

$\Phi(\varphi)$ 和它周期性边界条件构成本征值问题，它的解是

$$\Phi_n(\varphi)=\mathrm{e}^{\mathrm{i}n\varphi}, \quad n=0,\pm1,\pm2,\cdots,$$

或者

$$\Phi_n(\varphi)=\begin{cases}\cos n\varphi \\ \sin n\varphi\end{cases}, \quad n=0,1,2,\cdots.$$

由于 $(k_m^n)^2=-\mu$，所以 $\dfrac{\mathrm{d}^2 Z_m^n(z)}{\mathrm{d}z^2}=(k_m^n)^2 Z_m^n(z)$，其解为

$$Z_m^n(z)=A_m^n\mathrm{ch}(k_m^n z)+B_m^n\mathrm{sh}(k_m^n z),$$

所以定解问题的通解为

$$u(\rho,\varphi,z)=\sum_n\sum_m J_n(k_m^n\rho)\Phi_n(\varphi)Z_m^n(z)=\{J_n(k_n^m\rho)\}\begin{cases}\cos n\varphi\\\sin n\varphi\end{cases}\begin{cases}\mathrm{ch}(k_m^n z)\\\mathrm{sh}(k_m^n z)\end{cases}$$

$$=\sum_{n=0}^{\infty}\sum_{m=1}^{\infty}[A_m^n\mathrm{ch}(k_m^n z)+B_m^n\mathrm{sh}(k_m^n z)][C_m^n\cos(n\varphi)+D_m^n\sin(n\varphi)]J_n(k_m^n\rho),$$

或者
$$u(\rho,\varphi,z)=\sum_{n=-\infty}^{\infty}\sum_{m=1}^{\infty}[A_m^n\mathrm{ch}(k_m^n z)+B_m^n\mathrm{sh}(k_m^n z)]J_n(k_m^n\rho)\mathrm{e}^{\mathrm{i}n\varphi},$$
其系数由柱体上下底的边界条件确定。

例 13.7　求解轴对称圆柱内的稳态定解问题：

$$\begin{cases} \nabla^2 u(\rho,z)=0, \quad \rho<a,\ 0<z<h, \\ u(a,z)=0, \\ u(\rho,0)=f_1(\rho), \\ u(\rho,h)=f_2(\rho). \end{cases}$$

解　此问题是一个稳态轴对称第一类齐次边界条件问题，定解问题与 φ 无关，$n=0$，柱内的解应该是

$$u(\rho,z)=\sum_{m=1}^{\infty}[A_m\mathrm{ch}(k_m^0 z)+B_m\mathrm{sh}(k_m^0 z)]J_0(k_m^0\rho), \quad (13.48)$$

利用 $z=0$ 和 $z=h$ 的边界条件，得到

$$u(\rho,\ 0) = \sum_{m=1}^{\infty} A_m J_0(k_m^0 \rho) = f_1(\rho),$$

$$u(\rho,\ h) = \sum_{m=1}^{\infty} \left[A_m \mathrm{ch}(k_m^0 h) + B_m \mathrm{sh}(k_m^0 h) \right] J_0(k_m^0 \rho) = f_2(\rho),$$

再利用广义 Fourier 展开

$$A_m = \frac{2}{a^2 \left[J_1(x_m^0) \right]^2} \int_0^a \rho f_1(\rho) J_0(k_m^0 \rho)\, \mathrm{d}\rho,$$

$$A_m \mathrm{ch}(k_m^0 h) + B_m \mathrm{sh}(k_m^0 h) = \frac{2}{a^2 \left[J_1(x_m^0) \right]^2} \int_0^a \rho f_2(\rho) J_0(k_m^0 \rho)\, \mathrm{d}\rho,$$

求得

$$B_m = \frac{1}{\mathrm{sh}(k_m^0 h)} \frac{2}{a^2 \left[J_1(x_m^0) \right]^2} \int_0^a \rho f_2(\rho) J_0(k_m^0 \rho)\, \mathrm{d}\rho - \frac{\mathrm{ch}(k_m^0 h)}{\mathrm{sh}(k_m^0 h)} \frac{2}{a^2 \left[J_1(x_m^0) \right]^2} \int_0^a \rho f_1(\rho) J_0(k_m^0 \rho)\, \mathrm{d}\rho,$$

将 A_m 和 B_m 代入式(13.48)，得到问题的解. 这里 $\mathrm{ch}z = \cosh z = \dfrac{\mathrm{e}^z + \mathrm{e}^{-z}}{2}$, $\mathrm{sh}z = \sinh z = \dfrac{\mathrm{e}^z - \mathrm{e}^{-z}}{2}$.

13.3.8 具有第一类齐次边界条件的二维柱内波动问题和热传导问题的通解

有一个半径为 R 的无限长的圆柱体，圆柱面上有第一类齐次边界条件，它的初始条件和圆柱体的长度无关，求解圆柱体内的振动情况.

定解问题是

$$\begin{cases} \dfrac{\partial^2 u(\rho,\ \varphi,\ t)}{\partial t^2} - a^2 \nabla^2 u(\rho,\ \varphi,\ t) = 0, & \rho < R,\ a > 0, \\ u(R,\ \varphi,\ t) = 0, \\ u(\rho,\ \varphi,\ 0) = f_1(\rho,\ \varphi), \\ \dfrac{\partial u(\rho,\ \varphi,\ 0)}{\partial t} = f_2(\rho,\ \varphi). \end{cases}$$

假设解可以分离成 $u(\rho,\ \varphi,\ t) = R(\rho)\Phi(\varphi)T(t)$，$R(\rho)$ 和 $\Phi(\varphi)$ 构成本征值问题，由上面的讨论我们知道，它们的解分别是本征函数 $\{J_n(k_m^n \rho)\}$ 和 $\{\mathrm{e}^{in\varphi}\}$（或者 $\begin{Bmatrix} \cos n\varphi \\ \sin n\varphi \end{Bmatrix}$）. 而 $T(t)$ 满足的方程为 $\dfrac{\mathrm{d}^2 T(t)}{\mathrm{d}t^2} + a^2 (k_m^n)^2 T(t) = 0$，其解为

$$T_m^n(t) = A_m^n \cos(ak_m^n t) + B_m^n \sin(ak_m^n t),$$

所以定解问题的通解可以写成

$$u(\rho,\ \varphi,\ t) = \sum_{n=-\infty}^{\infty} \sum_{m=1}^{\infty} \left[A_m^n \cos(ak_m^n t) + B_m^n \sin(ak_m^n t) \right] J_n(k_m^n \rho) \mathrm{e}^{in\varphi}, \qquad (13.49a)$$

或者

$$u(\rho,\ \varphi,\ t)$$
$$= \sum_{n=0}^{\infty} \sum_{m=1}^{\infty} \left[A_m^n \cos(ak_m^n t) + B_m^n \sin(ak_m^n t) \right] \left[C_m^n \cos(n\varphi) + D_m^n \sin(n\varphi) \right] J_n(k_m^n \rho), \qquad (13.49b)$$

代入初始条件，得到

$$u(\rho, \varphi, 0) = \sum_{n=-\infty}^{\infty} \sum_{m=1}^{\infty} A_m^n J_n(k_m^n \rho) e^{in\varphi} = f_1(\rho, \varphi),$$

$$\frac{\partial u(\rho, \varphi, 0)}{\partial t} = \sum_{n=-\infty}^{\infty} \sum_{m=1}^{\infty} (ak_m^n) B_m^n J_n(k_m^n \rho) e^{in\varphi} = f_2(\rho, \varphi),$$

这相当将初始条件展开成本征函数 $\{J_n(k_m^n \rho) e^{in\varphi}\}$，按广义 Fourier 展开

$$A_m^n = \frac{1}{2\pi} \frac{2}{R^2 \left[J_{n+1}(x_m^n)\right]^2} \int_{-\pi}^{\pi} \int_0^R \rho f_1(\rho, \varphi) J_n(k_m^n \rho) e^{-in\varphi} d\rho d\varphi,$$

$$B_m^n = \frac{1}{(ak_m^n)} \frac{1}{2\pi} \frac{2}{R^2 \left[J_{n+1}(x_m^n)\right]^2} \int_{-\pi}^{\pi} \int_0^R \rho f_2(\rho, \varphi) J_n(k_m^n \rho) e^{-in\varphi} d\rho d\varphi,$$

式中，$k_m^n = \dfrac{x_m^n}{R}$，$\omega_m^n = ak_m^n$，是无限长圆柱体的本征频率.

例 13.8 半径为 R 的圆形膜，边缘固定，初始位移和初始速度分别为 $f_1(\rho)$、$f_2(\rho)$，求解 $\rho < R$ 的振动问题.

解 此物理问题是中心对称，定解问题与 φ 无关，且具有第一类齐次边界条件，定解问题为

$$\begin{cases} \dfrac{\partial^2 u(\rho, t)}{\partial t^2} - a^2 \nabla^2 u(\rho, t) = 0, & \rho \leqslant R, \\ u(R, t) = 0, \\ u(\rho, 0) = f_1(\rho), \\ \dfrac{\partial u(\rho, 0)}{\partial t} = f_2(\rho). \end{cases}$$

设方程的解为 $u(\rho, t) = R(\rho)T(t)$，分离变量后得到关于时间和空间的方程为

$$\frac{d^2 T(t)}{dt^2} + a^2 (k)^2 T(t) = 0,$$

$$\rho^2 \frac{d^2 R(\rho)}{d\rho^2} + \rho \frac{dR(\rho)}{d\rho} + k^2 \rho^2 R(\rho) = 0,$$

式中，$k^2 = \lambda$. $R(\rho)$ 和第一类齐次边界条件构成的本征值问题为

$$\begin{cases} \rho^2 \dfrac{d^2 R(\rho)}{d\rho^2} + \rho \dfrac{dR(\rho)}{d\rho} + k^2 \rho^2 R(\rho) = 0, & \rho \leqslant R, \\ R(\rho)\big|_{\rho \leqslant R} = 有限, \\ R(\rho)\big|_{\rho = R} = 0, \end{cases}$$

对应的本征值为 $k_m^0 = \dfrac{x_m^0}{R}$，本征函数为 $\{J_0(k_m^0 \rho)\}$，$m = 1, 2, \cdots$.

关于 $T(t)$ 方程的解为

$$T_m(t) = A_m \cos(ak_m^0 t) + B_m \sin(ak_m^0 t),$$

所以，定解问题的通解是

$$u(\rho, t) = \sum_{m=1}^{\infty} \left[A_m \cos(ak_m^0 t) + B_m \sin(ak_m^0 t)\right] J_0(k_m^0 \rho). \tag{13.50}$$

将通解式(13.50)代入初始条件, 得到

$$u(\rho,\ 0) = \sum_{m=1}^{\infty} A_m J_0(k_m^0 \rho) = f_1(\rho),$$

$$\frac{\partial u(\rho,\ 0)}{\partial t} = \sum_{m=1}^{\infty} (a k_m^0 B_m) J_0(k_m^0 \rho) = f_2(\rho),$$

这相当将初始条件展开成 $\{J_0(k_m^0 \rho)\}$, 根据它的正交关系式

$$A_m = \frac{2}{R^2 \left[J_1(x_m^0) \right]^2} \int_0^R \rho f_1(\rho) J_0(k_m^0 \rho)\,\mathrm{d}\rho,$$

$$B_m = \frac{1}{(a k_m^0)} \frac{2}{R^2 \left[J_1(x_m^0) \right]^2} \int_0^R \rho f_2(\rho) J_0(k_m^0 \rho)\,\mathrm{d}\rho,$$

代入式(13.50), 即得到定解问题的通解.

在方程的通解中, 定义 $\omega_m^0 = a k_m^0 = \dfrac{a x_m^0}{R}$, 称为第一类齐次边界条件的圆膜的本征频率, 它和圆膜的半径和组成有关, 和初始条件无关.

对柱坐标系中的热传导问题, 若圆柱面上有第一类齐次边界条件, 它的初始条件和圆柱体的长度无关, 求解圆柱体内的热传导问题为二维问题. 此类问题的求解和圆柱体内二维波动问题求解原理相同, 对泛定方程分离变量后, 关于 Helmholtz 方程的解是相同的, 只是关于 $T(t)$ 满足的方程不同, 下面通过例题来说明此类问题的求解.

例 13.9 柱坐标系中的热传导问题. 有一无穷长的圆柱体, 半径为 R, 若柱表面的温度为 0, 初始温度分布为 $f(\rho) = F_0 J_0\left(\dfrac{x_1^0}{R}\rho\right)$, 其中 x_1^0 是 $J_0(x) = 0$ 的第一个正根. 试求柱内的温度分布变化.

解 此物理问题是轴对称的, 且具有第一类齐次边界条件, 定解问题为

$$\begin{cases} \dfrac{\partial}{\partial t} u(\rho,\ t) - D\,\nabla^2 u(\rho,\ t) = 0, & \rho < R,\ t > 0, \\ u(\rho,\ t)\,|_{\rho=R} = 0, \\ u(\rho,\ t)\,|_{t=0} = F_0 J_0\left(\dfrac{x_1^0}{R}\rho\right). \end{cases}$$

设 $u(\rho,\ t) = R(\rho)T(t)$, 分离变量后, 关于 $T(t)$ 和 $R(\rho)$ 满足的方程为

$$\begin{cases} \dfrac{\mathrm{d}T(t)}{\mathrm{d}t} + Dk^2 T(t) = 0, \\ \rho^2 \dfrac{\mathrm{d}^2 R(\rho)}{\mathrm{d}\rho^2} + \rho \dfrac{\mathrm{d}R(\rho)}{\mathrm{d}\rho} + k^2 \rho^2 R(\rho) = 0, \end{cases}$$

式中, $k^2 = \lambda$. $R(\rho)$ 和第一类齐次边界条件构成的本征值问题为

$$\begin{cases} \rho^2 \dfrac{\mathrm{d}^2 R(\rho)}{\mathrm{d}\rho^2} + \rho \dfrac{\mathrm{d}R(\rho)}{\mathrm{d}\rho} + k^2 \rho^2 R(\rho) = 0, & \rho \leqslant a, \\ R(\rho)\,|_{\rho \leqslant a} = \text{有限}, \\ R(\rho)\,|_{\rho = a} = 0. \end{cases}$$

本征值为 $k_m^0 = \dfrac{x_m^0}{R}$，而本征函数为

$$\{J_0(k_m^0\rho)\},\qquad m=1,\ 2,\ \cdots.$$

关于 $T(t)$ 的解为

$$T_m(t)=A_m\mathrm{e}^{-D(k_m^0)^2 t}.$$

因此方程的通解为

$$u(\rho,\ t)=\sum_{m=1}^{\infty}A_m\mathrm{e}^{-D(k_m^0)^2 t}J_0(k_m^0\rho).$$

将通解代入初始条件，得到

$$u(\rho,\ 0)=\sum_{m=1}^{\infty}A_m J_0(k_m^0\rho)=F_0 J_0\!\left(\frac{x_1^0}{R}\rho\right),$$

比较系数，得到 $A_1 = F_0$，$A_m = 0(m\neq1)$. 定解问题的解为

$$u(\rho,\ t)=F_0\mathrm{e}^{-D(k_1^0)^2 t}J_0(k_1^0\rho).$$

13.4　其他柱函数

13.4.1　Neumann 函数(第二类柱函数)

引进的 $J_n(x)$ 只能解决柱内的定解问题，因为 $J_n(x)$ 只是整数阶 Bessel 方程的一个独立解，本节介绍另一个独立解，这样就有可能解决柱外的定解问题.

$J_\nu(x)$ 和 $J_{-\nu}(x)$ 是 ν 阶 Bessel 方程的二个解，它们的线性组合也是方程的解

$$N_v(x)=\frac{\cos\nu\pi J_\nu(x)-J_{-\nu}(x)}{\sin\nu\pi},$$

此式称为 **Neumann 函数**，又称第二类柱函数. $v\neq n(n$ 是整数)，它并不是 v 阶 Bessel 方程新的独立定解.

v 等于整数时，是一个 $\dfrac{0}{0}$ 不定式，利用 L'Hospital 法则

证明 $N_n(x)$ 是
n 阶 Bessel 方程的一个解

$$N_n(x)=\lim_{v\to n}\frac{\cos\nu\pi J_\nu(x)-J_{-\nu}(x)}{\sin\nu\pi}=\frac{\dfrac{\partial}{\partial v}\big[\cos\nu\pi J_\nu(x)-J_{-\nu}(x)\big]\Big|_{v=n}}{\pi\cos n\pi}$$

$$=\frac{1}{\pi}\left[\left(\frac{\partial J_\nu(x)}{\partial v}\right)\bigg|_{v=n}-(-1)^n\left(\frac{\partial J_{-\nu}(x)}{\partial v}\right)\bigg|_{v=n}\right],\tag{13.51}$$

可以证明 $N_n(x)$ 是 n 阶 Bessel 方程的一个解.

把 $J_\nu(x)$ 和 $J_{-\nu}(x)$ 的级数表达式代入式(13.51)中，经过计算可以得到 $N_n(x)$ 的表达式，因为它的推导过程过于繁杂，所以只介绍计算的结果：

$$N_n(x) = \frac{2}{\pi} J_n(x) \ln\left(\frac{x}{2}\right) - \frac{1}{\pi} \sum_{k=0}^{n-1} \frac{(n-k-1)!}{k} \left(\frac{x}{2}\right)^{2k-n}$$

$$- \frac{1}{\pi} \sum_{k=0}^{\infty} (-1)^k \frac{1}{k!\,(n+k)!} [\psi(n+k+1) + \psi(k+1)] \left(\frac{x}{2}\right)^{2k+n},$$

式中，$\psi(x) = \dfrac{\Gamma'(x)}{\Gamma(x)}$，$n = 1,\ 2,\ \cdots$. 当 $n = 0$ 时，去掉右边有限和的一项.

图 13-5 是 $N_0(x)$ 和 $N_1(x)$ 的函数图像，其他的 $N_n(x)$ 的函数图像形状和它们相似. $N_n(x)$ 在 $x = 0$ 发散.

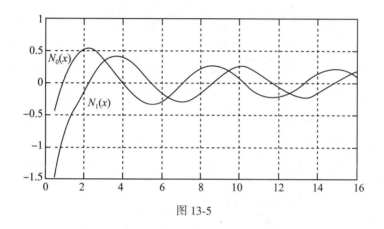

图 13-5

不作数学上的论证，比较图 13-2 和图 13-5 就可知道 $J_n(x)$ 和 $N_n(x)$ 线性无关，$N_n(x)$ 是整数阶 Bessel 方程另一个线性独立解.

整数阶 Bessel 方程的通解是

$$R_n(k\rho) = A_n J_n(k\rho) + B_n N_n(k\rho).$$

证明 $N_n(x)$ 和 $J_n(x)$ 线性独立

13.3 节柱内稳态第一类齐次边界条件的通解和二维柱内齐次边界条件的波动问题和热传导问题的通解的讨论中，考虑到 $\rho = 0$ 时物理量不可能发散，所以去掉了不满足有界条件的解 $N_n(k\rho)$ 去掉了.

13.4.2　Hankel 函数（第三类柱函数）

$$H_v^{(1)}(x) = J_v(x) + iN_v(x), \tag{13.52}$$

$$H_v^{(2)}(x) = J_v(x) - iN_v(x), \tag{13.53}$$

定义为 **Hankel 函数**，又称为第三类柱函数. 它是 $J_v(x)$ 和 $N_v(x)$ 的线性组合，所以是 v 阶 Bessel 方程的解. $J_v(x)$ 和 $J_{-v}(x)$ 又称为第一类柱函数，这三类函数又通称为柱函数，用 $Z_v(x)$ 表示.

利用 $N_v(x)$ 的定义可以证明它满足递推关系式 (13.32) 和式 (13.33)，$H_v(x)$ 也满足这样的递推关系，所以柱函数 $Z_v(x)$ 应该有统一的递推关系

$$\frac{\mathrm{d}}{\mathrm{d}x}[x^v Z_v(x)] = x^v Z_{v-1}(x),$$

$$\frac{\mathrm{d}}{\mathrm{d}x}\left[x^{-v}Z_v(x)\right] = -x^{-v}Z_{v+1}(x).$$

并且有 $Z_{-n}(x) = (-1)^n Z_n(x)$.

13.4.3　柱函数的渐近公式

柱函数不能用初等函数来表示，但是当 $x \to \infty$ 时，作为近似可以用初等函数表示，这称为渐近公式，利用它可以了解柱函数的性质和选择定解问题中解的形式.

当 $x \to \infty$ 时，下列的关系式称为柱函数的渐近公式：

$$J_v(x) \approx \sqrt{\frac{2}{\pi x}}\cos\left(x - \frac{v\pi}{2} - \frac{\pi}{4}\right), \tag{13.54}$$

$$N_v(x) \approx \sqrt{\frac{2}{\pi x}}\sin\left(x - \frac{v\pi}{2} - \frac{\pi}{4}\right), \tag{13.55}$$

$$H_v^{(1)}(x) \approx \sqrt{\frac{2}{\pi x}}\mathrm{e}^{\mathrm{i}(x - v\pi/2 - \pi/4)}, \tag{13.56}$$

$$H_v^{(2)}(x) \approx \sqrt{\frac{2}{\pi x}}\mathrm{e}^{-\mathrm{i}(x - v\pi/2 - \pi/4)}. \tag{13.57}$$

对二维波动方程

$$\frac{\partial^2 u(\rho, \varphi, t)}{\partial t^2} - a^2 \nabla^2 u(\rho, \varphi, t) = 0.$$

由 13.1 节 Helmholtz 方程在柱坐标的分离变量，假设 $\lambda = k^2$，$k > 0$，则

$$u(\rho, \varphi, t) = \{Z_n(k\rho)\}\{\mathrm{e}^{\mathrm{i}n\varphi}\}\{\mathrm{e}^{-\mathrm{i}akt}\},$$

是二维波动方程的一个解，也是一种可能存在的波动模式，$Z_n(k\rho)$ 是柱函数，利用渐近公式，在 $\rho \to \infty$ 时，这些模式成为

$$J_n(k\rho)\,\mathrm{e}^{\mathrm{i}n\varphi}\mathrm{e}^{-\mathrm{i}akt} = \sqrt{\frac{2}{\pi k\rho}}\cos\left(k\rho - \frac{n\pi}{2} - \frac{\pi}{4}\right)\mathrm{e}^{\mathrm{i}n\varphi}\mathrm{e}^{-\mathrm{i}akt}, \tag{13.58}$$

$$N_n(k\rho)\,\mathrm{e}^{\mathrm{i}n\varphi}\mathrm{e}^{-\mathrm{i}akt} = \sqrt{\frac{2}{\pi k\rho}}\sin\left(k\rho - \frac{n\pi}{2} - \frac{\pi}{4}\right)\mathrm{e}^{\mathrm{i}n\varphi}\mathrm{e}^{-\mathrm{i}akt}, \tag{13.59}$$

$$H_n^{(1)}(k\rho)\,\mathrm{e}^{\mathrm{i}n\varphi}\mathrm{e}^{-\mathrm{i}akt} = \sqrt{\frac{2}{\pi k\rho}}\mathrm{e}^{\mathrm{i}n\varphi}\mathrm{e}^{-\mathrm{i}(n\pi/2 + \pi/4)}\mathrm{e}^{\mathrm{i}k(\rho - at)}, \tag{13.60}$$

$$H_n^{(2)}(k\rho)\,\mathrm{e}^{\mathrm{i}n\varphi}\mathrm{e}^{-\mathrm{i}akt} = \sqrt{\frac{2}{\pi k\rho}}\mathrm{e}^{\mathrm{i}n\varphi}\mathrm{e}^{\mathrm{i}(n\pi/2 + \pi/4)}\mathrm{e}^{-\mathrm{i}k(\rho + at)}. \tag{13.61}$$

根据第 10.1 节 d'Alembert 公式的物理意义的分析式(13.58)和式(13.59)是一种柱面波的行波模式，根据第 11.2 节解的物理意义的分析，式(13.60)和式(13.61)是驻波模式. $H_n^{(1)}(k\rho)$ 是 $\rho = 0$ 向无穷远处传播的柱面波的振幅因子，$H_n^{(2)}(k\rho)$ 是无穷远处向 $\rho = 0$ 传播的柱面波的振幅因子. 这些都是可能存在的模式，根据具体的物理问题选择一种有意义的模式. 如果讨论波的散射，经散射以后波只能从 $\rho = 0$ 向 $\rho \to \infty$ 传播，所以有意义的只能是式(13.60)的模式. 根据 $\rho \to \infty$ 的模式再确定有限处的解.

13.4.4 电磁波在金属圆柱表面的散射

有一个平面波

$$v^{\mathrm{i}}\mathrm{e}^{-\mathrm{i}\omega t} = E_0 \mathrm{e}^{\mathrm{i}(\boldsymbol{k}\cdot\boldsymbol{\rho}-\omega t)} = E_0 \mathrm{e}^{\mathrm{i}(k\rho\cos\varphi-\omega t)},$$

电场强度的偏振方向沿着 z 轴，沿着 x 轴方向传播，如图 13-6 所示. 它射入半径为 a 的金属圆柱以后在表面产生散射，求散射以后空间的电场强度.

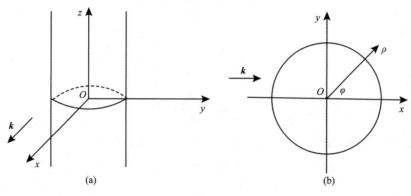

图 13-6

此电磁波在金属表面产生的感应电流沿着 z 轴，由此产生的散射波的电场强度也沿着 z 轴.

散射以后空间电场强度 E_z 由入射的平面波 $v^{\mathrm{i}}\mathrm{e}^{-\mathrm{i}\omega t}$ 和散射波 $v^s\mathrm{e}^{-\mathrm{i}\omega t}$ 两部分组成，$E_z = v^{\mathrm{i}}\mathrm{e}^{-\mathrm{i}\omega t} + v^s\mathrm{e}^{-\mathrm{i}\omega t}$，它们满足波动方程，见 13.1 节 Helmholtz 方程在柱坐标中的分离变量，因为 $T(t) = \mathrm{e}^{-\mathrm{i}\omega t}$，所以 $c^2\lambda = \omega^2 = c^2 k^2$，$c$ 是光速，$v^s(\rho, \varphi)$ 满足的 Helmholtz 方程是

$$\nabla^2 v^s + k^2 v^s = 0, \qquad k = \frac{\omega}{c},$$

该方程的解是

$$v^s = \sum_{n=-\infty}^{\infty} A_n Z_n(k\rho)\,\mathrm{e}^{\mathrm{i}n\varphi},$$

其中，$Z_n(k\rho)$ 是柱函数，取哪一类柱函数，取决于具体的物理问题. 平面波经金属柱面散射以后，形成向无穷远处传播的行波，根据刚才的分析，应该取 $H_n^{(1)}(k\rho)$. 所以平面波经散射以后的解应该是

$$E_z = E_0 \mathrm{e}^{\mathrm{i}k\rho\cos\varphi-\mathrm{i}\omega t} + \sum_{n=-\infty}^{\infty} A_n H_n^{(1)}(k\rho)\,\mathrm{e}^{\mathrm{i}n\varphi-\mathrm{i}\omega t}.$$

假设圆柱表面是理想金属，柱面电场强度的切线方向为零，根据这一点求得系数 A_n，

$$E_z\big|_{r=a} = v^{\mathrm{i}}\big|_{r=a} + v^s\big|_{r=a} = 0,$$

$$E_0 \mathrm{e}^{\mathrm{i}ka\cos\varphi} + \sum_{n=-\infty}^{\infty} A_n H_n^{(1)}(ka)\,\mathrm{e}^{\mathrm{i}n\varphi} = 0.$$

利用例 13.2 中将平面波展开成柱面波的结果，得到

$$e^{ik\rho\cos\varphi} = \sum_{n=-\infty}^{\infty} J_n(k\rho) i^n e^{in\varphi},$$

所以有

$$\sum_{n=-\infty}^{\infty} A^n H_n^{(1)}(ka) e^{in\varphi} = -E_0 e^{ika\cos\varphi} = -E_0 \sum_{n=-\infty}^{\infty} i^n J_n(ka) e^{in\varphi},$$

$$A_n = -\frac{E_0 i^n J_n(ka)}{H_n^{(1)}(ka)},$$

得到最后的解是

$$E_z = E_0 e^{ik\rho\cos\varphi - i\omega t} - \sum_{n=-\infty}^{\infty} \frac{E_0 J_n(ka)}{H_n^{(1)}(ka)} i^n H_n^{(1)}(k\rho) e^{in\varphi - i\omega t}.$$

例 13.10　求柱面波方程 $\dfrac{\partial^2 u}{\partial\rho^2} + \dfrac{1}{\rho}\dfrac{\partial u}{\partial\rho} = \dfrac{1}{c^2}\dfrac{\partial^2 u}{\partial t^2}$ 的解.

解　设 $u(\rho, t) = v(\rho) e^{-i\omega t}$，代入给定的柱面波方程，得到

$$\frac{\partial^2 v}{\partial\rho^2} + \frac{1}{\rho}\frac{\partial v}{\partial\rho} + \frac{\omega^2}{c^2}v = 0. \tag{13.62}$$

交流电通过圆
柱导体的趋肤
效应

设 $\rho = \dfrac{c}{\omega}x$，则式 (13.62) 可以化为

$$\frac{\partial^2 v}{\partial x^2} + \frac{1}{x}\frac{\partial v}{\partial x} + v = 0. \tag{13.63}$$

式 (13.63) 是零阶 Bessel 方程，其解为

$$v(\rho) = A J_0(x) = A J_0\left(\frac{\omega}{c}\rho\right).$$

所以要求的解为

$$u(\rho, t) = A J_0\left(\frac{\omega}{c}\rho\right) e^{-i\omega t}.$$

习 题 十 三

（一）

13.1　证明：$J_{2n-1}(0) = 0$，其中 $n = 1, 2, \cdots$.

13.2　计算 $\dfrac{\mathrm{d}}{\mathrm{d}x}J_0(ax)$ 和 $\dfrac{\mathrm{d}}{\mathrm{d}x}[xJ_2(ax)]$.

13.3　证明：$y = J_n(ax)$ 为方程 $x^2 y'' + xy' + (a^2 x^2 - n^2)y = 0$ 的解.

13.4　试证：$y = xJ_n(x)$ 是方程 $x^2 y'' - xy' + (1 + x^2 - n^2)y = 0$ 的一个解.

13.5　利用递推公式证明：

（1）$J_2(x) = J_0''(x) - \dfrac{1}{x}J_0'(x)$；

（2）$J_3(x) + 3J_0'(x) + 4J_0'''(x) = 0$.

13.6 试证积分公式：

（1）$\displaystyle\int x^n J_0(x)\,\mathrm{d}x = x^n J_1(x) + (n-1)x^{n-1}J_0(x) - (n-1)^2\int x^{n-2}J_0(x)\,\mathrm{d}x$；

（2）$\displaystyle\int_0^a x^3 J_0\left(\dfrac{\mu}{a}x\right)\mathrm{d}x = \dfrac{2a^4}{\mu^2}J_0(\mu)$，其中 μ 是 $J_1(x)=0$ 的正根.

13.7 计算下列积分：

（1）$\displaystyle\int x^3 J_{-2}(x)\,\mathrm{d}x$；　（2）$\displaystyle\int J_1(\sqrt[3]{x})\,\mathrm{d}x$；　（3）$\displaystyle\int J_3(x)\,\mathrm{d}x$；　（4）$\displaystyle\int x^4 J_1(x)\,\mathrm{d}x$.

13.8 试证：

（1）$\cos x = J_0(x) + 2\displaystyle\sum_{m=1}^{\infty}(-1)^m J_{2m}(x)$；

（2）$\sin x = 2\displaystyle\sum_{m=0}^{\infty}(-1)^m J_{2m+1}(x)$；

（3）$J_0(x) + 2\displaystyle\sum_{m=1}^{\infty}J_{2m}(x) = 1$；

（4）$2\displaystyle\sum_{m=0}^{\infty}(2m+1)J_{2m+1}(x) = x$.

13.9 证明：

（1）$\displaystyle\int J_0(x)\sin x\,\mathrm{d}x = xJ_0(x)\sin x - xJ_1(x)\cos x + c$；

（2）$\displaystyle\int J_0(x)\cos x\,\mathrm{d}x = xJ_0(x)\cos x + xJ_1(x)\sin x + c$.

13.10 若 $\omega_n(n=1,2,\cdots)$ 是 $J_0(x)=0$ 的正根，将下列函数展开为 Bessel 函数 $J_0(\omega_n x)$ 的级数 $f(x)=\displaystyle\sum_{n=1}^{\infty}A_n J_0(\omega_n x)$：

（1）$f(x)=1$，$0<x<1$；　（2）$f(x)=1-x^2$，$0<x<1$.

13.11 求解半径为 a 的圆的 Dirichlet 问题：

$$\begin{cases}\dfrac{1}{\rho}\dfrac{\partial}{\partial\rho}\left(\rho\dfrac{\partial u}{\partial\rho}\right) + \dfrac{1}{\rho^2}\dfrac{\partial^2 u}{\partial\varphi^2} = 0, & \rho<a,\ 0\leqslant\varphi\leqslant 2\pi,\\ u(a,\varphi)=A\cos\varphi.\end{cases}$$

13.12 求圆环的 Dirichlet 问题的解：

$$\begin{cases}\dfrac{1}{\rho}\dfrac{\partial}{\partial\rho}\left(\rho\dfrac{\partial u}{\partial\rho}\right) + \dfrac{1}{\rho^2}\dfrac{\partial^2 u}{\partial\varphi^2} = 0, & \rho_1<\rho<\rho_2,\\ u(\rho_1,\varphi)=\sin\varphi,\\ u(\rho_2,\varphi)=0.\end{cases}$$

13.13 求解圆内的 Laplace 方程的 Neumann 问题：

$$\begin{cases} \dfrac{1}{\rho}\dfrac{\partial}{\partial\rho}\left(\rho\,\dfrac{\partial u}{\partial\rho}\right)+\dfrac{1}{\rho^2}\dfrac{\partial^2 u}{\partial\varphi^2}=0, & 0<\rho<R,\ -\pi<\varphi<\pi, \\[3mm] \left.\dfrac{\partial u}{\partial\rho}\right|_{\rho=R}=f(\varphi). & \end{cases}$$

其中，边值函数 $f(\varphi)$ 满足条件：$\displaystyle\int_{-\pi}^{\pi}f(\varphi)\mathrm{d}\varphi=0.$

13.14　设一无穷长的圆柱体，半径为 R，圆柱体表面温度维持为零度，柱体内初始温度为常数 u_0，求柱内温度的变化.

13.15　半径为 a，高为 h 的圆柱体，下底和侧面保持温度为零度，上底温度保持为常数 u_0，求柱内稳定温度分布.

13.16　半径为 R 的圆形膜，边缘固定，初始状态是一个旋转抛物面 $u(\rho,0)=H(1-\rho^2/R^2)$，初速度为零，求解膜的振动情况.

13.17　半径为 R 的圆形膜，边缘固定，初始位移为零，初速度为 $u_t(\rho,0)=A\delta(\rho-c)$，求解膜的振动情况.

13.18　设有半径为 1 的薄均匀圆盘，边缘温度保持为零度，初始时刻圆盘内温度分布为 $1-\rho^2$. 其中，ρ 是圆盘内任一点到盘中心的距离，求圆内任意时刻的温度分布.

$$(二)$$

13.19　若 $f(x)=\displaystyle\sum_{n=1}^{\infty}A_n J_0(\omega_n x)$，其中 $J_0(\omega_n)=0$，$n=1,2,\cdots$，证明：

$$\int_0^1 xf^2(x)\,\mathrm{d}x=\frac{1}{2}\sum_{n=1}^{\infty}A_n^2 J_1^2(\omega_n).$$

13.20　利用等式 $1=\displaystyle\sum_{n=1}^{\infty}\frac{2}{\omega_n J_1(\omega_n)}J_0(\omega_n x)$ 及上题，证明：

$$\sum_{n=1}^{\infty}\frac{1}{\omega_n^2}=\frac{1}{4}.$$

其中，ω_n 是 $J_0(x)=0$ 的正根.

13.21　利用 $J_0(x)$ 的级数表达式，证明：$\displaystyle\int_0^{\frac{\pi}{2}}J_0(x\cos\theta)\cos\theta\,\mathrm{d}\theta=\frac{\sin x}{x}.$

13.22　证明：$\sin x=J_0(x)*J_0(x)=\displaystyle\int_0^x J_0(x-\tau)J_0(\tau)\,\mathrm{d}\tau.$

13.23　证明：$\dfrac{1}{2\pi}\displaystyle\int_0^{2\pi}\mathrm{e}^{2x\cos\theta}\,\mathrm{d}\theta=\sum_{n=0}^{\infty}\left(\frac{1}{n!}\right)^2 x^{2n}.$

13.24　求解扇区域中的 Dirichlet 问题：

$$\begin{cases} \dfrac{1}{\rho}\dfrac{\partial}{\partial\rho}\left(\rho\,\dfrac{\partial u}{\partial\rho}\right)+\dfrac{1}{\rho^2}\dfrac{\partial^2 u}{\partial\varphi^2}=0, & \rho<a,\ \alpha<\varphi<\beta, \\[2mm] u(\rho,\alpha)=0,\ u(\rho,\beta)=0, \\[2mm] u(a,\varphi)=f(\varphi). \end{cases}$$

13.25 一无限长导体圆柱壳，半径为 a，把它充电到电势为

$$u = \begin{cases} u_1, & 0 < \varphi < \pi, \\ u_2, & \pi < \varphi < 2\pi. \end{cases}$$

求圆柱壳内的电势分布.

13.26 圆柱形空腔内电磁振荡的定解问题为

$$\begin{cases} \nabla^2 u + \lambda u = 0, \quad \sqrt{\lambda} = \dfrac{\omega}{c}, \quad 0 \leqslant \rho \leqslant a, \ 0 \leqslant z \leqslant h, \\ u(a, \varphi, z) = 0, \\ \dfrac{\partial u(\rho, \varphi, 0)}{\partial z} = \dfrac{\partial u(\rho, \varphi, h)}{\partial z} = 0. \end{cases}$$

试证电磁振荡的固有频率为

$$\omega_{mk}^n = c\sqrt{\lambda} = c\sqrt{\left(\dfrac{x_m^n}{a}\right)^2 + \left(\dfrac{k\pi}{h}\right)^2}.$$

13.27 在强度为 E_0 的均匀电场中，放入一个半径为 a 的无限长导体圆柱，其轴线垂直于 E_0，单位长度的带电量为 Q，求此圆柱外的电势分布.

13.28 计算含 Bessel 函数的积分：

(1) $\displaystyle\int_0^\infty x\mathrm{e}^{-ax} J_1(bx)\,\mathrm{d}x$，$a$，$b$ 为实数，$a>0$；　(2) $\displaystyle\int_0^\infty \mathrm{e}^{-x} J_n(x)\,\mathrm{d}x$.

13.29 按提示的变换将所给的方程化成 Bessel 方程，并用 Bessel 函数表示原来方程的通解：

(1) 方程 $\dfrac{\mathrm{d}^2 u}{\mathrm{d}x^2} + \dfrac{1+2\gamma}{x}\dfrac{\mathrm{d}u}{\mathrm{d}x} + u = 0$，作新未知函数 v 的变换 $v = x^\gamma u$；

(2) 方程 $\dfrac{\mathrm{d}^2 u}{\mathrm{d}x^2} + \dfrac{1}{x}\dfrac{\mathrm{d}u}{\mathrm{d}x} + 4\left(x^2 - \dfrac{n^2}{x^2}\right)u = 0$，作新未知函数 t 的变换 $t = x^2$；

(3) 方程 $\dfrac{\mathrm{d}^2 u}{\mathrm{d}x^2} + k^2 x^2 u = 0$，先引入新未知函数 v，作变换 $v = x^{-\frac{1}{2}}u$，再对变换后的方程作新未知函数 t 的变换 $t = x^2$.

第 14 章　Green 函数

从前面的学习中我们知到，行波法主要求解无界域的波动问题，求解问题的范围十分有限．而分离变量法主要适用于求解各种有界问题，积分变换法主要用于求解各种无界问题，这两种方法得到的解主要是无穷级数或无穷积分的形式，其解的敛散性和物理意又有待进一步分析．在本章中，我们将从点源的概念（如质点、点电荷、点热源等）出发，根据叠加原理，通过点源场的有限积分来得到任意源的场．这种求解数学物理方程的方法叫做Green 函数法，又称为点源函数法或影响函数法．边值问题的 Green 函数法，是先求出格林函数，然后把边值问题的解用 Green 函数以积分的形式表示出来．

14.1　Poisson 方程的 Green 函数法

在这一节里，我们首先说明 Green 函数的一般概念，通过引入格林基本积分公式，讨论泊松方程的边值问题的格林函数法，给出泊松方程在给定边界条件下的格林函数公式．

14.1.1　三维 Poisson 方程的边值问题

具有非齐次边界条件和 Poisson 方程的定解问题可以描述为

$$\begin{cases} \nabla^2 u(\boldsymbol{r}) = -h(\boldsymbol{r}), & \boldsymbol{r} \in \Omega \\ \left[\alpha \dfrac{\partial u(\boldsymbol{r})}{\partial n} + \beta u(\boldsymbol{r})\right]\bigg|_{\Sigma} = g(\boldsymbol{r}), \end{cases} \tag{14.1}$$

式中，Ω 是空间的一个任意有限区域，Σ 是该区域的边界，$\dfrac{\partial u(\boldsymbol{r})}{\partial n}$ 是沿着边界外法线的方向导数．

当 $\alpha = 0$，$\beta \neq 0$ 是第一类边界条件，又称 Dirichlet 问题；当 $\alpha \neq 0$，$\beta = 0$ 是第二类边界条件，又称 Neumann 问题；当 $\alpha \neq 0$，$\beta \neq 0$ 是第三类边界条件，又称 Robin 问题．

这是一个不易解决的问题，本章的目的并不是要解决这个问题，而是引进 Green 函数的概念简化这个问题．

对无界的 Poisson 方程，例如静电场的电势，满足：

$$\nabla^2 u(\boldsymbol{r}) = -\frac{\rho(\boldsymbol{r})}{\varepsilon_0}, \tag{14.2a}$$

式中，$\rho(\boldsymbol{r})$ 是电荷密度．根据库伦定律，位于 M_0 点的一个单位点电荷在无界空间 M 点产

生的电势为

$$G(M, M_0) = \frac{1}{4\pi\varepsilon_0 r_{MM_0}}. \tag{14.2b}$$

根据电势叠加原理,可以求得任意电荷分布密度为 $\rho(\boldsymbol{r})$ 的"源"在 M 点所产生的电势为

$$u(M) = \int \frac{\mathrm{d}q}{4\pi\varepsilon_0 r_{MM_0}} = \int \frac{\rho(M_0)}{4\pi\varepsilon_0 r_{MM_0}}\mathrm{d}M_0 = \int G(M, M_0)\rho(M_0)\mathrm{d}M_0, \tag{14.2c}$$

式中,$\mathrm{d}M_0 = \mathrm{d}x_0\mathrm{d}y_0\mathrm{d}z_0$ 为"源"的空间体积元.

式(14.2b)中的 $G(M, M_0)$ 称为式(14.2a)在无界空间的 Green 函数,用它可以求出方程(14.2a)在无界空间的解的表达式(14.2c).

从物理上看,在某种情况下,一个数学物理方程表示的是一种特定场和产生这种场的源之间的关系(如温度场和热源,静电场和电荷分布的关系等),而 Green 函数则代表一个点源所产生的场,知道一个点源的场,就可以利用叠加原理计算任意源的场.

在一般的数学物理问题中,要求的是满足一定边界条件和(或)初始条件的解,相应的 Green 函数也要比无界的 Green 函数复杂,因为在这种情况下电源产生的场还要受到边界条件和(或)初始条件的影响.

下面以 Poisson 方程的第一、二、三类边界条件为例进一步阐明 Green 函数的概念,并讨论 Green 函数法——解的积分表示.

14.1.2 Green 公式

设函数 $u(\boldsymbol{r})$ 和 $v(\boldsymbol{r})$ 在区域 Ω 和边界 Σ 上有连续的一阶偏导数,在区域 Ω 有连续的二阶偏导数,由散度定理,得

$$\oiint_{\Sigma} u\,\nabla v \cdot \mathrm{d}\boldsymbol{\sigma} = \iiint_{\Omega} \nabla \cdot (u\,\nabla v)\,\mathrm{d}\boldsymbol{r} = \iiint_{\Omega} u\,\nabla^2 v\mathrm{d}\boldsymbol{r} + \iiint_{\Omega} \nabla u \cdot \nabla v\mathrm{d}\boldsymbol{r}, \tag{14.3}$$

上式称为 Green 第一公式. 由式(14.3)交换 u 和 v,得到

$$\oiint_{\Sigma} v\,\nabla u \cdot \mathrm{d}\boldsymbol{\sigma} = \iiint_{\Omega} v\,\nabla^2 u\mathrm{d}\boldsymbol{r} + \iiint_{\Omega} \nabla u \cdot \nabla v\mathrm{d}\boldsymbol{r},$$

此两式相减,得到 Green 第二公式

$$\oiint_{\Sigma} (u\,\nabla v - v\,\nabla u) \cdot \mathrm{d}\boldsymbol{\sigma} = \iiint_{\Omega} (u\,\nabla^2 v - v\,\nabla^2 u)\mathrm{d}\boldsymbol{r}, \tag{14.4a}$$

或者

$$\oiint_{\Sigma} \left(u\frac{\partial v}{\partial \boldsymbol{n}} - v\frac{\partial u}{\partial \boldsymbol{n}}\right)\mathrm{d}\boldsymbol{\sigma} = \iiint_{\Omega} (u\,\nabla^2 v - v\,\nabla^2 u)\mathrm{d}\boldsymbol{r}, \tag{14.4b}$$

式中,$\mathrm{d}\boldsymbol{\sigma} = \mathrm{d}\sigma\boldsymbol{n}_0$,$\boldsymbol{n}_0$ 是边界 Σ 外法线的单位矢量,$\dfrac{\partial v}{\partial \boldsymbol{n}}$ 和 $\dfrac{\partial u}{\partial \boldsymbol{n}}$ 是沿外法线的方向导数.

对于二维函数有和散度定理相应的公式,所以二维 Green 公式有如下形式:

$$\oint_{l} \left(u\frac{\partial v}{\partial \boldsymbol{n}} - v\frac{\partial u}{\partial \boldsymbol{n}}\right)\mathrm{d}l = \iint_{\sigma} (u\,\nabla^2 v - v\,\nabla^2 u)\mathrm{d}\boldsymbol{\sigma}, \tag{14.5}$$

式中,σ 是平面内有限区域,l 是 σ 的边界,$\dfrac{\partial v}{\partial \boldsymbol{n}}$ 和 $\dfrac{\partial u}{\partial \boldsymbol{n}}$ 沿边界 l 的外法线的方向导数.

14.1.3　解的积分形式——Green 函数法

现在我们在有界区域 Ω 内讨论定解问题(14.1)的解，引入函数 $G(\boldsymbol{r},\ \boldsymbol{r}_0)$，使之满足

$$\nabla^2 G(\boldsymbol{r},\ \boldsymbol{r}_0) = -\delta(\boldsymbol{r}-\boldsymbol{r}_0),\ \boldsymbol{r}\in\Omega,$$

式中，$\delta(\boldsymbol{r}-\boldsymbol{r}_0)$ 表示在 Ω 内的 $\boldsymbol{r}_0$ 点放置一个点源；$\boldsymbol{r}_0$ 称为源点；$\boldsymbol{r}$ 称为场点.

如果能通过某种方法求得 $G(\boldsymbol{r},\ \boldsymbol{r}_0)$，将 $G(\boldsymbol{r},\ \boldsymbol{r}_0)$ 替换式(14.4b)中的 $v(\boldsymbol{r})$，并利用式(14.1)中的泛定方程，我们得到

$$\oiint_{\Sigma}\Big[u(\boldsymbol{r})\frac{\partial G(\boldsymbol{r},\ \boldsymbol{r}_0)}{\partial\boldsymbol{n}} - G(\boldsymbol{r},\ \boldsymbol{r}_0)\frac{\partial u(\boldsymbol{r})}{\partial\boldsymbol{n}}\Big]\mathrm{d}\sigma$$

$$= \iiint_{\Omega}\big[u(\boldsymbol{r})\nabla^2 G(\boldsymbol{r},\ \boldsymbol{r}_0) - G(\boldsymbol{r},\ \boldsymbol{r}_0)\nabla^2 u(\boldsymbol{r})\big]\mathrm{d}\boldsymbol{r}$$

$$= \iiint_{\Omega}\big[-u(\boldsymbol{r})\delta(\boldsymbol{r}-\boldsymbol{r}_0) + G(\boldsymbol{r},\ \boldsymbol{r}_0)h(\boldsymbol{r})\big]\mathrm{d}\boldsymbol{r},$$

利用 δ 函数的性质有

$$u(\boldsymbol{r}_0) = \iiint_{\Omega}G(\boldsymbol{r},\ \boldsymbol{r}_0)h(\boldsymbol{r})\mathrm{d}\boldsymbol{r} + \oiint_{\Sigma}G(\boldsymbol{r},\ \boldsymbol{r}_0)\frac{\partial u(\boldsymbol{r})}{\partial\boldsymbol{n}}\mathrm{d}\sigma - \oiint_{\Sigma}u(\boldsymbol{r})\frac{\partial G(\boldsymbol{r},\ \boldsymbol{r}_0)}{\partial\boldsymbol{n}}\mathrm{d}\sigma,$$

上式的物理意义不太清晰，如在右边的第一项中，积分变量 $G(\boldsymbol{r},\ \boldsymbol{r}_0)$ 是 $\boldsymbol{r}_0$ 点的点源在 $\boldsymbol{r}$ 点产生的场，而源函数 $h(\boldsymbol{r})$ 是源点. 在后面，我们将证明 Green 函数具有场点和源点的对称性

$$G(\boldsymbol{r},\ \boldsymbol{r}_0) = G(\boldsymbol{r}_0,\ \boldsymbol{r}),$$

式中，用 $G(\boldsymbol{r}_0,\ \boldsymbol{r})$ 替换 $G(\boldsymbol{r},\ \boldsymbol{r}_0)$，并将场点 $\boldsymbol{r}$ 和源点 $\boldsymbol{r}_0$ 对换，就得到

$$u(\boldsymbol{r}) = \iiint_{\Omega}G(\boldsymbol{r},\ \boldsymbol{r}_0)h(\boldsymbol{r}_0)\mathrm{d}\boldsymbol{r}_0 + \oiint_{\Sigma}G(\boldsymbol{r},\ \boldsymbol{r}_0)\frac{\partial u(\boldsymbol{r}_0)}{\partial\boldsymbol{n}_0}\mathrm{d}\sigma_0 - \oiint_{\Sigma}u(\boldsymbol{r}_0)\frac{\partial G(\boldsymbol{r},\ \boldsymbol{r}_0)}{\partial\boldsymbol{n}_0}\mathrm{d}\sigma_0,$$

$$\tag{14.6}$$

式(14.6)称为基本积分公式或者解的积分表达式. 它的物理意义是十分清楚的：右边的第一项积分表示在区域 Ω 内体分布源 $h(\boldsymbol{r}_0)$ 在 $\boldsymbol{r}$ 点产生的场的总和，而第二、第三项两个积分则是边界上的源所产生的场. 这两种影响都是同一 Green 函数给出的，$\frac{\partial}{\partial\boldsymbol{n}_0}$ 表示对 $\boldsymbol{r}_0$ 求导，$\mathrm{d}\boldsymbol{r}_0$ 和 $\mathrm{d}\sigma_0$ 分别表示对 $\boldsymbol{r}_0$ 取体元和面元，但它还不能直接用来求解 Poisson 方程，因为公式中 Green 函数是未知的，且在一般的边值问题中，$u|_{\Sigma}$ 和 $\frac{\partial u}{\partial\boldsymbol{n}}\Big|_{\Sigma}$ 之值也不会分别给出，下面针对不同的边界条件具体讨论.

1. 第一类边界条件(即 Dirichlet 问题)解的积分公式

定解问题为

$$\begin{cases} \nabla^2 u(\boldsymbol{r}) = -h(\boldsymbol{r}),\ \boldsymbol{r}\in\Omega,\\ u(\boldsymbol{r})|_{\Sigma} = g(\boldsymbol{r}). \end{cases}$$

在同样的区域和边界上有一个齐次边界条件的定解问题

$$\begin{cases} \nabla^2 G(\boldsymbol{r},\ \boldsymbol{r}_0) = -\delta(\boldsymbol{r} - \boldsymbol{r}_0),\ \boldsymbol{r} \in \Omega,\ \boldsymbol{r}_0 \in \Omega \\ G(\boldsymbol{r},\ \boldsymbol{r}_0)\big|_{\Sigma} = 0. \end{cases}$$

$G(\boldsymbol{r},\ \boldsymbol{r}_0)$ 定义为 Dirichlet-Green 函数, 简称为 Green 函数.

在此边界条件下, 则式(14.6)的面积分中将不含 $\dfrac{\partial u(\boldsymbol{r})}{\partial n_0}$ 项, 从而式(14.6)变为

$$u(\boldsymbol{r}) = \iiint_{\Omega} G(\boldsymbol{r},\ \boldsymbol{r}_0) h(\boldsymbol{r}_0) \mathrm{d}\boldsymbol{r}_0 - \oiint_{\Sigma} g(\boldsymbol{r}_0) \frac{\partial G(\boldsymbol{r},\ \boldsymbol{r}_0)}{\partial \boldsymbol{n}_0} \mathrm{d}\sigma_0, \tag{14.7}$$

称式(14.7)为 Dirichlet 积分公式, 这是 Dirichlet 问题的积分形式的解, 只要求得 Dirichlet-Green 函数, 通过式(14.7)可以求得定解问题的解. 尽管求解 Dirichlet-Green 函数也不是一件容易事, 但毕竟简化了原来的定解问题.

对二维 Dirichlet 问题, 其定解问题是

$$\begin{cases} \nabla^2 u(x,\ y) = -h(x,\ y),\ (x,\ y) \in \sigma, \\ u(x,\ y)\big|_l = g(x,\ y). \end{cases}$$

二维 Dirichlet-Green 函数满足的定解问题是

$$\begin{cases} \nabla^2 G(x,\ y,\ x_0,\ y_0) = -\delta(x - x_0)\delta(y - y_0),\ (x,\ y) \in \sigma,\ (x_0,\ y_0) \in \sigma, \\ G(x,\ y,\ x_0,\ y_0)\big|_l = 0. \end{cases}$$

将求得的 Dirichlet-Green 函数替换式(14.5)中的函数 v, 利用场点和源点的对称性, 得到二维 Dirichlet 积分公式

$$u(x,\ y) = \iint_{\sigma} G(x,\ y,\ x_0,\ y_0) h(x_0,\ y_0) \mathrm{d}x_0 \mathrm{d}y_0 - \oint_l g(x_0,\ y_0) \frac{\partial G(x,\ y,\ x_0,\ y_0)}{\partial \boldsymbol{n}_0} \mathrm{d}l_0, \tag{14.8}$$

式中, $\dfrac{\partial G(x_0,\ y_0,\ x,\ y)}{\partial \boldsymbol{n}_0}$ 是沿积分回路 l 的外法线的方向导数.

2. 第三类边界条件解的积分公式

将式(14.4b)式写成如下形式:

$$\oiint_{\Sigma}\left[u\left(\alpha \frac{\partial v}{\partial \boldsymbol{n}} + \beta v \right) - v\left(\alpha \frac{\partial u}{\partial \boldsymbol{n}} + \beta u \right) \right] \mathrm{d}\boldsymbol{\sigma} = \alpha \iiint_{\Omega} (u\nabla^2 v - v\nabla^2 u)\mathrm{d}\boldsymbol{r}, \tag{14.9}$$

这样可以讨论第三类边界条件. 要求解的定解问题是

$$\begin{cases} \nabla^2 u(\boldsymbol{r}) = -h(\boldsymbol{r}),\ \boldsymbol{r} \in \Omega, \\ \left[\alpha \dfrac{\partial u(\boldsymbol{r})}{\partial \boldsymbol{n}} + \beta u(\boldsymbol{r}) \right]\bigg|_{\Sigma} = g(\boldsymbol{r}), \end{cases}$$

与之相应的 Green 函数所满足的定解问题是

$$\begin{cases} \nabla^2 G(\boldsymbol{r},\ \boldsymbol{r}_0) = -\delta(\boldsymbol{r} - \boldsymbol{r}_0),\ \boldsymbol{r} \in \Omega,\ \boldsymbol{r}_0 \in \Omega, \\ \left[\alpha \dfrac{\partial G(\boldsymbol{r},\ \boldsymbol{r}_0)}{\partial \boldsymbol{n}} + \beta G(\boldsymbol{r},\ \boldsymbol{r}_0) \right]\bigg|_{\Sigma} = 0, \end{cases}$$

将解出的 Green 函数替换式(14.9)中的 v, 得到

$$\oiint_{\Sigma}\left[u\left(\alpha \frac{\partial G(\boldsymbol{r},\ \boldsymbol{r}_0)}{\partial \boldsymbol{n}} + \beta G(\boldsymbol{r},\ \boldsymbol{r}_0) \right) - G(\boldsymbol{r},\ \boldsymbol{r}_0)g(\boldsymbol{r}) \right] \mathrm{d}\sigma$$

$$= \alpha \iiint_{\Omega} \left[-u\delta(\boldsymbol{r} - \boldsymbol{r}_0) + G(\boldsymbol{r},\ \boldsymbol{r}_0)h(\boldsymbol{r}) \right] \mathrm{d}\boldsymbol{r},$$

利用 $G(\boldsymbol{r},\ \boldsymbol{r}_0)$ 满足的齐次边界条件、δ 函数的定义和 Green 函数的对称性得到 Poisson 方程第三类边界条件的解

$$u(\boldsymbol{r}) = \iiint_{\Omega} G(\boldsymbol{r},\ \boldsymbol{r}_0)h(\boldsymbol{r}_0)\mathrm{d}\boldsymbol{r}_0 + \frac{1}{\alpha} \oiint_{\Sigma} G(\boldsymbol{r},\ \boldsymbol{r}_0)g(\boldsymbol{r}_0)\mathrm{d}\sigma_0. \tag{14.10}$$

3. 第二类边界条件解的积分公式

第二类边界条件的定解问题是

$$\begin{cases} \nabla^2 u(\boldsymbol{r}) = -h(\boldsymbol{r}),\ \boldsymbol{r} \in \Omega, \\ \left. \dfrac{\partial u(\boldsymbol{r})}{\partial \boldsymbol{n}} \right|_{\Sigma} = g(\boldsymbol{r}). \end{cases}$$

从表面上看，我们似乎可以考虑利用上述同样的办法来处理问题，即从形式上同样要求 $G(\boldsymbol{r},\ \boldsymbol{r}_0)$ 满足第二类齐次边界条件，即 Green 函数应该满足以下定解问题：

$$\begin{cases} \nabla^2 G(\boldsymbol{r},\ \boldsymbol{r}_0) = -\delta(\boldsymbol{r} - \boldsymbol{r}_0),\ \boldsymbol{r} \in \Omega,\ \boldsymbol{r}_0 \in \Omega, \\ \left. \dfrac{\partial G(\boldsymbol{r},\ \boldsymbol{r}_0)}{\partial \boldsymbol{n}} \right|_{\Sigma} = 0. \end{cases} \tag{14.11}$$

但是这样的 Green 的定解问题式(14.11)的解是不存在的，从物理上看其意义十分明显：如果 $G(\boldsymbol{r},\ \boldsymbol{r}_0)$ 是温度场，第二类齐次边界条件相当于边界和外界没有热量的交换，是一个绝热的系统，$\delta(\boldsymbol{r},\ \boldsymbol{r}_0)$ 是 Ω 内的点热源，显然这个系统不可能达到温度平衡，所以方程 $\nabla^2 G(\boldsymbol{r},\ \boldsymbol{r}_0) = -\delta(\boldsymbol{r} - \boldsymbol{r}_0)$ 和边界条件矛盾，第二类边界条件的 Green 函数是不存在的.

为了解决这一矛盾，需要引入推广的 Green 函数，更改 Green 函数所满足的方程式，使之与边界条件式相容，例如，可以令

$$\begin{cases} \nabla^2 G(\boldsymbol{r},\ \boldsymbol{r}_0) = -\delta(\boldsymbol{r} - \boldsymbol{r}_0) - \dfrac{1}{V_{\Omega}},\ \boldsymbol{r} \in \Omega,\ \boldsymbol{r}_0 \in \Omega, \\ \left. \dfrac{\partial G(\boldsymbol{r},\ \boldsymbol{r}_0)}{\partial \boldsymbol{n}} \right|_{\Sigma} = 0, \end{cases}$$

式中，V_{Ω} 是 Ω 的体积. 方程中右边添加的项是均匀分布的热汇密度，这些热汇的总体恰好吸收了点热源所释放出的热量.

14.1.4　Helmholtz 方程解的积分公式

讨论第三类边界条件和 Helmholtz 方程构成的定解问题：

$$\begin{cases} \nabla^2 u(\boldsymbol{r}) + \lambda u(\boldsymbol{r}) = -h(\boldsymbol{r}),\ \boldsymbol{r} \in \Omega, \\ \left. \left[\alpha \dfrac{\partial u(\boldsymbol{r})}{\partial \boldsymbol{n}} + \beta u(\boldsymbol{r}) \right] \right|_{\Sigma} = g(\boldsymbol{r}), \end{cases} \tag{14.12}$$

与之对应的 Green 函数满足的定解问题应该是

$$\begin{cases} \nabla^2 G(\boldsymbol{r},\ \boldsymbol{r}_0) + \lambda G(\boldsymbol{r},\ \boldsymbol{r}_0) = -\delta(\boldsymbol{r} - \boldsymbol{r}_0),\ \boldsymbol{r} \in \Omega,\ \boldsymbol{r}_0 \in \Omega, \\ \left. \left[\alpha \dfrac{\partial G(\boldsymbol{r},\ \boldsymbol{r}_0)}{\partial \boldsymbol{n}} + \beta G(\boldsymbol{r},\ \boldsymbol{r}_0) \right] \right|_{\Sigma} = 0. \end{cases}$$

将式(14.4b)写成如下形式:

$$\oint_{\Sigma}\left[u\left(\alpha\frac{\partial v}{\partial\boldsymbol{n}}+\beta v\right)-v\left(\alpha\frac{\partial u}{\partial\boldsymbol{n}}+\beta u\right)\right]\mathrm{d}\sigma=\alpha\iiint_{\Omega}\left[u(\nabla^2 v+\lambda v)-v(\nabla^2 u+\lambda u)\right]\mathrm{d}\boldsymbol{r},$$

(14.13)

将求得的 $G(\boldsymbol{r},\boldsymbol{r}_0)$ 替换式(14.13)中的 v,利用 $G(\boldsymbol{r},\boldsymbol{r}_0)$ 满足的齐次边界条件、$\delta(\boldsymbol{r}-\boldsymbol{r}_0)$ 的性质和 $G(\boldsymbol{r},\boldsymbol{r}_0)$ 的对称性可以得到定解问题(14.12)解的积分公式

$$u(\boldsymbol{r})=\iiint_{\Omega}G(\boldsymbol{r},\boldsymbol{r}_0)h(\boldsymbol{r}_0)\mathrm{d}\tau_0+\frac{1}{\alpha}\oint_{\Sigma}G(\boldsymbol{r},\boldsymbol{r})g(\boldsymbol{r}_0)\mathrm{d}\sigma_0.$$

(14.14)

14.1.5 Green 函数关于源点和场点的对称性

假设 $G(\boldsymbol{r},\boldsymbol{r}_1)$ 和 $G(\boldsymbol{r},\boldsymbol{r}_2)$ 分别满足

$$\begin{cases}\nabla^2 G(\boldsymbol{r},\boldsymbol{r}_1)+\lambda G(\boldsymbol{r},\boldsymbol{r}_1)=-\delta(\boldsymbol{r}-\boldsymbol{r}_1),\ \boldsymbol{r}\in\Omega,\ \boldsymbol{r}_1\in\Omega,\\\left[\alpha\frac{\partial G(\boldsymbol{r},\boldsymbol{r}_1)}{\partial\boldsymbol{n}}+\beta G(\boldsymbol{r},\boldsymbol{r}_1)\right]\Big|_{\Sigma}=0,\end{cases}$$

和

$$\begin{cases}\nabla^2 G(\boldsymbol{r},\boldsymbol{r}_2)+\lambda G(\boldsymbol{r},\boldsymbol{r}_2)=-\delta(\boldsymbol{r}-\boldsymbol{r}_2),\ \boldsymbol{r}\in\Omega,\ \boldsymbol{r}_2\in\Omega,\\\left[\alpha\frac{\partial G(\boldsymbol{r},\boldsymbol{r}_2)}{\partial\boldsymbol{n}}+\beta G(\boldsymbol{r},\boldsymbol{r}_2)\right]\Big|_{\Sigma}=0.\end{cases}$$

设 $u=G(\boldsymbol{r},\boldsymbol{r}_1)$,$v=G(\boldsymbol{r},\boldsymbol{r}_2)$,代入式(14.13),它的左边是零,代入以后的式(14.13)应该是

$$\alpha\iiint_{\Omega}\{G(\boldsymbol{r},\boldsymbol{r}_1)[\nabla^2 G(\boldsymbol{r},\boldsymbol{r}_2)+\lambda G(\boldsymbol{r},\boldsymbol{r}_2)]-G(\boldsymbol{r},\boldsymbol{r}_2)[\nabla^2 G(\boldsymbol{r},\boldsymbol{r}_1)+\lambda G(\boldsymbol{r},\boldsymbol{r}_1)]\}\mathrm{d}\boldsymbol{r}=0,$$

将 $G(\boldsymbol{r},\boldsymbol{r}_1)$ 和 $G(\boldsymbol{r},\boldsymbol{r}_2)$ 分别满足的方程代入上式后,得到

$$\alpha\iiint_{\Omega}[-G(\boldsymbol{r},\boldsymbol{r}_1)\delta(\boldsymbol{r}-\boldsymbol{r}_2)+G(\boldsymbol{r},\boldsymbol{r}_1)\delta(\boldsymbol{r}-\boldsymbol{r}_1)]\mathrm{d}\boldsymbol{r}=-\alpha G(\boldsymbol{r}_2,\boldsymbol{r}_1)+\alpha G(\boldsymbol{r}_1,\boldsymbol{r}_2)=0,$$

于是有
$$G(\boldsymbol{r}_1,\boldsymbol{r}_2)=G(\boldsymbol{r}_2,\boldsymbol{r}_1),$$

它表示 Green 函数的场点和源点是可以交换的,或称 Green 函数具有对称性.

$G(\boldsymbol{r},\boldsymbol{r}_0)$ 的物理意义是,$\boldsymbol{r}_0$ 点放置一个点源,在 $\boldsymbol{r}$ 点产生了相应物理量,而且满足第三类齐次边界条件.场点和源点对称性的物理意义是,把场点和源点交换一下,在 $\boldsymbol{r}$ 点放置一个同样性质的点源,在 $\boldsymbol{r}_0$ 点产生的物理量的值不变,同样也满足第三类齐次边界条件.

因为讨论的 Green 函数的普遍性,本章中其他的 Green 函数都具有源点和场点的对称性.

14.2 Green 函数的一般求法

在这一节里,我们将先讨论无界空间的 Green 函数,即基本解.在此基础上,在下一节再重点学习 Green 函数求解的电像法,掌握 Green 函数在数学物理方程的定解问题中的

应用.

14.2.1　三维无界区域的 Green 函数

无界区域的 Dirichlet 问题是

$$\nabla^2 u(\boldsymbol{r}) = -h(\boldsymbol{r}),$$

式中, $h(\boldsymbol{r})$ 定义在区域 Ω 内.

将 Dirichlet 积分公式 (14.7) 用到无界区域, 积分区域 Ω 应该是 $h(\boldsymbol{r})$ 存在的范围, Ω 是一个有限的区域, 所以在无穷远点 $g(\boldsymbol{r}) = 0$, 得到无界区域 Poisson 方程的解是

$$u(\boldsymbol{r}_0) = \iiint\limits_{\Omega} G(\boldsymbol{r},\ \boldsymbol{r}_0) h(\boldsymbol{r}) \mathrm{d}\boldsymbol{r}. \tag{14.15}$$

我们把无界空间的 Green 函数 $G(\boldsymbol{r},\ \boldsymbol{r}_0)$ 称为相应方程的基本解, 它满足的方程是

$$\nabla^2 G(\boldsymbol{r},\ \boldsymbol{r}_0) = -\delta(\boldsymbol{r} - \boldsymbol{r}_0),$$

可以利用三维 Fourier 变换求得 $G(\boldsymbol{r},\ \boldsymbol{r}_0)$, 现在采取另一种方法来求解.

以 $\boldsymbol{r}_0(x_0,\ y_0,\ z_0)$ 为原点建立球坐标, 有

$$\delta(\boldsymbol{r} - \boldsymbol{r}_0) = \delta(x - x_0)\delta(y - y_0)\delta(z - z_0) = \delta(r),$$

$$r = \left[(x - x_0)^2 + (y - y_0)^2 + (z - z_0)^2 \right]^{\frac{1}{2}}.$$

Green 函数具有中心对称, 它应该满足:

$$\frac{1}{r^2} \frac{\mathrm{d}}{\mathrm{d}r} \left[r^2 \frac{\mathrm{d}G(r)}{\mathrm{d}r} \right] = -\delta(r).$$

以 $\boldsymbol{r}_0$ 端点为圆心, ε 为半径画一球体 Ω_ε, 球面为 Σ_ε, 如图 14-1 所示. 在球体 Ω_ε 外很容易求得该方程的解

$$\frac{1}{r^2} \frac{\mathrm{d}}{\mathrm{d}r} \left(r^2 \frac{\mathrm{d}G(r)}{\mathrm{d}r} \right) = 0,$$

两边积分得到

$$G(r) = -\frac{c_1}{r} + c_2,$$

取 $c_2 = 0$, 再确定常数 c_1, 利用散度定理

$$\oiint\limits_{\Sigma} \nabla G(r) \cdot \mathrm{d}\boldsymbol{\sigma} = \iiint\limits_{\Omega_\varepsilon} \nabla^2 G(r) \mathrm{d}\tau, \tag{14.16}$$

在球内 $\nabla^2 G(r) = -\delta(r)$, 在球面上 $\nabla G(r) = \dfrac{c_1}{r^2} = \dfrac{c_1}{\varepsilon^2}$,

$$\int_0^\pi \int_0^{2\pi} \frac{\mathrm{d}G}{\mathrm{d}r} \varepsilon^2 \sin\theta \mathrm{d}\theta \mathrm{d}\varphi = -\iiint\limits_{\Omega_\varepsilon} \delta(r)\mathrm{d}\tau = -1,$$

$$\int_0^\pi \int_0^{2\pi} \frac{c_1}{\varepsilon^2} \varepsilon^2 \sin\theta \mathrm{d}\theta \mathrm{d}\varphi = -\iiint\limits_{\Omega_\varepsilon} \delta(r)\mathrm{d}\tau = -1,$$

(14.17)

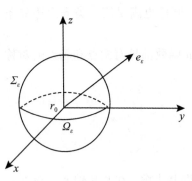

图 14-1

得到 $c_1 = -\dfrac{1}{4\pi}$, 所以三维无界的 Green 函数为

$$G(r, r_0) = \frac{1}{4\pi r},\qquad(14.18)$$

式中：r 是 r 到 r_0 的距离，记为 $|r_0 - r|$. 代入式(14.9)可以求得无界空间的解

$$u(r_0) = \iiint_\Omega \frac{h(r)}{4\pi|r_0 - r|}dr,$$

利用 Fourier 变换也得到相同的结果，见 7.5 节例 7.14.

说明：(1)Green 函数是中心对称的，$\nabla G(r, r_0) = \frac{dG(r)}{dr}e_r = \frac{c_1}{r^2}e_r$，$e_r$ 是球面外法线方向的单位矢量，球面的面元 $d\sigma = d\sigma\, e_r = \varepsilon^2\sin\theta d\theta d\varphi\, e_r$. 所以有式(14.16)到式(14.17).

(2)式(14.17)左边的积分和球面的半径无关，ε 趋于零时式(14.17)仍然成立，所以解在 $r \neq r_0$ 的无界区域内成立.

14.2.2 二维无界区域的 Green 函数

类似地，我们也可以求解二维问题，二维 Poisson 方程为

$$\nabla^2 u(r) = -h(r),$$

式中，$h(r)$ 定义在 σ 内. 对应的格林函数满足：

$$\nabla^2 G(r, r_0) = -\delta(r - r_0),\qquad(14.19)$$

采用极坐标，并将坐标原点放在源点 $r_0(x_0, y_0)$ 上，则 $r = [(x-x_0)^2 + (y-y_0)^2]^{1/2}$，和三维问题类似，$G$ 只是 r 的函数，于是方程(14.19)在极坐标系下可以简化为

$$\frac{1}{r}\frac{d}{dr}\left(r\frac{dG(r)}{dr}\right) = -\delta(r).\qquad(14.20)$$

当 $r \neq 0$ 时，由式(14.20)可得

$$G(x, y, x_0, y_0) = C_1\ln r;$$

当 $r = 0$ 时，对方程(14.19)以原点为中心，ε 为半径的小圆内作面积分

$$\iint_{\sigma_\varepsilon} \nabla^2 G(r)dxdy = \iint\delta(x-x_0, y-y_0)dxdy = -1.$$

注意到二维情况下的散度定理

$$\iint_S \nabla\cdot\nabla u ds = \oint_l \nabla u\cdot dl,$$

把 u 换成 G，得到

$$\iint_S \nabla\cdot\nabla G ds = \oint_l \nabla G\cdot dl,$$

和三维情况的讨论类似，我们有

$$\iint_{\sigma_\varepsilon} \nabla^2 G ds = \oint_{l_\varepsilon} \nabla G\cdot dl = \oint_{l_\varepsilon} \frac{\partial G}{\partial r}dl = C_1\frac{1}{\varepsilon}\cdot 2\pi\varepsilon = -1,$$

得到

$$c_1 = -\frac{1}{2\pi}.$$

于是二维无界区域的 Green 函数，即二维泊松方程的基本解为

$$G(x,\ y,\ x_0,\ y_0) = \frac{1}{2\pi}\ln\frac{1}{r}, \tag{14.21}$$

式中, $r = \left[\,(x-x_0)^2 + (y-y_0)^2\,\right]^{\frac{1}{2}}$.

14.3　利用电像法求 Dirichlet-Green 函数

14.3.1　求解 Dirichlet-Green 函数的一个思路

　　虽然利用 Green 函数简化了定解问题, 但是求解有界区域的 Green 函数仍然是不容易的, 一些特殊区域的 Dirichlet-Green 函数可以通过电像法来求得. 这些问题解法的共同特征: 用点源与它的像在空间产生的叠加来构建满足边界条件的 Green 函数. 电像法具有直观的几何图像和明确的物理意义, 是一种简单、有效的求解 Green 函数方法.

　　三维 Dirichlet-Green 函数满足的定解问题是

$$\begin{cases} \nabla^2 G(\boldsymbol{r},\ \boldsymbol{r}_0) = -\delta(\boldsymbol{r}-\boldsymbol{r}_0),\ \boldsymbol{r}\in\Omega,\ \boldsymbol{r}_0\in\Omega, \\ G(\boldsymbol{r},\ \boldsymbol{r}_0)\,|_{\Sigma} = 0. \end{cases} \tag{14.22}$$

　　考虑两个 Green 函数 $F(\boldsymbol{r},\ \boldsymbol{r}_0)$ 和 $g(\boldsymbol{r},\ \boldsymbol{r}_1)$, $F(\boldsymbol{r},\ \boldsymbol{r}_0)$ 是无界区域的 Green 函数, 满足:

$$\nabla^2 F(\boldsymbol{r},\ \boldsymbol{r}_0) = -\delta(\boldsymbol{r}-\boldsymbol{r}_0),\ \boldsymbol{r}_0\in\Omega,\ \boldsymbol{r}\in\Omega,$$

它的源点 $\boldsymbol{r}_0$ 在 Ω 区域内, 场点也在区域 Ω 内. 求得 $F(\boldsymbol{r},\ \boldsymbol{r}_0)$ 以后, 在边界 Σ 上的值 $F(\boldsymbol{r},\ \boldsymbol{r}_0)\,|_{\Sigma}$ 也就确定了.

　　$g(\boldsymbol{r},\ \boldsymbol{r}_1)$ 也是 Green 函数, 满足:

$$\begin{cases} \nabla^2 g(\boldsymbol{r},\ \boldsymbol{r}_1) = 0,\ \boldsymbol{r}\in\Omega,\ \boldsymbol{r}_1\notin\Omega, \\ g(\boldsymbol{r},\ \boldsymbol{r}_1)\,|_{\Sigma} = -F(\boldsymbol{r},\ \boldsymbol{r}_0)\,|_{\Sigma}, \end{cases}$$

它的场点 $\boldsymbol{r}$ 在区域 Ω 内, 源点 $\boldsymbol{r}_1$ 不在区域 Ω 内, 边界 Σ 上的值和 $F(\boldsymbol{r},\ \boldsymbol{r}_0)$ 在边界 Σ 上的值相等, 符号相反. 如图 14-2 所示.

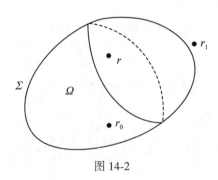

图 14-2

　　这样 $F(\boldsymbol{r},\ \boldsymbol{r}_0) + g(\boldsymbol{r},\ \boldsymbol{r}_1)$ 满足的定解问题是

$$\begin{cases} \nabla^2 [F(\boldsymbol{r}, \boldsymbol{r}_0) + g(\boldsymbol{r}, \boldsymbol{r}_1)] = -\delta(\boldsymbol{r}, \boldsymbol{r}_0), \; \boldsymbol{r} \in \Omega, \; \boldsymbol{r}_0 \in \Omega, \; \boldsymbol{r}_1 \notin \Omega, \\ [F(\boldsymbol{r}, \boldsymbol{r}_0) + g(\boldsymbol{r}, \boldsymbol{r}_1)] |_{\Sigma} = 0. \end{cases}$$

显然，$F(\boldsymbol{r}, \boldsymbol{r}_0) + g(\boldsymbol{r}, \boldsymbol{r}_1)$ 和就是式(14.22)的解.

$F(\boldsymbol{r}, \boldsymbol{r}_0)$ 是无界区域的 Green 函数，源点一定要在区域 Ω 内，求出 $F(\boldsymbol{r}, \boldsymbol{r}_0)$ 以后就可以知道它在边界 Σ 上的值，在许多情况下 $g(\boldsymbol{r}, \boldsymbol{r}_1)$ 也是无界区域的 Green 函数，但要注意两点：①源点 $\boldsymbol{r}_1$ 不能在区域 Ω 内，②它在边界 Σ 上的值能够抵消 $F(\boldsymbol{r}, \boldsymbol{r}_0)$ 在边界 Σ 上的值.

这样的方法也可以用于二维的情况.

14.3.2　三维半空间的 Dirichlet-Green 函数——电像法

定解问题是

$$\begin{cases} \nabla^2 G(x, y, z; x_0, y_0, z_0) = -\delta(x - x_0)\delta(y - y_0)\delta(z - z_0), \quad z_0 > 0, \; z > 0, \\ G(x, y, z; x_0, y_0, z_0) |_{z=0} = 0, \quad z_0 > 0. \end{cases}$$

$$(14.23)$$

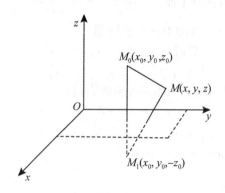

图 14-3

其物理意义是，在源点 $M_0(x_0, y_0, z_0)$ $(z_0 > 0)$ 放置一正的单位点电荷，若保持边界 $z = 0$ 的电势为零(物理实现是接地)，它在上半空间无界区域产生的静电势就是 Dirichlet-Green 函数. 直角坐标中，在源点 $M_0(x_0, y_0, z_0)$ $(z_0 > 0)$ 放置一单位点电荷(见图14-3)，它在无界区域产生的静电势是 Dirichlet-Green 函数，其形式为

$$F(x, y, z; x_0, y_0, z_0) = \frac{1}{4\pi \left[(x - x_0)^2 + (y - y_0)^2 + (z - z_0)^2 \right]^{\frac{1}{2}}},$$

若要能够抵消它在 $z = 0$ 上的值，则应该在源点 $M_1(x_0, y_0, -z_0)$ $(z_0 > 0)$ 放置一负的点电荷，相应的无界区域 Dirichlet-Green 函数是

$$g(x,\ y,\ z;\ x_0,\ y_0,\ -z_0) = \frac{-1}{4\pi\left[(x-x_0)^2+(y-y_0)^2+(z+z_0)^2\right]^{\frac{1}{2}}},$$

因为 $z_0 > 0$，所以 $M_0(x_0,\ y_0,\ z_0)$ 在上半平面，$M_1(x_0,\ y_0,\ -z_0)$ 在下半平面，$g(x,\ y,\ z;\ x_0,\ y_0,\ -z_0)$ 符合上面规定的两点要求. 三维半无界空间的 Dirichlet-Green 函数应该是

$$G(x,\ y,\ z;\ x_0,\ y_0,\ z_0) = \frac{1}{4\pi\left[(x-x_0)^2+(y-y_0)^2+(z-z_0)^2\right]^{\frac{1}{2}}}$$

$$-\frac{1}{4\pi\left[(x-x_0)^2+(y-y_0)^2+(z+z_0)^2\right]^{\frac{1}{2}}},\quad z_0>0,$$

$M_1(x_0,\ y_0,\ -z_0)$ 和 $M_0(x_0,\ y_0,\ z_0)$ 是关于 $z=0$ 的平面的对称点，如果将 $z=0$ 的平面想象成平面镜，$M_1(x_0,\ y_0,\ -z_0)$ 就是 $M_0(x_0,\ y_0,\ z_0)$ 的像点. 所以求解过程的物理意义是，在 $M_0(x_0,\ y_0,\ z_0)$ 放一个单位正电荷，以 $z=0$ 为镜面，在它像的位置 $M_1(x_0,\ y_0,\ -z_0)$ 放一个单位负电荷，它们共同产生的静电势就是 Dirichlet-Green 函数. 这种方法称为**电像法**，又称为镜像法.

利用 Dirichlet 积分公式可以解 Dirichlet 问题，见式(14.7)，但要注意，因为 $z_0 > 0$，上半空间的边界的外法线方向和 z 轴正向相反，所以 $\dfrac{\partial G}{\partial n} = -\dfrac{\partial G}{\partial z}$.

例 14.1　求解半空间 $z > 0$ 的 Dirichlet 问题：

$$\begin{cases} \nabla^2 u(x,\ y,\ z)=0,\quad z>0, \\ u(x,\ y,\ z)\big|_{z=0}=f(x,\ y). \end{cases}$$

解　此定解问题对应的 Dirichlet-Green 函数满足：

$$\begin{cases} \nabla^2 G(x,\ y,\ z;\ x_0,\ y_0,\ z_0)=-\delta(\boldsymbol{r}-\boldsymbol{r}_0)=-\delta(x-x_0)\delta(y-y_0)\delta(z-z_0),\quad z>0, \\ G(x,\ y,\ z;\ x_0,\ y_0,\ z_0)\big|_{z=0}=0. \end{cases}$$

上半空间 $z>0$ 的 Dirichlet-Green 函数是

$$G(x,\ y,\ z;\ x_0,\ y_0,\ z_0) = \frac{1}{4\pi\left[(x-x_0)^2+(y-y_0)^2+(z-z_0)^2\right]^{\frac{1}{2}}}$$

$$-\frac{1}{4\pi\left[(x-x_0)^2+(y-y_0)^2+(z+z_0)^2\right]^{\frac{1}{2}}},$$

则

$$\frac{\partial G(\boldsymbol{r},\ \boldsymbol{r}_0)}{\partial \boldsymbol{n}_0}\bigg|_{\Sigma} = -\frac{\partial G(x,\ y,\ z;\ x_0,\ y_0,\ z_0)}{\partial z_0}\bigg|_{z_0=0}$$

$$= -\frac{z}{2\pi\left[(x-x_0)^2+(y-y_0)^2+z^2\right]^{\frac{3}{2}}},$$

代入式(14.7)，并注意方程为齐次的，得到

$$u(x,\ y,\ z) = \frac{1}{2\pi}\int_{-\infty}^{\infty}\int_{-\infty}^{\infty}f(x_0,\ y_0)\frac{z}{\left[(x-x_0)^2+(y-y_0)^2+z^2\right]^{\frac{3}{2}}}\mathrm{d}x_0\mathrm{d}y_0,$$

称为半空间的 Poisson 积分公式.

14.3.3　球域的 Dirichlet-Green 函数

在半径为 a 的球内，Dirichlet-Green 函数满足的定解条件是

$$\begin{cases} \nabla^2 G(\boldsymbol{r}, \boldsymbol{r}_0) = -\delta(\boldsymbol{r} - \boldsymbol{r}_0), & |\boldsymbol{r}| < a, \ |\boldsymbol{r}_0| < a, \\ G(\boldsymbol{r}, \boldsymbol{r}_0)|_{|\boldsymbol{r}|=a} = 0. \end{cases} \tag{14.24}$$

它的物理意义是，在球内 $\boldsymbol{r}_0$ 处放一个正的单位点电荷，球面接地以后球内的静电势就是 $G(\boldsymbol{r}, \boldsymbol{r}_0)$.

使球面电势为零的一个等效方法是，除了球内 $M_0(r_0, \theta_0, \varphi_0)$ 处的点源外，在球外 $M_1(r_1, \theta_1, \varphi_1)$ 还有一个像电荷（电量为 q_1 的负点电荷），如图 14-4(a) 所示. 我们现在来确定像电荷 q_1 的大小和它的位置.

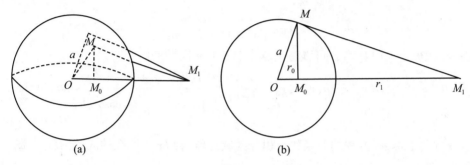

图 14-4

$G(\boldsymbol{r}, \boldsymbol{r}_0)$ 由无界区域的 Green 函数 $F(\boldsymbol{r}, \boldsymbol{r}_0)$ 和 $g(\boldsymbol{r}, \boldsymbol{r}_1)$ 组成，在球内 $M_0(r_0, \theta_0, \varphi_0)$ 点放置一个正的单位点电荷，在球内 $M(r, \theta, \varphi)$ 点的静电势是

$$F(\boldsymbol{r}, \boldsymbol{r}_0) = \frac{1}{4\pi |\boldsymbol{r} - \boldsymbol{r}_0|} = \frac{1}{4\pi} \frac{1}{M_0 M},$$

在球外 $M_1(r_1, \theta_1, \varphi_1)$ 点放置一个带电量为 q_1 的负点电荷，在球内 $M(r, \theta, \varphi)$ 点的静电势是

$$g(\boldsymbol{r}, \boldsymbol{r}_1) = \frac{-q_1}{4\pi |\boldsymbol{r} - \boldsymbol{r}_1|} = \frac{1}{4\pi} \frac{-q_1}{M M_1},$$

$M_1(r_1, \theta_1, \varphi_1)$ 应该是 $M_0(r_0, \theta_0, \varphi_0)$ 关于球面的像，所以 O、M_0 和 M_1 在一条直线上，如图 14-4(b) 所示. 根据几何光学成像的原理，有关系式：

$$r_0 r_1 = a^2, \qquad OM_0 \cdot OM_1 = a^2,$$

在球面几何成像中像要发生形变，所以放置在 M_1 点的再不是负的单位点电荷，q_1 待定.

要求的 Dirichlet-Green 函数是

$$G(\boldsymbol{r}, \boldsymbol{r}_0) = F(\boldsymbol{r}, \boldsymbol{r}_0) + g(\boldsymbol{r}, \boldsymbol{r}_1) = \frac{1}{4\pi} \frac{1}{M M_0} - \frac{q_1}{4\pi} \frac{1}{M M_1}.$$

在球面上电势为零，可以求得 $q_1 = \dfrac{a}{r_0}$. 利用余弦定理和 $r_0 r_1 = a^2$，球内的 Dirichlet-Green 函数是

$$G(\boldsymbol{r}, \boldsymbol{r}_0) = \frac{1}{4\pi} \cdot \frac{1}{\sqrt{r_0^2 + r^2 - 2r_0 r \cos\gamma}} - \frac{1}{4\pi} \frac{a}{\sqrt{a^4 + r_0^2 r^2 - 2a^2 r_0 r \cos\gamma}},$$

其中，r 和 r_0 的夹角是 γ，这也是 r 和 r_1 的夹角.

根据球坐标的定义

$$r_0 = r_0\sin\theta_0\cos\varphi_0\mathbf{i} + r_0\sin\theta_0\sin\varphi_0\mathbf{j} + r_0\cos\theta_0\mathbf{k},$$

$$r = r\sin\theta\cos\varphi\mathbf{i} + r\sin\theta\cos\varphi\mathbf{j} + r\cos\theta\mathbf{k},$$

可以求得

$$\cos\gamma = \frac{r_0 \cdot r}{r_0 r} = \cos\theta_0\cos\theta + \sin\theta_0\sin\theta\cos(\varphi_0 - \varphi),$$

在球面上，球内外法线方向与径向相同，Green 函数沿外法线的方向导数

$$\left.\frac{\partial G}{\partial r_0}\right|_{r_0=a} = \frac{1}{4\pi a}\frac{r^2 - a^2}{(a^2 + r^2 - 2ar\cos\gamma)^{\frac{3}{2}}},$$

利用 Green 积分公式（14.7），可以写出球内 Dirichlet 问题的解.

$$u(r,\ \theta,\ \varphi) = \iiint\limits_{\Omega} G(r,\ r_0)h(r_0)d\,r_0 + \frac{a}{4\pi}\int_0^{2\pi}\int_0^{\pi}\frac{f(\theta_0,\ \varphi_0)(a^2 - r^2)}{(a^2 + r^2 - 2ar\cos\gamma)^{\frac{3}{2}}}\sin\theta_0 d\theta_0 d\varphi_0.$$

$$(14.25)$$

式中，$h(r_0)$ 是 Poisson 方程的源函数，积分区域是球内 $h(r_0)$ 所在的区域，$f(\theta_0,\ \varphi_0)$ 是球面的边界条件.

在图 14-4 中，将 $F(r,\ r_0)$ 的源点 M_0 和 $g(r,\ r_1)$ 的源点 M_1 交换一下，注意 $\dfrac{\partial G}{\partial \mathbf{n}} = -\left.\dfrac{\partial G}{\partial r_0}\right|_{|r_0|=a}$，就可以求得球外 Dirichlet 问题的解.

在第 12 章中曾经利用 Legendre 多项式求解过球内和球外的 Dirichlet 问题，但是仅仅讨论的是轴对称无源问题，在本章中利用不长的篇幅解决了不是轴对称的有源问题. 可以证明，在轴对称情况下，两者的解是相同的.

例 14.2　求解球内 Dirichlet 问题：

$$\begin{cases} \nabla^2 u(r) = 0, & |r| < a, \\ u(r)\big|_{|r|=a} = g(M). \end{cases}$$

解　此定解问题对应的 Dirichlet-Green 函数满足：

$$\begin{cases} \nabla^2 G(r,\ r_0) = -\delta(r - r_0), & |r| < a,\ |r_0| < a, \\ G(r,\ r_0)\big|_{|r|=a} = 0. \end{cases}$$

球内的 Dirichlet-Green 函数是

$$G(r,\ r_0) = \frac{1}{4\pi}\cdot\frac{1}{\sqrt{r_0^2 + r^2 - 2r_0 r\cos\gamma}} - \frac{1}{4\pi}\frac{a}{\sqrt{a^4 + r_0^2 r^2 - 2a^2 r_0 r\cos\gamma}},$$

则

$$\left.\frac{\partial G(r,\ r_0)}{\partial \mathbf{n}_0}\right|_{\Sigma} = \left.\frac{\partial G(r,\ r_0)}{\partial r_0}\right|_{r_0=a} = \frac{1}{4\pi a}\cdot\frac{r^2 - a^2}{(r^2 + a^2 - 2ar\cos\gamma)^{3/2}},$$

代入式（14.7），得到球内 Dirichlet 问题的解为

$$u(r,\ \theta,\ \varphi) = -\oiint\limits_{\Sigma} g(r_0)\frac{\partial G(r,\ r_0)}{\partial \mathbf{n}_0}d\sigma_0$$

$$= \frac{a}{4\pi} \int_0^{2\pi} \int_0^{\pi} g(\theta_0, \varphi_0) \frac{r^2 - a^2}{(r^2 + a^2 - 2ar\cos\gamma)^{3/2}} \sin\theta_0 \mathrm{d}\theta_0 \mathrm{d}\varphi_0,$$

该式称为球的 Poisson 积分公式.

14.3.4 二维半无界区域的 Dirichlet-Green 函数

定解问题是

$$\begin{cases} \nabla^2 G(x, y; x_0, y_0) = -\delta(x - x_0)\delta(y - y_0), & y_0 > 0, \ y > 0, \\ G(x, y; x_0, y_0) \big|_{y=0} = 0. \end{cases} \tag{14.26}$$

这个定解问题的物理意义是，如图 14-5 所示，在 $y > 0$ 的 $M_0(x_0, y_0)$ 点放置一个正单位点源(线密度为 $\lambda = 1$ 的平行于 z 轴的无线长的线电荷)，它激发的静电势必须在边界 $y = 0$ 上有第一类齐次边界条件，即静电势为零.

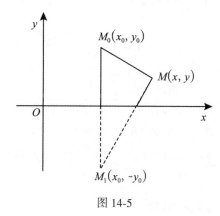

图 14-5

源点在 $M_0(x_0, y_0)$ 的二维无界的 Dirichlet-Green 函数是

$$F(x, y; x_0, y_0) = \frac{1}{2\pi} \ln \frac{1}{[(x - x_0)^2 + (y - y_0)^2]^{\frac{1}{2}}},$$

源点的像点是 $M_1(x_0, -y_0)$，它在二维无界的 Dirichlet-Green 函数是

$$g(x, y; x_0, -y_0) = -\frac{1}{2\pi} \ln \frac{1}{[(x - x_0)^2 + (y + y_0)^2]^{\frac{1}{2}}}.$$

当 $y = 0$ 时，也即在上半平面的边界上，为了满足 $F(x, y; x_0, y_0) + g(x, y; x_0, -y_0) = 0$，放置在 $(x_0, -y_0)$ 的应该是负单位点源(线密度为 $\lambda = -1$ 的平行于 z 轴的无线长的线电荷).

$M_1(x_0, -y_0)$ 是 $M_0(x_0, y_0)$ 关于 $y = 0$ 的对称点，如果将 $y = 0$ 想象成镜面，$M_1(x_0, -y_0)$ 是 $M_0(x_0, y_0)$ 的像. 在 $M_0(x_0, y_0)$ 放一正单位线电荷，在 $M_1(x_0, -y_0)$ 放一负单位线电荷，它们在无界区域产生的静电势之和就是要求的 Dirichlet-Green 函数

$$G(x, y; x_0, y_0) = \frac{1}{2\pi} \ln \frac{1}{[(x - x_0)^2 + (y - y_0)^2]^{\frac{1}{2}}} - \frac{1}{2\pi} \ln \frac{1}{[(x - x_0)^2 + (y + y_0)^2]^{\frac{1}{2}}}$$

$$= \frac{1}{4\pi} \ln \frac{(x-x_0)^2 + (y+y_0)^2}{(x-x_0)^2 + (y-y_0)^2}.$$

利用二维 Dirichlet 积分公式可以解决二维的 Dirichlet 问题，见式（14.8），区域 $y > 0$ 的边界是 $y = 0$，它的外法线方向和 y 轴的正方向相反，在计算时有 $\dfrac{\partial G}{\partial n} = -\dfrac{\partial G}{\partial y}$.

例 14.3　求解上半平面 $y > 0$ 的 Dirichlet 问题：

$$\begin{cases} \nabla^2 u(x, y) = 0, & y > 0, \\ u(x, y)\big|_{y=0} = f(x). \end{cases}$$

解　此定解问题对应的 Dirichlet-Green 函数满足：

$$\begin{cases} \nabla^2 G(x, y; x_0, y_0) = -\delta(x-x_0)\delta(y-y_0), & y > 0, \\ G(x, y; x_0, y_0)\big|_{y=0} = 0. \end{cases}$$

上半平面 $y > 0$ 的 Dirichlet-Green 函数是

$$G(x, y; x_0, y_0) = \frac{1}{2\pi} \ln \frac{1}{\left[(x-x_0)^2 + (y-y_0)^2\right]^{\frac{1}{2}}} - \frac{1}{2\pi} \ln \frac{1}{\left[(x-x_0)^2 + (y+y_0)^2\right]^{\frac{1}{2}}},$$

则

$$\frac{\partial G}{\partial \boldsymbol{n}_0}\bigg|_{y_0=0} = -\frac{\partial G}{\partial y_0}\bigg|_{y_0=0} = -\frac{y}{\pi\left[(x-x_0)^2 + y^2\right]},$$

代入式（14.8），得到上半平面 $y > 0$ 的 Dirichlet 问题的解为

$$u(x, y) = -\oint_l f(x_0) \frac{\partial G(x, y, x_0, y_0)}{\partial \boldsymbol{n}_0} \mathrm{d}x_0 = \frac{y}{\pi} \int_{-\infty}^{\infty} \frac{f(x_0)}{(x-x_0)^2 + y^2} \mathrm{d}x_0, \quad y > 0.$$

14.3.5　圆域的 Dirichlet-Green 函数

在半径为 a 的圆内，Dirichlet-Green 函数满足的定解条件是

$$\begin{cases} \nabla^2 G(\boldsymbol{\rho}, \boldsymbol{\rho}_0) = -\delta(\boldsymbol{\rho} - \boldsymbol{\rho}_0), & |\boldsymbol{\rho}| < a, \ |\boldsymbol{\rho}_0| < a, \\ G(\boldsymbol{\rho}, \boldsymbol{\rho}_0)\big|_{|\boldsymbol{\rho}|=a} = 0, \end{cases} \tag{14.27}$$

它的物理意义是，在圆内 $\boldsymbol{\rho}_0$ 处放一个正单位点源（线密度为 $\lambda = 1$ 的平行于 z 轴的无限长的线电荷），圆周接地以后圆内的静电势就是 $G(\boldsymbol{\rho}, \boldsymbol{\rho}_0)$.

如图 14-6 所示，有 3 个点 $M_0(\rho_0, \varphi_0)$、$M_1(\rho_1, \varphi_1)$ 和 $M(\rho, \varphi)$，分别为源点、像点和场点. $G(\boldsymbol{\rho}, \boldsymbol{\rho}_0)$ 由源点和像点在无界区域的 Green 函数 $F(\boldsymbol{\rho}, \boldsymbol{\rho}_0)$ 和 $g(\boldsymbol{\rho}, \boldsymbol{\rho}_1)$ 组成，在圆内 $M_0(\rho_0, \varphi_0)$ 点放置一个正单位点源，在圆内场点 $M(\rho, \varphi)$ 产生的静电势是

$$F(\boldsymbol{\rho}, \boldsymbol{\rho}_0) = \frac{1}{2\pi} \ln \frac{1}{|\boldsymbol{\rho} - \boldsymbol{\rho}_0|} = \frac{1}{2\pi} \ln \frac{1}{r_{M_0 M}}.$$

在圆外 $M_1(\rho_1, \varphi_1)$ 点放置一个带电量为 λ 的点源（线密度为 λ 的平行于 z 轴的无限长的线电荷，为什么不是 $\lambda = -1$ 的负单位点源），则它在圆内场点 $M(\rho, \varphi)$ 产生的静电势是

$$g(\boldsymbol{\rho}, \boldsymbol{\rho}_1) = \frac{1}{2\pi} \ln \frac{\lambda}{|\boldsymbol{\rho} - \boldsymbol{\rho}_1|} = \frac{1}{2\pi} \ln \frac{1}{r_{MM_1}} + C,$$

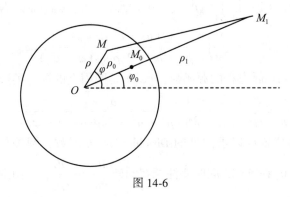

图 14-6

源电荷和像电荷产生的电势使圆周上叠加电势为零，我们现在来确定像电荷 λ 的大小和它的位置 M_1. 由电像法可知，$M_1(\rho_1,\varphi_1)$ 应该是 $M_0(\rho_0,\varphi_0)$ 关于圆周的像，所以 M_1 应该在原点 O 和 M_0 的延长线上，根据光学成像的原理，有关系式：

$$\rho_0\rho_1 = a^2, \qquad OM_0 \cdot OM_1 = a^2,$$

由于要保持圆周上电势为零，所以放置在 M_1 点的不再是负的单位点源，带电量 λ 待定.

要求的 Dirichlet-Green 函数是

$$G(\boldsymbol{\rho},\boldsymbol{\rho}_0) = F(\boldsymbol{\rho},\boldsymbol{\rho}_0) + g(\boldsymbol{\rho},\boldsymbol{\rho}_1) = \frac{1}{2\pi}\ln\frac{1}{r_{M_0M}} + \frac{1}{2\pi}\ln\frac{\lambda}{r_{MM_1}}.$$

利用第一类齐次边界条件求像电荷 λ，如图 14-6 所示，当 M 在图的边界圆周上时，利用 $OM_0 \cdot OM_1 = a^2$（见图 14-4(b)），可以证明图 14-6 中 $\triangle OM_0M \sim \triangle OMM_1$，

$$\frac{MM_1}{M_0M} = \frac{OM}{OM_0} = \frac{a}{\rho_0},$$

为了满足 $G(\boldsymbol{\rho},\boldsymbol{\rho}_0)\big|_{|\boldsymbol{\rho}|=a} = \frac{1}{2\pi}\ln\frac{1}{r_{M_0M}} - \frac{1}{2\pi}\ln\frac{\lambda}{r_{MM_1}} = 0$，即

$$G(\boldsymbol{\rho},\boldsymbol{\rho}_0)\big|_{|\boldsymbol{\rho}|=a} = \frac{1}{2\pi}\ln\left(\lambda^{-1}\frac{MM_1}{M_0M}\right) = 0,$$

得到 $\lambda = a/\rho_0$.

利用余弦定理和 $\rho_0\rho_1 = a^2$，圆内的 Dirichlet-Green 函数是

$$G(\boldsymbol{\rho},\boldsymbol{\rho}_0) = G(\rho,\varphi;\rho_0,\varphi_0) = \frac{1}{2\pi}\ln\frac{\rho_0}{a}\frac{MM_1}{MM_0}$$

$$= \frac{1}{2\pi}\ln\left[\frac{\rho_0}{a}\frac{\rho^2+\rho_1^2-2\rho p_1\cos(\varphi-\varphi_0)}{\rho^2+\rho_0^2-2\rho\rho_0(\varphi-\varphi_0)}\right]$$

$$= \frac{1}{4\pi}\ln\left[\frac{1}{a^2}\frac{a^4+\rho^2\rho_0^2-2\rho\rho_0\alpha^2\cos(\varphi-\varphi_0)}{\rho^2+\rho_0^2-2\rho\rho_0\cos(\varphi-\varphi_0)}\right],$$

$\boldsymbol{\rho}$ 和 $\boldsymbol{\rho}_0$ 的夹角是 $\varphi-\varphi_0$，这也是 $\boldsymbol{\rho}$ 和 $\boldsymbol{\rho}_1$ 的夹角.

利用二维 Green 积分公式，见式(14.8)，圆内 Dirichlet 问题的积分解是

$$u(\rho,\ \varphi) = \int_0^{2\pi}\int_0^a G(\rho,\ \varphi;\ \rho_0,\ \varphi_0)h(\rho_0,\ \varphi_0)\rho_0\mathrm{d}\rho_0\mathrm{d}\varphi_0$$

$$+ \frac{1}{2\pi}\int_0^{2\pi}\frac{(a^2-\rho^2)f(\varphi_0)}{\rho^2+a^2-2a\rho\cos(\varphi-\varphi_0)}\mathrm{d}\varphi_0, \tag{14.28}$$

式中，$h(\rho_0,\ \varphi_0)$ 是 Poisson 方程的源函数，$f(\varphi_0)$ 是圆周上的第一类边界条件. 其中，

$$\frac{\partial G}{\partial n} = \frac{\partial G}{\partial \rho_0}\bigg|_{\rho_0=a} = \frac{1}{2\pi a}\frac{\rho^2-a^2}{\rho^2+a^2-2a\rho\cos(\varphi-\varphi_0)}.$$

交换 M_0 和 M_1 的位置可以求圆外的 Dirichlet-Green 函数，圆外是定解问题成立的区域，所以 M_0 在圆外，M_1 在圆内. 同时要注意在圆外 $\frac{\partial G}{\partial n} = -\frac{\partial G}{\partial \rho_0}$，利用同样的方法可以求得圆外 Dirichlet 问题的积分解.

我们在 3.4.3 节中利用 Cauchy 积分公式导出了圆域的 Poisson 积分公式即式(3.30)，它和式(14.28)右边的第二项相等，是齐次方程的解。在 13.1.2 节圆域的 Dirichlet 问题中曾经利用本征函数讨论过齐次方程的 Dirichlet 问题的解，当时得到是级数解(见式(13.9))，可以证明它和式(14.28)右边的第二项相等，当时没有讨论非齐次方程的情况，现在可以利用 Green 函数求解非齐次方程的定解问题.

习 题 十 四

(一)

14.1　求解下半平面的 Dirichlet 问题的解：
$$\begin{cases}\nabla^2 u(x,\ y)=0, & y<0,\\ u(x,\ 0)=f(x).\end{cases}$$

14.2　求解下半空间 Dirichlet 问题的解：
$$\begin{cases}\nabla^2 u(x,\ y,\ z)=0, & z<0,\\ u(x,\ y,\ 0)=f(x,\ y).\end{cases}$$

(二)

14.3　求解四分之一平面的 Dirichlet-Green 函数.

14.4　求解四分之一平面的 Dirichlet 问题的解：
$$\begin{cases}\dfrac{\partial^2 u(x,\ y)}{\partial x^2}+\dfrac{\partial^2 u(x,\ y)}{\partial y^2}=0, & 0\le x<\infty,\ 0\le y<\infty,\\ u(0,\ y)=f(y), & 0\le y<\infty,\\ u(x,\ 0)=0, & 0\le x<\infty.\end{cases}$$

14.5　求上半圆域的 Dirichlet-Green 函数.

14.6　求上半球域的 Dirichlet-Green 函数.

14.7　求解圆的 Dirichlet 问题的解：

$$\begin{cases} \dfrac{\partial^2 u(x,\ y)}{\partial x^2} + \dfrac{\partial^2 u(x,\ y)}{\partial y^2} = - xy, & \rho < a, \\ u\big|_{\rho=a} = 0. \end{cases}$$

14.8 求一维亥姆霍兹方程在无界空间的格林函数 $G(x,\ x_0)$.

14.9 试用格林函数法求解拉普拉斯方程圆内的第一边值问题:

$$\begin{cases} \nabla^2 u = 0, \\ u\big|_{\rho=R} = f(\varphi). \end{cases}$$

并证明其解与第 13 章级数解式(13.9)一致.

14.10 设在均匀的半空间的边界上保持定常温度,在圆域 $k = x^2 + y^2 < 1$ 内等于 1,而在其外等于 0,求在上半空间内温度的稳定分布.

14.11 设有半径为 R 的均匀球,若上半球面的温度保持为 0℃,下半球面的温度保持为 1℃,求球内温度的稳定分布.

附录一　Fourier 变换表

序号	原函数	像函数	注释
	$f(x) = \dfrac{1}{2\pi}\displaystyle\int_{-\infty}^{\infty} F(\omega)\,\mathrm{e}^{\mathrm{i}\omega x}\mathrm{d}\omega$	$F(\omega) = \displaystyle\int_{-\infty}^{\infty} f(x)\,\mathrm{e}^{-\mathrm{i}\omega x}\mathrm{d}x$	
1	1	$2\pi\delta(\omega)$	
2	$\delta(x)$	1	
3	$H(x)$	$\dfrac{1}{\mathrm{i}\omega} + \pi\delta(\omega)$	
4	$\mathrm{sgn}(x)$	$\dfrac{2}{\mathrm{i}\omega}$	
5	$|x|$	$-\dfrac{2}{\omega^2}$	
6	$\dfrac{1}{x}$	$-\mathrm{i}\pi\mathrm{sgn}(\omega)$	
7	$\dfrac{1}{|x|}$	$\dfrac{\sqrt{2\pi}}{|\omega|}$	
8	$\dfrac{1}{\sqrt{|x|}}$	$\sqrt{\dfrac{2\pi}{|\omega|}} = \dfrac{1}{\sqrt{|f|}}$	
9	x^n	$2\pi\mathrm{i}^n\delta^{(n)}(\omega)$	
10	$\sin ax^2$	$\sqrt{\dfrac{\pi}{a}}\cos\left(\dfrac{\omega^2}{4a} + \dfrac{\pi}{4}\right)$	
11	$\cos ax^2$	$\sqrt{\dfrac{\pi}{a}}\cos\left(\dfrac{\omega^2}{4a} - \dfrac{\pi}{4}\right)$	
12	$\mathrm{e}^{-a|x|}\,(\mathrm{Re}\,a > 0)$	$\dfrac{2a}{a^2 + \omega^2}$	
13	$\mathrm{e}^{-ax^2}\,(\mathrm{Re}\,a > 0)$	$\sqrt{\dfrac{\pi}{a}}\,\mathrm{e}^{-\frac{\omega^2}{4a}}$	
14	$\dfrac{1}{a^2 + x^2}\,(\mathrm{Re}\,a < 0)$	$-\dfrac{\pi}{a}\mathrm{e}^{a|\omega|}$	

序号	原函数	像函数	注释
	$f(x) = \dfrac{1}{2\pi}\displaystyle\int_{-\infty}^{\infty} F(\omega)\,\mathrm{e}^{\mathrm{i}\omega x}\mathrm{d}\omega$	$F(\omega) = \displaystyle\int_{-\infty}^{\infty} f(x)\,\mathrm{e}^{-\mathrm{i}\omega x}\mathrm{d}x$	
15	$\dfrac{1}{(a^2+x^2)^2}\ (\mathrm{Re}\ a < 0)$	$\dfrac{\mathrm{i}\omega\pi}{2a}\mathrm{e}^{a\,\lvert\omega\rvert}$	
16	$\delta_T(x) = \displaystyle\sum_{n=-\infty}^{\infty} \delta(x - nT)$	$\dfrac{2\pi}{T}\displaystyle\sum_{n=-\infty}^{\infty}\delta\left(\omega - n\,\dfrac{2\pi}{T}\right)$	
17	$\dfrac{\sin bx}{a^2+x^2}\ (\mathrm{Re}\ a < 0)$	$-\dfrac{\pi}{2a}(\mathrm{e}^{a\,\lvert\omega-b\rvert} + \mathrm{e}^{a\,\lvert\omega+b\rvert})$	
18	$\dfrac{\cos bx}{a^2+x^2}\ (\mathrm{Re}\ a < 0)$	$\dfrac{\mathrm{i}\pi}{2a}(\mathrm{e}^{a\,\lvert\omega-b\rvert} - \mathrm{e}^{a\,\lvert\omega+b\rvert})$	

附录二　Laplace 变换表

序号	原函数	像函数
	$f(t) = \dfrac{1}{2\pi \mathrm{i}} \displaystyle\int_{\beta-\mathrm{i}\infty}^{\beta+\mathrm{i}\infty} F(p)\,\mathrm{e}^{pt}\mathrm{d}p$	$F(p) = \displaystyle\int_{-\infty}^{\infty} f(t)\,\mathrm{e}^{-pt}\mathrm{d}t$
1	$\delta(t)$	1
2	t^n（n 为整数）	$\dfrac{n!}{p^{n+1}}$
3	$t^\alpha \ \alpha > -1$	$\dfrac{\Gamma(\alpha+1)}{p^{\alpha+1}}$
4	e^{-at}	$\dfrac{1}{p+a}$
5	$\delta_T(t) = \displaystyle\sum_{n=0}^{\infty} \delta(t-nT)$	$\dfrac{1}{1-\mathrm{e}^{-Tp}}$
6	$\sin\omega t$	$\dfrac{\omega}{p^2+\omega^2}$
7	$\cos\omega t$	$\dfrac{p}{p^2+\omega^2}$
8	$\mathrm{e}^{-at}\sin\omega t$	$\dfrac{\omega}{(p+a)^2+\omega^2}$
9	$\mathrm{e}^{-at}\cos\omega t$	$\dfrac{p+a}{(p+a)^2+\omega^2}$
10	$a^{t/T}$	$\dfrac{1}{p-(1/T)\ln a}$
11	$J_0(at)$	$\dfrac{1}{\sqrt{p^2+a^2}}$
12	$J_n(t)$	$\dfrac{\left(\sqrt{p^2+1}-p\right)^n}{\sqrt{p^2+1}}$
13	$J_0(2\sqrt{at})$	$\dfrac{1}{p}\mathrm{e}^{-a/p}$

序号	原函数 $f(t) = \dfrac{1}{2\pi i}\displaystyle\int_{\beta-i\infty}^{\beta+i\infty} F(p)\,e^{pt}\mathrm{d}p$	像函数 $F(p) = \displaystyle\int_{-\infty}^{\infty} f(t)\,e^{-pt}\mathrm{d}t$
14	$\dfrac{1}{\sqrt{\pi t}}$	$\dfrac{1}{\sqrt{p}}$
15	$2\sqrt{\dfrac{t}{\pi}}$	$\dfrac{1}{p\sqrt{p}}$
16	$\dfrac{1}{\sqrt{\pi t}}e^{-a^2/4t}$	$\dfrac{e^{-a\sqrt{p}}}{\sqrt{p}}$
17	$\mathrm{erf}(\sqrt{at})$	$\dfrac{\sqrt{a}}{p\sqrt{p+a}}$
18	$\dfrac{1}{\pi t}\sin\dfrac{1}{2t}$	$\dfrac{1}{\sqrt{p}}e^{-\sqrt{p}}\sin\sqrt{p}$
19	$\dfrac{1}{\pi t}\cos\dfrac{1}{2t}$	$\dfrac{1}{\sqrt{p}}e^{-\sqrt{p}}\cos\sqrt{p}$

附录三　部分习题提示与答案

习　题　一

(一)

1.1 (1) $2\mathrm{e}^{\mathrm{i}\frac{\pi}{3}}\cdot\sqrt{2}\,\mathrm{e}^{\mathrm{i}\frac{\pi}{4}}=2\sqrt{2}\,\mathrm{e}^{\mathrm{i}\frac{7\pi}{12}}$；　　(2) $2\mathrm{e}^{\frac{\pi}{2}\mathrm{i}}/\sqrt{2}\,\mathrm{e}^{\frac{3\pi}{4}\mathrm{i}}=\sqrt{2}\,\mathrm{e}^{-\frac{\pi}{4}\mathrm{i}}$；　　(3) $8\mathrm{e}^{\mathrm{i}\frac{\pi}{2}}$；

(4) -2^{51}；　　(5) $2\mathrm{i}^{n-1}$；　　(6) $2\sin\dfrac{\theta}{2}\,\mathrm{e}^{\mathrm{i}\left(\frac{\pi-\theta}{2}\right)}$ (注意 $\theta\neq 0$)；　　(7) $\mathrm{e}^{19\theta\mathrm{i}}$.

1.2 提示：$z=\cos\theta+\mathrm{i}\sin\theta=\dfrac{1-\tan^{2}\dfrac{\theta}{2}}{1+\tan^{2}\dfrac{\theta}{2}}+\mathrm{i}\,\dfrac{2\tan\dfrac{\theta}{2}}{1+\tan^{2}\dfrac{\theta}{2}}$.

1.3 (1) 提示：等式两边取模；

(2)(3) 提示：若复数等于其共轭复数一定是实数.

1.4 提示：利用 de Moivre 公式计算 x_n、y_n，$x_n+\mathrm{i}y_n=2^{n}\left[\cos\left(-n\dfrac{\pi}{3}\right)+\mathrm{i}\sin\left(-n\dfrac{\pi}{3}\right)\right]$.

1.5 $5(1+i)$；由复数的乘法性质得到.

1.6 提示：由直线方程的一般表达式为 $Ax+By+C=0$，将 $x=\dfrac{z+\bar z}{2}$，$y=\dfrac{z-\bar z}{2i}$ 代入整理.

1.7 (1) 方法 1：利用 $(z_1+z_2)\overline{(z_1+z_2)}=(z_1-z_2)\overline{(z_1-z_2)}$；

方法 2：由 $\left|\dfrac{z_1}{z_2}+1\right|=\left|\dfrac{z_1}{z_2}-1\right|$ 的几何意义.

(2) 由过原点的直线方程和垂直的条件 (斜率乘积为 -1) 证明.

1.8 提示：利用 $(z_1+z_2)\overline{(z_1+z_2)}+(z_1-z_2)\overline{(z_1-z_2)}$.

几何意义：以 z_1，z_2 为边构成的平行四边形的两条对角线的平方和等于四边长的平方和 (三角形的中线定理).

1.9 利用几何关系.

1.10 不失一般性，设 $z_1=1$，则 $z_2=\mathrm{e}^{\mathrm{i}\theta_2}$，$z_3=\mathrm{e}^{\mathrm{i}\theta_3}$，由 $z_1+z_2+z_3=0$ 计算 θ_2，θ_3.

1.11 利用复矢量的性质，或者 x，y 的平面方程.

(1) 直线，a 点和 b 点连线的垂直平分线；

(2) $c>a$ 时，椭圆，焦点为 $\pm a/2$；

(3)抛物线，$y^2 + 2(b - a)x + (a^2 - b^2) = 0$；

(4)直线，x 轴线；圆，圆心 $\dfrac{a + b}{2}$，半径 $\left(\dfrac{a - b}{2}\right)^2$.

1.12　(1)圆环域，有界；　(2)条形区域，无界；　(3)角形区域，无界；

(4)椭圆及内部，有界；　(5)$x \geqslant 0$ 平面，无界；　(6)双曲线 $x^2 - y^2 \leqslant 1$，无界；

(7)右半平面圆周(圆心为 $(-1, 0)$，半径为 $\sqrt{2}$)的外部，即 $(x + 1)^2 + y^2 > 2$ 和
$x < 0$，无界.

1.13　$n = 4k$　$(k = 0, \pm 1, \pm 2, \cdots)$.

1.14　利用 de Moivre 公式计算.

1.15　提示：将分式函数分母实数化，化简；$\mathrm{i}\cot\dfrac{\theta}{2} = \cot\dfrac{\theta}{2}\mathrm{e}^{\mathrm{i}\frac{\pi}{2}}$，$\cot^n\dfrac{\theta}{2}\mathrm{e}^{\mathrm{i}n\frac{\pi}{2}}$.

1.16　(1) $z_k = (-8)^{\frac{1}{3}} = 2\mathrm{e}^{\mathrm{i}\frac{\pi + 2k\pi}{3}}(k = 0, 1, 2)$，$z_1 = 1 + \sqrt{3}i$，$z_2 = -2$，$z_3 = 1 - \sqrt{3}i$；

(2) $z_k = (-1 + \sqrt{3}i)^{\frac{1}{3}} = (2\mathrm{e}^{\frac{2\pi\mathrm{i}}{3}})^{\frac{1}{3}} = \sqrt[3]{2}\,\mathrm{e}^{\mathrm{i}\frac{\frac{2\pi}{3} + 2k\pi}{3}}$　$(k = 0, 1, 2)$；

(3)$z_k = (-1)^{1/4} = \mathrm{e}^{\mathrm{i}\frac{\pi + 2k\pi}{4}}(k = 0, 1, 2, 3)$，$z_1 = \dfrac{\sqrt{2}}{2}(1 + i)$，$z_2 = \dfrac{\sqrt{2}}{2}(-1 + i)$，

$z_3 = -\dfrac{\sqrt{2}}{2}(1 + i)$，$z_4 = \dfrac{\sqrt{2}}{2}(1 - i)$；

(4) $z_1 = 1 - i$，$z_2 = 2 - i$；

(5) $z_1 = 2\mathrm{i} + 3\mathrm{e}^{-\frac{\pi\mathrm{i}}{4}}$，$z_2 = 2\mathrm{i} + 3\mathrm{e}^{\frac{3\pi\mathrm{i}}{4}}$；

(6)对 $(1 + z)^5 = z^5$，有 $\dfrac{1 + z}{z} = \sqrt[5]{1} = \mathrm{e}^{\frac{2k\pi\mathrm{i}}{5}}(k = 1, 2, 3, 4)$，$z = \dfrac{1}{\mathrm{e}^{\frac{2k\pi\mathrm{i}}{5}} - 1}$，注意

$k \neq 0$，只有 4 个根；

对 $(1 - z)^5 = z^5$，有 $\dfrac{1 - z}{z} = \sqrt[5]{1} = \mathrm{e}^{\frac{2k\pi\mathrm{i}}{5}}(k = 0, 1, 2, 3, 4)$，$z = \dfrac{1}{\mathrm{e}^{\frac{2k\pi\mathrm{i}}{5}} + 1}$.

（二）

1.17　由 $\lim\limits_{z \to 0} f(z)$ 是否存在，考虑沿不同路径趋于 0.

1.19　利用 $\lim\limits_{z \to 0} f(z) = f(0)$，(1)不连续；(2)连续.

1.20　提示：$z\bar{z} + \dfrac{\bar{a}}{A}z + \dfrac{a}{A}\bar{z} + \dfrac{C}{A} = 0$，$\left|z + \dfrac{a}{A}\right|^2 = \dfrac{|a|^2}{A^2} - \dfrac{C}{A}$.

圆心：$z_0 = -\dfrac{a}{A}$，半径：$R = \sqrt{\dfrac{|a|^2 - AC}{A^2}}$.

1.21　$|z - (2 - i)| = 3$.

1.22　圆心：$z_0 = \dfrac{a(1 - r^2)}{1 - |a|^2 r^2}$，半径：$R = \left|\dfrac{|a|^2 - 1}{1 - |a|^2 r^2}\right| r$.

1.23　(1) $u^2 + v^2 = \dfrac{1}{4}$，w 平面上以原点为圆心，半径为 1/2 的圆；

　　　(2) $u = -v$，w 平面上直线；

　　　(3) 提示：利用 $x = \dfrac{z + \bar{z}}{2}$，$\left(u - \dfrac{1}{2}\right)^2 + v^2 = \dfrac{1}{4}$，$w$ 平面上以 $u = \dfrac{1}{2}$ 为圆心，半径为 $\dfrac{1}{2}$ 的圆；

　　　(4) 先将它写成 z 平面的圆方程以后再变换.

　　　w 平面上的直线 $u = \dfrac{1}{2}$.

1.24　利用复矢量的性质. 提示：比较 $|z - a|^2 = |z|^2 + |a|^2 - 2\mathrm{Re}(\bar{a}z)$ 和 $|1 - \bar{a}z|^2$ 的大小.

1.25　提示：利用 $e^{in\theta} = \cos n\theta + i\sin n\theta$.

1.26　最大值：$1 + |a|$；最小值：当 $|a| > 1$ 时，为 $|a| - 1$，当 $|a| \leqslant 1$ 时，为 0.

1.27　对所有 n 的值有 $z = 0$；当 $n = 1$ 时，$z = 1$，当 $n = 2$ 时，z 为全体实数，当 $n \geqslant 3$ 时，$z_k = e^{i\frac{2k\pi}{n}}(k = 0, 1, 2, \cdots, n - 1)$.

1.28　提示：$z^n - 1 = (z - 1)(z - \omega_1)\cdots(z - \omega_{n-1})$，$\omega_k = e^{\frac{2k\pi i}{n}}(k = 0, 1, 2\cdots n - 1)$ 是 $z^n - 1 = 0$ 的根.

1.29　提示：1 的 n 次方根 $\omega_k = e^{\frac{2k\pi i}{n}}(k = 0, 1, 2\cdots n - 1)$ 的和为 0.

1.30　提示：利用 1.28 题的结果，以及利用 $z^{2n} - 1 = 0$，导出 $2^{2(n-1)}\left[\displaystyle\prod_{k=1}^{n-1} \sin\frac{k\pi}{2n}\right]^2 = n$，注意复根共轭出现.

习　题　二

(一)

2.1　(1) 处处可导，且 $\dfrac{dw}{dz} = 2z$；

　　　(2) 处处连续，在 $z = 0$ 点可导，且 $\left.\dfrac{dw}{dz}\right|_{z=0} = 0$，其余点不可导；

　　　(3) 处处连续，处处不可导.

2.2　(1) 在直线 $\sqrt{2}x \pm \sqrt{3}y = 0$ 上可导，处处不解析；

　　　(2) 在原点 $z = 0$ 可导，处处不解析；

　　　(3) 处处可导，解析，$f'(z) = \cos x\, \mathrm{ch} y - i\sin x\, \mathrm{sh} y$；

　　　(4) 在直线 $y = x$ 上可导，处处不解析；

　　　(5) 处处可导，解析；

　　　(6) 在原点 $z = 0$ 和 $z = \dfrac{3}{4} + \dfrac{3}{4}i$ 可导，处处不解析，$f'(0) = 0$，$f'\left(\dfrac{3}{4} + \dfrac{3}{4}i\right) = \dfrac{27}{16}(1 + i)$.

2.3　由偏导数和导数的定义，满足 C-R 方程，但导数不存在.

2.4　(1) $z = 0$，$z = \pm i$，$z = \infty$ 也是奇点；　(2) $z = -1$，$z = \pm i$，$z = \infty$ 也是奇点.

2.5　(1) $z = (2k + 1)\pi i$　$(k = 0, \pm 1, \pm 2, \cdots)$；

(2) $z = \ln 2 + i\left(-\dfrac{2}{3}\pi + 2k\pi\right)$　$(k = 0, \pm 1, \pm 2, \cdots)$；

(3) $z = i$；

(4) $z = \left(\dfrac{\pi}{2} + 2k\pi\right) + 2k'\pi i$　$(k, k' = 0, \pm 1, \pm 2, \cdots)$；

(5) $z = k\pi - \dfrac{\pi}{4}$　$(k = 0, \pm 1, \pm 2, \cdots)$；

(6) $z = k\pi + \dfrac{\pi}{2}$　$(k = 0, \pm 1, \pm 2, \cdots)$；

(7) $z = i\tan\dfrac{k\pi}{n}$，当 n 为偶数时，$k \neq \dfrac{n}{2}$.

2.6　根式函数是 2 值函数，先由条件 $f(0) = \sqrt{3}$ 确定在哪个分支上.

2.7　利用正弦函数的定义证明.

2.8　利用双曲函数的定义证明.

2.9　(2) 若 $b = b_1 + ib_2$，则只要 b_1 为整数即可 (正整数、零、负整数).

2.10　(1) 利用 $w = \text{Arctan}z$，$z = \tan w = \dfrac{e^{iw} - e^{-iw}}{i(e^{iw} + e^{-iw})}$，解出 e^{iw}，

$$\text{Arctan}z = -\frac{i}{2}\text{Ln}\frac{1 + iz}{1 - iz}　(z \neq \pm i);$$

(2) $\text{Arcsh}z = \text{Ln}(z + \sqrt{z^2 + 1})$.

2.11　利用函数的定义式验证.

2.13　(1) $e^{i\frac{-\frac{1}{2}\pi + 2k\pi}{n}}$　$(k = 0, 1, 2, \cdots, n - 1)$；

(2) $\sqrt[10]{8}\, e^{i\frac{\frac{3}{4}\pi + 2k\pi}{5}}$　$(k = 0, 1, 2, 3, 4)$；

(3) $\ln 5 + i\left[\pi - \arctan\dfrac{4}{3} + 2k\pi\right]$　$(k = 0, \pm 1, \pm 2, \cdots)$；

(4) $i\left[2k\pi - \dfrac{\pi}{2}\right]$　$(k = 0, \pm 1, \pm 2, \cdots)$；

(5) $e^{\ln 5 + \arctan\frac{3}{4} - 2k\pi}\left[\cos\left(\ln 5 - \arctan\dfrac{3}{4} + 2k\pi\right) + i\sin\left(\ln 5 - \arctan\dfrac{3}{4} + 2k\pi\right)\right]$

　　　$(k = 0, \pm 1, \pm 2, \cdots)$；

(6) $e^{-\left(\frac{\pi}{4} + 2k\pi\right)}(\cos\ln\sqrt{2} + i\sin\ln\sqrt{2})$　$(k = 0, \pm 1, \pm 2, \cdots)$；

(7) $e^{-2k\pi}(\cos\ln3 + i\sin\ln3)$　$(k = 0, \pm 1, \pm 2, \cdots)$.

2.14　(1) e^{-2x};　　(2) $e^{x^2-y^2}$;　　(3) $e^{x(x^2+y^2)}\cos\dfrac{y}{x^2 + y^2}$;　　(4) $\pm\ln(3 + \sqrt{8})$;

　　　(5) $\pm\ln(1 + \sqrt{2})$.

2.15　(1)不满足 C-R 方程;　　(2)满足 Laplace 方程;　　(3) $\overline{i\overline{f(z)}} = -if(z)$.

2.16　(1) $a + c = 0$, b 为任意实数;　　(2) $l = n = -3$, $m = 1$.

2.17　利用解析函数的求导公式 $f'(z) = \dfrac{\partial u}{\partial x} - i\dfrac{\partial u}{\partial y}$,　(1) $f'(z) = (2-i)z$;　(2) $f'(z) = 2i(1-z)$.

2.18　(1) $f(z) = \left(1 - \dfrac{i}{2}\right)z^2 + \dfrac{i}{2}$;　　(2) $f(z) = -i(1 - z)^2$;

　　　(3) $f(z) = i\left(\dfrac{1}{z} - 1\right)$;　　(4) $f(z) = ze^z$.

(二)

2.19　提示:可以用复合函数求导的规则,也可分别选择 $\Delta\rho \to 0$ 和 $\Delta\theta \to 0$ 来求它的导数,注意,由 $z = \rho e^{i\theta}$, 知 $\Delta z = e^{i\theta}\Delta\rho + \rho e^{i\theta}i\Delta\theta$.

2.21　若限定 $\mathrm{Ln}(\cos\theta + i\sin\theta)$ 的值只取 $i\theta$ 时, De moivre 公式对复数 n 成立.

2.22　(1) $e^{\frac{5}{6}\pi i}$;　　(2) $\sqrt{2}i$.

2.23　由 C-R 方程证明.

2.24　提示:利用 $|f(z)| = \sqrt{u^2 + v^2}$.

2.27　提示:求出 $\dfrac{\mathrm{d}f'(z)}{\mathrm{d}z}$, 再积分计算 $f(z)$, $6 + 3i$.

2.28　$u(x, y) = 3x^2y - y^3 + c$, $v(x, y) = 3xy^2 - x^3 + c$.

2.29　(1)除 $u(x, y)$ 为常数外,其余 $[u(x, y)]^2$ 均非调和函数;　　(2) $f(u) = au + b$.

2.30　$u(x, y) = c_1\dfrac{x}{x^2 + y^2} + c_2$.

2.31　提示:首先利用 $\nabla^2 u(x, y) = 0$ 计算 $u(x, y)$.

　　　(1) $u(x, y) = c_1xy + c_2$;

　　　(2) $u(x, y) = c_1(x^2 - y^2) + c_2$, $f(z) = c_1z + c_2$;

　　　(3) $u(x, y) = c_1\ln(x^2 + y^2) + c_2$;

　　　(4) $u(x, y) = c_1\sqrt{\sqrt{x^2 + y^2} + x} + c_2$.

2.32　用极坐标系 $f(z) = \sqrt{2z} + c$.

习　题　三

(一)

3.1　$\dfrac{1}{3}(i-1)$.

3.2　$-\dfrac{1}{6}+\dfrac{5}{6}i,\quad -\dfrac{1}{6}+\dfrac{5}{6}i$.

3.4　提示：起点和终点化为指数形式，取主值分支；或者利用：若 $x+yi=\sqrt{a+ib}$，则

$x=\pm\sqrt{\dfrac{\sqrt{a^2+b^2}+a}{2}},\ y=\pm\sqrt{\dfrac{\sqrt{a^2+b^2}-a}{2}}$；如果 b 是正的，符号应该取作相同；

如果 b 是负的，则应该取不同的符号.

3.5　$\displaystyle\int_{-1}^{1}|z|\mathrm{d}z.$　(1)1；　(2)2；　(3)2.

$\displaystyle\int_{-1}^{1}\sqrt{z}\,\mathrm{d}z$，注意 $\sqrt{z}$ 是二值函数，讨论在每个分支的积分值.

3.6　(1)0；　(2) πi.

3.7　(1) $-\dfrac{i}{3}$；　(2) $e+e^{-1}$；　(3) $-\dfrac{\pi}{2}e$；　(4) $1-i-e^{-i}$；　(5) $1+i$；　(6) $1+i$.

3.8　0.

3.9　(1) $4\pi i$；　(2) $\sqrt{2}\pi i$；　(3) $2\pi ie^2$；　(4) $\dfrac{\pi}{a}i$；　(5) $\pi\sin2i\cosh2i=\pi\sin2i\cos2$.

3.10　(1) $-\dfrac{\pi^5}{12}i$；　(2) $\pi i(\sin1-\cos1)=\sqrt{2}\pi i\sin\left(1-\dfrac{\pi}{4}\right)$；　(3)0；　(4) $-\dfrac{2}{25}\pi i$.

3.11　$\dfrac{1}{2\pi i}\displaystyle\int_{|\zeta|=1}\dfrac{\zeta}{\zeta-z}\mathrm{d}\zeta=\begin{cases}z,&|z|<1,\\0,&|z|>1.\end{cases}$

3.12　$2\pi(-6+13i)$.

3.14　$p=\pm1$，　$f(z)=\begin{cases}e^z+C,&p=1,\\-e^{-z}+C,&p=-1.\end{cases}$

(二)

3.15　(1)利用 Green 公式；　(2) $\bar{z}=x-iy,\ \mathrm{d}z=\mathrm{d}x+i\mathrm{d}y$.

3.16　(1) $\displaystyle\int_c z^n\mathrm{d}z=\begin{cases}0,&n\neq-1,\\2mi\pi,&n=-1；\end{cases}$

(2)8；

(3)若 $|a|<1$，$\dfrac{2\pi}{1-|a|^2}$；　若 $|a|>1$，$\dfrac{2\pi}{|a|^2-1}$.

3.17　利用 $\left|\int_l f(z)\,\mathrm{d}z\right| \le ML.$

3.18　由于 $\oint_{|z|=1}\dfrac{\mathrm{d}z}{z+2}=0$，由参数积分 $c: z=\mathrm{e}^{\mathrm{i}\theta}=\cos\theta+\mathrm{i}\sin\theta\ (0\le\theta\le 2\pi)$ 代入.

3.19　由于 $\oint_{|z|=1}\dfrac{\mathrm{e}^z}{z}\,\mathrm{d}z=2\pi\mathrm{i}$，由参数积分 $c: z=\mathrm{e}^{\mathrm{i}\theta}=\cos\theta+\mathrm{i}\sin\theta\ (0\le\theta\le 2\pi)$ 代入.

3.20　(1)提示：$\mathrm{e}^{\sin n\theta}\cos(\theta-\cos n\theta)+\mathrm{i}\mathrm{e}^{\sin n\theta}\sin(\theta-\cos n\theta)=\mathrm{e}^{\sin n\theta+\mathrm{i}(\theta-\cos n\theta)}=\mathrm{e}^{\mathrm{i}\theta-\mathrm{i}(\cos n\theta+\mathrm{i}\sin n\theta)}=\dfrac{z}{\mathrm{e}^{\mathrm{i}z}};$

　　　　(2)提示：$\mathrm{e}^{r\cos\theta}\cos(r\sin\theta-n\theta)+\mathrm{i}\mathrm{e}^{r\cos\theta}\sin(r\sin\theta-n\theta)=\mathrm{e}^{r\cos\theta+\mathrm{i}(r\sin\theta-n\theta)}=\dfrac{\mathrm{e}^{rz}}{z^n}.$

3.25　$F(z)=\begin{cases}2\pi\mathrm{i}\dfrac{\mathrm{e}^z(z+1)}{(z+2)^2}, & |z|<1,\\[2mm] 0, & |z|>1.\end{cases}$

3.26　提示：考虑函数 $\ln(1-z)$，$z=a\mathrm{e}^{\mathrm{i}x}$.

3.27　把积分化为参数积分形式来证明.

3.28　利用高阶导数公式，并取积分路径 $C: |z|=\dfrac{n}{n+1}.$

3.29　计算积分值，并利用积分估值定理计算当 $R\to\infty$ 时的极限值.

习　题　四

(一)

4.1　(1)绝对收敛；　(2)发散；　(3)条件收敛；　(4)发散.

4.2　(1)$R=1$；　(2)$R=\dfrac{1}{2}$；　(3)$R=\dfrac{1}{4}$；　(4)$R=\dfrac{1}{e}$；

　　　(5)当 $|a|\le 1$ 时，$R=1$；当 $|a|>1$ 时，$R=\dfrac{1}{|a|}$；　(6)$R=1$.

4.3　(1)$\displaystyle\sum_{n=0}^{\infty}(-1)^n\dfrac{a^n}{b^{n+1}}z^n,\ |z|<\left|\dfrac{b}{a}\right|$；　(2)$\displaystyle\sum_{n=0}^{\infty}(-1)^n z^{3n},\ |z|<1$；

　　　(3)利用 $\dfrac{1}{(1-z)^2}=\left(\dfrac{1}{1-z}\right)'=\displaystyle\sum_{n=0}^{\infty}(n+1)z^n,\ |z|<1$；

　　　(4)$\dfrac{1}{(1+z^2)^2}=\displaystyle\sum_{n=0}^{\infty}(-1)^n(n+1)z^{2n},\ |z|<1$；

　　　(5)$\dfrac{z}{z^2-4z+13}=\dfrac{z}{(z-2)^2+9}=\dfrac{z}{6\mathrm{i}}\left(\dfrac{1}{z-2-3\mathrm{i}}-\dfrac{1}{z-2+3\mathrm{i}}\right)$；

　　　(6)$\displaystyle\sum_{n=0}^{\infty}(-1)^n\dfrac{1}{(2n)!}z^{4n},\ |z|<\infty$；

（7）利用三角关系 $\sin^2 z = \dfrac{1 - \cos 2z}{2}$，或者 $f'(z) = 2\sin z\cos z = \sin 2z$；

（8）$\displaystyle\sum_{n=0}^{\infty} \dfrac{(\sqrt{2})^n \cos\dfrac{n\pi}{4}}{n!} z^n$，$|z| < \infty$.

4.4 （1）$\displaystyle\sum_{n=0}^{\infty} \dfrac{(-1)^n}{2^{n+1}}(z-1)^{n+1}$，$R = 2$；

（2）$\displaystyle\sum_{n=0}^{\infty} \dfrac{(3)^n}{(1-3i)^{n+1}}[z-(1+i)]^n$，$R = \dfrac{\sqrt{10}}{3}$；

（3）$\cos z = \cos\left[\left(z-\dfrac{\pi}{4}\right)+\dfrac{\pi}{4}\right] = \cos\left(\dfrac{\pi}{4}\right)\cos\left(z-\dfrac{\pi}{4}\right) - \sin\dfrac{\pi}{4}\sin\left(z-\dfrac{\pi}{4}\right)$；

（4）$\sin(2z - z^2) = \sin[1-(1-z)^2] = \sin 1\cos(1-z)^2 - \cos 1\sin(1-z)^2$；

（5）$\dfrac{1}{z^2} = \dfrac{1}{[z-(1+2i)+(1+2i)]^2} = \dfrac{1}{(1+2i)^2\left[1+\dfrac{z-(1+2i)}{1+2i}\right]^2}$

$= \displaystyle\sum_{n=0}^{\infty} (-1)^n \dfrac{(n+1)}{(1+2i)^{n+2}}[z-(1+2i)]^n$，$R = \sqrt{5}$.

4.5 （1）提示：写为部分分式 $\dfrac{1}{z-3} - \dfrac{1}{z-2}$，$\displaystyle\sum_{n=0}^{\infty}\dfrac{3^n}{z^{n+1}} - \sum_{n=0}^{\infty}\dfrac{2^n}{z^{n+1}}$；

（2）提示：写为部分分式 $\dfrac{1}{3}\left(\dfrac{1}{z-2} - \dfrac{1}{z+1}\right)$.

$1 < |z| < 2$，$-\dfrac{1}{3}\displaystyle\sum_{n=0}^{\infty}\dfrac{(-1)^n}{z^{n+1}} - \dfrac{1}{6}\sum_{n=0}^{\infty}\left(\dfrac{z}{2}\right)^n$；

$|z| > 2$，$\dfrac{1}{3}\left[\displaystyle\sum_{n=0}^{\infty}\dfrac{2^n}{z^{n+1}} - \sum_{n=0}^{\infty}\dfrac{(-1)^n}{z^{n+1}}\right]$.

（3）提示：原式写为 $\left(\dfrac{1}{z}+\dfrac{1}{z^2}\right)\left(\dfrac{1}{z-1}\right)$.

$0 < |z| < 1$，$\left(\dfrac{1}{z}+\dfrac{1}{z^2}\right)\left(-\displaystyle\sum_{n=0}^{\infty}z^n\right)$；

$1 < |z| < \infty$，$\left(\dfrac{1}{z}+\dfrac{1}{z^2}\right)\left(\dfrac{1}{z}\displaystyle\sum_{n=0}^{\infty}\dfrac{1}{z^n}\right)$.

（4）提示：原式写为 $\dfrac{1}{z} + \dfrac{1}{1-z} = \dfrac{1}{(z+1)-1} + \dfrac{1}{2-(z+1)}$.

$|z+1| < 1$，$-\displaystyle\sum_{n=0}^{\infty}(z+1)^n + \dfrac{1}{2}\sum_{n=0}^{\infty}\left(\dfrac{z+1}{2}\right)^n$；

$1 < |z+1| < 2$，$\displaystyle\sum_{n=0}^{\infty}\left(\dfrac{1}{z+1}\right)^{n+1} + \dfrac{1}{2}\sum_{n=0}^{\infty}\left(\dfrac{z+1}{2}\right)^n$；

$|z+1| > 2$，$\displaystyle\sum_{n=0}^{\infty}\left(\dfrac{1}{z+1}\right)^{n+1} - \dfrac{1}{z+1}\sum_{n=0}^{\infty}\left(\dfrac{2}{z+1}\right)^n$.

(5) 提示：利用 $\dfrac{1}{(1-z)^3} = \left(\dfrac{1}{1-z}\right)'' = \sum_{n=0}^{\infty} \dfrac{(n+2)(n+1)}{2} z^n,\ |z| < 1.$

$$0 < |z| < 1,\quad \frac{1}{(z-i)^3} = \frac{1}{(-i)^3} \frac{1}{\left(1 - \dfrac{z}{i}\right)^3},$$

$$1 < |z| < \infty,\quad \frac{1}{(z-i)^3} = \frac{1}{z^3} \frac{1}{\left(1 - \dfrac{i}{z}\right)^3}.$$

(6) $z^3 \sum_{n=0}^{\infty} \dfrac{1}{n!} \left(\dfrac{1}{z}\right)^n.$

(7) $e^{z + \frac{1}{z}} = \sum_{n=0}^{\infty} \dfrac{1}{n!} z^n \cdot \sum_{n=0}^{\infty} \dfrac{1}{n!} \left(\dfrac{1}{z}\right)^n.$

(8) $e^{\frac{1}{1-z}} = \exp\left[-\dfrac{1}{z} \dfrac{1}{1 - \dfrac{1}{z}} \right] = \exp\left[-\dfrac{1}{z} \sum_{n=0}^{\infty} \left(\dfrac{1}{z}\right)^n \right]$

$$= \sum_{n=0}^{\infty} \frac{1}{n!} \left(-\frac{1}{z} - \frac{1}{z^2} - \frac{1}{z^3} - \cdots \right)^n$$

$$= 1 - \frac{1}{z} - \frac{1}{2! \, z^2} - \frac{1}{3! \, z^3} + \frac{1}{4! \, z^4} + \cdots.$$

4.6 在某点展开 Laurent 级数，必须考虑所有可能展开的区域. 展开的区域：$|z| < 1$，$1 < |z| < 2$，$|z| > 2$.

4.7 (1) $z_k = 2k\pi$，$k = 0, \pm1, \pm2, \cdots$ 是二阶零点；

(2) $z_k = k\pi$，$k = 0, \pm1, \pm2, \cdots$ 是一阶零点；

(3) $z_k = \mathrm{Ln}1 = 2k\pi i$，$k = 0, \pm1, \pm2, \cdots$ 是一阶零点.

4.8 (1) $z = 1$ 是一阶极点，$z = \pm i$ 是二阶极点；

(2) $z_k = \sqrt[4]{-1} = e^{i\frac{\pi + 2k\pi}{4}}$ $(k = 0, 1, 2, 3)$ 是一阶极点；

(3) $z = 0$ 是一阶极点；

(4) $z_k = \mathrm{Ln}(-1) = (2k+1)\pi i$ $(k = 0, \pm1, \pm2, \cdots)$ 是一阶极点，$z = \infty$ 是非孤立奇点；

(5) $z = 1$ 是本性奇点，$z_k = \mathrm{Ln}1 = 2k\pi i$ $(k = 0, \pm1, \pm2, \cdots)$ 是一阶极点，$z = \infty$ 是非孤立奇点；

(6) $z_k = \mathrm{Ln}1 = 2k\pi i$ $(k = \pm1, \pm2, \cdots)$ 是一阶极点，$z = 0$ 是可去奇点，$z = \infty$ 是非孤立奇点；

(7) $\sin\left(\dfrac{1}{z}\right) = 0$，$z_k = \dfrac{1}{k\pi}$ $(k = \pm1, \pm2, \cdots)$ 是本性奇点，$z = \infty$ 是本性奇点，$z = 0$ 是非孤立奇点；

(8) $z_k = k\pi - \dfrac{\pi}{4}$ $(k = 0, \pm1, \pm2, \cdots)$ 是一阶极点，$z = \infty$ 是非孤立奇点；

(9) $z = 0$ 和 $z = \infty$ 是本性奇点.

4.9 利用 Laurent 展开式的系数公式，取积分路径为单位圆化简.

4.10 （1）由 $1 = (1 - z - z^2)\sum_{n=0}^{\infty} c_n z^n$，比较系数；（2）$R = \dfrac{\sqrt{5} - 1}{2}$；

（3）利用 $1 + \xi^2 f(\xi) = (1 - \xi) f(\xi)$.

（二）

4.11 （1）$z = 0$ 是 4 阶零点，$z_k = \sqrt{|2k\pi|}\, e^{i\left(-\frac{\pi}{4} + \frac{n}{2}\pi\right)}$ $(n = 0, 1, 2, 3; k = \pm 1, \pm 2, \cdots)$ 是一阶零点；

（2）在 $z = 0$ 展开成级数，可以判别零点的阶数，$z = 0$ 是 15 阶零点.

4.12 （1）利用 $(\arctan z)' = \dfrac{1}{1 + z^2}$，或者 $\arctan z = \dfrac{i}{2}\ln\dfrac{1 - iz}{1 + iz}$；

（2）$\dfrac{1}{z^2 + z + 1} = \dfrac{1}{\left(z + \dfrac{1}{2}\right)^2 + \dfrac{3}{4}} = \dfrac{1}{\sqrt{3}\,i}\left(\dfrac{1}{z + \dfrac{1}{2} - \sqrt{\dfrac{3}{4}}\,i} - \dfrac{1}{z + \dfrac{1}{2} + \sqrt{\dfrac{3}{4}}\,i}\right)$；

（3）化成部分分式；

（4）$\sin^2 z = \dfrac{1 - \cos 2z}{2} = \dfrac{1 - \cos\left[2\left(z - \dfrac{1}{2}\right) + 1\right]}{2}$.

4.13 这是多值函数，按二项式展开公式，利用条件确定常数因子，见例 4.5.

4.14 提示：原式写为 $(z^2 - 3z + 2)\left(\dfrac{1}{z - 4} - \dfrac{1}{z - 3}\right)$.

4.15 考虑 $|z| < |a|$ 和 $|z| > |a|$，并参见例 4.5.

4.16 （1）$z = -2$ 是 2 阶极点，$z_k = 2 + \dfrac{1}{\left(k + \dfrac{1}{2}\right)\pi}$ $(k = 0, \pm 1, \pm 2, \cdots)$ 是一阶极点，

$z = \infty$ 也是奇点，$z = 2$ 是非孤立奇点.

（2）$z_k = k$，$(k = 0, -2, \pm 3, \cdots)$ 是三阶极点，

$z = \pm 1$ 是 2 阶极点，$z = 2$ 是可去奇点，$z = \infty$ 是非孤立奇点.

4.17 令 $t = \cos\varphi$，并将 $f(z)$ 展为最简分式.

4.18 $\tan z = \dfrac{\sin z}{\cos z} = z + \dfrac{1}{3}z^3 + \dfrac{2}{15}z^5 +$，收敛范围为 $|z| < \dfrac{\pi}{2}$.

4.19 $z + z^2 + \dfrac{5}{6}z^3 + \dfrac{1}{2}z^4 + \cdots$.

4.20 利用系数待定法，

$$\cot z = \dfrac{\cos z}{\sin z} = \dfrac{1 - \dfrac{1}{2!}z^2 + \cdots + \dfrac{(-1)^n}{(2n)!}z^{2n} + \cdots}{z - \dfrac{1}{3!}z^3 + \dfrac{1}{5!}z^5 \cdots + \dfrac{(-1)^n}{(2n+1)!}z^{2n+1} + \cdots}$$

$$= \frac{c_{-1}}{z} + c_0 + c_1 z + c_2 z^2 + c_3 z^3 + \cdots$$

参见例 5.4，$\dfrac{1}{z} - \dfrac{1}{3}z - \dfrac{1}{45}z^3 + \cdots$

4.21　(1) 利用比较系数方法 $z = (e^z - 1)(c_0 + c_1 z + \cdots + c_n z^n + \cdots)$；

(2) 提示：$\dfrac{z}{e^z - 1} - B_1 x$ 是偶函数；或者利用 $\dfrac{z}{e^z - 1} - \dfrac{-z}{e^{-z} - 1} = -z$.

4.22　$R = \pi$.

4.23　(1) 求导数 $\left[\ln\left(\dfrac{\sin z}{z}\right)\right]' = \cot z - \dfrac{1}{z}$；

(2) 求导数 $(\ln\cos z)' = -\dfrac{\sin z}{\cos z} = -\tan z$；

(3) 提示：$\dfrac{z}{\sin z} = 2\dfrac{iz}{e^{iz} - 1} - \dfrac{2iz}{e^{2iz} - 1}$.

4.24　提示：$1 - 2z\cos\theta + z^2 = [z - (\cos\theta + i\sin\theta)][z - (\cos\theta - i\sin\theta)]$，

$\displaystyle\sum_{n=1}^{\infty} \cos n\theta z^n$，$|z| < 1$.

4.25　提示：令 $z = \cos\theta + i\sin\theta$，则 $\dfrac{1}{(1 - az)} = \dfrac{1 - a\bar{z}}{(1 - az)(1 - a\bar{z})} = \dfrac{1 - a\cos\theta + ia\sin\theta}{1 - 2a\cos\theta + a^2}$.

4.26　(1) $\dfrac{z}{(1 - z)^2}$；　(2) $-\ln(1 - z)$；　(3) $\ln(1 + z)$；　(4) $\dfrac{1}{2}\ln\dfrac{(1 + z)}{(1 - z)}$.

4.27　提示：考虑 $\displaystyle\sum_{n=1}^{\infty} \dfrac{e^{in\theta}}{2^n}$.

4.28　提示：考虑 $\displaystyle\sum_{n=0}^{\infty} \dfrac{(e^{iz})^n}{n!} = e^{e^{iz}} = e^{\cos z + i\sin z} = e^{\cos z}[\cos(\sin z) + i\sin(\sin z)]$.

4.29　(1) $\displaystyle\sum_{n=1}^{\infty} \dfrac{z^n}{n} = -\ln(1 - z)$，$|z| < 1$，令 $z = e^{i\theta}$，$0 < \theta \leqslant 2\pi$；

(2) $\displaystyle\sum_{n=0}^{\infty} \dfrac{z^{2n+1}}{2n + 1} = \dfrac{1}{2}[\ln(1 + z) - \ln(1 - z)] = \dfrac{1}{2}\ln\dfrac{(1 + z)}{(1 - z)}$；

(3) $\displaystyle\sum_{n=1}^{\infty} (-1)^{n+1} \dfrac{z^n}{n} = \ln(1 + z)$，$|z| < 1$.

4.30　参考 4.29 题 (2).

4.31　提示：$|a_n| = \dfrac{f^{(n)}(0)}{n!} = \dfrac{1}{2\pi}\left|\oint_{|z|=r} \dfrac{f(z)}{z^{n+1}}dz\right|$，$r = \dfrac{n}{n + 1}$.

4.32　提示：$|e^z - 1| = \left|\displaystyle\sum_{n=0}^{\infty} \dfrac{1}{n!}z^n - 1\right| = |z|\left|1 + \displaystyle\sum_{n=2}^{\infty} \dfrac{1}{n!}z^{n-1}\right|$，

$\left|\displaystyle\sum_{n=2}^{\infty} \dfrac{1}{n!}z^{n-1}\right| \leqslant \displaystyle\sum_{n=2}^{\infty} \left|\dfrac{1}{n!}z^{n-1}\right| < \displaystyle\sum_{n=2}^{\infty} \dfrac{1}{n!} = \displaystyle\sum_{n=0}^{\infty} \dfrac{1}{(n+2)!} < \displaystyle\sum_{n=0}^{\infty} \dfrac{1}{2}\left(\dfrac{1}{3}\right)^n = \dfrac{3}{4}$，

$$\left| 1 + \sum_{n=2}^{\infty} \frac{1}{n!} z^{n-1} \right| \geqslant 1 - \left| \sum_{n=2}^{\infty} \frac{1}{n!} z^{n-1} \right| > \left| 1 - \frac{3}{4} \right| = \frac{1}{4}.$$

4.33 将指数函数展开为级数.

4.34 利用正弦函数的定义式.

4.35 (1)设 $z = re^{i\theta}(0 \leqslant \theta \leqslant 2\pi)$，故 $\dfrac{1}{2\pi} \int_0^{2\pi} |f(re^{i\varphi})|^2 \mathrm{d}\varphi = \dfrac{1}{2\pi} \oint_{|z|=r} f(z) \overline{f(z)} \dfrac{\mathrm{d}z}{iz}$

$$= \frac{1}{2\pi} \oint_{|z|=r} \left(\sum_{n=0}^{\infty} c_n z^n \cdot \overline{\sum_{n=0}^{\infty} c_n z^n} \right) \frac{\mathrm{d}z}{iz};$$

(2)积分估值公式；

(3)将 $f(z)$ 代入计算，注意题 4.26 的结论及方法；

(4)将 $f(z)$ 代入计算，取 $r=1$.

习　题　五

(一)

5.1 (1) $\mathrm{Res}[f(z), 1] = \dfrac{1}{4}$, $\mathrm{Res}[f(z), -1] = -\dfrac{1}{4}$;

(2) $\mathrm{Res}[f(z), i] = -\dfrac{3}{8}i$, $\mathrm{Res}[f(z), -i] = \dfrac{3}{8}i$;

(3) $\mathrm{Res}[f(z), 0] = -\dfrac{1}{2}$, $\mathrm{Res}[f(z), 2] = \dfrac{3}{2}$;

(4) $\mathrm{Res}[f(z), 0] = -\dfrac{4}{3}$;　(5) $\mathrm{Res}[f(z), -1] = -2\sin(-2)$;

(6) $\mathrm{Res}\left[f(z), k\pi + \dfrac{\pi}{2}\right] = (-1)^k \left(k\pi + \dfrac{\pi}{2}\right)$, $k = 0, \pm 1, \pm 2, \cdots$;

(7) $\mathrm{Res}[f(z), 1] = 0$;　(8) $\mathrm{Res}[f(z), 0] = -\dfrac{1}{3!}$.

5.2 (1)0；　(2) $\sqrt{2}\pi i$；　(3) $4\pi i e^2$；　(4) $2\pi i$；

(5) $-\dfrac{\pi i}{121}$；　(6) $-2\pi i$；　(7) $\pi^2 i$；

(8) $\tan\pi z$ 的一阶极点是 $z = k + \dfrac{1}{2}$，k 是整数，数出积分回路中极点的个数，$-12i$.

5.3 (1)本性奇点，留数为零；　(2)可去奇点，留数为-2；　(3)可去奇点，留数为 0.

5.4 (1) $\mathrm{Res}[f(z), 0] = -\mathrm{Res}[f(z), \infty] = \sum_{n=0}^{\infty} \dfrac{1}{n!\,(n+1)!}$；

(2) $\mathrm{Res}[f(z), 0] = -\mathrm{Res}[f(z), \infty] = 0$；

(3) $\mathrm{Res}[f(z), -1] = -\mathrm{Res}[f(z), \infty] = -\cos 1$；

(4) $\mathrm{Res}[f(z), -3] = -\mathrm{Res}[f(z), \infty]$

$$= -\sin 2\left[\sum_{n=1}^{\infty} \frac{4^{2n}}{(2n-1)!\ (2n)!} + \sum_{n=0}^{\infty} \frac{4^{2n+1}}{(2n)!\ (2n+1)!}\right];$$

(5) $\operatorname{Res}[f(z),\ k^2\pi^2] = (-1)^k 2k^2\pi^2,\ k = 1,\ 2,\ \cdots;$

(6) 当 n 为奇数时 $\operatorname{Res}[f(z),\ 0] = 0,$ 当 n 为偶数时,

$$\operatorname{Res}[f(z),\ 0] = (-1)^{\frac{n}{2}+1} \frac{2^n(2^n-1)}{n!} B_n \ (B_n\text{为 Bernoulli Numbers}),$$

$$\operatorname{Res}\left[f(z),\ \left(k + \frac{1}{2}\right)\pi\right] = -\frac{1}{\left(k + \frac{1}{2}\right)^n \pi^n} \ (k = 0,\ \pm 1,\ \pm 2,\cdots);$$

(7) $\operatorname{Res}\left[f(z),\ \dfrac{1}{k\pi}\right] = (-1)^{k+1} \dfrac{1}{k^2\pi^2} \ (k = \pm 1,\ \pm 2,\cdots),$

$$\operatorname{Res}[f(z),\ \infty] = \frac{2}{\pi^2}\sum_{n=1}^{\infty} \frac{(-1)^n}{n^2} = -\frac{1}{6};$$

(8) $\operatorname{Res}[f(z),\ k\pi] = 0.$

5.5 利用全平面留数之和等于零,$2\pi i$.

5.6 提示:$\left|\dfrac{re^{i\theta}}{(1 - re^{i\theta})^2}\right| = \dfrac{r}{(1 - re^{i\theta})(1 - re^{-i\theta})}.$

5.7 提示:$1 = |z| = z\bar{z};$ $|z_0| \neq 1 \Rightarrow |z_0| < 1$ 或 $|z_0| > 1.$

5.8 (1) $\dfrac{2\pi}{\sqrt{1 - a^2}};$ (2) $\sqrt{2}\pi;$ (3) $\dfrac{\pi}{2\sqrt{a(a+1)}};$ (4) $\dfrac{2a\pi}{(a^2 - b^2)^{3/2}};$

(5) $\dfrac{\pi a^2}{1 - a^2};$ (6) $\dfrac{2\pi}{1 - b^2}.$

5.9 (1) $\dfrac{\pi}{2};$ (2) $\dfrac{\sqrt{2}}{4}\pi;$ (3) $\dfrac{\pi}{a + b};$ (4) $\dfrac{\pi}{2}(n = 0),$ $\dfrac{\pi}{2}\cdot\dfrac{(2n-1)!!}{(2n)!!}(n > 0).$

5.10 $\dfrac{\pi}{na^{(n-m-1)/n}\sin[(m+1)\pi/n]}.$

5.11 $\dfrac{\pi}{2r}\left[\cot(2p+1)\dfrac{\pi}{2r} - \cot(2q+1)\dfrac{\pi}{2r}\right].$

5.12 (1) $\dfrac{\pi}{2}e^{-4}(2\cos 2 + \sin 2);$ (2) $\dfrac{\pi}{2a^2}e^{-\frac{ma}{\sqrt{2}}}\sin\dfrac{ma}{\sqrt{2}};$ (3) $\dfrac{\pi}{2}e^{-ma};$

(4) $\dfrac{m\pi}{4a}e^{-ma};$ (5) $\dfrac{\pi}{a}e^{-ma};$ (6) $\dfrac{\pi}{4a^3}(1 + ma)e^{-ma}.$

5.13 $-2\pi i.$

5.15 $\cos\theta = \dfrac{z + z^{-1}}{2}.$

(二)

5.16 (1) $z = 1$ 是 m 阶极点,$z = \infty$ 也是奇点,$\dfrac{(-1)^m(2m)!}{(m+1)!\ (m-1)!};$

(2) $z = 2$ 是本性奇点，将函数展开成 Laurent 级数；

(3)提示：$z = 0$ 是二阶极点、$z_k = \dfrac{1}{a}i2k\pi$ ($k = \pm 1$，$\pm 2, \cdots, k$ 是非零整数)是一阶极

点，分别讨论：$\dfrac{1}{2}$，$\dfrac{i}{2k\pi}$；

(4)提示：$z = 0$ 是二阶极点，$z = k\pi$(k 是非零整数)是一阶极点，分别讨论：

0，$\dfrac{(-1)^k}{k\pi}$.

5.17　$\dfrac{e^{-1} - e}{2}$.

5.18　(1) $-\dfrac{\pi i}{\sqrt{2}}$；　(2) $-2\pi i$.

5.19　$n = 1$，$I = 2\pi i$，$n \neq 1$，$I = 0$.

5.20　积分路径内有两个奇点 $z = -1$(一阶极点)和 $z = 0$(本性奇点)，利用级数展开求出

$z = 0$ 的留数，$-\dfrac{2}{3}\pi i$.

5.21　(1)利用 $\cos mx = \mathrm{Re}\, e^{imx}$，$\dfrac{1}{3}\dfrac{\pi}{2^{m-1}}$；　(2) $\begin{cases} \pi i, & a > 0, \\ -\pi i, & a < 0; \end{cases}$　(3) πi.

5.24　(1)利用三角公式将它化成 Jordan 型的积分，$z = 0$ 展开级数计算小圆弧的积分，此

处小圆弧引理不能用，$\dfrac{3\pi}{4}$；

(2)利用小圆弧引理时，不能分成两项做，$\dfrac{(b - a)\pi}{2}$；

(3) $-\dfrac{\pi}{2}$；　(4) $-\dfrac{\pi}{2}$；　(5) $\dfrac{\pi}{4a^2}(1 - e^{-a})$；　(7) $-\dfrac{\pi \sin a}{a}$；

(8) $\dfrac{\pi}{5}(\cos 1 - e^{-2})$；　(9) $\pi\left(e^{-|ab|} - \dfrac{1}{2}\right)\mathrm{sgn}\, a$.

5.26　(1) $\dfrac{\pi}{\sin \alpha \pi}(2^{\alpha} - 1)$；　(2) $\dfrac{\pi(1 - \alpha)}{4\cos\left(\dfrac{\pi\alpha}{2}\right)}$，对 $\alpha = 1$，积分为 $\dfrac{1}{2}$；

(3) $\dfrac{\pi}{4}\csc\dfrac{(\alpha + 1)\pi}{4}$；　(4)若 $\lambda \neq 0$，$\dfrac{\pi}{\sin \alpha \pi} \cdot \dfrac{\sin \alpha \lambda}{\sin \lambda}$，若 $\lambda = 0$，$\dfrac{\alpha \pi}{\sin \alpha \pi}$.

5.28　设 $z = \cos\theta + i\sin\theta = e^{i\theta}(0 \leqslant \theta \leqslant 2\pi)$，$\dfrac{\sin\theta}{1 - 2t\cos\theta + t^2} = \dfrac{1}{2i}\left[\dfrac{1}{t - z} - \dfrac{1}{t - 1/z}\right]$.

习　题　六

(一)

6.1　(1)伸缩率为 2，旋转角 $\theta = 0$；　(2)伸缩率为 $2\sqrt{2}$，旋转角 $\theta = \dfrac{\pi}{4}$.

6.2　旋转和平移不变性.

6.3　$|w| < R^2$ 且沿由 0 到 R^2 的半径有割痕.

6.4　先将右半平面 $\mathrm{Re}\,z > 0$ 逆时针旋转 90 度，在将 $z = \lambda$ 变换到原点，将它的共轭点变换到无穷远点，其一个变换为 $w = i\left(\dfrac{z - \lambda}{z - \bar{\lambda}}\right)$.

6.5　（1）$w = f(z) = -i\left(\dfrac{z - i}{z + i}\right)$;　　（2）$w = f(z) = i\left(\dfrac{z - i}{z + i}\right)$;　　（3）$w = f(z) = -\dfrac{z - i}{z + i}$.

6.6　（1）$w = f(z) = -\left(\dfrac{z - 1/2}{1 - z/2}\right) = \dfrac{2z - 1}{z - 2}$;　　（2）$w = f(z) = i\dfrac{2z - 1}{z - 2}$.

6.7　分式变换可以将单位圆变成半平面，指数变换可以将带状区域变成劈形区域.

（1）$w = -\left(\dfrac{z + \sqrt{3} - i}{z - \sqrt{3} - i}\right)^3$;　　（2）$w = \left(\dfrac{z^4 + 16}{z^4 - 16}\right)^2$;　　（3）$w = e^{\frac{\pi i}{b-a}(z-a)}$.

（二）

6.8　（1）先确定 x，y 轴在 $w = \dfrac{1}{z}$ 变换以后的图形，再利用解析变换的保角性，$|w + i| > 1$，$\mathrm{Im} < 0$;

（2）$\left|w - \dfrac{1}{2}\right| < \dfrac{1}{2}$，$\mathrm{Im}\,z < 0$;

（3）$\left|w - \dfrac{1}{2}\right| < \dfrac{1}{2}$，$\mathrm{Im}\,z > 0$，$\mathrm{Re}\,w > 0$.

6.9　（1）指数函数将区域变换为半单位圆，半单位圆可以变换成半无界的平面.

$$w = \left(\dfrac{e^{-\frac{\pi}{a}z} - 1}{e^{-\frac{\pi}{a}z} + 1}\right)^2;$$

（2）区域由分式变换变换成条形区域（注意，将交点变换成 $w = \infty$ 点），再用指数函数进行变换. $w = e^{2\pi i\frac{z}{z-2}}$.

对一些多次变换才能完成的问题，每一步变换画一个图，给一个相应的变换式.

6.10　二维静电势问题，无限大的平行板是一个好边界，因为很容易求得平行板间的静电势，本题中的区域的边界条件下静电势很难求，但可以通过变换将带有 V_1 和 V_2 的边界变换成两条直线，这样将此边界变换成一个好边界. 具体的变换是将上半平面变换成条状区域，变换后的虚部为板外静电势.

$$V = \dfrac{V_2 - V_1}{\pi}\arg z + V_1.$$

6.11　将圆内区域变换成条状区域：（1）圆内变换成上半平面；（2）上半平面变换成条状区域.

$$v = \mathrm{Im}\left[\dfrac{1}{\pi}\ln\dfrac{i(1 - z)}{1 + z}\right] = \dfrac{1}{\pi}\arg\left[i\dfrac{1 - z}{1 + z}\right].$$

6.12　具体变换是，通过分式变换将 B 变成 $w=0$，将 A 点变成 $w=\infty$，然后通过对数变换达到要求．

习　题　七

（一）

7.3　（1）$\dfrac{2a}{a^2+\omega^2}$；　　（2）$\dfrac{\pi i}{2}[\delta(\omega+2)-\delta(\omega-2)]$；　　（3）$\cos(a\omega)$；　　（4）$-2\pi\delta''(\omega)$；

　　（5）$\sqrt{\dfrac{\pi}{a}}\,\mathrm{e}^{\frac{-\omega^2}{4a}}$；　　（6）由上题的结果，并利用微分性质，$-\dfrac{1}{2a}i\omega\sqrt{\dfrac{\pi}{a}}\,\mathrm{e}^{\frac{-\omega^2}{4a}}$；

　　（7）$\dfrac{4}{\omega^3}[i\sin\omega-\omega\cos\omega]$；　　（8）$\dfrac{2}{(1+i\omega)^2+2^2}$．

7.4　提示：$\operatorname{sgn}x=H(x)-H(-x)$，$\dfrac{2}{i\omega}$．

7.5　利用定义式，作代换 $ax=t$，考虑 $a>0$ 和 $a<0$ 的情况．

7.6　利用相似和位移的性质，

$$\sin\left(5x+\frac{\pi}{3}\right)=\sin5\left(x+\frac{\pi}{15}\right),\quad F(\omega)=\frac{\pi}{2}[(\sqrt{3}+i)\delta(\omega+5)+(\sqrt{3}-i)\delta(\omega-5)].$$

7.7　（1）$F(\omega)=\dfrac{1}{2\pi\nu_0+\omega}\sin(2\pi\nu_0+\omega)T+\dfrac{1}{2\pi\nu_0-\omega}\sin(2\pi\nu_0-\omega)T$；

　　（2）$F(\omega)=\dfrac{1}{\omega}\sin T\omega+\dfrac{T^2\omega}{\pi^2-(T\omega)^2}\sin T\omega$．

7.8　$F(\omega)=\dfrac{2\pi\nu_0}{(2\pi\nu_0)^2+(a+i\omega)^2}$．

7.9　$F(\omega)=\dfrac{1}{\omega^2}(1-\cos2\omega)$，$\dfrac{1}{2\pi}\displaystyle\int_{-\infty}^{\infty}\dfrac{1}{\omega^2}(1-\cos2\omega)\mathrm{e}^{i\omega x}\mathrm{d}\omega=\begin{cases}1-\dfrac{|x|}{2},&|x|<2,\\[2mm]0,&|x|\geqslant2.\end{cases}$

7.10　$F(\omega)=\dfrac{2i\sin\omega\pi}{\omega^2-1}$．

7.11　利用 7.3（6）的结果，$F(\omega)=-\dfrac{1}{2}i\omega\sqrt{\pi}\,\mathrm{e}^{\frac{-\omega^2}{4}}$；$\dfrac{1}{2\pi}\displaystyle\int_{-\infty}^{\infty}\left(-i\sqrt{\pi}\,\dfrac{\omega}{2}\right)\mathrm{e}^{-\frac{\omega^2}{4}}\mathrm{e}^{i\omega x}\mathrm{d}\omega=x\mathrm{e}^{-x^2}$；

$$\int_{-\infty}^{\infty}\omega\mathrm{e}^{-\frac{\omega^2}{4}}\sin(\omega x)\mathrm{d}\omega=2\sqrt{\pi}\,x\mathrm{e}^{-x^2}.$$

7.12　由 7.5 题知，$\mathscr{F}[f(-x)]=F(-\omega)$．

7.13　提示：$F(-\omega)=\displaystyle\int_{-\infty}^{\infty}f(x)\mathrm{e}^{-i(-\omega)x}\mathrm{d}x=\int_{-\infty}^{\infty}f(x)\,\overline{\mathrm{e}^{-i\omega x}}\mathrm{d}x$．

7.14　利用上式结果，或者计算 $\mathscr{F}[\mathrm{e}^{-i\varphi(x)}]=\mathscr{F}[\overline{\mathrm{e}^{-i\varphi(x)}}]$．

(二)

7.15 (1)提示：在计算 $\int_{-\infty}^{\infty} f(x)\mathrm{e}^{imx}\mathrm{d}x$ 型积分的公式中，要求 $m>0$，故本题要分别讨论

$\omega<0$ 及 $\omega>0$ 的情形. $F(\omega) = \dfrac{\pi}{a}\mathrm{e}^{-a|\omega|}$；

(2)提示：由定义式计算，并利用7.9题的结果. $F(\omega) = \begin{cases} \pi\left(1 - \dfrac{|\omega|}{2}\right), & |\omega| < 2, \\ 0, & |\omega| \geqslant 2. \end{cases}$

7.16 $f(x) = \dfrac{\sin xa}{\pi x}$.

7.17 利用卷积定理变换方程，$\dfrac{a(b-a)}{\pi b\left[x^2 + (b-a)^2\right]}$.

7.18 $f(x) = -2i\sin x * \cos x$.

7.19 由卷积定理，两边取 Fourier 变换，并利用7.3题(1)和(5).
$F(\omega) = 2\pi(1 + \omega^2)\mathrm{e}^{-\omega^2/2}$.

7.20 变换以后，利用定义反演，$y(x) = \dfrac{1}{\beta_0}\int_0^x \mathrm{e}^{-\gamma\xi}\sin\beta_0\xi f(x - \xi)\mathrm{d}\xi$，其中 $\beta_0^2 = \omega_0^2 - \gamma^2$.

习 题 八

(一)

8.1 (1) $F(p) = \dfrac{\mathrm{e}^2}{p+1}$；　　(2) $F(p) = \dfrac{\mathrm{e}^{-(p+2)}}{p+2}$；

(3) $F(p) = \dfrac{1}{p} + \left(\dfrac{1}{p-1}\right)' = \dfrac{1}{p} - \dfrac{1}{(p-1)^2}$；

(4) $F(p) = \dfrac{1}{p-1} - 2\dfrac{1}{(p-1)^2} - 2\dfrac{1}{(p-1)^3}$；　　(5) $F(p) = -\dfrac{\mathrm{d}}{\mathrm{d}p}\left(\dfrac{p}{p^2 + a^2}\right)$；

(6) $F(p) = \dfrac{1}{p-2} + 5$；　　(7) $F(p) = \dfrac{p^2}{p^2 + 1}$；　　(8) $F(p) = \dfrac{4p^2 + 4p + 2}{p^3}\mathrm{e}^{-2p}$；

(9)提示：利用周期函数的 Laplace 变换，$F(p) = \dfrac{1}{p^2 + 1} \cdot \dfrac{1 + \mathrm{e}^{-p\pi}}{1 - \mathrm{e}^{-2p\pi}}$.

8.2 分部积分.

8.3 利用位移性质 $\mathscr{L}[f(t)\mathrm{e}^{\alpha t}] = F(p - \alpha)$.

8.4 (1) $\cos 4t + \dfrac{1}{4}\sin 4t$；　　(2) $\cos 4(t-2)H(t-2)$；　　(3) $\left(2\cos 3t + \dfrac{1}{3}\sin 3t\right)\mathrm{e}^{-2t}$；

(4) $1 + (t-1)\mathrm{e}^t$；　　(5) $\mathrm{e}^{-t} + t - 1$；　　(6) $\dfrac{2}{t}(1 - \mathrm{ch}t)$.

8.5　(1) $f(t) = \dfrac{1}{a^2}\sin at * \sin at = \dfrac{1}{2a^3}(\sin at - at\cos at)$;

$\qquad$ (2) $f(t) = \dfrac{1}{a}\sin at * \cos at.$

8.7　(1) $y(t) = 2\sin 2t - 2\cos 2t$;　　(2) $y(t) = \dfrac{1}{3}\sin t - \dfrac{1}{6}\sin 2t$;

$\qquad$ (3) $y_0 e^{-t} + H(t - b)[1 - e^{-(t-b)}]$，第一项是初始条件的影响，从 $t > 0$ 开始存在，第二项是非齐次项的影响，从 $t > b$ 开始存在;

$\qquad$ (4) $y(t) = \dfrac{1}{8}(3e^t - 2e^{-t} - e^{-3t}).$

8.8　$y(t) = \dfrac{3}{8} + \dfrac{1}{2}t + \dfrac{1}{4}t^2 - \dfrac{3}{8}e^{2t} + \dfrac{1}{4}te^{2t}.$

8.9　(1) $y(t) = a\left(t + \dfrac{1}{6}t^3\right)$;　　(2) $y(t) = te^{-t}.$

(二)

8.10　(1) $\dfrac{1}{p}(3 - 4e^{-2p} + e^{-4p})$;　　(2) $\dfrac{3}{p}(1 - e^{-\pi p/2}) - \dfrac{1}{p^2 + 1}e^{-\pi p/2}.$

8.11　(1) $F(p) = \dfrac{4(p + 3)}{[(p + 3)^2 + 4]^2}$;　　(2) $F(p) = \dfrac{2(3p^2 + 12p + 13)}{p^2[(p + 3)^2 + 4]^2}$;

$\qquad$ (3) $F(p) = \operatorname{arccot}\dfrac{p}{a}$;　　(4) $F(p) = \dfrac{1}{p}\arctan\dfrac{p + 3}{2}.$

8.12　(1) $\ln\dfrac{b}{a}$;　　(2) $\dfrac{1}{2}\ln 2$;　　(3) $\dfrac{1}{4}$;　　(4) $\dfrac{1}{4}\ln 5.$

8.13　(1) $e^{-t}\left(1 - \cos 2t + \dfrac{3}{2}\sin 2t\right)$;　　(2) $\dfrac{1}{4}e^{-t} - \dfrac{1}{4}e^{-3t} + \dfrac{3}{2}te^{-3t} - 3t^2 e^{-3t}$;

$\qquad$ (3) $\left(\dfrac{1}{2}t\cos 3t + \dfrac{1}{6}\sin 3t\right)e^{-2t}$;　　(4) $\dfrac{1}{3}e^{-t}(2 - 2\cos\sqrt{3}t + \sqrt{3}\sin\sqrt{3}t).$

8.14　三个函数乘积的卷积定理 $\mathscr{L}[f_1(t) * f_2(t) * f_3(t)] = F_1(p)F_2(p)F_3(p)$，利用它求像函数，再反演，$\dfrac{\pi}{2}\left(\dfrac{1}{4}e^{2t} - \dfrac{1}{2}t - \dfrac{1}{4}\right).$

8.15　先将函数表示为开关函数，利用卷积定理求它们的像函数，然后反演求出它们的卷积.

$\qquad$ $t - (t - 1)H(t - 1) - (t - 2)H(t - 2) + (t - 3)H(t - 3).$

8.16　$\dfrac{1}{a}[1 - e^{-a(t-b)}]H(t - b).$

8.17　$\dfrac{E_0}{R^2 + L^2\omega^2}(R\sin\omega t - \omega L\cos\omega t) + \dfrac{E_0\omega L}{R^2 + L^2\omega^2}e^{-Rt/L}.$

8.18　微分方程取 Laplace 变换求解.

8.19　利用 Laplace 变换的微分性质，求解微分方程.

习　题　九

（一）

9.1
$$\begin{cases} \dfrac{\partial u(xt)}{\partial x}\Big|_{x=0} = -\dfrac{q}{k}, \\ \dfrac{\partial u(x,\ t)}{\partial x}\Big|_{x=l} = \dfrac{q}{k}. \end{cases}$$

9.2
$$\begin{cases} \dfrac{\partial u(x,\ t)}{\partial x}\Big|_{x=0} = -\dfrac{F(t)}{ES}, \\ \dfrac{\partial u(x,\ t)}{\partial x}\Big|_{x=l} = \dfrac{F(t)}{ES}, \end{cases}$$
利用 Hooke 定律，和 x 轴方向一致的 $F(t)$ 取正，反之取

负.

9.3　泛定方程：$u_t(x,\ t) - Du_{xx}(x,\ t) = 0$，初始条件：$u(x,\ t)\big|_{t=0} = \dfrac{x(l-x)}{2}$.

边界条件：在 $x = l$，热流 q 流入 $\begin{cases} u(x,\ t)\big|_{x=0} = 0, \\ \dfrac{\partial u(x,\ t)}{\partial x}\Big|_{x=l} = \dfrac{q}{k}; \end{cases}$

在 $x = 0$，热流 q 流入 $\begin{cases} \dfrac{\partial u(x,\ t)}{\partial x}\Big|_{x=0} = \dfrac{-q}{k}, \\ u(x,\ t)\big|_{x=l} = 0, \end{cases}$

和 x 轴方向一致的 q 取正，反之取负.

9.8　$u(x,\ y) = f_1(3x + y) + f_2(x + y)$.

9.9　泛定方程：$u_t(x,\ t) - Du_{xx}(x,\ t) = 0$.
初始条件：$u(x,\ t)\big|_{t=0} = \varphi(x)$.

边界条件：（1）$\begin{cases} u(x,\ t)\big|_{x=0} = 0, \\ u(x,\ t)\big|_{x=l} = 0; \end{cases}$ （2）$\begin{cases} \dfrac{\partial u(x,\ t)}{\partial x}\Big|_{x=0} = 0, \\ \dfrac{\partial u(x,\ t)}{\partial x}\Big|_{x=l} = 0; \end{cases}$

（3）在 $x = l$ 端绝热 $\begin{cases} u(x,\ t)\big|_{x=0} = 0, \\ \dfrac{\partial u(x,\ t)}{\partial x}\Big|_{x=l} = 0; \end{cases}$ 在 $x = 0$ 端绝热 $\begin{cases} \dfrac{\partial u(x,\ t)}{\partial x}\Big|_{x=0} = 0, \\ u(x,\ t)\big|_{x=l} = 0. \end{cases}$

9.10　代入求偏导数即可.

（二）

9.11　假设杆是均匀的，所以初始位移是线性的. 两端受压 $u(x, 0) = \varepsilon(l - 2x)$，一端受压 $u(x, 0) = -2\varepsilon x$，初速度都是零.

9.12 边界条件 $u(0, t) = 0$, $\dfrac{\partial u(l, t)}{\partial x} = 0$, 初始条件 $u(x, 0) = \dfrac{bx}{l}$, $\dfrac{\partial u(x, 0)}{\partial t} = 0$.

9.13 提示：写出 $(x, x + dx)$ 的牛顿方程纵、横方向的投影，注意 $x = 0$ 处张力等于弦的自重，可证明 $T(x) = \rho g(l - x)$. 振动方程为 $u_{tt} = g\left[(l - x)u_x\right]_x$.

9.14 $u_{tt} = a^2\left[(l^2 - x^2)u_x\right]_x$, $a = \dfrac{\omega}{\sqrt{2}}$.

9.15 泛定方程：$u_t(x, t) - Du_{xx}(x, t) = Af(t)$, $0 < x < l$, $t > 0$.

初始条件：$u(x, t)\big|_{t=0} = \varphi(x)$.

边界条件：$\begin{cases} u(x, t)\big|_{x=0} = 0, \\ \dfrac{\partial u(x, t)}{\partial x}\bigg|_{x=l} = 0. \end{cases}$

9.16 $\begin{cases} \nabla^2 u(\rho, \varphi, z) = f(\rho, \varphi, z), & 0 \leqslant \rho < R, \ 0 \leqslant \varphi \leqslant 2\pi, \ 0 < z < h, \\ u(\rho, \varphi, z)\big|_{\rho=R} = 0, \\ u(\rho, \varphi, z)\big|_{z=0} = u_1, \ u(\rho, \varphi, z)\big|_{z=h} = u_2. \end{cases}$

9.17 初始位移和初始速度已知的一维无界波动问题.

9.18 初始位移和初始速度已知的二维矩形波动问题，具有第一类齐次边界条件.

习 题 十

(一)

10.1 （1）$\sin x \cos at + x^2 t + \dfrac{1}{3}a^2 t^3$; （2）$x^3 + 3a^2 x t^2 + xt$; （3）$t\sin x$.

10.2 $u(x, y, z) = x^2 t + \dfrac{1}{3}a^2 t^3 + yzt$.

10.3 （1）$u(x, t) = f_1(x + at) + f_2(x - at) = \varphi\left(\dfrac{x + at}{2}\right) + \psi\left(\dfrac{x - at}{2}\right) - \varphi(0)$;

（2）$u(x, t) = f_1(x + at) + f_2(x - at) = \varphi_0\left(\dfrac{x + at}{2}\right) - \varphi_0\left(\dfrac{x - at}{2}\right) + \varphi_1(x - at)$.

10.4 提示：令 $v(x, t) = (h - x)u(x, t)$, $u(x, t) = \dfrac{1}{h - x}v(x, t) = \dfrac{1}{h - x}\Big\{\dfrac{1}{2}\big[(h - (x + at))\varphi_0(x + at) + (h - (x - at))\varphi_0(x - at)\big] + \dfrac{1}{2a}\displaystyle\int_{x-at}^{x+at}(h - \alpha)\varphi_1(\alpha)\,d\alpha\Big\}$.

其中，$(h - x)\varphi_0(x) \equiv \varphi(x)$, $(h - x)\varphi_1(x) \equiv \psi(x)$.

10.5 奇函数的导数是偶函数，偶函数的导数是奇函数；奇函数的积分是偶函数，但偶函数的积分不一定是奇函数.

(二)

10.6 $I(t) = \dfrac{q_o}{\sqrt{LC}}\sin\dfrac{1}{\sqrt{LC}}t$.

10.7　若令 $u(x, t) = V(x, t)\mathrm{e}^{t^2}$，可以方便求解.

$$u(x, t) = \frac{\mathrm{e}^{t^2}}{2\sqrt{D\pi}} \int_0^t \mathrm{e}^{-\tau^2}\left[\int_{-\infty}^{\infty} f(\xi, \tau)\frac{1}{\sqrt{t-\tau}}\mathrm{e}^{-\frac{(\xi-x)^2}{4D(t-\tau)}}\mathrm{d}\xi\right]\mathrm{d}\tau.$$

10.8　$u(x, y) = xy + y + 1.$

10.9　$u(x, t) = bt - b\left(t - \dfrac{x}{a}\right)H\left(t - \dfrac{x}{a}\right).$

10.10　$u(x, t) = u_0\mathrm{e}^{-ht}\left(1 - \dfrac{2}{\sqrt{\pi}}\displaystyle\int_{\frac{x}{2\sqrt{Dt}}}^{\infty}\mathrm{e}^{-r^2}\mathrm{d}r\right).$

10.11　$u(x, t) = u_1 + 4(u_0 - u_1)\displaystyle\sum_{n=1}^{\infty}(-1)^n\frac{1}{(2n+1)\pi}\mathrm{e}^{-\frac{D(2n+1)^2\pi^2}{4l^2}t}\cos\frac{(2n+1)\pi}{2l}x.$

10.12　$u(x, t) = \begin{cases} \dfrac{1}{2}[\varphi(x+at) + \varphi(x-at)] + \dfrac{1}{2a}\displaystyle\int_{x-at}^{x+at}\psi(\xi)\mathrm{d}\xi, & x > at, \\[3mm] \dfrac{1}{2}[\varphi(x+at) - \varphi(at-x)] + \dfrac{1}{2a}\displaystyle\int_{at-x}^{x+at}\psi(\xi)\mathrm{d}\xi, & x < at. \end{cases}$

10.13　$u(x, t) = g(t) - g\left(t - \dfrac{x}{a}\right)H\left(t - \dfrac{x}{a}\right)$，其中 $g(t) = \displaystyle\int_0^t (t-\tau)f(\tau)\mathrm{d}\tau.$

10.14　可利用解的线性叠加原理，初始条件分别与 x, y, z 有关.

$$u(x, y, z, t) = u^{\mathrm{I}} + u^{\mathrm{II}} + u^{\mathrm{III}}$$
$$= \frac{1}{2}[f(x+at) + f(x-at)] + \frac{1}{2}[g(y+at) + g(y-at)]$$
$$+ \frac{1}{2a}\int_{y-at}^{y+at}\varphi(\eta)\mathrm{d}\eta + \frac{1}{2a}\int_{z-at}^{z+at}\psi(\zeta)\mathrm{d}\zeta.$$

10.15　可利用解的线性叠加原理. $u(x, y, z, t) = (x^2 + yz)t + \dfrac{1}{3}a^2t^3 + (y - z)t^2.$

习 题 十 一

（一）

11.1　（1）$X_n(x) = \sin\dfrac{n\pi}{l}x (n = 1, 2, \cdots)$，$\begin{cases} T'_n(t) + \left(\dfrac{\pi na}{l}\right)^2 T_n(t) = 0, \\[3mm] T_n(0) = \phi_n = \dfrac{2}{l}\displaystyle\int_0^l \phi(x)\sin\dfrac{n\pi}{l}x\mathrm{d}x; \end{cases}$

　　　　（2）$X_n(x) = \cos\dfrac{n\pi}{l}x (n = 0, 1, 2, \cdots)$，$\begin{cases} T'_n(t) + \left(\dfrac{\pi na}{l}\right)^2 T_n(t) = 0, \\[3mm] T_n(0) = \phi_n = \dfrac{2}{l}\displaystyle\int_0^l \phi(x)\cos\dfrac{n\pi}{l}x\mathrm{d}x; \end{cases}$

　　　　（3）$X_n(x) = \sin\dfrac{(2n+1)\pi}{2l}x \ (n = 0, 1, 2, \cdots)$，

$$\begin{cases} T'_n(t) + \left(\dfrac{(2n+1)\pi a}{2l}\right)^2 T_n(t) = 0, \\ T_n(0) = \phi_n = \dfrac{2}{l}\int_0^l \phi(x)\sin\dfrac{(2n+1)\pi}{2l}x\,\mathrm{d}x. \end{cases}$$

11.2　(1) $u(x, t) = 3\cos\left(\dfrac{\pi a}{l}t\right)\sin\dfrac{\pi x}{l} + 5\cos\left(\dfrac{3\pi a}{l}t\right)\sin\dfrac{3\pi x}{l}$;

(2) $u(x, t) = \sin\dfrac{3\pi x}{2l}\cos\dfrac{3a\pi t}{2l} + \dfrac{2l}{5a\pi}\sin\dfrac{5\pi x}{2l}\sin\dfrac{5a\pi t}{2l}$;

(3) $u(x, t) = 8\mathrm{e}^{-\left(\frac{3\pi a}{4}\right)^2 t}\cos\dfrac{3\pi x}{4} - 6\mathrm{e}^{-\left(\frac{9\pi a}{4}\right)^2 t}\cos\dfrac{9\pi x}{4}$.

11.3　(1) $\dfrac{2k}{\pi a\rho}\displaystyle\sum_{n=1}^{\infty}\dfrac{1}{n}\sin\dfrac{n\pi c}{l}\sin\dfrac{n\pi at}{l}\sin\dfrac{n\pi x}{l}$;

(2) $A_n = \dfrac{2}{\pi}\displaystyle\int_0^{\pi}\sin x\cdot\cos nx\,\mathrm{d}x = \begin{cases} \dfrac{2}{\pi}, & n = 0, \\ 0, & n = 2k-1, \\ \dfrac{4}{(1-n^2)\pi}, & n = 2k. \end{cases}$

$$u(x, t) = \dfrac{2}{\pi} + \dfrac{4}{\pi}\sum_{n=1}^{\infty}\dfrac{1}{1-4n^2}\cos 2ant\cdot\cos 2nx$$;

(3) $u(x, t) = \pi + 32\displaystyle\sum_{k=0}^{\infty}\dfrac{1}{(2k-1)(2k+1)^2(2k+3)}\cos\dfrac{(2k+1)x}{2}\sin\dfrac{(2k+1)t}{2}$;

(4) $u(x, t) = \dfrac{l}{2} + \displaystyle\sum_{k=0}^{\infty}\dfrac{-4l}{(2k+1)^2\pi^2}\cos\dfrac{(2k+1)\pi x}{l}\mathrm{e}^{-D(2k+1)^2\pi^2 t/l^2}$;

(5) $u(x, t) = \displaystyle\sum_{n=1}^{\infty}(-1)^n\dfrac{16}{n\pi}\mathrm{e}^{-\frac{n^2\pi^2 t}{16}}\sin\dfrac{n\pi x}{4}$.

11.4　(1) $u(x, t) = \dfrac{1}{4\pi a}\left[\dfrac{1}{2\pi a}\sin\dfrac{2a\pi t}{l} - t\cos\dfrac{2a\pi\tau}{l}\right]\sin\dfrac{n\pi x}{l}$;

(2) 提示：要分别求解 $n = 0$、$n = 1$ 及 $n > 1$ 时 $T(t)$ 的方程.

$$u(x, t) = \dfrac{Al}{\pi a}\dfrac{1}{\omega^2 - \left(\frac{\pi a}{l}\right)^2}\left[\omega\sin\dfrac{\pi at}{l} - \dfrac{\pi a}{l}\sin\omega t\right]\cos\dfrac{\pi x}{l}.$$

(3) $u(x, t) = \displaystyle\sum_{k=0}^{\infty}\dfrac{4l^2}{\pi(2k+1)[\pi^2 a^2(2k+1)^2 - \omega^2 l^2]}\left[\sin\omega t - \dfrac{l\omega}{(2k+1)a\pi}\sin\dfrac{(2k+1)\pi at}{l}\right]\sin\dfrac{(2k+1)\pi x}{l}$;

(4) 本征函数是 $\sin\dfrac{(2n+1)\pi x}{2l}$，利用本征函数展开 $u(x, t) = \displaystyle\sum T_n(t)\sin\dfrac{(2n+1)\pi x}{2l}$，$A\sin\omega t = \displaystyle\sum_{n=0}^{\infty}A_n\sin\dfrac{(2n+1)\pi x}{2l}$，再解关于 $T_n(t)$ 的微分方程.

$$\sum_{n=0}^{\infty} \frac{4A}{(2n+1)\pi} \frac{4l^2 \left[(2n+1)\pi a \right]^2 \sin\omega t - 16l^4\omega\cos\omega t + 16l^4\omega e^{-(2n+1)^2\pi^2 a^2 t/4l}}{\left[(2n+1)\pi a \right]^4 + 16l^4\omega^2} \sin\frac{(2n+1)\pi x}{2l}.$$

11.5 $\quad u = \dfrac{2Al^2}{\pi a^2} \displaystyle\sum_{n=1}^{\infty} \dfrac{e^{-\alpha l}(-1)^{n+1}+1}{n(\alpha^2 l^2 + n^2\pi^2)} \left[1 - e^{-\left(\frac{n\pi a}{l}\right)^2 t} \right] \sin\dfrac{n\pi x}{l}$

$$+ \frac{4T}{\pi} \sum_{n=1}^{\infty} \frac{1}{2n-1} e^{-\left[(2n-1)\pi a/l \right]^2 t} \sin\frac{(2n-1)\pi x}{l}.$$

(二)

11.6 本征值 $k = \dfrac{\lambda_n}{l}(n = 1, 2, \cdots)$, 本征函数 $X_n(x) = \sin\dfrac{\lambda_n}{l}x$,

其中, $\mu = \lambda^2$, $kl = \lambda$, $\lambda_1, \lambda_2, \cdots\lambda_n, \cdots$ 是方程 $\tan\lambda = -\dfrac{h\lambda}{l}$ 的解.

11.7 $\quad u(x, t) = \displaystyle\sum_{n=1}^{\infty} A_n e^{-\left[(an\pi/l)^2 + b^2 \right]t} \sin\dfrac{n\pi}{l}x$, $A_n = \dfrac{2}{l}\displaystyle\int_0^l \varphi(\xi)\sin\dfrac{n\pi\xi}{l}d\xi$ $(n = 1, 2, \cdots)$.

11.8 $\quad -\dfrac{2cl^2}{a^2\pi^3} \displaystyle\sum_{n=1}^{\infty} \dfrac{1}{n^3}(1 - e^{-\omega_n^2 t})\sin\alpha_n x + \dfrac{ct}{l}(l-x)$, 其中 $\alpha_n = \dfrac{n\pi}{l}$, $\omega_n = a\alpha_n$.

11.9 $\quad$ 由 $E\dfrac{\partial u(l, t)}{\partial x} = \dfrac{Q}{\sigma}$ 可以求得初始位移, 解是

$$\frac{8Ql}{E\sigma\pi^2} \sum_{n=0}^{\infty} \frac{(-1)^n}{(2n+1)^2} \cos\frac{(2n+1)\pi at}{2l} \sin\frac{(2n+1)\pi x}{2l}.$$

11.10 $\quad \dfrac{blt^3}{12} + \dfrac{2bl^3}{a^2\pi^4} \displaystyle\sum_{n=1}^{\infty} \dfrac{(-1)^n - 1}{n^4}\left(t - \dfrac{1}{\omega_n}\sin\omega_n t \right)\cos\alpha_n x + \dfrac{lt}{2} + \dfrac{2l^2}{a\pi^3} \displaystyle\sum_{n=1}^{\infty} \dfrac{1 - (-1)^n}{n^3}\sin\omega_n t\cos\alpha_n x.$

其中, $\alpha_n = \dfrac{n\pi}{l}$, $\omega_n = a\alpha_n$.

11.11 $\quad u(x, t) = \dfrac{8l^2}{\pi^3} \displaystyle\sum_{n=0}^{\infty} \dfrac{1}{(2n+1)^3} e^{-\frac{(2n+1)^2 a^2 t}{l^2}} \sin\dfrac{(2n+1)\pi x}{l}.$

11.12 $\quad u(x, t) = \dfrac{x}{l}\sin\omega t + \dfrac{2\omega l}{\pi^2 a} \displaystyle\sum_{k=1}^{\infty} \dfrac{(-1)^k}{k^2}\sin\dfrac{k\pi at}{l}\sin\dfrac{k\pi x}{l}$

$$+ \frac{2\omega^2 l^2}{\pi^2 a} \sum_{k=1}^{\infty} \frac{(-1)^k}{(\omega^2 l^2 - k^2\pi^2 a^2)k^2} \left[k\pi a\sin\omega t - \omega l\sin\frac{k\pi at}{l} \right] \sin\frac{k\pi x}{l}.$$

11.13 $\quad$ (1) $u(x, t) = -\dfrac{Ax^2}{2a^2} + \left(\dfrac{Al}{2a^2} + \dfrac{B}{l} \right)x + \displaystyle\sum_{n=1}^{\infty} A_n\cos\dfrac{n\pi at}{l}\sin\dfrac{n\pi x}{l}$;

(2) $u(x, t) = \dfrac{60}{\pi} \displaystyle\sum_{n=0}^{\infty} \dfrac{1}{2n} e^{-8n^2 xt/9}\sin\dfrac{2n\pi x}{3} + 10(x+1)$;

(3) $u(x, t) = 2xt + (2e^t - e^{-t} - 3te^{-t})\cos x$;

(4)边界条件和方程同时齐次化.

$$u(x, t) = \left(-\frac{l^2}{32\pi^2 a^2}\cos\frac{4\pi a}{l}t + \frac{l}{4\pi a}\sin\frac{4\pi at}{l} \right)\sin\frac{4\pi x}{l} + \frac{l^2}{32\pi^2 a^2}\sin\frac{4\pi}{l}x + 3\left(1 + \frac{x}{l} \right).$$

11.14 边界条件齐次化的同时可以使方程齐次化. $\begin{cases} D \dfrac{\mathrm{d}^2 w}{\mathrm{d}x^2} + f(x) = 0, \\ w\Big|_{x=0} = A, \quad w\Big|_{x=l} = B. \end{cases}$

11.15 （1）$u(x, y) = -\dfrac{2}{a} \sum\limits_{n=1}^{\infty} \left[\dfrac{1}{\mathrm{sh}(n\pi b/a)} \int_0^a g(\xi) \sin \dfrac{n\pi\xi}{a} \mathrm{d}\xi \right] \mathrm{sh} \dfrac{n\pi(y-b)}{a} \sin \dfrac{n\pi x}{a}$;

　　　　（2）$u(x, y) = \dfrac{Ab}{2a} x - \dfrac{4Ab}{\pi^2} \sum\limits_{k=0}^{\infty} \dfrac{\mathrm{e}^{\frac{(2k+1)\pi x}{b}}}{(2k+1)^2 \mathrm{e}^{\frac{(2k+1)\pi x}{b}}} \cdot \cos \dfrac{(2k+1)\pi y}{b}$;

　　　　（3）$u(x, y) = \dfrac{1}{12} xy(1 - x^2 - y^2)$，或者 $u(\rho, \theta) = \dfrac{1}{24} \rho^2 (1 - \rho^2) \sin 2\theta$;

　　　　（4）$u(x, y) = x(a - x) - \dfrac{8a^2}{\pi^3} \sum\limits_{n=1}^{\infty} \dfrac{\mathrm{ch} \dfrac{(2n+1)\pi y}{a}}{(2n+1)^3 \mathrm{ch} \dfrac{(2n+1)\pi b}{2a}} \sin \dfrac{(2n+1)\pi x}{a}$.

习 题 十 二

（一）

12.2 （1）$\dfrac{1}{3} P_0 + \dfrac{2}{3} P_2$;　　（2）$\sum\limits_{k=0}^{\infty} \left(\dfrac{t^{k+2}}{2k+3} - \dfrac{t^k}{2k-1} \right) P_k(x)$，利用母函数和递推公式.

12.3 （1）$\dfrac{2}{3} \cdot \dfrac{2}{5}$;　　（2）$\dfrac{2(l+1)(l+2)}{(2l+1)(2l+3)(2l+5)}$;　　（3）$\dfrac{2(l+1)}{(2l+1)(2l+3)}$;

　　　　（4）$\dfrac{2l}{4l^2 - 1}$.

12.4 利用比较法把边界条件展开成 Legendre 多项式，$\dfrac{1}{5} r\cos\theta (5r^2 \cos^2\theta - 3r^2 + 3)$.

12.5 $2v_0 (1 + rP_1 + r^2 P_2)$.

12.6 球内 $v_0 \left(\dfrac{1}{3} + \dfrac{2}{3} \dfrac{r^2}{a^2} P_2 \cos\theta \right)$;　球外 $v_0 \left(\dfrac{1}{3} \dfrac{a}{r} + \dfrac{2}{3} \dfrac{a^3}{r^3} P_2 \cos\theta \right)$.

12.7 $u(r, \theta) = 2u_0 \left(1 - \dfrac{a}{r} \right)$.

（二）

12.9 母函数展开式的两边对 x 求导.

12.10 （1）从 12.9 题（3）的递推关系可以看出，$P_l(x)$ 有原函数，利用这一点计算题中的

　　　　积分，$\sum\limits_{k=0}^{\infty} (-1)^{k+1} \dfrac{(2k)!}{(2^k k!)^2} \dfrac{4k+1}{2(2k-1)(k+1)} P_{2k}(x)$;

　　　　（2）$\dfrac{1}{2} P_1(x) + \sum\limits_{k=0}^{\infty} (-1)^{k+1} \dfrac{(2k)!}{(2^k k!)^2} \dfrac{4k+1}{4(2k-1)(k+1)} P_{2k}(x)$;

(3) $C_{2n} = 0$, $C_{2n-1} = (4n - 1)\int_0^1 P_{2n-1}(x)\,\mathrm{d}x$ $(n = 1,\ 2,\ 3,\ \cdots)$,

$$f(x) = \frac{3}{2}P_1(x) - \frac{7}{8}P_3(x) + \frac{11}{16}P_5(x) + \cdots$$

$$= \sum_{m=0}^{\infty} (-1)^m \frac{(2m)!\ (4m+3)}{2^{2m+1}m!\ (m+1)!}P_{2m+1}(x).$$

12.11 $r < a$, $u(r,\ \theta) = \dfrac{v_1 + v_2}{2} + \dfrac{v_1 - v_2}{2}\displaystyle\sum_{k=0}^{\infty} (-1)^k \dfrac{(4k+3)(2k)!}{(2k+2)!!\ (2k)!!}\left(\dfrac{r}{a}\right)^{2k+1}P_{2k+1}(\cos\theta)$;

$r > a$, $u(r,\ \theta) = \dfrac{v_1 + v_2}{2}\dfrac{a}{r} + \dfrac{v_1 - v_2}{2}\displaystyle\sum_{k=0}^{\infty} (-1)^k \dfrac{(4k+3)(2k)!}{(2k+2)!!\ (2k)!!}\left(\dfrac{a}{r}\right)^{2k+1}P_{2k+1}(\cos\theta)$.

12.12   设想一个同样大小的下半球面，它的温度保持在 $-u_0$，这样能保持底面温度为零，而且不影响上半球内的的解.

$$u_0 \sum_{k=0}^{\infty} (-1)^k \frac{(4k+3)(2k-1)!!}{(2k+2)!!}\left(\frac{r}{a}\right)^{2k+1}P_{2k+1}(\cos\theta).$$

12.13 $u(r,\ \theta) = \dfrac{A}{2} - \left(\dfrac{3r}{7R} + \dfrac{R^2}{14r^2}\right)A\cos\theta$.

12.14 $u(r,\ \theta) = \dfrac{q}{\sqrt{a^2 - 2ab\cos\theta + b^2}} - \dfrac{aq}{\sqrt{a^4 - 2a^2br\cos\theta + (br)^2}}$.

12.15 $u_{内}(r,\ \theta) = \dfrac{q}{d}\displaystyle\sum_{l=0}^{\infty} \dfrac{2l+1}{[(\varepsilon+1)l+1]}\left(\dfrac{r}{d}\right)^l P_l(\cos\theta)$, $r < a$;

$u_{外}(r,\ \theta) = \dfrac{q}{\sqrt{d - 2dr\cos\theta + r^2}} + \dfrac{q(1-\varepsilon)}{a}\displaystyle\sum_{l=0}^{\infty} \dfrac{l}{[(\varepsilon+1)l+1]}\left(\dfrac{a^2}{dr}\right)^{l+1} P_l(\cos\theta)$, $r > a$.

12.16   参考例 12.11. $u(r,\ \theta) = u_0 - \dfrac{a}{r}u_0 - E_0 r\cos\theta + \dfrac{E_0 a^3}{r^2}\cos\theta$, $u_0 = -\dfrac{Q}{4\pi\varepsilon_0 a}$.

习 题 十 三

(一)

13.7   (1) $(-x^3 + 8x)J_1(x) - 4x^2 J_0(x) + c$;

(2) $6\sqrt[3]{x}J_1(\sqrt[3]{x}) - 3\sqrt[3]{x^2}J_0(\sqrt[3]{x}) + c$;

(3) $-2J_2(x) - J_0(x) + c$;

(4) $x^4 J_2(x) - 2x^3 J_3(x) + c$，利用递推关系可用 $J_1(x)$、$J_0(x)$ 表示.

13.8   由 $\mathrm{e}^{\mathrm{i}x\sin\theta} = \displaystyle\sum_{n=-\infty}^{\infty} J_n(x)\mathrm{e}^{\mathrm{i}n\theta}$，(1)(2)取 $\theta = \dfrac{\pi}{2}$；(3)取 $\theta = 0$；(4)两边对 θ 求导，再取 $\theta = 0$.

13.9   直接分部积分.

13.10   (1) $1 = 2\displaystyle\sum_{m=1}^{\infty} \dfrac{1}{\omega_m J_1(\omega_m)}J_0(\omega_m x)$；   (2) $1 - x^2 = 8\displaystyle\sum_{m=1}^{\infty} \dfrac{1}{(\omega_m)^3 J_1(\omega_m)}J_0(\omega_m x)$.

13.11
$$\begin{cases} \dfrac{A}{a}\rho\cos\varphi, & \rho < a, \\ \dfrac{Aa}{\rho}\cos\varphi, & \rho > a. \end{cases}$$

13.12 $\dfrac{\rho_1}{\rho_1^2 - \rho_2^2}\dfrac{\rho^2 - \rho_2^2}{\rho}\sin\varphi.$

13.14 $2u_0\displaystyle\sum_{m=1}^{\infty}\dfrac{J_0\left(\dfrac{x_m^0\rho}{a}\right)}{x_m^0 J_1(x_m^0)}\mathrm{e}^{-D(x_m^0/a)^2 t},\quad a = R.$

13.15 $\displaystyle\sum_{m=1}^{\infty}\dfrac{2u_0}{x_m^0}\dfrac{sh\left(\dfrac{x_m^0 z}{a}\right)}{sh\left(\dfrac{x_m^0 h}{a}\right)}\dfrac{J_0\left(\dfrac{x_m^0\rho}{a}\right)}{J_1(x_m^0)}.$

13.16 $8H\displaystyle\sum_{n=1}^{\infty}\dfrac{1}{(x_m^0)^3 J_1(x_m^0)}J_1\left(\dfrac{x_m^0\rho}{R}\right)\cos\left(\dfrac{ax_m^0 t}{R}\right).$

13.17 通解为 $u(\rho, t) = \displaystyle\sum_{m=1}^{\infty}\left[A_m\cos(ak_m^0 t) + B_m\sin(ak_m^0 t)\right]J_0(k_m^0\rho),\ k_m^0 = \dfrac{x_m^0}{R},\ A_m = 0,$

$B_m = \dfrac{1}{(ak_m^0)}\dfrac{2}{R^2\left[J_1(x_m^0)\right]^2}\displaystyle\int_0^R A\delta(\rho - c)J_0(k_m^0\rho)\rho\mathrm{d}\rho = \dfrac{1}{(ak_m^0)}\dfrac{2Ac}{R^2\left[J_1(x_m^0)\right]^2}J_0(k_m^0 c).$

13.18 通解为 $u(\rho, t) = \displaystyle\sum_{m=1}^{\infty}A_m\mathrm{e}^{-D(k_m^0)^2 t}J_0(k_m^0\rho),\ k_m^0 = \dfrac{x_m^0}{1} = x_m^0,$

$A_m = \dfrac{2}{\left[J_1(x_m^0)\right]^2}\displaystyle\int_0^1(1 - \rho^2)J_0(k_m^0\rho)\rho\mathrm{d}\rho = \dfrac{8}{(x_m^0)^3 J_1(x_m^0)}.$

（二）

13.22 两边取 Laplace 变换.

13.23 利用 $\cos\theta = \sin\left(\dfrac{\pi}{2} - \theta\right)$，再利用母函数的表达式.

13.24 $\Phi(\varphi)$ 构成第一类齐次边界条件的本征值问题，自然也满足周期性边界条件.
$\displaystyle\sum_{n=1}^{\infty}A_n\rho^{\frac{n\pi}{\beta-\alpha}}\sin\dfrac{n\pi(\varphi - \alpha)}{(\beta - \alpha)}$，其中，$A_n = \dfrac{2}{\beta - \alpha}a^{-\frac{n\pi}{\beta-\alpha}}\displaystyle\int_\alpha^\beta f(\varphi)\sin\dfrac{n\pi(\varphi - \alpha)}{\beta - \alpha}\mathrm{d}\varphi.$

13.25 $\dfrac{u_1 + u_2}{2} + \dfrac{2(u_1 - u_2)}{\pi}\displaystyle\sum_{n=0}^{\infty}\left(\dfrac{\rho}{a}\right)^{2n+1}\dfrac{\sin(2n+1)\varphi}{2n+1}.$

13.26 $R(\rho)$ 构成第一类齐次边界条件的本征值问题，它的本征值是 $k_m^n = \dfrac{x_m^n}{a}$，$Z(z)$ 构成第二类齐次边界条件的本征值问题，它的本征值是 $\mu = \left(\dfrac{n\pi}{h}\right)^2$，根据 $k^2 = \lambda - \mu$ 可以解关于 $T(t)$ 的方程.

13.27　$u(\rho,\ \theta) = \dfrac{Q}{2\pi\varepsilon_0}\ln\dfrac{a}{\rho} - \left(1 - \dfrac{a^2}{\rho^2}\right)E_0\rho\cos\varphi.$

13.28　（1）$b\,(a^2 + b^2)^{-\frac{3}{2}}$;　　（2）$\dfrac{(\sqrt{2} - 1)^n}{\sqrt{2}}.$

习 题 十 四

（二）

14.4　$\dfrac{x}{\pi}\displaystyle\int_0^\infty f(\xi)\left[\dfrac{1}{x^2 + (\xi - y)^2} - \dfrac{1}{x^2 + (\xi + y)^2}\right]\mathrm{d}\xi.$

14.7　$\dfrac{-xy}{12}(x^2 + y^2 - a^2).$

14.8　$G(x,\ x_0) = \dfrac{\mathrm{i}}{2k}\mathrm{e}^{ik|x - x_0|}.$

注意：一维亥姆霍兹方程的基本解（无界区域的格林函数）应满足的方程及边界条件为

$$\begin{cases}\dfrac{\mathrm{d}^2 G(x,\ x_0)}{\mathrm{d}x^2} + k^2 G(x,\ x_0) = -\delta(x - x_0), \\[2mm] G(x,\ x_0)\Big|_{|x|\mapsto\infty}\ \text{有限},\ G(x_0^+,\ x_0) = G(x_0^-,\ x_0).\end{cases}$$

14.9　$u(\rho,\ \varphi) = \dfrac{1}{2\pi}\displaystyle\int_0^{2\pi}\dfrac{(R^2 - \rho^2)f(\varphi')}{R^2 + \rho^2 - 2R\rho\cos(\varphi - \varphi')}\mathrm{d}\varphi'.$

14.10　$u(x,\ y,\ z) = \dfrac{z}{2\pi}\displaystyle\iint_k\dfrac{\mathrm{d}x_0\mathrm{d}y_0}{\left[(x - x)^2 + (y - y_0)^2 + z^2\right]^{3/2}}.$

14.11　$u(\rho,\ \theta,\ \varphi) = \dfrac{R}{4\pi}\displaystyle\int_0^{2\pi}\int_{\frac{\pi}{2}}^{\pi}\dfrac{(R^2 - \rho^2)}{R^2 + \rho^2 - 2R\rho\cos(\theta_0 - \varphi_0)}\sin\theta_0\mathrm{d}\theta_0\mathrm{d}\varphi_0.$

参 考 文 献

[1]梁昆淼．数学物理方法[M]．第四版．北京：高等教育出版社，2010.

[2]姚端正，梁家宝．数学物理方法[M]．武汉：武汉大学出版社，2004.

[3]顾樵．数学物理方法[M]．北京：科学出版社，2012.

[4]吴崇试．数学物理方法[M]．北京：北京大学出版社，1999.

[5]西安交通大学高等数学教研室．复变函数[M]．北京：高等教育出版社，2000.

[6]王培光，高春霞，等，数学物理方法[M]．北京：清华大学出版社，2012.

[7]严镇军．数学物理方法[M]．合肥：中国科学技术大学出版社，1999.

[8]A. H. 吉洪诺夫，A. A. 萨马尔斯基．数学物理方程[M]．黄克欧，等，译．北京：高等教育出版社，1957.